高等院校城乡规划学系列教材

国家自然科学重大项目课题（41590844）资助
清华大学自主科研计划项目（2015THZ01）资助

城市与区域规划模型系统

Urban and Regional Planning Model Systems

（第2版）

顾朝林　张伟　著

U0321803

清华大学出版社

北　京

内 容 简 介

本书对城市与区域规划领域常用的模型进行了归纳总结,并对这些模型进行软件集成,为城市与区域研究工作者提供了一个操作简单、功能齐备的软件工具。主要内容有:城市与区域定量研究进展,城市与区域规划模型系统基础,城市与区域规划模型系统设计,城市与区域规划模型系统实现,城市与区域规划模型等。本书附有安装软件、用户使用说明书及应用实例等。本书可供城市规划专业用作教材,也可供城市与区域研究、统计分析工作者及高等院校相关专业师生阅读和参考。

图书在版编目(CIP)数据

城市与区域规划模型系统/顾朝林,张伟著. —2版. —北京:清华大学出版社,2020.9
高等院校城乡规划学系列教材
ISBN 978-7-302-49640-3

Ⅰ.①城…　Ⅱ.①顾…②张…　Ⅲ.①城市规划—模型(建筑)—高等学校—教材②区域规划—模型(建筑)—高等学校—教材　Ⅳ.①TU984②TU982

中国版本图书馆 CIP 数据核字(2018)第 034603 号

审图号:GS(2019)937

责任编辑:周莉桦　赵从棉
封面设计:陈国熙
责任校对:刘玉霞
责任印制:刘海龙

出版发行:清华大学出版社
　　　　　网　　　址:http://www.tup.com.cn,http://www.wqbook.com
　　　　　地　　　址:北京清华大学学研大厦 A 座　　　　　邮　　编:100084
　　　　　社 总 机:010-62770175　　　　　　　　　　　邮　　购:010-62786544
　　　　　投稿与读者服务:010-62776969,c-service@tup.tsinghua.edu.cn
　　　　　质量反馈:010-62772015,zhiliang@tup.tsinghua.edu.cn
印 装 者:三河市铭诚印务有限公司
经　销:全国新华书店
开　本:203mm×253mm　　印　张:30　　插　页:20　　字　数:746 千字
版　次:2000 年 6 月第 1 版　2020 年 9 月第 2 版　　印　次:2020 年 9 月第 1 次印刷
定　价:85.00 元

产品编号:074195-01

总　序

　　中国城镇化进入快速发展时期,快速的城市发展和增长也导致一系列的城市问题。针对这些背景和问题,作为城市发展和建设的主流学科也面临新的教材建设需求。清华大学出版社长期致力于高等教育教材的研究和出版,始终坚持弘扬科技文化产业、服务科教兴国战略的出版方向,是国家一级出版社,也是中宣部、新闻出版总署和教育部表彰的全国优秀出版社和先进高校出版社,并获得了"中国出版政府奖先进出版单位奖"。在教育部"普通高等教育'十一五'国家级规划教材"和"普通高等教育'十二五'国家级规划教材"的评选中,清华大学出版社的教材入围品种数均位居前列。本次受清华大学出版社特别邀请担任此套丛书的主编,共同规划出版"高等院校城乡规划专业系列教材",以总结教学体制改革和教学内容更新的成果,推进城乡规划专业的教学发展。

　　本套教材丛书囊括本科和研究生课程,规划出版 36 本,具有如下鲜明特色:(1)选题范围广,包括本科和研究生教材;(2)具备前沿性,能反映时代发展方向,知识体系尽量与国际接轨;(3)突出实用性,理论部分充分结合案例,推荐阅读材料,拓宽学生视野;(4)注重新颖性,填补教材空白;(5)采用模块结构,每个模块包含几本相关的教材;(6)立体化建设,配套教学课件等,便于教师授课;(7)该教材系列将为不同的课程提供多元化选择,在模块内选择必读教材和参考书;(8)为相应教材提供教学培训,为教师提供交流平台。

顾朝林

2016 年 9 月

前　　言

　　传统的城市与区域规划受建筑学"形象思维法"、地理学"经验归纳法"和经济学"理论演绎法"的影响较大，实际工作中比较注重定性分析，定量分析的应用不足。20 世纪 80 年代以来，计算机技术在我国规划界逐步得到推广和应用，提出了对规划模型软件的需求。这本书的第 1 版是基于中国科学院院长基金项目《城市与区域规划模型系统 (urban and regional planning model system,URMS)》(1991—1995) 及软件 (1.0 版) 开发，在 2000 年由东南大学出版社出版，是国内开发的第一套拥有自主版权的面向城市与区域规划的软件。本次再版进行了软件系统的更新 (3.0 版)，并增加了相关的研究案例，希望推进城市与区域规划的定量化、科学化和理性规划研究。

　　城市与区域规划模型的基础是计算机技术、城市与区域规划理论和数学方法。计算机硬件平台、操作系统和编程技术的发展为城市与区域规划模型系统提供了技术支持；城市与区域规划理论为城市与区域规划模型的建立提供了理论指导；数学方法为从概念化的规划模型到数学模型的转化提供了得力工具，同时也为从数学模型到模型软件系统的演进提供了计算方法。三者是城市与区域规划模型系统的基础。

　　城市与区域规划模型系统是将城市与区域规划模型、统计分析模型和 GIS 功能紧密集成的一次尝试。城市与区域规划模型系统的实现以城市与区域规划模型功能为中心 (包括数据预处理功能和统计分析功能)，同时包括输入、编辑、输出和 GIS 功能。数据输入功能即文件和数据库的导入以及数据的录入；输出功能包括计算结果的输出、绘图和图表；GIS 功能包括常用的查询、拾取、图层管理和专题图的编制。统计分析模型、规划模型和 GIS 之间不仅可以方便地交换数据和处理结果，同时也可以和其他 GIS 软件、数据库软件、统计分析软件等外部软件交换数据。

　　模型是城市与区域规划系统的核心。本系统实现的模型有城市与区域规划模型、统计分析模型和数据预处理模型，可细分为数据预处理模型、广义线性模型、判别和聚类分析模型、因子分析模型 (包括主成分和对应分析)、区域经济模型、人口模型、预测模型、区位模型、空间相互作用模型、社区分析模型、规划模型、综合评价模型和城镇体系模型。本系统当前实现的模型包括 13 个数据预处理模型、19 个统计分析模型和 22 个规划模型。

　　本书附录给出了软件使用说明。

　　鉴于本书中的矩阵和向量有时是一维的,为避免引起读者困惑,本书不再特意用黑斜体标识矩阵或向量,而统一用白斜体表示。

2020 年 4 月于清华大学

目　　录

第1章 城市与区域定量研究

本章导读

世界各国的城市与区域研究专家长期以来一直都在从事相关的定量研究。20 世纪 50 年代及以前的研究方法主要是一般性描述分析方法,20 世纪 60—70 年代主要采用静态的人口分析方法,如人口统计学方法和线性分析技术,20 世纪 70 年代以后则是兼及系统科学、运筹学、计量学等对城市与区域问题展开深入的分析。20 世纪 90 年代以来,城市与区域研究数据的获取手段得到极大的改善,不仅有监测城市与区域内自然数据各尺度对地观测系统和网络,也有采集处理人文经济数据的专门机构和多种类型数据库,利用数据模型、地计算分析、模拟预测等分析手段不断丰富。研究技术手段的长足进步,使人类对全球及城市与区域状态、格局、过程及趋势等问题开展系统的综合性研究有了可能。具体的定量研究可分为以下几个阶段。

1.1 数理模型和模拟方法

早期的城市与区域定量研究主要集中在时间序列回归分析和逻辑斯谛方程[①](logistic function)两个方面。

1.1.1 时间序列回归分析

国内外城市与区域研究中,早期的城镇化研究尤其城镇化水平预测,主要采取时间序列预测法,依靠历史资料的时间数列进行趋势外推研究,其基本思路是运用以往的城镇化数据和变化特征,假定其符合类似的时间趋势或转换规则,通过拟合模型中的各种参数对未来城镇化进行预测。常被用来进行时间序列预测的方法有算术平均法、加权序时平均法、移动平均法、加权移动平均法、趋势预测法、指数平滑法等。在中国,许学强等(1986)最早进行我国城镇化的省际差异研究时进行了城镇化水平的时间序列分析,简新化等(2010)通过定性分析和运用时间序列预测法,预测在 2020 年中国的城镇化水平将达到 60% 左右。此外,还有利用多变量灰色马尔可夫(MGM-Markov)模型(石留杰等,2010)、灰色预测法 GM (1,1)模型(白先春等,2006)、自回归积分滑动平均模型(ARIMA)(陈夫凯,2014)、灰色 Verhulst 模型(曹飞,2013)、神经网络模型(丁刚,2008)等进行中国城镇化水平预测。刘青等(2013)在指数平滑、灰色预测与回归预测三种单项预测方法的基础上,建立了诱导有序

---

① 逻辑斯谛方程,即常微分方程:$dN/dt = rN(K-N)/K$。式中:N 为种群个体总数,t 为时间,r 为种群增长潜力指数,K 为环境最大容纳量。诺瑟姆把城市化进程分为三个阶段:(1)城市化起步阶段。城市化水平较低,发展速度也较慢,农业占据主导地位。(2)城市化加速阶段。当城市化水平超过 30% 时,人口向城市迅速聚集,进入了快速提升阶段。(3)城市化成熟阶段。当城市化水平达到 70% 时,城市化增长率呈现缓慢下降阶段,并渐渐逼近最大容纳量。

加权调和平均(IOWHA)算子组合预测模型。

1.1.2 逻辑斯谛方程

逻辑斯谛方程属于多变量分析,是社会学、生物统计学等统计实证分析的常用方法。1975 年美国城市地理学家诺瑟姆采用逻辑斯谛方程进行发达国家的城市化水平回归分析,发现城市化水平满足逻辑斯谛方程并提出了"诺瑟姆曲线",即:城市化进程呈现一条被拉平的倒 S 形曲线(Northam,1975)。

在中国,顾朝林较早采用逻辑斯谛曲线模型应用于中国城镇化研究(顾朝林,1992)[334-350],采用 1949—1985 年全国城镇人口数据,获得中国城镇人口的逻辑斯谛回归方程为

$$P_1 = 75000/(1 + e^{96.15915-0.048107t}) \tag{1}$$

$$P_2 = 115000/(1 + e^{96.15915-0.048107t}) \tag{2}$$

逻辑斯谛回归模型的相关系数 $R = -0.94545223$。利用该模型曾经预测 2020 年城镇化水平达到 61%、2030 年达到 65%、2040 年达到 69% 和 2050 年达到 73%(表 1.1)。

表 1.1 早期的中国城镇化水平预测

年份	全国人口/万人	市镇人口/万人	城镇化水平/%
2020	137940	84452.4	61.22
2030	143680	93986.2	65.41
2040	146110	101036.6	69.15
2050	144970	105949.2	73.08

资料来源:全国人口采自世界银行 1984 年预测方案(B)(顾朝林,1992)[340];市镇人口预测来自文献(顾朝林,1992)[348-350]。

然而,饶会林(1999)利用诺瑟姆曲线实证分析了 1949 年以来中国的城镇化进程,认为中国城镇化进程并不符合标准的 S 形曲线规律。2000 年以来,逻辑斯谛回归模型的研究重新活跃起来。李文溥等(2002)、屈晓杰等(2005)、陈彦光等(2006)假定标准的 S 形曲线中城乡之间人口增长率差距始终保持不变,借助逻辑斯谛模型的理论分析和城市系统指数模型的特征尺度修正和完善了诺瑟姆曲线。方创琳等(2008)、王建军等(2009)的研究进一步肯定中国城镇化过程可以用诺瑟姆曲线描述。方创琳等(2009)用逻辑斯谛曲线模型预测到 2020 年中国城镇化水平为 54.45%,2030 年城镇化水平为 61.63%,2050 年城镇化水平将达到 70%。陈彦光(2011)基于逻辑斯谛函数发展了第三种模型,这 3 种函数分别刻画单对数关系、双对数关系和分对数关系,各有不同的建模条件和适用范围,反映的动力学特征也不一样。陈明星等(2011)发现诺瑟姆曲线中的加速阶段实际包含了加速和减速的两个子阶段(Chen,et al.,2014),马晓河等(2011)以中国 1978—2008 年城镇化发展变化的历史数据为基础,利用逻辑斯谛曲线预测到 2030 年中国城镇化水平将达到 65.69%。曹飞(2012)综合运用结构突变理论和逻辑斯谛模型预测到 2030 年中国城镇化水平将达到 70% 左右。

1.2 元胞自动机与智能体模型

1.2.1 基于自组织的分形城市模型

在 20 世纪 80 年代,国内外相关研究开始运用自组织与协同理论的系统方法和建模思

路,开展了人口分布、产业演化、设施分布、空间模式交通行为与城市模拟等研究(Zeleny,
1980;Batten,1982;Allen,et al.,1984;Pumain,1986)。人工智能(artificial intelligence,
AI)科学的发展,也进一步推动了复杂系统理论应用于城乡地理空间的研究(陈彦光,
2003),诸如耗散结构城市、协同城市、分形城市、网络城市等原型城市模型等,有效提升了
城乡社会系统协同研究的理论层次。

1.2.2 元胞自动机模型

为了更加深入地揭示城市增长的空间动力机制和复杂性,不仅需要探讨城市系统各个
竖向变量之间的相互作用,而且也要剖析城市内部横向地理空间单元之间的相互作用关
系。在国外,基于栅格的地理信息处理技术和编程技术结合起来发展了元胞自动机
(cellular automation,CA)分析方法。托布勒(Tobler,1979)首次提出元胞自动机概念,随
后 Couclelis(1989)和菲普斯(Phipps,1992)侧重于理论问题的研究,如集群、复杂性和结构
形成等。由于这种方法比较容易与地理信息系统和遥感技术相结合,巴蒂(Batty,1992)、柏
金(Birkin,1990)、兰迪斯(Landis,1994)和怀特等(White,et al.,1993;1997)利用元胞自动
机方法发展了基于空间参考的城市动态分析和可视化工具,并进行了大量的城市增长计算
机模拟案例研究(图 1.1)。到 20 世纪 90 年代中期,元胞自动机模型迅速成为城市增长模
拟的主流模型(Batty,1994),已经有许多研究集中在城市规划领域(Itami,1994;White,et
al.,1997;Sui,et al.,2001;Chen,et al.,2002;Xian,et al.,2005)。许多文献认为,元胞自动
机模型基于自组织原理将城市看作复杂系统,可以避免许多传统研究方法的缺陷(Clarke,
et al.,1997),许多学者的研究工作也已经证明元胞自动机模型在评估城市发展时具有重要
价值(Wagner,1997;Batty,et al.,1999;Li,et al.,2000;Wu,2002)。进入 21 世纪,帕土卡
里(Portugali,2000)运用自组织和协同原理,系统阐述了自组织城市的概念,提出基于元胞
空间自由智能休框架的荧光激活细胞分离法(fluorescence activated cell sorting,FACS)模
型;巴蒂(Batty,2005)结合地理信息系统(geographic information system,GIS)的建模方
法,主张运用分形城市、元胞自动机和智能体等科学范式,理解混沌边缘等城市现象的动态
性、渐进性与复杂性,采用自下而上可视化的多情景分析模拟城市空间增殖的模式和状态。

在中国,张新生等(1997)、周成虎等(1999)、黎夏和叶嘉安(1999,2001,2002)、张显峰
(2000)、陈彦光等(2000)、杜宁睿和邓冰(2001)、何春阳等(2002)、武晓波等(2002)、王红和
闾国年等(2002)、赵文杰等(2003)学者都引入 CA 方法进行了中国城市扩展模拟研究。由
于城市系统的复杂性,元胞自动机模型更注重监测和模拟时空变化,其次是合并和解释社
会经济驱动力。

1.2.3 智能体模型

自从 20 世纪 50 年代人工智能创始人麦肯锡提出智能体(agent)思想以来,智能体理论
与方法取得了很大进展,并被应用到许多领域。所谓智能体,是一个运行于动态环境的具
有自治能力的主体,可以是个人、企业、计算机系统或者程序,其根本特性是具有智能性和

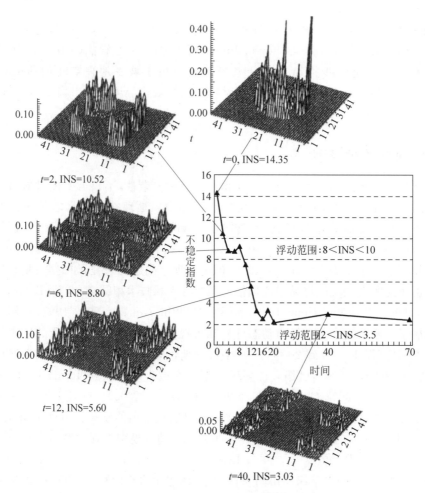

图 1.1　元胞自动机城市时空模型研究案例

社会交互性,为复杂系统的模型化研究奠定了科学基础(Glansdorff and Prigogine,1971)。美国 SANTA FE 研究所开发了基于多智能体的模拟软件系统 SWARM,基于 SWARM 平台,英国伦敦大学的先进空间分析中心和英国 Macaulay 大学的土地利用研究所分别开发了城市土地利用模拟模型。在国内,薛领等(2002)、夏冰等(2002)、沈体雁和吴波等(2006)也基于 SWARM 平台开发了空间经济学和城市交通模型。

1.2.4　多智能体系统模型

多智能体系统(multi-agent system,MAS)由于突破了传统人工智能研究单纯注重个体智能而忽视集体智能的局限性,也成为复杂系统研究的新工具(Wooldridge and Jennings,1995;项后军等,2001)。在国内,李强、顾朝林(2015)提出了一种基于多智能体系统和地理信息系统的城市公共安全应急响应动态地理模拟模型,对城市公共安全应急响应复杂动态地理过程进行模拟和仿真再现,从而为应急决策者认识突发事件的复杂过程并进行科学快速应急决策提供科学决策的技术平台(图 1.2)。

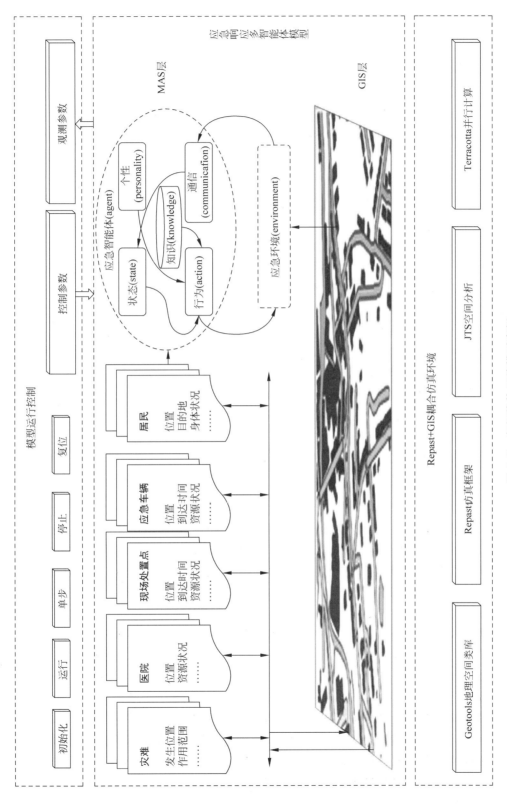

图 1.2　多智能体系统模型案例

1.3 数量经济模型研究

值得指出的是,无论 CA 类模型,还是 MAS 类模型以及相关的城市动力学模拟,仍然只是对某个城市或区域进行模拟,缺乏可靠的经济学理论基础,以致陷入"规则"困境和"行为"困境,从而影响了模型对真实的城市增长复杂性的解释能力。

1.3.1 可计算一般均衡模型

1960 年约翰森(Johansen,1960)运用经济学一般均衡理论建立了可计算一般均衡(computable general equilibrium,CGE)模型,并成为政策分析的有力工具。经过 50 多年的发展,可计算一般均衡模型已在世界上得到了广泛的应用,并逐渐发展成为应用经济学的一个分支。CGE 模型分析的基本经济单元是生产者、消费者、政府和国际贸易。在此基础上,通过 CGE 模型实现市场均衡及预算均衡:①产品市场均衡。产品市场均衡不仅要求在数量上均衡,而且要求在价值上均衡。②要素市场均衡。主要是劳动力市场均衡,假定劳动力无条件迁移,不存在迁移的制度障碍。③资本市场均衡。使投资等于储蓄。④政府预算均衡。政府收入减去政府开支等于预算赤字。⑤居民收支平衡。居民收入的来源是工资及存款利息。居民收支平衡意味着:居民收入减去支出等于节余。⑥国际市场均衡。外贸出超在 CGE 模型中表现为外国资本流入,外贸入超表现为本国资本流出。

1.3.2 宏观经济模型

经济增长与城镇化水平存在相关性,已经被许多学者证明,据此城镇化研究也构建了宏观经济模型。根据城镇化水平与经济增长存在相关性,诺瑟姆(Northam,1975)最早采取线性关系建立经济计量模型进行城镇化水平预测。在中国,周一星(1982)采取对数模型进行回归分析,张颖等(2003)采用双曲线函数进行回归分析,这些为中国城镇化与经济增长的关系进行了开拓性的研究。陈明星等(2009)采用全球尺度象限图的分类方法进行城镇化与经济发展水平关系的研究,也发现呈对数模型关系,并基于世界不同国家在 1980—2011 年间的城镇化与经济发展数据,进行了城镇化与经济发展的互动关系研究。陈明等(2013)通过中国与其他国家的人均 GDP 与城镇化水平之间关系分析预测,2020 年中国城镇化水平可以达到 $59\%\sim60\%$,2030 年中国城镇化水平则可以达到 $68\%\sim70\%$。后来的研究明确提出没有证据表明城镇化速度与经济增长速度之间存在相关性(Chen,et al.,2014),并定量分析了 1960—2010 年间的中国城镇化演化过程。从世界格局来看,总体而言,我国城镇化与经济发展水平基本协调,但是近年来城镇化呈现冒进态势(Chen,et al.,2013)。中国特色新型城镇化发展战略研究课题组(徐匡迪,等,2013)通过对农业劳动力向非农产业转移数量,以及对全国新出生人口和新进入劳动年龄的农村人口数量分析,测算出 2020 年我国城镇化水平将达到 60%,2033 年城镇化水平将达到 65%。高春亮等(2013)

将曲线拟合法、经济模型法和城乡人口比增长率法结合进行城镇化水平的预测,预计到 2030 年中国城镇化水平达到 68.38%,到 2050 年城镇化水平达到 81.63%。

1.3.3 空间一般均衡模型

在中国,薛领等(2002)尝试将可计算一般均衡模型引入城市模拟模型家族,并通过空间可计算一般均衡模型(spatial computable general equilibrium,SCGE)将各个分散的城市模拟模型连接成为一个虚拟的"城市体系"进行研究。通过有效集成 CGE 模型、GIS 空间分析和网格动力学模型,采用多区域可计算一般均衡模型将分散的城市模拟模型连接成为相互作用的"城市模型体系",提出了一个经济机理和地理参考明确的、多维度、多尺度、可运行的中国城市未来模拟模型框架(沈体雁,2006)。

1.4 系统动力学模型

系统动力学(system dynamics,SD)采用定性和定量相结合的方式来解决实际问题(王其藩,1994)。Forrester(1970)通过将时间变量引入静态规划方法从而提出了城市系统动力学(urban dynamics),并率先开发了基于计算机的城市动态模拟工具,为城市增长的计算机模拟奠定了基础。系统动力学具有定性与定量分析相结合的优点,避免主观臆断,变单纯的静态为动态模拟(贾仁安等,2002),同时其模型非固定结构,其方程形式灵活,可以有多种组合方式等(何红波等,2006),能够有效进行系统的动力研究,有助于进行多方案比较分析。Forrester 公司最早进行了自然资源、技术和经济部门之间的相互作用研究(Meadows,et al.,1972;Georgiadis,et al.,2008)。20 世纪 70 年代,Forrester 公司与罗马俱乐部一起出版《世界动力学》(*World Dynamics*)(Forrester,1971)和《增长的极限》(*The limits to growth*)(Meadows,et al.,1972)。此后,系统动力学的研究蓬勃发展,被广泛应用到自然科学、社会科学和工程领域。系统动力学模型的构建和应用可以分为如下 5 个方面。

1.4.1 城市单要素研究

周伟等依据城市化—工业化—二氧化碳排放关系构建城市化与二氧化碳排放的系统动力学模型,根据中国的产业结构和各行业考虑能源消耗,模拟不同能源消费结构中的二氧化碳排放量(Zhou,et al.,2009)。冯等通过 STELLA 平台开发的系统动力学模型进行北京市 2005—2030 能源消耗和二氧化碳排放量趋势模拟,结果表明,服务业将逐步取代能源消耗占主导地位的工业成为最大的能源消耗部门,其次是工业和运输部门。童等(Tong,et al.,2014)通过分析安全投资与影响要素的因果关系,采用 SD 模型开发了一套仿真系统,帮助投资安全分级和决策(Feng,et al.,2013)。Dace(2015)基于 IPCC 指南采用系统动力学模型,以拉脱维亚为例,从土地管理、畜禽养殖、土壤肥力和作物产量以及元素之间的反馈机制,进行农业温室气体排放量模拟,通过改变某些参数的数值,该模型可以应用于其他国家的决策和措施分析。Ying 等开发了一个系统动力学模型来模拟北京大都市的动态物流需求(Ying,et al.,2015)。

1.4.2　城市土地扩张研究

许多研究都报告了系统动力学被应用于土地利用变化中驱动力的分析和检验可持续城市发展政策影响(Wolstenholme,1983;Mohapatra,et al.,1994;Guo,et al.,2001;Liu,et al.,2007;Chang,et al.,2008)。何春阳等(2005)综合自上而下的系统动力学模型和自下而上的元胞自动机模型,开发了土地利用情景变化动力学模型(land use scenarios dynamics model,LUSD),利用该模型对中国北方 13 个省未来 20 年土地利用变化进行情景模拟,结果表明农牧交错带地区是中国北方未来 20 年土地利用变化比较明显的地区,而耕地和城镇用地则是该区域内变化最为显著的两种用地类型。沈等(Shen,et al.,2007)提出城市动力学和 CA 结合城市增长管理的时空动态模型,模拟了北京大都会区城市增长。田莉等(Tian,et al.,2014)利用结构方程模型(structural equation modeling,SEM)探索土地覆盖变化或 LCC、经济、人口的城市土地扩展、土地利用政策和社会经济变化对城市景观动态变化的影响,该研究采用深圳经济特区的数据进行了四个时期(1973—1979,1979—1995,1995—2003,2003—2009)的分析,表明经济比人口、LCC 驱动发挥更重要的作用,而且第二、第三产业的影响比第一产业更强,流动人口比户籍居民的影响更大。然而,系统动力学模型在城市发展的空间格局变化研究中,一些影响城市扩展的空间变量在建模时往往被忽视。

1.4.3　可持续城市研究

系统动力学方法(SD methodology)被广泛用于可持续性研究。张荣等(2005)把城市可持续发展系统分为人口、经济、资源、环境、社会发展、科技教育 6 个系统,按经济发展是前提和基础,节约资源、保护环境、控制人口是关键,社会发展是目标条件,科技进步和教育是动力,构建城市可持续发展系统动力学模型框架,并以郑州市为例进行了方案优选。何春阳等应用相同的模型,采用 1991—2004 年数据进行了北京空间扩展研究,并对 2004—2020 年进行了可持续发展预测,研究结果表明,北京城市扩张与有限的水资源和环境恶化形成两难境地(He,et al.,2006)。赵璟、党兴华(2008)建立了包含城市群经济增长和城市群空间结构特征的系统动力学模型,比较发现:空间结构呈现位序-规模分形分布的城市群空间结构演化模式最利于促进城市群经济增长,而且投资、城市间相互作用和城市群创新能力对城市群经济增长起重要作用。Frederickd 等(2010)认识到经济发展和城市化给交通系统带来的挑战,以加纳首都阿克拉为例,构建了交通拥堵和空气污染大部分的驱动程序和因果关系,提出交通拥挤和环境健康风险等负外部性及其机制。Arjun(2011)运用系统动力学模型进行拉斯维加斯谷地城市增长与水质量平衡的影响研究。Guan(2011)为了明确地了解经济快速发展带来的环境问题中各种影响因素在时间和空间之间的协同互动和反馈,在 SD 模型扩展 GIS 的空间分析功能,实现了动态模拟和趋势预测经济—资源—环境(economic-resource-environmental system,ERE)系统的开发,该研究提出了动态组合方法

SD-GIS 模型评价重庆市受资源枯竭和环境退化的影响。埃吉尔米兹等（Egilmez and Tatari,2012）应用系统动力学方法研究了美国的公路系统的可持续性,并测试了决策中的三个潜在战略。李海燕和陈晓红（2014）采用系统动力学方法,结合黑龙江省东部煤电化基地建设的特点,构建了区域城市化与生态环境耦合系统脆弱性与协调性发展系统动力学模型,通过 SD 模型模拟发现,在数量上对城市化进程中的社会、空间、资源、经济与生态环境等各子系统的变量进行合理控制可以实现城市可持续发展。Qiu（2015）针对北京物流需求在复杂系统背景下运用 SD 模型进行模拟研究。Haghshenas 等（2015）选取 9 个可持续交通指标,3 个环境、经济和社会指标,建立了系统动力学模型,进行伊斯法罕历史城市可持续交通研究,实现出行生成、模式共享、供应与需求之间的交通供需平衡,模型结果反映交通网络的发展是伊斯法罕可持续发展的最重要的政策。

1.4.4　社会经济与生态环境耦合研究

在中国,左其亭等（2001）最早介绍社会经济-生态环境耦合系统动力学模型,提出为实现生态环境优化调控与科学管理,促进社会经济与生态环境的协调发展,从社会经济系统、生态环境系统以及二者的相互联系定量研究入手,建立经济系统与生态环境系统相耦合的动力学模型,并给出了此模型的一般表达式和耦合计算方法。博科曼等采用计量经济学和系统动力学方法建模进行可持续性研究（Bockermann, et al.,2005）。宋学锋和刘耀彬（2006）根据城市化与生态环境耦合内涵,建立了江苏省城市化与生态环境系统动力学模型,其中人口、经济、生态环境和城市化等 4 个大的子系统,进一步细分为总人口、第一产业产出、第二产业产出、第三产业产出、废气储量、废水储量、固体废物储量、耕地面积、人口城市化水平、城镇住房面积、城镇建成区面积、科技水平、教育水平、医疗水平等 14 个模块。金等（Jin,et al.,2009）试图将系统动力学（SD）方法整合到经济预测中开发动态经济预测平台,为城市可持续发展的改善提供决策支持。蔡林（2009）提出了系统动力学绿色 GDP 核算方法,利用人口、资本、生态环境和经济核算 4 大子模块,将复杂的绿色 GDP 核算内容,统一在一个动态的、预测型的、具有反馈特征的模型之中,为经济增长方式的调整提供了充分的信息和调节手段。佟贺丰等（2010）构建了包括经济、社会、环境三个子系统的北京市系统动力学模型,阐明了各子系统间的反馈与影响关系,并用数学公式将其表达在模型中,对北京市 2020 年的相关发展情景进行了模拟和情景分析。

1.4.5　城市化与生态环境交互胁迫研究

近年来,城市化与生态环境胁迫研究成为热点。王等（Wang,et al.,2014）从交互胁迫理论视角通过使用交互胁迫模型（intersecting cortical model,ICM）进行城市化与生态环境系统研究,提出了一种新的城市化和生态环境综合评价指标体系,进行京津冀地区实证研究,发现双指数曲线的城市化与生态环境是倒 U 形曲线,S 形曲线演变成初级共生期和谐发展期,表明快速城市化对环境已经造成巨大的压力。王少剑等（2015）构建了城市化和生态环境系统综合评价指标体系,然后借助物理学耦合模型,构建了城市化与生态环境动态耦合协调度模型,定量分析了 1980—2011 年京津冀地区城市化与生态环境的耦合过程与演进趋势。

1.5　多模型复合/集成系统研究

1.5.1　SD+CA 复合模型系统

西奥博尔德和格罗斯(Theobald and Gross,1994)将 GIS 模型、CA 模型和 SD 模型结合起来进行景观的时空动力学分析。吴和韦伯斯特(Wu and Webster,1998)通过 CA 模型与多准则计量经济模型(a multi-criteria econometric model)的链接,模拟城市土地空间变化。怀特和恩格伦(White and Engelen,2000)高分辨率集成 CA 模型和区域发展模型进行

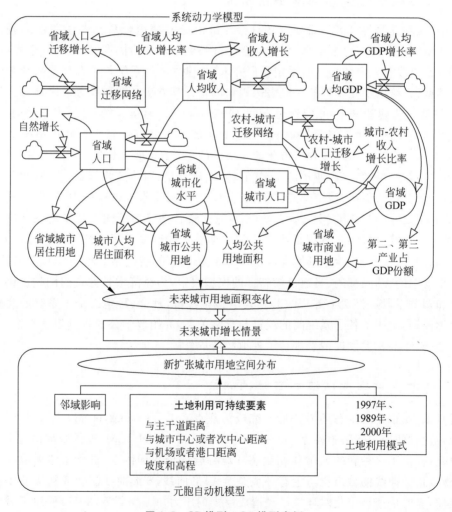

图 1.3　SD 模型＋CA 模型案例

城市发展研究。沈将 Forretter 的城市动力学模型和 CA 模型集合起来(图 1.3),提出了一种用于城市增长模拟的空间建模环境(Shen,et al.,2007)。韩等(Han,et al.,2009)以上海为例提出了一个集成的系统动力学和元胞自动机模型用于快速城市化背景下准确评估城市增长,研究认为在 2000—2020 年间,上海市区预计每年以 3% 的速度增长,到 2020 年建城区将达到 1474km²。在空间上,新增加的城市土地最有可能分布在城市中心或分中心附近,并主要沿东西轴线和南北轴线展开,其中公路网规划对指导新城市化土地的开发起着重要的作用。

1.5.2 SD+GIS 集成模型系统

最近,一些研究开始将 SD 模型与 3S(RS,GPS,GIS)技术结合在一起(图 1.4),开发出动态、可视、数据不断更新的计算机系统(a dynamic,visible,updating and computer-transforming system)(Cai,2008)。Xu 和 Coors(2012)基于 DPSIR(驱动力、合并的压力、状态、影响和响应)框架、层次分析法(analytic hierarchy process,AHP)和系统动力学(SD)仿真模型,构建了一个系统化的可持续发展模型,以德国南部巴登符腾堡州及其普林尼根区为例,通过 SD 模型和三维可视化系统的地理信息系统集成(GIS-SD 系统)在 CityEngine 环境下进行三维可视化显示,解释了住宅发展的可持续性指标作用和变化,为城市居住区的可持续发展提供决策支持。

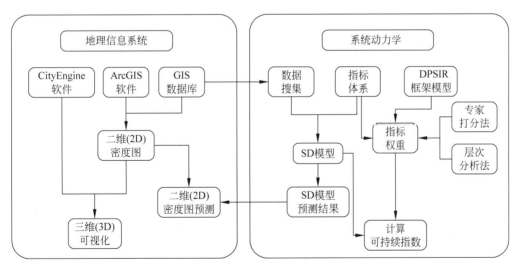

图 1.4 SD 模型＋GIS 案例

第2章 城市与区域规划模型

本章导读

　　城市与区域规划,作为地理学、建筑学、经济学、社会科学等学科的交叉学科,经历了一个从定性到定量的研究过程。城市与区域规划不仅要研究空间、资源配置等物质实体,还要研究其间的相互作用、影响因素和信息流通,同时还要做出一系列决策。这个社会经济大系统内的因素繁多,要协调好它们之间的关系,单纯依靠定性描述的手段显然不够,必须采用定性与定量分析相结合的方法。

　　城市与区域规划是一个决策和控制过程,可以划分为决策、规划方案制订和规划成果的表达等阶段。在规划结果的表达方面,图件(规划图)是一个主要的手段。目前,规划图制作的数字化程度已经很高,这得益于计算机辅助制图(包括 CAD、GIS、电子地图)技术的发展。但是,规划成果的精度是受规划决策的精度制约的,而提高规划决策的准确性的有效手段是通过定量化方法的采用,因此,在规划过程中采用数学模型,进行定量化决策是唯一手段。这样,规划过程中的数学模型,即城市与区域规划模型,就成为提高城市与区域规划的效率和可靠性的有力工具。

2.1 模型

　　现实世界的对象和过程均可以用模型来概括、抽象。目前还没有关于模型的统一定义,比较流行的有:①模型是指为了特定的目的将原型的某一部分信息简缩、提炼而构造的原型的替代物,是原型的抽象和概括,而原型是客观世界的事物或过程;②模型是"描述某事物的任何一组规则或关系"(福雷斯特);③模型是客观存在的事物与系统的模仿、代表或替代物,它描述客观事物与系统的内部结构、关系和法则。总之,模型是对研究对象的简化表达,它保留了对象的基本属性。

　　模型虽然千差万别,但根据模型对表达对象(原型)的替代方式可以划分为两大类,即物质模型和抽象模型。其中,物质模型又包括实体模型和物理模型,抽象模型又可以分为思维模型、符号模型和数学模型(见表 2.1)。

表 2.1　模型的基本类型

模　　型	定　　义	说　　明
实体模型	是原型的按比例缩放,追求形体相似而不注重功能	

续表

模　型	定　义	说　明
物理模型	是根据原型的相似原理构造的原型的替代物	物理模型和实体模型刚好相反,它可以注重外部形态而苛求功能的表达,主要用于物理过程的模拟试验
思维模型	是人类在对原型反复认识的基础上,在人脑中形成的一种思维定式	思维模型具有主观性、片面性、模糊性和偶然性等特点,可以指导人们的决策和行动,但难以交流和表达
符号模型	在一些约定和假设下,借助于专门的符号,比如语言文字、几何图形等,按一定的形式组合起来而对原型的表达	比如地图、电路图、化学结构式、定律的文字表述等
数学模型	根据特有的内在规律,做出一些必要的简化建设,运用适当的数学工具,得到的一个数学结构	

2.2　数学模型

数学模型是对现实世界的一个特定对象,为了一个特定的目的,根据特有的内在规律,做出一些必要的简化假设,运用适当的数学工具,得到的一个数学结构(姜启源,1992)。

数学模型又有不同类型的划分。根据数学模型的求解方式,可以分为数学解析模型和数学仿真模型。数学解析模型是能够应用数学理论推导和演绎求解的数学模型;而数学仿真模型是应用数值计算技术求解的动态数学模型。比如系统动力学模型就属于数学仿真模型。按照研究对象的变化规律,数学模型可以分为确定性模型和概率模型;按照模型描述的内容则可以分为结构模型和数量模型,数量模型按照变量的取值状态又可以分为连续模型和离散模型;按照是否包含时间维则可以分为静态模型和动态模型。

数学模型和其他类型的模型相比,具有如下特点:①精确性。它可以对原型中的关系进行精确的表达。②抽象性。数学模型中的概念具有高度抽象的特点。③严密性。数学模型具有严密的逻辑结构,可以进行精确的推导。④可模拟。数学模型易于在计算机上进行模型运算,揭示研究对象的演变规律。

数学模型和其他各类模型相比,其最大的优点是可运算性、可数字化性,就是可以用编程语言编制为计算机程序,组成实际可操作、应用的模型库。数学模型在当前计算机技术飞速发展的推动下,逐渐成为一种解决实际问题的定量化手段。进入 20 世纪以来,数学方法不仅在它的传统领域——所谓的物理学领域继续取得进展,而且迅速进入了新的非物理学领域——诸如经济、交通、人口、生态、医学、社会、区域科学及城市研究等领域。

2.3　城市与区域规划模型概述

　　下面以实例说明城市与区域规划模型在规划中的作用。图2.1是城镇体系规划的工作流程图(周一星,1995),区域规划、国土规划和城市规划与此大同小异。

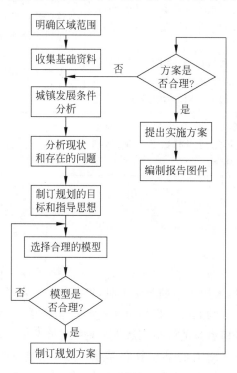

图2.1　城镇体系规划的工作流程

　　从图2.1可以看出,城镇体系规划过程中模型的选取占有非常重要的地位,这些模型中包含相当的定量化模型。城市与区域规划是一项复杂的工作,它的研究对象和状态非常庞大。在很多情况下,单纯用数学模型来刻画整个过程是非常困难的,存在各种各样的局限性,因此必须采用定性和定量相结合的方法。至于以哪一种方法为主导,要看具体情况。传统的定性方法是以综合归纳为主,是基于归纳逻辑;定量化的研究方法是以理论推导为主体,是基于演绎逻辑。二者的有机结合是解决这类问题的有效手段。

　　关于定性分析和定量分析的关系,要防止片面性,走极端。周一星教授的观点(周一星《城市地理学》)是"既不要固守传统的缺乏分析论证的定性描述,又要防止不切实际的纯数学游戏。脱离了定量分析的定性结论,常常缺乏说服力;脱离了定性分析的定量化,难免有垃圾还是垃圾(rubbish in,rubbish out)的嫌疑"。正确的结合应该是定性在前,定量在后,正确的定量分析还可转化为定性表示,以便于理解。对应定量化和模型化的方法时,更应该提倡"实用性",能用简单模型解决的问题就要避免用复杂的模型。

图 2.2 是一个区域规划模型系统的实例,其中用到了人口发展模型(人口预测模型)、区域投入产出模型、劳动力迁移模型、最优化模型。在各种约束条件下应用这些模型对各区域要素进行分析,最后根据分析结果选择相应政策。可以看出,区域模型在区域规划中可以起到定量分析、衔接各个规划步骤和决策支持的作用。

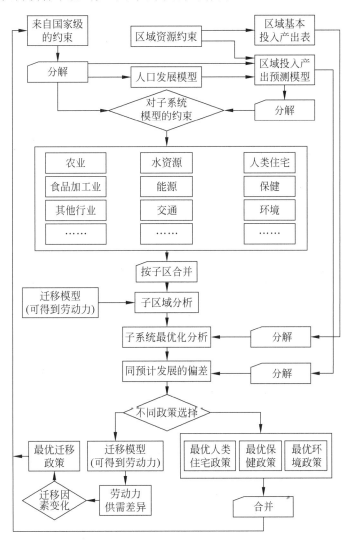

图 2.2　一个区域规划的模型实例(张超,1993,经作者修改)

综上所述,不难看出,城市与区域规划模型就是一种在规划理论指导下建立起来的,表现城市和区域内部因素之间的关系,揭示城市和区域系统演变规律的数学模型。而城市与区域规划模型系统(urban and regional planning model system,URMS)则是数字化、软件化的城市与区域规划模型集合。

2.4　一般数学模型的建立和应用过程

一般数学模型的建立过程大致可划分为如下四个阶段:表述、求解、解释和验证。表述是一个归纳过程,求解是一个演绎过程,而解释、验证则是一个信息反馈的过程,大致如图 2.3 所示(姜启源,1992)。

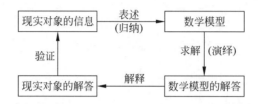

图 2.3　数学模型解决现实问题的途径

从图 2.3 可以看出,数学模型的建立过程包括表述(formulation)、求解(solution)、解释(interpretation)和验证(verification)四个过程。其中解释就是根据建模的目的和掌握的信息(数据、现象、关系等),将实际问题翻译成数学问题,用数学公式确切地表达出来;求解就是选择适当的数学方法,求得数学模型的结果。数学模型的求解过程包括模型的标定和结果的求解。模型标定就是确定模型的参数。对于同一个数学模型,由于研究的对象各不相同,模型的参数必须恰当地确定。模型标定时,根据特定研究对象的数据,按照模型的约束条件,解出参数的值。参数确定以后,就可以根据数学模型求得最终结果了。解释是把用数学语言表述的模型的解答翻译到现实对象中去,给出实际问题的解答。验证是指用现实对象的信息检验现实对象的解答,以确定二者之间的拟合程度。这种模型的求解过程可以经过多次反复,直到数学模型对现实对象的表达满足一定的精度为止。

2.5　城市与区域规划模型的构思

应用城市与区域规划模型解决实际问题时,其构思流程只是上述数学模型建立过程的一部分。因为对于特定的规划问题,大都存在事先建立的规划模型,规划者要做的就是从这些模型库中选择适当的规划模型加以应用。其工作流程见图 2.4。

如图 2.4 所示,这种构思过程从规划问题的界定、基础资料的收集、数据的筛选和处理、模型的选择、模型的标定、模型的有效性检验,一直到规划方案的制订、评价模型的选择、规划方案的评价、规划成果的表达,始终是围绕着规划模型而展开的。在这个过程中,有两个阶段模型充分发挥了作用,一是辅助决策过程,二是规划方案评价过程。而传统的规划方法中,在这些过程中只能依靠规划者的经验进行判断,权衡利弊,制订规划。

在这种采用规划模型的城市与区域规划过程中,规划模型所起的作用主要是辅助决

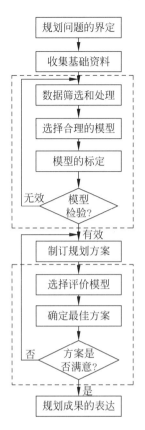

图 2.4　应用城市与区域规划模型的规划流程

策,如生成和处理制订规划方案过程中需要采用的决策支持信息,比如一个地区或城市在未来某一时期内的人口、工业、用地、经济、环境、交通等方面的信息,这些信息是进行规划必不可少的决策依据;对城市或区域的某一要素进行评价,比如居住用地的等级评价等。同时,规划模型还可以起到如下作用:①模拟一个地区或城市的某一指标的变换情况,揭示各因素之间的相关关系;②资料处理,比如统计资料的处理;③规划成果的表达,比如用GIS表达城市用地情况的变化。

2.6　城市与区域规划模型的类别

　　数学模型在城市和区域规划领域的应用,可以追溯到 20 世纪 50 年代末—60 年代初期。当时采用的数学模型比较简单,主要是数理统计模型,这包括简单回归方法的采用。自从 1964 年劳利(Lowry)建立大都市模型,即著名的劳利模型以来,数学模型在城市和区域规划中的应用逐渐广泛起来,并从以归纳方法为主的方法转向以演绎为主。这个时期规划模型的快速发展也得益于计算机技术的出现和进步。同时多元统计方法逐渐得到应用。

20 世纪 70 年代末期以来,城市与区域规划模型逐步成熟和完善,除了概率论和数理统计建模方法外,运筹学方法、数学物理方法、模糊数学、分维几何学方法、非线性分析方法等也被广泛用于模型的构建,建立了多种广泛应用的规划模型。

20 世纪 80 年代末期以来,随着 GIS、遥感、计算机制图、计算机可视化、全球定位系统、互联网技术等新兴技术在城市与区域规划领域的应用,城市与区域规划进入了一个以区域科学和规划理论为指导,以计算机软件技术(包括 GIS 和计算机可视化、计算机制图)和数学模型为支撑的新时代。这些技术的采用,为城市与区域规划模型的发展开辟了一个广阔的应用空间。特别是 GIS 技术的发展,更是提出了对城市和区域模型的强烈需求。

城市与区域规划模型的方法论可以概括为在计算机软件化的数学模型上进行各种分析、预测、模拟和决策。城市与区域规划模型按照采用的数学方法、应用领域、模型的功能等,有不同的分类方法。下面主要按模型的功能对城市与区域规划模型进行一个概略的归类。

(1) 数据统计分析模型。数据统计分析模型包括分布形式分析、相互关系分析、类型分析、趋势面分析等。分布形式分析是利用均值、方差、标准差、变异系数、峰值、偏度等统计量来刻画城市与区域属性的空间分布形式,有时也利用分布函数来研究城市与区域要素的分布规律;相互关系分析是利用相关分析、灰色关联分析、回归分析等手段分析城市与区域要素的相互关联程度;类型分析是应用判别分析方法、聚类分析方法、因子分析方法、主成分分析方法等进行城市与区域类型划分;趋势面分析是回归分析在城市与区域规划空间研究中的特例。

(2) 系统仿真和预测模型。系统仿真模型主要是系统动力学模型。系统动力学是一种研究社会经济大系统的计算机仿真方法。在分析城市与区域系统各要素的相互关系和反馈机制的基础上,构建城市与区域系统结构(流图),并用模型语言(DYNAMO)建立城市与区域系统的数学模型,在计算机上运行,以仿真、模拟系统并发现和揭示系统的内在规律,然后对城市与区域系统的发展进行预测。系统动力学模型的工作流程大致表述为阐明问题、确定目标、建立系统结构和功能模型框架、绘出系统流图、建立数学模型(即系统动力学方程)、计算机模拟、解释分析、模型修正。核心问题是绘制描述系统的因果关系和反馈回路的系统流图。由于系统动力学模型比较复杂,并且有专门的模型语言和成熟的软件,本系统没有专门实现。系统预测模型主要包括回归分析方法、马尔可夫方法、灰色建模方法、时间序列方法、自回归模型、滑动平均模型、自回归滑动平均模型等。

(3) 城镇体系模型。城镇体系模型是研究城镇体系内部要素的模型,诸如等级规模、首位度、专业化指数、吸引范围、城市化水平预测等。

(4) 空间相互作用模型。空间相互作用模型用于分析区域之间各种“流”在空间的流向和强度。根据起点(源)和终点(宿)的约束条件不同,空间相互作用模型可以分为无约束型、单约束(重力)模型和双约束(重力)模型。

(5) 空间行为研究——优化调控和决策模型。空间行为研究是对人类活动的空间行为决策过程进行定量的研究。比如,资源利用与环境保护问题、经济活动的空间组织问题、产业布局的区位问题、劳动力迁移问题,等等,这些都是空间行为的研究范畴。解决这类问题经常采用的方法有数学规划方法(包括线性规划、多目标规划、多维灰色规划等),运用系统论、控制论的有关原理和方法,研究人相互作用的城市与区域系统的优化调控问题,寻求人口、资源、环境与社会经济的协调和可持续发展。其决策分析方法一般包括层次分析法、决策分析法、风险决策法、非确定性决策法和模糊决策法等。

(6) 计量经济模型。计量经济模型的实质是线性或非线性的联立差分方程(组),它是经济理论、统计学和计算机仿真技术相结合的产物。其主要用于区域经济结构分析、区域经济政策评价和区域经济短期预测。本系统实现的模型有基本经济模型、迁移与分配模型和投入产出模型。

(7) 最优规划模型。最优规划模型是城市与区域规划中经常应用的一类数学模型。其分类标准很多,根据规划目标的多少可分为单目标规划模型和多目标规划模型;根据约束条件和目标函数的形式可分为线性规划、非线性规划、整数规划、0-1 规划、混合整数规划等;根据规划阶段可分为静态规划和动态规划。其中最常用的是线性规划和多目标规划。线性规划的目标函数和约束条件都是线性的,大致原理是将目标函数和约束条件标准化后,用迭代法求解方程组;多目标规划的核心问题是权衡各目标,确定最优解。

(8) 区位模型。区位问题是区域规划的核心问题,其中应用最广的模型是 P 中心模型。区位模型根据设施的空间分布格局可以分为平面区位模型和网络区位模型。

(9) 综合评价模型。综合评价模型用于评价城市或区域的某一因素,为规划提供决策支持,比如城市用地等级的评价、高新技术区评价等。评价模型也可以用于规划方案的评价。综合评价模型一般有模糊综合评价、因子评价、层次分析法等。

2.7　城市与区域规划模型研究趋势

2.7.1　建模方法的转变

(1) 从综合模式(总体)到分散模式(个体)。这一趋势在空间行为选择模型中表现明显。空间行为选择模型是城市与区域规划中经常采用的模型。20 世纪 60 年代,引力模型和熵极大化模型扮演了主要角色。然而从 70 年代起,各种各样的综合方法由于缺乏行为内容和解释能力而受到批评,个体选择行为的研究受到了更大的重视,比如交通模型、路线选择以及劳动力分配决策模型等。一般来说,离散选择问题是关于个体(决策者)所组成的样本空间的,这些个体从一个有限而邻接的离散选项集合中进行选择,因此个体行为受到更大的重视。

(2) 从确定性模型到随机性模型。近年来从确定性模型到随机性模型的建模思想转变在空间选择分析中的表现尤为明显。以往空间选择和相互作用方式的研究是以确定性的综合模型为基础的,随机性的个体选择模型的采用标志着一次质的飞跃——从确定性推理到随机性推理的转变。当前的个体选择分析是以效用(utility)极大化原则为基础的,效用包括确定部分和随机部分,随机因素的影响受到重视。这种个体概率选择建模已经在交通需求、居住地和工业区位分析以及劳动力需求移动过程中被广泛使用。

（3）从静态模型到动态模型。静态建模不考虑时间因素的影响,而动态建模则将时间维作为一个因素,讨论系统状态随时间的变化规律,研究系统的变化过程。相对于动态模型,静态模型表示系统达到平衡状态时的情况。动态模型一般采用微分方程或差分方程表达,比如空间选择模型、空间相互作用模型、投入产出模型等都有向动态建模发展的趋势。

2.7.2　多区域模型的建立

纵观区域模型的发展历程,区域模型经历了从国家级别的模型、单个区域模型,发展到了多区域模型的阶段。多区域模型除了考虑区域内部因素(内生变量)和区域外的因素(外生变量)以外,还考虑区域间的相互作用(区域间的内生变量),因此,多区域模型能够更好地表达区域的实际情况。多区域模型是通过建立各个区域、各个因素的系列约束方程组来表达多区域系统的。为了研究区域的发展,多区域模型也采用动态模型的形式。

2.7.3　城市与区域规划模型和 GIS 的集成

在自 20 世纪 60 年代 GIS 创立以来的近 20 年里,GIS 和城市与区域规划模型之间基本上是互不相干的。直到 80 年代末期,城市与区域规划模型和 GIS 的集成成为一种趋势,产生这种融合的直接动因是 GIS 研究领域需要提高 GIS 的分析能力(Goodchild,et al.,1992; Fischer,et al.,1996)。在过去的 10 年中,城市与区域模型研究者和 GIS 工作者逐渐体会到二者融合对两个领域都具有促进作用,并加速了这种融合趋势的发展。GIS 和城市与区域规划模型的集成对于 GIS 来说,城市与区域规划模型可以提高 GIS 的模型分析能力,使得 GIS 不再只是一种数据存储和管理的工具;对于城市与区域规划模型研究者来说,GIS 可以提供一种数据管理和数据可视化的手段。因此,在城市与区域规划模型的研究过程中,需要 GIS 的协助。二者的集成相得益彰,方兴未艾。详细评述见 4.1 节。

2.7.4　计算机技术的广泛应用

计算机技术为城市与区域规划模型的发展提供了技术上的支持,使得城市与区域规划模型的应用成为可能。离开了计算机技术,城市与区域规划模型只是一些理论上的数学模型而已,由于运算量的庞大,因而不太可能应用到实际规划过程中去,并且一些模型离开了计算机是不能求得其解集的。因此,我们所说的城市与区域规划模型应该是在计算机技术支持下的规划模型。有关计算机技术的发展和计算机技术在城市与区域规划领域的应用,详见 3.1 节和 4.1 节。

第 3 章　城市与区域规划模型系统基础

3.1　计算机基础

3.1.1　硬件

自从 20 世纪 80 年代初期 IBM 推出微机以来,其发展速度遵从摩尔定律,性能日新月异。计算机的性能主要体现在 CPU 性能。Intel 作为微机 CPU 的最大供应商,其 CPU 的发展历程基本代表了微机的发展史。Intel 已经从最初的 8088/8086 发展到最近的 Pentium Core i7 系列及 Xeon,2006 年以来,处理器领域已全面进入了多核时代,双核和多核处理器能够同时处理多线程任务,大幅提高了计算机的工作效率,性能有了极大的提升。

从表 3.1 和表 3.2 中可以看出,Intel CPU 从 20 世纪 80 年代的主频 4.77 MHz,8 位的 8088,已经发展到了当前的主频 3.46GHz、64 位多核的 Core i7,主频已经提高了近数千倍,可以提供更强的并行处理能力、更高的计算速度和更低的时钟频率,为摩尔定律带来新的生命力,又大大减少了散热和功耗。

表 3.1　早期部分典型 Intel CPU 性能比较

位元	型号	地址总线/b	内部数据总线/b	外部数据总线/b	物理空间	工作频率
4 位元和 8 位元处理器	8008	8	8	8	16KB	500～800kHz
16 位元处理器	8088	20	16	8	1MB	4.77～8MHz
32 位元处理器	80386SX	24	32	16	16MB	20～40MHz
	80386DX	32	32	32	4GB	25～40MHz
	80486SX	32	32	16	4GB	20～50MHz
	Pentium Pro	64	64	32	4TB	150～200MHz
	P Ⅱ / P Ⅲ	64	64	32	4TB	＞233MHz

资料来源:笔者整理自 wikipedia。

表 3.2　近期部分典型 Intel CPU 性能比较

位元	型号	核　心	高速缓存	工作频率
32/64 位元兼容处理器	Pentium Core 2 Duo	双核,Kentsfield / Yorkfield	2～6MB L2	800～1333MHz
	Pentium Core 2Quad	四核,Kentsfield,Yorkfield	4～12MB L2	2.93～3.20GHz

续表

位元	型号	核　　心	高速缓存	工作频率
64 位元处理器	Intel Pentium	双核,Clarkdale	3MB L3	733MHz～1.67GHz
	Core i3	Clarkdale	64KB L1 512KB L2 4MB L3	530MHz～3.33GHz
	Core i5	Lynnfield/Clarkdale/ Sandy Bridge	64KB 以上 L1 512KB 以上 L2 4MB L3	2.40～3.33GHz
	Core i7	四核 ～ 六核,Bloomfield/ Lynnfield/Gulftown/Sandy Bridge 等	Gulftown 为 256KB L2 12MB L3	2.660～3.46GHz
	Xeon	双核～四核,Gainestown	256 KB L2 4～8MB L3	

资料来源：笔者整理自 wikipedia。

除了 Intel 公司外,其他兼容 CPU 厂商,如 AMD,Cyrix,IDT 等,也推出了 Intel Pentium 级兼容 CPU,并且性能价格比更高。这些供应商一度成为 Intel 的有力竞争者。尤其是 AMD 公司,在双核时代后更加凸显了其作为 Intel 最强竞争者的地位,X86 架构下的 64 位系统就是由 AMD 首先实现,其 Opteron 服务器芯片是 Intel 服务器芯片的有力竞争者。除 CPU 外,计算机的内存和外存都有了翻天覆地的变化,容量增加了成千上万倍。20 世纪 80 年代微机刚刚推出时,内存容量一般为 64kB,存取速度为 150～250ns。而当前普通 PC 机和笔记本电脑的内存容量就可以高达 8GB,存取速度可以达到 1.67ns。不仅内存容量的发展势头十分迅猛,硬盘容量也从 80 年代的 10MB,发展到 2000 年左右的几十GB,再到目前的 1～4TB 乃至更多,增加了 1 万倍以上,传输速率可以高达 100MB/s 以上,固态硬盘(SSD)甚至可以达到 500MB/s。同时固态硬盘有取代机械硬盘的趋势,在高端 PC 上成为常规配置。

当前计算机正向着运算速度快、精度高、存储和记忆能力强、具有逻辑判断能力和高自动化程度发展。计算机硬件的发展趋势,有三点值得注意。其一是大规模的集成电路生产工艺(制程)不断提高,已经从 90 年代的 350nm(Intel 奔腾系列 CPU)提高到 14nm(比如 Intel Core 系列 CPU)。其二是通过研发新型的计算机系统,通过新的思路、新的构架、新的集成方式等来提高计算机的计算和处理能力,人工智能技术的发展和应用,使得计算机系统达到智能化,更为接近于人脑。其三是外设系统更加人性化、智能化、高性能,大量引入触摸屏、VR 技术等全新的人机交互模式。这些新的计算机技术的采用,将会极大地提高计算机的性能和易用性。

3.1.2　操作系统

微机的操作系统已经从最初推出时的单一操作系统 DOS 发展到现在的多种操作系统

并存的局面,Windows、Mac OS、Linux、UNIX 这四种计算机操作系统是当前比较成熟与流行的系统,给用户极大的选择余地。操作系统的性能迄今已有了质的飞跃:最初的 DOS 为16 位,无网络功能,纯文本界面,单用户,单任务操作系统,功能十分有限;当前的各种操作系统都提供友好的图形用户界面、多种交互模式,提供无线网络功能,64 位的操作系统成为主流,普遍应用多用户、多任务、多线程、远程操作等功能。当前应用较为普遍的操作系统有:Windows 7,Windows 10,Mac OS X,Linux,UNIX(Solaris,AIX,HP-UNIX),基本特征见表 3.3。计算机操作系统正向着易用化、多样化、网络化和专业化的方向发展。

表 3.3　微机操作系统基本特征

操作系统	供应商	位数	用户界面	支持多用户、多任务	网络功能	多硬件平台
DOS		16	字符	否	无	否
Windows XP	Microsoft	32	图形	是	有	是
Windows 7		32/64	图形	是	强	是
Windows 10		32/64	图形(支持触屏)	是	强	是
Mac OS X	Apple	64	图形	是	强	是
Linux	自由软件	32/64	图形	是	强	多种
UNIX(Solaris, AIX, HP-Unix)	Oracle,IBM, HP	64	图形	是	强	多种

资料来源:笔者整理自 wikipedia。

3.1.3　编程语言和软件技术

计算机编程语言的历史要比微机早得多,当时运行在主机环境下。最早的编程语言是机器语言和汇编语言,开发效率极低。1957 年,第一个成功的高级编程语言——FORTRAN 语言的推出,标志着高级语言时代的到来;20 世纪 60 年代确立了基础范式;80 年代重视模块和性能提升,面向对象编程语言得到广泛应用;90 年代后进入互联网时代,面向对象的网络语言 Java 迅速普及;近年来面向函数的编程(functional programming)得到了重视,新面向对象和面向函数的编程语言不断涌现,比如 Swift,Scala;同时原有的面向对象语言也添加面向函数的编程功能,比如 Java,C♯,Objective-C 等,详见表 3.4。

表 3.4　计算机编程语言的发展历程

阶　　段	时段	代表语言或技术	特　　点
第一代	1954—1958	FORTRAN Ⅰ	纯数学表达式
		ALGOL 58	纯数学表达式
第二代奠定基础	1959—1961	FORTRAN Ⅱ	子程序,多步编译
		ALGOL 60	模块结构,具有数据类型
		COBOL	具有数据描述功能和文件句柄
		Lisp	表处理,具有指针

阶　段	时段	代表语言或技术	特　点
第三代确立基础范式	1962—1970	ALGOL 68	比 ALGOL 60 更精确
		Pascal	类似 ALGOL 60
		Simula	具有类和数据抽象功能
面向对象的语言	1972	Smalltalk	面向对象,交互式
	1983	C++	兼容 C,面向对象
	1986	Objective-C	扩充 C 的面向对象编程语言
	1991	Python	面向对象、直译式计算机语言
	1995	Java	纯面向对象语言、平台独立性、多线程、网络功能
	2000	C♯	与 COM 直接集成
软件组件化技术	20 世纪 90 年代	CORBA	跨多平台、多语言、安全性
		DCOM	开发工具强大,现有组件多
		JavaBeans	平台独立性
专业性程序语言	1974	SQL	数据库语言
	1993	R	统计分析、数据挖掘、绘图
面向函数和面向对象兼顾的语言	2014	Swift	兼顾面向对象和面向函数编程

编程语言持续在学术及企业两个层面中发展进化,目前的一些趋势包含：在语言中增加安全性与可靠性验证机制、提供模块化的替代机制、组件导向软件开发、元编程、反射或是访问抽象语法树、重视分布式及移动式的应用、与数据库的集成、图形用户界面等方面。

3.1.4　数据库

当前数据库技术的研究热点涵盖了数据仓库、Web 数据库、多维数据库与联机分析处理(OLAP)、数据挖掘、工作流管理与多媒体数据库、复杂数据类型、空间存取方法、查询与浏览技术、异构数据库、分布式数据库、对象关系数据库系统、并行数据库等领域。这些数据库技术概括起来,可以分为以下两个方面：

与 Internet 有关的数据库技术。①数据仓库。数据仓库(data warehousing)是存储供查询和决策分析用的集成化信息仓库。数据仓库的信息来自不同地点的数据库或其他信息源。数据仓库的信息源具有分布和异构的特点,其中的主要信息可以视为定义在信息源上的实体化视图集合。数据仓库系统具有两个主要功能：从各信息源提取需要的数据,加工处理后,存储到数据仓库；直接在数据仓库上处理用户的查询和决策分析请求,尽量避免访问信息源。基于上面的分析,作者概括如下：数据仓库是以计算机网络为基础的,建立在大量的分布的、同质或异质的数据库基础上的超大数据库系统,它可以生成新的数据库。②Web 数据库。随着 World Wide Web 的迅速扩展,WWW 上可用数据源的数量也在迅速增长。人们正试图把 WWW 上的数据源集成为一个完整的 Web 数据库,使这些数据资源得到充分利用。目前,Web 数据库的研究领域主要是模型和语言问题、Web 数据集成问题、查询结果相关度确定问题。

支持新应用的数据库技术。①复杂数据类型。为了支持新一代数据库应用,数据库系统需要支持复杂数据类型(如图像、视频对象、声频对象、时间序列等),以及相应的数据操纵语言。目前出现了三种支持复杂数据类型的新技术:直接支持数组类型技术、增强的抽象数据类型技术,以及新的面向对象演绎数据库语言(它是 Datalog 语言的扩展)。②多维数据库和联机分析处理(OLAP)。多维数据库是支持联机分析处理的数据库。OLAP 的概念是由 Codd 提出的。OLAP 要求按多维方式表示企业的数据,使用数学公式或复杂统计分析操作完成数据的联机分析。关系数据库难以有效地支持 OLAP。为了满足这一需求,人们提出了多维数据库的概念。在多维数据库中,属性分为两类:一类是维参数属性;另一类是度量属性。度量属性函数也依赖于参数属性。③数据挖掘。随着计算机技术和 Internet 技术的发展,数据资源日益丰富。但是,数据资源中蕴涵的知识至今仍未能得到充分的挖掘和利用。为克服这一问题,近年来兴起了数据挖掘(data mining)技术。数据挖掘就是从大量的、不完全的、有噪声的、模糊的、随机的数据中提取隐含其中的有潜在利用价值的未知信息的过程。④空间数据库存取方法。空间数据库应用范围日益广泛,现在已经扩展到了机器人、计算机视觉、图像识别、环境保护、地理信息处理等领域。空间数据库和属性数据库有所不同,它数据量大,涵盖信息广,包含附加信息多,因此需要新的数据管理技术。空间数据库的存取方法是关系到空间数据库系统效率的重要问题。此外,还有信息检索与浏览技术和多媒体数据库技术,不再赘述。

近年来的最新趋势是后关系型数据库崭露头角,采用以稀疏数组为基础、集成的面向对象功能为特征的多维模型作为数据库引擎,能够提供高性能和伸缩性,支持应用和数据的复杂性,成为取代传统关系数据库的主要途径之一。

3.1.5　Internet 技术

进入 20 世纪 90 年代以来,随着计算机网络的飞速发展,Internet 的用户呈指数式增长,将计算机应用推向了一个新的高度,Internet 已经深刻地影响到了人们的生活和工作方式。近年来移动互联网更是风起云涌,智能手机已经普及到城乡的每一个角落。Internet 和移动互联网提供的各种服务,诸如网页浏览、电子邮件、文件传输、云服务、云计算、大数据、信息搜索、视频会议、数据仓库、信息挖掘、电子商务等,使得信息共享、信息发掘和知识发现(利用已有信息提取新的信息)成为可能,互联网已经成为人们生活中不可或缺的技术手段。Internet 为教育、科研的发展也创造了良好的条件,进入了信息大爆炸时代。

3.1.6　地理信息系统

从软件平台的角度看,地理信息系统是一种对空间数据和属性数据进行管理的特殊性信息系统软件,它能够提供对空间数据和属性数据的输入/输出、管理、检索、分析处理等基本功能,是一种专业化的平台软件。一个特定的地理信息系统是用特定 GIS 软件为平台组织起来的数据系统。近年来,GIS 的应用领域不断扩大,不仅广泛应用于国土资源、环境、城市与区域规划、交通运输、工程建设、测绘制图、国防治安等领域,而且也借助移动智能终端设备普及趋势,广泛应用于日常生活中的卫星定位、即时地图、手机导航、位置社交等方面。

GIS 数据库技术和 Internet 技术,表现在以下几个方面:①应用数据库管理空间数据。传统的 GIS 的属性数据采用关系型数据库系统管理,而空间数据则采用文件管理,效率低。一种发展趋势是采用扩展关系数据库或者直接采用面向对象数据系统管理空间数据。②软件组件技术和 OpenGIS。主要的 GIS 软件供应商都推出了各自的基于软件组件技术的 GIS 组件,开发者可以根据各自的需要拼装出满足各自需求的 GIS 软件,比如 ESRI 的 ArcGIS 和 MapInfo 公司的 MapInfo 等。③WebGIS 和 Internet。Internet/Intranet 的发展对 GIS 的影响深刻,目前一种适用于 Internet 环境的 GIS-WebGIS、地图应用已蔓延于网站,如谷歌地图、Google Earth 等。WebGlS 就是浏览器技术和 GIS 软件的结合,用户通过浏览器或移动智能终端设备运行服务器上的 GIS 软件。WebGIS 采用的技术主要有两种:一是在服务器端应用 CGI 技术将运行结果变为图像文件,然后传递到浏览器中;另一种方法是利用 Java 等技术扩展客户端浏览器的功能,将矢量数据传递到客户端处理。后者的效果优于前者。部分 WebGIS 服务提供商,如谷歌地图和 OpenLayers 等还公布了 API,提供街道地图、天线/卫星图像、地理编码、搜索和路由的功能,供用户创建自定义的应用。

3.2   城市与区域规划理论基础

3.2.1   规划的含义

当前,人们已经就规划的主体达成共识,即规划的主体是过程而不是结果。但是,对于规划的定义,不同的规划理论流派仍然存在着较大分歧。不同的学者给出了规划的不同定义。"规划就是预期地达到某种目标,它是通过将人的行为有序化而实现的"(Hall,1974);"规划是一系列我们可以实施的行为的安排,它能够引导我们达到既定的目标"(Churchmann,1968);"一系列的策略选择,它需要对未来的预见能力,同时也需要对无法预料的事件的适应能力"(Friend and Jessop,1969);"规划是这样的一个过程,它在预期目标的指导下,为将来的行为提供一系列解决办法"(Dror,1973)。将这些规划理论家的思想归纳起来,可以认为,规划是"一种特殊的决策和实施的过程"(Webber,1973);它是"采用科学方法······以制订策略"(Faludi,1973),并且"包括采用科学知识来解决问题,达到某一社会系统的目标"。何利等人给规划下了一个更为确切的定义,即"规划是由特定组织实施的,由规划者完成的,以一定目标为指导的一种特殊类型的社会活动"(Healey,et al.,1981)。

3.2.2   规划理论

规划需要科学哲学理论的指导,同时也需要其他学科的理论、观念、方法和定律。在规划理论发展过程中,吸收了其他科学的概念和原理,其理论核心包括了地理学、经济学、政治学、心理学和社会学的内容。因此,尽管我们可以称为规划理论(theory of planning),但更确切地说,应该叫作规划中的理论(theories in planning)。规划理论从其创立之始,为了使得自身更加科学,就不断地从其他学科引进方法、概念以至整个理论结构,其中借鉴最多的学科是物理学和生物学,因为这些学科相对精确、客观和中立。规划理论主要通过两种方式借鉴自然科学理论,其一是出于解释目的借鉴其他学科的思想;另一种方式是直接引用其他学科的各种公式、模型、理论和方法来解决具体问题。直到 20 世纪 70 年代,城市与区域规划理论领域一直被两种主流(paradigms)理论所统治。一种理论将规划视为城镇的三维设计,即所谓的城市设计流派(urban design tradition);另一种即过程规划理论(procedural planning theory),将规划看作一种普通的社会管理过程。到了 20 世纪 80 年代,城市与区域规划理论多元化,除了过程规划理论外,还逐步形成其他六种主要的规划理论,即:渐进论和其他决策规划方法、政策与实施理论、社会规划和呼吁规划、政治经济学方法、新人文主义和实用主义理论。这些规划理论和过程规划理论都有着某种程度上的联系,这些理论要么是对过程规划理论的继承,要么是在否定的基础上又有所发展。这些理论之间的关系如图 3.1 所示(实线表示继承,虚线表示否定)。

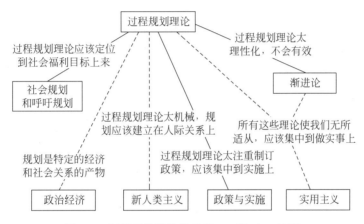

图 3.1 规划理论间的关系(Patsy Healey,1980)

凯姆西斯(M. Camhis)根据主要的规划理论,按照与科学哲学的渊源关系,将规划理论划归三大理论体系,即理性唯心论、非理性唯心论和唯物论。其中属于理性唯心论范畴的规划理论包括理性综合规划(rational comprehensive planning)、渐进论(disjointed incrementalism)和综合审视(mixed-scanning)三种规划理论,分别与证实论(verificationism)、证伪论(falsificationism)和科学研究的方法论(methodology of scientific research programmes)三种哲学方法论相对应;属于非理性唯心论的规划理论是交互规划(transactive planning),有时也称为新人文主义规划理论,它和无政府主义理论(anarchistic theory of knowledge)相对应;马克思主义城市规划理论是唯物论规划理论。上述规划理论及其与科学理论的关系如图 3.2 所示。

理性综合规划的理论基础是证实论哲学,它假设规划者对规划对象信息的掌握尽可能丰富,因此它受到的最大批评正是这一假设。Etzioni 指出,决策者不可能获取足够的信息,用以判断各种规划方案的效果,并且决策者也不知道到底掌握多少信息才是足够的。理性综合规划的理论框架如图 3.3 所示。

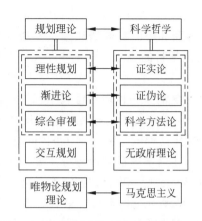

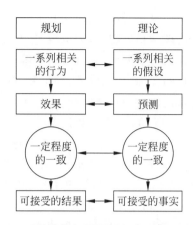

图 3.2　规划理论关系图(Camhis,1979)　　　图 3.3　理性综合规划和证实论(Camhis,1979)

　　渐进论规划理论的哲学基础是证伪论。渐进论是由 Lindblom 提出的,它和波普尔的分步社会工程(piecemeal social engineer)有着密切的联系。渐进论在形成过程中借鉴了波普尔的《历史论的贫乏》(*The Poverty of Historicism*,Poper,1969)和《开放社会及其敌人》(*The Open Society and its Enemies*,Poper,1965)。证伪论,作为一种科学和非科学的界定准则和重要的科学方法,是由波普尔在其著作《科学发现的逻辑》(*The Logic of Scientific Discovery*,1968)和《推测和辩驳》(*Conjectures and Refutations*,1972)中阐述的。

　　有趣的是,渐进规划理论虽然没有在规划理论中被称为主流,可是波普尔的证伪论却被作为一种科学方法而广泛接受。A. G. Wilson,J. K. Friend 和 Faludi 等学者都高度评价了证伪论作为一种科学方法的重要性。G. Chadwick 在他的《规划的系统观》(*A systems View of Planning*)中,借鉴了波普尔的证伪论的大量思想,承认波普尔的观点:"科学成果,不仅可以在大量观测的基础上进行归纳和推论,也可以进行推测和否定;我们首先提出假设,然后检验这些假设并设法否定它。"Chadwick 认为,科学探索的过程可以总结为:提出假说→观察→检验假说→修正假说→观察→……Chadwick 将证伪论和系统理论相结合,提出了一种系统规划模型(图 3.4)。

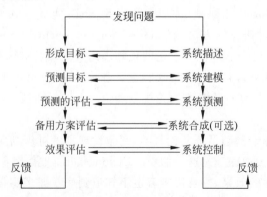

图 3.4　基于科学方法的理性规划模型(Chadwick,1971)

综合审视规划理论是理性综合规划理论和渐进规划理论的综合,是由 Etzioni 提出的。Etzioni 认为该规划理论克服了理性综合规划理论和渐进的一些缺点,它既不像理性综合规划理论那样精细、空想和不切实际,也不像渐进论那样保守、短视和以自我为中心。因此,综合审视规划理论更加实际和灵活。综合审视规划理论的哲学基础是科学研究的方法论(methodology of scientific research programmes),二者有着相似的理论结构。综合审视规划理论的逻辑结构如图 3.5 所示。

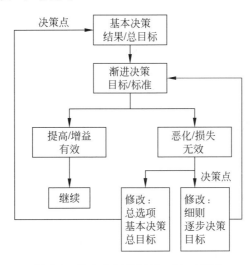

图 3.5　综合审视规划(Camhis,1979)

交互规划理论或新人文主义规划理论是由弗雷德曼等人(Freidmann,et al.,1973)提出的一种激进规划理论,认为规划应该以基于个人关系的社会组织结构为基础。该理论的基本框架是具有单元结构的小规模社会团体,具有自我组织、自我负责的能力,其中的个人乐意学习如何一起相处,谋求共同利益但尊重个人。新人文主义规划理论和知识的无政府主义哲学思想一致。

这些规划理论,不仅对于城市与区域规划具有一定的指导作用,而且对于规划中模型的选择也具有参考价值。

3.3　数学基础

城市与区域规划模型是应用规划理论建立的数学模型,因此,城市与区域规划模型建模的一个重要基础就是数学方法。城市与区域规划模型中采用的数学方法除了基础数学方法(包括代数、矩阵等)、微分方程和差分方程方法外,还经常用到概率论、数理统计学方法、模糊数学等。同时,一些特定的数学建模方法,诸如灰色系统理论、运筹学等建模方法也在城市与区域规划建模中被广泛应用。

3.3.1　概率论和统计学

概率论和统计学方法的研究对象是随机事物及其变换规律。社会系统中的一些现象和过程,比如个人的空间选择行为,用一般的数学方法难以表达,这就需要采用数理统计方法。又如,对人口普查等数据的处理,又是典型的统计学的应用领域。因此,统计学及其理论基础概率论是城市与区域规划建模中经常采用的数学方法。20世纪60年代,统计方法在城市与区域研究中广泛应用,其后,虽然新的方法和模型不断出现,但数理统计方法一直在城市与区域规划领域占有一定的地位。特别是多元统计分析,作为统计学的一个重要分析,其实用性更强。多元统计分析方法,是城市与区域规划中进行分析和决策的重要工具,提供的各种统计方法各有其应用场合。回归分析是研究事物之间变换规律的有效手段;判别分析和聚类分析是区划中经常采用的方法;主成分分析和因子分析是因素综合或揭示多个因素之间的联系的有效方法;相关分析则是分析各个因素之间的相关性的得力工具。

3.3.2　模糊数学和灰色系统理论

模糊数学[①]和灰色系统理论是定性与定量分析相结合的数学方法,对于城市与区域规划这样的存在大量定性因素的应用领域,其重要性更为显著。灰色系统理论是我国学者邓聚龙提出的一种系统建模方法,是控制论和运筹学方法相结合的产物。灰色系统理论认为,包含未知或不确定信息的系统为灰色系统,其研究内容包括灰色系统建模、灰色关联度分析、灰色预测、灰色决策,等等。其中灰色系统模型(gray dynamic model)是将时间序列直接转换为微分方程,是灰色预测的基础;灰色关联度分析是分析系统内部各因素关联性的一种度量,是灰色系统预测、决策、分析、建模的先决条件。因此,可以说灰色关联度分析是灰色系统理论的基础,而灰色模型是其核心。按照灰色系统理论,城市和区域系统多数情况下可以看作灰色系统,因此灰色系统方法,比如灰色预测、灰色关联度分析、灰色决策、灰色聚类分析等都可以应用到城市和区域规划领域。

3.3.3　运筹学

凡是需要做出肯定决策的任何问题都是运筹问题,虽然该类问题无时不在,但是运筹学(operations research)作为一个学科出现还是"二战"以后的事情,其发展得益于计算机科学的迅速发展。运筹学是一门多学科交叉的定量化决策科学,它充分利用了数学、计算机科学和其他科学的新成果。运筹学是以建立数学模型为方法,以最优化技术为基础,为管理和决策服务的一门应用学科,因此运筹学的许多模型被广泛应用到城市与区域规划中,比如线性规划、动态规划、网络分析等。

---

① 模糊数学是美国自动控制学家L.柴德1965年创立的,他提出了用模糊集合(fuzzy sets)来描述模糊事物的数学模型。现在,模糊数据已经在社会学、经济学等多个研究领域内得到应用。模糊数学的基础是模型子集及其运算、模糊关系和模糊变换。模糊数学的一些模型,比如模糊聚类、模糊综合评价等,在城市与区域规划中得到了广泛的应用。

第 4 章　城市与区域规划模型系统设计

本章导读

4.1　功能设计

一般来说,城市与区域规划软件系统应该具有相应的城市规划管理信息系统(数据库)、数据分析和管理、专业用模型和分析系统、辅助城市规划设计制图等。城市与区域规划模型系统(urban and regional planning model system,URMS)功能设计如下所示。

4.1.1　系统功能定位

城市与区域规划模型系统是一个解决城市与区域规划过程中定量数据的分析和评价的数学模型软件系统,可以辅助规划人员对规划过程中的某些定性特征进行系统分析、评价、模拟,以克服某些规划决策的主观盲目性,对于规划过程的科学决策起到辅助作用。同时,当有大量的数据需要分析处理时,该系统可以帮助规划人员从烦琐的数据处理过程中解脱出来,提高规划的效率。

在城市与区域规划过程中,规划人员有两大类工作工作量较大,其一是对历史的和当前的资料进行分析,对将来的规模进行预测,确定将来区域和城市的各种规划目标参数,比如用地规模、人口规模、产业结构,等等,根据这些规划目标制订各种规划方案;另一类工作是将这些规划目标用地图的形式表达出来,即规划图件的编制。相对而言,前一种工作更为重要,后一类工作更为费时。针对规划过程中的这两类工作,相应地采用两类软件系统来提高规划的效率和精度,如前所述,即数据分析软件及图件编制和管理软件。对于图件编制和管理软件,目前主要采用 CAD 和 GIS,它们都有比较成熟的软件系统。而城市与区域规划模型系统则是针对前一项工作而进行的。

城市与区域规划模型系统定位于数学模型的建立和数据分析,属于上面提到的第一类软件,针对规划过程中的第一类工作。目前针对数据分析、数据发掘和数学模型建立的软件常用的主要是社会科学统计软件(statistical package for social sciences,SPSS)和统计分析系统(statistical analysis system,SAS),二者都是大型的通用数学模型分析工具,不是针对某一特定的专业领域的,通用分析模型很完善,而专业模型缺乏。

ⓘ 小资料　　　　　　　　　　　**SAS 和 SPSS**

(1) SAS:美国 SAS 公司的软件产品,包括数据仓库、数据挖掘、数据可视化、Web 功能等多个模块,是一个功能十分强大的软件系统。与数据分析处理、数据挖掘有关的只是其中的一部分功能,但这部分功能构成了 SAS 软件的核心。SAS/STAT 包括了实用的数理统计分析方法,它提供了十多个过程可以进行各种模型或不同特点的回归分析,比如正交回归、响应面回归、Logistic 回归、非线性回归等;为多种试验设计模型提供了方差分析工具;在多元数据分析方面,包括主成分分析、相关分析、判别分析和因子分析,以及多种准则的聚类分析方法;SAS/ETS 提供了计量经济学和时间序列分析,是研究复杂系统和进行预测的有力工具;SAS/OR 提供了运筹学分析模块;SAS/IML 提供了功能强大的矩阵运算的编程语言,可以进行一定的二次开发;SAS/INSIGHT 是一个数据可视化的探索工具。总之,上面提及的 SAS 的数据分析处理模块可以解决绝大部分的通用数据分析、数理统计分析和运筹学等方面的内容,也可以进行可视化显示和探索,但是 SAS 缺乏规划的专业功能。SAS 公司不仅提供了一套完整的、功能强大的软件产品,而且还提出了一套数据分析的方法论——SEMMA,即数据采样(sample)、数据探索(explore)、数据调整(modify)、建模(model)和评估(assess)。其流程如图 4.1 所示。

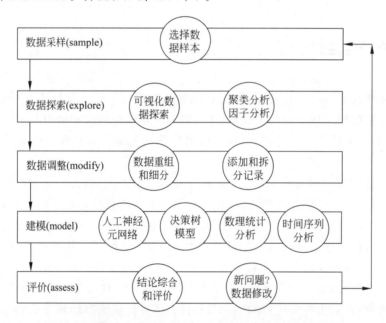

图 4.1　数据分析、挖掘流程图(SAS 公司.计算机世界,1998)

(2) SPSS:SPSS 公司提供的一个针对数据统计分析的专业软件。该软件提供了常用的各种统计分析功能,以及辅助功能——包括数据管理、数据预处理和绘图功能。统计分析功能包括:基本统计量的计算(包括频率、均值、标准差等)、广义线性模型(GLM)、相关分析、回归分析(包括线性回归、非线性回归和 logistic、probit 模型等)、聚类分析、因子分析、尺度分析(scale)、无参检验、生存模型等。

通过了解 SAS 和 SPSS 两个最有代表性的数据分析软件,可以发现二者都提供了完善的通用数据分析模型,特别是数理统计分析模型。这些模型是各领域内,包括城市与区域规划领域内应用十分广泛的数学模型,理论十分成熟,算法得到了充分检验。然而,这些通用数据分析软件在规划领域中的应用还有一定的局限性,即缺乏专业软件功能。提供一个以城市与区域规划专业模型为主体,同时兼顾通用数据分析功能,比如数理统计分析、模糊数学、时间序列等模型功能是城市与区域规划模型系统的主要目的。

4.1.2　城市与区域规划模型系统和 GIS 的关系

地理信息系统(GIS)技术是空间科学中一门新兴的技术,在地球科学、城市与区域规划领域有着广泛的应用。地理信息系统的优势是对空间数据的强大的组织和管理能力,同时也可以处理属性数据。城市与区域规划作为空间科学的一个领域,规划实体的最终表达形式之一便是空间数据——规划图件。因此,GIS 和图形处理软件如 CAD 在规划中占有至关重要的地位。

GIS 是一种以空间信息为处理对象的特殊的应用软件系统,以 20 世纪 60 年代初的加拿大地理信息系统(CGIS)的开发和应用为开端,当前已经得到了广泛的应用和发展。地理信息系统很难找到一个普遍接受的定义,但是对于其基本功能的界定大同小异。一般认为地理信息系统是以地理空间数据库(一般指属性数据库)为基础,采用一定的地理模型分析方法,可以实时提供空间相关的、动态的地理信息,为教学、科研和决策服务的计算机系统,它能够提供如下功能:①具有采集、管理、分析和输出多种空间信息的能力;②具有空间数据分析能力,可以有一定的空间分析和建模能力;③能够有效地管理空间数据和属性数据。

这里提到的地理信息系统是指地理信息系统软件工具。地理信息系统通常包括常用的空间分析模型,如信息复合模型(overlay)、缓冲区模型(buffer)、空间插值模型、离散点拟合模型、空间相关模型等。不同的 GIS 软件产品提供的分析模型虽然有所不同,但总体而言是相对缺乏的。下面以目前比较流行的 GIS 产品 ARC/INFO 和 MapInfo 为例作简要介绍。

ARC/INFO 是目前 GIS 产品中用户最多、功能最强的产品,它提供的空间模型包括:多边形叠加分析;缓冲区分析;线状网络分析模型,包括路径选择(path finding)、地址匹配(address-match)、空间定位(location)、资源分区分析(allocation)和动态分段模型(dynamic segment);地表模型和地形分析模型(也叫不规则三角网,triangulated irregular network,TIN);空间网格模型(grid model,GRID),包括聚类分析、最大似然分类、主成分分析等简单的统计分析工具。而 MapInfo 除了提供了缓冲区模型、分区功能和空间查询外,几乎没有提供专业级别的空间分析模型功能。可以说,专业模型缺乏是 GIS 的一个固有的弱点。

综上所述,可以看出,GIS 虽然提供了一部分通用的空间分析模型,但这些模型在城市与区域规划应用中显然是不够的。再者,GIS 中的模型一般是针对空间数据分析的,而针对属性数据的分析模型缺乏。而城市与区域规划领域、人文地理学领域,获取的数据中属性数据、类别数据占有相当比重,这些数据的处理和分析需要特定的专业模型进行,而 GIS 并没有提供这些模型,在 GIS 中进行大量的专业模型的扩充也不方便。模型分析功能是 GIS 的核心和灵魂,但通用 GIS 软件提供的分析模型不可能包罗万象,只能提供各个领域中通用的空间分析模型。因此,在具体专业领域 GIS 的应用过程中,GIS 也面临着模型的扩充问题。

据此,国外出现了一种 GIS 和城市与区域模型集成的发展趋势。20 世纪 90 年代早期, GIS 领域普遍认识到缺乏复杂分析和建模能力是当前 GIS 技术的致命弱点(Openshaw, 1991),因此,欧美的 GIS 研究领域致力于提高 GIS 的复杂分析和建模能力。这种 GIS 和城市与区域模型的集成正是这种努力的结果。然而,虽然和 GIS 建模在基本原理上类似,但基于 GIS 的城市建模和 GIS 的环境建模二者还是有较大的差别(Goodchild,1996),所以在应用 GIS 进行城市与区域规划建模研究过程中,应该以城市和区域本身的特征和规律为出发点。

目前广泛采用的 GIS 和城市与区域模型的集成方法主要有四种,即在城市与区域模型软件中嵌入 GIS 功能、GIS 软件中嵌入城市与区域模型功能、GIS—城市与区域模型—统计工具的松散集成以及三者的紧密集成。这种关系如图 4.2 所示。

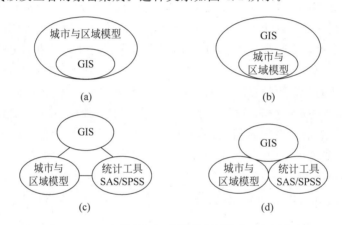

图 4.2　GIS 和城市与区域模型集成模式(Sui,1998)
(a) GIS 嵌入城市与区域模型中；(b) 城市与区域模型嵌入 GIS 中；(c) 松散集成；(d) 紧密集成

(1) 城市与区域模型中嵌入 GIS 功能。这种方法一般是城市与区域模型或空间统计研究者为了绘图的目的,将部分 GIS 功能嵌入城市与区域模型软件中,目前还没有商用的 GIS 软件嵌入城市与区域模型中的先例。这种方法的优点是实现起来不受 GIS 数据结构的约束,并且可以随时加入新的模型；其不足之处是这些城市与区域模型软件的数据管理和可视化能力与专业 GIS 软件相比有一定的差距,并且编程工作量很大,特别是软件的 GIS 功能部分,有重复劳动之嫌,但当前组件化的 GIS 的发展可以克服这一缺点。并且,这类软件一般是个别城市与区域研究者针对特定的研究项目开发的,其直接的数据结构、软件开发工具、硬件平台各不相同,使得这类软件的易用性和推广受到限制。

(2) 城市与区域模型功能嵌入到商用 GIS 软件中。现在一些领先的 GIS 软件厂商已经在努力提高它们的 GIS 软件的复杂分析功能和模型功能。以城市数据管理系统(urban data management system,UDMS)(Robinson,et al.,1986)为发端,一些 GIS 软件厂商开发出了嵌入城市与区域模型的产品。一些常用的城市与区域模型功能已经集成到了流行的 GIS 软件厂商的产品中,比如 TransCAD,ArcInfo 的空间分析和网络分析模块,以及

SPANS 等。虽然这种集成方法可以充分发挥 GIS 软件的各种功能,但是,嵌入的城市与区域模型一般过于简单,并且模型的标定一般需要其他软件。

（3）松散集成。这种集成方法通常包括独立的 GIS 软件(如 Arc/Info)、城市与区域规划模型软件(如 TRANSPLAN 或 TRIPS)、统计分析软件(如 SAS,SPSS)。城市与区域模型软件和 GIS 软件之间是通过外部文件——ASCII 码或二进制文件——的方式集成的,这些软件之间没有共同的用户界面。这种集成方法的优点是避免了复杂的编程,并且可以充分利用不同软件各自的强大功能,但是其缺点也是明显的——数据交换和数据转换的过程烦琐而容易出错。这种方法比较适合于 GIS 用户扩展模型功能。

（4）紧密集成。这种方法是通过 GIS 的宏语言或常规编程将城市与区域模型集成到商业 GIS 软件中。为适应用户对软件功能的扩充或二次开发,越来越多的 GIS 软件开发商为 GIS 软件提供宏语言或脚本语言功能,使得用户能够以批命令方式运行一些命令或者为特定目的的应用开发不同的用户界面。虽然这种宏语言或脚本语言尚不足以用来开发复杂的模型,但是它提供了一种将用户开发的应用程序集成到 GIS 中的方法。某些 GIS 软件已经提供了通过 GIS 的菜单调用用户开发的模型库或模型子程序的机制,比如 MapInfo 提供的脚本语言 MapBasic,ArcInfo 提供的宏语言等。这种集成方法需要定义完善的访问 GIS 空间数据的界面,这是该方法能否成功的关键。这种方法最大的挑战是需要建立一种用户在调用空间数据时不需要了解 GIS 软件具体采用的数据结构的机制,即要求 GIS 的空间数据结构对二次开发用户是透明的。

上述四种方法中,前两种方法中集成工作由软件开发者承担,而后两种方法,集成需要最终用户实现。因此,考虑到用户操作的易用性和功能之间的紧密集成,在城市与区域规划模型系统的开发过程中,采用了第一种集成方法,即将 GIS 功能和统计功能集成到城市与区域模型中。同时,在实现的过程中,尽量克服了这种架构的缺陷,在硬件平台、开发工具和数据结构等方面,选择了目前最为流行的平台,在数据结构和文件格式方面,支持多数流行的格式,为和其他软件的数据交换提供了可能性。由于采用了流行的数据格式,对于 GIS 功能的不足,还可以通过第三种方式——松散集成的方式,通过专业 GIS 软件来完成。城市与区域规划模型系统的结构如图 4.3 所示。

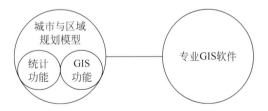

图 4.3　城市与区域规划模型系统的结构

通过以上的分析可以看出,GIS 为城市与区域规划提供了强大的空间分析和图件管理功能,但是缺乏专业模型功能。城市与区域规划模型系统的实现正是为了弥补这一不足的。但是,GIS 毕竟是用于城市与区域规划中最重要的一项工作——图形管理和表达的软件工具,因此本软件系统的功能设计中充分考虑了和 GIS 的软件接口,提供了一个 GIS 接口模块,可以读取和显示GIS的空间数据和地图,以及制作简单的专题图。

　　城市与区域规划模型系统正是定位于城市与区域规划及人文地理学的专业数据分析软件,为该领域提供了一个功能较为全面、专业性强、使用简单,既不同于SAS、SPSS等通用数据分析软件,又不同于GIS、CAD等以空间数据管理、分析为主的图形软件,但又与这些软件产品关系密切的数学模型软件系统。

4.1.3　城市与区域规划模型系统提供的模型

　　城市与区域规划模型系统提供的模型包括四部分:数据预处理、数据分析模型(数理统计分析模型)、区域规划模型和城市规划模型。前两类模型是针对数据常规分析的,后两类模型是城市与区域规划领域的专业模型,前者的分析往往是后者的基础。

　　(1) 数据预处理模型。数据预处理是对数据进行初级提炼、加工和分析。数据预处理的目的是提高数据的标准化程度,使之符合某种标准或要求,因为某些模型中要求数据具有一定的格式。有时标准化可以简化后续模型的计算。总之,数据预处理是对原始数据的初级加工,如果数据的标准化程度较高的话,它并不是后续模型所必需的。数据预处理模块包括13种处理方法,即:①行列转置,即矩阵转置;②标准差标准化;③极差正规化;④数据中心化;⑤自然对数变换;⑥数据百分化;⑦均值比;⑧用户自定义函数;⑨基本统计量;⑩拆分表格;⑪数据累加;⑫数据过滤;⑬四则运算。

　　(2) 数据分析模型。即常用的数理统计分析模型,这些模型在规划中有着十分广泛的应用,可用于因子的选取、拟合预测、判别分类等情况。数据分析模型包括下列10种:①回归分析。包括一元回归分析、多元回归分析、逐步回归分析、岭回归分析、三角回归分析和趋势面分析。②判别分析。包括两组判别分析、多组判别分析、逐步判别分析和训练迭代法。③聚类分析。包括系统聚类分析、动态聚类分析、模糊聚类分析、图论聚类分析和有序样品的聚类分析。④主成分分析。⑤因子分析。⑥对应分析。⑦线性逻辑斯谛模型。⑧相关分析模型。⑨对数-线性模型。⑩方差、协方差分析模型。

　　(3) 区域规划模型。区域规划模型和城市规划模型是城市与区域规划中的专业模型。城市规划模型和区域规划模型实际上很难划分一个明确的界线,将二者区别开来只是习惯上的考虑,通常将区域经济模型、区位模型、重力模型等作为区域规划模型,实际上这些模型也可以应用到城市规划中。区域规划模型包括如下12个模型:①趋势预测模型;②人口簇生存模型;③基本经济模型;④转换与分配模型;⑤投入产出模型;⑥单约束重力模型;⑦双约束重力模型;⑧平面区位模型;⑨网络区位模型;⑩线性规划模型;⑪多目标规划模型;⑫曲线拟合模型。

　　(4) 城市规划模型。城市规划模型包括如下10个已经实现的模型和2个尚未实现的模型:①层次分析法;②模糊综合评价模型;③因子综合评价模型;④灰色关联度分析;⑤城市专业化指数(职能结构分析);⑥城市吸引范围;⑦城市化水平分析模型;⑧城市等级规模分析模型;⑨城市首位度模型;⑩城市人口逻辑斯谛预测模型;⑪交通模型(尚未实现);⑫用地评价模型(尚未实现)。

4.2　软件设计

4.2.1　面向对象的设计和编程

　　编程语言的发展影响程序设计方法,对于不同发展阶段的编程语言有不同的设计方法。正如前面所提到的,编程语言的发展大体经历了四个阶段,第一代编程语言没有子程序的概念,是纯数学公式的表达;第二代编程语言引入了子程序,结构化有所增强;第三代编程语言支持模块化设计,有的语言已经有了类的雏形;第四代编程语言是面向对象的编程语言,有的甚至支持组件化编程。当前普遍采用的编程语言大多属于面向对象的编程语言,比如 C++ 和 Java。

　　面向对象的编程语言以对象为核心,可以方便地表达和模拟现实世界,与其他类型的编程语言相比,具有显著的优越性,可以表现在如下几个方面:①代码和数据封装性好,便于对现实世界的模拟。面向对象的编程语言是以类(或对象)为基本单位的,类把代码(过程)和数据封装在一起,就像现实世界中的客观对象一样。类中的过程代表对象的动作,数据代表对象的属性。用类(或对象)来表达现实世界中的客体是完全自然的,符合人们的思维习惯,便于进行系统设计、表达。②代码可重用性强,编程效率高。面向过程的编程语言的核心是函数,虽然也可以重用,但是由于面向过程的语言中数据和函数是分离的,二者的耦合性很弱,在重用的过程中由于牵涉到和相关的数据的联系问题,可重用性大打折扣。像第一代编程语言,比如早期的 Basic,根本就不具备代码重用的可能。而面向对象的编程语言中的类,是一个具有特定属性和行为的代码实体,只要生成一个这样的实体,它就具有这种属性和行为。③软件易于维护。由于软件系统的基本单位是对象,对象具有严格的封装性,所以一个对象的改变不会影响到其他对象。同时,对象的内部结构和外在表现是分离的,只要对象的外部表现(接口)保持恒定,内部结构的变化并不会影响到其他的类,对于其他的对象而言,这个内部结构已经改变的对象就好像没有发生任何改变一样。举例来说,比如一个人只要知道汽车可以驾驶,并不需要了解汽车是如何实现行驶的,是电驱动的还是内燃机驱动的,是用柴油作燃料还是用汽油作燃料。即便是汽车的发动机发生了改变,对于人所关心的行驶功能来说丝毫没有影响。因此,对错误的调试或功能的改变,总可以定位到具体的对象中,因此维护和升级相当容易。④易于系统设计。面向对象的编程方法(object oriented programming,OOP)和面向对象的设计(object oriented design,OOD)是紧密联系的,面向对象的设计必须在面向对象的编程语言的支持下才能得以应用。在面向对象的设计方法中,现实世界中的客体和软件中的对象存在对应关系,因此可以将现实世界中的客体直接抽象为程序中的对象(类),使得系统设计过程变得直观,易于操作。

　　鉴于面向对象的编程和面向对象的设计的诸多优点,城市与区域规划模型系统的设计和编程都是采用面向对象的技术。当前面向对象的编程语言中,C++ 的应用最为广泛,本系统的编程因此采用了 Visual C++。

4.2.2　系统的体系结构

城市与区域规划模型系统从功能上可以划分为 6 个模块,即输入模块、编辑模型、分析处理模块、输出模块、GIS 模块和数据显示模块(可视化)。

任何一个软件系统,输入/输出功能都是必需的,并且输入输出功能的好坏直接关系到软件的成功与否。因此,城市与区域规划模型系统的软件设计过程中充分考虑了输入/输出功能的多样性和灵活性,提供了四大类的输入功能和 6 大类的输出功能。数据编辑功能也是关系一个软件系统实用性好坏的关键因素,因此,本系统实现了基于电子表格的完善的数据编辑功能。城市与区域规划模型系统的核心功能是专业模型功能,如前所述,系统中提供了包括数据预处理在内的 4 类专业模型。考虑到城市与区域规划领域 GIS 软件应用的普遍性,本系统特别实现了一个 GIS 模块,可以完成 GIS 图件的显示、简单查询功能和专题图的编制。数据可视化就是把数据用图表的形式显示出来,为分析者建立一个直观的印象,揭示数据之间的变化规律,帮助对数据的深层分析。城市与区域规划模型系统的体系结构如图 4.4 所示。

城市与区域规划模型系统由如下模块组成:①输入模块。数据输入模块是城市与区域规划模型系统的数据入口,负责将各种格式的数据输入到该系统。支持的输入数据格式包括:系统定义的数据格式(ums)、ASCII 码文件、各种格式的数据库文件如开放数据库互联(open database connectivity,ODBC),也可以通过剪切板输入电子表格文件,比如 Excel。系统支持的 ASCII 码文件可以识别多种类型的分割符,包括制表符、逗号(,)、分号(;)、空格、用户已经定义的任何字符。②编辑模块。编辑模块提供了针对电子表格的数据的基本编辑功能。数据的编辑功能是在电子表格上实现的,包括:删除电子表格行、删除列、插入行、插入列、选定数据的剪切、复制和粘贴、样本或变量名的修改、将某一行或某一列数据作为数据的变量名或样本名。上述各项操作都实现了单步撤销操作功能。同时指出,本系统中的数据具有数据类型,数据类型的修改也是数据编辑的一个内容。③处理分析模块。处理分析功能是城市与区域规划模型系统的核心,该模型包括数据预处理、数据分析模型、区域规划模型和城市规划模型四部分,后面将详细介绍。④输出模块。输出模块负责将模型的处理结果或输入的数据以一定的方式输出到屏幕或写入存储介质。本系统可以用文本、绘图、文件或数据库的形式输出处理结果或数据,分别对应于输出窗口(输出结果文件)、绘图窗口、ums 文件和 ASCII 码文件、各种格式的数据库文件(通过 ODBC)。⑤数据可视化模块。该模块通过各种类型的图表的形式,将数据表达出来,给使用者一个直观的印象。⑥GIS 模块。该模块可以读入 Arc/Info 的图形数据,以地图的形式显示出来,并且可以将部分结果显示到地图上,或者从地图中获取输入数据。该模型是城市与区域规划模型系统和 GIS 软件交互作用的接口。

在介绍了各模块的基本功能之后,下面说明一下各个模块之间的关系。

(1) 城市与区域规划模型系统和其他软件之间的关系。在设计城市与区域规划模型系统的时候,充分考虑了和其他软件的互操作性,因此提供了多种类型的数据输入/输出格

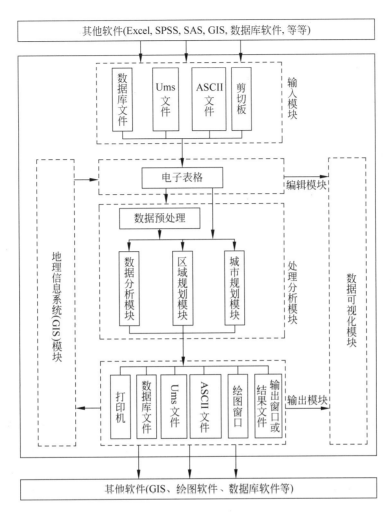

图 4.4　城市与区域规划模型系统体系结构图

式。这样,其他软件的处理结果或者原始数据就可以作为输入数据导入到城市与区域规划模型系统中进行进一步处理,城市与区域规划模型系统的处理结果也可以作为输入数据导入到其他软件中进行显示、绘图等进一步操作。这样,就保证了城市与区域规划模型系统和其他软件之间的交互性。

(2) 在城市与区域规划模型系统内部,数据输入模块负责外部数据的导入,这些数据包括已经存在的其他格式的数据文件或数据库文件,也可以通过电子表格直接录入,或者从其他支持电子表格的软件中通过剪切板复制过来。从输入模块将数据导入到软件以后,就可以到数据编辑模块进行数据的修改。此时可以通过图表提供的数据可视化功能对数据加以考察,如果发现异常情况可以再作修改。对数据感到满意以后,就可以进入数据处理分析过程了。如果采用的模型对数据有特定的要求,就可以采用数据预处理模型对数据进行预处理,然后采用具体的模型对数据进行处理分析。如果模型对数据格式没有严格的要求,或者数据的标准化程度较好,就不必进行数据预处理,可直接应用相应的模型进行分析。通过对数据的分析,得到处理结果。如果处理结果不能达到预期的目的,则需要回到数据编辑模块,对数据进行进一步检验,或者作必要的预处理,然后调整模型的参数,直到得到满意的结果为止。如果处理的数据和 GIS 图件有密切的联系,则可以调用 GIS 模块,将处理的结果表示到 GIS 图上去。GIS 模块也可以作为数据输入的一种方式,其一是直接读取 GIS 的属性数据库,用某些属性数据作为模型分析的数据源;其二是直接在 GIS 图上通过屏幕拾取,获得空间位置信息。对于模型分析结果,也可以调用可视化模块,将分析结果用各种图表表达出来。

4.2.3　数据格式和数据库的支持

城市与区域规划模型系统的主要用途就是处理、分析各种数据,因此数据格式的定义有着至关重要的地位。城市与区域规划过程的数据,也就是城市与区域规划模型系统的输入数据,可以大体分为两种类型:一种是较为规整的矩阵数据,即是一个规则的二维表,一般情况下表的行表示一个样品,列表示一个变量。这种数据是城市与区域规划模型系统处理的主要数据类型,其输入和编辑采用电子表格。除了这种数据,还有一类数据,通常作为模型的参数,一般没有标准的格式。对于这类数据,系统中是作为对话框参数的形式提供的,不是这里讨论的重点。

在 GIS 中,属性数据是采用数据库存储的。数据库文件是一种数据标准,绝大部分数据处理软件都支持数据库文件,它是一种不同软件之间交换数据的标准。因此,数据库文件是不同的软件之间交换数据的理想途径,本系统支持数据库文件的存取。虽然数据库文件都是二维表的形式,但是不同的数据库软件系统所定义的文件结构各不相同,并且对于同一数据库软件,不同的版本之间也大多是不兼容的。例如,在微机环境下,常用的数据库就有:dBaseⅢ,dBaseⅣ,FoxBase,FoxPro,Access 等,一般情况下,同时支持如此众多的数据库文件格式几乎是不可能的。所幸的是,微软公司提供的开放式数据库互联(ODBC)技术可以用统一的编程接口同时支持上述数据库文件格式,实现不同数据库文件的存取。ODBC 技术是操作系统级的数据库接口技术,由微软公司提供统一的接口规范,具体实现则由具体的数据库厂商来完成。Visual C++支持 ODBC 编程接口,城市与区域规划模型系统对数据库的支持采用了 ODBC 接口技术,因此可以读入和存取各种常用的数据库文件,解决了和其他软件的数据交换的问题。

矩阵数据,即二维数据表数据,是城市与区域规划模型系统处理的核心数据体。由于考虑到对数据库的支持,用电子表格表达的矩阵数据定义了变量的数据类型,包括整型、实型、字符型和无效类型。其中无效类型数据表示该变量在处理过程中暂不考虑,如果修改其数据类型,下次运算时就可以采用,这样就可以起到屏蔽某些变量的作用。整型和实型变量是最常用的变量类型,因为这是模型处理的数据类型。字符型变量仅起到标注样本的作用,有时则作为属性变量的变量类型。定义变量的数据类型还有一个辅助作用,即用于控制电子表格中数据的显示格式。

4.2.4　系统的对象设计

在面向对象的设计和编程技术中,必须了解两个基本概念——类和对象。对象是对客观世界中实体的抽象,是具有物理或概念边界的实体。对象有三个基本要素:状态、行为和特征。相似对象的结构和行为可以在它们的类中定义,对于类而言,(类的)实例和对象是一回事。软件中的对象就是一段特定的数据和代码的内存区域。类和对象的概念是交织在一起的,谈到对象时自然就能联想到它所属的类。二者的显著区别是,对象是一个实体概念,而类是一个抽象概念。类是一系列具有共同的结构和行为的对象的集合。因此,单个对象就是类的一个实例。在软件中,类可以理解为对象的模板,是复制对象的依据。

由于类可以理解为一组相同对象的集合,因此我们有必要理解类之间的关系。从抽象的角度理解,类之间存在三种关系:概括(generalization)、综合(aggregation)和相关(association)。概括表示的是"之一种"关系,综合表示的是"之一部分"关系,相关表示的是一种关联关系。在具体的面向对象语言中,一般具有四种具体的关系,即:①继承关系(inheritance);②应用关系(using);③实例关系(instantiation);④元类关系(metaclass)。有的语言并不全部支持,其中 C++ 语言支持前三种关系。

继承是类之间的一种最为重要的关系,即子类可以具有和父类相同的属性和行为,它可以表达上面的概括和相关关系;应用关系是指,在一个类的实现过程中可以引用另一个类或者其实例(即对象),即一个类可以包含其他的类。应用关系可以表达抽象的综合关系;实例关系是另一个类的关于某一类型的特例,它一般是用于构造容量类(container classes)的。比如,可以从实数集合类实例化出整数集合类。在一般的面向对象语言中,一般是通过类模板实现的。实例关系和继承关系类似,可以表达概括和相关关系;元类是关于类的类,只有少数的面向对象语言支持,比如 Smalltalk 和 CLOS,故不加讨论。

另一个需要介绍的问题是 Visual C++ 的基本类库 MFC 中的文档-视图(Document-View)结构,因为它是 VC 开发的 Windows 应用程序中数据组织和图形用户界面的基本结构。VC 中任何一个窗口都是一个视图对象,即 MFC 的 CView 类或其子类实例化的对象。并且,每一个视图都有唯一一个文档类对象(CDocument 类或其子类的对象,和文件对应)和它相关联(反之则不同,一个文档对象则可以和一个或多个视图对象相对应)。视图(即窗口)的作用是和外界交互(用户输入数据或激发事件,或者输出信息),而文档则负责视图数据的管理,比如从文件读出或存入文件。文档-视图结构实际上是将信息的存储和显示两种功能分开,分别由类对象管理的一种软件组织方法。其逻辑结构可以如图 4.5 所示。

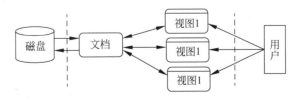

图 4.5　文档-视图结构

采用面向对象的编程和设计方法时,软件的基本单位是对象(或类)。因此,在确定了软件的体系结构之后,后面的软件设计工作就是类设计,即根据软件中涉及的实体设计软件中的对象(类),将各种功能和属性封装到各个对象中,同时确定各个对象之间的关系。

城市与区域规划模型系统包括 6 个模块——输入模块、编辑模块、分析模块、输出模块、GIS 模块和数据可视化模块,每一个模块又是由具体的对象组成的。这些模块的划分纯粹是从功能上考虑的,各个功能模块之间有着密切的联系,有的模块之间的联系甚至密不可分。比如数据输入模块和编辑模块在某些情况下是一个紧密结合的整体,数据的键盘录入和编辑都是在电子表格对象中实现的,因此很难将二者分开,将二者作为两个模块只是功能上的考虑。因此,与系统的 6 个基本模块相对应,存在 5 个类的集合——类组(class group),代表各个功能模块的类的实现(其中输入模块和编辑模块没有区分)。除了这些基本功能之外,系统还提供了选项设置功能,设置各个功能模块的相关参数,构成了选项设置类组。因此总共有 6 个类组(模块)。

系统中有一个特殊的对象——主应用类(URMS),它从两个方面考虑具有特殊的意义,其一,从软件的角度考虑它代表软件的主程序,其他对象都是由它作为入口调用的;其二,从各个模块的关系的角度考虑,该对象是联系其他模块的核心,是城市与区域规划模型系统的抽象。因此,各个模块之间的对象组织是由主应用类协调的,其间的关系如图 4.6 所示。

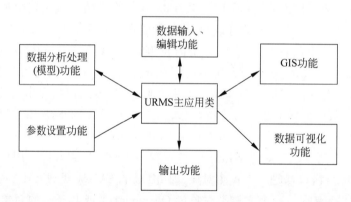

图 4.6 URMS 各模块关系图

系统主应用对象命名为 URMS,其图形界面对应于主窗口对象(MainFram)。

下面详细介绍各个模块的组成:

(1) 数据输入编辑模块。数据输入编辑类组包含如下对象:电子表格窗口(GridFrame)、电子表格视图(Gridview)、电子表格文档(GridDocument)、电子表格文本框(Umsedit)、电子表格标题编辑对话框(GridTitleDlg)、电子表格打印管理类(GridPrintMgr)、电子表格行列数扩充对话框(ExpandDialg)、电子表格数据管理类(GridDataManager)、电子表格数据类型设置对话框(SetDataTypeDlg)、电子表格编辑类(GridUndoMgr)、ASCII 码文件输入提示类(OpenAsciiPrompt);数据库管理类(Dbmanager)、打开数据库对话框(OpenDBDialog)、数据库查询结果类(Bulkset)、数据库浏览类(Datadlg)等。

各个类之间的关系如图 4.7 所示。

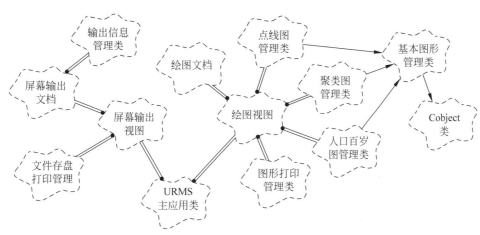

图 4.7　URMS 各模块关系图

该类组是围绕两个基本功能——数据库存取功能和数据的输入及编辑功能两条线索组织的。数据输入和编辑功能的实现是以电子表格视图类(GridView)为中心组织的:电子表格视图类应用了数据类型设置对话框类、修改标注对话框类、大小控制对话框类、输入文本框类、ASCII 码文件输入对话框和编辑管理类来协助实现数据的输入和编辑功能;电子表格视图类还应用了电子表格文档类构成文档视图结构,负责数据的存储、打印功能。其中电子表格文档类又应用了电子表格打印管理类和数据管理类。另一主要功能——数据库存取功能是由数据库管理类来实现的,数据库管理类应用了打开数据库对话框类、保存数据库对话框类、数据查询结果类等协助数据库输入/输出功能的实现。最后,数据库管理类和电子表格视图类通过 URMS 主应用类联系起来。

(2) 结果输出模块。输出信息包括计算结果的输出和绘图两大类功能,其中计算结果输出由如下对象实现:屏幕输出视图类(OutView)、屏幕输出文档类(OutDocument)、输出信息管理类(Msgmgr)、保存数据库类(SaveDBDlg)。绘图功能则包括如下类:绘图基类(GraphMgrBase)、基本图形类(PointLineGraphMgr)、年龄百岁图类(AgeTreeGraphMgr)、聚类图类(ClustGraphMgr)、绘图视图类(GraphView)和绘图文档类(GraphDoc)(图 4.8)。

计算结果的输出功能由屏幕输出视图类为中心组织。屏幕输出视图类应用了屏幕输出文档类及文件存取和打印管理类,而屏幕输出文档类又应用了输出信息管理类。计算结果输出功能的类结构较为简单,这一方面是由于屏幕输出视图是从编辑视图(CEditView)派生的,它本身就具有较强的信息输出管理能力,比如打印和打印预览、信息的显示、文件的存取等;另一方面,数据分析模型和城市与区域规划模型的基类中提供了部分计算结果的格式化功能。绘图功能是另一种计算结果输出形式,其类的构成较为复杂。首先,所有的绘图管理类都是从一个基类派生的,即基本图形管理类。该类实现了绘图所必需的所有的基本要素,它又是从 MFC 的共同基类 Cobject 派生的。按照所绘制的图形的形状,所有的图形除去了分异较为剧烈的图形,比如聚类图、人口百岁图等,其形状较为复杂,难以用

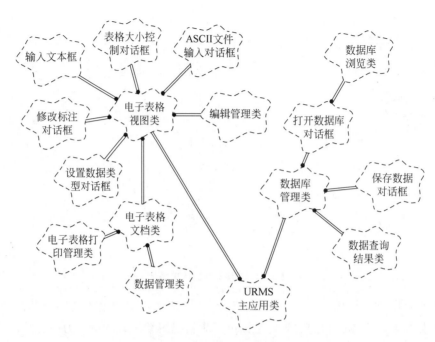

图 4.8　输出功能类组类关系图

点、线来直接刻画,因此构造了专门的聚类图管理类和人口百岁图管理类来绘制,其他的图形可以用基本的点线图管理类来绘制。因此,具体的绘图管理类是由这三个类组成的,它们都是从基本图形管理类派生的。图形管理类是绘图操作的根本,具体图形都是由这些类来具体完成的,图形的输出则是在绘图视图中实现的。因此,图形输出功能是由绘图视图为中心组织的,它运用了图形打印管理类、人口百岁图管理类、聚类图管理类和点线图管理类以及绘图文档类。最后,绘图视图类和屏幕输出视图类由 URMS 主应用类联系起来。

(3) 模型模块。专业模型功能是城市与区域规划模型系统的核心,它的实现也最为复杂。按照模型的类别,可以分为数据预处理模型、多元统计分析模型和城市与区域规划模型三大类。其中数据预处理模型处理较为简单,是直接实现的;数据处理分析(即多元统计分析)模型和城市与区域规划模型分别抽象了其基本属性和计算行为,构造了两个基类——多元统计分析基类和城市与区域规划模型基类,封装了各自基本的操作。具体的数据分析模型和城市与区域规划模型则是由这些基类派生实现的,它们具有相似的操作行为。

① 数据预处理功能。封装在预处理类(Pretreat)以及用户自定义函数类(UserdefineFunctionDlg)、基本统计信息类(sampleStatDlg)等 12 个类中。

② 多元统计分析功能。每一个统计方法对应一个分析类,都是从多元统计分析基类(StatBase)派生的,有的统计方法还有一个对话框类(不需要额外参数的统计方法没有对话框类),总共 34 个类,不再赘述。

③ 城市与区域规划模型。该模型是从城市与区域规划模型基类(PlanBase)派生的,每一个模型都包括一个核心类和至少一个对话框类。区域规划模型的类包括:曲线拟合类

（Curvefit）、趋势预测模型类（TrendPrj）、人口簇生存模型类（Popusurv）、基本经济模型类（Econbase）、迁移分配模型类（Shiftshr）、投入产出模型类（Inoutput）、单约束重力模型类（Scgravit）、双约束重力模型类（Dcgravit）、平面区位模型类（PlaneLoc）、网络区位模型类（NetworkLoc）、线性规划模型类（LinePlan）、多目标规划模型类（MoPlan）。

城市规划模型包括：层次决策法（AhpMethod）、层次单排序（AhpMethodSort）、模糊综合评判矩阵转换类（PregenEvalueDlg）、模糊综合评判类（GenEvalue）、因子综合评价类（FactorOrder）、灰色关联度分析（GrayRelation）、城市专业化指数（UrbanSpecialness）、城市吸引范围（UrbanAttractionScope）、城市首位度模型（UrbanPrimaryIndex）、城市等级规模（UrbanRank）、城市化水平（UrbanLevel）等。

上述城市与区域规划模型几乎都有一个参数输入对话框类,其命名规则是在模型类型后加 Dlg,即~Dlg。这些类之间的关系如图 4.9 所示。在图 4.9 中,多元统计分析模型基类和规划模型基类是从 Cobject 派生的,具体的专业模型又是从二者分别派生的。多元统计分析模型和规划模型用到了三个辅助类：通用例程类（Common）、基本统计分析例程类（Statistics）和输出信息管理类。数据预处理类、具体的数据分析类和城市与区域规划模型类通过主应用类 URMS 联系起来。

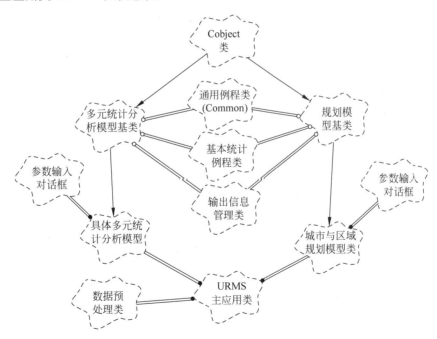

图 4.9 专业模型模块类关系图

（4）数据可视化模块。数据可视化功能采用图表的形式将数据显示出来,用于观察数据的内部联系和变化趋势。该功能包括如下类：图表视图类（ChartView）、图表文档类（ChartDoc）、电子表格视图类（GridView）、显示方式设置类（ChartOptionPage）、图表控件类（MSChart）和图表打印管理类（ChartPrintMgr）。这些类以图表视图为中心组织,最后连接到 URMS 主应用类上。

(5) GIS 模块。GIS 模块的基本功能包括显示和管理 GIS 图件、查询属性信息、屏幕坐标拾取、专题图编制等。这些 GIS 功能是和模型分析功能紧密集成在一起的,二者可以直接交换数据,这与通过文件和其他 GIS 软件交换数据相比有较大的优越性。该功能模块包括如下类:GIS 视图类(GISView)、GIS 文档类(GISShapeDoc)、属性数据库管理类(DbfReader)、图层管理类(layerMgr)、属性显示对话框类(InfoList)、屏幕坐标拾取对话框类(CordPickList)、地图类(Map)、图层类(Layer)、多边形类(Polygon)、弧段类(Arc)、多点类(MultiPoint)、点类(Point)、基本图形类(Shape),等等。这些类以 GIS 视图类为中心组织,GIS 视图类应用 GIS 文档类、属性显示对话框类、图层管理类、屏幕坐标拾取对话框类和地图类,地图类应用图层类,它是图层的组合,而图层类有应用属性数据库管理类、多边形类、弧段类、多点类、点类。地图类、图层类、多边形类、弧段类、多点类、点类多是从基本图形类派生的。GIS 视图类和 URMS 主应用类联系在一起。这些类之间的关系如图 4.10 所示。

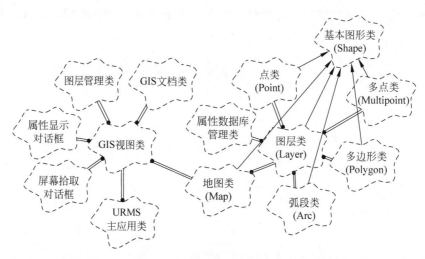

图 4.10   GIS 功能模块类关系图

(6) 选项设置模块。除了上面提到的基本功能以外,城市与区域规划模型系统还有一个辅助功能,即选项设置。系统总共提供了五种选择设置功能,即电子表格选择设置、输出选择设置、电子表格打印选项设置、数据可视化选项设置和绘图选项设置。类的组成包括:选项设置页框类(OptionSheet)、电子表格选项页面(GridOptionPage)、屏幕输出选项页面(OutputOptionPage)、电子表格打印选择页面(GridPrintOptionPage)、绘图选项页面(GraphOptionPage)和数据可视化选项页面(ChartOptionPage)。这些选项页面又应用了各自视图类来设置选项参数,完成其功能。

第5章 城市与区域规划模型系统实现

本章导读

　　城市与区域规划模型系统封装了常用的数据预处理、数据统计分析和城市与区域规划专业模型方法，同时也集成了GIS常用功能，包括地图的显示、图层的管理、专题图的制作、属性查询等。这样，城市与区域规划模型系统实现了数据统计分析、规划专业模型和GIS的有机集成，封装了规划过程中的常用操作，可以在一个软件系统中基本实现规划过程中的常用数字化操作，提高了规划的效率，同时也克服了GIS软件、规划专业模型软件和数据统计分析软件各自分析的不足。

　　城市与区域规划模型实现的指导思想是易用性、软件开放性和功能集成化。易用性方面：首先体现在数据操作上，数据录入、编辑、预处理都是在电子表格中实现的，并且电子表格支持多文档，操作简单、直观。其次，各个模型的参数都有默认值，模型的一些参数可以从处理数据（电子表格）中自动获取；都有数据有效性检验功能，对于错误的参数有提示；模型的参数都有自动保存功能，下次启动可以自动恢复；所有界面都是汉字界面，有完备的帮助功能，系统介绍了模型的参数设置、数据格式等信息；电子表格、数据可视化、绘图、GIS、输出窗口都有弹出菜单，方便操作；所有模型都有快捷按钮。上述功能保证了城市与区域规划模型系统简单易用。软件开放性主要是指系统对于数据格式的支持、数据的输入输出格式以及和其他软件交互操作的能力。城市与区域规划模型系统通过ODBC支持常用数据库文件的存取，支持各种分割符分割的文本数据，支持系统剪切板操作，因此可以方便地和其他软件交换数据。城市与区域规划模型系统可以和流行的GIS软件如ArcView、MapInfo等协同工作，获取其中的属性数据进行处理分析，然后将分析结果用GIS软件显示。同样也可以和数据统计分析软件如SPSS、SAS协同工作。功能集成化是指城市与区域规划模型系统集成了数据统计分析、规划专业模型和GIS三大方面的功能，功能较强大，效率较高。

5.1　数据格式和数据类型

5.1.1　电子表格(矩阵)数据

　　城市与区域规划模型系统的处理对象是规划过程中获取的各种统计数据或属性数据，这些数据在系统内部是采用电子表格管理的（输入和编辑），以二维表为表达方式。这种表达方式的优点是模型对输入数据的处理较为简单和自然。首先，有些模型，比如多元统计分析模型和其他一些模型的原始数据就是采用矩阵的形式，二者是完全一致的；其次，对应其他模型,输入数据虽然不是矩阵的形式,比如说,是一个序列或向量,也可以最终映射到电子表格的某一行或某一列。因此,可以说这种用电子表格处理数据的方式不仅易于输入和编辑操作,而且和模型的结合是紧密的。

1. 表达方式

电子表格中的数据是以矩阵的格式表达的。以统计数据为例,样本(观察对象)构成电子表格的行,变量(属性)构成电子表格的列。具有 M 个变量的 N 个样本构成一个 N 行 M 列的电子表格矩阵。对于一些不是严格地构成矩阵的数据,某些行列单元上的数据可能为空,此时,相应的单元填充空元素。空元素对于不同的数据类型有不同的解释,对于字符型数据,则为空字符串,对于实数,则为 0。用空数据填充的目的是保持矩阵的完整性。

2. 数据类型

1) 设置数据类型的目的

电子表格数据是有数据类型的,即每一个变量(列)独有一个数据类型。默认的情况下,电子表格的数据类型全部是实型。电子表格数据设定数据类型是出于两方面的考虑,一是为了保持和数据库的一致性。数据库是有数据类型的,为了将电子表格数据存储为数据库的方便,设置数据类型,二者之间定义了一定的对应关系。另一方面的考虑是为了数据显示的目的,比如将实型数据设置为一定的精度,精确到小数点以后多少位。

2) 数据类型的定义

URMS 系统中定义了四种数据类型,分别为字符型、整型、实型和无效型。字符型数据有两种应用方式,一是用于标注。有些情况下,除了样品名称以外,还需要其他的一些说明,此时可以采用字符型变量;另一种情况是表达类别(属性)数据,比如,某一属性分为三个类别,可以分别用 a、b、c 表示。整型数据和实型数据的用途相同,是用于表达实际的观测数据的,二者没有本质的区别。实型比整型具有更高的精度,在模型内部的运算过程中,二者实际上都表示为实型。二者的区别只是意义上的考虑和对外表示的需要,比如人口、对象数目等变量具有整数的意义,不能将人口显示为实数的形式。无效型是一个特殊的数据类型,定义该数据类型的目的是为了屏蔽掉某一个变量。有时候,对应某种模型的运算,某一变量暂时不应用,此时可以将该变量设置为无效型,那么,模型在获取数据的过程中就会将该变量过滤掉。当然,也可以直接删除该变量,但是删除变量有一个缺点,即不可恢复。当另一个模型需要这些变量的时候,就得重新输入。设置无效型数据类型的目的是为了过滤数据。

3) 电子表格数据类型和数据库字段类型的对应关系

设置电子表格数据类型的一个主要目的就是为了电子表格数据和数据库数据之间的转换,因此,需要定义二者之间的转换规则。数据库的字段类型比电子表格的数据类型丰富得多,因此,将数据库文件转换为电子表格文件会丢失数据类型信息。下面分别列出了系统定义的从电子表格文件转换为数据库文件和从数据库文件转换为电子表格文件之间的数据类型对应关系。

（1）从电子表格文件转换为数据库文件

电子表格数据类型　　　　　　数据库字段类型

实型　　　　　　　　　　　　实型(SQL_REAL)

整型　　　　　　　　　　　　整型(SQL_INTEGER)

字符型　　　　　　　　　　　字符型(SQL_VARCHAR)

无效型　　　　　　　　　　　字符型(SQL_VARCHAR)

（2）从数据库文件转换为电子表格文件

数据库类型　　　　　　　　　电子表格数据类型

字符型(SQL_CHAR)　　　　　字符型

字符变量型(SQL_VARCHAR)　字符型

整型(SQL_INTEGER)　　　　　整型

短整型(SQL_SMALLINT)　　　整型

浮点型(SQL_FLOAT)　　　　　实型

双精度型(SQL_DOUBLE)　　　实型

实型(SQL_REAL)　　　　　　　实型

4）数据类型的内部表示

在软件内部，每一个电子表格都有一个数组存放各个变量的数据类型。变量的默认数据类型设置为实型，用户需要将数据类型编辑到实际的数据类型，具体方法见数据编辑部分。后面将会提到，系统提供了两种存储电子表格数据的文件格式：二进制格式(ums)和文本格式(ASCII 码)。对于系统定义的二进制格式，文件中存储了数据类型信息；而对于文本格式，为了保持和其他软件的兼容性，文件没有保存数据类型信息。因此在打开文本文件时，数据类型信息不能够完全恢复。为了弥补文本文件不能存储数据类型信息的不足，系统提供了一个数据类型自动识别功能，可以识别出部分数据类型信息。有关数据类型信息在文件中的存储方式，参见文件存储格式部分。

3. 文件存储格式

电子表格数据有两种存储格式：二进制格式和文本格式。下面分别加以介绍。

1）二进制格式——电子表格文件

二进制格式的电子表格文档是专门为城市与区域规划模型系统实用的文件类型，其他软件不能识别该文件类型，其文件扩展名为 ums。

二进制文档的优点是存储效率高，并且保存了电子表格的数据类型信息。它不能用一般的文本编辑器编辑，因此数据的完整容易保持。其缺点是文件的通用性差，不能为其他软件使用。

ums 文件以二进制形式保存。其内部格式为：

电子表格行数（整型），电子表格列数（整型），数据类型（列数×整型），数据（按行存储，行×列，全部转换为字符型，读出时根据类型转换），标题（行数＋列数＋1）。

注意：以上格式中的逗号（,），文件中并不存在。

2) 文本格式(txt)——文本文件

文本格式的电子表格并不保存电子表格的类型信息,仅存储其值。在打开 ASCII 码文档时,所有的变量类型设置为电子表格的默认值——实型。

设计 ASCII 码文档的目的是为了提供一种和其他软件交换数据的格式,因为大多数软件均支持 ASCII 码格式的文件。所以,最好将电子表格中的数据保存为电子表格文档(*.ums),它可以保存数据类型信息。在和其他软件交换数据时,再把电子表格文档转换为 ASCII 码文档格式。ASCII 码文档的文件扩展名为 txt。

ASCII 码文档按 ASCII 码格式存储电子表格数据及标题(如果有标题),为了和其他软件输出 ASCII 码文档兼容,不存储数据类型信息。

系统可以读取任意格式的 ASCII 码数据文件。ASCII 码文件数据之间的分割符为一个单字节字符,不能用汉字字符(如汉字标点符号)。分割符是任意的,系统能够自动识别的分割符为制表符(\t),分号(;),空格,逗号(,),以及用户指定的任意单字节符号。当文件分割符不是上述 4 种默认分割符时,系统会弹出选择分割符对话框指示用户选择分割符。行之间以回车符(\r 或\n)分割。系统可以自动识别文件是否含有标题,并读入标题。读入的 ASCII 码文件的列数可以不相同。

系统输出的 ASCII 码文件用制表符(\t)作为数据之间的分割符。如果电子表格有标题,则输出标题。数据类型信息并不存储,因此,除非是为了和其他软件交换数据,不要用 ASCII 码格式存储电子表格数据,否则会丢失类型信息。

ASCII 码文件的格式如下:(⟨SPT⟩代表数据之间的分割符)

数据 11(字符型)< SPT >数据 12(字符型)< SPT >……数据 1n(字符型)\r(共 n 列)
数据 21(字符型)< SPT >数据 22(字符型)< SPT >……数据 2n(字符型)\r
……………………………………………………
数据 m1(字符型)< SPT >数据 m2(字符型)< SPT >……数据 mn(字符型)\r(共 m 行)

3) 两种文档之间的关系

电子表格数据可以存储为两种文件格式:二进制格式和文本格式,二者各有其优缺点。提供两种文件格式的目的正是为了相互弥补二者的不足。两种文件格式虽然差别很大,但是在导入电子表格以后,二者完全相同,并不存在差别。两种文件格式之间的转换可以通过文件的另存功能实现。

5.1.2　参数

除了基本的处理数据以外,有的模型还需要一些控制参数。这些参数采用对话框输入,一般没有紧凑的格式,作为一般的程序参数对待,保存在系统的参数文件中。还有一些少量的控制数据,比如数据的分组等,是采用嵌入对话框中的电子表格实现的,可以保存到参数文件,也可以恢复。参数文件的扩展名为 par,其存储和恢复是通过嵌入式电子表格的弹出菜单实现的,详见后面的数据编辑功能。

5.2　数据输入功能

城市与区域规划模型系统的数据输入方式大体可以分为四种方式：文件导入、数据库导入、键盘输入和剪切板拷贝。

5.2.1　外部文件输入

如上所述，系统可以识别、导入两种格式的文件——文本文件和二进制格式的电子表格文件。

1. 文本文件导入

ASCII 码格式的文本文件是一种松散结构的文件类型，其特点是通用性强。一般的软件都支持文本文件。城市与区域规划模型系统导入其他程序输出的文本文件。但是，文本文件有一个明显的缺点，就是结构松散，格式不一致。这表现在数据之间的分割符上。文本文件可以使用不同的分割符，比如制表符(\t)、逗号、分号、空格等。因此，系统专门提供了一个文本文件导入模块，可以识别出用户通常的分割符和用户定义的任意字符。需要指出的是，指定的数据分割符必须是英文字符，不能是中文标点符号。

文本文件的导入过程中需要识别文件的各种信息——包括文件的类型信息、文件的行列数、文件的数据类型等。URMS 的文件导入模块对这些信息的识别都是自动进行的，只有在系统不能识别的情况下，才会提示用户进行一些确认操作，比如文件的行列数、数据文件是否有变量名和样品名等。文件导入算法如图 5.1 所示。

如图 5.1 所示，文本文件导入时首先识别文件的行数、列数等基本信息，并且根据文件的列数信息判断文本文件是不是一个有效的数据文件。如果数据文件的列数差别很大，比如第一行数据为 10 列，第二行为 7 列，而第三行却只有一列，那么，我们就不认为该数据是一个有效的数据文件。判断数据文件有效性的一个主要依据是数据文件的数据列数，而数据列数的判断依据是数据的列分割符，即数据之间是用什么标记分割的。如果系统用默认的制表符(\t)不能有效分割数据时，就会弹出分割符选择对话框让用户选择有效的分割符，对话框的顶部是数据文件的前几行数据，作为用户判断分割符的参考。对话框如图 5.2 所示。分割符的选择运行试四次，如果失败，则认为数据文件是无效的。

通过以上的判断，如果文件的行列信息可以识别，则继续下面的操作。如果行列数无法识别，则提供最后一次导入文件的机会，让用户指定文件的行数、列数、有没有行标题(变量名)、有没有列标题(样品名)，根据这些指定的信息继续以后的操作。指定行列数对话框如图 5.3 所示。

在获取文件的行列数信息后(此时已认定该文件是一个有效的数据文件)，就可以据此进行进一步的获取数据文件的操作。接下来是识别数据文件是否有行标题(变量名)，判断

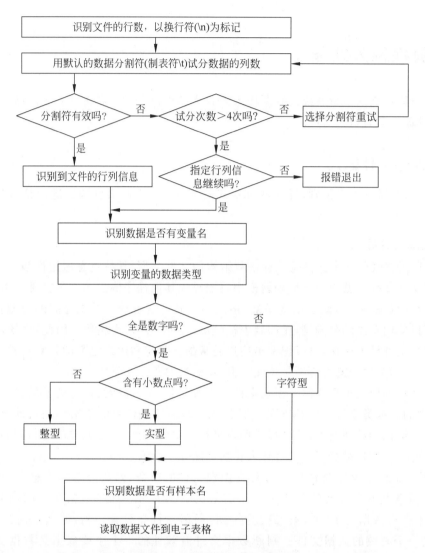

图 5.1　文本文件的导入过程

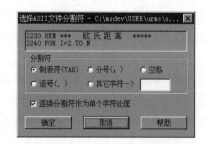

图 5.2　【选择 ASII 文件分割符】对话框

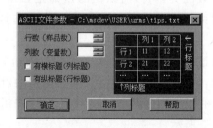

图 5.3　指定文件行列数对话框

依据是是否是字符型数据;识别变量的数据类型;识别数据文件的列标题(样品名),然后是读取数据内容并显示到电子表格中。在判断数据文件的行列标题时,如果系统不能确定,则显示对话框让用户确认。

通过系统提供的这些自动识别功能,城市与区域规划模型系统几乎可以导入任何类型的文本数据文件,提高了和其他软件交换数据的能力。

2. 电子表格文件导入

电子表格文件是系统定义的一种二进制格式文件,对于这种类型的文件(＊.ums),系统可以自动读入,恢复原来的所有内容,包括标题和数据类型。这种类型的文件必须是系统输出的,没有通用性。

5.2.2　数据库文件导入

URMS 通过 ODBC 支持对数据库文件的存取。数据库文件是一种标准的数据文件格式,多数数据处理软件都提供了对数据库文件的支持。但是数据库文件存在不同的格式,不同的数据库厂商提供的数据库管理系统输出不同格式的数据库文件。当前微机桌面环境下常用的数据库文件包括:dBase,FoxBase,FoxPro,Access,Paradox,SQLServer,大型数据库如 Oracle,Sybase,Infomix,DB2 等。有时 Excel 也作为一种数据格式。如此众多格式的数据库文件用通常的编制软件接口的方式来实现对数据库的存取几乎是不可能的,所幸 ODBC 数据库接口标准提供了一个支持异种数据库的一致方式。下面介绍 ODBC 是如何实现对异种数据库的存取的。

1. ODBC 数据库接口标准

ODBC 是开放式数据库互联(open dataBase connectivity)的缩写。ODBC 是一个数据库接口标准,通过标准数据库查询语言(SQL)实现对数据库的操作。不同的数据库提供专门的数据库驱动程序(由数据库厂商或第三方实现),但要符合 ODBC 的接口标准。ODBC 实现对数据库的存取操作的逻辑如图 5.4 所示。

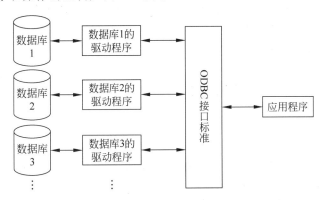

图 5.4　ODBC 实现异种数据库访问的逻辑图

2. 数据库文件导入

通过 ODBC 导入文件时必须首先选择数据源。所谓数据源即数据库文件的存放位置,比如某一目录。数据源是与具体的数据库类型和数据库驱动程序相关联的,在使用之前必须先创建。创建数据源之后就可以从中输入数据了。

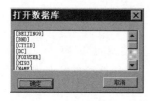

图 5.5　【打开数据库】对话框

导入数据库的第一步操作是打开数据源,即选择打开数据库的类型和数据库的存放位置。打开数据源之后,就可以从打开数据库对话框中选择要打开的数据库文件了。【打开数据库】对话框如图 5.5 所示。

从数据库列表中选择一个要打开的数据库文件名,就可以将数据库打开。

数据库打开后,并不是立即显示到电子表格中,而是首先导入到数据库预览窗口中。数据库预览窗口显示了数据库的所有内容,并且提供了导航按钮,可以在数据库中随意浏览。如果发现数据库需要导入,则可以将数据库内容转移到电子表格中。【浏览数据库】对话框如图 5.6 所示。

北京	合计	男	女	月以上	月-1年
保姆	30051.0	21160.0	8891.0	1676.0	21993.0
服务	251278.0	171866.0	79412.0	21382.0	148965.0
情业培训	41209.0	20698.0	20511.0	3806.0	28068.0
经商	48380.0	36557.0	11823.0	40692.0	6629.0
旅游观光	20531.0	11780.0	8751.0	1159.0	14409.0
探亲访友	8545.0	4629.0	3916.0	3678.0	4108.0
投靠亲友	13616.0	166.0	13450.0	625.0	9508.0
务农	16194.0	7364.0	8830.0	2561.0	6175.0
因公出差	16462.0	9020.0	7442.0	8261.0	6863.0
治病疗养	47932.0	30859.0	17073.0	44702.0	2665.0

图 5.6　【浏览数据库】对话框

由于采用了 ODBC 机制,URMS 可以支持任何提供了数据库驱动程序的数据库的存取。Excel 文件也可以通过这种方式导入。数据库文件转换成电子表格文件之后,数据类型的转换关系见前面的讨论。

5.2.3　电子表格输入和剪切板复制

1. 电子表格数据输入

对于首次录入的数据,只能由键盘通过电子表格输入。电子表格窗口如图 5.7 所示。电子表格窗口由四部分组成——行列数调整按钮、单元信息显示区、数据输入区和电子表格区,共同完成对数据的输入和编辑功能。

通过行列数调整按钮可以调节电子表格的行列数。电子表格的初始行列数可以从电子表格选项中设置,它不随数据的增加自动调整。因此当输入的电子表格的行列数小于输

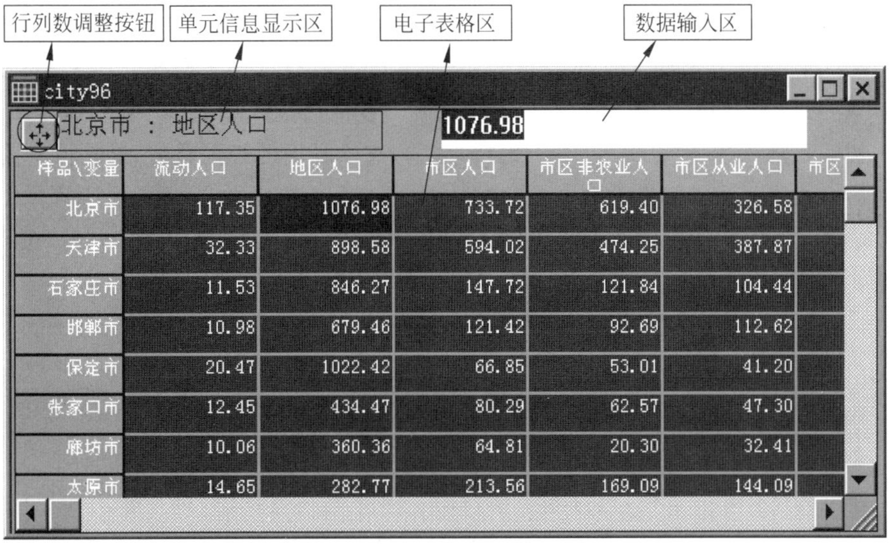

图 5.7　电子表格窗口

入数据的行列数时,就需要调整电子表格的行列数,以适应数据。单击电子表格按钮,就会弹出调整电子表格行列数对话框,可以指定改变行、列,以及改变的行列数;单元信息显示区用于显示当前电子表格单元的样品名和变量名,之间用":"分割。当在电子表格单元上单击鼠标左键时,就会显示当前单元的名称信息(数据显示在数据输入区中);数据输入区是数据输入的区域,每个输入字符都会显示在该区域中,直到单击 Enter 键,数据才会显示到相应的电子表格单元中。数据输入区也有显示单元数据的功能,当在电子表格单元上单击左键时,单元的数据就会显示在数据输入区中,此时可以修改。电子表格区是电子表格窗口的主要部分,显示数据内容。

前面已经谈到,电子表格数据是有类型的,新建一个电子表格文档时,所有列的默认类型都是实型,具体的数据类型可以由用户在文档生成后定义。在录入数据时,系统会限制一些不符合数据类型的信息的输入。比如,实型数据只允许数字、负号和小数点的输入,整型数据则限制小数点的输入,而字符型数据则不受任何限制。因此当输入字符型数据时,需要首先编辑该变量的数据类型。这种数据过滤功能可以防止输入错误的数据。

输入数据时,首先选择要输入数据的电子表格单元,然后从键盘输入数据,数据显示在数据输入区中。按 Enter 键或单击鼠标,数据就会输入到相应的电子表格单元中。电子表格的数据输入的方向有两种方式,行优先或列优先。行优先即以行为单位从左到右输入数据,在这种方式下,只要输入了数据的第一行之后,输入其他行时,光标会自动移动到下一个单元,即下一列;列优先方式正好相反,以列为单位从上到下输入数据,光标也会自动移动到下一行。这样可以提供数据输入的效率。数据输入的方向在电子表格选择中设定。

在录入新数据的过程中,除了从键盘录入外,还可以通过剪切板复制,详见后面的数据编辑部分。电子表格窗口是多文档窗口,可以同时打开或新建多个窗口,每个窗口输入不同的内容。

2. 电子表格输入和选项控制

对于电子表格的数据输入方向和显示方式,用户可以通过电子表格选项进行设置。设置命令从工具菜单的"选项"中启动。有关电子表格方面的控制选项(图5.8)描述如下。

(1)初始表格行数:新建一个电子表格文档时电子表格的初始行数,默认值为100。

(2)初始表格列数:新建一个电子表格文档时电子表格的初始列数,默认值为25。

(3)数据输入方向:在电子表格中输入数据时,按行(横向)还是按列(纵向)录入,包括横向和纵向。纵向(列)按行输入,输入上一个数据后输入焦点移到同行的下一个单元(右边);横向(行)按列输入,输入上一个数据后输入焦点移到同列的下一个单元(下边)。默认值为横向(行)。

(4)数据格式:宽度,实型数据的输出位数,包括整数部分、小数部分和小数点;精度,实型数据的小数位数。

(5)颜色和字体:前景色,选择输出窗口的字体颜色。背景色,选择输出窗口的背景颜色。前景色和背景色可以手工输入或从颜色组合框中选择。字形,即显示和设置字体名,可以手工或用设置字体对话框设置;大小,即显示和设置字体大小,可以手工或用设置字体对话框设置;设置字体,即设置字体和字体大小。

图5.8　电子表格选项

5.3　编辑功能

编辑功能是数据处理软件的一项必备功能。数据编辑是在数据输入过程中进行的,是在电子表格的基础上实现的。城市与区域规划模型系统的编辑功能按照操作对象可以划分为四种类型:普通编辑、行列编辑、标题编辑和数据类型编辑。

5.3.1　普通编辑功能

普通编辑功能是在 Windows 剪切板的支持下进行的各种编辑功能,包括复制、粘贴、剪切和撤销四种操作。这些操作都是针对选定的电子表格单元进行的。

复制是将选定的单元数据放入系统剪切板以备粘贴。

粘贴是将剪切板中的内容粘贴到电子表格中。粘贴的位置是以当前活动的表格单元为左上角单元,按照粘贴内容的行列数向右下方扩展。如果粘贴范围内的电子表格单元有数据,则原有数据会被覆盖。如果粘贴以后的电子表格行列数超过原来的行列数,则电子表格的行列数会自动调整。因此,粘贴操作有可能影响电子表格的行列数。

剪切功能是将选定的电子表格单元的内容清空,同时将该内容复制到剪切板中。剪切操作不会影响电子表格的行列数,即使是在最后的行、列上将整行或整列剪切掉,也不会使电子表格的行列数减少。这是剪切操作和后面提到的删除行列的区别所在。

撤销操作是取消上一步的操作,但是只提供单步撤销功能,即只能撤销上一步的操作。但是可以多次撤销,两次撤销相当于重做。

这些编辑命令可以从编辑菜单中执行,也可以在电子表格

图 5.9　弹出菜单图

上单击鼠标右键,从弹出菜单上执行。弹出菜单如图 5.9 所示。

由于上述编辑功能是通过 Windows 的系统剪切板实现的,因此,不仅可以在同一个电子表格窗口中执行这些编辑操作,或者在不同的电子表格窗口中进行操作,而且可以在不同的软件之间进行这些编辑操作,只要实施操作的软件支持电子表格。

5.3.2　行列编辑

行列编辑是以整行或整列为单位进行的编辑,包括删除选定的行或列,或者插入新行或列,也支持撤销操作。这些操作都会影响电子表格数据的行列数。

进行行列编辑时必须首先选定行列范围。选定范围时,可以选定整个行、列,也可以选定行列的一部分单元,由此标定选定的行列范围,系统会自动确定选定的行列。如果没有选定行、列,则默认当前的行、列。

删除行:删除当前活动的电子表格文档中选中的行。如果没有选中多个表格单元或多行,那么删除当前活动的表格单元所在的行;如果选中了多个电子表格单元或多行,那么删除选中的表格单元所在的行;同时下方的行上移。该命令和剪切命令的区别是表格的行数减少删除的行数。删除行时,相应的行标题(样品名)也被删除。

删除列:删除当前活动的电子表格文档中选中的列。如果没有选中多个表格单元,那么删除当前活动的表格单元所在的列;如果选中了多个电子表格单元,那么删除选中的表

格单元所在的列,同时右边的列左移。该命令和剪切命令的区别是表格的列数减少删除的
列数。

　　插入行:在当前活动的电子表格文档中插入空行。如果没有选中多个表格单元,那么
在当前活动的表格单元前面(上面)插入一个空行;如果选中了多个电子表格单元,那么在
选中的单元前面插入和选中的单元相同行数的空行。插入行后,数据行数增加插入的
行数。

　　插入列:在当前活动的电子表格文档中插入空列。如果没有选中多个表格单元,那么
在当前活动的表格单元前面(左面)插入一个空列;如果选中了多个电子表格单元,那么在
选中的单元前面插入和选中的单元相同列数的空列。插入列后,数据列数增加插入的
列数。

　　撤销:上述 4 种操作都支持单步循环撤销操作,即只撤销前一步操作,但可以多次撤
销。撤销操作是上次编辑的逆过程,比如撤销插入行相当于删除行。

5.3.3　标题编辑

　　标题编辑就是编辑电子表格数据的行列标题,即样品名(记录名)和变量名(字段名)。
新创建电子表格时,默认的行标题名称为顺序号,从 1 到表格的行数,列标题为"var1"到
"var+电子表格的列数"。当输入数据之后,应当编辑电子表格的标题。编辑电子表格标题
有两种方法,一种是直接修改,一种是标题复制或将某一行或列转换为标题。

　　可以双击要修改标题的表格单元修改标题,此时会弹出【变更电子表格标题】对话框
(图 5.10),可以选择改变行标题还是改变列标题,以及改变标题的内容,单击【确定】按钮之
后完成修改。

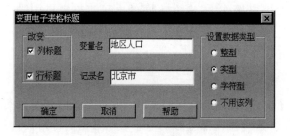

图 5.10　【变更电子表格标题】对话框

　　有时如果将某一行或某一列作为电子表格的标题,或者复制某一电子表格的标题,此
时就可以通过电子表格窗口的弹出菜单中的复制标题、粘贴标题和行/列作标题命令完成
标题的编辑。

　　复制标题:就是将选择的某一行的标题或标题的一部分复制到剪切板以备粘贴。在复
制标题之前同样需要选择标题范围。如果要复制从第一单元开始的 5 个单元的行标题,则
需要选中这 5 个单元,具体在哪一行选择没有关系。

　　粘贴标题:粘贴标题之前必须选择将要粘贴标题的范围。如果复制的标题是 5 个单元

的行标题,则必须选中某一行,且选中的单元数和复制的单元数相等,否则粘贴标题命令是禁止的。也就是说,复制行标题之后只能粘贴为行标题,单元数必须相等,但粘贴的位置可以改变。

将行/列作为标题:将行/列作为标题就是将某一行或某一列数据作为行标题名或列标题名。在首先选择某一整行或整列之后,该操作才被允许。

复制标题和粘贴标题允许在不同的电子表格之间操作。以上三个标题编辑命令都不支持撤销命令。

5.3.4　数据类型编辑

新建电子表格的默认数据类型是实型,这和大多数变量的数据类型相符,但也需要调整那些不相符的变量的数据类型,因此数据类型编辑是数据编辑的一个步骤。数据类型编辑可以通过两种方式进行:逐个变量编辑和成批编辑。

逐个变量编辑的特点是简单直观,如同修改电子表格标题一样,直接在需要修改变量的任意单元上双击鼠标右键,就会弹出【变更电子表格标题】对话框(见图 5.10)。对话框中显示了当前变量(列)的数据类型,单击想要修改的数据类型即可。

成批修改数据类型适用于大多数变量数据类型相同的情况,此时可以省去上面一种方法的烦琐,将这些相同数据类型的变量一次设置,其优点是效率高。从电子表格弹出菜单的"数据类型"项或者主菜单的"工具"菜单→"设置数据类型"可以启动【设置变量类型】对话框,如图 5.11 所示。

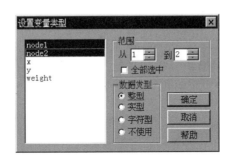

图 5.11　【设置变量类型】对话框

在设置变量类型之前首先选择变量,存在两种选择变量范围的方法,其一是在左侧列表框中直接选择;其二是在"范围"中手工设定。

从列表框中选择:在【设置变量类型】对话框中,左侧列表框列出了当前活动的电子表格的所有变量,可以在其中选择多个变量。可以用拖动鼠标选择多个连续变量,或者按下Shift 键,单击鼠标左键选择多个连续的变量,或者按下 Ctrl 键,单击鼠标左键选择多个不连续的变量。从列表框中选择变量时,"范围"中的变量的起止范围会随着变化。

在"范围"中设定:"从…到…"文本域中设置选择变量的起止位置;选中"全部选中"复选框可以全部选中变量。同样,选择范围的改变也会反映到左侧的列表中。

在选择想要改变数据类型的变量以后,就可以从数据类型中选择将要变化的数据类型了。在选择变量的时候,如果选中单个变量,则该变量的当前数据类型就会显示出来;当选择多个变量的时候,如果这些变量的数据类型相同,那么其数据类型也会显示出来,如果选择的变量数据类型不相同,则不显示。

上述这种编辑数据类型的方法适合于成批修改数据类型的情况,如果修改单个变量的数据类型,则没有效率优势,因为每次只允许修改一个或一批变量的数据类型为某一类型,不能一次将多个变量设置为多个数据类型。

5.4 输出功能

城市与区域规划模型系统的输出功能包括模型计算结果的输出和电子表格数据的输出两大部分。输出的媒介包括屏幕窗口、文件(数据库)和打印机。

5.4.1 模型计算结果输出

模型的计算结果输出到输出窗口中,以文本和数据的格式显示出来。部分数据预处理的输出结果格式规整,也是一个电子表格的格式,因此直接输出到电子表格中。输出到输出窗口中的信息包括模型的信息、计算结果以及错误信息等。

1. 实现原理

DOS 应用程序的输出是屏幕,C 和 C++语言都有直接支持的语句实现这种屏幕输出,这种输出比较直接,容易实现。在 Windows 下的应用程序,要想实现这种输出效果,必须模拟一个 DOS 输出窗口。URMS 的计算结果输出窗口就是这样实现的。在实现过程中,可在模型和输出窗口之间增加一个输出信息管理类,负责信息的收集和数据格式的解释控制,其逻辑关系如图 5.12 所示。

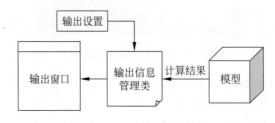

图 5.12   模型结果输出原理

图 5.12 的输出信息管理类(MsgMgr 对象)将收集到的模型输出信息进行格式转换,生成输出窗口能够接收的形式。对应输出窗口的一些关于输出内容的控制信息,比如最大显示行数、每次溢出行数等,也是由输出信息管理类负责控制的。

2. 输出内容编辑

虽然模型的输出信息是经过格式化的,有内定的输出格式,但是有时由于数据长度差别过大,使得一些表格或矩阵的格式混乱,就需要进行格式编辑。输出窗口的主要部分是由编辑框实现的,因此本身就支持编辑操作,常用的编辑命令如复制、剪切、粘贴、撤销都可以应用。单击鼠标右键就会弹出编辑菜单。输出窗口如图 5.13 所示。

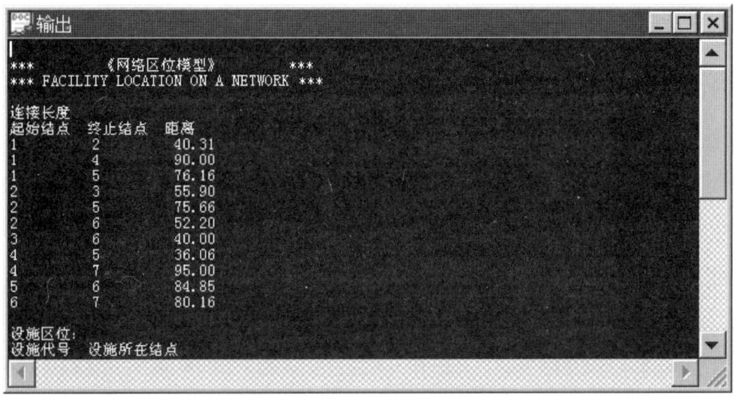

图 5.13　输出窗口

3. 输出结果保存和恢复

输出窗口中的计算结果可以作为一个文本文件保存。系统定义了一个文档类型对应于计算结果的输出,其文件扩展名为 rst,代表结果文件。在输出窗口下执行保存命令就可以将输出结果保存到一个文件中。

保存以后的结果文件也可以重新打开。输出窗口和电子表格窗口不同,系统中最多只存在一个输出窗口。因此,当打开结果文件时,如果此时还没有启动输出窗口,则启动输出窗口并打开该结果文件;如果已经启动输出窗口,将会提示是用结果文件覆盖窗口中的内容,还是将结果文件添加到现有内容的尾部,系统根据用户的响应,覆盖原有内容或者将结果文件添加到现有输出结果的尾部。

4. 计算结果打印和打印预览

输出窗口支持计算结果的打印和打印预览,可以将输出窗口的内容打印输出。

5. 输出窗口选项设置

输出窗口的选项设置包括如下内容。

(1) 颜色和字体:设置窗口的背景色、字体颜色,以及字体类型和字体大小。设置方法和电子表格设置完全相同。

(2) 行数控制:选择输出窗口的最大显示行数和每次溢出行数。最大显示行数即输出窗口中显示信息的最大行数,默认值为 10000;每次溢出行数,如果窗口中实际显示的信息行数大于最大显示行数,则前面的信息就会溢出。每次溢出行数设置溢出时每次裁剪的行数,默认值为 50。

（3）实型数据格式：设置实型计算结果的输出格式,包括：宽度,即实型数据的输出位数(包括整数部分、小数部分和小数点)；精度,即实型数据的小数位数；定点格式,指定是用定点格式(普通)还是用科学计数法格式输出实数。

5.4.2　电子表格数据输出

对应于电子表格数据的输入功能,电子表格数据可以有如下输出方式：电子表格文件(* . ums)、文本文件(* . txt)、数据库文件和打印输出。

1. 电子表格文件

电子表格文件是 URMS 定义的文件类型,其文件格式如前所述。电子表格文档(系统默认的文档)可以直接保存为电子表格文件,文本文档(以文本方式打开的文件)可以用文件的另存为功能存储为电子表格文件格式。具体存储为哪一种格式的文件,一般的原则是,如果不是为了和其他软件交换数据,应该首先考虑存为电子表格文件,因为电子表格文件保存了数据的所有信息,包括数据类型和样品名、变量名；如果数据的通用性更为重要,则应该存储为文本文件,这种格式的文件可以被软件识别,但是会丢失数据类型信息。

2. 文本文件

文本文件是 URMS 输出的另一种格式的数据文件。由于系统默认的文档格式是电子表格格式,新建一个文档产生的是电子表格文档,所以要将文件存储为文本文件(* . txt),只能利用另存为功能,将电子表格文件另存为文本文件。对于导入的文本文件,编辑之后直接保存也会输出文本文件。

3. 数据库文件

与数据导入类似,通过 ODBC 的支持,可以将电子表格中的数据存储为 ODBC 支持的任意类型的数据库文件。和数据库的打开过程类似,首先必须打开一个数据源,所有的电子表格数据都可以存储到该数据源中,保存的数据库文件类型和数据源相同。执行文件菜单中的保持数据命令则显示保存到数据库对话框,默认的数据库的名称和电子表格文档名称(* . ums 或 * . txt)(不包括扩展名)相同,扩展名随数据源而异(比如 * . dbf)。用户可以在对话框中指定保存的数据库命名。如果给定名称的数据库已经存在,系统将会提示用户是否覆盖同名的数据库。数据库的保存位置是当前数据源的目录。

在保存数据库的过程中,ODBC 根据电子表格数据的变量名确定字段名,将样品名也作为一个字段处理,其数据类型为字符型。数据库的字段类型则由电子表格的数据类型确定,系统定义了一个电子表格数据类型和数据库字段类型之间的转换规则(见前面的数据类型部分)。由于电子表格类型没有数据库字段类型丰富,二者之间没有严格的对应关系,在保存数据库的过程中仅用到了有限的几个字段类型。由于这种数据类型和数据库字段类型之间的不对应性,如果将数据库导入到电子表格中编辑以后再进行保存,就会丢失数据类型信息,编辑前后的字段类型有可能不一致。但是将电子表格数据保存到数据库,然后重新导入,信息不会丢失。

电子表格文件(＊.ums)、文本文件(＊.txt)和数据库文件之间的相互转换关系及其信息的损失情况如图 5.14 所示。

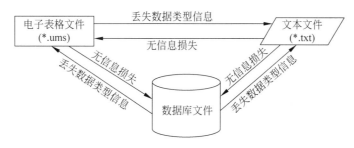

图 5.14　URMS 各种文件格式之间的转换和信息损失示意图

4. 打印输出

电子表格数据能够以电子表格的形式打印输出或打印预览。电子表格数据的打印功能封装在打印管理类中,电子表格将数据传递给打印管理类,由打印管理类根据用户的打印设置调整各种参数后,形成打印表格送到打印机,其逻辑关系如图 5.15 所示。

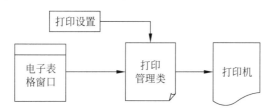

图 5.15　电子表格打印逻辑关系图

电子表格的打印过程可以根据列的宽度自动调整各列,以节约页面空间,而不是采用最大列的宽度。因此打印的电子表格数据的列一般是宽度不等的。当打印的电子表格变量很多,超过页面宽度时,系统会提示需要调整打印方向,用户确认后,将打印方向调整为横向。如果此时还超过页面宽度,并且电子表格打印设置中选择了"调整到页面宽度"选项,则系统将根据页面宽度计算字体大小,以使页面电子表格宽度和页面宽度相符。电子表格的打印效果如表 5.1 所示。

表 5.1　电子表格打印效果

年龄/岁	男性人口	女性人口	男性生存率	女性生存率	出生率	男性迁移量	女性迁移量	男性迁移率	女性迁移率
14 以下	1760	1740	0.91	0.95	0	100	110	0.05	0.05
15～29	1530	1550	0.85	0.9	1.8	200	220	0.1	0.08
30～45	1250	1280	0.76	0.82	0.5	300	330	0.03	0.02
45～59	990	1040	0.67	0.71	0	400	440	−0.02	0
60 以上	740	810	0.35	0.41	0	500	550	−0.06	−0.05

对于电子表格的输出格式,用户可以通过电子表格打印选项设置,以控制打印的输出效果。电子表格打印的控制选项如下:

(1) 自动调整到页面大小选项:如果打印内容超过纸张范围时,是否自动调整到页面大小。

(2) 打印网格线选项:是否打印电子表格的网格线。

(3) 边距和间距:包括行列间距和四周边距。行间距,每行之间的间距,默认值为 20;列间距,每列之间的间距,默认值为 20;上边距,打印内容的第一行到页面顶部的距离,默认值为 100;下边距,打印内容的最后一行到页面底部的距离,默认值为 20;左边距,最左侧打印内容到页面左部的距离,默认值为 10;右边距,最右侧打印内容到页面右部的距离,默认值为 10。以上的边距和间距的单位是设备单位(device unit)。

(4) 字体。同前。

5.4.3　图形输出

图形是另一种模型结果输出形式,可以将计算结果形象地表达出来。有些模型,比如聚类分析、区位模型等,图形的输出是必需的,因为它是结果表达的一部分;有些模型,比如趋势预测分析、重力约束模型等,可以用图形表达变化趋势和区位之间的位置关系,起到形象化的作用。

1. 绘图管理类

从当前实现的模型中概括出来的输出图形样式,可以分为三种类型的图形:聚类图、年龄金字塔图和点线图。聚类图和年龄金字塔图是聚类分析模型和人口簇生存模型的输出图形格式,图形比较特殊,因此专门作为一种图形种类;点线图是一种基本的图形样式,用点、线等基本图形要素刻画图形,可以表达除了一些专门的图形以外的任何其他图形。如系统设计部分所述,三种图形分别和三个绘图管理类对应,由这些绘图管理类负责绘制。三种图形管理类是从绘图管理基类派生的,绘图管理基类抽象了绘图的共同的属性和操作,是具体的绘图管理类的基础。绘图管理基类(GraphMgrBase)的定义如下:

```
class GraphMgrBase : public CObject
{
protected:
    static int      m_nTop;        // 图形顶端位置
    static int      m_nLeft;       // 图形左端位置
    static int      m_bMarks;      // 是否打印坐标轴刻度
    static int      m_bLabels;     // 是否打印坐标轴标注
    static float    m_nScaleX;     // 横向比例
    static float    m_nScaleY;     // 纵向比例
    static CString  m_sLabelX;     // X 轴名称
    static CString  m_sLabelY;     // Y 轴名称
    static CString  m_sTitle;      // 图名

public:
```

```
    virtual void scroll() = 0;          // 窗口卷滚
    virtual void draw(CDC * pDC) = 0;   // 绘图函数
    virtual void reset();               // 重置函数
};
```

可以看出,绘图管理基类定义了图形位置、比例、坐标轴刻度和标注、绘图窗口等基本属性,以及绘图、图形滚动和重新设置图形等基本操作。由于绘图和图形卷滚是由具体的图形和内容决定的,所以必须由派生类实现,定义成虚函数。

2. 图形输出逻辑关系

和电子表格数据输出以及计算结果输出类似,逻辑结构上图形输出也在模型和绘图窗口之间增加了管理类——绘图管理类,由绘图管理类负责图形向输出窗口的绘制。同时,绘图管理类还可以接收绘图控制信息,允许修改图形输出选项;输出图形也能支持诸如放大、缩小和移动等基本操作,逻辑关系如图 5.16 所示。

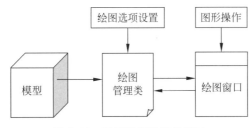

图 5.16　图形输出逻辑关系图

3. 绘图设置

可以从绘图选项窗口设置图形输出的各种参数,以控制图形的输出效果。这些选项参数包括:

(1) 打印坐标轴标注选项:是否打印标准 X、Y 轴标注。

(2) 打印坐标轴刻度选项:是否打印横纵坐标的刻度。

(3) 图形位置:包括上边距和左边距,即图形的左上角位置。上边距,即打印内容的顶部到页面顶部的距离,默认值为 100;左边距,即打印内容的左侧到页面左侧的距离,默认值为 150;二者单位是设备单位。

(4) 显示比例:横向比例,即横向(X 轴)的放大比例,默认值为 1;纵向比例,即纵向(Y 轴)的放大比例,默认值为 1。

(5) 坐标轴名称和图名:包括横轴标注、纵轴标注和图名。横轴名称,即横轴的标题,默认值为 X;纵轴标注,即纵轴的标题,默认值为 Y;图名即图形名称。

4. 图形操作

图形输出后,可以缩放和移动图形,即改变图形的显示比例和图形位置。除了上面介绍的从绘图选项中手工设置外,系统还提供了一种快捷的图形操作方式——绘图工具栏。绘图工具栏浮动在主窗口上,当绘图窗口打开时(即有图形输出),工具栏窗口打开。绘图工具栏包括四个按钮(其余按钮用于 GIS 图形操作,在绘图窗口下是不活动的),可以选择放大、缩小、移动和普通四种状态。选择了某种图形操作状态后,绘图窗口的光标会做出相应的改变,和图形操作按钮一致。图形操作工具栏各按钮的功能如下:

(1)常规操作按钮(箭头),按下该按钮后,绘图窗口的光标就会变为箭头,此时图形操作功能被禁止,在绘图窗口中操作鼠标不会改变图形的任何属性。

(2)移动图形按钮(手形):按下按钮后,绘图窗口的光标就会变为移动光标(手形),此时在绘图窗口中拖动鼠标(按下鼠标左键,同时移动鼠标),就会显示一个虚框,虚框的左上角指示图形的左上角位置。移动到适当的位置放开鼠标键后,图形的位置就会移动到相应的位置。

(3)放大按钮(加号):按下该按钮后,绘图窗口的光标就会变成放大光标(带加号的放大镜)。此时在绘图窗口上单击鼠标左键,图形就会放大 1.5 倍,直到一定的限度。

(4)缩小按钮(减号):按下该按钮后,绘图窗口的图标就会变成缩小光标(带减号的放大镜)。此时在绘图窗口上单击鼠标左键,图形就会缩小成原来的 2/3,直到一定的限度。

5. 图形输出窗口

在绘图窗口完成系统的图形输出,比如聚类图、位置图、人口金字塔图、趋势图等。和输出窗口类似,绘图窗口也最多只能有一个实例,所有的模型的图形都绘制到该窗口中。如果绘图时还没有创建绘图窗口,则系统创建一个唯一的绘图窗口;如果绘图时已经存在一个绘图窗口,则绘图定向到该窗口中。

绘图窗口没有实现相应的文档,不能以文件方式保存和打开。如果要显示原来的图形,只能重新运行相应的模型。绘图窗口中的图形可以直接打印和预览(图 5.17)。

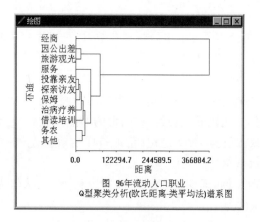

图 5.17　绘图窗口

5.5　数据可视化功能

URMS 通过图表实现数据的可视化。数据可视化功能就是用图表的形式,将抽象的数据显示出来,形象化地帮助分析者了解数据的结构、数据之间的关系以及数据的变化趋势。

数据可视化并不对数据作任何分析处理,只是用图表形象地将数据表达出来。但是可视化之后的数据更加形象,数据的结构、关系和变化更容易观察,从这一点上来讲,二者还是有较大的差别。因此可以说数据可视化是观察数据内部结构的一种有效手段。同时,图表也是一种直观的数据输出手段。

5.5.1 数据可视化功能实现

URMS 是用图表控件为基础实现数据可视化功能的,因此编程的工作量较小。软件中只是从电子表格中取出要观测的数据,传递到数据可视化窗口(图表窗口)中进行显示,同时软件还负责将图表的显示参数(从图表设置选项或可视化窗口的弹出菜单选择)设置到数据可视化窗口中。其逻辑关系如图 5.18 所示。

图 5.18 数据可视化功能逻辑关系图

5.5.2 图表种类和设置

图表(chart)可以显示的方式包括立体图表和平面图表两大类,其中立体图表有:柱状图、折线图、面积图、阶梯图和组合图;平面图表除了上面的 5 类图形外,还有饼图和 XY 散点图。折线图形以二维或三维的形式,以各种图形样式显示数据。至于哪一种图形能更好地表达数据,要看具体的数据内容。对于二维图表(平面图),图示的内容(样品或变量,对应于行或列)在横轴表达,数据值在纵轴表达,没有表达出来的另一维用图例表达;对于三维图形,内容在 X 轴和 Y 轴,数据在 Z 轴方向。

图表的图形种类、图例显示、数据显示方式、图表名称等控制信息可以通过两种方式设置,一种方式是通过图表选项页面设置;另一种方式是通过图表窗口的弹出式菜单。除了图表名称和标注名称只能通过选项页面设置外,其他内容二者完全相同。二者相比,弹出菜单的更为方便。

选项页面可以设置如下参数:

(1)图表类别:指定绘制图表的显示类型,包括二维和三维两大类,每一类对应多个图形。二维,指定显示二维图形,列出的所有图形都支持二维显示;三维,指定显示三维图形,饼图和 XY 散点图不能显示为三维,选择该复选框时饼图和 XY 散点图选钮禁止选择。

(2)图表种类:设置图表的种类。包括:饼图,即显示二维饼图;XY 散点图,即显示二维散点图;柱状图,即显示二维或三维柱状图;面积图,即显示二维或三维面积图;组合图,即显示二维或三维组合图;折线图,即显示二维或三维折线图;阶梯图,即显示二维或三维阶梯图。

(3)图形显示方式:指定是否显示图例以及图形的显示方式。包括:显示图例,即指定是否显示图例;堆叠显示,即指定是否堆叠显示一个系列的内容,堆叠显示即将多个显示项目叠置为一列;系列在行上,即默认状态是系列在列上,该选项指定是否将显示系列定在行上。所谓显示系列在行(列)上就是在显示时将行(列)数据作为一个显示单元。

（4）标注：指定图表标题和图表的脚注。标题，即图表的标题，显示在图表的顶部，如果不指定内容则不显示标题。脚注，即图表的脚注，显示在图表的底部，如果不指定内容则不显示脚注。

通过图表窗口弹出菜单的设置除了标注不能设置外，其他和上面的设置完全相同。

5.5.3　图表打印输出

实现数据可视化的图表窗口是利用图表控件实现的，而控件的输出是自我绘制的，因此主程序中不能捕获图表控件的图形输出，不能用通常的方式实现打印和打印预览。为此采用了位图复制方法，将图表窗口中的输出内容复制下来，输出到预览窗口或打印机。这种方法虽然较为简单，却是一种不得已而为之的方法，它降低了图形输出的质量，仅能达到平面输出的效果。

图表窗口的输出效果见图 5.19。

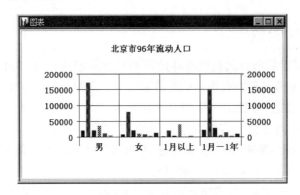

图 5.19　图表窗口

5.6　城市与区域规划模型实现

在设计部分已经指出，城市与区域规划模型都是从两个基类派生的，即数据统计分析基类（StatBase）和规划基类（PlanBase）。数据统计分析模型是从统计基类派生的，而城市规划模型和区域规划模型是从规划基类派生的。二者的实现基本类似，主要的区别是统计分析基类的数据来源是唯一的，即电子表格文档，而规划基类的数据来源可以是电子表格文档，也可以是对话框中的电子表格，默认的数据来源是电子表格文档。下面以统计分析基类为例说明模型的实现框架。统计分析基类的定义如下。

```
class StatBase : public CObject
{
// 第一部分: 模型的基本属性
protected:
    int    m_nSampleNum;                // 样品数
```

```
    int    m_nVarNum;                // 变量数
    float ** m_pData;                // 数据矩阵
    CString *  m_pTitle;             // 样品和变量名称
    ostrstream bout;                 // 输出信息缓冲区


// 第二部分：模型的基本操作
protected:
    void getData();                  // 从电子表格获取数据函数
    void getTitle();                 // 从电子表格获取标题(变量名和样品名)函数
    void printMsg();                 // 信息输出函数(到输出窗口)
    virtual int compute() = 0;       // 实际计算函数,是纯虚函数,派生类必须实现


public:
    // 模型执行函数,统计对象只需调用此函数即可
    void run(){
        getData();                   // 获取数据
        getTitle();                  // 获取标题
        compute();                   // 计算
        printMsg();                  // 信息输出
    }
};
```

　　上面是统计分析基类的定义。可以看出,统计分析基类由两部分组成：模型属性部分和模型操作部分。属性部分抽象了统计分析模型的基本属性：样品数、变量数、数据矩阵、标题(样品名和变量名),以及为实现计算结果输出而引入的输出信息缓冲区;模型的基本操作部分封装了模型对数据的基本操作,分别由 5 个函数实现。这些操作包括从电子表格获取数据函数—getData()函数;从电子表格获取标题—getTitle();模型运算 compute(),模型执行—run()。其中核心部分是 compute()函数,它是模型数据分析的抽象,具体的分析功能都封装在其中。因为对于不同的模型 compute()函数各不相同,因此基类中只是提供了公共接口,具体的实现在派类中完成。该函数是定义为纯虚函数,派生类必须实现。另一个重要的操作是 run()函数,它代表了模型的运行,它是对于所有数据分析模型的运行过程的抽象,对于各类模型都相同,即从电子表格分别获取数据和获取标题,然后对获取的输入数据进行运行,最后将运行结果显示到计算结果输出窗口中去。该函数派生类不必覆盖。

　　实现了上面的统计分析基类以后,对于具体的数据统计分析模型,其实现过程是类似的。在实现具体的统计分析模型时,首先从 StatBase 基类派生目标类,作为具体的统计分析模型的代表,然后在纯虚函数 compute()中实现相应的算法,即将具体数据分析模型在 compute()函数中实现。下面以因子分析为例说明具体的统计分析模型的建立过程：

　　① 派生目标类

　　即以统计分析基类 StatBase 为基础构造具体的统计分析模型类：

```
class FactorAnalysis : public StatBase{
… …//增加属性、方法
};
```

② 实现纯虚函数 compute()

将模型分析过程在该函数中完整实现,不同的统计分析模型差异很大,各不相同。

```
FactorAnalysis::compute(){
… …
}
```

③ 实例化目标类,调用运行函数 run()

定义了具体的统计分析模型类之后,在数据分析时,就可以实例化该类,然后启动运行模型就可以了——模型的运行即调用其 run()函数:

```
FactorAnalysis aFacotor;
AFacotor.run();
```

5.7 GIS 功能实现

GIS 模块实现了一些基本的 GIS 功能,可以读取和显示 Shape 文件(＊.shp)格式的数据,并能实现图层管理、图形选择、属性信息查询、屏幕坐标拾取。这些 GIS 功能的实现主要是为了实现模型分析功能,目的是从图形获取空间位置信息和属性信息,进行模型分析。由于 GIS 模块和模型分析模型是紧密集成在一起的,因此二者可以直接交换信息,这和从其他 GIS 软件通过文件的方式交换数据相比,具有很大的优越性。这一点正是在 URMS 中实现 GIS 功能的主要原因。

GIS 模块的主要功能是显示和操作空间图形,因此在实现过程中将所有图形对象的集合抽象为地图(Map),将地图中相同的图形——多边形、弧段、多点或点——抽象为图层(Layer)。一个地图对象对应于一个 GIS 图形窗口,它可以包含一个或多个图层。而图层又是基本图形元素的集合。地图、图层、多边形、弧段、多点和点都是从基本图形对象(Shape)派生的。下面首先介绍这些基本图形对象的实现。

5.7.1 GIS 基本图形对象实现

基本图形类(Shape)是所有 GIS 对象的共同基类,它封装了基本的图形属性,比如图形的边界范围、横向比例、纵向比例、前景色、充填色(仅对多边形、图层、地图对象适用)、线宽、线型、图形类型等,同时也封装了基本的图形操作,比如绘图、缩放、判断是否包含给定点、从文件读入数据和存取数据等。这些操作函数中,绘图函数用于图形的自我绘制,缩放函数用于调整图形的比例,包含函数用于选择图形,读写函数实现数据的存盘和读取。基本图形类是一个抽象类,派生类必须实现绘图函数的具体功能。

```
class Shape
{
protected:
    double        m_fBox[4];                // 图形边界范围
    double        m_fXScale;                // 横向比例
    double        m_fYScale;                // 纵向比例
    COLORREF      m_nColor;                 // 前景色
    COLORREF      m_nFilledColor;           // 多边形充填色
    UINT          m_nLineWidth;             // 线宽
    UINT          m_nLineStyle;             // 线型
    ShapeType     m_nShapeType;             // 图形类型——点、多点、弧段、多边形、图层、地图

public:
    virtual void Draw(CDC * ,Shape * ) = 0;   // 图形绘制函数
    virtual void Zoom(float x,float y){}      // 缩放函数
    virtual BOOL Include(Point p);            // 判断图形是否包含给定点
    virtual BOOL InBox(Point p);              // 给定点是否在边界范围内

    virtual void Read(fstream&,long * ,int){}; // 从文件中读取图形数据
    virtual void Save(CString filename){};     // 保存图形数据到文件
};
```

　　GIS 的图形要素——点(Point)、多点(MultiPoint)、弧段(Arc)和多边形(Polygon)都是从基本图形类(Shape)派生的,它们都实现基本图形类定义的操作,并扩充了一些属性和操作。这些图形要素的实现类似,下面就以多边形类的实现加以说明:

```
class Polygon : public Shape
{
protected:
    Point *       m_pPoints;             // 组成多边形的基本数据      点坐标
    long          m_nNumParts;           // 多边形的段数
    long          m_nNumPoints;          // 多边形的点数
    long *        m_pParts;              // 多边形的段位置索引

public:
    void Draw(CDC * pDC,Shape * );
    BOOL Include(Point p);
    void Read(fstream& fshp,long * Offset,int i);
    int  Save(fstream ff,int sm);
};
```

　　可以看出,多边形类扩充了一些表示多边形数据的属性——点数、点数据、段数、段索引,同时实现了基本图形类定义的绘图、包含、读入和存盘操作。

　　图层(Layer)是相同的图形的集合,负责管理基本图形对象。在 ArcView 的 Shape 文件中,不同的图形(点、多点、弧段和多边形)保存在不同的文件中,因此,自然就可以把每一种图形作为一个图层。图层也是一种图形类型,因此,图层也从基本图形类派生:

```
class Layer : public Shape
{
protected:
    fstream       m_fShp,m_fShx;           // Shape 文件和索引文件
    CPtrArray     m_pShapes;               // 图层中的图形数据集合——点、线、多边形
    int           m_nNumShapes;            // 图形个数
    CString       m_sName;                 // 图层名
    BOOL          m_bShow;                 // 该图层是否显示
    BOOL          m_bActive;               // 该图层是否是活动图层
    int           m_nCurrentShape;         // 当前选中的图形
    DbfReader     m_oDbfReader;            // 属性数据库管理对象

public:
    void Draw(CDC * pDC,Shape * );         // 绘制图层
    BOOL Read(CString fs);                 // 读入图层
    void Save(CString filename){};         // 保存图层

public:
    Shape *       GetShape(Point p);       // 选择包含给定点的图形
    CString *     GetCurrentShapeInfo();   // 获取当前选择的图形属性信息
    CString **    GetAllShapesInfo(int&,int&);// 获取图层的所有图形属性信息
    CStringArray& GetFieldsName();         // 获取属性字段名
    int *         GetFieldsType();         // 获取属性字段类型
};
```

图层类(Layer)除了实现基本图形定义的绘图和数据输入/输出操作外,还实现了获取当前图层包含给定坐标的图层、获取当前选择图形的属性信息(包括字段名、字段类型、属性值)等操作;同时还封装了 Shape 文件和索引文件句柄、图层包含的基本图形集合、基本图形的个数、图层名(默认为 Shape 文件名)、当前图层的状态(是否显示、是否活动)、当前选中的图形、属性数据库管理类等属性信息。

地图类(Map)是对 GIS 图形的最高层次的抽象,它管理包含的图层对象。因此,地图类的核心是图层类对象集合。同时它还定义了基本地图的一些基本属性(图名、横纵比例、原点坐标),以及当前选中的图形和当前的活动图层。地图的基本操作包括:绘图、添加图层(直接添加图层对象、根据图层文件名添加)、获取图层(根据序号和名称)、删除图层(根据序号和名称)、坐标变换(屏幕坐标到地图坐标、地图坐标到屏幕坐标)、根据坐标位置选择图形等。地图类实现如下:

```
class Map : public Shape
{
protected:
    CPtrArray     m_pLayers;               // 当前地图中的图层
    CString       m_sName;                 // 地图名
    double        m_fXScale;               // 横向比例
    double        m_fYScale;               // 纵向比例
    POINT         m_Org;                   // 原点坐标
```

```
    Shape *         m_pSelShape;                // 当前选中的图形
    Layer *         m_pActiveLayer;             // 当前活动图层

public:
    void Draw(CDC * pDC);                       // 绘图

    void AddLayer(Layer * layer);               // 添加图层
    void AddLayer(CString layer);
    Layer * GetLayer(int index);                // 获取图层
    Layer * GetLayer(CString layer);
    void RemoveLayer(int index);                // 删除图层
    void RemoveLayer(CString layer);

    POINT MapToScreen(double x,double y);       // 地图坐标转换为屏幕坐标
    POINT MapToScreen(Point& p);
    Point ScreenToMap(long x,long y);           // 屏幕坐标转换为地图坐标
    Point ScreenToMap(POINT& p);

    Shape * GetShape(Point);                     // 获取包含给定点的图形
};
```

在上述 GIS 图形对象中,最高层次的抽象是地图类,它屏蔽了它所包含的底层对象的具体实现,最终和用户的交换操作是通过地图对象实现的。GIS 模块各个对象直接的逻辑关系可以用图 5.20 表示。

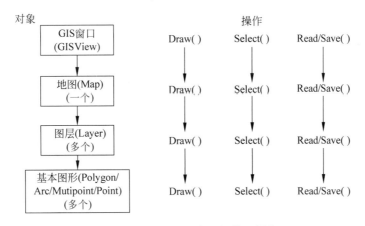

图 5.20　GIS 各图形对象之间的逻辑关系

如图 5.20 所示,一个 GIS 窗口和一个地图对象(Map)唯一对应;而地图对象则可以包含一个或多个图层(Layer);图层则包含具体的基本图形对象——多边形(Polygon)、弧段(Arc)、多点(MultiPoint)和点(Point)。这样,对于 GIS 的一些基本操作,比如选择、绘图、读入数据、输出数据、查询等,就可以通过如图 5.20 所示的逻辑关系映射到底层的图形对象上去。这样,外部接口就相当简单,充分体现了面向对象方法的优越性。

5.7.2　GIS 基本功能

GIS 模块可以实现 GIS 专题图的显示(ArcView 的 Shape 格式文件)、在专题图中添加图层、管理图层、专题图的缩放、图形的选择、图形属性信息的查询、屏幕坐标的拾取等功能。下面分别加以说明。

1) 专题图的创建

可以从 Shape 文件创建专题图。URMS 允许同时创建多个专题图。

2) 专题图的保存和打开

可以保存和打开创建的专题图。

3) 添加图层

创建专题图后,仅有一个图层。根据实际需要,可以添加图层——从 GIS 菜单的“添加图层”命令或 GIS 窗口的弹出菜单的“添加图层”命令可以将一个 Shape 文件作为一个图层添加到专题图中去。后添加的图层在专题图的顶部,显示时会覆盖底部的图层。图层的叠放次序可以从图层管理对话框中设置。

4) 图层管理

图层管理可以改变图层的叠放次序,删除图层,改变图层的显示状态。【图层管理】对话框如图 5.21 所示。

对于选定的图层,单击【上移】按钮将图层上移一层;单击【下移】按钮将图层下移一层;单击【删除】按钮删除当前图层。通过【显示该图层】复选框可以改变选定图层的显示状态。改变图层的叠放次序可以改变专题图的显示效果。

5) 缩放

在工具栏中选定放大或缩小状态,此时,GIS 对话框的光标就会变为放大或缩小光标。单击鼠标就会改变专题图的比例,实现放大或缩小(图 5.22)。

图 5.21　【图层管理】对话框

图 5.22　GIS 工具栏对话框

6) 移动

当工具栏在移动状态时,按下鼠标左键,就可以移动图形。

7) 屏幕坐标拾取

在工具栏中设定拾取状态,或者在弹出菜单中执行“开始拾取”命令,此时,如果在专题图上单击鼠标左键,就会弹出【坐标拾取】对话框,并将当前坐标拾取到【坐标拾取】对话框中(图 5.23)。单击【坐标拾取】对话框的【结束拾取】按钮或者执行弹出菜单的"结束拾取"命令,就会关闭【坐标拾取】对话框,并将拾取的坐标值传递到电子表格窗口中。

8) 属性信息查询

把工具栏的状态设置为属性信息查询,单击鼠标左键就会弹出【属性信息】对话框(图 5.24),显示当前选定的图形的属性信息。同时选定图形的颜色会改变。执行弹出菜单的"显示属性"命令,就会把当前选定图层的所有图形信息显示到电子表格窗口。

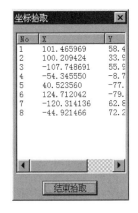

图 5.23　【坐标拾取】对话框　　　　　图 5.24　【属性信息】对话框

GIS 窗口如图 5.25 所示。

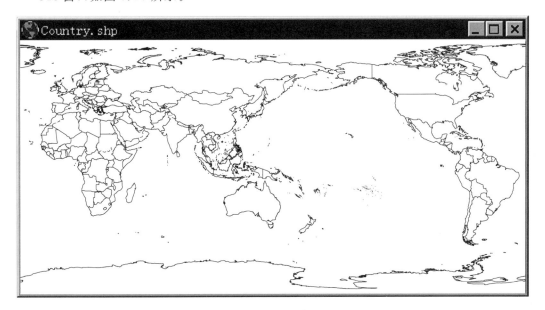

图 5.25　GIS 窗口

第6章　城市与区域规划数学模型

本章导读

城市与区域规划模型系统(URMS)中实现的模型从功能上可以划分为三大类：数据预处理模型、数据统计分析模型以及城市与区域规划模型。在实际实现过程中，又将城市与区域规划模型分开对待，归为城市规划模型和区域规划模型。

6.1　数据预处理模型

数据预处理是应用模型对数据处理分析的第一步(但不是必需的)。数据预处理期望达到的目的主要有四个：①提高数据的质量。通过对数据的预处理，发现不符合要求的数据并将其剔除，从而提高数据的整体质量。②转换数据格式。有的模型要求一定格式的数据，对于不符合格式要求的数据，可以通过对数据格式的变换，达到模型的要求。③提高处理效率。这是数据预处理的主要目的。通常数据预处理后，数据一般格式更为整齐，也更加简单，因此会提高模型的处理效率。④进行简单的数据分析。一些简单的数据分析功能也归入到数据预处理模型中，比如简单统计量的计算、自定义函数等。

数据预处理是对原始数据进行的各种数学变换，操作的原始数据从电子表格获取，处理结果也保存到电子表格中。有一些数学模型要求对原始数据进行特定的预处理，或者如果采用一定方法进行数据预处理之后效果较好，此时，可以先对包含原始数据的电子表格进行预处理，然后用新生成的预处理电子表格数据进行运算。

URMS 中包含的数据预处理方法有：行列转置、标准差标准化、极差正规化、数据中心化、自然对数变换、数据百分化、均值比、基本统计量和自定义函数。

6.1.1　标准差标准化

标准差标准化处理可以使得变量(各列)的均值为 0，标准差为 1。处理公式为

$$x'_{ij} = \frac{x_{ij} - x_j}{s_j}, \quad i = 1, 2, \cdots, n; \quad j = 1, 2, \cdots, p$$

其中，

$$s_j = \sqrt{\frac{1}{n-1} \sum_{i=0}^{n} (x_{ij} - \overline{x_j})^2}, \quad \overline{x_i} = \frac{1}{n} \sum_{i=0}^{n} x_{ij}$$

6.1.2　极差正规化

极差正规化处理后,每个变量(各列)的最大值为 1,最小值为 0。处理公式为

$$x'_{ij} = \frac{x_{ij} - \min\limits_{1 \leqslant i \leqslant n}\{x_{ij}\}}{R_j}, \quad i = 1,2,\cdots,n; \quad j = 1,2,\cdots,p$$

其中,

$$R_j = \max\limits_{1 \leqslant i \leqslant n}\{x_{ij}\} - \min\limits_{1 \leqslant i \leqslant n}\{x_{ij}\}$$

6.1.3　数据中心化

数据中心化处理可以使得变量(各列)的均值为 0。处理公式为

$$x'_{ij} = x_{ij} - \overline{x_j}, \quad i = 1,2,\cdots,n; \quad j = 1,2,\cdots,p$$

其中,

$$\overline{x_j} = \frac{1}{n}\sum_{i=1}^{n} x_{ij}$$

6.1.4　自然对数变换

自然对数变换就是计算各个变量的自然对数。公式为

$$x'_{ij} = \ln x_{ij}, \quad i = 1,2,\cdots,n; \quad j = 1,2,\cdots,p$$

6.1.5　数据百分化

数据百分化就是计算各个变量的百分比,处理后变量(各列)的和为 1。公式为

$$X'_{ij} = \frac{x_{ij}}{\dfrac{1}{n}\sum\limits_{i=1}^{n} x_{ij}}$$

6.1.6　均值比

均值比处理就是将每一个变量(列)除以其均值。公式为

$$X'_{ij} = x_{ij} / \overline{x_j}, \quad i = 1,2,\cdots,n; \quad j = 1,2,\cdots,p$$

其中,

$$\overline{x_j} = \frac{1}{n}\sum_{i=1}^{n} x_{ij}$$

6.1.7　行列转置

行列转置操作是交换电子表格的行和列,相当于矩阵的转置操作。因为电子表格文档

的列(变量)是包含数据类型信息的,如果进行转置操作,将会丢失数据类型信息,因此,转置之前系统会给出对话框,提示用户转置将会丢失数据类型信息,在用户确认要转置之后,进行转置操作。数据转置并不产生新的电子表格,操作以后的数据反映在原电子表格文档中。电子表格的行列标题也同时进行交换。

行列转置操作在距离分析和因子分析中具有重要的应用。这些数据分析方法分为 Q型分析和 R 型分析,分别针对样品(行)和变量(列)。数据行列转置之后,进行 Q 型分析实际上就是针对原始数据的 R 型分析。因此数据转置操作可以辅助分析类型的选择,因为有的数据分析模型仅提供了一种类型的分析方法。

6.1.8　基本统计量

基本统计量就是计算当前电子表格矩阵的一些量,包括最大值、最小值、均值、中位数、总和和标准差等 6 种。当然,这些统计量都是对列(变量)进行统计的。其中最大值、最小值、均值和总和意义非常明显,故不作说明,仅介绍一下中位数和标准差。

中位数即样品中位数,针对某一变量而言,样品中位数就是将样品按该变量排序(升序和降序均可)之后,位于中间的变量值。对于样品数是奇数的情况,样本中位数就是排序后位于中间的变量值;对于样本数是偶数的情况,则是中间两个样本值的平均值。即

$$X' = \mathrm{sort}(X)$$

$$X_{\mathrm{mid}} = f(x) = \begin{cases} X'_{k+1}, & n = 2k+1 \\ \dfrac{1}{2}(X'_k + X'_{k+1}), & n = 2k \end{cases}$$

标准差,又称均方差,是方差的二次方根。其计算公式为

$$s_j = \sqrt{\frac{1}{n+1} \sum_{i}^{n} (x_{ij} - \overline{x_j})^2}$$

上述 6 种基本统计量可以根据需要选择计算,在基本统计量对话框中,只有选中的才进行计算。计算结果的输出有两种方式——电子表格或输出窗口,输出时可以选择其中的任一种,或者两种方式都采用。

6.1.9　自定义函数

自定义函数功能允许用户针对每一个变量(或样品)定义一个函数,对该列(或行)进行处理。同时还可以用定义的函数对整个电子表格或当前选定的范围进行处理,这实际上是对于给定的范围内的数据按列或按行分别进行操作,只不过是采用相同的处理函数而已。应特别指出的是,按行(即样品)处理数据没有统计意义,提供这种方法只是增加一种数据处理的手段而已(对于行列转置以后,行列互换,则这种操作就有意义了)。

自定义函数提供的操作仅包括简单的数据运算,即加(＋)、减(一)、乘(＊)、除(/)。提供的语法的格式为:列=列(操作符)常数(操作符)常数,或行=行(操作符)常数(操作符)常数,括号内的操作符即加、减、乘、除的负号,列用 C 代替,行用 R 代替。

下面是几个合法的函数：

$$R = R * 12.5 + 34 \qquad 表示当前行乘以 12.5 然后加上 34；$$
$$C = C/5 - 128 \qquad 表示当前列除以 5 然后减去 128；$$
$$C = C * 3 \qquad 表示当前列乘以 3。$$

等式两边的行列必须对应，即行操作以后的数据必须作为行，列也是如此。如下的等式是非法的：

$$R = C/3$$
$$C = R * 2 + 34$$

程序中有语法检查的功能，对于不符合语法规则的函数会报告错误，拒绝处理。自定义函数对话框中提供了范围选择，分别是当前行、当前列、整个表格和选定范围。对于整个表格和选定范围的函数定义，和上面的规则完全相同，具体是按行处理还是按列处理则自动判定。

自定义函数的处理结果直接输出到当前电子表格中，处理后的数据覆盖掉原始数据。该操作没有提供撤销功能，要想恢复处理前的数据，只要执行一次逆操作即可，逆操作函数是原来函数的反函数。比如对于 $C = C/2 + 10$ 处理的恢复操作需要执行两次操作：$C = C - 10$ 和 $C = C * 2$。

6.1.10　针对行列的操作

该功能是针对电子表格中选定的行或列进行的一些常用操作，包括拆分电子表格、数据累加、数据过滤和四则运算 4 种。

拆分电子表格就是根据用户选定的某些行或者某些列，将选定的内容拆分成新的电子表格。

数据累加就是根据选定的行或者列进行累加，累加结果作为一个新的行或列。生成的累加数据可以根据用户的指定添加到原来的表中，也可以生成一个新的电子表格。

数据过滤是根据选定的某一变量（列）满足一定的数据范围而将符合条件的行筛选出来的一种处理方法，该操作生成一个新的电子表格。

四则运算是对选定的行或列（可以是多行或多列）与选定的某一行或列进行加、减、乘、除，生成的计算结果可以根据指定覆盖原来的行或列，也可以添加为新的行或列。

6.2　数据统计分析模型

6.2.1　空间数据分析模型分类

1. 规划中的空间数据特点

与自然科学不同，人文社会科学中的许多变量的度量是离散的（非度量的或归类的，non-metric or categorical），而不是度量的（metric），这是由以下事实决定的：诸如访问或问卷调查等度量方法仅具有有限的精度。离散变量比连续变量精度低。

2. 离散数据分析方法

人文社会科学数据的离散性特点,决定了处理离散数据的方法和模型在实际工作中非常重要。离散数据分析可分为两个领域——探究性(exploratory)离散数据分析和解释性(explanatory)离散数据分析。探究性离散数据分析已有较长的历史。探究性数据分析趋向于揭示规律而非验证假设,通常是为了识别复杂现象的结构或弄懂复杂的数据结构,与解释性离散数据分析不同,它并不是提出和验证特定的统计模型。有许多探究性统计方法,诸如有序的和标量的主成分分析、因子分析和聚类分析、相关分析、齐次尺度分析(homogenous scaling)、对数-线性模型以及诊断技术。

解释性离散数据分析又可以划分为两类:①解释性离散数据的分析。其目的是为了分析一系列独立变量和一两个相关变量之间的因果关系,起码因变量是离散的。②解释性离散选择分析。它是为了分析在给定的选择背景下(诸如居住地迁移、工业区位、交通方式、城市劳动力供应)个体的行为。这两种类型的分析在现代地理学研究中扮演着重要的角色,比如非对称对数-线性模型、线性逻辑斯谛/洛吉模型、广义线性模型、各种离散选择模型等的普及就可见一斑。

3. 空间数据分析模型

离散数据分析可纳入多元数据分析的架构内。表6.1列出了最重要的多元数据分析模型。表 6.1 中第一行为探究性数据分析,第二行为解释性数据分析。然后按照变量的性质进一步划分为显式变量(manifest)和隐含变量(latent)。与显式变量(可测量的)不同,隐含变量不直接和量测的事物相关联,它们只能以间接的方式通过其他变量(标志变量)加以观察、比如固定收入、经济期望、经济增长、生活质量、社会期望、动机和态度等。按照变量的离散性特点又可以将多元数据分析模型划分为离散模型和连续模型两类。因此离散框架数据分析模型按照解释性和探究性、离散和度量、显式和隐含可以划分为 23 个共 8 种类型(表6.1)。

表 6.1　多元数据分析模型分类表(Fischer,1985)

数 据 分 析	显式变量(manifest)		隐含变量(latent)	
	度量(metric)	离散(discrete)	度量(metric)	离散(discrete)
探究性数据分析	聚类分析 多维尺度分析 (multidimention scaling)	有序和标量聚类分析 对称对数-线性分析模型 相关分析 齐次尺度分析 (homogeneous scaling)	因子分析	标量和有序因子分析
解释性数据分析	传统回归分析模型	数量响应模型(quantal response model)(包括线性逻辑斯谛/洛吉模型、概率模型),非对称对数-线性模型,受限的相关变量模型	隐含变量结构方程模型,限定性因子分析(confirmatory factor analysis)	严格和严格的隐含类模型

从表 6.1 可以看出,线性逻辑斯谛/洛吉模型、非对称对数-线性模型可以看作更为一般的数量响应模型的特例。后者仅适于离散数据分析,而前者可以和度量数据相联系。

应用数学、计量经济学(econometrics)、统计学等学科的进步推动了城市与区域规划中计量方法的广泛应用,为该学科提供了正规的和定量的研究工具。同时城市与区域规划的定量化也得益于信息科学的飞速发展,它使得精确而及时地处理和发掘大量的规划用数据成为可能。20 世纪七八十年代以来,空间模型的发展十分迅速,这从大量模型的创建中可以看出,比如空间层次模型、空间作用模型、空间自动和交叉相关分析模型、多区域冲突管理模型等。

6.2.2 回归模型和广义线性模型

线性模型是研究独立变量和非独立变量之间关系的一类数学模型,一般而言,独立变量是多维的,并且独立变量之间是相互独立的。独立变量又称为自变量。非独立变量多数情况下是一维的,它的变量依赖于独立变量,因此又称为因变量。线性模型的本质是这些独立变量(自变量)和因变量之间存在线性关系。回归模型都是线性模型。

广义线性模型是在线性模型概念上的推广,是指因变量经过一个联系函数的转换后,符合线性模型的定义。这样,普通线性模型就可以归入广义线性模型的架构内。广义线性模型通常包括对数-线性模型、线性洛吉模型和线性逻辑斯谛模型、因变量受限的线性模型(检验模型和截断模型)等。

1. 对数-线性模型

对数-线性模型(log-linear models)和正态连续(normal metric)数据的回归分析和方差分析模型极为相似:它们在 p 维随机表上各单元频率期望值的对数是线性的。对数-线性模型的应用范围十分广泛,概括起来可分为两大类:一是用于确定和量化交叉分类变量之间的相互关系;二是应用于给定的独立变量和相关变量,确定这些独立变量和相关变量之间的相关性。

对数-线性模型有多种类别,通常分为常规的(conventional)对数-线性模型和非常规的对数-线性模型两大类。下面以三维随机表($I \times J \times K$)为例介绍对数-线性模型,其中 I,J,K 是对应的三个变量 A,B,C 的分类类别数。假设 n 是随机表中单元(i,j,k)的观察值,以 m_{ijk} 表示相应的单元(i,j,k)的期望值。

1) 常规的对数-线性模型

常规的对数-线性模型数据集采用整个随机表,其中饱和的对数-线性模型包含所有的效用参数,模型可以表示为

$$\ln m_{ijk} = \ln E(n_{ijk}) = u + u_{1(i)} + u_{2(j)} + u_{3(k)} + u_{12(ij)} + u_{13(ik)} + u_{23(jk)} + u_{123(ijk)}$$

其中,$i = 1, 2, \cdots, I$;$j = 1, 2, \cdots, J$;$k = 1, 2, \cdots, K$。

上述模型的参数中,u 称为总体效用(overall effect);$u.$ 为一阶效用(first-order interaction effect);$u..$ 称为二阶效用,依次类推。由于饱和模型的参数多于观测值,为了获取模型的唯一解集,必须对模型的参数进行限制。参数限制一般有两种方式,中心化效用

数约束，以及上标效用约束，也就是，对于给定的任意单元，比如 (i',j',k')，把 u 值设定为 $m_{i'j'k'}$，那么任何与 i',j',k' 有关的参数都为 0。比如，假设 i',j',k' 均为 1，那么

$$\sum_{i=1}^{I} u_{1(i)} = \sum_{j=1}^{J} u_{2(j)} = \sum_{k=1}^{K} u_{3(k)} = 0 \tag{1}$$

$$\sum_{i=1}^{I} u_{12(ij)} = \sum_{j=1}^{J} u_{12(ij)} = \sum_{i=1}^{I} u_{13(ik)} = \sum_{k=1}^{K} u_{13(ik)} = \sum_{j=1}^{J} u_{23(jk)} = \sum_{k=1}^{K} u_{23(jk)} = 0 \tag{2}$$

$$\sum_{i=1}^{I} u_{123(ijk)} = \sum_{j=1}^{J} u_{123(ijk)} = \sum_{k=1}^{K} u_{123(ijk)} = 0 \tag{3}$$

$$u_{1(1)} = u_{2(1)} = u_{3(1)} = 0$$

$$u_{12(1j)} = u_{12(i1)} = u_{13(1k)} = u_{13(i1)} = u_{23(j1)} = u_{23(k1)} = 0$$

$$u_{123(1jk)} = u_{123(i1k)} = u_{123(ij1)} = 0$$

如果对上式的 m_{ijk} 不作限制，则称它是饱和的，那么该模型有和单元数相同的独立参数。如果对这些参数加以限制(如使某些 u 式为 0，或赋予不同的定义值)，则可以派生出不同的对数-线性模型。

通过上述两种约束，减少了独立参数的个数。比如，上式(1)~(3)中，

$$\mathrm{Num}(u_1 + u_2 + u_3) = (I-1) + (J-1) + (K-1) = I + J + K - 3$$

$$\mathrm{Num}(u_{12} + u_{13} + u_{23}) = (I-1)(J-1) + (I-1)(K-1) + (J-1)(K-1)$$
$$= IJ + IK + JK - 2(I + J + K) + 3$$

$$\mathrm{Num}(u_{123}) = (I-1)(J-1)(K-1) = IJK - (IJ + IK + JK) + I + J + K - 1$$

所以，所有的独立参数的个数为

$$\mathrm{Num}(u + u_1 + u_2 + u_3 + u_{12} + u_{13} + u_{23} + u_{123}) = IJK$$

即，上述两种约束条件下的饱和对数线性模型的参数个数和随机表的单元数相等。

将饱和对数线性模型中的一些参数删去，就得到不饱和对数线性模型。以三维(3 变量)对数线性模型为例，有三种类型的不饱和对数线性模型：

① 相互独立模型，该模型假定所有变量相互独立，对于 3 变量模型，即 $u_{12} = u_{13} = u_{23} = u_{123} = 0$；

② 条件独立模型，假定对于另一变量 3，两变量 1、2 相互独立，即 $u_{12} = u_{123} = 0$；

③ 多重独立模型(multiple independence model)，比如，假定变量 1、2 和变量 3 之间相互独立，即 $u_{13} = u_{23} = u_{123} = 0$。

不饱和模型的参数个数小于随机表的单元数。

2) 非常规对数-线性模型

非常规对数-线性模型包括准对数-线性模型和混合对数-线性模型。前者的数据集是随机表的子表，当随机表(空间相互作用矩阵)的某些元素对研究的问题没有意义，比如对角线元素，或者某些数据难以得到或效果较差时，那么得到的数据就是原始数据的子集，此时就要采用准对数-线性模型；后者是对模型的参数加上非常规的约束。举例来说，假设对于 2 变量对数-线性模型：

$$\ln m_{ijk} = u + u_{1(i)} + u_{2(j)} + u_{12(ij)}$$

假定参数之间存在如下关系：

$$u_{12(ij)} = u_{12(ji)}$$

这种对参数的约束不是限定参数的值而是限定参数之间的关系。这就是一种最简单的混合对数-线性模型。

3）对数-线性模型的参数估计和模型拟合

对数-线性模型中关于频率期望值的估计方法有多种，不过最为常用的是最大似然估计法。在大样本容量的情况下，最大似然方法可得出一致的、渐近的有效估计，而且频率期望值的估计刚好等于一系列的充分估计量（Birch，1963）。考虑三元的条件独立对数-线性模型（对变量 3，变量 1、2 相互独立），对数似然表达式如下：

$$\sum_{ijk} \ln m_{ijk} n_{ijk} = \sum_{ijk} n_{ijk} u + \sum_{i} n_{i..} u_{1(i)} + \sum_{j} n_{.j.} u_{2(j)} + \sum_{k} n_{..k} u_{3(k)} + $$
$$\sum_{i,k} n_{i.k} u_{13(ik)} + \sum_{.jk} n_{.jk} u_{23(jk)}$$

其中，n_{ijk} 为单元 (i,j,k) 的频率观察值；n 下标中的圆点表示相应下标的总和。上式中，充分统计量的集合包括 $n_{i..}$，$n_{.j.}$，$n_{..k}$，$n_{i.k}$ 和 $n_{.jk}$。单元频率期望值的最大似然估计 m'_{ijk}，满足如下条件：

$$\sum_{jk} m'_{ijk} = n_{i..}; \quad \sum_{ij} m'_{ijk} = n_{..k}; \quad \sum_{ik} m'_{ijk} = n_{.j.}; \quad \sum_{i} m'_{ijk} = n_{.jk}; \quad \sum_{j} m'_{ijk} = n_{i.j}$$

这些方程称为似然方程。

一些对数-线性模型，比如不饱和模型，单元频率期望值的估计可以表示为充分估计量的方程，但是某些对数-线性模型没有这样的闭式（closed-form）估计，因此必须采用迭代方法求解。能够得到最大似然估计的迭代方法可以分为两类：迭代加权最小平方方法（iterative weighted least squares，IWLS）和迭代比例拟合法（iterative proportional fitting，IPF）。

在得到单元频率期望值的估计值后，就可以根据这些估计值推导模型的参数。通常有三种可用的方法：几何平均值法（geometric means approach）、线性反差法（linear contrast approach）和构造矩阵法（design matrix approach）。

（1）几何平均值法。模型的参数是拟合的单元估计值的几何平均值的函数。给定单元的频率期望值的最大似然估计 m'_{ijk}，那么模型中参数 u 可以表示为

$$u' = \left(\sum_{ijk} \ln m'_{ijk} \right) / IJK$$

$$u'_{1(i)} = \left(\sum_{jk} \ln m'_{ijk} - u' \right) / JK$$

$$u'_{12(ij)} = \left(\sum_{k} \ln m'_{ijk} - u' - u'_{1(i)} - u'_{2(j)} \right) / K$$

$$u'_{123(ijk)} = \ln m'_{ijk} - u' - u'_{1(i)} - u'_{2(j)} - u'_{3(k)} - u'_{12(ij)} - u'_{13(ik)} - u'_{23(jk)}$$

参数 $u'_{2(j)}$，$u'_{3(k)}$，$u'_{13(ik)}$，$u'_{23(jk)}$ 也具有类似的形式。

有时为了简化起见，也用单元频率 n_{ijk} 代替单元频率的期望值 m'_{ijk}。几何平均值法只适用于常规对数线性模型。

(2) 线性反差法。线性反差法中,模型中的参数 u 可以表示为单元频率的交叉乘积比的函数,也就是单元频率期望值的对数形式。线性反差(linear contrast)定义为交叉乘积比的对数。比如对于第 i 和 $i+1$ 行,j 和 $j+1$ 列,其交叉乘积比为

$$(m_{ij}/m_{i+1,j}) : (m_{i,j+1}/m_{i+1,j+1})$$

那么,线性反差为

$$\ln m_{ij} - \ln m_{i+1,j} - \ln m_{i,j+1} + \ln m_{i+1,j+1}$$

那么,线性反差和相应的参数之间存在如下关系:

$$\ln m_{ij} - \ln m_{i+1,j} - \ln m_{i,j+1} + \ln m_{i+1,j+1} = u_{12(ij)} + u_{12(i+1,j)} + u_{12(i,j+1)} + u_{12(i+1,j+1)}$$

对于二元饱和对数线性模型,总共有 $(I-1)(J-1)$ 个不同的线性反差方程,加上模型的 $I+J$ 个为 0 的约束条件,就可以唯一确定二阶效用。对于一阶效用,可以导出如下的频率对数方程:

$$\ln m_{ij} - \ln m_{i+1,j} = u_{1(i)} - u_{1(i+1)} + u_{12(ij)} - u_{12(i+1,j)}$$

$$\ln m_{ij} - \ln m_{i,j+1} = u_{2(j)} - u_{2(j+1)} + u_{12(ij)} - u_{12(i,j+1)}$$

加上两个总和为 0 的约束条件,也可以唯一确定一阶效用。

线性反差法的优点是,不仅可以拟合常规对数线性模型的参数,也可以拟合非常规对数线性模型,即准对数线性模型和混合对数线性模型的参数。

(3) 构造矩阵法。构造矩阵法 X 就是构造一个特殊的矩阵,使得矩阵的行和特定单元的频率有关,矩阵的列和特定的参数有关。这样,通过如下矩阵运算:

$$\ln m = Xu$$

就可以根据拟合的单元频率期望值求得模型的参数(其中 m 为某一维上的向量,X 为构造矩阵,u 为参数向量)。

(4) 模型选择依据

模型选择在广义线性模型的建模过程中至关重要。常用的模型选择方法有 Goodman、Fienberg 的分割法(partitioning procedure),Bishop 的逐步模型选择法和 Brown 的筛选法(screening procedure)。这些方法都可以用来选择和观察数据一致的最简单模型。判断模型对数据拟合程度的标准是拟合优度(goodness-of-fit)。最常用的两种拟合优度度量是 Pearson 的 X^2 和似然比值卡方统计量 G^2。对于三元的情况其定义如下:

$$X^2(M) = \sum_{ijk} \left[(n_{jik} - m'_{ijk})^2 / m'_{ijk} \right]$$

$$G^2(M) = 2 \sum_{ijk} \left[n_{jik} \ln(m'_{ijk} / n_{jik}) \right]$$

其中:n_{jik} 为单元 (i,j,k) 的频率观察值;m'_{ijk} 是对于给定模型 M 相应单元频率的最大似然估计值。上面两个统计量的渐进分布是卡方分布(chi-square distribution),其自由度等于随机表的单元数减去线性相关参数的个数。

2. 线性逻辑斯谛回归模型和线性洛吉回归模型

线性逻辑斯谛(linear logistic regression models)和线性洛吉回归模型(linear logit regression models)最简单的形式是相关变量是二值的。假设 $y_1, y_2, \cdots, y_I$ 是一个二值的统

计变量,并且是统计意义上的独立(该二值统计变量仅取值 0 或 1),则下式是成立的:

$$\text{prob}(y_i = 1) = p(1/i) = p_{i1}, \quad i = 1, 2, \cdots, I$$

$$\text{prob}(y_i = 0) = p(0/i) = p_{i0}, \quad i = 1, 2, \cdots, I$$

并且,假设 $x_{ik}(i=1,2,\cdots,I; k=1,2,\cdots,K)$ 代表 y_i 的第 k 个自变量,那么,二值相关变量的一般线性逻辑斯谛回归模型为

$$p(1/i) = \frac{\exp\left(\beta_0 + \sum_{k=1}^{K} \beta_k x_{ik}\right)}{1 + \exp\left(\beta_0 + \sum_{k=1}^{K} \beta_k x_{ik}\right)}$$

以及

$$p(0/i) = \frac{1}{1 + \exp\left(\beta_0 + \sum_{k=1}^{K} \beta_k x_{ik}\right)} = 1 - p(1/i)$$

独立离散自变量可能是离散的或连续的,参数 $\beta_k (k=1,2,\cdots,K)$ 是未知的。

上面的逻辑斯谛回归模型也可以变形,两边取对数使之成为线性模型:

$$\ln \frac{p(1/i)}{1 - p(1/i)} = \beta_0 + \sum_{k=1}^{K} \beta_k x_{ik}$$

这一线性洛吉模型是针对离散数据的,它和连续变量的回归和方差分析模型极为类似,可以看作是它们的离散变体。

逻辑斯谛/洛吉模型的极大似然(ML)估计可由迭代比例拟合法(iterative proportional fitting procedure, IPFP)或迭代加权最小平方法(iterative weighted least squares)求得,它们是基于 Newton-Raphson 或 David-powell 算法的。

表面上看线性洛吉模型和对数-线性模型相去甚远,然而的确可以证明任何离散独立变量的洛吉模型都可以由一个相当的对数-线性模型表达(Fenberg, 1981)78。因此,由对数线性模型得到的所有结论都可以应用到洛吉模型。尽管如此,由于洛吉模型中采样约束的限制,使用为通常的对数-线性模型而不是为线性洛吉模型建立的估计算法时,效果并不好。

洛吉模型可以纳入更一般的数量响应模型(quantal response models)的范畴。数量响应模型可由其分布函数 F 及相应的反函数表征,如果 F 函数是逻辑斯谛函数,则可以得到洛吉模型:

$$F\left(-\beta_0 - \sum_{k=1}^{K} \beta_k \cdot x_{ik}\right) = \exp\left(-\beta_0 - \sum_{k=1}^{K} \beta_k \cdot x_{ik}\right) \bigg/ \left(1 + \left(-\beta_0 - \sum_{k=1}^{K} \beta_k \cdot x_{ik}\right)\right)$$

该分布函数的优点是它存在一个与正态分布相对应的近似表达式:

$$F\left(-\beta_0 - \sum_{k=1}^{K} \beta_k \cdot x_{ik}\right) = \int_{-\infty}^{-\beta_0 - \sum_{k=1}^{K} \beta_k \cdot x_{ik}} \frac{1}{(2\pi)^{1/2}} \exp\left(-\frac{1}{2} t^2\right) \mathrm{d}t$$

并且,上式还可以导出概率模型(probit model),它是另一种形式的数量响应模型。除非样本巨大,洛吉模型和概率模型的结果是类似的。由于容易计算和原理简单,洛吉模型优于

概率模型。值得一提的是,当 F 分布函数是连续的时候,洛吉模型的分析结果可以用于一般的数量响应模型。

这些模型可以简单地推广到处理多组分类相关变量(polytomous dependent variables)。l'-多组分类相关变量的线性逻辑斯谛回归模型为

$$p(l/i) = p_{il} = \frac{\exp\left(\beta_{0l} + \sum_{k=1}^{K} \beta_{kl} x_{ik}\right)}{1 + \sum_{l=1}^{L} \exp\left(\beta_{0l} + \sum_{k=1}^{K} \beta_{kl} x_{ik}\right)}, \quad l = 1, 2, \cdots, L$$

以及

$$p(l'/i) = p_{il'} = \frac{1}{1 + \sum_{l=1}^{L} \exp\left(\beta_{0l} + \sum_{k=1}^{K} \beta_{kl} x_{ik}\right)}, \quad l' = L + 1$$

其中,p_{il} 代表在给定 k 个独立变量的前提下,具有 l' 种类的第 l 类相关变量被选中的概率。

二值洛吉模型也可以推广到多值情形:

$$\ln \frac{p_{il}}{p_{il'}} = \beta_{0l} + \sum_{k=1}^{K} \beta_{kl} x_{ik}$$

上面三式仅适用于一般的多值相关变量的模型。

二值和多值线性洛吉模型已经应用到各种领域,特别是交通分析(比如,在工作和出行路线中的模式选择问题)。

3. 有限因变量模型

有限因变量模型(limited dependent variable models)是一类特殊的定性变量模型,其中的相关变量(因变量)不含有离散值,而是在其他方面受到限制。因变量受限的模型是为如下情况而设计的,即可获取的样品是不完整的,也就是说相关变量在严格的意义下仅能在有限的范围内观察。不完整样本可由两种情况产生:第一种情况,对相当于独立变量集(自变量)的相关变量(因变量)的观察是不能实现的,这些样品称为检验(censored)样本,如消费者的购买力;第二种情况,不完整样品是由于独立和相关变量都不可观察而导致的,这种情况称为截断(truncated)样本。

Tobin(1958)开创了受限相关变量模型研究的先导性工作。下面讨论一个这类模型的特例——托氏模型(Tobit model),它是一个检验的正态回归模型。假设一个由大小为 I 的观察 $y_1^*, \cdots, y_I^*$ 组成的检验样本 y^*,它仅记录那些大于预定常量 C 的数值。在这种度量下,$y^* \leqslant C$ 的值记为 C,则观察可表示为

$$y_i = y_i^*, \quad \text{如果 } y_i^* > C$$
$$y_i = C, \quad \text{如果 } y^* \leqslant C$$

如此表示的样本,$y_1, y_2, \cdots, y_I$ 就是一个检验样本,相应的托氏模型形式如下:

$$y_i = \beta' x_i + \varepsilon_i \delta^2, \quad \text{如果 } \beta' x_i + \varepsilon_i > 0$$
$$y_i = 0, \quad \text{其他}$$

其中,β 代表未知参数向量 $a(K \times 1)$,$x_i a(K \times 1)$ 代表已知观察值向量。ε_i 是独立的正态分

布变量,其均值为 0,方差为 δ^2。通常的估计方法会导致估计量的偏离和不一致,因此探索检验回归模型中的参数估计方法是该领域的中心议题。目前普遍采用的估计量是最大似然估计量。为了使非线性似然函数取得最大值,通常采用迭代算法。

截断模型(truncate model)应用不广泛,不再赘述。

4. 广义线性模型

1) 广义线性模型的定义

为了和广义线性模型(general linear model,GLM)相比较,我们先考察线性模型的定义。通常以 X 和 Y 记自变量和因变量,自变量 X 可以是多维,而因变量 Y 是一维的。假设对样本进行了 n 次观察,第 i 次自变量的观察值构成向量 x_i(处理过程中,视为常数),因变量的观察值为 Y_i。那么线性模型包括如下两个假设:

(1) $\mu_i = x_i'\beta$,其中 $\mu_i = EY_i$,β 为系数向量,$i = 1,2,\cdots,n$;

(2) Y_i 相互对立,并且服从正态分布,即 $Y_i \sim N(x_i\beta,\sigma^2)$。

广义线性模型是常规线性模型的推广,其基本假定也是上述两种假设的推广,即

(1) 存在一个严格递增且可微的函数 g,使得

$$\eta_i = g(\mu_i) = x_i'\beta, \quad i = 1,2,\cdots,n$$

此处的函数 g 称为联系函数(link function)。

(2) Y_i 相互独立,Y_i 的分布 $f(y_i,\mu_i,\phi)$ 属于指数型分布,其中 ϕ 与 Y_i 的方差有关。

广义线性模型是如何提出的呢?我们看一下它的产生背景。在城市与区域规划领域,因变量 Y 通常为属性变量,即变量的取值为一系列的非负自然数,代表某一指标的所属类别,对于两类属性变量,其取值为 0 或 1;对于多类属性变量,其取值为 $1,2,\cdots,m$。这样,Y 的取值没有数量上的意义,其均值也落在一个有限的区间之内,即$(0,1)$或$(1,m)$,不可能等于自变量 x 的一个线性函数,因此作为通常的线性模型处理显然不行。但是,如果引进一个严格递增的可微函数 g,把有限区间变换到$(-\infty,+\infty)$,如果记 $EY=\mu$,则 $g(\mu)$ 就可以取$(-\infty,+\infty)$内的任一数值,这样,就可以表示成 $x_i'\beta$ 的形式。

对于联系函数 g 的形式,以下三种函数常被采用:

(1) logit:$g(\mu)=\log(\mu/(1-\mu))$;

(2) probit:$g(\mu)=F^{-1}(\mu)$,F 是标准正态分布函数;

(3) log$-$log:$g(\mu)=\log(-\log(1-\mu))$($Y$ 取值 0 或 1)。

2) 广义线性模型的分布和统一表达形式

广义线性模型(GLM)提供了一种将离散数据模型集成起来的统一架构,它也可以将这些模型和传统的连续数据模型联系起来。

假设 $y=(y_1,y_2,\cdots,y_I)$ 是一个相关变量,它的分布属于具有指数形式的密度函数的概率分布:

$$f(y;\theta,\phi) = \exp(\mid y\theta - b(\theta) \mid /a(\phi) + C(y,\phi))$$

其中,$a(\phi)$,$b(\theta)$ 和 $C(y,\phi)$ 为单调函数,θ 是指数形式的典则参数(canonical parameter),

ϕ 是(固定的、非负的)比例参数。表 6.2 是指数形式的概率分布特征参数。

表 6.2　指数形式的概率分布特征参数表

特征值	正态分布	泊松分布	二项分布
y 的范围	$(-\infty,+\infty)$	$0,1,2,\cdots$	$(0,1)$
$a(\phi)$	ϕ	1	$1/l$
$b(\theta)$	$1/2\theta^2$	e^θ	$\ln(1+e^\theta)$
$C(y,\phi)$	$-1/2(y^2+\ln 2\pi\phi)$	$-\ln y!$	
$\mu=E(y)=b'(\theta)$	θ	e^θ	$e^\theta/(1+e^\theta)$
方差函数 $b''(\mu)$	1	μ	$\mu(1-\mu)$

此时,广义线性模型可以表示为

$$y_i = g^{-1}(\eta_i) + \varepsilon_i, \quad i = 1,2,\cdots,I$$

此处,$\varepsilon_i(i=1,2,\cdots,I)$ 表示随机分布的误差,而

$$\eta_i = \sum_{k=1}^{K} \beta_k x_{ik}$$

是线性预测量,它具有参数向量 $\beta=\beta_k(k=1,2,\cdots,K)$ 和 k 个独立变量 $x_{ik}(i=1,2,\cdots,I;$ $k=1,2,\cdots,K)$。$g^{-1}(\eta_i)$ 是如下(单调二次可微)的联系函数的反函数:

$$\eta_i = g(\mu_i)$$

它将线性预测量和理论均值联系起来则是

$$\mu = (\mu_1,\cdots,\mu_I) = E(y_1,\cdots,y_I) = b'(\theta_1,\cdots,\theta_I)$$

其中,b' 是函数 $b(\theta)$ 的导数。

对 GLM 模型来说,如下三个要素是至关重要的,即线性预测量、联系函数和误差分布。特定的线性预测量是由数据采集过程和具体研究的实验设计决定的。表 6.3 列出了常见的广义线性模型(GLM)的联系函数和误差分布。离散数据模型的联系函数是通过下列变换得到的,它们是洛吉变换(诸如不对称对数-线性模型、线性洛吉回归模型)、概率变换(诸如概率回归模型)或对数变换(诸如对称对数-线性模型)。

表 6.3　广义线性模型的联系函数和误差分布

模　型	联系函数	误差分布
经典回归分析	恒数:$\eta=\mu$	正态分布
对称对数-线性模型	对数:$\eta=\ln\mu$	泊松分布
不对称对数-线性模型	$\log it$:$\eta=\ln(\mu/(1-\mu))$	二项或多项分布
概率回归模型(probit)	probit:是标准正态分布函数	二项或多项分布

值得一提的是,泊松分布在离散数据分析中起着如同正态分布在连续数据分析中那样同等重要的作用。一般地,泊松分布可以导出二项分布和多项分布,二者可以看作是受约

束的泊松分布。不对称对数-线性模型,probit/logit 回归模型的误差部分可以定义为二项或多项分布。

3) 广义线性模型的极大似然估计

从 GLM 模型的概率密度函数出发,可以得到样本 $(Y_1, Y_2, \cdots, Y_n)$ 的概率密度似然函数:

$$L = \exp\left(\sum_I \left| y_i\theta_i - b(\theta_i) \right| / a(\phi)\right) \exp\left(\sum_I C(y_i, \phi)\right), \quad i = 1, 2, \cdots, n \qquad (1)$$

其中,θ_i 是第 i 次观测时 θ 的取值。假设第 i 次观测时自变量 X 的取值 $x'_i = (x_{i1}, x_{i2}, \cdots, x_{id})$,记 $\beta' = (\beta_1, \beta_2, \cdots, \beta_d)$,则由联系函数得到

$$\theta_i = g(\mu_i) = x'_i\beta = \sum_J x_{ij}\beta_j, \quad i = 1, 2, \cdots, n; \quad j = 1, 2, \cdots, d \qquad (2)$$

从上述式(1)、(2)可以看出,β 的极大似然估计 β',可以归结为在式(2)的约束下,使得表达式 $\sum_I (y_i\theta_i - b(\theta_i))$ 达到最大值。通常该准则没有直接的求解方法,只能通过迭代法求得近似值。下面是一个迭代算法的例子:

(1) 设 $\eta_1^{(0)}, \cdots, \eta_n^{(0)}$ 为 $\eta_1, \cdots, \eta_n$ 的当前值,由此计算出

$$\mu_i^{(0)} = g^{-1}(\eta_i^{(0)}), \quad i = 1, 2, \cdots, n$$

其中,g^{-1} 是 g 的反函数。

(2) 利用 Y_i 和 $\mu_i^{(0)}$,$\eta_i^{(0)}$ 的值,算出

$$z_i^{(0)} = \eta_i^{(0)} + (Y_i - \mu_i^{(0)})g'(\mu_i^{(0)})$$

(3) x_i 为自变量 X 在 i 次的观测值。采用加权最小二乘法求得 β,使得表达式

$$\sum_I \omega_i(z_i^{(0)} - x'_i\beta)$$

达到最小值,设其解集为 $\beta^{(0)}$。上式中

$$\omega_i = (g'(\mu_i^{(0)})^{-2})(V(\mu_i^{(0)})^{-1})$$
$$V(\mu) = b''(\theta) = b''(g(\mu))$$

(4) 由 $\beta^{(0)}$ 产生 η_i 的更新值

$$\eta_i^{(1)} = x'_i\beta^{(0)}$$

(5) 直到 η 的变化满足误差要求则停止,此时的 β 值即为所求,否则转第(1)步。

4) 广义线性模型的拟合

广义线性模型的拟合优度采用偏差(deviance)来度量,偏差定义为似然比对数的 2 倍,即

$$D(Y) = 2\ln(l_1/l_2)$$

其中,l_1 为根据观察值计算的似然函数值,l_2 为根据模型拟合值计算的似然函数值。

可以证明,如果因变量 Y 服从二项分布,那么偏差 $D(Y)$ 服从自由度为 $n-d$ 的卡方分布,其中 d 为自变量矩阵的秩。据此可以检验模型的拟合程度:指定水平 α,当 $D(Y) > \chi^2_{n-d}(\alpha)$ 时,认为数据与模型拟合不好。

5. 线性回归模型

线性回归模型(linear regression model)是一种解释性统计分析模型,它是研究随机变量之间相关关系的一种数学模型。也就是说,回归分析是确定一个变量(统计量)和一个或多个变量之间的关系,这个关系可以用一个函数表示,即回归方程为

$$y = f(x_1, x_2, \cdots, x_n)$$

回归分析的目的就是确定回归方程及其参数。

回归分析方法在城市与区域规划领域应用十分广泛。有时,一个地理要素不能直接观察,或者不易观察,或者观测的费用太高,而与之相关的其他要素却可以观察得到。这样,就可以观察有限的样本,通过回归分析确定这个地理要素和其他地理要素之间的回归关系,从而计算出该要素。

回归分析有各种划分方法。首先,根据回归方程的形式不同(是否为线性),可以将回归方程分为线性回归方程和非线性回归方程;根据自变量的维数,回归分析可以分为一元回归和多元回归分析;根据求解方法可以划分为逐步回归、岭回归、三角回归;专门应用于空间数据拟合的趋势面分析也是一种特殊的回归分析方法。

URMS 提供的回归分析模型包括一元线性回归、多元线性回归、逐步回归、三角回归、岭回归以及趋势面分析。

1) 一元线性回归分析

一元线性回归分析用于确定两个随机变量之间的回归关系,自变量只有一个,故名一元回归分析。一元回归分析的回归方程的形式为

$$y = f(x) = a + bx + \varepsilon$$

一元回归分析就是根据一组(x, y)数据确定回归方程参数 a, b。该回归方程确定后,就可以根据自变量的值预测因变量的值了。

(1) 数据格式

一元回归分析的数据通过电子表格提供。随机变量组成表格的列,对随机变量的一次观察构成表格的行。一元回归分析仅需要两个统计量,即两列数据。默认情况下,自变量在电子表格的第一列,因变量在电子表格的第二列。因为用户有可能在一个电子表格中录入了多个统计量(比如用于多元回归分析),为了方便地选择自变量和因变量,因此系统提供了变量选择对话框。

(2) 变量选择

选择变量对话框(用于一元回归分析)用于从当前电子表格中的变量中选择将要进行一元回归分析的自变量 X 和因变量 Y。对话框由左部的列表框、右部的两个编辑框以及 6 个操作按钮组成(两个添加和删除按钮、默认设置按钮和重新设置按钮)。列表框中列出了当前电子表格中的所有变量,自变量编辑框和因变量编辑框分别用于显示选择自变量和因变量。各个按钮的功能是:

添加按钮(→):用于将列表框中选中的变量添加到相应的编辑框中去。由于自变量编辑框和因变量编辑框中只能放置一个变量,因此当添加变量时,如果编辑框中已经选择了

变量,则编辑框中的变量会自动放置到左部的列表框中去。

删除按钮(←):用于将编辑框中的变量删除,删除的变量放置到左部的列表框中。

默认设置按钮:一元回归分析的默认设置是自变量在表格的第一列(变量 01),因变量在表格的第二列(变量 02)。默认设置按钮的作用是将其他方式的设置恢复到这种默认状态。选择变量对话框的初始状态就是这种默认状态。

重新设置按钮:重新设置按钮将所有的变量放置到左部的列表框中去,以便重新设置。如果自变量 X 或因变量 Y 没有设置(为空)的话,对话框将会报告错误。

(3) 输出结果

- 结果输出窗口中输出选择的自变量和因变量、回归方程的系数以及回归方程的表达式;
- 绘图窗口中输出 (x, y) 坐标的散点图,以及拟合的直线。

2) 多元线性回归分析

(1) 多元线性回归模型

多元线性回归分析用于确定因变量 Y 和多个自变量 X_i 之间的相关关系。一元线性回归分析是多元线性回归的特例。在现实世界中,一个地理要素往往和多个其他的地理要素存在相关关系,因此,多元线性回归具有更为广泛的应用。

多元线性回归的回归模型为

$$y = \beta_0 + \beta_1 x_1 + \beta_2 x_2 + \cdots + \beta_p x_p + \varepsilon$$

或

$$y = X\beta + \varepsilon$$

其中,β_i 为未知参数;ε 为随机误差。去掉随机误差 ε 的关系式得

$$y = \beta_0 + \beta_1 x_1 + \beta_2 x_2 + \cdots + \beta_p x_p$$

即为回归方程。回归系数的求解采用最小二乘法。若记 $b = (b_0, b_1, \cdots, b_p)$ 为 β 的估计值,则可以求得

$$b = (X'X)^{-1} X'y$$

(2) 多元线性回归的显著性假设检验

对于多元回归分析,在求得回归方程参数之后,不仅应当对整个回归方程的显著性进行假设检验,而且应当对所有自变量的回归系数进行检验,对于回归效果不显著的自变量,应当从回归方程中剔除。

首先,引入如下统计量:

① 残差平方和 Q

$$Q = \sum (y_a - y'_a) \tag{1}$$

② 离差平方和 S_{yy}

$$S_{yy} = \sum (y_a - y''_a) \tag{2}$$

③ 回归平方和 U

$$U = \sum (y'_a - y''_a) \tag{3}$$

④ 剩余方差 S_y^2 和剩余标准差 S_y

$$S_y^2 = Q/(n-p-1) \tag{4}$$

式中,$a=1,2,\cdots,n$;n 为样品数;p 为自变量数;y'_a 是因变量的回归值;y''_a 是因变量的均值。

对于残差平方和、回归平方和和离差平方和,可以证明满足如下关系:

$$S_{yy} = U + Q \tag{5}$$

对于给定的变量和样本空间,离差平方和 S_{yy} 是恒定的,而残差平方和 Q 代表除去因变量和自变量之间的相关性以外其他因素的影响,因此,Q 越小,相关性越显著。

（3）回归方程总体显著性检验

在以上统计量的基础上,可以用复相关系数和 F 统计量进行回归方程的显著性检验:

复相关系数 R:

$$R^2 = U/S_{yy} = (S_{yy} - Q)/S_{yy} = 1 - Q/S_{yy} \tag{6}$$

显然,R 介于 0~1 之间,R 越大,回归效果越好。但 R 受 n 和 p 的影响,当 n 相对于 p 不是很大时,常常有较大的 R 值。为了克服这一限制,引入 F 统计量。

F 统计量:

$$F = (U/p)/(Q/(n-p-1)) = (U/p)/S_y^2 \tag{7}$$

可以证明统计量 F 服从自由度为 p 和 $(n-p-1)$ 的 F 分布,当计算的 F 值大于给定的显著性水平 α 的 $F_\alpha(p, n-p-1)$ 时,回归效果显著。

（4）各个自变量显著性检验

可以证明,回归系数 b_i 服从正态分布,即 $b_i \sim N(\beta_i, c_{ii}\delta^2)$（其中 c 为离差阵 S 的逆矩阵）,那么

$$(b_i - \beta_i)/(c_{ii}^{1/2}\delta) \sim N(0,1)$$

用 δ 的估计值 S_y 代替 δ,则当如下假设

$$H_0: \beta_i = 0, \quad i = 1, 2, \cdots, p$$

为真时（即自变量 x_i 不显著）,统计量为

$$t_i = b_i/(c_{ii}^{1/2}S_y) \tag{8}$$

服从自由度为 $(n-p-1)$ 的 t 分布。对于指定的显著性水平 α,当 $|t_i| > t_{\alpha/2}(n-p-1)$ 时,拒绝假设 H_0,从而认为 β_i 与 0 有显著差别,即回归系数 b_i 的显著性较强。

式（8）的 t 统计量可以用如下 F 统计量代替:

$$F_i = b_i^2/(c_{ii}S_y^2) = (b_i^2/c_{ii})/(Q/(n-p-1)), \quad i = 1, 2, \cdots, p \tag{9}$$

在上述假设 H_0 下,F_i 服从自由度为 $(1, n-p-1)$ 的 F 分布。如果 $F_i > F_\alpha(1, n-p-1)$,则拒绝假设,该回归参数显著性较强。

（5）数据格式及回归变量选择

本模型中,多元线性回归的求解方法为最小二乘法。

多元线性回归的数据从电子表格中输入。列数为变量数（自变量＋因变量）,行数为样品数。默认的情况下,最后一列为因变量,其余为自变量。本系统中提供了变量选择对话框（多元回归分析）,可以选择参加回归的自变量和因变量。界面特征和使用方法和一元回

归分析大同小异。

（6）输出结果

多元回归分析的输出结果包括：

- 选择的自变量和因变量；
- 回归系数$(b_1,b_2,\cdots,b_p,b_0)$和回归方程表达式；
- 如果样品数＞变量数，则输出回归平方和、残存平方和、离差平方和、复相关系数、剩余方差、剩余标准差、各个变量的 F 统计量值和总体 F 统计量值。

6. 其他回归模型

1）逐步回归分析

从上面的多元回归分析的显著性检验可以看出，当某一个自变量对回归效果影响不显著时，可以将该自变量从回归方程中剔除。但这是在总体回归方程确定之后进行的，剔除之后还要重新计算回归方程。逐步回归分析（stepwise regression analysis）就是针对这一问题提出的，它是在回归参数的求解过程中动态地引入和剔除自变量，最终在回归参数求解完成后引入所有显著的回归变量的。逐步回归分析的实质是在用无回代过程的消去法（高斯-约当消去法）求解正规方程组时，把挑选显著变量的任务叠加进去。

引入和剔除变量的依据是自变量在回归方程中的方差贡献，即引入和剔除变量前后回归平方和之差的大小，这一度量值称为偏回归平方和。变量 x_k 的偏回归平方和为

$$V_k = \Delta U = b_k/c_{kk}$$

其中，b_k 为 x_k 对应的回归系数；c_{kk} 为离差阵的逆矩阵。

计算过程中，首先计算出所有变量的偏回归平方和。引入变量时，考虑偏回归平方和最大的变量；剔除变量时，考虑最小的变量，然后对选择的变量的 F 统计量进行显著性检验，此时 F 统计量的值为

$$F = V_k(n-l-1)/Q$$

其中，V_k 是选择变量的偏回归平方和；n 为样品数；l 为当前选中的自变量数。

如果选择的具有最小偏回归平方和的变量对回归方程影响不显著，则剔除；如果选择的具有最大偏回归平方和的变量对回归方程的影响显著，则引入。如此循环，直到没有可以引入和剔除的变量为止。

（1）数据格式

逐步回归分析的数据格式和多元线性回归完全相同。提供相同的变量（自变量和因变量）选择方法也完全相同，采用变量选择对话框。

（2）参数

逐步回归分析需要引入和剔除变量的 F 统计量值 $F_进$ 和 $F_出$，对应样本较大时，$F_进$ 和 $F_出$ 可以作为常量处理。二者通过对话框提供，要求 $F_进＞F_出$。

（3）计算结果

- 选择的因变量和自变量；
- 离差阵；

- 最终包含的变量数;
- 回归系数和回归方程表达式;
- 离差平方和、回归平方和、残差平方和和复相关系数。

2)三角回归分析

三角回归分析(triangle regression analysis)可以对具有相同自变量的多个因变量同时进行回归分析,采用的求解方法是利用相关矩阵的上三角部分求逆,同时求解正规方程,因此叫作三角回归。本方法的特点是可以一次求解多个回归方程,但要求这些因变量具有相同的自变量。

(1)数据格式

原始数据从电子表格输入。自变量数据在表格的前面各列,因变量数据在表格的后面各列。具体格式如表6.4所示。

表6.4　三角回归分析数据格式

	自变量个数 m				因变量个数 k			
	X_1	X_2	$\cdots$	X_m	Y_1	Y_2	$\cdots$	Y_k
样本 1	x_{11}	x_{12}	$\cdots$	x_{1m}	y_{11}	y_{12}	$\cdots$	y_{1k}
样本 2	x_{21}	x_{22}	$\cdots$	x_{2m}	y_{21}	y_{22}	$\cdots$	y_{2k}
$\vdots$	$\vdots$	$\vdots$	$\vdots$	$\vdots$	$\vdots$	$\vdots$	$\vdots$	$\vdots$
样本 n	x_{n1}	x_{n2}	$\cdots$	x_{nm}	y_{n1}	y_{n2}	$\cdots$	y_{nk}

表6.4中,自变量为前 m 列,因变量为后 k 列。

(2)参数

三角回归分析对话框中需要输入如下参数:

因变量个数:指定电子表格中因变量的个数,即上表中的 k。其余各列为自变量。

主元素消去法控制值:利用主元素消去法求解正规方程组时,所需要的控制值。如果某些回归参数为0,则适当加大该值。

(3)计算结果

- 所有变量的相关系数矩阵的上三角阵;
- 自变量的相关矩阵的逆矩阵;
- 各个因变量的回归系数以及回归方程表达式;
- 各个因变量的复相关系数;
- 偏回归平方和;
- 各个回归方程的 T 检验值。

3)岭回归分析

岭回归分析(ridge regression analysis)是基于岭估计的一种回归方法,岭估计是一种有偏估计。在某些情况下,岭估计会取得比最小二乘估计更好的效果。在线性回归模型中,岭回归分析的回归系数定义为

$$\beta(k) = (X'X + kI)^{-1}X'Y$$

其中，$\beta(k)$ 为在常数 k 下的回归系数向量；k 为与 Y 无关的常数。可以看出，岭估计的回归系数表达式中比最小二乘估计中多出 kI 部分。特别地，当常数 k 为 0 时，岭估计就变为最小二乘估计。

岭估计相比最小二乘估计（在本系统中，即岭回归分析方法相对于多元回归分析）的优点是，当自变量样本矩阵 X 为病态时，$X'X$ 的特征根 λ_i 至少有一个非常接近于 0，而 $X'X + kI$ 的特征根 $\lambda_i + k$ 会使这种情况得到改善，从而"打破"原设计阵的复共性，使得岭估计比最小二乘估计有较小的误差。

岭回归中，关键的步骤是确定常数 k。目前常用的方法包括岭迹法、方差扩大因子法、C_p 准则法、Hoerl-Kennad 公式、双 k 公式等。岭估计只有当 X 呈病态时比最小二乘估计具有更高的精度，一般情况下，并没有特别的优势。

系统中岭回归方法的实现。岭回归分析方法分别采用最小二乘法和岭估计方法计算回归系数和回归方程。用最小二乘法计算回归系数时，求解正规方程组采用主元素消去法（高斯-约当消去法），因此计算的回归系数中不包括 b_0（不同于多元回归分析中的正规方程组解法）。岭回归的常数 k 的估计采用的是 Hoerl-Kennad 法，公式为

$$k = \delta^2 / \max \alpha_i = (Q/(n-p-1))/X'X\beta$$

其中，Q 为残差平方和；X 为样本矩阵；β 为回归系数向量。

在岭回归过程中，分别以 k 的 1/4 为增量作为岭估计中的常数，回归 4 次，分别求出回归方程和回归值。

（1）数据格式

数据从电子表格输入，可以包含预测样品，当然预测样本的因变量值未知，所以不输入。回归样品在表格的前 n 行，如果包含预测样品，在表格的后 k 行。同样，自变量在表格的前 $m+1$ 列，因变量在最后一列，格式如表 6.5 所示。

表 6.5　岭回归分析数据格式

回归		X_1	X_2	$\cdots$	X_m	Y
样本数	回归样本 1	x_{11}	x_{12}	$\cdots$	x_{1m}	y_1
	回归样本 2	x_{21}	x_{22}	$\cdots$	x_{2m}	y_2
	$\vdots$	$\vdots$	$\vdots$	$\vdots$	$\vdots$	$\vdots$
	回归样本 n	x_{n1}	x_{n2}	$\cdots$	x_{nm}	y_n
待预测样本数	预测样本 1	x'_{11}	x'_{12}	$\cdots$	x'_{1m}	
	预测样本 2	x'_{21}	x'_{22}	$\cdots$	x'_{2m}	
	$\vdots$	$\vdots$	$\vdots$	$\vdots$	$\vdots$	
	预测样本 k	x'_{k1}	x'_{k2}	$\cdots$	x'_{km}	

（2）参数

包含预测样本选项：指定是否包含待预测样本。

预测样本数：指定待预测样本的数目。预测样本在电子表格的最后 n 行，n 为预测样本数。

（3）变量选择对话框

变量选择对话框用于选择参加回归的自变量和因变量。用法和多元回归分析相同。

（4）输出结果

- 选择的因变量和自变量。

采用最小二乘估计计算的结果：

- 回归系数和回归方程表达式；
- 回归样品因变量的观察值、回归值和剩余值；（待预测样本的回归值，如果存在待预测样本的话）
- 残差平方和；
- 岭回归常量 k 估计值。

采用岭估计计算结果（以 1/4 常量 k 为增量，计算 4 次）：

- 岭回归的次数；
- 回归系数和回归方程表达式；
- 回归样本因变量的观察值、回归值和剩余值；（待预测样本的回归值，如果存在待预测样本的话）
- 残差平方和。

7. 趋势面分析

趋势面分析（trend surface analysis）是回归分析的一种特殊应用，用于分析具有空间信息的变量在空间上的变化规律，在城市与区域规划研究中具有特定的应用领域。例如，可以用来分析一个区域要素在二维空间内随坐标 (x, y) 的变化规律，即空间趋势。

系统中的趋势面分析采用多项式拟合趋势面，可以指定多项式的次数。即

$$f(x, y) = b_0 + b_1 x + b_2 y + b_3 x^2 + b_4 xy + b_5 y^2 + \cdots$$

采用最小二乘法，按照多元线性回归的方法可以确定多项式的参数。

1）数据格式

趋势面分析的数据包括 x、y 坐标和该坐标的观测值。数据从电子表格输入，共 3 列。其中第一列为 x 坐标，第二列为 y 坐标，第三列为观测值（即地理要素）。电子表格的行数为观测的样品数。

2）参数

趋势面分析对话框提供如下参数。

解方程方法：包括正交变化法和主元素消去法。目前只有正交变换法可用。

趋势面次数：多项式的次数。

3）输出结果

- X、Y、XY 的均值，Z 的均值；
- 正规方程组的系数矩阵（次数$\leqslant 3$）；
- 趋势面回归方程系数；
- 如果趋势面次数小于 5，输出趋势面回归方程表达式；
- 拟合度、F 统计量和复相关系数；
- 趋势面分析要素的观察值、回归值和剩余值。

6.2.3　判别分析和聚类分析

判别分析和聚类分析是用于类别划分的模型，这些模型在区域划分中应用较为广泛。严格说来，判别分析和聚类分析有较大的差别，把二者放在一起讨论只是二者的应用场合类似。二者的差别是，判别分析时总体是已知的，是判断某一个体属于给定总体中的哪一类；而聚类分析事先并不知道总体的类别，是将个体归并为几类的模型。

1. 判别分析

判别分析（discriminant analysis）是在已知两个或多个总体（分类）的情况下，对于给定的个体，判断其归属。如果把个体（即具有多个属性的区域单元，比如考察一个地区的经济发展状况，它包括工业产值、第三产业产值、就业人数、企业数等指标，北京地区就是一个个体）看作是 p 个属性（变量）组成的 p 维空间的一个点，则各个总体就组成 p 维空间的一个划分，每个总体就是一个子空间。这样，判别分析的问题变为寻找划分的规则问题。

通常采用的判别分析模型有 Fisher 判别和 Bayes 判别，前者主要用于两类总体判别分析（两类判别分析），后者用于多类总体的判别分析（多类判别分析）。

1）两类判别分析

两类判别分析显然用于两个总体的情形，采用的判别准则是 Fisher 判别准则。其基本思想是将 p 维空间的点向一维空间（直线）投影，通过选择适当的投影方向，使得同一总体的点尽可能集中，不同总体的点尽可能分散。这样，不同总体就可以区分开来了。

对于给定的两个总体 A_1，A_2，其均值向量和协方差阵分别为 $\mu^{(1)}$，$\mu^{(2)}$ 和 $V^{(1)}$，$V^{(2)}$。从 p 维空间向一维空间的投影也就是作如下线性变换：

$$z = c_1 x_1 + c_2 x_2 + \cdots + c_p x_p = C'X$$

其中，向量 C 就是要确定的投影方向。

对于上述投影变换，确定投影方向的依据是使得投影后的两个总体组内方差最大，而组间方差最小。这样可以求得投影方向 C 为

$$C = (V^{(1)} + V^{(2)})^{-1}(\mu^{(1)} - \mu^{(2)})$$

投影之后的两个总体的均值记为 e_1，e_2，则二者的中点 $e = \dfrac{1}{2}(e_1 + e_2) = \dfrac{1}{2}C'(\mu^{(1)} + \mu^{(2)})$ 就是两个总体的分界点。对于一个未知的个体，如果投影之后的 z 值$\geqslant e$，则划归 A_1 总体，否则划归 A_2 总体。

(1) 数据格式

两类判别分析的原始数据从电子表格输入。样本在行,属性在列。其数据格式和多类判别分析类似,是多类判别分析的特例(总体类别数为2),其数据格式参见多类判别分析数据格式(表6.6)。

表中所示,样本数据顺次为第一类样本、第二类样本和待分类样本,其中待分类样本可以不包含,此时第一类和第二类样本数之和为电子表格行数。见参数的设置。

(2) 参数

从对话框提供的参数包括:

第一类样本数:属于第一个总体的样本数,必须小于电子表格的行数。

第二类样本数:属于第二个总体的样本数,必须小于电子表格的行数。如果不包含待分类样本,则1、2类样本数之和等于电子表格的行数。当改变第一类样本数或第二类样本数时,系统会自动设置另一类样本的个数,使得二者之和为电子表格的行数。

包含待分类数据选项:指定是否包含待分类样本。如果包含待分类样本,则待分类样本数为电子表格行数减去第1、2类样本数。

(3) 输出结果

两类判别分析的输出结果包括:

- 判别系数,即投影方向向量;
- 投影后两类样本的均值 e_1,e_2,及分界点 e;
- 第一类样本的投影值(判别得分)以及回代后所属类别;
- 第二类样本的投影值(判别得分)以及回代后所属类别;
- 待分类样本的投影值(判别得分)以及回代后所属类别。

2) 多类判别分析

多类判别分析考虑多个总体的情形,采用的判别准则为 Bayes 判别准则。当这些总体是协方差阵相同的正态总体时,Bayes 判别准则确定的判别函数的形式为

$$y_i(x) = \ln q_i + c_{0i} + c_{1i}x_1 + c_{2i}x_2 + \cdots + c_{pi}x_p, \quad i = 1, 2, \cdots, G$$

其中,G 为类别数;q_i 是验前概率,等于第 i 类的样本数除以各类样本总数;c_{pi} 为判别函数的系数。可有如下计算:

$$C_i = (c_{pi}) = V^{-1}\mu^{(i)}$$

$$c_{0i} = -\frac{1}{2}\mu^{(i)}V^{-1}\mu^{(i)}$$

其中,V 为总体的协方差阵;$\mu^{(i)}$ 为第 i 类总体的均值向量;C_i 为系数向量,$i = 1, 2, \cdots, G$ 为类别序号。

对于一个给定的个体 x,按上面的 G 个线性判别函数分别计算出 G 个判别值 $y_i(x)$,如果

$$y_k(x) = \max(y_i(x)), \quad i = 1, 2, \cdots, G$$

则 x 属于第 k 个总体,即第 k 类。

(1) 数据格式

多类判别分析的数据格式和两类判别分析类似,样本在电子表格的行,属性在列。从

$1\sim G$ 类样本顺次从上到下排列,如果存在待分类样本,则放在电子表格的最后,如表 6.6 所示。

表 6.6　多类判别分析数据输入格式

		属性 1	属性 2	⋯	属性 m
第一类样本	第一类样本 1				
	⋮				
	第一类样本 n				
⋯	⋮	⋮	⋮	⋮	⋮
第 G 类样本	第 G 类样本 1				
	⋮				
	第 G 类样本 p				
待分类样本	待分类样本 1				
	待分类样本 2				
	⋮				
	待分类样本 q				

（2）参数

多类判别分析提供如下参数。

类别数：即所有样本事先划分为几类,也就是上述公式中的 G。

各类别样本数：即每一个类别中包含多少样本。这些样本数从对话框的电子表格中输入,表格为一行,列数自动设置为类别数,每个类别都必须输入样本数,如果某一个单元为输入数据或者输入的样本数之和大于电子表格（输入原始数据的电子表格）的行数,则会报错；如果选中包含待分类样本选项,并且样本数之和等于电子表格的行数,也会报错。

包含待分类样本选项：指定电子表格中是否包含待分类的样本数据。如果选中该项,则待分类样本数等于电子表格的行数减去上面输入的各类已知样本数之和。

需要指出的是,上述指定样本数的机制中,如果不包含待分类样本,系统允许指定的各类样本数之和小于电子表格的行数,即允许一部分样本不参与计算判别函数。

（3）输出结果

多类判别分析的输出结果包括：

- 包含所有已知样本（不含待分类样本）的离差阵；
- 各判别函数系数（G 个判别函数）；
- 对于已知类别样本,分别按照上述判别函数计算的 G 个判别得分值、原类别、重新判别的类别；
- 对于待分类样本（如果包含待分类样本数据）,计算待分类样本的判别得分以及所属的类别。

3）训练迭代法

训练迭代法是一种特殊的两类判别方法,它利用迭代方法求解判别函数。具体的数学模型不再讨论。

（1）数据格式

训练迭代法的原始数据从电子表格输入。和其他判别方法的数据格式不同的是,训练迭代法的数据多出表示分类类别的一列,这一分类信息放在电子表格的最后一列。这种数据格式的缺点是多出了一列额外信息,但是得到的回报是两类样本可以混合排列,不受顺序的限制。这种类别标志信息是,1 表示第一类样本,2 表示第二类样本。如果有待分类样本,则放在电子表格的最后。格式如表 6.7 所示。

（2）参数

从对话框提供的参数包括:

训练样本数:即已知类别的两类样本总数。如果电子表格的行数多于训练样本数,则多出的部分为待分类样本数据。训练样本数必须小于电子表格行数,否则报错。

最大迭代次数:用迭代法进行迭代时的最大次数。如果没有取得预想效果或者程序报告超过迭代次数,可以适当把迭代次数加大。

（3）输出结果

训练迭代法的输出结果如下:

- 如果原始数据的最后一列没有包括分类信息(不是 1 或 2),则系统报错,退出运行;
- 拟合的判别函数表达式;
- 训练样本的回判结果,包括样本、判别得分、原类别、新类别;
- 如果有待分类样本,则输出待分类样本的样本号、判别得分和分类类别。

表 6.7　训练迭代法输入数据格式

		属性 1	属性 2	⋯	属性 m	类别
已知样本	已知样本 1	s_{11}	s_{12}	⋯	s_{1m}	2
	已知样本 2	s_{21}	s_{22}	⋯	s_{2m}	1
	⋮	⋮	⋮	⋮	⋮	⋮
	已知样本 n	s_{n1}	s_{n2}	⋯	s_{nm}	1
待分类样本	待分类样本 1	S'_{11}	S'_{12}	⋯	S'_{1m}	
	⋮	⋮	⋮		⋮	
	待分类样本 k	S'_{k1}	S'_{k2}	⋯	S'_{km}	

2. 聚类分析

聚类分析(cluster analysis)是在不知道分类对象的内部结构和类别的情况下,按照分类对象之间的相互关系进行划分类别的一种统计学方法。聚类分析在城市与区域研究和规划过程中有着广泛的用途,对诸如区划、空间单元归类等有很大的辅助作用。

聚类分析按照分类对象的不同可以分为两大类,即 Q 型聚类和 R 型聚类。前者是对样本的聚类,通常采用距离作为分类依据;后者是对变量(属性)的分类,通常用相似系数作为分类依据。本系统中实现的聚类分析方法包括系统聚类、动态聚类、有序样本聚类、模糊聚类和图论聚类。后面将分别加以介绍。

聚类分析的依据是样本或变量之间的亲疏关系,用距离或相似系数表达。下面介绍本系统中采用的距离和相似系数。

(1) 距离。系统中(系统聚类法)采用的距离度量包括欧氏距离、切比雪夫距离、马氏距离和兰氏距离,用来表示样本之间的疏远程度。公式分别为(以下公式中,n 为样本数,p 为变量数):

- 欧氏距离

$$d_{ij} = \left[\sum_k (x_{ik} - x_{jk})^2 \right]^{1/2}, \quad i,j = 1,2,\cdots,n; \quad k = 1,2,\cdots,p$$

- 切比雪夫距离

$$d_{ij} = \max_k | x_{ik} - x_{jk} |, \quad i,j = 1,2,\cdots,n; \quad k = 1,2,\cdots,p$$

- 马氏距离

设 $x_i = (x_{i1}, x_{i2}, \cdots, x_{ip})^{\mathrm{T}}, x_j = (x_{j1}, x_{j2}, \cdots, x_{jp})^{\mathrm{T}}$,则马氏距离

$$d_{ij}^2 = (x_i - x_j)^{\mathrm{T}} \Sigma^{-1} (x_i - x_j)$$

其中,

$$\Sigma = \frac{1}{n-1} \sum_{i=1}^n (x_i - \bar{x})(x_i - \bar{x})^{\mathrm{T}}, \bar{x} = \frac{1}{n} \sum_{i=1}^n x_i$$

其中,Σ 是总体的协方差矩阵(离差矩阵)。

- 兰氏距离

$$d_{ij} = \sum_{k=1}^p \left[| x_{ik} - x_{jk} | / (x_{ik} + x_{jk}) \right], \quad i,j = 1,2,\cdots,n; \quad k = 1,2,\cdots,p$$

(2) 相似系数。相似系数是表征变量之间相像程度的度量。相似系数和距离之间的关系是,相似系数越大,距离越小。二者可以如下换算(d_{ij} 是距离,r_{ij} 是相似系数):

$$d_{ij}^2 = 1 - r_{ij}^2$$

- 夹角余弦

$$c_{ij} = \left(\sum_k x_{ik} x_{jk} \right) \Big/ \left(\sum_k x_{ik}^2 \sum_k x_{jk}^2 \right)^{1/2}, \quad i,j = 1,2,\cdots,p; \quad k = 1,2,\cdots,n$$

- 相关系数

相关系数就是中心化后的夹角余弦,即

$$r_{ij} = \sum_k (x_{ik} - \bar{x}_i)(x_{jk} - \bar{x}_j) \Big/ \left(\sum_k (x_{ik} - \bar{x}_i)^2 \sum_k (x_{jk} - \bar{x}_j)^2 \right)^{1/2},$$

$$i,j = 1,2,\cdots,p; \quad k = 1,2,\cdots,n$$

其中,$\bar{x}_i, \bar{x}_j$ 是变量 i,j 的均值。

- 指数相似系数

$$c_k = \left(\sum_i x_{ki}^2 - \left(\sum_i x_{ki} \right)^2 / m \right) \Big/ (m-1)$$

$$r_{ij} = \frac{1}{m} \cdot \sum_{k} e^{-0.75(x_{ik}-x_{jk})^{2/c}}, \quad i,j=1,2,\cdots,p; \quad k=1,2,\cdots,n$$

1) 系统聚类分析

系统聚类是最为常用的一种聚类方法。在系统聚类中,任何一步所得的分类,都是前面各步分类的合并。分类的步骤可以描述为:①把每一个样本都看成一类;②计算出各类之间的距离,将距离最近的两类合并成一类;③重复第②步,直到所有的样本都归为一类为止。

系统距离按照各类之间距离的定义不同,可以分为最短距离法、最长距离法、类平均法、离差平方和法、中线法、重心法、可变法、可变数平均法等。本系统中的系统聚类法实现了上述 8 种分类方法。这 8 种分类方法在将 p 类和 q 类合并成 r 类时,任一类 k 和新类 r 之间的距离 D_{kr} 有一个通用公式:

$$D_{kr}^2 = \alpha_p D_{kp}^2 + \alpha_q D_{kq}^2 + \beta D_{pq}^2 + \gamma \mid D_{kp}^2 - D_{kq}^2 \mid$$

其中,不同分类方法的参数 $\alpha_p, \alpha_q, \beta, \gamma$ 如表 6.8 所示。表中 n_p 为 p 类中的样本数,n_q 为 q 类中的样本数,n_r 为 p 类和 q 类合并的 r 类中的样本数,显然 $n_r = n_p + n_q$。

表 6.8　系统聚类分析各种聚类方法参数表

聚类方法	参数				距离限制
	α_p	α_q	β	γ	
最短距离法	0.5	0.5	0	-0.5	各种距离
最长距离法	0.5	0.5	0	0.5	各种距离
类平均法	n_p/n_r	n_q/n_r	0	0	各种距离
离差平方和法	$(n_k+n_p)/(n_k+n_r)$	$(n_k+n_q)/(n_k+n_r)$	$-n_k/(n_k+n_r)$	0	欧氏距离
重心法	n_p/n_r	n_q/n_r	$n_q n_q/n_r^2$	0	欧氏距离
中线法	0.5	0.5	$0.25\sim0$	0	欧氏距离
可变法	$(1-\beta)/2$	$(1-\beta)/2$	$0\sim1$	0	各种距离
可变数平均法	$(1-\beta)n_p/n_r$	$(1-\beta)n_q/n_r$	$0\sim1$	0	各种距离

(1) 数据格式

系统聚类的数据从电子表格输入,电子表格的行数为样本数,列数为变量数。Q 型聚类和 R 型聚类的数据格式相同。后面提到的各种聚类分析方法(包括动态聚类分析、有序样本的聚类分析、模糊聚类分析、图论聚类分析)的数据格式和系统聚类分析完全相同,就不再提及。

(2) 参数

聚类类型:包括 Q 型聚类和 R 型聚类两个选项。用户从中选择对数据进行 Q 型聚类分析(对样本聚类)还是 R 型聚类分析(对变量聚类)。Q 型聚类分析采用距离表征,因此选择 Q 型聚类分析的话,相似系数选项组(radiobox)灰化,用户只能从距离选项组中选择距离;选择 R 型聚类分析的话,距离选项组灰化,用户只能从相似系数选项组中选择相似系数。实际分类时,相似系数换算为距离。

距离选项组：距离选项组包括欧氏距离、切比雪夫距离、马氏距离和兰氏距离四个选项。由于离差平方和法、中线法和重心法三种聚类方法只能采用欧氏距离，因此三种聚类方法和欧氏距离选项之间存在互动关系，只有选择欧氏距离选项时，三种聚类方法才活化并允许选择，否则，如果选择其他三种距离选项的话，上述三种聚类方法选项则会灰化，禁止用户选择。

聚类方法选项组：包括最短距离法、最长距离法、类平均法、可变数平均法、可变法、离差平方和法、重心法和中线法 8 个选项。其中后 3 种方法只能用欧氏距离，其他 5 种方法可以用任何距离以及相似系数。因此，当选择 R 型聚类分析选项时，上述三种聚类方法灰化，禁止用户选择。

β 值：即上述通用聚类计算公式中的 β 值。因为只有中线法、可变数平均法和可变法需要指定 β 值，因此，β 值文本域和这 3 种聚类方法之间存在互动关系，只有选择这 3 种聚类方法，该文本域才会活化，允许输入，否则，灰化，禁止输入。如表 6.8 所示，β 值有一定的选择范围，如果超出各自的范围，系统会报错。

（3）输出结果

系统聚类分析除了输出计算结果外，还绘制聚类图。

计算结果：

- 方法提示包括聚类类型（Q/R）、距离方法和聚类方法 3 个部分；
- 距离平方和矩阵；
- 聚类结果，包括聚类步骤、划归一类的各个样本（变量）之间的距离。

聚类图：绘制聚类图。如果是 Q 型聚类分析，则横坐标为距离，纵坐标为样本；如果是 R 型聚类分析，则横坐标为相似系数，纵坐标为变量。如果样本或变量名称的长度小于 8 个字符，则在纵坐标直接标注样本名或变量名，否则，在聚类图的右部打印图例，在纵坐标上标注样本或变量代号。图名中包含聚类方法信息。在工具－选项－绘图选项页中可以更改聚类图的横纵比例尺、横轴及纵轴标注和图名。出现放大光标时，单击鼠标左键可以放大聚类图；按 Shift 键，则出现缩小光标，单击鼠标左键，可以缩小聚类图。

后面的一些聚类分析方法，包括模糊聚类、图论聚类也可以输出聚类图，有序样本聚类和动态聚类只是划分出样本的类别而没有各个样本之间的相似系数或距离值，因此不能绘制聚类图。

2）动态聚类

动态聚类的聚类步骤是：①首先给定一个初始分类（凭经验或者随机地）；②计算出各个类别的样本的均值向量（即重心），作为凝聚点；③将所有样本按距离最近的凝聚点重新归类；④重复第②③步骤，直到相邻两次的凝聚点重合为止。

动态聚类的优点是计算量较小，缺点是分类结果和初始分类有一定的关系。

动态聚类分析采用的距离为欧氏距离。

（1）参数

动态聚类分析对话框包括如下参数。

初始分类数：即初始分类的类别数；

初始分类：对话框中提供了一个输入初始分类的电子表格，每一行代表一个类别，由该类中的样本代号组成。电子表格的行数和初始分类数文本域存在互动关系，初始分类数改变时，电子表格的行数随着改变。电子表格的列数是样本数，即外部电子表格的行数。各类(行)包含的样本数可以不相等，但是用户应当保证每一行都输入数据，并且各类包含的样本数之和应等于总样本数。否则，系统将会报错。

(2) 输出结果

输出每一次聚类的结果。因为是逐步聚类，所以有多个中间聚类结果。最后的聚类结果是最理想的。聚类结果中，括号外面是样本名称，括号内为样本顺序号(即对话框中输入的部分)。

3) 有序样本的聚类

有序样本的聚类分析是保持样本顺序的一种特殊的聚类方法，适用于某些样本顺序不能打乱的特殊情况。其在规划中的应用不是很广泛，所以不介绍具体的数学模型。这里采用的分类方法为逐次二分法。

(1) 参数

有序样本聚类仅提供一个参数，即样本分类数，就是希望将所有样本分为几类。

(2) 输出结果

• 各个分界点、分界点位置、E 值；
• 聚类结果，即每一类包含的样本。

4) 模糊聚类

模糊聚类是应用模糊集理论进行分类的一种方法。由于城市与区域规划中的许多应用具有模糊特征，因此模糊聚类在这些领域具有一定的优越性。

模糊聚类的思想是从由分类对象组成的论域中建立一个模糊关系，这个模糊相似关系通常用模糊相似系数表征。通过卷积(自乘)求得模糊等价关系。当用某一水平的常量对该模糊等价关系作截集时，所截得的子集就是一个分类。因此，模糊聚类的步骤可以概括为：①确定模型相似关系；②卷积求得模糊等价关系；③在不同的相似水平下作截集聚类。

本系统中实现的模糊聚类采用的模糊相似关系的度量方法有：夹角余弦、相关系数、指数相似系数、最大最小值法、算术平均最小法和绝对值指数法。前三种方法在系统聚类中已经介绍，下面给出其他三种方法的数学公式。

• 最大最小值法
$$r_{ij} = \sum_k \min(x_{ik}, x_{jk}) \Big/ \sum_k \max(x_{ik}, x_{jk}), \quad i,j=1,2,\cdots,n; \quad k=1,2,\cdots,m$$

• 算术平均最小法
$$r_{ij} = \sum_k \min(x_{ik}, x_{jk}) \Big/ \big(0.5\sum_k (x_{ik}+x_{jk})\big), \quad i,j=1,2,\cdots,n; \quad k=1,2,\cdots,m$$

• 绝对值指数法
$$r_{ij} = \exp\big(-\sum_k |x_{ik}-x_{jk}|\big), \quad i,j=1,2,\cdots,n; \quad k=1,2,\cdots,m$$

(1) 数据格式

模糊聚类仅支持 Q 型聚类，如果要进行 R 型聚类分析，只要将原始数据电子表格进行行列转置即可。此时变量在行,样本在列,这样,Q 型聚类即为 R 型聚类。行列转置可以通过以下菜单实现:工具—数据预处理—行列转置。

（2）参数

模糊聚类的模糊关系计算方法由对话框指定。

模糊相似关系计算方法选项组包括夹角余弦、相关系数、指数相似系数、最大最小值法、算术平均最小法、绝对值指数法 6 个选项。

（3）计算结果

- 模糊聚类的相似系数方法;
- 模糊相似系数矩阵;
- 卷积后的模糊等价关系矩阵;
- 聚类结果,包括步骤、样本对、模糊相似系数。

5）图论聚类

图论聚类分析是应用图论理论,构造以欧氏距离为标准的最小支撑树,然后根据最小支撑树进行聚类。实现步骤为:

（1）解各分类对象（样本）之间的距离（此处为欧氏距离）,以 n 个样本为节点组成图 $G=(V,E)$,以两节点之间的距离 d 为该边的权重。

（2）构造距离最小支持树。算法为:①找出 G 中权重最小的边;②将距离放在集合 C 中,将改变的新节点放入集合 T 中,如果所有的节点都已放入 T 中,转④;③检查 T 中每一个节点和 T 外节点组成的边的权重,找出最小者,转第②步;④此时,T 中的节点就构成了 G 的最小支撑树。

（3）从最小支撑树进行聚类。将最小支撑树中的距离依次归并为一类,直到所有的样本都归为一类为止。

本系统中实现的图论聚类为 Q 型聚类,距离采用了欧氏距离。

（1）输出结果

（2）计算结果

- 最小支撑树。按顺序输出边（两个端点）和边长。
- 空间球的半径 R。$R = 2\sum d/(n-1)$。
- 各个节点（样本）的点密度,即该节点和所有节点之间的距离中小于 R 的个数。
- 聚类谱系图,包括步骤、聚类样本（归为一类的样本以最小样本号为代表）和距离。

6.2.4　因子分析和主成分分析

因子分析和主成分分析是两种类似的统计分析方法,前者是用一些不可观测的随机变量即因子来发现和解释观测变量之间的内在联系,属于前面提到的探究性分析范畴;后者是对原始变量进行线性组合,得到新的不相关的变量,即主成分。主成分分析的实质是多维空间的坐标轴旋转。还有一种和因子分析类似的统计分析方法——对应分析,可以将 R 型因子分析和 Q 型因子分析联系起来,因此也称为双重因子分析。对应分析可以将两种因子分析的结果在一个图解内表示。下面分别介绍这三种统计分析方法。

1. 主成分分析

城市与区域规划过程中,有时会遇到大量的指标或属性。一种简化指标体系,同时又不会损失太多信息的统计方法就是主成分分析法(principal component analysis)。

主成分分析法的实质就是变量的变换,也就是构造一组新变量,使得它们是原来变量的线性组合,同时彼此不相关。其几何意义实际上是多维空间的坐标系变换。新变量(即主成分)的构造原则是,新变量的方差按照递减的次序排列。即构造的第一个变量(第一主成分)具有最大的方差,依次递减。主成分分析的数学模型可以表述如下:

给定 p 个指标($x = x_1, x_2, \cdots, x_p$)的 n 个样本,组成一个 $n \times p$ 矩阵 X。矩阵 X 的均值向量为 x,协方差阵为 S。构造的第 j 个主成分为

$$y_j = a_{1j}x_1 + a_{2j}x_2 + \cdots + a_{pj}x_p = a_j'x$$

其样本方差为

$$s_{yj}^2 = V(a_j'x) = a_j'Sa_j$$

可以证明,使得方差 s_{yj}^2 达到第 j 大的系数向量 a_j 就是 S 的第 j 个特征值对应的特征向量,方差大小刚好等于第 j 个特征值。那么第 j 个主成分的方差贡献率为

$$l_j = \sum_i l_i, \quad i = 1, 2, \cdots, p$$

从上面的讨论可以看出,主成分分析的关键是求解系数向量矩阵 A,而矩阵 A 就是原始数据的协方差阵 S 的特征向量矩阵。因此,主成分分析实际上是一个求解协方差阵的特征值和特征向量的过程。

方差贡献率反映了主成分包含原始变量信息的能力。如果 p 个主成分的前 m 个方差贡献率之和已经比较大,也就说明了这 m 个主成分已经包含了原始变量的绝大部分信息,因此就可以用 m 个主成分代替原来的变量而损失很少的信息。这就起到了简化变量的作用。

如果将原始数据矩阵进行标准差标准化,那么其协方差矩阵(离差矩阵)就是原来的相关系数矩阵。因此有时也从相关系数矩阵出发计算特征值和特征向量。但是,一般来说,用相关系数 R 和协方差 S 计算的主成分是不同的,并且相关系数矩阵的统计意义不容易解释,但是计算量较小。通常的选择标准是:①如果变量之间的量纲不同,可以采用相关系数矩阵计算;②如果各变量具有可比较的尺度,则尽量采用协方差矩阵计算,这样统计意义比较明显。

实际计算中,如果要采用相关系数,可以先将原始数据作标准化处理,然后进行主成分分析。标准化通过以下菜单实现:工具—数据预处理—标准化。

2. 因子分析

因子分析(factor analysis)方法是一种用少数不可观测的变量(即因子)来解释存在于原始观测变量之间的内在联系的多元统计方法。在城市与区域规划中,许多指标是不可直接观测的,比如居民购买力、地区发展水平等,因此因子分析方法在这些领域中有特别重要的意义。它可以用来分析复杂的因素之间的相互关系,找出具有内在联系的因素,或者用

较少的因子代表大量的因子(类似主成分分析)。因子分析的数学模型如下:

给定一个由 p 个随机变量描述的多元系统,假设 p 个变量 $x_1, x_2, \cdots, x_p$ 可以用 m 个 $(m < p)$ "公共因子"(对所有的变量都起作用)$f_1, f_2, \cdots, f_m$ 和 p 个"特殊因子"(仅影响某一个变量)$u_1, u_2, \cdots, u_p$ 的线性组合表示,即

$$x_1 = a_{11}f_1 + a_{12}f_2 + \cdots + a_{1m}f_m + c_1u_1$$
$$\vdots$$
$$x_p = a_{p1}f_1 + a_{p2}f_2 + \cdots + a_{pm}f_m + c_pu_p$$

其中,$a_{ij}(i=1,2,\cdots,p; j=1,2,\cdots,m)$ 称为第 i 个变量在第 j 个公共因子上的因子载荷;c_i 为特殊因子载荷。上述模型用矩阵形式表示为

$$x = Af + Cu$$

式中,x 为观测变量向量;f 为公共因子向量;u 为特殊因子向量;A 为公共因子载荷矩阵;C 为特殊因子载荷对角阵,$C = \mathrm{diag}(c_1, c_2, \cdots, c_p)$。

对于 p 维变量的 n 次观测,则有原始资料矩阵 $X_{n \times p}$。公共因子 f 和特殊因子 u 的资料矩阵记为 $F_{n \times p}$ 和 $U_{n \times p}$,那么上述模型就变成

$$X = FA' + UC$$

可以证明,如果满足如下条件:①原始数据矩阵 X 已经标准化(那么协方差矩阵 S 即相关矩阵);②公共因子互不相关,且已经标准化;③特殊因子互不相关且已标准化;④特殊因子 u 和 f 互不相关,那么相关系数矩阵 R 和因子载荷矩阵之间存在如下关系:

$$R = AA' + C^2$$

考查 R 的主对角元素

$$r_{ii} = \sum_k a_{ik}^2 + c_i^2 = h_i^2 + c_i^2 = s_{ii} = 1, \quad k = 1,2,\cdots,m; \quad 1 = 1,2,\cdots,p$$

可以发现,因子载荷矩阵的第 i 行元素的平方和表示所有公共因子对变量 x_i 的方差贡献,称为公共因子方差,c_i^2 则为特殊因子方差。

因子载荷矩阵 A 的各列元素的平方和为

$$g_j^2 = \sum_k a_{kj}^2, \quad k = 1,2,\cdots,p; \quad j = 1,2,\cdots,m$$

反映了公共因子 f_i 对各个变量的总的影响,称为公共因子 f_i 的方差贡献。

1) 主因子解

从相关矩阵 R 出发,依次求出因子载荷矩阵的各列,使得相应的方差贡献 g_i^2 按从大到小的顺序排列,这样的解称为主因子解。可以证明主因子解的第 j 列 a_j,其方差贡献 g_j^2 是相关矩阵 R 的第 j 大特征值 λ_j,a_j 是第 j 大特征值 λ_j 对应的特征向量 γ_j 的 $\lambda_i^{1/2}$ 倍,即

$$a_j = \lambda_j^{1/2}\gamma_j, \quad j = 1,2,\cdots,m$$

也就是

$$A = (\lambda_1, \lambda_2, \cdots, \lambda_m)\mathrm{diag}(\lambda_1^{1/2}, \lambda_2^{1/2}, \cdots, \lambda_j^{1/2})$$

2) 因子得分

为了把较多的变量的值用较少的因子的值来表示,需要将因子表示成变量的线性组合:

$$f_j = b_{j1}x_1 + b_{j2}x_2 + \cdots + b_{jp}x_p, \quad j = 1, 2, \cdots, m$$

一般情况下,因子数 m 小于变量数 p,因此只能在最小二乘意义下求解因子的估计值。上式实际上就是因子 f 关于变量 x 的回归方程。由于变量和因子都已经标准化,因此 b_{j0} 为 0。该回归方程的回归系数为

$$b_j = R^{-1}a_j$$

其中第 j 个因子的回归系数向量为因子载荷。上述因子得分公式用矩阵表示为

$$f = A'R^{-1}x$$

3)因子旋转

由于主因子解确定的因子载荷矩阵不唯一,任何正交变换得到的矩阵都可以作为因子载荷矩阵。利用这一特点,有时可以通过对初始因子载荷矩阵进行正交变换,使得变换后的因子载荷矩阵对于所研究的问题更易于解释。这种对因子载荷矩阵的变换称为因子轴的旋转。本系统的因子分析中采用了因子方差极大正交旋转和 promax 斜交旋转。

(1)参数

因子分析需要提供的参数包括:

误差精度:方程求解过程中的误差精度,采用默认值即可。

选取主因子选项组:包括选择因子贡献率和特征值大于 1 两个选项。

- 因子贡献率:是选择因子的累计方差贡献率达到某一给定值的因子,给定值范围介于 0~1 之间,0 不选择任何主因子,1 选择所有主因子。
- 特征值大于 1:即选择特征值大于 1 的主因子。

因子旋转方法选项组:包括因子正交旋转和 promax 斜交旋转两个选项。两者同时选择的话,则分别进行因子正交旋转和 promax 斜交旋转,而不是同时进行两种旋转。

(2)输出结果

因子分析输出结果包括:

- 相关系数矩阵;
- 相关矩阵的特征向量矩阵;
- 主因子的特征值、方差贡献率和累计方差贡献率;
- 选取的主因子数及主因子选择方法;
- 初始因子载荷矩阵;
- 因子得分;
- 如果选择正交旋转,输出正交旋转后的因子载荷矩阵;
- 如果选择正交旋转,输出正交因子得分;
- 如果选择 promax 斜交旋转,输出斜交因子得分。

3. 对应分析

和聚类分析类似,因子分析也分为 R 型因子分析和 Q 型因子分析。前者是针对变量的因子分析,用于研究变量之间的相互关系;后者是针对样本的因子分析,用于研究样本之间的相互关系。上面介绍的因子分析方法是 R 型因子分析。Q 型因子分析用样本之间的相

似系数(夹角余弦)矩阵代替 R 型因子分析中变量之间的相关系数矩阵,其余的运算二者完全相同。为了减少运算量,可以先将原始数据矩阵进行如下处理:

$$w_{ai} = x_{ai} \Big/ \Big(\sum_i x_{ai}^2\Big)^{1/2}, \quad a = 1,2,\cdots,n; \quad i = 1,2,\cdots,p$$

并且,可以先求出 $W'W$ 的特征值和特征向量,然后换算到 WW' 的特征值和特征向量,因为通常样本数远远大于变量数,这样可以减少很大的运算量。

对应分析就是在 R 型因子分析和 Q 型因子分析的基础上发展起来的一种统计方法。对应分析连接着 R 型因子分析和 Q 型因子分析,所以有时也称为双重因子分析。对应分析可以同时将变量和样本表示在一个图上,用以解释它们之间的对应关系,称为对应图解。

由于对应分析联系这两种因子分析方法,因此需要寻找一种度量以沟通样本和变量之间的关系,这就要对原始数据进行变换。对应分析对原始数据有较为严格的要求,即数据不能为负值($x_{ai} \geqslant 0$),并且每行、列不能全为 0。首先对原始数据的变换为

$$p_{ai} = x_{ai}/T, \quad a = 1,2,\cdots,n; \quad i = 1,2,\cdots,p$$
$$T = \sum_a \sum_i x_{ai}$$

其中,T 为所有数据之和。记变换后的行元素之和为 $p_{a\cdot}$,列元素之和为 $p_{\cdot i}$。

为了消除数量级的影响,将变换后的矩阵 P 再进行如下变换:

$$z_{ai} = (p_{ai} - p_{a\cdot}p_{\cdot i})/(p_{a\cdot}p_{\cdot i})^{1/2} = (x_{ai} - x_{a\cdot}x_{\cdot i}/T)/(x_{a\cdot}x_{\cdot i})^{1/2}$$

那么,从矩阵 Z 的协方差阵 $C = Z'Z$ 出发进行主成分分析,就可以求得 R 型因子载荷:

$$(u_{1j}, u_{2j}, \cdots, u_{pj})'\lambda_j^{1/2} = u_j\lambda_j^{1/2}, \quad j = 1,2,\cdots,m$$

Q 型因子载荷可以从上式换算求得

$$v_j = \lambda_j^{-1/2}Zu_j, \quad j = 1,2,\cdots,m$$

对应分析的图解中,通常取最大和次大特征值对应的两组特征向量 u_1, u_2 和 v_1, v_2 分别作为 X 轴和 Y 轴,将样本和变量以点的形式表示在图上,以分析它们之间的对应关系。

(1) 数据格式

对应分析的数据格式和因子分析、主成分分析完全相同。只不过对应分析要求数据不能为负值($x_{ai} \geqslant 0$),并且每行、列不能全为 0。如果原始数据不满足上式条件,系统会报告错误并终止运行。对应分析不提供任何参数。

(2) 输出结果

对应分析输出计算结果和对应分析图。

计算结果输出窗口:

- 变换后的数据矩阵;
- 特征值、方差贡献率;
- R 型因子载荷矩阵(前两个主因子);
- Q 型因子载荷矩阵(前两个主因子)。

图形输出:

绘制对应分析图。样本点用空心圆表示,变量点用实心方框表示。样本的标号为 S 加样本顺序号,变量点的标签为 V 加变量顺序号。

6.3　城市规划和区域规划模型

6.3.1　区域经济模型

区域经济模型包括经济基础模型、转移与分担模型和投入-产出模型。区域经济模型研究国家或地区范围内各个部门的经济指标,以及各个部门之间的经济关系。下面分别介绍这三种模型的原理和实现。

1. 经济基础模型

经济基础模型的理论框架是一个地区的经济活动(就业状况、产值等),可以分为基本经济活动和非基本经济活动两部分(the basic-nonbasic economic activities)。基本经济活动是向本区域以外的其他区域输出商品或服务的经济活动;非基本经济活动是指为本地提供商品或服务的经济活动。如果假设非基本经济活动和基本经济活动的比值是恒定的,那么给定一个地区(或地区的某一部门)未来基本经济活动数据,就可以预测非基本经济活动值。进一步假设,如果一个地区的人口和经济活动的比值是恒定的,那么,给定当前的人口数据,就可以确定人口因子,从而可以预测将来的就业人口。

基本经济活动的求解有两种方法——区位商法和最小需求量法。某一部门的区位商定义为:在区域水平上该部门的经济活动和总体经济活动的比值与国家水平上该部门经济活动和总体经济活动的比值的商。区位商法假定区位商为 1 的部门刚好与整个国家水平持平,因此,区位商>1 的部门存在基本经济活动,基本经济活动为超过国家水平的部分;最小需求量法不是比较目标区域和整个国家,而是比较目标区域和其他参照区域。假定某一部门的经济活动和整个区域的经济活动的比值最小者为平衡点,大于该值者均存在基本经济活动。基本经济活动的数学模型表述如下:

1) 基本经济活动模型及其预测

$$E = E_s + E_b$$

其中,E_s 为非基本经济活动;E_b 为基本经济活动。

基本经济活动、非基本经济活动因子 r 定义为

$$r = E_s / E_b$$

人口因子 q 定义为

$$q = P / E$$

其中,P 为人口数据。

假定 r,q 恒定,那么可进行如下预测:

$$E'_s = rE'_b$$
$$P' = qE' = q(E'_s + E'_b)$$

2) 基本经济活动的计算方法——区位商法

某一部门的区位商 LQ_i 定义为

$$\mathrm{LQ}_i = (E_{iR}/E_R)/(E_{iN}/E_N)$$

假定以区位商为 1 作为判断存在经济活动的标准,那么基本经济活动是区位商大于 1 的部分:

$$E_{iRb} = (1 - \mathrm{LQ}_i) = E_{iR} - (E_{iN}/E_N)E_R$$

$$E_{Rb} = \sum E_{iRb}$$

其中,E_{iRb} 是目标区域 i 部门的基本经济活动;E_{Rb} 是目标区域的基本经济活动。

3) 基本经济活动的计算方法——最小需求量法

最小需求量法首先求得最小目标区域和参照区域在内的所有区域的各部门最小需求量 MR_i 为

$$\mathrm{MR}_i = \min_j(E_{ij}/E_j)$$

其中,E_{ij} 为区域 j 部门 i 的经济活动;E_j 为区域 j 的总体经济活动。

假定该部门的最小需求量能够满足本地需求,那么超过的部分就是目标区域的基本经济活动,即

$$E_{iRb} = (E_{iR}/E_R - \mathrm{MR}_i)E_R = E_{iR} - (\mathrm{MR}_i)E_R$$

$$E_{Rb} = \sum E_{iRb}$$

(1) 数据格式

区位商法和最小需求量法要求的经济活动数据不同。前者要求提供目标区域各部门的经济活动以及国家级各部门的经济活动;后者则要求目标区域的经济活动和参照区域的经济活动。相同规定目标区域的数据在电子表格的第一列,区位商需要的国家级经济活动数据在最后一列,区位商法数据在电子表格中的列位置可以通过对话框选择。具体格式参见表 6.9。

表6.9　基本经济模型数据格式

	区域 1*	区域 2	⋯	区域 m	国家*
部门 1	R_{11}	R_{12}	⋯	R_{1m}	S_1
部门 2	R_{21}	R_{22}	⋯	R_{2m}	S_2
⋮	⋮	⋮	⋮	⋮	⋮
部门 n	R_{n1}	R_{n2}	⋯	R_{nm}	S_n

* 第一列为目标区域。国家级经济活动数据仅用于区位商法。

表 6.9 所示的数据格式使用区位商法和最小需求量法。区位商法采用任一区域数据和国家级经济活动数据(哪一列作为目标区域可以选择);最小需求量法采用所有的或部分的区域数据,其中目标区域固定在第一列,不能选择。

(2) 参数

包含人口数据选项:选择是否包含人口数据。如果选择该项,则人口数据文本域允许输入人口数据。根据输入的人口数据,可以计算出人口因子(即人口和经济活动的比值)。

制订计划选项:选择是否进行预测(制订计划)——即给定将来的基本经济活动,预测

总体经济活动。如果选择包含人口选项,除了预测将来的总经济活动量以外,还可以预测将来的人口数量。

区位商法选项:选择该选项则按区位商法计算基本经济活动;如果选择该项,会弹出"选择目标区域及国家"对话框,从中可以选择目标区域和国家对应的变量。默认设置是目标区域在第一列,国家在最后一列。

最小需求量法选项:选择该选项则按最小需求量法计算基本经济活动。如果选择该项,需要指定包含目标区域在内的区域数。如果同时采用区位商法和最小需求量法计算基本经济活动,国家级的基本经济活动要放在最后一列,指定区域数可以排除国家级经济活动数据。

(3)输出结果

如果选择区位商法,输出目标区域和国家各部门的经济活动、计算的各部门的区位商和基本经济活动、目标区域累计基本经济活动、非基本经济活动和经济活动总量;如果选择包含人口数据和制订计划选项,还输出人口因子、预计的基本经济活动、非基本经济活动和经济活动总量以及预测的人口数量。

如果选择最小需求量法,输出各区域、各部门的经济活动、计算的各部门的最小需求量和基本经济活动、目标区域的基本经济活动、非基本经济活动和经济活动总量;如果选择包含人口数据和制订计划选项,还输出人口因子、预计的基本经济活动、非基本经济活动和经济活动总量以及预测的人口数量。

2. 转移与分担模型

转移与分担(shift and share)模型的用途是根据国家级经济活动的变化进行区域经济活动的预测。此外,该模型还可以分析区域经济的缺点和长处,提供一个对比、分析国家经济变化的框架。

该模型假定区域经济变化是各部门变化总和的函数,即区域中各部门的变化引起区域经济的变化,并且就同一生产部门而言,在国家水平上和区域水平上的变化保持相同的份额(share,即比例)。另一方面,通过比较国家级水平上和区域级水平上各部门的变化,就可以发现区域之间存在转移(shift),它引起在区域水平上和国家级水平上经济增长率不同。假设这些转移量是恒定的,那么就可以根据现在的数据预测将来的经济活动。其数学模型为如下。

1)常量分担模型

常量分担模型假设某一部门在区域水平上的变化和国家水平上保持一致。即

$$\Delta R_{i,t,t+1} = g_i R_{i,t}$$

其中,$\Delta R_{i,t,t+1}$ 为 i 部门从时间 $t \sim t+1$ 的变化量;g_i 为该部门在国家水平上的变化率;$R_{i,t}$ 为部门 i 在时间 t 的经济活动。

由于区域经济是各部门的总和,所以某地区由于某一增长较快的部门所占比重较大而总体增长比国家快。

2)常量转移模型

某一部门经济活动的总转移量定义为该部门经济活动的变化量和假设该部门与国家

总体(不考虑各部门)增长率保持一致的变化量之差。即

$$S_i = \Delta R_{i,t-1,t} - (\Delta S_{t-1,t}/S_{t-1})R_{i,t-1}$$

其中,$\Delta R_{i,t-1,t}$ 为部门 i 的区域经济活动转移;$\Delta S_{t-1,t}$ 为国家级经济活动的转移;S_{t-1} 为国家总体经济活动;$R_{i,t-1}$ 是部门 i 的区域级经济活动。

总转移量又分为比例转移(proportional shift)和差异转移(differential shift)两部分。比例转移定义为某一部门在国家水平上的变化率和国家总体变化率之差导致的变化量;差异转移定义为某一部门在区域水平上和国家水平上比率之差导致的变化量。即

$$S_i = P_i + D_i$$
$$P_i = (\Delta S_{i,t-1,t}/S_{i,t-1} - \Delta S_{t-1,t}/S_{t-1})R_{i,t-1}$$
$$D_i = (\Delta R_{i,t-1,t}/R_{i,t-1} - \Delta S_{i,t-1,t}/S_{i,t-1})R_{i,t-1} = f_i R_{i,t-1}$$

式中,P_i 为比例转移;D_i 为差异转移;$\Delta S_{i,t-1,t}/S_{i,t-1}$ 为部门 i 的国家级经济活动的变化率;$\Delta S_{t-1,t}/S_{t-1}$ 为国家级经济活动的总体变化率;$\Delta R_{i,t-1,t}/R_{i,t-1}$ 为部门 i 的区域级经济活动变化率。

常量转移模型假设差异转移量保持恒定,即差异转移率(f_i)保持恒定。因此,预测的经济活动变化为

$$\Delta R_{i,t,t+1} = (f_i + g_i)R_{i,t}$$

同前,g_i 是预计的 i 部门在国家水平上的经济增长率。

(1) 数据格式

转换分配模型需要提供当前各区域的经济活动量和国家级的经济活动量,以及参考年份的相应数据。本模型可以同时对多个区域分别进行预测。当前的数据在电子表格的上面,参照年份的数据在下面。假设对 n 个区域、m 个部门进行预测,那么电子表格共有 $2m$ 行、$n+1$ 列,其中前 m 行为当前数据,后 m 行为参照数据,前 n 列为 n 个区域的数据,最后一列为国家数据。见表 6.10。

表 6.10　转换与分配模型数据格式

	地区 1	地区 2	$\cdots$	地区 n	国家
部门 1	R_{11}	R_{12}	$\cdots$	R_{1n}	S_1
部门 2	R_{21}	R_{22}	$\cdots$	R_{2n}	S_2
$\vdots$	$\vdots$	$\vdots$		$\vdots$	$\vdots$
部门 m	R_{m1}	R_{m2}	$\cdots$	R_{mn}	S_m
部门 1	R'_{11}	R'_{12}	$\cdots$	R'_{1n}	S'_1
部门 2	R'_{21}	R'_{22}	$\cdots$	R'_{2n}	S'_2
$\vdots$	$\vdots$	$\vdots$		$\vdots$	$\vdots$
部门 m	R'_{m1}	R'_{m2}	$\cdots$	R'_{mn}	S'_m

当前数据:前四行。参照年份数据:后四行。

（2）参数

区域数：区域数目，默认值为 1。

部门数：生产部门数目。

参照年份、当前年份、预测年份：分别为作为参考数据的历史年份、当前年份和预测年份。由于时间间隔是根据这些年份值计算得出的，所以三者不能相同，以免时间间隔为 0（以年为单位）。否则系统会报错。

预测方法：包括"常量分配"预测和"常量转换"预测，可以选择两种预测方法的一种，或者全选。如果不选择，系统会报错。

增长率类型：包括"年增长率"和"区间增长率"，年增长率是以年为单位计算的增长率，区间增长率是以整个时间间隔为整体计算的增长率。

未来增长率：获取方式包括"自动计算"和"用户输入"。自动计算是用参照年份数据和当前数据计算增长率(增长率类型和上面指定的相同)，用该增长率代替未来增长率；用户输入则在对话框底部的表格中输入未来增长率。需要指出的是，自动计算存在误差，而输入需要估算，或根据其他模型计算。

（3）输出结果

常量分配模型输出各区域的预测值和变化量。

常量转换模型输出根据参照年份计算的比例转换量、差异转换量和总转换量，以及预测的变化量和经济活动。

如果二者都选择，输出是二者的合并。

3. 投入-产出模型

投入-产出模型(input-output model)是由列昂惕夫(Leontief)创立的一种区域经济分析方法，用于分析一个国家或区域内各个生产部门之间的投入-产出关系，即生产过程中产值的流动过程。

投入-产出模型的基础是投入-产出表，投入-产出表反映各个工业部门之间的流的分配和流动。下面简要介绍一下投入-产出表(表 6.11)的格式。

表 6.11　投入-产出表

分配		流向工业部门				最终需求	总产出
		部门 1	部门 2	⋯	部门 n		
工业部门	部门 1	q_{11}	q_{12}	⋯	q_{1n}	x_1	y_1
	部门 2	q_{21}	q_{22}	⋯	q_{2n}	x_2	y_2
	⋮	⋮	⋮	⋮	⋮	⋮	⋮
	部门 n	q_{n1}	q_{n2}	⋯	q_{nn}	x_n	
外部供应		S_1	S_2	⋯	S_n	—	—
总投入		Y_1	Y_2	⋯	Y_n	—	$\sum$

在表 6.11 中,行表示某一生产部门的产出情况,列表示某一工业部门的投入情况,就某一生产部门而言,总产出等于总投入。以部门 1 为例:

$$y_1 = q_{11} + q_{12} + \cdots + q_{1n} + x_1 (行,总产出)$$
$$y_1 = q_{11} + q_{21} + \cdots + q_{n1} + S_1 (列,总投入)$$

其中,q_{11} 是部门内部的投入或产出;$q_{12}, \cdots, q_{1n}$ 是转换(销售)到工业部门 $2, \cdots, n$ 的工业部门 1 的产出;x_1 是最终需求(部门)消耗的部门 1 的产出;$q_{21}, \cdots, q_{1n}$ 是工业部门 $2, \cdots,$ n 对工业部门 1 的投入;S_1 是外部(某一部门)对部门 1 的投入。满足条件:总投入 = 总产出。

表 6.11 中,向量 x 为最终需求(也就是最终产出),向量 y 为总产出(也即总投入)。将各部门之间的产品或资金流 q_{ij} 除以总投入 y_j,就得到各部门的直接消耗系数,即

$$a_{ij} = q_{ij}/y_j$$

直接消耗系数 a_{ij} 表示部门 j 在生产单位产品时消耗部门 i 的产品或资金的数量。

与直接消耗系数相对应,投入-产出模型还在直接消耗系数的基础上定义了完全消耗系数。完全消耗系数矩阵定义为

$$R = (I - A)^{-1}$$

其中,I 为单位矩阵。

在生产过程中,除了直接消耗某一部门的产品外,还存在间接消耗。完全消耗是生产过程中直接或间接消耗某一部门的产品总和。完全消耗系数 r_{ij} 的经济意义是 j 部门生产单位最终产品时,i 部门应有的总产品量。

如果 A 表示直接消耗系数矩阵,X 表示最终产品或最终需求,Y 表示总产出,则存在如下关系:

$$AY + X = Y$$

即中间产出和最终产出之和等于总产出。将上式变换得到

$$Y = (I - A)^{-1} X$$

矩阵 $(I-A)^{-1}$ 称为列昂惕夫逆矩阵。因此,如果给定最终需求向量 X,则由上式可以求得总产出 Y,进而通过关系式

$$q_{ij} = a_{ij} y_j$$

可求得各个部门直接的资金流。

外部投入 S 和总投入 Y 的比值称为外部投入系数,表示外部投入占总投入的比值,即

$$b_j = s_j/y_j$$

投入-产出模型一般情况下是针对某一区域的,但可以推广到多区域的情形,即多区域投入-产出模型。多区域投入-产出模型是投入-产出模型的直接推广,它将不同区域的同一部门看作是不同的部门。比如假设有 m 个区域,每一个区域有 n 个部门,那么多区域投入-产出表中将有 $m \times n$ 个部门被包括在内。多区域投入-产出模型的直接消耗系数是将同一列的不同区域的同一部门的直接消耗系数相加得到。多区域投入-产出模型由于对数据的要求很高,因此不太常用。

投入-产出模型可以用来进行产业结构分析和部门联系分析。从投入-产出表和消耗

系数出发,可以分析产业的生产结构、生产消费结构、产品分配结构、就业结构等产业结构信息。同时,也可以根据各部门直接的生产消耗关系分析各部门之间的联系。

(1) 数据格式

投入-产出表从电子表格文档中输入。从投入-产出表 6.11 中可以看出,总产出和总投入列实际是其他各行列的总和,所以不必输入。由于隐含总投入＝总产出的内部条件,所以在已知各部门之间的流的情况下,最终需求和外部投入只要提供其中一方面的数据就可以了。本应用中采用的是提供最终需求数据。所以对于 n 个部门来说,电子表格有 n 行、$n+1$ 列,其中最后一列是最终需求(表 6.12)。

表 6.12　投入-产出模型数据格式

	部门 1	部门 2	⋯	部门 n	最终需求
部门 1	q_{11}	q_{12}	⋯	q_{1n}	x_1
部门 2	q_{21}	q_{22}	⋯	q_{2n}	x_2
⋮	⋮	⋮	⋮	⋮	⋮
部门 n	q_{n1}	q_{n2}	⋯	q_{nn}	x_n

(2) 参数

工业部门数目:投入-产出表中工业部门的数目。

预测:是否根据最终需求进行预测。

最终需求数据:只有在进行预测时才提供最终需求数据,依次为 $1\sim n$ 工业部门的最终需求。不预测时,对话框中的表单灰化,不能输入数据。

(3) 输出结果

投入-产出模型的数据结果包括:

- 调整的投入-产出表;
- 各部门直接消耗系数和完全消耗系数;
- 外部对各工业部门的投入系数;
- 如果进行预测的话,输出预测的投入-产出表。

6.3.2　区位配置模型

1. 区位配置模型

区位配置模型(location-allocation model),简称区位模型,是城市与区域规划中应用非常广泛的一种数学模型。区位配置模型的主要用途是从一批候选位置(或区域)中选取一定的位置,建设公共设施(设施点),为本区域中的其他区域(需求点)提供服务。这些服务设施诸如医疗保健、教育、司法、邮电通信等,以及零售中心、区域中心、乡村服务设施、工厂和仓库、交通枢纽、休闲中心等。这些设施的规划是城市规划或区域规划的重要内容。区位模型不仅可以用来确定设施的区位,有时也用来确定设施的数目。

国外学者对区位配置模型作了大量的研究工作,韦伯(Alfred Weber,1909)是区位理论的先驱。但是直到 20 世纪 60 年代,随着计算方法和计算机技术的发展,区位问题才受到关注,并成为研究的热点问题。Wersan,Quon 和 Charnes(1962)是最早应用现代方法研究区位问题的学者,他们规划了大都市中固态废物处理场的位置,满足搬运费用最小。Cooper(1963)采用欧氏距离研究了平面上的工厂布局问题;而 Maranzana(1964)研究了道路网络距离下的仓储区位问题;ReVelle 和 Swain(1970)系统描述了区位模型并讨论了模型的求解方法。近年来,关于区位模型的研究大多集中在数据综合、区域空间综合及其相关问题的研究,可以概括为三个方面:①讨论应用综合数据引起的各种误差;②寻求减少或消除这些误差的有效方法;③探讨应用综合数据求解的设施区位的空间分布。

1) P 中心区位模型问题

P 中心问题(P-median problem,PMP)一直是区位设施规划的重要辅助工具,它最早由 Hakimi(1964,1965)提出,随后由 ReVelle 和 Swain(1970)建立了数学模型,其目标是使得如下目标函数取得最小值,即所有设施和需求点之间的总加权距离最小:

$$\min z = \sum_i \sum_j a_i d_{ij} x_{ij} \tag{1}$$

并服从如下三类约束条件。

(1) 每个需求点必须分配一个设施,即

$$\sum_j x_{ij} = 1, \quad \text{对所有 } i$$

(2) 实施分配只能分配到自我提供服务的设施点,该约束可以防止双向分配和串行分配,即 A 分配给 B,B 又分配给 C。数学表达式为

$$x_{ij} < x_{jj}, \quad \text{对所有的 } i,j \text{ 组合}$$

(3) 分配的设施数 m(即自我提供服务的点)为

$$\sum_j x_{jj} = m$$

式(1)中,a_i 为第 i 个需求点的权重,比如人口、建筑面积等;d_{ij} 为需求点 i 到设施 j 的距离;x_{ij} 为决策变量,取值{0,1},意义为

$$x_{ij} = 0, \quad \text{如果需求点 } i \text{ 没有分配到设施 } j$$
$$x_{ij} = 1, \quad \text{如果需求点 } i \text{ 分配到设施 } j$$

上述模型中变量 x_{ij} 的数目为 $P_n^2 = n^2 - n$(n 为需求点总数),变量 x_{jj} 的数目为 n,因此变量总数为 n^2;类似地,(2)类约束条件的数目为 $n^2 - n$,(3)类约束条件的数目为 n,加上约束条件(1),总约束条件数为 $n^2 + 1$。对于一个中等的区位数 n,模型的约束条件就非常多,因此目前尚不存在多项式约束算法来求解 PMP 模型,通常采用试探算法(heuristic algorithm)。通常,从 n 个候选区域中选择 m 个服务中心,可能的结果有 C_n^m 种,这个数量是相当大的。但实际采用试探算法的迭代次数通常要小得多,特别是 n 较大时。Gass 在 20 世纪 60 年代已经证明,PMP 问题的迭代次数不超过 $2(n^2 - 1)$。可以看出,试探算法的迭代次数和区域总数的平方成正比,减小区域总数会极大地减小运算量。因此,在区域模型中通常采用综合数据以减小区域总数。

在中心设施规划中,大多数情况是设施数预先给定的。比如在地区中心或行政中心设置中心设施,设施数目就是这些地区或行政中心的数目。但是,有的情况不同,需要确定合适的中心设施数。ReVelle 和 Swain(1970)给出了一个确定中心设施数目的方法。

计算设施数目之前需要有如下两个约定:①在任何一个社会区内建立公共设施的固定投资相同;②在任何一个社会区内扩建设施的费用也相同。那么设施 j 的建设费用可以表示为

$$L_j = b_j x_{jj} + c_j S_j$$

其中,b_j 为设施 j 的固定建设费用;c_j 为扩建设施 j 的单位面积费用;S_j 为设施 j 的规模(服务容量)

$$S_j = \sum_i a_i x_{ij}, \quad i = 1, 2, \cdots, n$$

如果假定设施建设总投资为 M,可以推导出最佳设施数目为

$$m = \left(M - c \sum_i a_i \right) / b$$

2) PMP 模型的求解

如前文所述,PMP 模型不能直接求解,只能用试探算法求解。所谓试探算法,就是先随机选定 m 个区域作为设施点,将 n 个区位按照距离最近原则分配到 m 个设施点,然后按照某种方法计算出下一步的设施区位(不同的算法各不相同),如此循环,直到满足最优条件为止。这种试探算法实际上是一种迭代算法。下面介绍常用的算法:

算法一(适用于网络区位模型)

该算法首先应用模型的下列(1)(3)类约束条件求解设施区位,只有当必要时才引入约束条件 $x_{ij} < x_{jj}$。即首先考虑

$$\min z = \sum_i \sum_j a_i d_{ij} x_{ij}$$

$$\sum_j x_{ij} = 1, \quad i = 1, 2, \cdots, n$$

$$\sum_j x_{jj} = m$$

具体步骤如下:

(1) 首先不考虑自我服务,将每一个需求点分配到最近的需求点上。因为要满足设施点为 m 的限制,将这种分配过程中引起费用增加最大的前 m 个需求点自我服务,即作为设施点。

(2) 判断是否有非自我服务点($x_{jj} = 1$,即设施点)被分配作为其他需求点的服务设施。如果有则转(3),否则结束。

(3) 对于错误分配的区域 j,引入约束条件 $x_{ij} < x_{jj}$,转(1)。

算法二(适用于平面区位模型)

该算法适用于连续平面区位模型,即设施点可以分配到该平面内的任意一个位置上。连续平面区位模型不受前述约束条件(2)的限制,因此求解算法较为简单,仍采用迭代算法。该算法中距离采用欧氏距离,即需求区域中心点(需求点)和设施区域中心点(设施点)之间的直线距离。假设需求点的坐标为 (x_i, y_i),设施点的坐标为 (p_i, q_i),则该算法步骤

如下：

（1）随机指定 m 个设施点的初始位置。

（2）根据距离最短原则求出设施点和需求度的归属（即哪个设施点为哪些需求点提供服务），由二值变量 a_{ij}（同模型中的 x_{ij} 表示），并求出总距离。

（3）比较本次计算的总距离和上一次计算的总距离，如果二者之差小于误差限度，则停止计算。

（4）根据如下公式求解下一步各个设施点的位置坐标：

$$p_j = \sum_i (a_{ij}w_i x_i/d_{ij}) \Big/ \sum_i (a_{ij}w_i/d_{ij})$$

$$q_j = \sum_i (a_{ij}w_i y_i/d_{ij}) \Big/ \sum_i (a_{ij}w_i/d_{ij})$$

$$i = 1,2,\cdots,n; \quad j = 1,2,\cdots,m$$

（5）转第（2）步。

算法三：Tietz-Bart 算法（适用于网络区位模型）

Tietz-Bart 算法，又称端点替换或节点交换算法，适用于网络区位模型。算法步骤如下：

（1）随机确定初始设施节点集合。

（2）计算各需求点到最近的设施节点的总距离。

（3）将不在当前设施节点集合中的下一个节点（从第一个节点开始）和设施节点集合中的每一个节点交换，重新计算总距离（如步骤（2））。如果交换能够使得总距离减少，则该交换作为永久交换，形成一个新的设施节点集合。

（4）每一个不在设施节点集合中的节点重复步骤（3）。

（5）重复步骤（3）（4）直到交换不能使得总距离减小。最终集合即设施节点集合。

3）PMP 模型中综合（aggregate）数据的应用

上文提到，由于求解，PMP 模型的迭代次数与区域数存在平方关系，实际规划中确定中心设施的候选区域数一般较多，模型求解的计算量很多，运算时间长，如果减少候选区域总数，将极大地提高问题的求解效率。因此，通常将候选区域进行综合，将多个区域按照一定的规则归并为一个区域，对应区域上的需求数据进行相应的综合。下面讨论数据综合的相关问题。

（1）数据综合

规划中应用最为广泛的区位模型是网络区位模型。网络系统是这样建立的：假定需求区域的需求设施区域的服务设施都位于区域的中心，这个中心可以是区域的几何中心，也可以是任何其他的加权中心。相邻的区域中心作为节点相互连接成网络，其间的距离通常采用欧氏距离。

研究区原始空间结构中的区域称为基本空间单元（basic spatial unit，BSU），基本空间单元需要的数据位于其中心。数据综合（data aggregation）就是将多个 BSU 组合为一个更大的空间单元——综合空间单元（aggregation spatial unit，ASU），同时把 ASU 中包括的各个 BSU 的区域数据进行累加,重新计算 ASU 的中心,并把累加数据和 ASU 的中心相联系(图 6.1),这样就会减少研究区的区域总数。数据综合包括空间单元的综合和需求数据的综合。

空间信息的综合方法有多种,目前常用的空间数据综合算法有两种,一种是附加邻接约束的随机层次算法,也称为双随机算法(Fotheringham, et al., 1995);另一种是 Thiessen 或 Voroni 区域算法。这两种算法的相同点是二者随机地选取一定数目的原始区域单元(BSU)作为种子区域,选取的种子区域数和综合后的区域单元数相同。

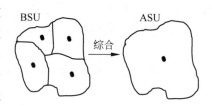

图 6.1 空间单元综合和单元中心的计算

假定综合水平为 x,即综合后的区域数为 x。Thiessen 区域算法首先随机选取 x 个种子区域,围绕这些种子区域的中心产生 Thiessen 多边形。将产生的 Thiessen 多边形和原来的区域单元叠加,中心包含在 Thiessen 多边形内的区域归并为一个综合区域。带邻接约束的双随机综合算法的流程图如图 6.2 所示。

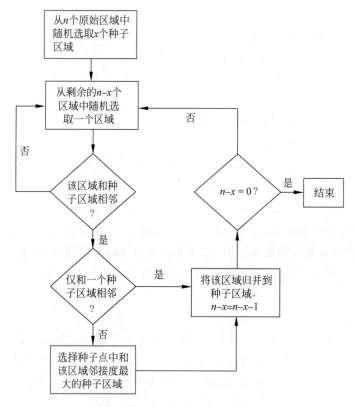

图 6.2 邻接约束双随机综合算法

(2) 应用综合数据产生的误差

数据综合虽然可以减少区域数目,降低模型求解的运算量,但必然会损失区域单元的空间信息,引入误差。这样导致的误差可分为两种情形:一种是求得设施区位的解集就不再是最优解,另一种情形是导致费用函数(转换加权距离)的度量误差。前一种误差称为最优误差(optimality error),定义为由采用基本空间单元(BSU)计算的到设施之间的平均距离(真值)和采用综合空间单元(ASU)计算的到设施之间的平均距离之差;后一种误差称为费用度量误差(cost error),定义为设施为 BSU 提供服务比为 ASU 提供误差多出的费用(Casillas,1983,1987)。这两类误差的区别是最优误差度量的是由于数据综合引起的设施分配的误差,费用误差度量的是费用函数的误差。

Hillsman 和 Rhoda(1978)详细分析了最优误差来源,将这些误差分为 A、B、C 三类:

A 类误差是由于数据综合引起的。考虑如下情形(图 6.3(a)):假定基本空间单元 k(需求量为 u_k)和 $k+1$(需求量为 u_{k+1})合并为综合空间单元 i,其需求量则为 $a_i = u_k + u_{k+1}$。PMP 模型的求解结果是,ASUi 分配到设施 j,也就是 BSUk 和 $k+1$ 分配到设施 j。那么综合后的费用函数为 $a_i d_{ij} = u_k d_{ij} + u_{k+1} d_{ij}$,原来的费用函数为 $u_k d_{kj} + u_{k+1} d_{k+1,j}$。这样导致的误差,称为 A 类误差。A 类误差既可能大于实际值,也可能小于实际值,因此其符号不确定。

B 类误差也是由于数据综合过程中丢失位置而引起的。B 类误差实际上是 A 类误差的特殊情况,它是由于设施位置位于 ASU 中而引起的。如图 6.3(b)所示,由于设施位于合并后的单元内,那么 d_{ii} 为 0,$a_i d_{ii}$ 也为 0。而实际的费用为 $u_k d_{kj} + u_{k+1} d_{k+1,j}$,因此 B 类误差总是小于实际值,符号为负。

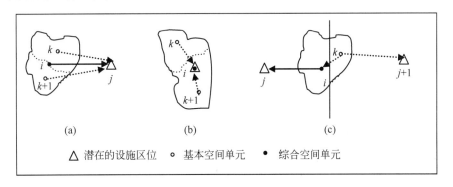

图 6.3　综合数据引起的三类误差

C 类误差不是丢失位置详细的直接结果。C 类误差是由于 ASU 在分配设施的过程中不可分解引起的,即不能按 BSU 为单位分配设施。这样就会导致一些空间单元被错误地分配。如图 6.3(c)中的情况,由于 ASUi 分配到设施 j,BSUk 分配到设施 j,但是距离 BSUk 最近的设施为 $j+1$,这样就会引起 C 类误差。和 B 类误差相反,C 类误差也总为正值,因为单元被分配到较远的设施。

可以采用一定的方法减小或消除最优误差。Current 和 Schilling(1978)介绍了一种通过重新定义距离来消除 A、B 类误差的方法。通常的数据综合方法将综合后的距离定义为 $a_i d_{ij} = \sum_{k \in N_i} u_k d_{ij}$,其中 N_i 为综合到 ASUi 的所有 BSU,即 $N_i = \{k \mid$ BSUk 综合到 ASU$i\}$。

如果将综合距离定义为 $a_i d_{ij} = \sum\limits_{k \in N_i} u_k d_{kj}$，那么就可以消除 A 类误差。类似地，对于 B 类误差，如果我们用 $a_i d_{ii} = \sum\limits_{k \in N_i} u_k d_{ki}$ 代替 $a_i d_{ii} = 0$，那么就可以消除 B 类误差。C 类误差一旦设施分配确定之后就确定下来，没有办法消除，但可以计算出 C 类误差的大小，即消除 A，B 类误差之后的"最优误差"即 C 类误差。

对于费用误差，Casillas(1983，1987)的研究发现，费用误差随着数据综合程度和设施数目的增加而增加；对于特定的数据综合程度和设施数目，最优误差的绝对值小于费用误差。

(3) 应用综合数据解集的稳定性

应用综合数据对解集的影响结果是区位模型研究的一个重要内容，这关系到综合数据在区位模型中是否可以采用的问题。对于这个问题目前主要有两种观点：一种观点认为，采用综合数据求解的设施区位，在各种综合水平下，其结果相对稳定，Gould、Nordbeh 和 Rystedt(1971)、Casillas(1987)、Murray 和 Gottsegen(1997)等人持这种观点；另一种观点正好相反，认为采用综合数据得到的设施区位具有随机性，和特定的综合结果有关，不具有空间稳定性，持这种观点的有 Goodchild(1979)、Fothering-ham、Densham 和 Curtis(1995)等人。

Fotheringham、Densham 和 Curtis(1995)讨论了采用不同的综合水平(从 871 个 BSU 分布综合到 800、400、200、100、50、25 个 AUS)下目标函数值和设施区位解集的空间分布问题。研究发现，随着不同的综合水平提高，目标函数值逐渐减小。导致这一结果的原因是 Casillas 提出的费用误差的影响，即 BSU 设施服务比 ASU 服务员费用要高。为消除费用误差的影响，对于不同程度的综合数据的解集，在计算目标函数时一律采用原来的 871 个 BSU 进行计算，结果发现，对于不同的综合水平，费用函数的值基本稳定。但是作者指出，目标函数值并不能有效表达不同综合水平下设施区位解集的空间稳定性，因为空间分布的差异在目标函数中可以被掩盖，不同的设施分布可以有相同的函数值。所以，设施的空间分布是考察综合数据解集空间稳定性的最有效手段。对于设施区位的空间分布，作者发现，和区域的定义，即 ASU 的综合水平存在着明显的关系，并且结果不稳定。随着综合程度的提高(从 800~25)，求解的设施区位有向区域密度高的地区集聚的趋势。将 120 种(6 个集聚水平，每个集聚水平下求得 20 个 ASU 分布)区域数据集的求解结果叠加在一起发现，虽然从概率上讲，某些区位出现的概率较大，即存在空间集聚性，但是设施区位的解集几乎可以出现在任何一个位置。据此，作者断定利用综合数据求解 PMP 问题不可靠。为了度量综合数据解集和原始数据解集之间空间分布的差异程度，作者定义了统计量 D，即对于一个设施区位解集，从第一个设施点开始，寻找最近的设施点，计算二者之间的距离，然后将该设施点从设施解集中除去；然后依次是第 2、3、… 设施点，直到所有的设施点都遍历到，累加得到的距离即该解集的 D 值。通过计算各综合水平的 D 值和原始解集的 D 值之差发现，差值随着综合水平的提高逐渐增大，即随着综合水平的提高，解集的偏离变大。

Murray 和 Gottsegen(1997)研究也发现(相同的地区不同所年份,BSU 为 913),随着综合水平的提高,解集的空间集聚性逐渐下降。在较低的综合水平下(800,400),设施区位的空间集聚性比较明显,但是当综合水平高于 200 时,已经几乎不存在空间集聚效应。如果将采用综合数据获得的设施区位映射到原始的基本空间单元——913 个 BSU 上,就是将获取的设施区域的中心移动到最近的 BSU 的中心上,这样处理的优点是为采用不同的空间结构获取的设施区位空间分布的比较提供了一个共同的基础。这样处理以后,解集的空间集聚性更为明显,800 和 400 ASU 的设施区位表现出很强的空间集聚性;综合水平大于 400 的设施分布虽然集聚性较差,但比最初结果有所提高。

除了研究设施区位的空间分布以外,Murray 和 Gottsegen(1997)还采用不同的方法研究了最优误差随综合水平、综合方法和设施数目的变化。和其他学者的研究结果一致,最优误差随综合水平和设施数目的增加而增大。同时作者采用了随机综合和 Thiessen 综合法,对于区域中心,采用了几何中心和韦伯点(Weber point)。研究发现,采用 Thiessen 综合方法和韦伯点组合(Thiessen-Weber)是最优误差最小。

综合以上学者的观点,笔者认为,导致上述两种截然相反观点的原因是对解集结果的处理方法不同以及考虑问题的角度不同所致。

- 空间信息的损失程度与空间数据的综合水平有关,随着数据综合水平的提高,空间信息的损失增大,导致设施区位的解集不稳定,与最优解差别很大。因此在综合水平不高的情况下,利用综合数据获得的设施区位是可靠的,具有稳定性。一般情况下,ASU 的综合程度不应该少于原始 BSU 数目的一半。
- 对于采用综合数据获取的设施区位,需要映射到原始 BSU 上去,以减小区域综合过程中引入的误差。
- 采用综合数据对目标函数值(总距离)的影响较小,对设施区位的空间分布影响较大。因此判断区位模型的解集效果,应该考察设施区位的空间分布特征,不能简单地用目标函数值的拟合结果代替。

(4) 模型的影响因素

p 中心区位模型是设施区位问题中的一种主要模型,在利用 p 中心区位模型解决实际问题以前,必须做出如下选择:是采用原始数据集合还是采用综合数据集合;基本空间单元(BSU)的数目;基本空间单元的空间格局或空间分布;采用的空间综合方法;综合空间单元(ASU)的数目;ASU 的空间格局或空间分布;距离的度量量纲和度量方法;分配的设施数目;区域是用连续空间(平面)还是离散空间(网络)表达等。这些问题将会影响到模型求解的结果。

2. 平面区位模型和网络区位模型的实现

区位模型根据设施点是在一个连续平面上随机分布,还是只能分布在网络上的固定位置(网络顶点),可以将区位模型划分为平面区位模型和网络区位模型,前者有时也称为连续区位模型,其设施点的位置在平面上不受任何限制。URMS 中实现了平面区位模型和网络区位模型。

1) 平面区位模型

平面区位模型是在给定 n 个设施服务需求点位置的情况下,求 m 个设施服务提供点(设施点)的位置。假定 n 个需求点的坐标为 (x_1, y_1)、(x_2, y_2)、$\cdots$、(x_n, y_n),m 个设施点的坐标为 (p_1, q_1)、(p_2, q_2)、$\cdots$、(p_m, q_m),i 需求点和 j 设施点之间的距离采用欧氏距离,即

$$d_{ij} = ((x_i - p_j)^2 + (y_i - q_j)^2)^{1/2}$$

根据区位模型的约束条件(见前面的模型表述),采用算法二则可以求解。

① 数据格式(表 6.13)

表 6.13 平面区位模型数据格式

	X 坐标	Y 坐标	服务需求点权重
需求点数 n	x_1	y_1	W_1
	x_2	y_2	W_2
	$\vdots$	$\vdots$	$\vdots$
	x_n	y_n	W_n

说明:表格行数为服务需求点数 n;列数为 3,前两列是 X、Y 坐标,第 3 列是服务需求点的权重。

② 参数

需求点数目:设施需求点个数。

设施数目:为需求点提供服务的设施数目。

收敛极限:按照距离最短原则迭代时的收敛极限。

③ 输出结果

计算结果:

- 计算的设施点位置;
- 考虑权重在内的总距离;
- 各需求度到设施点的平均距离(未考虑权重);
- 相当于最近设施点,各需求点的分配情况(设施点-需求点-距离)。

图形:绘制各需求点和设施点之间的分配关系图,需求点和为其提供服务的设施点之间用直线连接。需求点用空心圆圈表示,标号为 D 加上顺序号;设施点用实心方框表示,标号为 F 加上顺序号。

2) 网络区位模型

网络区位模型是平面区位模型的扩展,更具有实用性。网络由节点、连接和连接长度表示,节点就是网络上的端点,连接就是两个网络节点之间的连线。网络区位模型的需求点分布在节点上,可以证明,满足总距离最短的设施点必定在网络节点上。这样,求解设施点位置的问题就转化为求解特定数量的网络节点,使得这些节点到各需求点的总距离最短。

和平面区位模型一样,网络区位模型中也要计算需求节点和设施节点之间的总距离,

以便应用距离最短原则确定设施节点,这样就要首先计算各节点之间的最短距离。网络环境下计算各节点之间的最短距离不像平面中可以直接计算,其求解算法如下。

算法:计算网络中各个节点之间的最短距离。

(1) 起始节点 N_0 标以"到达"标志,给起始节点到该节点的距离 D 赋予 0 值。

(2) 从一个已经到达的节点出发,漫游一个链接,检验网络中所有其他节点是否可以到达。如果可以到达,从起始点的距离 D 的基础上增加连接的长度。

(3) 所有节点检验完毕后,比较所有新到达的节点的距离。具有最短距离的节点标以"到达"标志,保存该节点到起始节点的距离(即最短距离)。

(4) 从第(2)步开始,重复以上过程,直到所有的节点都已经到达。

这样,可以求得从一个已知节点到所有其他节点的最短距离。以每一个节点为起始节点,重复应用上述算法,就可以计算出所有节点之间的最短距离矩阵。

在已知节点之间的最短距离矩阵的基础上,采用前面提到的算法三——Tietz Bart 的端点替换(节点交换算法),就可以求出满足距离最短条件的设施节点。

(1) 数据格式

在网络区位模型中,连接(起始节点—终止节点)、连接长度(距离)或者坐标、需求点权重从电子表格中输入。节点用顺序号表示,从第一个节点开始依次为 1、2、3、…、m,连接由起始节点—终止节点对表示。需求点权重依次按 $1\sim m$ 个节点的顺序输入。提供权重的需求点数和节点数相同,如果某一节点不作为需求点,则其权重为 0。网络区位模型的数据格式根据位置信息是由坐标提供还是由距离提供分为两类。

① 距离格式

距离格式的数据位置信息由连接之间的距离(长度)提供。电子表格的行数为连接数和节点数中的最大值,列数为 4,依次为起始节点、终止节点(连接)、连接距离、节点权重。如表 6.14 所示。

表 6.14　网络区位模型数据格式(距离)

起始节点	终止节点	连接长度	需求点权重
N_{s1}	N_{e1}	D_1	W_1
N_{s2}	N_{e2}	D_2	$\vdots$
$\vdots$	$\vdots$	$\vdots$	W_m
N_{sn}	N_{en}	D_n	

连接数($n>m$)

其中,N_{si} 为起始节点,N_{ei} 为终止节点,$N_{si}-N_{ei}$ 为连接,W_i 为节点需求权重(需求权重可以是该节点的某一度量值,比如人口)。此处连接数 $n>$ 节点数 m,所以电子表格行数为连接数 n。

② 坐标格式

坐标格式数据位置信息由节点坐标提供。电子表格的行数也是连接数和节点数的大者,列数为 5 列,依次为起始节点、终止节点(即连接,link)、节点横坐标 x、节点纵坐标 y、需求点权重。格式如表 6.15 所示。

表 6.15　网络区位模型数据格式(坐标)

起始节点	终止节点	节点 x 坐标	节点 y 坐标	需求点权重
N_{s1}	N_{e1}	x_1	y_1	W_1
N_{s2}	N_{e2}	$\vdots$	$\vdots$	$\vdots$
$\vdots$	$\vdots$	x_m	y_m	W_m
N_{sn}	N_{en}			

连接数$(n>m)$

(2) 对话框中的参数

网络节点数：网络中的节点个数。

网络连接数：网络中连接的个数，即起始节点-终止节点的对数，连接没有方向，即连接 $A{\to}B$ 和 $B{\to}A$ 为同一连接(其中 A、B 为节点代号)。

设施数目：希望设定的服务公共设施的数目。公共设施只有在网络节点上才能满足总距离最小原则。所以最后设定的设施在网络节点上。

(3) 输出结果

计算结果：

- 连接之间的距离；
- 新分配的设施节点(即新设施所在的节点号)；
- 各需求点到设施节点的总距离(包含权重)；
- 设施点和需求点之间的平均距离；
- 设施分配情况(需求点-设施点-距离)。

绘图：如果节点位置由坐标提供，则绘制网络构成和设施分配情况图。图中，分配的设施点用方框表示，需求点用圆圈表示，节点的标注为节点代号，节点之间的连接用虚线表示，需求点和设施点之间的对应关系用粗实线表示。

6.3.3　空间相互作用模型

1. 基本原理和应用

1) 基本原理

空间相互作用模型(spatial interaction model)的目的是预测不同区位之间的流，这些流可以是物质流、能源流、人流、信息流等。由于空间相互作用模型是从物理学的万有引力定律基础上发展起来的，万有引力定律有类似的形式，因此，空间相互作用模型也称为重力模型。

关于空间相互作用模型的基本假设是这样的：假设一个封闭区域内有 N 个小区域，T_{ij} 为相互作用变量，也就是小区域 i 和 j 之间的流$(i,j=1,2,\cdots,N)$，O_i 为从 i 区域流出的所有流的总和，D_j 表示流入 j 区域流的总和，$f(d_{ij})$ 为距离衰减函数，则区域 i,j 之间的流量

T_{ij} 和 O_i,D_j,$f(d_{ij})$成正比(见下面(4),双约束模型),A_i,B_j 为比例常数。

重力模型按照流的约束条件(起点和终点),可以分为四种不同情况:

(1) 无约束模型(unconstrained model)

即源流(起点流)和宿流(终点流)都未知(O_i,D_j),此时只能用流的起点和终点的吸引力表征(吸引力可以用区域的某一个变量表示)。此时满足条件 $T = \sum T_{ij}$,模型的形式是

$$T_{ij} = kW_iW_jf(d_{ij})$$
$$k = T\Big/ \sum W_iW_jf(d_{ij})$$

(2) 起点约束模型(production constrained model)

当源流已知而宿流未知时,满足条件 $O_i = \sum T_{ij}$。模型的形式是

$$T_{ij} = A_iO_iW_jf(d_{ij})$$
$$A_i = 1\Big/ \sum W_jf(d_{ij})$$

(3) 终点约束模型(attraction constrained model)

当宿流已知而源流未知时,满足 $D_j = \sum T_{ij}$。模型的形式是

$$T_{ij} = B_jW_iD_jf(d_{ij})$$
$$B_j = 1\Big/ \sum W_if(d_{ij})$$

(4) 双约束模型(double constrained model)

当源流和宿流都已知时,此时满足条件 $O_i = \sum T_{ij}$,$D_j = \sum T_{ij}$,模型为

$$T_{ij} = A_iB_jO_iD_jf(d_{ij})$$
$$A_i = 1\Big/ \sum B_jD_jf(d_{ij})$$
$$B_j - 1\Big/ \sum A_iO_if(d_{ij})$$

2) 空间相互作用模型的应用

在国外,空间相互作用模型被广泛用于城市内部的客流分析。这里存在两种情况:如果研究目的是运输规划,则多采用双约束模型;如果进行区位分析,则采用单约束模型。

需要指出的是,在进行交通运输规划时,除了可以采用双约束重力模型外,还可以应用线性规划方法。线性规划方法和双约束重力模型之间存在着内在的联系:伊文思(S. P. Evans)指出,采用指数距离函数的双约束重力模型,当指数参数趋于无穷时,二者的解集趋于一致。但是,在实际应用中,双约束重力模型的应用效果更为理想,这是因为,N 个区域之间的 N^2 个相互作用流中,可以证明最多有 $2N-1$ 个是非零的,而实际上相互作用流为零的情况很少。

2. 相互作用模型的实现

1) 单约束重力模型

单约束重力模型(single constrained gravity model)就是上述的起点约束模型和终点约

束模型的概括。模型中只有源流或宿流之一是已知并受条件约束的。单约束重力模型的应用领域主要是区位研究,包括预测城市内部居民活动的区位、零售业的销售量、休闲等公共设施的利用,以及那些一个区域依赖于其他区域的相互作用的区位格局问题。

单约束重力模型的预测结果通常是某一区域未知的流的总量,而不是源宿之间的流量矩阵(双重力约束模型)。因此模型可以概括为(以宿流未知为例)

$$T_{ij} = KO_i \frac{A_i f(d_{ij})}{\sum\limits_{j=1}^{n} A_j f(d_{ij})}$$

$$D_j = \sum_{i=1}^{m} T_{ij} = K \sum_{i=1}^{m} \frac{O_i A_j f(d_{ij})}{\sum\limits_{j=1}^{n} A_j f(d_{ij})}$$

$$K = \sum_{j=1}^{n} D_j \Big/ \sum_{i=1}^{m} O_i$$

其中,K 是为了平衡源地和目的地之间单位的不同而引入的常数。比如引力可以是总收入,源流却是居民总量。上式中的 O_i 为源流,A_j 为引力。

(1) 单约束重力的数据输入格式

单约束重力模型的数据输入包括参数输入和数据输入,参数输入在对话框中实现,数据输入在电子表格中进行。下面介绍电子表格中的数据录入格式。

① 坐标电子表格格式(表 6.16)

表 6.16　坐标电子表格格式

	X 坐标	Y 坐标	源地数据
源地坐标	x_1	y_1	O_1
	x_2	y_2	O_2
	⋮	⋮	⋮
	x_n	y_n	O_n
目的地坐标	X_1	Y_1	
	⋮	⋮	
	X_m	Y_m	

如果源地和目的地在同一区域(即相同),目的地坐标可以不输入,即电子表格的行数为源地数目($n=m$);否则,电子表格的行数为源地数目+目的地数目($n+m$)。电子表格的列数为 3,前两列为坐标 X、Y,第 3 列为源地数据。

② 距离电子表格格式(表 6.17)

电子表格的行数为源地数,列数为目的地数目+1,最后一列为源地数据。前 $n \times m$ 矩阵为距离矩阵。当源地和目的地在同一区域时,距离矩阵为对称矩阵,因此可以只输入上矩阵的上三角部分。

表 6.17　距离电子表格格式

目的地 源地	目的地 1	...	目的地 m	源地数据
源地 1	距离 d	d	d	
源地 2	d	d	d	
⋮	d	d	d	
源地 n	d	d	d	

（目的地数 m；源地数 n）

（2）参数

同一区域：选择源地和目的地是否在同一区域（即是否二者相同），只有当源地数和目的地数相同时才允许选择。

源地数：源地的数目。源地和目的地是重力模型中的两个相互作用的区域实体。

目的地数：目的地的数目。

距离函数参数：距离函数（乘方倒数距离或负指数距离）中的参数 a，参见距离公式。

预测比例因子：预测时应用的比例常数 k。模型拟合时，该值由计算得出；预测时，可以由用户凭经验输入，默认的情况是自动获取模型拟合时的计算值。

位置：提供坐标和距离两个选择。二者对应的数据格式不同。参见数据格式。

操作：对应于模型拟合和预测两个流程。

距离函数：采用乘方倒数距离和负指数距离两种距离表示方法。

目的地吸引力和度量值：采用表格输入。表格的列数为目的地数，行数为两行（预测）或一行（拟合）。第一行是目的地的吸引力值，模型拟合和预测都要输入；第二行是目的地的度量值，只有模型拟合时需要输入。

（3）输出结果

计算结果：

- 距离矩阵；
- 源地度量数据；
- 目的地吸引力度量值、目的地数据、目的地预测值（模型拟合）；
- 目的地吸引力、目的地预测值（预测）；
- 平均误差平方和（模型拟合）；
- 距离参数和比例常数。

图形：如果位置由坐标给定，则输出位置图。源地用方框表示，目的地用圆圈表示，标注用顺序号，源地代号为 O，目的地代号为 D。比如，第一个源地为 O_1，第三个目的地为 D_3。

2）双约束重力模型

双约束重力模型（the dual-constrained gravity model）主要用于交通规划中，用以根据出行产生矩阵来预测出行分布矩阵。模型的原始数据是关于源地和目的地的位置(可以以坐标和之间的距离的方式提供)和出行产生矩阵,模型拟合时还需要出行分布矩阵。根据出行分布拟合参数(模型拟合),然后根据出行产生矩阵预测出行的分布情况(预测)。

和单约束重力模型相似,双约束重力模型也分为模型拟合和模型预测两个流程。模型拟合和模型预测需要的数据格式不同,模型拟合需要出行分布矩阵,而模型预测并不需要;模型预测需要出行产生矩阵,而模型拟合则不需要。模型数据中,位置信息和出行分布矩阵由电子表格输入,其他信息由对话框输入。

下面是双约束重力模型的数据格式。

(1) 坐标数据(表 6.18)

表 6.18　坐标数据

		X 坐标	Y 坐标	目的地 1	...	目的地 m
源地数 n	源地 1	x_1	y_1	出行 T_{11}	...	T_{1m}
	⋮	⋮	⋮	⋮	⋮	⋮
	源地 n	x_n	y_n	T_{n1}	...	T_{nm}
目的地数 m	目的地 1	X_1	Y_1			
	⋮	⋮	⋮			
	目的地 m	X_m	Y_m			

(目的地数 m；模型拟合＋预测；模型拟合)

说明:当模型拟合时,表格的列数为 2＋目的地数 m;当预测时,列数为 2,不需要输入出行分布矩阵。表格的前两列是坐标 X、Y,后面的 $n \times m$ 矩阵是出行分布矩阵;当源地和目的地相同时(同区域),表格行数为源地数 n,不相同时,行数为源地数 n＋目的地数 m。

(2) 距离数据(表 6.19)

说明:当模型拟合时,表格的列数为目的地数 m 的两倍,即 $2m$,前 m 类是距离矩阵,后 m 列是出行分布矩阵;当预测时,仅需要距离矩阵,表格的列数为目的地数 m,出行分布矩阵不需要输入。当源地和目的地相同时,只要输入距离矩阵的上三角部分就可以了。

表 6.19　距离数据

		目的地 1	...	目的地 m	目的地 1	...	目的地 m
源地数 n	源地 1	距离 d_{11}	...	d_{1m}	出行 T_{11}	...	T_{1m}
	源地 2	d_{21}	...	d_{2m}	T_{21}	...	T_{2m}
	⋮	⋮	⋮	⋮	⋮		⋮
	源地 n	d_{n1}	...	d_{nm}	T_{n1}	...	T_{nm}

(目的地数 m；目的地数 m；模型拟合＋预测；模型拟合)

(3) 参数

同一区域:选择源地和目的地是否在同一区域(即是否二者相同),只有当源地数和目的地数相同时才允许选择。

源地数：源地的数目。源地和目的地是重力模型中的两个相互作用的区域实体。

目的地数：目的地的数目。

函数参数：距离函数（乘方倒数距离或负指数距离）中的参数 a，参见距离公式。

误差精度：指定模型拟合中的误差精度。

位置：提供坐标和距离两个选择。二者对应的数据格式不同。参见数据格式。

操作：对应于模型拟合和预测两个流程。

距离函数：采用乘方倒数距离和负指数距离两种距离表示方法。

源地和目的地数据：只有预测时需要输入该数据。采用表格输入，表格的列数为源地数 n 和目的地数 m 的最大值，即 $\text{Max}(n, m)$；行数为两行，第一行是源地数据；第二行是目的地的数据。

（4）输出结果

计算结果：

- 原地和目的地的坐标（当位置用坐标标定时）；
- 原地到目的地的距离矩阵；
- 实际的出行分布矩阵（模型拟合时）；
- 预测的出行分布矩阵；
- 平均平方误差（模型拟合时）；
- 采用的距离函数及其参数；
- 原地和目的地的平衡因子。

绘图：如果位置用坐标给定，则输出位置图。源地用方框表示，目的地用圆圈表示，标注用顺序号，源地代号为 O，目的地为 D。比如，第一个源地为 O_1，第三个目的地为 D_3。

3）城市吸引范围

在一个城镇体系内部，每一个城市都和其他城市发生各种联系，这种联系表现为流的形式，比如物质流、信息流、人口流等。一个城市或地区一般受到多个城市的影响，但按照相互作用的强弱，一个城市或地区总有对其影响最大的规模更大的城市（中心城市），这些受其影响最大的城市或地区就是中心城市的吸引范围。城市吸引范围的划分方法包括实际调查法（经验的方法）和模型方法（理论方法），后者比前者更经济、高效，但与实际情况的符合程度比前者要低。

城市吸引范围的确定是以空间相互作用模型为基础的（双约束模型），在这里有两种模型可以采用。一种是采用断裂点法，另一种是采用吸引强度法。

（1）断裂点法

20 世纪 30 年代，赖利（W. J. Reilly）在研究城市零售商业区时发现了零售引力定律，即两城市之间任一位置与两城市之间零售额之比与城市的规模成正比，与到两城市之间的距离平方成反比，即

$$S_i / S_j = (P_i / P_j)(D_j / D_i)^2$$

其中，S 为零售额，P 为城市规模，D 为距离，i, j 为城市代号。

划分城市之间的吸引范围,实际上就是寻找吸引力相等的点的位置。1930 年康弗斯(P. D. Converse)在赖利模型的基础上给出了确定两城市之间的平衡点,即断裂点的公式:

$$B = \frac{d_{ij}}{1 + \sqrt{\dfrac{p_i}{p_j}}}$$

其中 B 为断裂点到小规模的城市之间的距离,d_{ij} 为两城市之间的距离,p_i,p_j 分别为两城市的规模。上式实际上是赖利公式在左端为 1 的情况下变形。

根据上面的断裂点公式,求出任何中心城市和周围的地级别的城市之间的断裂点,用平滑的曲线连接起来就得到了该中心城市的吸引范围。

(2) 吸引强度法

吸引强度法可以确定多个城市的吸引范围。根据空间相互作用模型,

$$T_{ij} = K \frac{P_i^\alpha P_j^\beta}{d_{ij}^b}$$

用适当的方法表达模型的参数 K, α, β, b,通常采用多元回归分析(周一星,1995)。模型标定以后,分别计算出中心城市 i 和次级城市或地区 j 之间的相互作用量,然后,应用下列公式求得次级城市 j 与每一个中心城市之间的吸引力的相对强度:

$$F_{ij} = \frac{T_{ij}}{\displaystyle\sum_{i=1}^m T_{ij}}$$

根据引力强度的大小,将次级城市 j 划归到引力强度最大的中心城市。这样,就可以确定中心城市的吸引范围了。

4) 问题说明

有关单约束、双约束重力模型的几个问题将作如下说明:

(1) 引力函数

引力函数是距离的函数,用于度量两个区域之间的引力随距离衰减的规律。这里的距离是广义距离,可以是几何距离,也可以是交通费用、交通时间、其他消耗等,还可以是这些因素的线性组合。引力函数的形式通常是距离的指数倒数函数或以自然常数 e 为底的负指数函数,即

$$f(d_{ij}) = d_{ij}^{-a} = 1/d_{ij}^a$$
$$f(d_{ij}) = \mathrm{e}_{ij}^{-ad}$$

(2) 误差度量

模型拟合的误差采用平均平方误差度量(又称均方误差(mean squared error,MSE)),即

$$\mathrm{MSE} = \sum (D_j - D_j')^2$$

(3) 地理位置信息的输入

程序中可以输入两种类型的位置信息,一种是各区域(中心点)或位置点的坐标,另一种是源地到目的地的距离。当相同的区域同时作为源地和目的地时(即同一区位,当源地数目和目的地数目相同时,系统会提示用户选择源地和目的地是否在同一区域),只需输入

一半信息即可。具体地说,当输入坐标时,仅输入源地或目的地的坐标;当输入距离时,距离矩阵仅输入上三角阵或下三角阵即可。

（4）工作流程

重力模型的工作流程可分为参数拟合和模型预测两个部分。参数拟合是根据已知数据,调整模型的各个关键参数,比如距离方法、距离系数、比例常数等,为模型预测准备参数;模型预测是利用模型拟合的参数（也可以根据经验自己指定）进行预测。二者需要的参数个数和数据格式有所不同,详见数据格式部分。

3. 空间相互作用模型发展

1）区位应用中的动态分析

单约束重力模型的主要应用领域是区位分析,下面以零售业应用实例来说明它是如何向动态结构扩展的。在这种场合下,通常将设施规模作为引力度量,终点的总流量则是收益。设施规模既然是吸引力,那么扩大规模自然会获取更多的收益。但是,扩大设施规模需要增加维护费用,这样就存在一个设施规模和收益之间的平衡点,可以据此给出动态方程。假设设施维护费用为 C_j,它是设施规模的函数,即

$$C_j = k_j W_j$$

那么,设施规模的变化可以用微分方程表示为

$$\mathrm{d}W_j/\mathrm{d}t = \varepsilon(D_j - C_j)$$

那么,当上式的变化率为 0 时,系统达到平衡,即收益和设施维护费用相等。将上式和前面的单约束模型相结合,就可以计算出达到平衡状态时的设施规模。

在市场经济条件下,除了调节设施规模 W_j 外,还可以对价格 P_j 和地租 r_j 进行调整。因此动态方程可以扩展为

$$\mathrm{d}W_j/\mathrm{d}t = \varepsilon_1(D_j - C_j)W_j^e$$
$$\mathrm{d}P_j/\mathrm{d}t = \varepsilon_2(D_j - C_j)P_j^e$$
$$\mathrm{d}r_j/\mathrm{d}t = \varepsilon_3(D_j - C_j)r_j^e$$

其中,e 为开关参数,一般取 0 或 1。

2）复杂空间相互作用模型的参数标定

空间相互作用模型中的未知参数通常通过如下两种途径进行估计:一种方式是通过使得不受约束的一方的误差平方和函数达到最小;另一种方式则是采用最大似然函数（Fotheringham,O'Kelly,1989;Openshaw,1976）。非线性最优化方法可以处理上述两类问题（Scales,1985）。但是,非线性最优化方法只能处理简单的模型,对于复杂的模型通常无能为力,并且对于参数的全局优化还有一些特定的假设。在处理复杂的空间相互作用模型的参数标定时,比如 Goncalves 的起点约束模型（Goncalves,UlysseaNeto,1993）和终点竞争模型（Fotheringham,1983,1986）,可以采用遗传算法（Diplock,Openshaw,1996）。

遗传算法提供了一种解决全局函数优化的简单方法,它包括了两种不同的算法:Goldberg(1989)的遗传算法（genetic algorithm,GA）和 Schwefel(1995)的进化策略算法（evolutionary strategy,ES）。下面分别加以介绍（详细算法从略）。

（1）遗传算法

在遗传算法中,空间相互作用模型中的每个参数用一个二进制位串表示,并且这些代表相互关联的模型参数的二进制位串服从遗传操作。遗传算法通过模拟自然演化过程——生命体的基因适应外部环境,那些较好的位串生存并繁殖,较差的被淘汰。在这里,和基因对环境的适应性相对应的是模型参数对数据的拟合程度。

具体算法是:

① 设置演化参数方案——位串的长度(P),交换概率(C,crossover probability),转换概率(M,mutation probability),代数(G)。

② 产生代表参数值的随机初始位串 P。

③ 将代表各模型参数的位串转换为具体数值,检验模型的拟合程度。

④ 通过如下两种方法产生新的 P 位串:在按权重随机选择的位串中依概率 C 进行交换操作,交换操作(crossover operator)就是随机地从一个父串中选择一个子位串,然后插入到另一个父串的同一位置上;或者选择一个单一的位串作为父串。

⑤ 对于每一位依概率 M 进行转换操作(mutation operator),即翻转该位。

⑥ 重复④⑤步 P 次,生成一个新世代的位串;

⑦ 重复③～⑥步 G 次。

演化方案的选择会影响 GA 算法的性能,通常选取的参数是 $P=50,C=0.75,M=0.01,G=50$。但是 GA 算法中至关重要的是问题表达,即二进制位串到模型参数的映射问题。在空间相互作用模型中,参数编码为有符号的 15 位二进制数,并且小数点在第 6 位。这样参数的范围是-10～$+10$之间。

（2）进化策略算法(evolutionary strategy,ES)

进化策略算法也是基于对生物进化的简化模拟,但是应用了完全不同的问题代表方法(Hoffmeister,Black,1991)。GA 算法采用的是定长二进制表达,而 ES 算法直接将参数作为数值运算。

ES 算法为:

① 给定参数初值和父代的标准差。

② 通过转换(mutation)产生子代的新参数,这种转换就是加上一个假随机数,这个假随机数是从以给定标准差和父代参数值为中心的正态分布中得出的。

③ 如果子代优于父代,则它就变为第二代的父代。

④ 重复②③步,进行 $10n$ 次转换,计算 $10n$ 次转换中有改进的次数,如果大于 $2n$,则将标准差减少到原来的 0.85 倍,否则增加(除以 0.85)。

⑤ 转到第②步,直到 $10n$ 次转换中没有改变为止。

附:

① Goncalves 和 Ulyssea-Neto(1993)的起点约束模型

$$T_{ij} = A_i.O_iW_j\exp(-\lambda..Z_{ij} - \beta.C_{ij})$$

其中

$$A_i = \left[\sum_{j=1}^{n_j} W_j.\exp(-\lambda..Z_{ij} - \beta.C_{ij}) \right]^{-1}$$

其中 Z_{ij} 为区域 i 和 j 之间的选择机会数，C_{ij} 是两区域之间的交通"费用"，A_i 是约束函数。

$$T_{ij} = A_i . O_i W_j . Q_{ij}^{\delta} \exp(\beta . C_{ij})$$

其中

$$A_i = \left[\sum_{j=1}^{n_j} W_j . Q_{ij}^{\delta} . \exp(\beta . C_{ij}) \right]^{-1}$$

② Fotheringham(1983,1986)的终点竞争模型(competing-destinations model)

Q_{ij} 代表目的地 j 对起点 i 所及的所有其他目的地的可达性。Fortheringham(1983,1984,1985)定义为

$$Q_{ij} = \sum_{\substack{k=1 \\ k \neq i \\ k \neq j}}^{n_j} W_k . \exp(\sigma . C_{jk})$$

6.3.4　预测模型

预测模型的目的是推断未来状态。通常的预测模型是考虑时间相关属性的预测，即时间序列预测模型。时间序列预测模型可以分为趋势预测模型(trend forecast model)、指数平滑预测模型(the exponent smoothing forecast model)和平稳随机序列模型(stationary random process model)。城市与区域规划模型系统仅实现了趋势预测模型。

1. 趋势预测模型

趋势预测在规划中经常被采用，比如预测人口、就业、住房等。趋势预测就是应用已经获取的具有时间属性的历史数据，寻找这些数据中内在的联系，用于预测将来的值。趋势预测的一个基本假定就是存在于当前数据中的"趋势"同样作用于将来。本系统中采用的预测模型包括线性和指数两大类，根据是否采用回归方法和修正方法进一步划分为直接线性模型、回归线性模型、直接指数模型、回归指数模型和修正的指数模型。下面分别介绍其数学模型。

1) 线性模型

线性模型(the linear model)的数学公式为

$$P_t = P_0 + bt$$
$$b = \sum (P_i - P_{i-1})/(n-1), \quad i = 2, \cdots, n$$

其中，P_t 为时间 t 的数据；P_0 为初始数据；b 为每个周期内的变化量。

2) 线性回归模型

线性回归模型(linear regression model)就是利用线性回归方法确定上式中的截距 P_0 和斜率 b 值。我们要求

$$S(a,b) = \sum (x_i - p_t)^2 = \sum (x_i - p_0 - bt)^2$$

分别将上式对 a,b 微分，则可以求得

$$b = \left(n \sum t P_t - \sum t \sum P_t \right) \Big/ \left(n \sum t^2 - \left(\sum t \right)^2 \right)$$

$$P_0 = \left(\sum P_t - b\sum t\right)\big/n, \quad t = 1,2,\cdots,n$$

3）指数模型

$$P_t = P_0 + (1+r)^t$$
$$r = \sum\left((P_i - P_{i-1})/P_{i-1}\right)\big/(n-1), \quad i = 2,\cdots,n$$

4）指数回归模型

指数回归模型(exponential regression model)首先将上式取对数，化为线性形式，即

$$\log P_t = \log P_0 + t\log(1+r)$$

然后采用线性回归方法求解出预测值的对数值，再求得预测值。

5）修正指数模型

修正指数模型用于变量存在极限值的情形，比如一个地区人口的增长，就受到该地区环境承载能力的限制。该模型假定增长剩余量（即极限值和当前值之差）的比值恒定。数学公式表示为

$$P_t = K - (K - P_0)v^t$$
$$v = \sum\left((K - P_i)/(K - P_{i-1})\right)/(n-1)$$

其中，K 为极限值；v 为比例因子。

(1) 数据和参数

起始年份：指定预测数据起始年份，即第一个预测数据获取的年份。

预测周期：以间隔年数为单位的预测周期个数，（原始数据的时间间隔也等于间隔年数）预测的数据个数等于预测周期数。

间隔年数：获取数据的年份间隔。

边界值：修正指数预测中数据增长的极限值，其他方法不用。

数据总数：已知数据总数。

数据：需要录入的已知数据。共一行，列数和指定的数据总数相同。

模型：指定趋势预测采用的数学模型，包括直接线性模型、回归线性模型、直接指数模型、回归指数模型和修正的指数模型。

(2) 输出结果

结果：输出模型的参数，如截距、斜率等，不同的模型有所不同。

绘图：输出已知数据和预测数据的坐标点以及拟合的曲线。已知数据点用实方块表示，预测数据点用空原点表示。坐标纵轴为数据值，横轴为年份。

2. 指数平滑预测模型

设某一因素的一个时间序列为 $x_1, x_2, \cdots, x_n$，x_0 为初始值。又假定 $x_1', x_2', \cdots, x_n'$ 为平滑预测值，那么一次指数平滑预测模型为

$$x_t' = x_{t-1}' + \alpha(x_{t-1} - x_{t-1}') = \alpha x_{t-1} + (1-\alpha)x_{t-1}'$$

其中，α 为平滑系数，介于 0 和 1 之间。可以看出，当前预测值是前期预测值和前期实际观测值的加权和，权系数分别为 α 和 $(1-\alpha)$。递归上式，可以得到仅包含实际值和初始平滑预

测值的下式：

$$x'_t = \alpha \sum_{j=0}^{t-1} (1-\alpha)^j x_{t-1} + (1-\alpha)^t x'_0$$

在实际应用中，初始平滑预测值 x'_0 通常取最初几个实际值的均值，当 t 很大时，上式中的最后一项可以忽略。

一次指数平滑预测通常用于变化趋势稳定的时间序列，对于有波动的时间序列或者非线性变化的时间序列，需要采用二次或三次指数平滑预测模型。二次或三次指数平滑预测模型可以概括为

$$S_t^k = \alpha S_t^{k-1} + (1-\alpha) S_{t-1}^k$$

其中，k 为次数，取 2 或 3；S_t^k 代表 k 次平滑预测值。

上式中，各次初始平滑预测值相等，即 $S_0^1 = S_0^2 = S_0^3$。

在进行指数平滑预测时，我们只需要本次的实际值、平滑预测值和适当的平滑常数 a，就可以得到下一次的预测值。指数平滑预测的局限是仅能进行一个阶段的预测。

3. 平稳随机序列预测模型

平稳随机序列模型可以分为三类：自回归模型（autoregression model，AR）、滑动平均模型（moving average model，MA）和自回归滑动平均模型（autoregressive moving-average model，ARMA）。

(1) 自回归模型（AR），记为 AR(p)

$$y_t = \Phi_1 y_{t-1} + \Phi_2 y_{t-2} + \cdots + \Phi_p y_{t-p}$$

(2) 滑动平均模型（MA），记为 MA(q)

$$y_t = e_t - \theta_1 e_{t-1} - \theta_2 e_{t-2} - \cdots - \theta_q e_{t-q}$$

(3) 自回归滑动平均模型（ARMA），记为 ARMA(p,q)

$$y_t = \Phi_1 y_{t-1} + \Phi_2 y_{t-2} + \cdots + \Phi_p y_{t-p} + e_t - \theta_1 e_{t-1} - \theta_2 e_{t-2} - \cdots - \theta_q e_{t-q}$$

式中，$y_1, y_2, \cdots, y_n$ 为平稳随机序列；$\Phi_1, \Phi_1, \cdots, \Phi_p$ 为自回归系数；$\theta_1, \theta_2, \cdots, \theta_q$ 为滑动平均系数；e_t 为随机序列的均值；p,q 为模型的阶数。

平稳随机序列模型按如下步骤建立：

(1) 计算相关系数和偏相关系数

这些相关系数包括样品自相关系数 r_k、样本标准自相关系数 ρ_k 和偏相关系数 Φ_{kj}：

$$r_k = \frac{1}{n} \sum_{t=1}^{n-k} (y_{t+k} - \bar{y})(y_t - \bar{y})$$

$$\rho_k = r_k / r_0$$

$$\Phi_{k1} = \rho_1$$

$$\Phi_{k+1,j} = \Phi_{kj} - \Phi_{k+1,k+1} \Phi_{kj}$$

$$\Phi_{k+1,k+1} = \left(\rho_{k+1} - \sum_{j=1}^{k} \rho_{k+1-j} \Phi_{kj} \right) \left(1 - \sum_{j=1}^{k} \rho_j \Phi_{kj} \right)^{-1}$$

（2）模型识别

可以证明，若 $k>p$ 时，$\Phi_{kk}=0$，则模型为阶数为 p 的自回归模型；若 $k>q$ 时，$\rho_k=0$，则模型为阶数为 q 的滑动平均模型；否则，如果 Φ_{kj}，ρ_k 收敛于 0，则模型为自回归滑动平均模型，阶数 p,q 需要通过使误差达到最小确定。但实际上由于样本的波动，Φ_{kj}，ρ_k 不会严格等于 0，因此实际应用中通常采用如下判别准则：

若 $k>p$ 时，$|\Phi_{kk}|>2/n^{1/2}$ 的样本个数所占的比例不超过 4.5%，则模型为阶数为 p 的自回归模型；

若 $k>q$ 时，$|\rho_k|>2/n^{1/2}$ 的样本个数所占的比例不超过 4.5%，则模型为阶数为 q 的滑动平均模型。

（3）参数估计

自回归模型的参数估计可以采用 Yale-Walker 方程得到，而滑动平均模型的参数需要应用下面的公式迭代：

$$\sigma^2 = \frac{r_0}{1+\theta_1^2+\theta_2^2+\cdots+\theta_q^2}$$

$$\theta_k = -\frac{r_k}{\sigma^2}+\theta_1\theta_{k+1}+\theta_2\theta_{k+2}+\cdots+\theta_q\theta_{k+q}$$

其中，$k=1,2,\cdots,q$。给出一组初值，反复迭代直到误差满足设定的精度，即可求得模型参数。

自回归滑动平均模型的参数估计较为复杂，首先需要求得自回归系数，然后根据自回归系数求得标准自相关系数，将自回归滑动平均模型改写为滑动平均模型，迭代求得滑动平均参数。

6.3.5 评价模型

1. 模糊综合评价模型

模糊综合评价（fuzzy comprehensive evaluation）方法是一种应用模糊数学原理来分析和评价具有"模糊特性"的对象的系统分析方法。模糊综合评价的原始数据可以是定量数据，也可以是定性数据。这种方法多用于城市与区域规划等研究领域。

1）模糊综合评价的基本原理

模糊综合评价按照层次关系可以分为单层次综合评价模型和多层次综合评价模型。前者是指评价要素不具有层次结构（也就是仅有一个层次）；后者是指参评要素具有层次结构，上一级的要素是由低一级的多个要素组成的。多层次模型只不过是单层次模型的扩展，针对某一层次就是一个单层次模型，只是上一层次的运算结果作为下一层次的原始数据。因此，下面仅介绍单层次模糊综合评价模型。

对于评价对象，假设包含 m 个因素，评价等级为 n 级，则有如下两个有限论域：

$$U = \{u_1,u_1,\cdots,u_m\}$$
$$V = \{v_1,v_1,\cdots,v_n\}$$

其中，U 为因素论域；V 为等级论域。前者是参评因素的集合，后者是评价等级的集合。

根据 U,V 之间的隶属度关系(函数),即评价指标,可以确定二者之间的模糊关系 R,构成评价决策矩阵为

$$R = (r_{ij}), \quad i = 1,2,\cdots,m; \quad j = 1,2,\cdots,n$$

其中,r_{ij} 是元素 u_1 隶属等级 v_1 的概率。从评价决策矩阵 R 出发,根据参评元素的权重矩阵 $A = (a_1,a_1,\cdots,a_m)$,进行模糊变换,就可以得到论域 V 上的一个模糊子集 B,即评价结果为

$$B = AR = (b_1,b_1,\cdots,b_n)$$

2) 模糊综合评价模型的数据格式

本系统中的模糊综合评价法可以评价 N 个单元,M 个等级,P 个因子(最低层次),Q 个层次的因子系统。本方法处理两种数据:一种是最基本的原始数据,这些数据是由 N 个评价单元的 M 个等级组成的矩阵,尾部附加评价等级的划分规则。系统可以从原始数据矩阵计算出评价矩阵(隶属度矩阵);另一种是直接提供的评价矩阵(隶属度矩阵),它由因子(行)和因子的评价等级(列)组成,矩阵中的单元值是该因子属于某一等级的可能性。数据的尾部列附加了权重信息。详细格式如下。

(1) 原始数据格式(表 6.20)

表 6.20　原始数据格式

	单元\因子	因子 1	因子 2	⋯	因子 p
		← ------------------ 因子数 p ------------------ →
单元数 n	单元 1				
	单元 2				
	⋮				
	单元 n				
评价等级 规则(m 个)	等级 1				
	等级 2				
	⋮				
	等级 m				

(2) 判断矩阵(隶属度矩阵)数据格式(表 6.21)

表 6.21　判断矩阵数据格式

	因子\等级	1 级	⋯	m 级	第 q 层权重	⋯	第 2 层权重
		← ---- m 个等级 ---- →			← -------- 第 2～q 层权重 -------- →		
单元 1 的 p 个因子	单元 1_因子 1						
	单元 1_因子 2						
	⋮						
	单元 1_因子 p						
	⋮						
	单元 n_因子 1						
	⋮						
	单元 n_因子 p						

3) 从原始数据矩阵到隶属度矩阵的转换

模糊综合评价方法的原始数据既可以是定量数据,也可以是定性数据。因此,从原始数据到隶属度的转换也相应地分为两种情况。这种转换的依据是评价等级标准。

(1) 定性数据的评价等级标准也是定性的。比如,区位因子的评价等级标准划分为5级{沿海,沿江,沿边,内陆,边远}。某一评价单元的该因子符合该标准的,其隶属度为1,其余为0。比如,上海的区位隶属度为{1,0,0,0,0}。

(2) 定量数据的评价等级标准是定量的。其隶属度的计算要依据隶属度函数。本方法采用的是较为简单的插值法。假设因子值为 x,介于评价标准 r_2 和 r_3 之间($r_2 \geqslant x \geqslant r_3$),则隶属于 r_2 和隶属于 r_3 的隶属度 $f(x,r_2)$ 和 $f(x,r_3)$ 分别为

$$f(x,r_2) = |r_3 - x| / (|r_2 - x| + |r_3 - x|)$$
$$f(x,r_3) = 1 - f(x,r_2)$$

其余基本为0。如果满足边界条件(小于最小值或大于最大值),则该级别的隶属度为1,其余为0。比如,工业产值的5级评价标准为{>1000,800,500,150,<50}(单位为百万元)。某地的工业产值为320,则隶属度为{0,0,0.43,0.57,0}。

4) 因子权重的计算

权重的计算方法可以采用专家打分法或层次分析法。

5) 参数

如上所述,本系统提供模糊综合评价模型有两种工作方式,一种是从提供最原始的数据(数据格式1)开始,由系统自动生成评价决策矩阵,然后评价;另一种是由用户直接提供评价决策矩阵(数据格式2)。针对这两种工作方式,程序提供了两个对话框——生成评价矩阵对话框和建立评价层次对话框。

生成评价矩阵对话框包括:

自动生成选项组:包括生成判断矩阵选项和直接评价选项。

- 生成判断矩阵选项:选择该项指示系统自动生成判断矩阵,电子表格提供的数据格式为原始数据。此时,参评单元数、评价等级数、生成的电子表格文档名3个文本域活化允许用户输入参数。
- 直接评价选项:选择该选项指示系统直接从判断矩阵开始进行评价,电子表格提供的数据为判断矩阵。此时上述3个文本域灰化,禁止用户输入。

参评单元数:即参加模糊综合评价的对象数,只有生成判断矩阵时有效。

评价等级数:即划分为多少个评价等级,就是等级论域 V 的维数,只有生成判断矩阵时有效。

电子表格文档名称:如果选择生成判断矩阵,系统会将计算结果输出到电子表格文档。此处可以指定文档名称。在默认值元电子表格文档名称后添加_pro。

建立参评元素层次对话框的步骤如下。

参评单元数:即参评对象数目,同前。

评价等级数:评价等级数目,即评价论域 V 的维数,最少为2。

层次数：即评价因素划分的层次数，包含根层次（如图示中的第一层），最少为 2（实际为 1 层）。

各层次因子数：如层次图所示，即上一层次的某一因素包含下一层次的因子数，最后一层不需输入。比如，按照图示，输入结果为（第一行）3；（第二行）3，2，3。

对话框中的这一用于建立因子层次关系的电子表格的行列数和层次数、评价单元数相关，随其变化而变化。其行数为层次数减 1，列数为原始数据电子表格的行数除以参评单元数，即最低层次的因子数。

6）输出结果

与上述讨论的两种工作方式相关，输出结果也分为判断矩阵中间结果和最终评价结果。

（1）中间结果

如果选择自动生成判断矩阵，则产生判断矩阵电子表格，其格式如数据格式 3 所示。列数为评价等级数，行数为参评单元数乘上因素数目（也就是原始数据的列数）。这样生成的判断矩阵，其尾部列还有添加各层因子的权重值，才能进行最终评价。

（2）最终结果

各评价单元、各层次、各个因子的评价等级，一级最终评价结果（隶属于各个等级的概率）。

2. 层次分析法

层次分析法（analytic hierarchy process，AHP）是一种定性和定量相结合的决策分析方法。层次分析法是将对一个复杂战略（或系统）的决策，分解为战略目标、制约因素、对策（或目标对象）等具体因素，这些因素按照其内在联系和制约关系可以归为不同的层次，组成一个层次交叉结构。通过对各个层次的元素按照相对重要性构造判断矩阵，经过运算就可以求得各因素的权重，从而为决策提供依据。

层次分析法解决实际问题的步骤可分为六步，即明确问题、建立层次结构、构造判断矩阵、层次单排序、层次总排序和一致性检验。下面介绍层次分析法的基本原理。

层次分析法的基础是判断矩阵，即根据某一层次各元素相对于上一层某元素，这些元素两两之间的相对重要程度，构造出一个 $m \times m$（m 为元素个数）的矩阵，称为判断矩阵。判断矩阵中的元素 b_{ij} 表示相对于上一层某元素 A 而言，元素 B_i 对元素 B_j 的相对重要程度，一般取 1，3，5，7，9 几个等级，数据越大表示越重要。显然 b_{ij} 满足如下条件：

$$b_{ii} = 1$$
$$b_{ij} = 1/b_{ji}$$

根据判断矩阵 B 求解其相对于最大特征值 $\lambda_{\max}$ 的特征向量 W，这个特征向量就是各个元素直接的相对重要程度。这一步过程称为层次单排序。根据某一层次各元素 $B_1, B_2, \cdots, B_n$ 相对于上一层次各元素 $A_1, A_2, \cdots, A_m$ 求得的特征向量 $W_1, W_2, \cdots, W_m$，将这 m 个特征向量组成一个 $n \times m$ 的矩阵 C，根据该矩阵 C 和元素 A 的权重向量 W_A，就可以求出 B 层元素的总排序权重 W_B 为

$$W_B = CW_A'$$

这个步骤称为层次总排序。

判断矩阵中,如果各元素之间存在如下关系:

$$b_{ij} = b_{ik}/b_{jk}$$

则称判断矩阵具有完全一致性,此时求得的最大特征向量 λ_{max} 等于矩阵的阶数 n。但是一般情况下二者并不相对应,用下式表示矩阵的一致性:

$$CI = (\lambda_{max} - n)/(n-1)$$

CI 为 0 时表示完全一致,越大表示一致性越差。在实际的一致性判断中,通常取 CI 和一致性指标 RI 的比值,当比值小于 0.1 时认为存在一致性,否则需要重新调整判断矩阵。对应层次总排序,CI 和 RI 则通过加权计算得出,公式为

$$CI = \sum a_j CI_j$$

$$RI = \sum a_j RI_j$$

其中,a_j 为上一层次元素的权重;j 为上层元素个数;CI_j 为层次单排序计算的一致性指标。

本系统中实现了层次单排序和层次总排序,以及一致性判断。下面分别介绍其数据格式和输出结果。

1) 层次单排序

(1) 数据格式

层次单排序的数据为判断矩阵,其行列数相等,对角线元素为 1,矩阵为对称阵。因此,输入数据时只要输入矩阵的上三角部分或下三角部分即可(包括对角线元素 1),当然也可以全部输入。系统能够自动判别这些情况并计算出相应的部分。如果对角线元素不为 1 或数据输入不合法(比如,部分或全部数据为 0,矩阵不是对称阵等),会报告错误并终止计算。

(2) 对话框参数

对话框参数仅需要提供计算判断矩阵特征值和特征向量的方法,提供的方法选项包括雅克比法、平方根法、和积法和迭代法。

(3) 输出结果

输出结果包括特征值、特征向量和一致性判断结果。

2) 层次总排序

(1) 数据格式

层次总排序的数据是由层次单排序计算的特征向量、一致性指标 CI 和上一层的权重数据组成的。由电子表格输入,数据格式见表 6.22。

表 6.22 数据格式

	A_1	A_2	$\cdots$	A_n
B_1	W_{11}	W_{12}	$\cdots$	W_{1n}
B_2	W_{21}	W_{22}	$\cdots$	W_{2n}
$\vdots$	$\vdots$	$\vdots$		$\vdots$
B_m	W_{m1}	W_{m2}	$\cdots$	W_{mn}
	a_1	a_2	$\cdots$	a_n
	CR_1	CR_2	$\cdots$	CR_n

其中最后一行为一致性指标 CR,倒数第 2 列为权重值。

层次中排序模型首先检查每列数据的和 $\sum W_{j1}$、$\sum W_{j2}$、$\cdots$、$\sum W_{jn}$ 是否为 $1(j=1,2,\cdots,m)$,以及上层权重和 $\sum a_i(i=1,2,\cdots,n)$ 是否为 1,如果满足上述条件,则进行计算,否则报错退出。

层次总排序模型没有参数输入,因此不弹出对话框。

（2）输出结果

输出结果包括:

- 层次总排序权重;
- 一致性判断指标,包括一致性指标 CI,随机一致性指标 RI,一致性比例 CRI;
- 一致性判断结果,指出结果可用还是不可用;
- 如果数据错误,将输出错误信息。

3. 因子综合评价法

因子综合评价(factor comprehensive evaluation)法是在因子分析的基础上,通过计算因子得分而对研究对象进行综合评价的一种方法。在国内,顾朝林(1987)、陈田等(1991)学者较早采用因子综合评价方法进行城市和区域综合经济实力的评价和经济区划的研究,取得了较好的结果。郭振准(1998)等在进行经济区划过程中也采用过这一方法,并作为主要的经济区划依据。可见,因子综合评价方法在城市与区域规划和地理研究中是一种很重要的评价方法。

因子综合评价方法的基础是因子分析(关于因子分析模型,参见数据分析模型部分)。该方法可以大致划分为三个步骤:寻找主因子,即求得主因子解;计算评价单元的综合得分;综合评价,或称为等级划分。在寻找主因子解的过程中必须注意,因子综合评价方法中的主因子必须是可解释的,即求得的主因子需要有较为明确的地理学或经济学意义,否则评价结果就不可靠。评价单元综合得分的计算方法简述如下。

假设 $X_{n \times m}$ 是原始数据矩阵,评价单元数为 n,评价因素数为 m。在评价之前为了消除量纲的影响,需要进行数据预处理,通常采用数据百分化、标准差标准化、极差正规化等处理方法。假设处理之后的数据矩阵为 $Y_{n \times m}$,经过因子分析,选择 p 个主因子,对应的特征值为 λ_j,因子载荷矩阵 $A_{m \times p}$ 各个因子的方差贡献率则为

$$L_j = \lambda_j \Big/ \sum \lambda_j, \quad j=1,2,\cdots,p$$

那么,综合因子得分为 $S=(S_1,S_2,\cdots,S_n)^{\mathrm{T}}$,其中

$$S_i = \sum_{j=1}^{m} \sum_{k=1}^{p} Y_{ij} A_{jk} L_k$$

其中,$i=1,2,\cdots,n$;$j=1,2,\cdots,m$;$k=1,2,\cdots,p$。

在求得各个评价单元的因子综合得分后,将各个评价单元按照因子综合得分排序,根据因子得分的变化梯度和确定的评价等级将评价单元划分为各个层次。

6.3.6 人口预测模型

1. 人口总量预测模型

人口总量预测是城市与区域规划中经常遇到的问题。与其他人口预测问题相比,人口总量预测较为简单。自从 1798 年英国人口学家马尔萨斯提出人口的指数增长模型以来,人口总量预测模型(total population forecast model)得到了进一步发展。马尔萨斯的人口模型假定人口增长率 r 是恒定的,并且人口变化率与当前人口和人口增长率成正比。用微分方程表示即为

$$\mathrm{d}x/\mathrm{d}t = rx$$
$$x(0) = x_0$$

由上式可以得出如下人口预测公式

$$x(t) = x_0 \mathrm{e}^{rt}$$

马尔萨斯人口模型的局限是,人口增长率恒定的假设很难满足,因此,应用上式模型进行人口的长期预测时,会有很大的误差。为了克服上述缺陷,阻滞人口增长模型得到了发展。

阻滞人口增长模型修正了马尔萨斯模型中关于人口增长率恒定的假设,认为人口增长率是人口总量的函数,可以表示为

$$r(x) = r(1 - x/x_m)$$

其中,r, x_m 是根据人口统计数据确定的常数。r 的实际意义是,当人口增量为 0 时的增长率,称为固有增长率;x_m 为人口增长率为 0 时的人口总量,即一个地域单元内其自然资源和生态环境所能够容纳的最多人口容量,即人口承载力。

从上式可以看出,人口增长率函数是一个减函数,它随着人口总量的增长而不断减小,当人口总量趋于最大人口总量时停止增长。因此,上式模型更接近于实际的人口增长过程。人口阻滞增长模型可以表达为

$$\mathrm{d}x/\mathrm{d}t = (1 - x/x_m)x$$
$$x(0) = x_0$$

求解上述微分方程可以得到人口增长函数为

$$x(t) = \frac{x_m}{1 + \left(\dfrac{x_m}{x_0} - 1\right)\mathrm{e}^{-rt}}$$

上述模型具有逻辑斯谛函数形式,因此又称为逻辑斯谛模型(logistic growth model)。该模型的主要问题是,最大人口容量值 x_m 不易确定,并且,本身也不是一个确定值。随着科技水平的提高,一个地区的最大人口容量将会增大,因此,模型的参数需要根据大量的历史数据来拟合。

2. 人口簇生存模型

人口簇生存模型是城市与区域规划过程进行人口预测的常用方法。该模型假设人口

按照一定的时间间隔划分为间隔相同的年龄分组(最高年龄组除外),即人口簇。进行预测的时间段和划分人口簇的时间间隔应当相同。这样,随着时间的推移,除了第一个和最后一个人口簇外,人口簇 i 经过这一时间段之后生存者会落入人口簇 $i+1$ 中。而第一个年龄组的人口数是新出生的人口数,最后一个年龄组包括本年龄组和前一个年龄组($n-1$)的生存人口之和。如果考虑到人口迁移,则除了自然增长的部分外,还包括迁移的机械人口增长。

和人口总量模型相比,人口簇生存模型除了可以预测人口总量以外,还可以预测人口的构成,包括按照年龄和性别分组的详细人口数据。另一方面,它也需要更为详尽的人口数据,包括按年龄组(人口簇)划分、按性别分类的人口的组成、生存率、出生率,如果考虑人口的迁移,还需要人口迁移率。

人口簇生存模型的数学模型可以概括为:

从时间 t 经过固定的时间间隔 Δt 到 $t+1$,各人口簇的人口数据为

$$P_{i+1,t+1}^s = S_i^s P_{i,t}^s \quad (\text{人口簇为 } 2 \sim n-1)$$
$$P_{n,t+1}^s = S_{n-1}^s P_{n-1,t}^s + S^s P_{n,t}^s \quad (\text{人口簇为 } n)$$
$$P_{1,t+1}^s = f^s B_{t+1} = f^s \sum b_i P_{i,t}^f \quad (\text{人口簇为 } 1)$$

其中,上标 s 表示性别;下标 i 为人口簇;S_s^i 为人口簇 i 性别 s 的生存率;$P_{i,t}^s$ 为人口簇 i 性别 s 在时间 t 时的人口数量;f^s 为新出生的人口中性别 s 的比例,显然,男女比例之和为 1;B_{t+1} 为新出生的人口总数,为人口簇的女性人口生育率,显然存在等式 $B_{t+1} = f^s \sum b_i P_{i,t}^f$。

如果考虑到人口迁移,则存在如下方程:

$$P_{i,t+1}^s = P_{i,t+1}^{s^*} + M_i^s = P_{i,t+1}^{s^*} + m_i^s P_{i,t}^s$$

其中,$P_{i,t+1}^{s^*}$ 为不考虑人口迁移的自然变化(如上式);M_i^s 为人口簇 i 性别 s 的人口净迁移量;m_i^s 为人口簇 i 性别 s 的迁移率(即迁移人口和总人口的比率)。

(1) 数据格式

人口簇生存模型需要的数据包括当前的人口数、生存率、人口出生率以及人口迁移量(相对值或绝对值)。除出生率外,以上数据均按性别分别提供。这些数据都从电子表格中输入,其数据格式如表 6.23 所示。

表 6.23　数据格式

人　口　簇	男性人口	女性人口	男性生存率	女性生存率	出生率	男性迁移量	女性迁移量
年龄组 1							
年龄组 2							
⋮							
年龄组 m							

表 6.23 中,按性别分类的数据均是男性数据在前,女性数据在后。数据的行数为人口簇数,列数为 5 列(没有人口迁移)或 7 列(有人口迁移)。最后两列是人口迁移量,可以是绝

对量,即迁移人口数,也可以是相对量,即迁移人口数占当时当地总人口的比率。人口簇的年龄组间隔必须相同。

（2）参数

簇间隔：划分年龄组（即簇）的间隔年数。

起始年份：即开始预测的当前年份。

出生人口女性比例：新出生人口中女性的比例。

预测周期数：预测的周期个数,每个周期为簇间隔年数。

迁移方式：包括没有迁移、绝对迁移和相对迁移。没有迁移即没有人口迁移；绝对迁移即迁移人口以人口数值提供；相对迁移即迁移人口以迁移人口占总人口的比例提供。

绘制年龄树图：选择绘制年龄树图（即百岁图）所用的年龄数据。当前值即用起始年份的人口数据；预测值用某预测周期的数据。此时,需要指定具体的预测周期数。

（3）输出结果

输出的计算结果包括：当前年份的人口生存率、人口出生率、新生人口中女性的比例、人口迁移量（如果有人口迁移的话）、人口数量,以及各个预测周期的人口数量（包括男女性别）。

绘图：绘制的计算结果的人口金字塔图。

6.3.7　社会区分析模型

1. 社会区分析

城市地理学和城市社会学致力于研究市内居住格局,并通过解释为什么不同类型的人群居住在不同的社会区来研究城市的空间结构。城市生态学认为,人的社会-经济地位在城市内部呈扇状或同心状改变,而少数种族人口在空间上集聚。在某种程度上,这一假设和中心地模型、扇形模型及多核心模型类似。

Shevky、Bell 和 Williams(1949,1955)提出的社会区分析(social area analysis),目的是揭示城市结构变化中的一些重要指标。它以对社会改变的演绎模型为基础,假设了工业社会的三个主要趋势：①活动范围和关系强度的改变,特别是以技能分布为特征的改变,可以反映社会系统的变化；②由生产活动的改变引起的功能分异；③由迁移和分化引起的人口组成的变化。从这三个假设导出了三个指标：社会阶层(social rank)或经济地位(economic status)、城市化或家庭地位(family status)、隔离(segregation)或种族地位(ethnic status)。

社会区分析的目的可以概括如下：①发现城市内部的同质社会区,以便于社会服务设施的规划；②在同一城市的不同时刻,进行市内空间结构格局的对比研究,以发现其随时间的变化规律；③不同城市之间城市内格局的比较研究。

社会区分析方法大致分为如下三步：①度量选定基本空间单元(basic spatial unit, BSU)的指标,并进行标准化(一般是百分化)；②在上述三个指标组成的 3D 空间中根据BSU 的相似性进行分类,从而得到社会区；③根据第三维(种族地位)进一步细分。

社会区分析架构内的分析方法可以概括为如下三种：①严格的普查区意义上的社会区

分析。该方法以 Shelly-Bell 的七个指标为基础,用以建立三个标志——经济地位、城市化和种族隔离。该方法中的社会空间结构是通过试探性的二维分类方法建立的。②严格定义指标的因子分析。该方法用多元因子分析来解决上一类问题。③因子生态学。该方法和方法②的主要区别是应用更多范围的社会-经济、人口和住房指标。通常,因子生态学包含三个以上的变量维,经济地位和城市化一般被包含进来,有时也包括迁移状态。

上述三个方法中,因子生态学提供了最为复杂和最有吸引力的分析方法。下面将讨论因子生态学。除了上述三种分析模型外,聚类分析方法有时也应用到社会区分析中。Fischer(1984) 提出了一种无层次聚类分析方法。

2. 因子生态学方法

因子生态学方法在社会区分析中被广泛采用,其分类的基础是把因子维作为假设属性。因子生态学本质上是归纳性的,这与演绎性的严格的社会区分析有较大区别。因子生态学的实质是采用因子分析模型来分析 n 个基本空间单元(BSU)的 p 个社会-经济、人口和住房等变量,这些基本数据组成一个 (n, p) 矩阵。因子分析方法的作用是将 p 维的数据矩阵 (n, p) 变换为 $r(r < p)$ 个因子(r 维)的矩阵 (n, r),通过从原始矩阵中消去线性相关的冗余信息,使得这 r 个因子包含了原始数据的所有统计信息。

因子生态学方法的大体步骤如下:①研究问题的界定,BSU 的选择,因子的选取。②数据变换,以消除大小的影响。比如采用标准差标准化方法。③相关度量。通常是皮尔逊覆盖系数(Pearson Correlation Coefficients)。④确定选择主成分分析还是标准的因子分析方法,二者的主要区别是相关矩阵主对角线元素的处理。⑤主成分或因子轴的变换,选择采用正交旋转还是斜交旋转。⑥根据因子(主成分)得分进行分类。

3. 无层次聚类分析法

社会区分析中有时也采用无层次聚类分析法。无层次聚类分析法的基本原理如下。

假设用 $B = \{B_1, B_2, \cdots, B_n\}$ 记 n 个基本空间单元(BSU),每个 BSU 用连续属性 $A = \{A_1, A_2, \cdots, A_p\}$ 表征。n 个 BSU 的属性度量值可以表示为 $n \times p$ 的矩阵 (x_{ij}),其中的每一个元素 x_{ij} 代表 B_i 单元的 A_j 属性。n 个 BSU 可以认为是 p 维属性空间的 n 个点。无层次迭代法的目的是将集合 B 划分为 m 个($m < n$)相互邻接的非空子集,即所谓的区域类型,使得单个的区域类型在属性空间内尽量相同,而不同的区域类型尽量分离。当 n 很大时,通常只能采用迭代算法,但是不能提供最优解。

无层次迭代聚类分析可以分为如下步骤:①决定空间类别或社会区数目 m。m 既可以指定初始值,也可以在聚类过程中计算出来。②初始分类 $P^{\Phi} = (T_1^{\Phi}, T_2^{\Phi}, \cdots, T_m^{\Phi})$ 的确定。③选择恰当的目标函数 Z 以估价 m 个划分。④选择一个迭代方法。⑤选择终止规则。

对聚类结果影响最大的是目标函数的选取。各类目标函数要么表示类内部的同质性,要么表示类之间的分离性。通常将方差最小作为目标函数,即将方程最小的划分作为最终聚类结果:

$$Z(T_1, \cdots, T_m) = \sum_{v=1}^{m} \sum_{X_t \in T_v} \| X_t - \overline{X_{T_v}} \| 2^2 \to \min_{p \in P}$$

式中,m 为区域分类数;X_t 为 p 维空间中的 B_t;$\overline{X_{T_v}}$ 为区域分类 T_v 的中心点;P 为将 B 划分为 m 的划分集合;p 为 P 中的元素。

在第 r 步,建立第 r 个(p^r)划分时,检验每一个 BSU 的属性 X^t,看是否需要移动。将 X^t 从 T_u^r 划归到 $T_v^r (u \neq v)$ 的判则为

$$\frac{qT_v^r}{qT_v^r + 1} \left\| X_t - \overline{X}_{T_v} \right\|_2^2 < \frac{qT_u^r}{qT_u^r - 1} \left\| X_t - \overline{X}_{T_u} \right\|_2^2$$

式中,qT_v^r 和 qT_u^r 分别是 T_v^r 和 T_u^r 中 BSU 的数目。

重新分配后,需要重新计算 T_v^r 和 T_u^r 的中点,得到新的分类 p^{r+1}。

6.3.8　城镇体系模型

1. 城市专门化指数

最小需求量法的一个应用实例是用于确定城市的职能分类。最小需求量法的提出者乌尔曼(E. L. Ullman)和达西(M. F. Dacey)建立了一个计算城市专门化指数的公式:

$$S = \frac{\sum \dfrac{(P_i - M_i)^2}{M_i}}{\left(\sum_i P_i - \sum_i M_i\right)^2 \Big/ \sum_i M_i}$$

其中,P_i 为该城市 i 部门职工占总职工的百分比;M_i 为第 i 部门的最小需求量。

城市专门化指数反映了城市中各个部门从事基本经济活动职工的比重的总体情况,因此可以反映城市的专业化水平。在实际计算过程中,可以指定各个部门的最小需求量(此时需要指定部门数),也可以通过给定的城市的数据自动计算。这种自动计算出的最小需求量是针对给定的城市而言的,不一定能够反映一个地域的实际情况。提供的数据格式是以城市为行,以城市各个部门的就业职工比例为列,即 n 个城市 m 个部门的数据为 n 行 m 列。

2. 城市吸引范围

在一个城镇体系内部,每一个城市都和其他城市发生各种联系,这种联系表现为流的形式,比如物质流、信息流、人口流等。一个城市或地区一般受到多个城市的影响,但按照相互作用的强弱,一个城市或地区总有对其影响最大的规模更大的城市(中心城市),这些受其影响最大的城市或地区就是中心城市的吸引范围。城市吸引范围的划分方法包括实际调查法(经验方法)和模型方法(理论方法),后者比前者更经济、高效,但与实际情况的符合程度比前者要低。

城市吸引范围的确定是以空间相互作用模型为基础的(双约束模型),在这里有两种模型可以采用:一种是断裂点法,另一种是吸引强度法。

1) 断裂点法

20 世纪 30 年代,赖利(W. J. Relly)在研究城市零售商业区时发现了零售引力定律,即两城市之间任一位置与两城市之间零售额之比与城市的规模成正比,与到两城市之间的距离平方成反比,即

$$S_i/S_j = (P_i/P_j)(D_i/D_j)^2$$

其中，S 为零售额；P 为城市规模；D 为距离；i,j 为城市代号。

划分城市之间的吸引范围，实际上就是寻找吸引力相等的点的位置。1930 年康弗斯(P. D. Converese)在赖利模型的基础上给出了确定两城市之间的平衡点，即断裂点的公式为

$$B = \frac{d_{ij}}{1+\sqrt{\dfrac{P_i}{P_j}}}$$

其中，B 为断裂点到小规模的城市之间的距离；d_{ij} 为两城市之间的距离；P_i,P_j 分别为两城市的规模。上式实际上是赖利公式在左端为 1 的情况下的变形。

根据上面的断裂点公式，求出任何中心城市和周围城市之间的断裂点，用平滑的曲线连接起来，就得到了该中心城市的吸引范围。

2）吸引强度法

吸引强度法可以确定多个城市的吸引范围。根据空间相互作用模型，得到

$$T_{ij} = K\frac{P_i^\alpha P_j^\beta}{d_{ij}^b}$$

用适当的方法表达模型的参数 K,α,β,b，通常采用多元回归分析。模型标定以后，分别计算出中心城市 i 和次级城市或地区 j 之间的相互作用量，然后，应用下列公式求得次级城市 j 与每一个中心城市之间的吸引力的相对强度

$$F_{ij} = \frac{T_{ij}}{\sum_{i=1}^{m} T_{ij}}$$

根据引力强度的大小，将次级城市 j 划归到引力强度最大的中心城市。这样，就可以确定中心城市的吸引范围了。

3. 等级规模模型

一个国家或地区内部不同规模的城镇组成一个城镇系统。顾朝林(1992)认为，地域城镇体系，从某种意义上来说是一定地域范围内的大、中、小不同规模的经济聚集点，具有动态变换的特征；所谓地域城镇体系等级规模结构，即体系内上下不同层次、大小不等规模城镇在质和量方面的组合形式。

发育成熟的一个地域内的城镇体系，其规模和规模排列次序（位序）之间存在定量关系。柏克曼(M. Z. Bechman)和齐夫(G. K. Zipf)是最早研究城市等级位序关系的学者。柏克曼认为在一个城市体系内，城市人口数和所服务的人口数，随层次的提高而作指数式的增加；齐夫则提出了城市规模和位序的函数关系：

$$P_r = P_1^{r^{-q}}$$

其中，P_r 是位序 r 的城市的人口规模；P_1 是首位城市的人口规模；q 为指数系数。

这一模型给出了特定级别的城市人口规模和所处层次与首位城市人口规模之间的关系，不同的地域系统内指数系数 q 各不相同，并且欠发达的城市体系内并不存在上述明显的

关系,因此可以说上述关系是一个地域内的城镇体系中各个规模城镇分布的理想模式,其发展应该会逼近这一关系。

顾朝林(1992)在研究我国城镇体系等级规模关系时采用了幂指数函数关系来表征城市等级规模之间的关系,取得了较好的结果,其模型为

$$P_r = b_0 r^b$$

其中,r 是城市级别(位序);P_r 为 r 级的城市的规模;b_0 和 b 为常数。

上述模型实际是齐夫的等级规模法则的变化,用参数 b_0 代替首位城市的人口规模,参数 b 和 q 符号相反,当 b_0 等于首位城市的规模时,b 和 q 二者一致。上述模型的一个优点是它比齐夫模型能更好地拟合城市规模和位序之间的关系,特别是对于发展欠完善的城镇体系。

在利用上述幂指数函数预测城镇体系的发展时,为避免首位城市作用减弱,通常取城市位序为实际位序加 1 或加 2,避免位序对数为 0。这样,根据对首位城市规模的预测和城镇体系内城市数目的预测,就可以确定幂指数函数的参数,从而确定预测方程。

4. 城市首位度

城市首位度(urban primacy indexes)是运用首位城市与其他城市的人口规模的比例,来衡量一定地域城镇体系的等级规模关系的指标,是刻画城镇体系等级结构的一个重要指标。其表达式为

$$\text{UPI} = \frac{P_1}{\sum_{i=2}^{n} P_i}$$

其中,UPI 为城市首位度;P_1 为首位城市的人口规模;n 为城镇体系内的城镇数。

5. 城镇人口增长的逻辑斯谛预测模型

前面讨论人口模型时曾提到逻辑斯谛模型,其形式为

$$x(t) = \frac{x_m}{1 + \left(\dfrac{x_m}{x_0} - 1\right) \mathrm{e}^{-rt}}$$

实践证明,逻辑斯谛模型能够较好地拟合城镇人口的增长。

6. 城市化水平的预测

将指数人口增长模型分布应用到一个国家或地区的城镇人口部分和农村人口部分,就可以得到城市化水平随时间的变化。假设城市人口和农村人口的增长模型分别为

$$U_t = U_0 \mathrm{e}^{ut}$$
$$R_t = R_0 \mathrm{e}^{rt}$$

那么城市人口和农村人口比例随时间的变化可以表达为

$$(U/R)_t = (U/R)_0 \mathrm{e}^{(u-r)t} = (U/R)_0 \mathrm{e}^{dt}$$

则城市化水平的变化方程为

$$(U/T)_t = [U/(U+R)]_t = k\mathrm{e}^{dt}/(1 + k\mathrm{e}^{dt}) \qquad (*)$$

其中,U_t、R_t 分别为时间 t 的城镇人口和农村人口;U_0、R_0 分别为初始的城镇人口和农村人口;u、r 分别为城镇人口和农村人口的增长指数;d 为二者之差,$d=u-r$;T 为总人口,$T=U+R$;k 为初始的城镇人口和农村人口之比,即

$$k = (U/R)_0$$

从式(*)可以看出,只要给定一定时间范围内城市人口和农村人口数据,就可以拟合出上式中的参数并进行城市化水平的预测。

当然,采用逻辑斯谛人口模型代替指数人口模型,可以更好地进行城市化水平的预测,只不过稍微复杂点而已,方法大同小异。

6.3.9　线性规划模型

线性规划主要用于解决两类问题:一是在功效确定后,如何有效分配,使得所耗资源最少(极小值问题);另一是在资源确定后,如何有效利用,使得功效最大(极大值问题)。二者均属于最优规划的范畴。

线性规划问题具有如下三个特征:①用一组非负的未知变量表示某种规划方案,这组变量的定值表示一个方案,规划的目的是寻求满足一定条件的最优方案。②规划方案由两部分组成,一是规划的目标,用目标函数表示;二是方案的限定范围,用一组约束条件表示。③目标函数和约束条件都是线性的,故称为线性规划。

线性规划模型(linear programming model)可以表示为

$$AX \leqslant (\geqslant, =)B$$
$$X \geqslant 0$$
$$Z = CX \rightarrow \min(\max)$$

其中,$A=(a_{ij})$ 为约束条件的系数矩阵;$B=(b_i)^{\mathrm{T}}$ 为约束条件的约束值向量;$C=(c_j)$ 为目标函数的系数向量;X 为未知变量向量,$i=1,2,\cdots,m$ 为约束条件个数;$j=1,2,\cdots,n$ 为未知变量个数。

以上三式中,前两式为约束条件,后一方程为目标函数。

6.3.10　多目标规划模型

多目标规划和线性规划的根本区别是线性规划只有一个目标函数,而多目标规划有多个目标函数。多目标规划模型(multi-objective programming model)可以表达如下:

$$\max(\min)Z = F(X) = AV$$
$$\Phi(X) = BX \leqslant b$$

其中,X 为决策变量向量;$Z=F(X)$ 为 k 维目标函数向量;$\Phi(X)$ 是 m 维的约束条件向量;b 是 m 维的常数向量;B 是 $n \times m$ 的常量矩阵;A 是 $k \times n$ 的常量矩阵;k 是目标函数的个数;m 是约束条件个数;n 是决策变量的个数。

多目标规划不像线性规划那样有最优解,而是具有多个解,因为多个目标函数不可能同时满足最大或最小条件。然而各个解的优劣是可以比较的,结果较理想的解称为非

劣解。

多目标规划的求解方法常用的有四种模型：效用最优化模型、罚款模型、约束模型和目标规划模型。其中目标规划方法可以将多目标规划模型转化为线性规划模型，因此经常采用。

多目标规划模型是在线性规划模型基础上发展起来的多目标规划方法。该方法的基本思想是根据多个目标条件的优先顺序，即重要程度，构建一个总目标函数，使得各个目标的误差最小。为构建总目标函数，需要在目标函数中引入偏差变量，即相对于目标值的偏差量，包括正偏差变量和负偏差变量，分别表示相对于目标值的超过量和不足量，这样，目标函数就转化为约束条件。如此转化的约束条件称为目标约束，原始的约束称为绝对约束（绝对约束也可以像目标函数一样转化为目标约束）。转化为目标函数以后，在构建总目标函数时还要考虑各个目标的优先次序，这是通过定义优先因子和权系数来实现的。通过上述转换，多目标规划问题就可以变成线性规划问题来求解了，转化后的多目标规划模型为

$$\min Z = \sum_{k=1}^{K} P_k \sum_{l=1}^{L} (d_l^- + d_l^+)$$

$$\sum_{j=1}^{n} c_{jl} x_j + d_l^- - d_l^+ = g_l$$

$$\sum a_{ij} x_j \leqslant (=, \geqslant) b_i$$

$$x_j, d_l^-, d_l^+ \geqslant 0$$

$$l = 1, 2, \cdots, L; \quad i = 1, 2, \cdots, m; \quad j = 1, 2, \cdots, n$$

上式中，第一个方程为总目标约束；第二个方程为目标约束；第三个方程为决定约束；假定有 L 个目标约束，K 个优先级；c, a, b, g 分别为目标约束系数、绝对约束系数以及其他约束值。

第7章　数理模型应用案例

本章导读

7.1　城镇体系等级规模分布模型[①]

城镇体系是一定地域范围内大、中、小不同规模的城镇集聚点,其形成和发展是历史的动态过程,反映在地域城镇群规模组合上存在一定的等级规模结构特征。在城镇体系等级规模结构研究中,由于各等级规模的城镇分布遵循一定规律,根据统计分析可以得出相应的概率分布模型。寥什(August Losch)的不同等级市场区中心地数目研究,威夫(G. K. Zipf)的等级-规模法则,贝利(B. J. L. Berry)的对数正态分布研究以及克利斯泰勒(W. Christaller)的六边形分布理论等,都是这一论题具有一定经典意义的代表性研究。熵最大化模型、规模-交通价格模型、马尔可夫链模型、工业体系模型、行政等级体系模型、城乡人口匹配模型以及动态仿真模型等推动了城镇体系等级规模分布数学模型研究。

7.1.1　中国城镇体系等级规模分布模型

以我国1982—1985年为例,城镇体系等级规模分布统计分布模型以幂函数分布模型拟合最佳,与国外1977年提出的等级-规模分布模型 $P_r = P_1 R^{-q}$ 相对应。依据 $P = b_0 R^b$(式中 P 为城镇规模,R 为城镇等级序列,b_0 和 b 为参数),回归模型如表7.1、表7.2所示。可见采用幂函数模型描述我国城镇体系等级规模分布具有很高的科学性和精确度。

表 7.1　中国城镇等级规模分布模型(1982—1985 年)

年份	分布模型	城市样本数量	相关系数(R)
1982	$P = 1316.21R^{-0.878}$	186(大于 10 万)	0.988
1983	$P = 1363.25R^{-0.879}$	213(大于 10 万)	0.990
1984	$P = 1400.03R^{-0.874}$	228(大于 10 万)	0.990
1985	$P(1) = 1975.27R^{0.9255}$	248(大于 10 万)	0.996
	$P(2) = 2620.02R^{0.9988}$	307(大于 5 万)	0.987

表 7.2　1985 年中国城镇等级规模分布模型拟合误差

城市人口总数/万人	拟合城市人口总数/万人	$\sum$绝对人口误差/万人	$\sum$相对人口误差/%	城市数	每城市绝对人口误差/万人	每城市相对人口误差/%
11302.8	11589.77	286.97	69	248	1.1571	2.78

① 顾朝林,1990.中国城镇体系等级规模分布模型及其结构预测[J].经济地理,10(3):54-56.

7.1.2 中国城镇体系等级规模结构预测

鉴于幂函数模型描述我国城镇体系等级规模分布的拟合精度,可进一步采用这一模型进行中国未来城镇体系等级规模结构的预测。从幂函数分布模型 $P_0 = b_0 R^b$ 可知,构造我国未来城镇体系等级规模分布模型的前提是 b_0 和 b 的预测。

1) P_3 的预测

在构造我国未来城镇体系的等级规模结构幂函数分布模型时,为了避免 $|n| = 0$ 时首位城市在回归方程中作用减弱,令等级系列 (R) 等于实际序位 (r)。P_3 代表了我国首位城市上海市的城镇非农业人口规模。据 1987 年墨西哥城召开的联合国人口问题会议公布的有关资料,上海市城市人口将由 1987 年 1216.69 万增加到 2000 年的 1920 万[①]。按城市人口与城市非农业人口比 100∶56 计,2000 年上海城市非农业人口达到 1075 万[②]。

2) R 的预测

根据 1984 年中国城镇人口资料,我国大于(或等于)5 万人口的城镇共 699 座,其中 5 万～10 万人口的城镇 446 座,约占总数的 63.8%。新城市发展到 21 世纪中叶我国将有 250 座县城,小城镇由于人口和经济发展逐步晋升为城市,将有 450 座新兴的矿工业、交通枢纽城市兴起,加上 1985 年已设布城市 349 个(含台湾省及港澳地区),城市总数将达到 1050 个左右。我国设市标准以非农业人口规模 10 万为下限,实际上一些非农业人口规模没有达到 10 万而因其他特殊原因设市。因此,在预测模型中大于 10 万的城市数将在 700 个以上。

3) b_0 和 b 的预测及其预测模型

根据上述预测,可得下列方程组:

$$
\begin{cases}
1075 = b_0 \times 3^{-b} & (1) \\
10 = b_0 \times 700^{-b} & (2)
\end{cases}
$$

解得

$$b_0 = 2758.766\,3269$$

$$b = 0.857\,866\,714$$

并得中国城镇体系等级规模幂函数分布模型:

$$P_r = 2758.766\,269 \times R^{-0.857\,866\,714}, \quad 3 < r < 700$$

4) 中国城镇体系等级规模结构预测

根据幂函数分布模型

$$P_r = \exp\left(\frac{\ln 2758.766\,269 - \ln P_r}{0.857\,866\,714}\right)$$

---

① 参见联合国经济和社会事务部人口司:《1950 年城市聚集人口的趋势与展望,按 1973—1975 年估计》,工作文件 58 期第 61 页。

② 根据 2000 年第五次人口普查资料,上海常住人口 1608 万人,户籍人口 1243 万人。比本次预测的总人口 1920 万少 312 万,比预测户籍人口 1075 万多 168 万人,误差为 13.5%～19.4%。

通过计算机模拟可得 2000 年我国城镇体系等级规模结构预测如表 7.3 所示。

表 7.3　中国城镇体系等级规模结构预测

等级规模/万人	城镇数	人口数/万人	等级规模/万人	城镇数	人口数/万人	等级规模/万人	城镇数	人口数/万人
1000 以上	1	1075.00	100～200	26	3578.80	10～20	388	5338.79
900～1000	—	—	90～100	7	662.95	5～10	870	5989.12
800～900	1	839.90	80～90	7	553.52	4～5	466	2078.39
700～800	—	—	70～80	11	924.31	3～4	811	2800.18
600～700	1	693.57	60～70	14	926.72	2～3	1721	4177.37
500～600	2	1112.82	50～60	21	1147.90	1～2	5682	8523.00
400～500	2	882.32	40～50	32	1423.78	0.5～1.0	12 746	9559.50
300～400	4	1368.18	30～40	55	1894.29	合计	22 995	60 301.51
200～300	8	1928.90	20～30	118	2862.20			

7.1.3　中国城镇总人口预测对幂函数分布模型的检验

表 7.3 根据幂函数分布模型对我国城镇体系等级规模结构进行了预测并相应获得城镇总人口(非农业人口)达 60 301.51 万。可建立我国城镇人口的逻辑斯谛模型进行预测检验。

根据我国 1949—1985 年城镇人口增长及制约我国城镇化水平提高的限制条件分析,得如下逻辑斯谛回归应用模型:

$$y = \frac{7500}{1 + e^{96.159\,15 - 0.048\,107\,1}}$$

相关系数 $R = -0.945\,452\,23$。应用这一模型进行计算机模拟,到 2029 年我国城镇人口总数将达 60 748.3 万,与上述预测基本相符。

7.2　城市空间分布引力模型[①]

中国城市的地域空间分布并不具有随机性分布特征,过去运用泊松方程规定的随机分布模型对城镇体系地域空间结构定量划分存在一定的局限性。本案例借助牛顿引力学方程对随机分布模型进行改进,构建城市空间分布的引力模型,利用 2002 年数据,以省级行政区为基本空间单元,对中国城镇体系地域空间结构类型进行定量研究。

7.2.1　城市空间分布引力模型构建

在研究城镇体系地域空间分布时,通常将城镇视为地域空间上的中心点,利用几何点的平面统计方法,来研究其分布特征。运用点的平面分布统计法可将城镇分布划分三种类

---

① 李震,顾朝林,姚士谋,2006. 当代中国城镇体系地域空间结构类型定量研究[J]. 地理科学,26(5):544-550.

型：随机分布、均匀分布和聚集分布。由于目前中国城市聚集特征十分明显，城市规模等级差距较大，因此各城市区的影响强度和范围相差也很大，把城市与外界空间交互作用抽象化，借助牛顿引力学方程对随机分布模型进行改进，用以计算城市的吸引范围、强度和聚集程度。

$$F = G \frac{M_i M_j}{D_{ij}^2}$$

式中，F 为两物体间引力；M_i，M_j 为物体质量；D_{ij} 为物体间距离；G 为地心引力常数。

此处甲城市场的引力大小(即场强)D_e 表示各省区城市间的平均最近邻距离，按距各省区核心城市 125km、250km、375km 和 500km 划分四个层次来描述其城市空间分布的聚集程度，$\overline{D_a}$ 表示某一层次内城市间平均最近邻距离，$\overline{M_e}$、$\overline{M_a}$ 表示整个省区内和某一层次内城市的平均规模。据此可以得到：

整个省区内的城市场强 P_e 为

$$P_e = G \frac{\overline{M_e^2}}{D_e^2} = G \frac{\left(\sum_{i=1}^{n} M_i\right)^2}{n^2} \frac{4N}{A}$$

某一层次内的城市场强 P_a 为

$$P_a = G \frac{\overline{M_a^2}}{D_a^2} = G \frac{\left(\sum_{i=1}^{n} M_i\right)^2}{n^2} \frac{1}{\overline{D_a^2}}$$

同样用 R 指标来测度各层次内 P_a 与整个范围内 P_e 的差异(即城市空间分布的聚集度)：

$$R = \left[\frac{P(\overline{D_a})^{\frac{1}{2}}}{P(D_e)}\right] = \left[\frac{NA}{4n^2 \overline{D_a}}\left(\frac{\sum_{i=1}^{n} M_i}{\sum_{i=1}^{N} M_i}\right)^2\right]^{\frac{1}{2}}, \quad n \leqslant N$$

式中，M_i 为城市 i 的规模(以市区非农业人口表示)；n 为某一层次内的城市数；N 为某个省区内的城市总数；A 为某省区的面积；G 为调整系数。此外，为使本模型的 R 值与随机分布模型 R 值可以做对比分析，本文对 R 值进行了开方运算而且本模型下的 R 值越大，表明城市的聚集程度越强，$R＝1$ 是城市聚集和发散分布的区分值。

7.2.2 中国城镇空间分布的实证研究

数据取自建设部城乡规划司和建设部城乡规划管理中心编制的《2002 年全国设市城市及其人口统计资料》，D_e 和 $\overline{D_a}$ 是在 1∶600 万地图上绘制的 MapInfo 数字化地图上计算得出。据此可得到 2002 年各省区在各个层次下城镇空间分布的场强和聚集度。

1. 城市分布场强值分析

上海(含苏浙)、广东(含港澳)、河北(含京津)、辽宁、山东、湖北等的场强值都在 10 以上，是目前中国城市分布最密集的省区。

在距各核心城市 125km 范围内，香港—广州、京津、沈阳—大连和沪宁杭的场强值均在 3.8 以上，远高于其他城市群的值，成为目前中国城市分布最密集地区，而且从城市的布局来看,大都是以核心城市为中心向周边呈块状组团式的分布,属于块状城市聚集区。西安、武汉、济南—青岛、福州—厦门、郑州、成都—重庆、长春和哈尔滨等城市群的场强值均在1.0以上,这些地区的城市大多是沿着以核心城市为中心的交通线呈条状组团式布局,构成了城市空间分布的条状聚集区。

在距各核心城市 250km 范围内,香港—广州、京津、沈阳—大连、沪宁杭城市群的场强值远大于其他城市区的值,济南—青岛和武汉城市群的值很大(均大于1),成都—重庆、福州—厦门、郑州、合肥、太原和长沙城市群的值在 0.5 以上。

在距各核心城市 375km 范围内,京津、沈阳—大连、香港—广州和沪宁杭城市群的场强值也是远高于其他城市群的值。

2. 城市分布聚集度值分析

在距各核心城市半径为 125km 的范围内,除安徽、山东和海南三省外,其他省区的聚集度值都大于1。因此,可以认为目前中国大多数省区在距各核心城市 125km 的范围内都属于聚集型分布,形成了大小不等的城市群。其中西部地区的乌鲁木齐、昆明、兰州、呼和浩特、西安的聚集度值均在 20 以上,说明其聚集趋势较为显著(图 7.1)。

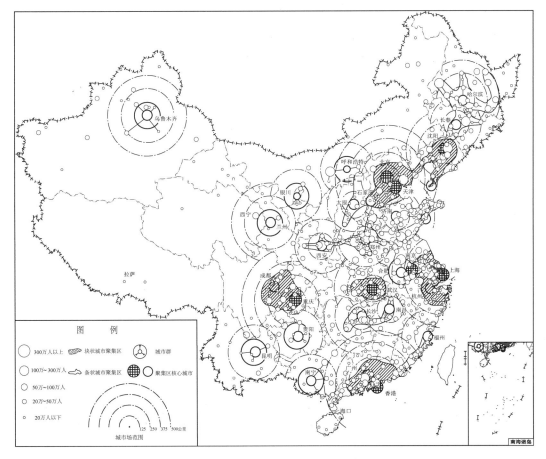

图 7.1　2002 年中国城镇体系地域空间结构类型图

在与各核心城市距离 250km 范围内,东部地区的福州—厦门、沪宁杭、济南—青岛和海口城市群区的值均小于 1,香港—广州、沈阳—大连、京津地区的值也很小,城市趋于分散;而乌鲁木齐、呼和浩特、昆明、成都—重庆、京津、长沙和兰州城市群区的值都在 1.1 以上,表明其核心城市对周边城市仍具有很强的吸引作用,城市仍以聚集分布为主。

在距各核心城市 375km 范围内,仅有乌鲁木齐、呼和浩特、兰州、成都—重庆、京津和昆明城市群区的值大于 1,城市仍呈现聚集分布,而其他地区的城市群区则趋于分散。

在距各核心城市 500km 的范围内,仅有成都—重庆和乌鲁木齐城市群的值大于 1。

总体来看,中国多数城市群所形成的场强和聚集度是随距离的增加而逐渐降低。从空间作用的范围、强度、聚集度以及分布的城市数量来看,目前形成了以香港—广州、京津、沈阳—大连和沪宁杭为首的四大密集型块状城市群,基本上形成了连绵型的大都市区,而武汉和成渝地区则显示出明显的块状城市群雏形,目前仍呈现出明显的聚集趋势。

7.3　基于重力模型的城市体系空间联系与层域划分[①]

传统的城市体系空间联系主要从人流、物流、技术流、信息流、金融流进行数据的收集和分析,也有运用图论原理进行 R_d 链分析。随着市场经济的迅速发展,城市之间的联系变得异常复杂、数据获取困难。本案例运用重力模型方法对中国城市间的空间联系强度进行定量计算,据此刻画中国城市体系的空间联系状态和结节区结构。

7.3.1　基于重力模型的城市体系空间联系

1. 重力模型和引力矩阵的设计

重力模型的功能主要是区分城市间吸引力的大小,而不是完全拟合 O-D 联系网络或进行流的空间分配,因此采用一般重力模型,即

$$T_{ij} = K \frac{P_i P_j}{d_{ij}^b}, \quad i \neq j; \quad i = 1, 2, \cdots, n; \quad j = 1, 2, \cdots, m \tag{1}$$

其中,T_{ij} 是城市 i 和城市 j 之间的引力;n 为城市体系内所有城市的数量;P_i 和 P_j 是以市区非农人口进行测度的起始点城市规模;d_{ij} 为两城市间的距离(取空间直线距离);b 为距离摩擦系数。通过计算每个城市和其他各个城市的引力值,可以得到引力矩阵 T_{ij}。

2. 最大引力连接线的获取

在得出引力矩阵以后,对各个城市(i)选取其最大的引力矩阵 $T_i^{\max}$:

$$T_i^{\max} = \max(T_{i1}, T_{i2}, \cdots, T_{ij}, \cdots, T_{i(n-1)}, T_{in}) \tag{2}$$

① 顾朝林,庞海峰,2008.基于重力模型的中国城市体系空间联系与层域划分[J].地理研究,16(4):5-18.

从而获得每个城市(C_i)对应的吸引力最大的城市(C_i'),即城市 C_i 的"最大引力城市",然后将 C_i 和 C_i' 进行两两连线,最后得到城市体系"最大引力连接线(L^{max})"分布图。

3. 距离摩擦系数的确定

距离摩擦系数是指示引力的距离衰减速度,即:b 越大,则引力随距离增加衰减得越快;反之则慢。在重力模型中,距离摩擦系数 b 的选择一直存在争论。b 值的大小实际上指示了引力作用范围的尺度差异,即:b 值越大,则引力覆盖的区域越大,引力分布体现了较大尺度上的空间相互作用状态;b 值越小,则引力覆盖的区域越小,引力分布能揭示小尺度上的空间相互作用情况。通过检验发现,b 值分别取 1 和 2 时可以近似地揭示国家尺度和省区尺度的城市体系空间联系状态。

7.3.2 城市空间联系和节点解析

1. 城市空间联系状态与节点分布

通过上述方法生成最大引力连接线分布图。可以直观地发现连接线越多的城市其在城市体系中的总吸引力越大,且具有更高的空间支配地位,从而成为城市体系中的节点。因此可以根据各个城市总吸引力(G_i,在潜能模型中称为潜能)大小和最大引力连接线数目(N^{max})来确定节点等级。其中 G_i 的表达式如下:

$$G_i = \sum_{j=1}^{n} T_{ij}, \quad i \neq j \tag{3}$$

综合最大引力连接线数目 N^{max} 和潜能 G_i 对节点城市进行以下大致分类:①在 $b=1$ 的情况下,a) Ⅰ级节点城市,$N^{max} > 25$ 或 $G_i > M+3S$ 且 $N^{max} > 10$(M 和 S 分别为 G_i 的平均值和标准差);b) Ⅱ级节点城市,$N^{max} > 15$ 或 $G_i > M+2S$ 且 $N^{max} > 10$;c)Ⅲ级节点城市,$N^{max} > 3$。②在 $b=2$ 的情况下,$N^{max} \geqslant 2$ 均为节点城市,其中,与 $b=1$ 时重合的节点不另外分级,而新的节点则统一归为Ⅲ级节点。

由此得到中国城市体系两个尺度上的空间联系状态和节点分布图(图 7.2,图 7.3)。其中图 7.2 的距离摩擦系数 $b=1$,揭示的是中国城市体系在国家尺度上的"网络联系"状态;图 7.3 的距离摩擦系数 $b=2$,揭示的是中国城市体系在省区尺度上的"地区联系"状态。

图 7.2 主要揭示了Ⅰ级和Ⅱ级节点城市的空间分布状况。1949 年中国城市体系空间联系状态的最大特征是:节点城市较少且上海的空间引力范围几乎覆盖整个城市体系,除此之外只有天津和沈阳的引力范围较大,而北京、广州、重庆则为Ⅱ级节点城市;到 1975 年,上海的引力范围缩小,北京的引力范围则得到很大程度的扩张,在北方形成了天津、沈阳、哈尔滨等Ⅱ级节点城市,南方则形成了重庆、武汉、广州等Ⅱ级节点城市,乌鲁木齐、昆明、贵阳等节点城市也开始发育;2003 年,中国城市体系Ⅰ级节点城市增加至 7 个(哈尔滨、沈阳、北京、上海、武汉、重庆和广州),Ⅱ级节点城市增加至 13 个(长春、乌鲁木齐、太原、济南、青岛、郑州、西安、兰州、南京、成都、长沙、昆明和汕头)。50 多年来,中国城市体系的

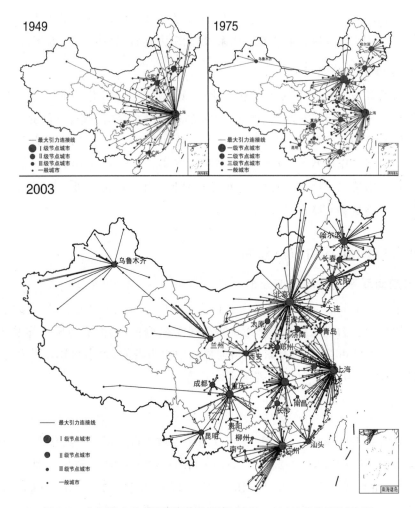

图 7.2　中国城市体系"网络联系"演化图($b = 1$)（1949/1975/2003）

空间联系日益复杂,节点城市的数量和层次均有明显增加。图 7.3 主要显示了Ⅲ级节点城市的空间演化情况,1949—2003 年间Ⅲ级节点城市数量不断增加,而且节点城市所影响的空间范围在不断扩大,城市体系的基础网络逐渐趋于完善。

2. 城市节点及其连接

将用上述方法得到的节点城市再次进行引力计算,以此明确节点城市间的空间从属关系和结构特征。采用低级节点向高级节点层次归并的方法:首先将Ⅲ级节点城市根据最大引力原则纳入Ⅱ级或Ⅰ级节点框架内,再将Ⅱ级节点城市以相同方法纳入Ⅰ级节点城市框架内,而对于Ⅰ级节点城市,从潜能最小的城市开始向上归并,直至到达潜能最大的节点城市,从而得到中国城市体系节点结构框架及其空间演化图(图 7.4)。

中国城市体系节点结构大体分为南北两个系统,南方以上海为核心、北方以北京为核心。其中,南方节点系统较为成熟,已经形成了明显的层次结构(2003 年共有武汉、重庆、广

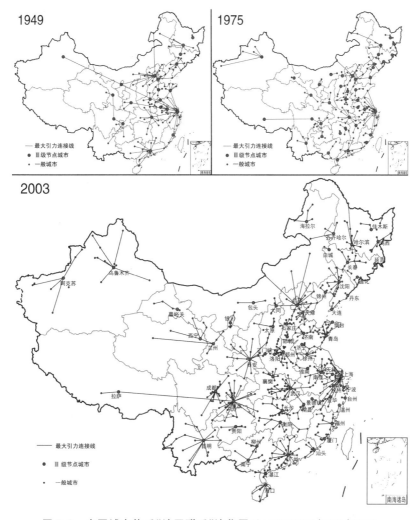

图 7.3　中国城市体系"地区联系"演化图($b=2$)(1949/1975/2003)

州等三个Ⅱ级系统);而北方节点系统则相对较为简单,除了"沈阳—哈尔滨—长春"这一Ⅱ级系统外,其余Ⅱ级节点城市直接与北京联系,Ⅱ级节点系统的发育不完善,尤其是黄河中上游地区和西北地区未形成区域性核心城市。1949—2003 年间的中国城市体系节点结构空间演化具有如下特点:①节点结构多极化的趋势明显;②京津地位的消长;③上海核心地位的下降;④南方次级中心城市发育。

7.3.3　城市体系的层域划分

1. 大区和区域城市体系

以距离摩擦系数 $b=1$ 的重力模型得到城市体系Ⅰ级和Ⅱ级节点城市,根据其相应的引力作用范围确定该节点城市的影响区边界,而该节点城市则作为该分区的核心城市。根据这一分区方法,令每个Ⅰ级节点城市及其引力作用区域组成城市体系的Ⅰ级和Ⅱ级分区而

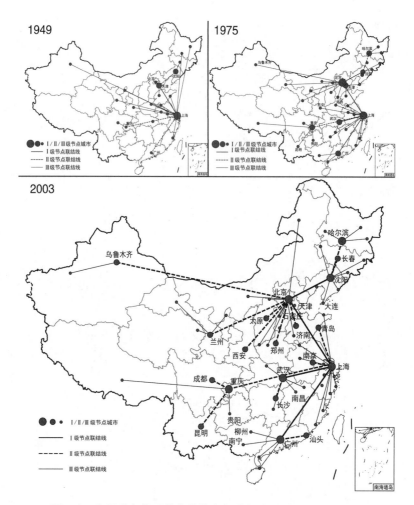

图 7.4　中国城市体系节点结构空间演化图(1949/1975/2003)

节点城市则为该区城市体系的中心城市,由此得到中国城市体系Ⅰ级和Ⅱ级分区划分结果(图 7.5)。至 2003 年,中国城市体系在区域组合上形成了 2 个大区(Ⅰ级城市体系)和 7 个亚区(Ⅱ级城市体系)的总体格局。南方Ⅰ级大区城市体系的基本构架较为稳定和成熟,而北方Ⅰ级大区城市体系由于缺少Ⅰ级节点城市而使整个城市体系结构较为松散,陕西和甘肃、宁夏、青海、新疆等西北地区没有绝对的核心城市。

2. 地方城市体系

通过修改距离摩擦系数 b 调整重力模型,以此来对省区尺度的城市体系空间组合区域进行划分。在距离摩擦系数 $b=2$ 的条件下,通过重力模型得到城市体系Ⅲ级节点城市,根据其相应的引力作用范围确定该节点城市的影响区边界,该节点城市则为该分区的核心城市。区划方法同上,令每个Ⅲ级节点城市及其引力作用区域组成Ⅲ级地方城市体系,而节点城市则为地方城市体系的中心城市。与Ⅰ级和Ⅱ级分区不同的是,在边界确定的过程中更多地考虑空间引力范围,而并不一定完全遵循行政区界进行分区,由此得到中国城市体系Ⅲ级分区划分结果(图 7.6)。至 2003 年,中国城市体系共形成了 64 个地方(Ⅲ级)城市体系,按照Ⅰ级分区,南方有 30 个Ⅲ级体系,北方则为 34 个。根据Ⅲ级分区可发现东北、西北和西南地区的Ⅲ级分区的覆盖范围较大,地方城市体系的极化作用明显;而在东部沿海、中部地区,地方城市体系发展则较为均衡。

图 7.5　中国城市体系Ⅰ/Ⅱ级分区示意图($b=1$)(2003)

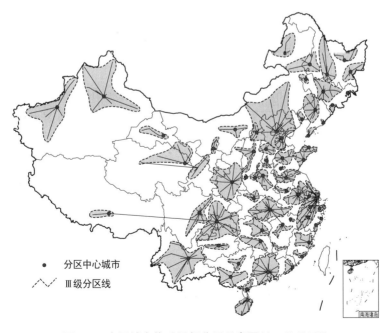

图 7.6　中国城市体系Ⅲ级分区示意图($b=2$)(2003)

3. 城市体系地域空间结构

通过大区(Ⅰ级)、区域(Ⅱ级)和地方(Ⅲ级)Ⅲ级城市体系的叠加,可获得 2003 年中国城市体系地域空间结构(图 7.7)。

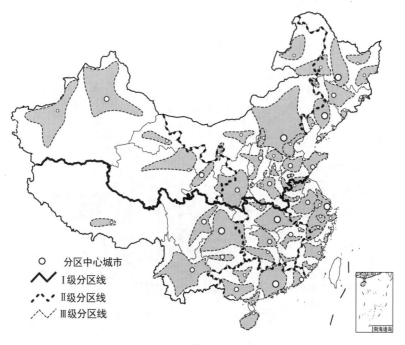

图 7.7　中国城市体系综合分区示意图(2003)

7.4　旅游景区顾客满意度指数模型[①]

20 世纪 80 年代以来,随着市场竞争的加剧和顾客消费观念的转变,顾客满意度(customer satisfaction,CS)研究作为非常热门而又前沿的课题被越来越多的学者和经营者所关注。本案例从旅游学、统计学和计量经济学等多学科的角度出发,构建可以精确测量的旅游景区顾客满意度指数(tourist attraction customer satisfaction index,TACSI)模型。

7.4.1　TACSI 概念模型

目前,国际顾客满意度主流模型有瑞典顾客满意度晴雨表(Sweden Customer Satisfaction Baroweter,SCSB)模型(1989)、美国顾客满意度指数(American Customer Satisfaction Index,ACSI)模型(1994)、欧洲顾客满意度指数(European Customer Satisfaction Index,ECSI)模型(1999),其中以 ACSI 模型运用最为广泛。案例构建的 TACSI 模型继承了

---

① 汪侠,顾朝林,梅虎,2005.旅游景区顾客的满意度指数模型[J].地理学报,60(5):798-806.

ACSI 的核心概念和架构,同时结合旅游景区的特点在一些变量上对其进行了调整和更新,构建的 TACSI 模型如图 7.8 所示。

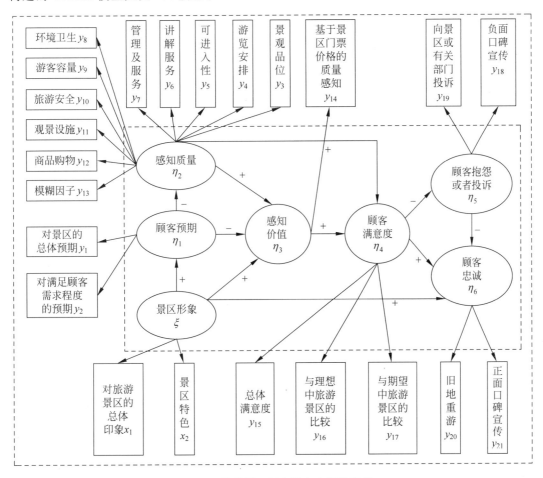

图 7.8　旅游景区顾客满意度指数模型

TACSI 模型是一个具有因果关系(casual relationships)的结构方程模型(structural equation model)。该模型由两部分组成,第一部分为结构模型(structural model),第二部分为测量模型(measurement model)。图中椭圆形与椭圆形之间的路径就构成了结构模型,椭圆形与长方形之间的路径为测量模型。图中共包含 7 个测量模型和 1 个结构模型,其中 7 个椭圆形中的变量为潜变量(latent variables),23 个长方形中的变量为观测变量(observed variables)。7 个潜变量分别为景区形象、顾客预期、感知质量、感知价值、顾客满意度、顾客抱怨或者投诉、顾客忠诚等,其中景区形象、顾客预期、感知质量、感知价值决定着顾客的满意程度,是模型的输入变量,也称为前提变量。在前提变量的作用下,产生顾客满意度、顾客抱怨或者投诉、顾客忠诚 3 个结果变量。景区形象与顾客预期、感知价值、顾客忠诚之间存在着正相关关系。顾客预期与感知质量和感知价值之间存在负相关关系。高水平的感知价值会使顾客对旅游景区非常满意,进而产生顾客忠诚。反之,劣质旅游产品和不合理的价格,会导致顾客抱怨或者顾客投诉。顾客的抱怨或者投诉越多,其对景区的忠诚度越低。各潜变量之间存在的 11 种相关关系在图 7.8 中用"＋""－"符号标出。下面以桂林象山公园为例对 TACSI 模型实证研究加以检验。

7.4.2　TACSI 数学模型

TACSI 的计算可以通过一系列方程式进行,这些方程式就构成了 TACSI 的数学模型。数学模型是由 TACSI 模型转化而来的,其中结构模型的数学方程式是:

$$
\begin{bmatrix} \eta_1 \\ \eta_2 \\ \eta_3 \\ \eta_4 \\ \eta_5 \\ \eta_6 \end{bmatrix} = \begin{bmatrix} 0 & 0 & 0 & 0 & 0 & 0 \\ \beta_{21} & 0 & 0 & 0 & 0 & 0 \\ \beta_{31} & \beta_{32} & 0 & 0 & 0 & 0 \\ 0 & \beta_{42} & \beta_{43} & 0 & 0 & 0 \\ 0 & 0 & 0 & \beta_{54} & 0 & 0 \\ 0 & 0 & 0 & \beta_{64} & \beta_{65} & 0 \end{bmatrix} \begin{bmatrix} \eta_1 \\ \eta_2 \\ \eta_3 \\ \eta_4 \\ \eta_5 \\ \eta_6 \end{bmatrix} + \begin{bmatrix} \gamma_1 \\ 0 \\ \gamma_3 \\ 0 \\ 0 \\ \gamma_6 \end{bmatrix} \xi + \begin{bmatrix} \xi_1 \\ \xi_2 \\ \xi_3 \\ \xi_4 \\ \xi_5 \\ \xi_6 \end{bmatrix} \tag{1}
$$

式(1)中,ξ、η_1、η_2、η_3、η_4、η_5、η_6 分别为景区形象、顾客预期、感知质量、感知价值、顾客满意度、顾客抱怨或者投诉、顾客忠诚;β_{ij} 为 η_j 对 η_i 的路径系数,表示作为起因的变量 η_j 对作为效应的变量 η_i 的直接影响程度;γ_i 为景区形象 ξ 对 η_i 的路径系数,表示作为起因的变量 ξ 对作为效应的变量 η_i 的直接影响程度;ξ_i 为模型的误差随机项。

测量模型的数学方程式是:

$$
\begin{bmatrix} X_1 \\ X_2 \end{bmatrix} = \begin{bmatrix} \lambda_1 \\ \lambda_2 \end{bmatrix} \xi + \begin{bmatrix} \sigma_1 \\ \sigma_2 \end{bmatrix} \tag{2}
$$

式中,λ_i 为 $x_i (i=1,2)$ 的测度系数,$\sigma_i (i=1,2)$ 为模型方程的随机误差项。

$$
\begin{bmatrix} y_1 \\ y_2 \\ y_3 \\ y_4 \\ y_5 \\ y_6 \\ y_7 \\ y_8 \\ y_9 \\ y_{10} \\ y_{11} \\ y_{12} \\ y_{13} \\ y_{14} \\ y_{15} \\ y_{16} \\ y_{17} \\ y_{18} \\ y_{19} \\ y_{20} \\ y_{21} \end{bmatrix} = \begin{bmatrix} \lambda_{11} & 0 & 0 & 0 & 0 & 0 \\ \lambda_{21} & 0 & 0 & 0 & 0 & 0 \\ 0 & \lambda_{32} & 0 & 0 & 0 & 0 \\ 0 & \lambda_{42} & 0 & 0 & 0 & 0 \\ 0 & \lambda_{52} & 0 & 0 & 0 & 0 \\ 0 & \lambda_{62} & 0 & 0 & 0 & 0 \\ 0 & \lambda_{72} & 0 & 0 & 0 & 0 \\ 0 & \lambda_{82} & 0 & 0 & 0 & 0 \\ 0 & \lambda_{92} & 0 & 0 & 0 & 0 \\ 0 & \lambda_{102} & 0 & 0 & 0 & 0 \\ 0 & \lambda_{112} & 0 & 0 & 0 & 0 \\ 0 & \lambda_{122} & 0 & 0 & 0 & 0 \\ 0 & \lambda_{132} & 0 & 0 & 0 & 0 \\ 0 & 0 & \lambda_{143} & 0 & 0 & 0 \\ 0 & 0 & 0 & \lambda_{154} & 0 & 0 \\ 0 & 0 & 0 & \lambda_{164} & 0 & 0 \\ 0 & 0 & 0 & \lambda_{174} & 0 & 0 \\ 0 & 0 & 0 & 0 & \lambda_{185} & 0 \\ 0 & 0 & 0 & 0 & \lambda_{195} & 0 \\ 0 & 0 & 0 & 0 & 0 & \lambda_{206} \\ 0 & 0 & 0 & 0 & 0 & \lambda_{216} \end{bmatrix} \times \begin{bmatrix} \eta_1 \\ \eta_2 \\ \eta_3 \\ \eta_4 \\ \eta_5 \\ \eta_6 \end{bmatrix} + \begin{bmatrix} \delta_1 \\ \delta_2 \\ \delta_3 \\ \delta_4 \\ \delta_5 \\ \delta_6 \\ \delta_7 \\ \delta_8 \\ \delta_9 \\ \delta_{10} \\ \delta_{11} \\ \delta_{12} \\ \delta_{13} \\ \delta_{14} \\ \delta_{15} \\ \delta_{16} \\ \delta_{17} \\ \delta_{18} \\ \delta_{19} \\ \delta_{20} \\ \delta_{21} \end{bmatrix} \tag{3}
$$

式中,$\lambda_{ij}(i=1,2,\cdots,21;j=1,2,\cdots,6)$为 y_i 对 η_j 的测度系数;$\delta_i(i=1,2,\cdots,21)$为模型方程的随机误差项。

通过测量模型的数学方程式,运用线性结构关系(linear structure relationships,LISREL)统计软件就可以计算 TACSI 及其相应的系数值,并对模型的拟合性进行假设检验。

7.4.3　TACSI 实证研究

以桂林象山公园为例对 TACSI 模型进行实证研究。通过与旅游者(顾客)进行深度访谈,进行调查问卷的设计,问卷包括三部分内容:第一部分是景区旅游者的人口统计特征以及社会属性,如年龄、客源地、文化程度、家庭月收入等。第二部分是问卷主体部分,根据 TACSI 模型中的 23 个观测变量进行调研问题的设计,请旅游者用李克特五级量表(five-point Likert scale)对调研问题进行评价(表 7.4)。

表 7.4　问卷基本内容

观测变量	调查问卷中测评变量含义	量　　表
x_1、x_2	顾客对景区总体印象、景区特色的评价	1~5 (很低—很高)
y_1	顾客对景区的总体期望值	
y_2	顾客对景区产品满足需求程度的期望	
$y_3 \sim y_{13}$	顾客对景区的景观品位、游览安排、可进入性、讲解服务、管理及服务、环境卫生、游客容量、旅游安全、景观设施、商品购物、景区厕所的评价	1~5 (很不满意—很满意)
y_{14}	相对于景区门票,顾客对景区产品的评价	
y_{15}	顾客对景区的总体满意度	1~5 (很低—很高)
y_{16}	与顾客理想中的景区相比较,顾客对该景区的评价	
y_{17}	与顾客游览前对景区的期望相比较,顾客对景区的评价	
y_{18}	顾客做负面口碑宣传的可能性	1~5 (不会——定会)
y_{19}	顾客向景区或有关部门投诉的可能性	
Y_{20}	顾客旧地重游的可能性	
Y_{21}	顾客做正面口碑宣传的可能性	

1. 测量模型的检验

用因子分析方法,运用 LISREL 统计软件对调研数据进行计算,分析观测变量对景区顾客满意度的影响程度,剔除因子负荷较低的观测变量。运用 LISREL 统计软件计算 TACSI 模型的潜变量的组成信度(composite reliability),7 个潜变量的组成信度在 0.74~0.94 之间,说明测量模型具有较高的目标可靠性。

2. 结构模型的检验

运用调研数据对结构模型中潜变量的路径系数进行估计(图 7.9)。同时计算结果显示 TACSI 的数学模型为

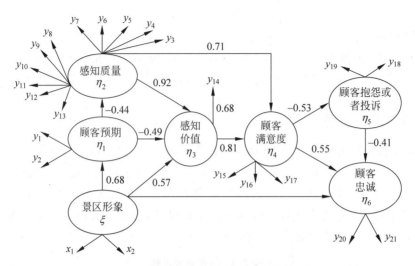

图 7.9 旅游景区顾客满意度指数的结构关系模型图

$$\begin{bmatrix} \eta_1 \\ \eta_2 \\ \eta_3 \\ \eta_4 \\ \eta_5 \\ \eta_6 \end{bmatrix} = \begin{bmatrix} 0 & 0 & 0 & 0 & 0 & 0 \\ -0.44 & 0 & 0 & 0 & 0 & 0 \\ -0.49 & 0.92 & 0 & 0 & 0 & 0 \\ 0 & 0.71 & 0.68 & 0 & 0 & 0 \\ 0 & 0 & 0 & -0.53 & 0 & 0 \\ 0 & 0 & 0 & 0.55 & -0.41 & 0 \end{bmatrix} \begin{bmatrix} \eta_1 \\ \eta_2 \\ \eta_3 \\ \eta_4 \\ \eta_5 \\ \eta_6 \end{bmatrix} + \begin{bmatrix} 0.68 \\ 0 \\ 0.57 \\ 0 \\ 0 \\ 0.81 \end{bmatrix} \xi + \begin{bmatrix} \xi_1 \\ \xi_2 \\ \xi_3 \\ \xi_4 \\ \xi_5 \\ \xi_6 \end{bmatrix}$$

通过对 TACSI 模型中潜变量的路径系数进行检验发现,各潜变量之间的路径系数均是显著的,各潜变量之间的关系与 TACSI 模型中的假定基本符合。图 7.9 中,景区形象与顾客预期、感知价值、顾客忠诚的路径系数分别为 0.68、0.57、0.81,说明增加景区形象这一潜变量的设计是合理的,TACSI 模型具有较强的现实解释能力。

3. TACSI 模型的拟合度检验

运用 LISREL 统计软件对 TACSI 模型进行拟合度(goodness of nt)检验。衡量模型对数据的拟合程度的指标有拟合优度的卡方检验 χ^2、近似误差的均方根(rootmean square error of approximation,RMSEA)、拟合优度指数(goodness of fit index,GFI)、调整拟合优度指数(adjusted goodness of fit index,AGFI)。

一般认为 $\chi^2/df<2$、GFI$>$0.90、AGFI$>$0.90、RMSEA$\leqslant$0.05,并且 RMSEA 的 90% 置信区间上限小于或等于 0.08,则模型的拟合程度较好。TACSI 模型的拟合指数中 $\chi^2/df=$ 2.37、GFI$=$0.954、AGFI$=$0.942、RMSEA$=$0.05,RMSEA 的 90% 置信区间$=$(0.047,0.055),除了 χ^2/df 略大于 2 以外,其余的指标均表明 TACSI 模型具有较好的拟合优度。

旅游景区顾客满意度指数模型是在对现有国际主流顾客满意度指数模型进行改进的基础上,结合旅游景区的特点进行构建的,是一个具有因果关系的结构方程模型,由 7 个测量模型和 1 个结构模型组成。TACSI 模型的构建,有助于景区全面了解对顾客满意度产生影响的多种因素,以及各种因素之间的相关影响程度和变化趋势。

本章导读

8.1 省际经济社会要素流动分析[①]

空间相互作用模型的目的是预测不同区位之间的流,这些流可以是物质流、能源流、人流、信息流等。区际要素流动的研究可分为人口迁移研究、交通运输与客货流研究、信息流动与地理网络空间研究、资本流动研究、技术交流与扩散研究等5个方面。本案例以省级行政区域为研究单元,对人流(人口迁移流、铁路客流、航空客流)、货流(铁路货流)、信息流(信件流)进行流量流向分析,以期综合地揭示市场经济发育过程中我国省(区)际之间要素联系的空间特征。

8.1.1 模型数据库建立

(1)建立基础图库。利用分省区中国地图,运用 Arcview 软件,提取大陆 30 个省区中心点并两两连接,形成 870 条有方向的直线,对每条直线按其起止省份的 99 国标码进行赋值,将值返回到属性表中相应记录的"Origdes"字段,例如直线"北京—上海"的"Origdes"值为"1131"、"上海—北京"为"3111"。

(2)链接要素流数据库与基础图库。将省间要素流的基础资料矩阵转化为按起止点编码(Origdes)排列的资料向量,利用关键字段"Origdes"将之与"基础图库"的属性表连接,形成要素流属性表。

(3)提取主要流线。选取若干大宗流线,并根据属性表中"流量"值进行分级,显示要素流空间分布的主要态势。

(4)统计分析。查询并汇总各个流线的流量值,统计各要素流中 4 种典型流态的流量分布情况,进而总结归纳出各类要素流的空间模式。

8.1.2 要素流空间分布

1. 人流分析

(1)省(区)际人口迁移流。受自然条件影响,我国人口分布呈东南高度密集,西北极其稀疏的特点。然而,第四次人口普查资料分析表明,改革开放以后我国大规模的人口迁移并未促使这一差异趋于缓和,而是更加突出。迁移人口进一步向东部地区,尤其是京津唐、沪苏浙和广东三大经济核心集聚。如图 8.1 所示,东部沿海地带是中西部长距离外迁人口

① 张敏,顾朝林,2002.近期中国省际经济社会要素流动的空间特征[J].地理研究,21(3):313-323.

主要目的地,如辽宁对吉林黑龙江、北京对湖北、河北对四川、山东对四川、江苏对云贵川及新疆、福建对四川、广东对四川的人流吸引量都在 3 万人以上;环渤海、长江三角洲、珠江三角洲地区又是中部和东部地区中短距离外迁人口的集中流入区,3 万人以上的这一类迁移流共有 27 宗,占该规模总迁移流数目的 30%;京、沪、粤进一步构成东部地区内部人口迁移的引力核心,由分别与它们相邻的河北、江苏、湖南和广西 4 省(区)迁入的人流构成了全国最大的 4 宗迁移流,其他邻近省份向这三大核心迁移的人流规模也较大,而中西部的迁移流主要滞留在其外围,如河北、江苏等省。此外,人口密集的四川、河南两省表现出一定的外溢性,人口外迁量大,且比较分散。总体来看,我国人口迁移流的空间分布具有较强的向东集聚指向和明显的圈层式结构,地区发展水平差异是导致人口迁移的主要动力,高人口基数对人口外迁有一定推动作用,迁移流的数量和规模受距离成本制约,一级集聚核心京、沪、粤对远距离人口流入有一定的门槛限制。

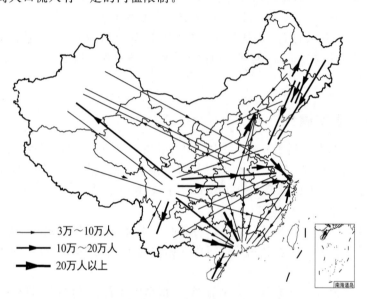

图 8.1   中国省(区)际大宗人口迁移流图

(2) 省(区)际铁路客流。我国铁路客流主要集中分布在京哈、津沪、京广、沪杭、浙赣,以及陇海、石德、胶济等 8 条铁路干线上,形成了北京、沈阳、济南、石家庄、郑州、西安、徐州—上海、株洲等铁路客流中心。案例以直辖市和省会城市的跨省(区)铁路直通客流月流量数据为基础,分析省(区)际铁路客流空间分布情况。结果表明,北京是全国铁路客流的首要辐射中心,上海、广州为次一级的集散极核;经济发达地区相邻省份特大城市之间的客流联系最为密切,东部三大经济中心之间及其与中西部省份的长距离客流也占较高份额。如图 8.2 所示,全国月客流量大于 5 万人的 38 条线路中有 15 宗发自北京,另分别有 7 宗和6 宗直接与上海、广州相关;北京至天津、上海至杭州、上海至南京是全国最大的三组客流,共占全国中心城市间客流总量的 14.55%;东部三大经济中心及其与中西部地区的长距离客流共有 15 宗,总流量为 140.8 万人,占大宗客流总量的 32.60%。总体而言,东部地区在客流交往中占据重要地位并以京、沪、粤三地最为突出,这不仅表现在其内部频繁交流,而且表现在其与经济欠发达的中西部地区相对密切的联系上。由此可见,地区的经济实力是影响其对外铁路客运交流数量、规模与范围的主要因素。

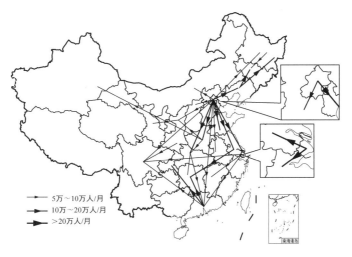

图 8.2　中国省(区)际大宗铁路客流图

（3）省(区)际航空客流。改革开放以来,我国的航空客运发展很快,在客运中的地位日益重要。1980 年到 1998 年间,航空客运量从 230.91 万人增加到 5755 万人,旅客周转量由 27.91 亿人千米增加到 800.24 亿人千米,占全国所有交通方式旅客周转量的比重从 1.73% 提高到 7.58%。我国的客运航线集中分布在东部和中部偏南地区,北京、上海和广州是我国三个最大的航空枢纽,南京、长沙、西安、成都、昆明、乌鲁木齐构成次一级枢纽。以省为单位分析省(区)间航空客流空间分布发现(图 8.3),在大宗客流分布上,京、沪、粤三大枢纽地位极为突出,其间形成全国流量最大的三个航段,39 条年客运量 30 万人以上的大宗客流航段中,分别有 15、16 和 11 条直接与京沪粤相连。除上述三大枢纽外,东部地区的整体地位也比较突出,在大宗客流中,分别有 22 个航段分布在“东—东”省(区)之间,7 个分布在“东—中”省(区)之间,9 个分布在“东—西”省(区)之间,仅有 1 条不与东部相关。综合分析表明,我国省(区)际航空客流分布同样主要受地区经济发展水平影响,东部省(区)之间交流最多,其次是东部与西部、中部之间,三大枢纽的地位显著。

上述三类人口要素的流动,由于各自的内涵和机制不尽相同,而呈现出不完全一致的空间分布特征。人口迁移流主要是在地区间经济和就业机会的“位势差”和距离阻力的正负双重作用之下所形成的。由于人口迁移与临时性的人口流动相比,具有较高的时空稳定性,并且通常会涉及家眷携随的问题,迁移的发生往往还受到社会、政治要素的影响,如居住安置、子女入学、户籍政策等。因此,人口迁移流相对于一般的客流,能够更加全面地反映社会、经济、政治等多方面要素对于区域联系的综合影响,以及长期作用之下所形成的相对稳定的交流态势。铁路交通适于中长距离的运输,而且费用低廉,适合普通人群。据此,铁路客流代表一般性的客流形式,基本反映省际客流的总体特征。航空运输由于高费用、高效率和适于长距离的特征,滤去了中短距离的经济型客流,主要承担省(区)际间经济承受力高、注重时效,以商务性交流为主的客流。总体而言,省(区)际航空客流能概括性地反

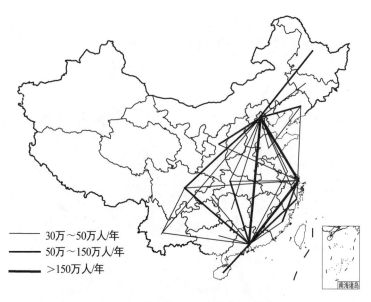

图 8.3　中国省际大宗航空客流图

映全国省(区)际间"高层次"客流联系的特征。

2. 货流分析

我国铁路货流主要分布在京哈、京包、京广、津沪、哈大、石太—石德—胶济、陇海等干线上。省(区)间铁路货流的空间分布表明(图 8.4 所示),华北、东北地区和山东省是货流的主要发生地,京、津、苏、粤等地为主要的货流目的地。全国 56 个年运量 500 万 t 以上的大宗铁路货流中,有 32 宗发生于华北、东北地区和山东省,有 17 宗流向京、津、苏、粤四省市,

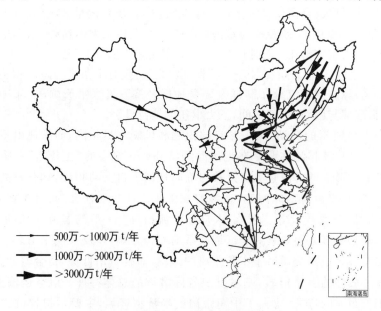

图 8.4　中国省(区)际大宗铁路货流图

分别占总货流量的 66.70% 和 40.41%。由于货流主要是由产地向消费地移动,而铁路货运中又以能源与原材料为主,所以我国的铁路货流发生地主要为煤铁矿资源和重工业集中分布的华北和东北地区,京、津、苏、粤等地既有较高的消费水平,也是我国重要的工业生产基地,对产品和原材料的需求量高,从而成为主要的货流集聚地。此外,铁路货流还具有邻省(区)间交流多,跨省(区)间的远程货流以由北向南和由西向东为主要特征,这两类货流分别有 29 宗和 21 宗,占总货流量 47.33% 和 43.13%,说明我国省(区)际经济联系总体方向同我国改革开放以来经济重心东移和南移的趋势一致,同时,近域协作仍占主导。

3. 信息流分析

通过对省(区)际信息流的分析,揭示省(区)间信息交流的分布特征。如图 8.5 所示,北京是全国首要信件交流核心,上海为次一级核心,但影响力与北京相差悬殊。全国日流量大于 2 万件的信件流中有 28 组是与北京间的交流,与上海联系的为 10 组,与广州、成都和杭州交流的分别为 5 组、4 组和 3 组,其余省会城市所占信件流数不超过两组。可见,北京基本汇集了来自全国各地的信件流。由于公函在信件交流中所占比重很大,作为国家首都,北京的政治地位在其中的作用很大。此外,东部省份间的信件交流占比较高,为大宗信件流总量的 68.57%,东部与中部和西部省份间的交流量分别占总量的 19.26% 和 11.91%。我国省(区)际信件流具有高度的核心指向性,各地与核心间的交流基本不受距离因素影响,但是经济发达地区与核心的交流更为频繁。

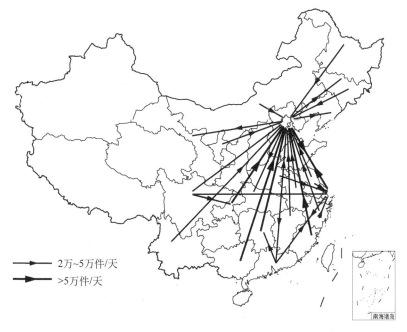

2万~5万件/天

>5万件/天

图 8.5　中国省际大宗信件流图

概括以上 3 类要素流的总体空间联系特征为:①三大经济核心地区,京津唐、沪苏浙和广东构成较为显著的要素流集散中心,其中以北京的地位最为突出,同时,东部地区省份在各类要素交流中也比较活跃,说明地区经济水平对要素流的形成作用很大;②除航空流和信件流外,要素流量普遍受距离衰减规律支配,近距离的邻省(区)交流所占比重较高表明邻域间的交流协作仍然是我国目前区域经济联系的主要形式;③地区要素基本储量对流的形成作用明显,四川、河南等人口大省是主要的人流发送地,华北、东北等矿产资源丰富地区也成为主要的货流发生地,说明要素流同样受基本的物理规律支配,即由高势能区向低势能区流动。

8.1.3　要素流空间模式

根据上述人流、货流、信息流的空间形态特征及其内在机制,可以将我国省(区)际要素流动的空间模式归纳为以下 4 种基本形态(图 8.6)。

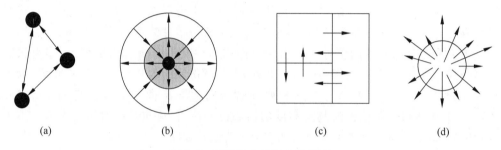

图 8.6　要素流空间模式示意图
(a) 极核交互型;(b) 核心-边缘集散型;(c) 邻域渗透型;(d) 溢出型

(1)极核交互型。存在于要素流入/流出量大,在整个要素流动体系中占重要地位的几个被称为"核心"的区域之间,互为起讫地的一种流的空间分布模式。这些极核往往也是社会经济的核心。在我国,北京、上海和广东构成一级极核,三地间的要素流动在全国各省(区)之间的社会经济联系中,起到支撑性作用。例如,在航空客流中,三地的"极核交互"流已经成为全国省(区)际航空客流系统骨架。

(2)核心-边缘集散型。核心和边缘之间由于社会经济发展水平的差异,相互间产生"引力""推力"和"辐射""吸纳"等作用,促使要素在其间流动,在空间上表现为放射状。核心和边缘都是相对的概念。北京、上海、广东可以称为要素流的Ⅰ级核心,其他省份都可以认为是它们的边缘。天津、河北、江苏、浙江等上述Ⅰ级核心周边的省(区)相对于其他边远省(区),则又是核心,可以称为Ⅱ级核心。

(3)邻域渗透型。相邻地域之间由于相对便捷的交通条件和紧密的交流网络,人、财、物等各种要素穿越边界频繁交互流动,称为"邻域渗透型"要素流。如果相邻地域间社会经济发展差距明显,一般会产生流向的不对称和流量进出的非均衡现象。如果一侧地域具有核心地位,这种"邻域渗透"流则进一步演化为"核心-边缘集散"流。

(4)溢出型。溢出型主要从要素发生的角度考虑,指那些人口密度高(如河南、四川)或者物资储量大(如产煤大省山西)的省(区),特定要素向外流出所形成的空间模式。其中,溢出流很多情况下也同时属于其他模式要素流的组成部分。

8.2 基于航空流视角的城市体系格局演变①

在人口流动数量增加的状态下,追求快速、便捷的航空流分析成为城市体系乃至城市群空间结构研究较为独特但又越来越重要的方法。因为它不仅能够直接反映城市间的功能联系、交易流和连通度,并且能够直接反映城市功能联系的空间演变格局。如今我国所有的超大城市、几乎所有的特大城市以及多半的大城市都是空港城市。航空网络的空间格局在很大程度上代表了城市体系空间结构的特征。随着我国城市化进程的加快,航空流和城市体系格局、城市体系演变之间的互动作用日益强化。本案例基于航空流的视角,以 1995 年、2000年、2004 年全国主要机场吞吐量、航段流量等数据为基础,在重力模型基础上结合模糊数学方法进行定量分析,对中国城市体系格局、相互作用以及演变过程的特征进行分析。

8.2.1 航空流量、流向视角的中国城市体系格局与变迁

图 8.7～图 8.9 分别反映了 1995 年、2000 年、2004 年中国机场流量—流向的节点—网络结构。

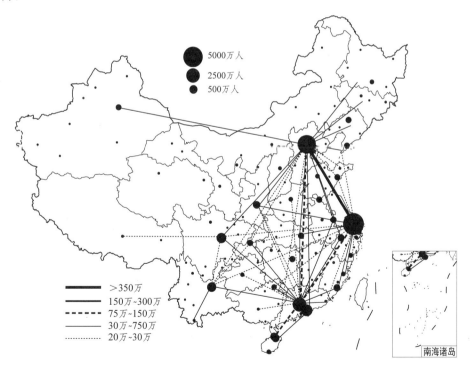

图 8.7   1995 年中国主要城市的航空复合吞吐量规模和主要航段流量

① 于涛方,顾朝林,2008. 中国城市体系格局与变迁:基于航空流的分析[J]. 地理研究,27(6):1407-1418.

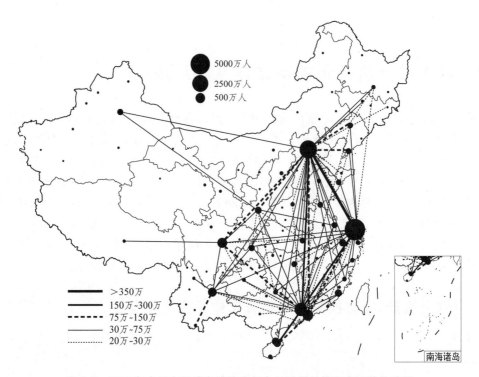

图 8.8　2000 年中国主要城市的航空复合吞吐量规模和主要航段流量

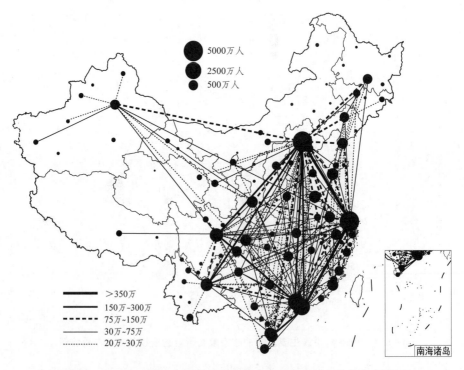

图 8.9　2004 年中国主要城市的航空复合吞吐量规模和主要航段流量

　　从 2004 年国内机场交通流量来看,上海市(虹桥机场和浦东机场数据合并,其他位于同一个城市的若干机场的数据也作合并处理)航空流量最大,其中旅客吞吐量为 3591 万人,货物吞吐量为 193 万 t,复合交通流量为 5527 万个单位。第二位是北京市,4157 万个复合交通流量(包括 3488 万人的旅客吞吐量和 669 万 t 的货物吞吐量)。第三位是广州市,2540 万个复合交通流量(其中旅客吞吐量为 2032 万人,货物吞吐量为 51 万 t)。这三者分别是长三角、京津冀和珠三角——中国三大城市密集区的核心城市,可见中国的航空旅客流量和货物流量与最高等级城市之间相关性非常显著。随后,超过 450 万个复合交通流量的城市分别是深圳(1858 万)、成都(1382 万)、昆明(1151 万)、海口(814 万)、杭州(762 万)、西安(710万)、厦门(699 万)、重庆(611 万)、南京(575 万)、青岛(556 万)、大连(551 万)、沈阳(495万)、武汉(494 万),这些城市位列第二等级,大多是珠三角、成渝、长三角、海峡西岸、山东半岛和辽中南、长江中游城市群等区域的经济中心城市或者门户城市。而乌鲁木齐(437 万)、长沙(423 万)、福州(362 万)、桂林(331 万)、哈尔滨(307 万)、贵阳(302 万)、郑州(285 万)、三亚(270 万)、济南(269 万)、温州(269 万)、天津(242 万)、宁波(211 万)等则是复合交通流量超过 200 万个单位的城市,其职能要相对多样些,既包括一些城市群的门户城市或经济中心城市,也包括一些旅游城市。

　　从城市间航空流向可以看出中国城市体系的内部联系特征。2004 年“北京—上海”之间复合流量最高(567 万个单位,其中旅客数为 387 万人、货物量为 18 万 t),可见中国两大城市中心的联系最为紧密。其次是上海—深圳(350 万)、北京—广州(291 万)、上海—广州(262 万)、北京—深圳(220 万)、北京—成都(198 万)、北京—昆明(153 万)、深圳—海口(153 万)。广州—杭州、广州—海口、杭州—北京、广州—成都、成都—上海、上海—厦门、北京—西安、西双版纳—昆明、大连—北京、上海—青岛、成都—深圳、北京—沈阳、南京—北京、杭州—深圳之间的航空流也超过 100 万个复合流量单位。

　　从航空流分析,不难看出,城市群已经成为中国城市体系的重要形态。长三角、京津冀、珠三角 3 大城市群之间互动程度远远高于其他城市之间的相互作用。长三角和京津冀的人流量高于长三角和珠三角之间,但长三角与珠三角之间的货邮量要略高于长三角和京津冀地区。珠三角和京津冀之间的相互作用相对较弱,这符合城市体系互动的“距离衰减”规律。

　　从长三角、珠三角、京津冀与其他 9 大城市群的航空流数据(表 8.1),可以看出三者的腹地影响范围和强度。与京津冀、长三角比较,成渝地区受珠三角的影响更为明显,虽然成渝和长三角同属“长江经济带”中;北部湾地区在人流联系上与珠三角更为紧密,但货流方向与长三角相对要强一些,但总体而言属于珠三角的影响范围;京津冀与北部湾之间的互动非常弱。此外,海峡西岸城市群、山东半岛城市群、中原城市群以及长江中游城市群等受到长三角的影响更为强烈,而关中和辽中南则是京津冀城市群的影响腹地。

　　此外,从图 8.7～图 8.9 中的航空流量流向情况来看,航空流密度越来越高。除了东部沿海地区的北京、上海、广州等城市外,中西部地区特别是西部地区也形成了若干区域性的枢纽机场,如成都、乌鲁木齐、昆明等,这些城市对周边的城市区域有了更强的辐射能力。

表 8.1　中国典型城市群之间的互动

	旅客数/人	货邮数/t	复合流量/人
长三角—京津冀	6 625 417	217 395	8 799 367
长三角—珠三角	6 206 293	227 214	8 478 433
珠三角—京津冀	4 288 327	141 807	5 706 397
珠三角—成渝城市群	2 979 219	82 919	3 808 409
长三角—成渝城市群	2 506 745	73 379	3 240 535
京津冀—成渝城市群	2 195 195	48 568	2 680 875
长三角—海峡西岸城市群	1 786 657	26 896	2 055 617
珠三角—海峡西岸城市群	1 658 956	22 705	1 886 006
京津冀—海峡西岸城市群	1 274 203	29 812	1 572 323
长三角—山东半岛城市群	2 133 651	28 007	2 413 721
京津冀—山东半岛城市群	1 445 941	9724	1 543 181
珠三角—山东半岛城市群	1 057 093	27 782	1 334 913
京津冀—辽中南城市群	2 080 988	20 151	2 282 498
长三角—辽中南城市群	1 284 073	27 521	1 559 283
珠三角—辽中南城市群	702 779	24 345	946 229
京津冀—关中城市群	1 048 365	10 769	1 156 055
长三角—关中城市群	931 875	16 271	1 094 585
珠三角—关中城市群	490 680	8674	577 420
珠三角—北部湾城市群	1 392 280	6413	1 456 410
长三角—北部湾城市群	918 404	15 107	1 069 474
京津冀—北部湾城市群	200 205	3445	234 655
长三角—长江中游城市群	992 288	11 918	1 111 468
京津冀—长江中游城市群	560 569	9266	653 229
珠三角—长江中游城市群	465 705	8435	550 055
长三角—中原城市群	520 981	5422	575 201
京津冀—中原城市群	412 075	2287	434 945
珠三角—中原城市群	273 314	5246	325 774

注：复合流量按货邮数吨折算为 10 人计。

8.2.2　中国主要城市枢纽度分析

日本学者松本(Matsumoto)通过主要经济中心城市之间的交通流数据分析城市枢纽度 (hubness)的变化，从而判断出相关城市的等级地位和竞争力[①]。借鉴该研究方法和其所采 用的计算公式进行中国主要经济中心城市的相对地位变化的研究：

$$V_{ij} = \frac{A(G_iG_j)^\alpha (P_iP_j)^\beta e^{\tau D_1} e^{\Delta D_2} e^{\varepsilon D_3} e^{\zeta D_4} e^{\gamma D_5} e^{\theta D_6} e^{\iota D_7} e^{\omega D_8} e^{\lambda D_9} e^{\mu D_{10}} e^{\nu D_{11}} e^{\xi D_{12}}}{(R_{ij})^\gamma} \tag{1}$$

[①]　MATSUMOTO H,2003. Hubness Of Asian Major Cities In Terms Of International Air Passenger And Cargo Flows[J]. The Korean Transport Policy Review,(10)：103-123.

其中，V_{ij} 代表城市 i 和城市 j 之间在某一年份的航空流量；G_i 是城市 i 的人均地区生产总值；G_j 是城市 j 的人均地区生产总值；P_i 是城市 i 的人口总量；P_j 是城市 j 的人口总量；R_{ij} 表示城市 i 和城市 j 之间的航空距离；D 是城市模糊系数（D_1，D_2，$\cdots$，D_{12} 分别表示特定的经济中心城市）；A 是常数。

在公式（1）的基础上，进行对数形式转化，如公式（2）所示。然后通过最小二乘法进行回归分析：

$$\ln V_{ij} = \ln A + \alpha \ln G_i G_j + \beta \ln P_i P_j + \tau D_1 + \Delta D_2 + \varepsilon D_3 + \zeta D_4 + \gamma D_5 +$$
$$\theta D_6 + \iota D_7 + \omega D_8 + \lambda D_9 + \mu D_{10} + \nu D_{11} + \xi D_{12} \qquad (2)$$

GDP 参数（α）对于机场客流量和货邮流量、复合流量的估计值较大，分别是 3.15、2.863 和 3.26，人口（β）参数相应的估计值则分别为 1.99、1.871 和 2.06。GDP 和人口对于机场之间的流量都有较大的相关性，但 GDP 要明显地高于人口参数，这说明人口在解释航空流方面的重要程度相对低于 GDP。距离参数（γ）对于航空流的估计值分别为 0.33、0.316 和 0.27，这反映了城市之间的航空流与距离因素之间在一定程度上呈现反比关系。括号中的数值（e 的模糊参数次方）相应地揭示了各个区域中心城市的枢纽度大小。该数值一方面反映了城市在区域中的地位（机场辐射服务范围），另一方面反映了城市在经济发展过程中的开放性（与其他城市的互动关系）。

机场的复合流量枢纽度方面（图 8.10），北京得分最高（1.92），其次是厦门、西安、深圳、成都、广州和上海。从航空流向的角度，这些城市的区域枢纽度最大，分别属于京津冀、长三角、厦漳泉、关中、珠三角、成渝等地区的主要区域经济中心城市之一。应当指出的是厦门由于所辖市域面积较小，因而很大程度上直接导致了枢纽度的提高。同时珠三角地区的深圳、广州的得分都比较高，主要是由于两个城市的经济开放性都比较高、区域服务功能突出并且高度集中于这两个城市。上海的机场复合流量枢纽度远远小于北京、厦门，甚至西安和成都，这是因为厦门、西安和成都是所在地区的唯一或者是最重要的门户枢纽城市或经济中心城市，它们除了服务本市的对外交流外，还承担了整个区域的服务功能，而上海周

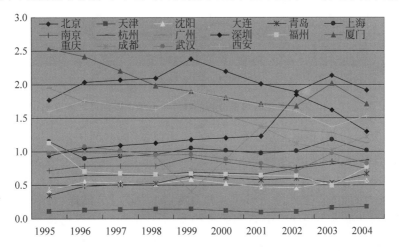

图 8.10 基于复合航空流分析的经济中心城市枢纽度时序变化

边的城市,如南京、杭州、宁波以及无锡和常州都有机场,上海机场的区域服务职能没有绝对的垄断地位。得分在0.5~1.0的城市有沈阳、大连、青岛、南京、杭州、福州、重庆和武汉,可见,辽中南、山东半岛、江汉平原的区域中心城市的枢纽度并不突出,反映了这些城市的区域服务能力较低、经济对外开放性较低。另外,南京、杭州、福州和重庆虽然作为各自地区的主要经济中心城市,但其枢纽度则一定程度上受到了地区首位城市的压制。得分小于0.5的城市只有天津(0.18),反映了天津在京津冀地区的地位,但从其他类似城市的情况看,如珠三角、长三角等,天津未来的地位可能会得到明显的提升。

对比各个城市的客运流量(图8.11)、货邮流量(图8.12)的枢纽度得分情况,只有上海、广州和深圳的货邮流量的枢纽度明显地高于客运流量的枢纽度,其两者的比值分别为1.44、1.27和1.32。这3个城市外向型经济发展均占相当比重,尤其是一些电子信息等时效性强的产品对机场货邮流量的贡献率很高,同时其周边的一些城市,如上海周边的苏州、无锡、昆山,深圳周边的东莞,广州周边的佛山,都有很强的货物出口需求,提升了这些区域中心城市的货邮流量枢纽度。此外,成都、厦门和杭州也有较高的货邮流量枢纽度。货邮流量枢纽度远远小于客运流量枢纽度(不超过70%)的城市包括西安、武汉、福州、青岛、大连和沈阳,这些城市有的属于经济落后、货邮运输需求不高的中西部城市,有的属于沿海港口城市,其出口产品的海港航运替代性较高。

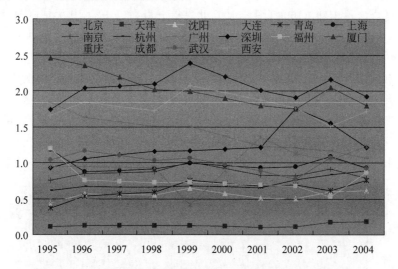

图 8.11　基于航空客流量分析的经济中心城市枢纽度时序变化

通过进行复合流量、客运流量、货邮流量等"枢纽度"的时间序列分析,1995—2004 年间,中国城市群的枢纽度发生了变化,可分为五种类型:①稳定型:沈阳、上海、南京等;②上升型:天津、杭州、青岛等;③下降型:广州、福州、厦门、武汉、西安等;④先升后降型:北京、大连、深圳等;⑤先降后升型:如重庆、成都等。总体而言,长三角表现强势,珠三角和京津冀发展相对平稳,中西部的成渝地区表现出区域枢纽地位日益强化,而辽中南、福建沿海、关中、江汉平原地区等中心城市的枢纽度变化则相对缓慢,甚至有所下降。

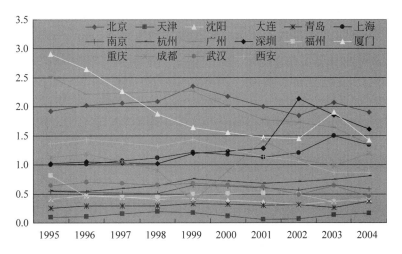

图 8.12　基于航空货邮流量分析的经济中心城市枢纽度时序变化

8.3　城市交通方式可达性差异分析[①]

本案例以高速城市化、高经济发展水平的特大城市——南京为对象,采用机会累积方法,分别测度自行车、公共交通和小汽车三种交通方式的空间可达性,进行交通方式可达性的差异分析。2002 年,实施重大行政区划调整,撤销了江北江浦县、六合县,且分别与浦口区和大厂区设立新浦口区和六合区,对江宁实施撤县设区,南京城市化建设实施"一城三区"布局。本研究所指南京都市区包括玄武、白下、秦淮、建邺、鼓楼和下关六个城区,郊区包括浦口、栖霞、雨花台、江宁和六合等五个郊区。共有 75 个街道办事处和 39 个乡镇,土地总面积为 4723km²,2006 年的总人口达到 524.64 万人(见图 8.13)。按照研究需要,本研究将都市区分为 5 个圈层,分别是:①"核心圈层":指由上海路、新模范马路、升州路和太平路围合的区域,此圈层包括了鼓楼、新街口等商务商业核心;②"老城圈层":由明城墙围合的区域,这个圈层是南京传统的城区范围;③"主城圈层":由长江和绕城高速公路围合的区域,在主城区向西是河西新城,向北是城北区,向东是紫金山,向南则是雨花区,这一圈层正是 1996 年版的规划控制的主城区;④"中心城圈层":范围包括了三个新市区的建成区范围,2004 年对六合、浦口和江宁进行行政区划调整,实施撤县设区,将这三县纳入到城区规划管理系统,重点规划建设江宁、仙林和浦口三个新市区;⑤"外围圈层":指建成区以外的广大的农村地区,其间分布了一些城镇中心。

本案例采用城市交通规划中所常用的将研究范围划分为若干个交通小区的方法,为了提高中心城区的空间分析的分辨率,有目的地将空间划分得更细。在城市建成区范围内,

---

① 刘贤腾,顾朝林,2010.南京城市交通方式可达性空间分布及差异分析[J].城市规划学刊,(总第 187 期)(2):49-56.

参照南京市交通研究所划定的交通小区。对于外围仍属于乡镇建制的农村地域,则按照乡镇边界进行划分。建成区范围内的交通小区,面积平均约为 2.5km²。外围农村地区的交通小区面积平均约为 100km²,整个都市区总共划分为 566 个交通小区(图 8.14)。

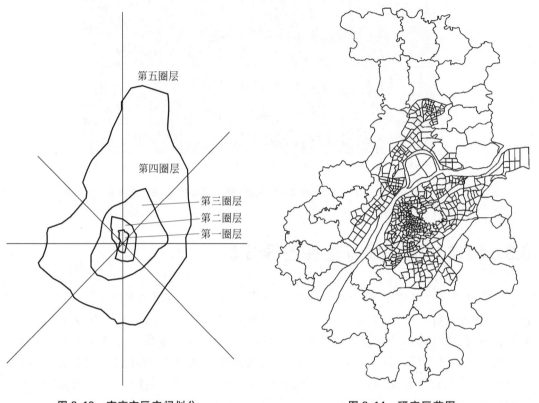

图 8.13　南京市区空间划分　　　　　图 8.14　研究区范围

研究数据采用 2006 年城市土地使用数据(来源于南京市规划局)。按照使用性质,将国家城市用地分为 10 大类:居住用地、商业用地(其中中小学用地和高校用地单独析出)、工业用地、仓储用地、绿地、道路交通用地、市政设施用地、对外交通用地、特殊用地及农村居民用地,其中居住用地、商业用地和工业用地是城市的主要生产生活活动用地,因此本文的对象集中于此 3 类土地。运用 ArcGIS 软件包,将面状的土地使用与交通小区进行空间重叠(overlay),即可采集到每个交通小区的各类用地的实际面积。

8.3.1　可达性测度

1. 区位熵计算

区位熵是用来衡量某一区域要素的空间分布指标,反映了某一区域要素在高层次区域的地位和作用。因此,本文选用区位熵来衡量交通小区内所存有的发展机会数量。计算公式如下:

$$I_{ki} = \frac{Z_{ki}}{\sum Z_{ki}} \bigg/ \frac{Z_i}{\sum Z_i} \qquad (1)$$

式中：I_{ki} 指交通小区 i 中的 k 类用地的权重指数；i 指交通小区（$i=1,2,\cdots,n$；$n=566$）；k 指所研究的城市用地性质种类（$k=1,2,3$；居住用地、商业用地和工业用地）；Z_{ki} 指交通小区 i 中的 k 类用地面积；Z_i 指交通小区 i 总面积。

区位熵为非负值，$I_{ki}\geqslant1$，说明该交通小区内的某一用地的地位或作用超过平均水平。区位熵值越大，说明地位和作用越高。

2. 空间可达性

本案例的焦点是交通方式与建成环境间的关系，不需要考虑个人能力及时间共轭上的因素，因此，采用机会累积的测度方法较为适合。计算式如下：

$$A_i = \sum_j O_j f(C_{ij}) \qquad (2)$$

其中，A_i 指交通小区 i 的空间可达性；O_j 指交通小区 j 的发展机会数量；C_{ij} 和 $f(C_{ij})$ 分别指空间阻抗及阻抗函数。

分别计算阻抗阈值（C_{ij}^c）为 20min、40min 或者 60min 时的空间可达性，即当小区间的阻抗小于阈值时（即 $C_{ij}\leqslant C_{ij}^c$），那么采用该交通方式在时间阈值内能接触到小区内的所有机会，将小区内所有的机会数都计算进来，即 $f(C_{ij})=1$；当小区间的阻抗大于阈值时（即 $C_{ij}>C_{ij}^c$），那么认为是无法接触到小区内的所有机会，即 $f(C_{ij})=0$。

计算可达性指标值需要处理海量的数据。目前，应用较为广泛的技术是使用 ArcGIS 或 ArcVIEW 软件来计算交通小区间的出行阻抗矩阵。采用基于 ArcGIS 的软件包 TransCAD 来处理可达性指标值的计算过程。计算过程具体如下：①计算出每个交通小区的机会数（此处指居住、工业和公共设施用地的区位熵值）；②根据不同交通方式的网络参数建立不同的交通网络；③基于网络计算出交通小区间原始的出行时耗矩阵；④根据预先设定的不同阈值并根据条件函数计算出阈值矩阵；⑤利用阈值矩阵与交通小区的机会数量乘积可计算出小区间的可达矩阵；⑥对可达矩阵进行纵向或横向求和，即得到每个交通小区在阈值内通过某种交通方式所能接触到的某种性质用地区位总熵值。

3. 可达性指标标准化

为使可达性指标值易懂且易比较，选用总值百分点来进行数据标准化。按照该方法标准化后的数据变动幅度在 0~100 之间。数值越大，可达性越好，反之亦然。计算式如下：

$$I_{ki}^{v'} = 100 \times \frac{I_{ki}^v}{\sum_{j=1}^{n} I_{kj}}, \quad i,j=1,2,3,\cdots,n; \quad n=566 \qquad (3)$$

式中，$I_{ki}^{v'}$ 指交通小区 i 中通过交通方式 v 所能接触到的 k 类总熵值的标准化值；I_{ki}^v 指交通小区 j 中通过交通方式 v 所能接触到的 k 类总熵值；I_{kj} 指交通小区 j 中的 k 类用地区位熵值；k 指用地性质种类（$k=1,2,3$，分别指居住用地、商业用地和工业用地）；v 指交通方式（$v=1,2,3$，分别指自行车、公共交通和小汽车）。

根据以上计算方法和过程得到表 8.2 和表 8.3。

表 8.2 不同阈值条件下的交通方式可达性指标值总体比较

阈值/min	熵值类型	交通方式	最小值	最大值	均值	标准差	变异系数
20	居住	自行车	0.0000	17.8449	3.4057	4.1078	1.2062
		小汽车	0.3718	100.0000	27.1956	23.5983	0.8677
		公共交通	0.0000	29.2890	4.1634	6.5089	1.5634
	公共设施	自行车	0.0000	30.9470	4.2239	6.9433	1.6438
		小汽车	0.1868	99.9988	30.9551	29.6107	0.9566
		公共交通	0.0000	40.5524	5.4406	9.5122	1.7484
	工业	自行车	0.0000	6.2093	1.7449	1.4112	0.8088
		小汽车	0.0040	99.9571	16.5132	10.6686	0.6461
		公共交通	0.0000	7.7444	1.4746	1.8001	1.2208
40	居住	自行车	0.0000	40.2735	11.5990	11.7631	1.0141
		小汽车	0.3748	100.0000	67.6581	29.7733	0.4401
		公共交通	0.0000	59.0946	20.5301	21.5092	1.0477
	公共设施	自行车	0.0000	57.2395	13.9756	17.5274	1.2541
		小汽车	0.1898	99.9988	69.4649	31.6016	0.4549
		公共交通	0.0000	73.8556	24.8250	28.0759	1.1310
	工业	自行车	0.0000	16.0818	6.7962	4.0062	0.5895
		小汽车	0.0062	99.9571	55.7656	22.3966	0.4016
		公共交通	0.0000	31.6343	10.1454	9.4138	0.9279
60	居住	自行车	0.0000	56.6377	21.9855	18.9560	0.8622
		小汽车	0.5661	100.0000	91.9998	16.5037	0.1794
		公共交通	0.0000	82.3506	39.5854	30.2334	0.7638
	公共设施	自行车	0.0000	71.9688	25.4012	25.8510	1.0177
		小汽车	0.5670	99.9988	92.4614	16.6221	0.1798
		公共交通	0.0000	86.1580	43.8414	34.6404	0.7901
	工业	自行车	0.0000	27.5770	14.2596	7.7033	0.5402
		小汽车	2.5155	99.9571	86.1939	17.0387	0.1977
		公共交通	0.0000	52.8061	24.0292	17.7929	0.7405

表 8.3 交通方式可达性指标综合值总体比较

交通方式	阈值/min	最小值	最大值	均值	标准差	变异系数
自行车	20	0.0000	51.4666	9.3744	11.3489	1.2106
	40	0.0000	109.9747	32.3708	31.7617	0.9812
	60	0.0000	155.5284	61.6464	50.7486	0.8232
小汽车	20	0.5626	299.9607	74.6639	62.7021	0.8398
	40	0.5708	299.9607	192.8886	81.8691	0.4244
	60	3.6486	299.9607	270.6551	49.0565	0.1813
公共交通	20	0.0000	75.5641	11.0786	17.4603	1.5760
	40	0.0000	164.5844	55.5006	58.5343	1.0547
	60	0.0000	220.6450	107.4560	82.1672	0.7647

4. 可达性差距指数

为便于分析自行车和小汽车相对公共交通方式的可达性优劣势,构筑可达性差距指数

(modal accessibility gap,MAG),计算式如下:

$$MAG = \frac{A_v}{A_{transit}} \tag{4}$$

式中,MAG 指交通方式 v 与公共交通的可达性差距;A_v 指交通方式 v 的可达性指标值;$A_{transit}$ 指公共交通的可达性指标值。

根据公式(4)计算表 8.2 可得到表 8.4。

表 8.4　不同交通方式可达性差异总体比较

交通方式	阈值/min	最　　大　　值		均　　值	
		数值	MAG_最大值	数值	MAG_均值
自行车	20	51.4666	0.6811	9.3744	0.8462
	40	109.9747	0.6682	32.3708	0.5833
	60	155.5284	0.7049	61.6464	0.5737
小汽车	20	299.9607	3.9696	74.6639	6.7395
	40	299.9607	1.8225	192.8886	3.4754
	60	299.9607	1.3595	270.6551	2.5188

8.3.2　可达性总体比较

检视空间可达性指标值的最大值及均值可在总体上比较交通方式可达性的差异。图 8.15 显示:①小汽车在任何阈值的情况下,可达性指标值均远大于其他两种交通方式,说明小汽车方式在不受其他社会经济条件限制情况下及在当前的建成环境下是居民出行

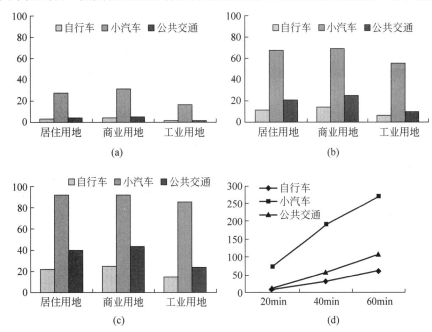

图 8.15　交通方式可达性指标值总体比较

(a) 阈值为 20min;(b) 阈值为 40min;(c) 阈值为 60min;(d) 交通方式可达性比较

首选的交通方式;②公共交通的可达性要明显劣于小汽车,但对自行车而言有优势,说明在当前南京都市区建成环境下,公共交通的竞争力要弱于小汽车但强于自行车;当阈值为 20min 时,公共交通相对于自行车的竞争力优势很小,说明在近距离出行中,公共交通方式没有优势,但随着阈值的增加,公共交通相对于自行车的竞争力优势在扩大;③可达性指标值的最大值差异指数显示,位于中心区的交通小区,3 种交通方式的可达性差异不大,进而也可说明居住在中心区的居民对出行方式的选择余地较大。

8.3.3 可达性指标值的空间分布

根据居民日出行时间预算恒定性规律,绝大多数的出行时间为 20～30min,因此选择阈值为 20min 的可达性指标值来分析讨论交通方式可达性的空间分布。将 566 个交通小区的可达性指标值赋予小区形心点,运用软件 Surfer 8.0 进行空间插值(采用克里金插值法),得到各种交通方式空间可达性指标值的等值线图和网格图(图 8.16)。

居于中心区位的交通小区相比位于边缘区交通小区的可达性而言优势非常明显,可达性指标值的空间分布呈同心圆结构。以自行车方式为例,核心圈层(第一圈层)和老城圈层(第二圈层)的可达性指标值明显要高于其他三个圈层。而主城圈层(第三圈层)要高于中心城圈层(第四圈层)和外围圈层(第五圈层)。在中心城圈层中,位于规划重点建设的江宁、仙林和浦口 3 个新市区的交通小区的可达性值明显要高于其他区位(如六合、江浦、大厂、栖霞等)的交通小区。可达性随与中心的距离增大,其衰减趋势表现不一。对于自行车和公共交通两种方式而言,衰减趋势非常急剧;而对于小汽车方式而言,在中心城圈层范围以内,衰减趋势缓慢,但在外围圈层,衰减趋势很强。

8.3.4 交通方式空间可达性差异及空间分布

交通方式空间可达性的差异会极大地影响居民出行对交通方式的选择,讨论公共交通相对于自行车和小汽车的可达性差异有助于分析公共交通发展所面临的形势。

1) 公共交通相对于自行车

如图 8.17(a)所示,当阈值为 20min 时,只有 171 个交通小区的方式可达性差异指数(MAG)是小于 1,即只有 171 个交通小区的自行车方式可达性值小于公共交通方式。这些小区基本上是集中在核心区、老城区和主城区内,其中自行车竞争力明显弱于公共交通竞争力(MAG<0.5856)的交通小区分布在主城圈层,自行车竞争力稍弱的交通小区主要分布在老城圈层(0.5856<MAG<1),在核心圈层有数个交通小区的自行车竞争力要强于公共交通;当阈值为 20min 时,有 395 个交通小区的可达性差异指数(MAG)大于 1,这些交通小区基本上分布在中心城圈层和外围圈层。中心城圈层正是当前快速城市化地区,说明当前的公共交通设施供给与土地开发模式不利于公共交通方式的发展。当阈值为 40min 和 60min 时,公共交通竞争力有优势的交通小区数在逐步扩大,这些交通小区基本上集中分布在主城圈层内及中心城圈层中的 3 个重点建设区域(浦口、江宁和仙林)。

2) 公共交通相对于小汽车

如图 8.18 所示,在任何时间阈值上,公共交通的竞争力要明显弱于小汽车。但随着阈

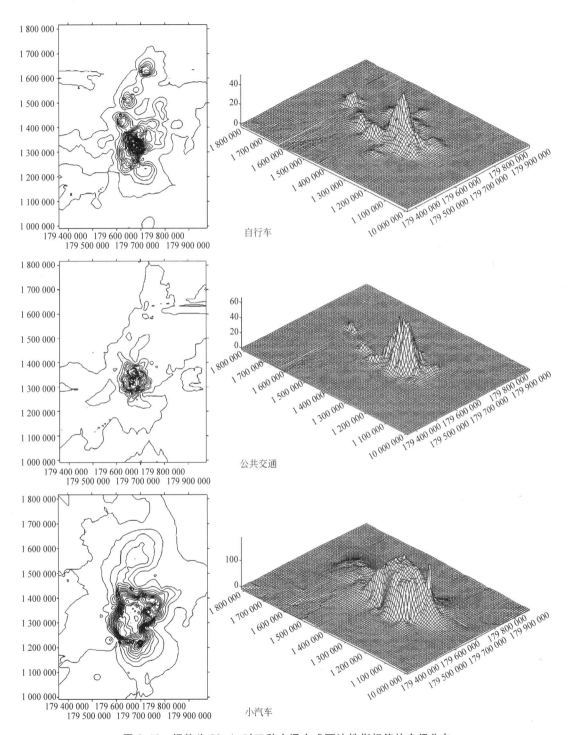

图 8.16　阈值为 20min 时三种交通方式可达性指标值的空间分布

图 8.17　公共交通相对于自行车的可达性差异性空间分布

(a) 阈值为 20min；(b) 阈值为 40min；(c) 阈值为 60min

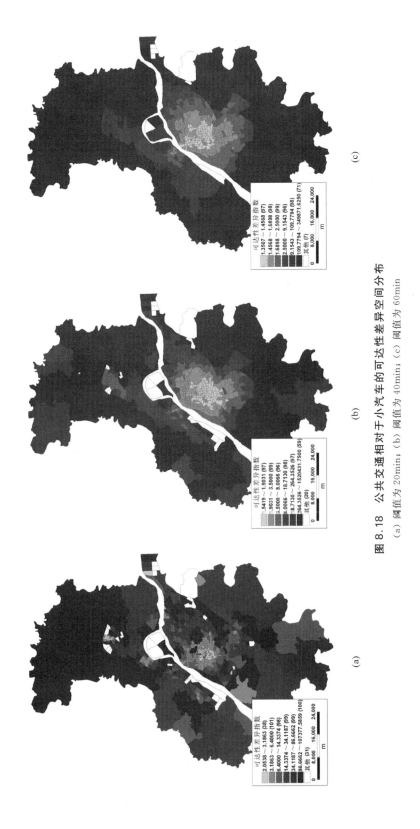

图 8.18　公共交通相对于小汽车的可达性差异空间分布

(a) 阈值为 20min；(b) 阈值为 40min；(c) 阈值为 60min

值的增加,公共交通竞争力的劣势在缩小;当阈值为 20min 时,可达性差异指数(MAG)均大于 2,2<MAG<6.4 的交通小区有 139 个,主要集中在核心圈层和老城圈层内,公共交通相对于小汽车的竞争力劣势在核心圈层比老城圈层要小,说明核心圈层的公共交通设施供给和土地使用状况利于公共交通的阈值;MAG>6.4 的交通小区数有 427 个,主要在主城圈层、中心圈层和外围圈层,但在该 3 个圈层内,公共交通竞争力劣势空间分布近似无序;当阈值为 40min 和 60min 时,公共交通相对于小汽车的竞争力劣势在逐步减少且分层明显:老城圈层、主城圈层、中心城圈层,说明公共交通在长时间出行中,其优势在逐步显现,而小汽车的灵活迅速的相对优势在下降。在外围圈层,公共交通的劣势没有明显改善的迹象,这一方面是由于公共交通设施没有供给而使得竞争力没有改善;另一方面也说明在这些尚未城市化的地区,公共交通无法与小汽车相竞争。

需要注意的是,以上的分析是在预定参数下的虚拟结果。参数值是在理想条件下预先设定的,没有考虑到道路施工造成的道路封闭及已经存在的单行道,也没有考虑在早晚高峰小时道路拥挤造成的车速下降等实际情形。如果将这些不确定因素考虑进来,那么结果肯定会有所不同。特别是在中心区因道路拥挤造成的车速下降,及自行车升级为电动自行车从而提高出行速度等因素将在很大程度改变相关分析结果。尽管如此,以上虚拟分析结果也足以发现问题、解释现象。

第9章 区域划分案例

本章导读

9.1 基于功能区的行政区划调整研究[①]

本案例以绍兴市为例构建了基于功能区的行政区划调整研究框架。首先,运用功能区思想,以大城市地区的街道或乡镇为空间单元,采集相关的自然、历史、文化、产业、客流和信息流数据,进行要素功能区的分析,准确获取不同层次相互依赖的功能空间单元,使城市在空间上充分适应和支撑多变的社会经济环境,为城市的多样性提供充分的弹性空间依据。其次,在城市基层单元的要素功能区的基础上,进一步采用因子分析和聚类分析方法,进行城市功能区的划分,可以为行政区划调整提供基于城市功能区有机的空间组织科学依据。

9.1.1 基于功能区的城市行政区调整研究框架

1. 基于功能区的城市行政区调整思路

功能区是一定空间内相互联系的要素组成的地理单元,是人类活动产生的现象,具有多样性、互补性和相对独立性,代表了社会组织的空间形式。利用功能区的思想进行城市发展空间的选择,尤其是基于不同层次的功能单元划分,结合具体的社会经济发展情况予以调节,使城市地区内各功能单元有机联系,功能互补,发展具有弹性,这样能够使城市迅速抓住可预见或不可预见的发展契机,让城市的发展越来越快,而且满足人民群众以及经济社会的多种需求。1923年巴罗斯第一次明确提出功能区的思想,其核心是"将联系加入到均质性中作为区别区域的基础",用于地理学中人地关系的表达。由于区域空间系统具有多层次性和多元性,以往仅仅基于行政界限的人为区域划分使得作为一个整体的大城市地区相互依赖的功能联系变得模糊,并会导致城乡之间的冲突和矛盾,而功能区的最重要作用是对不同层次的功能单元具有相互依赖性。依据不同尺度可划分出多种类型的功能区,各个功能区相互联系、相互作用,存在着不同的利益,具有不同的地位和比较优势,形成了复杂的区际分工和区内分工。同样,由于行政区划是基于区域自然、政治、历史、经济、社会和文化多因素的"上层建筑"产物,不难发现,基于功能区理念科学地进行行政区划的调整,可以收到科学、合理组织空间的理想效果。

① 顾朝林,王颖,邵园,等,2015.基于功能区的行政区划调整研究——以绍兴城市群为例[J].地理学报,70(8):1187-1201.

2. 基于功能区的行政区划调整研究框架

基于功能区组织城市行政区的思路,可以构建相对应的基于功能区的行政区划调整方法。具体而言,首先,运用功能区思想,以大城市地区的街道或乡镇为空间单元,采集相关的自然、历史、文化、产业、客流和信息流数据,进行要素功能区的分析,准确获取不同层次相互依赖的功能空间单元。其次,在城市基层单元的要素功能区的基础上,进一步采用因子分析和聚类分析方法,进行城市功能区的划分。再次,在城市功能区的基础上,进行行政区划调整方案拟定,为中央政府行政区划调整决策提供科学依据。基于功能区的行政区划调整研究框架(图 9.1),运用功能区思想,可以划出城市的弹性发展单元。以这些城市基层弹性发展单元为基础,按照都市区的概念和组织原理进行有机组织成为城市管理的行政单元(即城市行政区划调整),不仅可以适应城市发展的不确定因素,而且还能增加城市发展的灵活性。

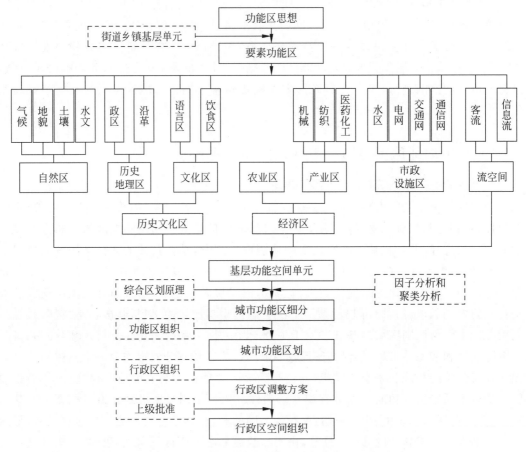

图 9.1　基于功能区的行政区划调整研究框架

9.1.2　功能区划分方法

早期功能区划分方法主要是比较简单的断裂点方法、场强分析法、加权 Voronoi 图法等。普拉特在 1959 年进一步提出地域功能组织(areal functional organization)的概念,并指出功能区是基于横向区域联系建立起来的跨地区的功能上相互联系的空间组织。哈特向将其称为功能组织区域(functionally organized regions)。20 世纪 60 年代以后,地理学计量革命促进了功能区划分的定量方法,选择地理的、经济的、行政的等特定参数进行数理分析,根据各功能区域的特征,选取直接的调查数据、统计指标或计算综合指数,确定界值后划定功能区。后来,功能区的研究,从一开始的节点从属区,到中心—腹地的科层式相嵌区,再到由中心、腹地、层级、彼此间的相互联系和流量构成的复合型网络区域,最后到用空间组织这一宽泛的词汇来表述功能区的概念。20 世纪 70 年代,功能区的概念被界定为:在城市或聚落体系为基础的空间单元内,具有复杂性和完整的社会组织空间形态,同时也是更大功能区的组成部分。在城市系统分析时,将城市看作是节点和节点之间的联系。与此相对应,城市"节点"的属性通常采用人口规模、经济规模、作为交通枢纽的重要性等,节点之间的联系一般采用"流"数据度量,如人流、货流、资本流、信息流等。随着高度城市化地区和世界城市的出现,城市研究学者对弹性规划达成一些共识,即:承认外在环境的动态不确定性,城市规划必须正面应对这些不确定性,应该赋予城市空间灵活、适应动态社会经济环境的能力,如 TEAM10 提出的"簇群、可变性、变化和生长"的规划理念,柯克提出的"插入式"城市模型、亚历山大提出的"渐进式"城市发展模式等。

9.1.3　要素功能区划分

选择浙江绍兴市为案例研究区,其总面积为 8256km², 2010 年城镇化水平达到 58.5%,常住人口密度为 595 人/km², 是长江三角洲地区城镇化水平高、人口密集的地区。行政区划调整前,全市辖 1 区 3 市 2 县,其中 3 市 2 县均为国家百强县(市),在全国仅含 1 个区的 94 个地级市中,绍兴经济总量排第一,但市区人口却排倒数第 3。近年来,绍兴发展后劲有所下降,主要原因在于:①传统纺织产业面临转型升级,城区人口规模不大,对人才吸引力过小;②市区被绍兴县包围,有限地域内市县各自为政,重复建设,发展相互牵制;③行政区和经济区的不一致,导致中心城市与周边县市之间产业集群难以发挥群体效应。通过行政区划调整理顺中心城市与区域之间的关系显得非常紧迫。选择绍兴全市域 118 个街道、乡、镇作为基本空间单元(表 9.1),采集各空间单元的自然、经济、社会、历史、文化、交通流等数据进行要素功能区分析。

表 9.1　绍兴城市群功能区分析基本空间单元

行政辖区	面积/km²	常住人口/人	街　道	乡　镇
越城区	362	883 836	北海街道、城南街道、迪荡街道、府山街道、稽山街道、蕺山街道、塔山街道	东湖镇、东浦镇、斗门镇、马山镇、皋埠镇、鉴湖镇、灵芝镇

行政辖区	面积/km²	常住人口/人	街 道	乡 镇
绍兴县	1177	1 030 847	柯桥街道、柯岩街道、湖塘街道、华舍街道	安昌镇、福全镇、富盛镇、稽东镇、兰亭镇、漓渚镇、马鞍镇、平水镇、齐贤镇、钱清镇、孙端镇、陶堰镇、王坛镇、夏履镇、杨汛桥镇
上虞市	1403	779 412	百官街道、曹娥街道、东关街道	道墟镇、长塘镇、丰惠镇、盖北镇、沥海镇、梁湖镇、上浦镇、崧夏镇、汤浦镇、下管镇、小越镇、谢塘镇、驿亭镇、永和镇、章镇镇、陈溪乡、丁宅乡、岭南乡
诸暨市	2311	1 157 938	浣东街道、暨阳街道、陶朱街道	安华镇、草塔镇、陈宅镇、次坞镇、大唐镇、店口镇、东白湖镇、枫桥镇、璜山镇、江藻镇、街亭镇、里浦镇、岭北镇、马剑镇、牌头镇、阮市镇、山下湖镇、同山镇、王家井镇、五泄镇、应店街镇、赵家镇、直埠镇、东和乡
嵊州市	1790	679 762	浦口街道、三江街道、剡湖街道、鹿山街道	北漳镇、长乐镇、崇仁镇、甘霖镇、谷来镇、黄泽镇、金庭镇、三界镇、石璜镇、下王镇、仙岩镇、雅璜乡、竹溪乡、贵门乡、里南乡、通源乡、王院乡
新昌县	1213	380 444	南明街道、七星街道、羽林街道	澄潭镇、回山镇、镜岭镇、梅渚镇、儒岙镇、沙溪镇、小将镇、城南乡、东茗乡、巧英乡、双彩乡、新林乡

1. 自然功能区

根据气候、地貌、土壤、水文 4 项指标,采用叠图法将绍兴市域划分为绍虞平原水网区、曹娥江口滨海平原区、钱塘江水域滩涂区、丰惠盆地丘陵区、诸暨盆地区、龙门山地丘陵区、会稽山地丘陵区、四明—天台山地区、新嵊盆地和嵊州台地 10 个自然功能区(图 9.2)。

2. 历史文化功能区

绍兴在春秋战国时期就是越国的都城。历史上的绍兴行政区长期保持稳定,直到中华人民共和国成立后萧山和余姚才分别划归杭州和宁波(表 9.2)。从目前的地区联系看,绍兴县西部的杨汛桥镇、钱清镇等与杭州萧山区、滨海工业区、宁波余姚仍然保持非常密切的联系。绍兴各乡镇方言基本与所属市县无异,分别为绍兴话、上虞话、诸暨话、嵊州话和新昌话,但在上虞市所属的曹娥街道、东关街道、长塘镇和道墟镇的方言偏于绍兴话,可推测此片区与绍兴市区和绍兴县关系紧密。另就上虞话本身而言,与绍兴话差异较小。从方言区看,绍兴北部的越城区、绍兴县、上虞市是绍兴—上虞话区。

表 9.2 绍兴政区沿革表

朝 代	建 置	辖 领
秦	会稽郡	山阴、诸暨、上虞、余姚等
三国、吴	会稽郡(山阴)	山阴、诸暨、上虞、剡、余姚、永兴、鄞、句章、乌伤、始宁、东冶、吴宁、丰安、长山、平昌、新安、定阳、建安、吴兴、昭武、南平、东安、侯官、永康、建平、大末

续表

朝　　代	建　置	辖　　领
隋	越州(会稽)	会稽、句章、剡、诸暨
唐、宋、元、明、清、民国	绍兴府(山阴)	山阴、会稽、上虞、萧山、嵊州、新昌、诸暨、余姚
中华人民共和国	绍兴市	越城、绍兴、上虞、嵊州、新昌、诸暨

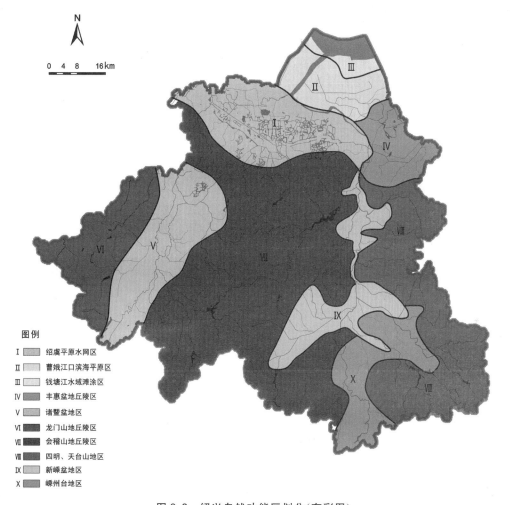

图例

Ⅰ　绍虞平原水网区
Ⅱ　曹娥江口滨海平原区
Ⅲ　钱塘江水域滩涂区
Ⅳ　丰惠盆地丘陵区
Ⅴ　诸暨盆地区
Ⅵ　龙门山地丘陵区
Ⅶ　会稽山地丘陵区
Ⅷ　四明、天台山地区
Ⅸ　新嵊盆地区
Ⅹ　嵊州台地区

图9.2　绍兴自然功能区划分(有彩图)

3.产业空间功能区

2012 年绍兴城市群 GDP 为 3620 亿元,人均 GDP 达到 73304 元,是长三角南翼经济发达地区。绍兴城市群的主导产业是纺织、机械、医疗化工、食品 4 大部门,分别占总产值35%、18%、2.5%和 2.4%。按 4 大产业部门 3000 余家企业绘制空间分布图,块状经济格局明显(图 9.3)。

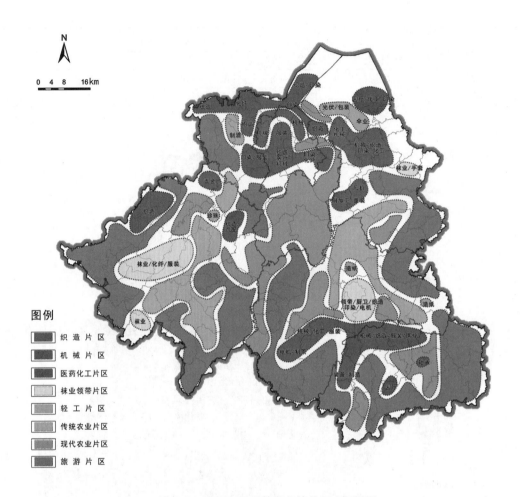

图 9.3　2012 年绍兴块状经济格局(有彩图)

图例

- 织 造 片 区
- 机 械 片 区
- 医药化工片区
- 袜业领带片区
- 轻 工 片 区
- 传统农业片区
- 现代农业片区
- 旅 游 片 区

4. 交流空间功能区

人流、物流、信息流是大都市核心区与直接腹地相互作用的客观反映。本次研究选择人流和信息流资料进行流空间的分析。

(1) 客流空间。以街道、乡镇为基本空间单元,采集 391 次私营客运班次、12349 人次/月客运量、145 条市区公交车线路流量,最高线路月运载量可达 150 000 人次以上,绘制客流分布图(图 9.4(a)、(b))。由图 9.4 可知,绍兴中心城区与上虞联系最为紧密,与诸暨的联系次之,嵊州和新昌由于地形阻隔联系最少。

(2) 信息流空间。在绍兴,绍兴晚报发行量最大,日发行量约 12 万份。本次研究采集市域 118 个街道乡镇绍兴晚报的发行量,其中 114 个订阅了该报纸,占 96.61%,尤其在绍北地区、沿高速公路、铁路及沿江各乡镇发行量较高(图 9.5)。

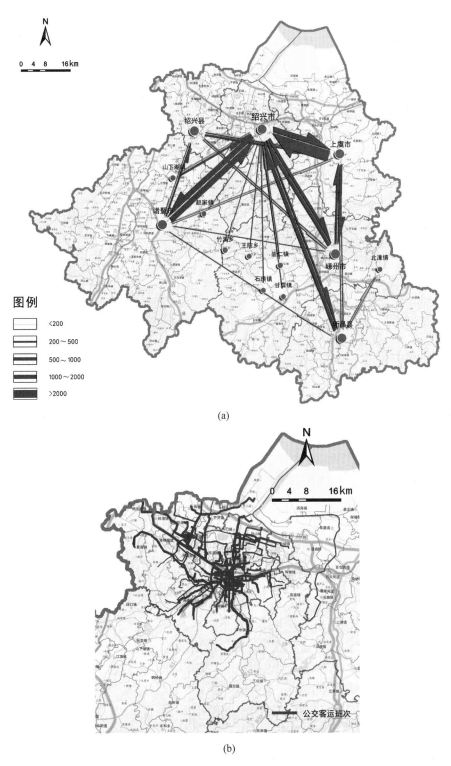

图 9.4　绍兴市客流分布图(有彩图)

(a) 私营客运班车；(b) 公交流量

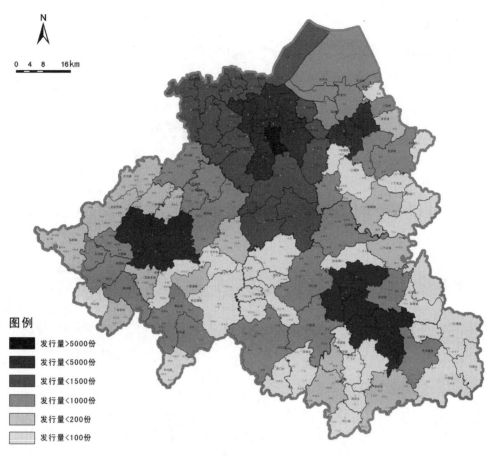

图 9.5   绍兴晚报发行空间分布图(有彩图)

9.1.4   城市功能区划分

1. 城市功能区细分

为了比较客观地描述绍兴城市群地域空间的功能区状况,根据上述要素功能区分析,采集人均 GDP、地均 GDP、重点产业企业分布数量、城镇化水平、人口密度等指标,运用多层次、多元聚类分析方法和城市填图相结合的方法进行城市群功能区详细划分。

对原始数据矩阵进行处理,用主成分分析采用旋转的方法提取主因子。因子分析结果表明:前两个主成分的特征值大于 1,其中第一主成分的特征值为 3.584,其所解释的方差占总方差的百分比为 59.733%,前两个主成分特征值之和占总方差的累积百分比为 78.816%。为了进一步使因子的结构层次清晰,利用正交旋转方法进行处理,与未旋转得到的主因子基本一致,同时得出各因子的载荷矩阵(表 9.3、表 9.4)。可见第一主因子与空间单元的人口密度呈高度正相关,与地均地区生产总值和绍兴晚报发行数量呈高度正相关,且与城镇化水平因子也表现出一定的正相关关系(图 9.6(a))。第二主因子与空间单元内重点产业企业数量呈高度正相关,与人均地区生产总值、城镇化水平也有较强的正相关关系(图 9.6(b))。

表9.3　绍兴市经济社会因子分析的特征值与方差贡献

主因子序号	特征值	解释方差百分比/%	解释方差累计百分比/%
1	3.584	59.733	59.733
2	1.145	19.083	78.816

表9.4　绍兴市经济社会因子分析主因子载荷矩阵

变 量 名 称	主因子载荷	
	1	2
城镇化水平/%	0.622	0.630
人口密度/(人/km²)	0.963	0.065
人均地区生产总值/元	0.206	0.752
地均地区生产总值/(元/km²)	0.884	0.263
重点产业企业数量/个	0.070	0.862
绍兴晚报发行量/份	0.870	0.221

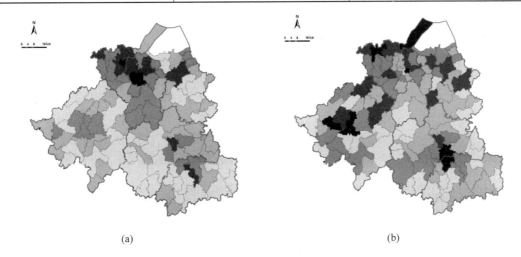

(a)　　　　　　　　　　　　　　　　(b)

图9.6　绍兴主因子的空间分布图(有彩图)

根据各主因子在各空间单元的得分,采用系统聚类法对各空间单元进行聚类分析。以两个主因子在118个空间单元上的得分作为基本数据矩阵,运用聚类分析方法,依据各单元经济、社会文化发展的相近程度进行归类(图9.7)。

根据聚类分析结果,按照都市区空间结构特征和组织原理,并进行实地考察判断,形成详细的城市功能区划分方案(图9.8),方案将功能区分为4大类:绿色、蓝色、橙色和红色。其中,绿色片区又分为4类,包含28个空间单元,以生态农业及旅游业为主导,经济发展水平和社会文化发展程度相对较低;蓝色片区也分为4类,包含35个空间单元,有较小规模的产业支撑,经济发展水平和社会文化发展程度一般;橙色片区分为5类,包含34个空间

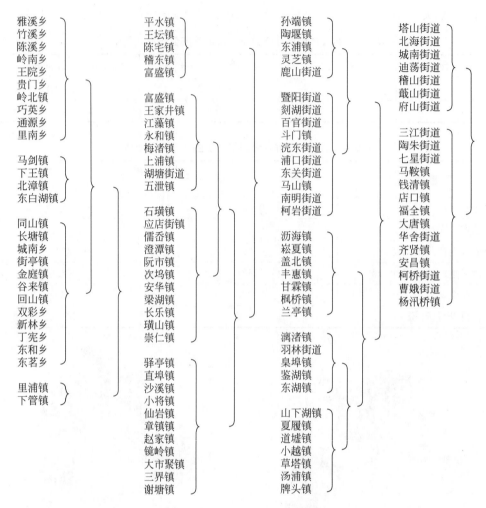

图9.7 绍兴空间聚类分析结果

单元,有一定规模的产业支撑,经济发展水平和社会文化发展程度较好;红色片区划分为2类,包含21个空间单元,是中心城区和重点行业如纺织业、机械业聚集的空间单元,经济和社会文化发展水平最高。

2. 城市功能区综合

将自然区、政区沿革、文化区、经济板块、信息流、交通流等要素功能区叠加到细分的城市功能区上,进一步将绍兴城市空间划分为城、乡两类区(图9.9)。如图9.9所示,绍兴城市群由形态各异、功能上互相联系的数十个城镇组成,它们具有集聚中心城市或县城周边趋势,通过块状经济纽带和产业分工形成了多中心、网络化、功能区、镶嵌体都市区空间结构,其中城市功能区包括中心城区绍北城镇密集区,副中心城市诸暨和嵊州—新昌组合城市,镇级市钱清、店口和汤浦(表9.5)。

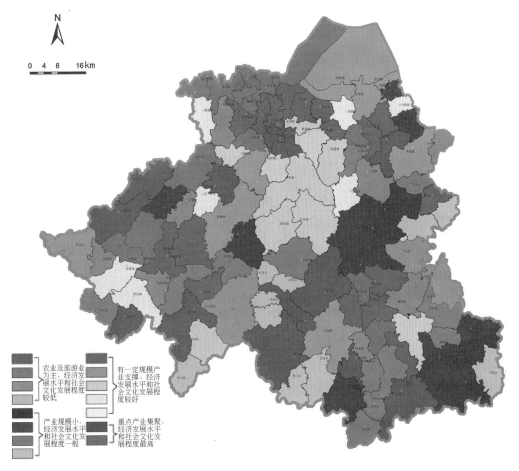

图 9.8　绍兴市域功能区细分图（有彩图）

表 9.5　绍兴城市功能区划分

主要功能	空间范围
中心城区	包括北海、城南等 12 个街道和东湖、东浦等 21 个镇，空间上集中分布在绍兴市北部片区。以上街道和乡镇自然单元相近，经济社会和文化发展水平高，基础设施完善，具备建设中心城区的条件
诸暨县级市	包括浣东、暨阳等 3 个街道和大唐、草塔等 5 个镇，空间上以诸暨为核心沿诸绍交通走廊分布，块状经济发育，是绍兴西南部副中心城市
嵊州—新昌组合城市	包括浦口、三江等 7 个街道和甘霖镇，自然生态环境好，为市域重要的水源涵养区和休闲度假疗养区，块状经济也很发达，以嵊州—新昌组合城市为中心，具备建设绍兴东南部副中心城市的条件
钱清镇级市	钱清镇是绍兴重点建设的小城镇，地处绍兴和杭州发展轴上，纺织化纤业发达，整合钱清、杨汛桥和夏履 3 镇空间，具备建设镇级小城市的条件
店口镇级市	店口镇位于诸暨市北部，五金业发达，综合实力较强，城市发展条件好，具备建设镇级小城市的条件
汤浦镇级市	汤浦镇位于上虞南部，城市发展潜力大，具备建设镇级小城市的条件

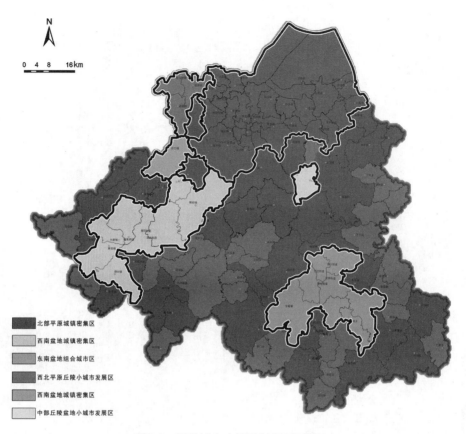

图9.9 绍兴城市功能区划分(有彩图)

9.1.5 从城市功能区到城市行政区划调整

基于上述城市功能区分析,可以按照不同的行政区划调整需求,进行方案组织。

1."一城六片"中心城区

根据以上城市功能区的划分,依托绍兴中心城区现状,可形成"一城六片"中心城市功能区(图9.10)。

2."一城三区"绍北城镇密集区

依托绍北城镇密集区,考虑撤绍兴县设柯桥区、撤上虞市设上虞区,形成一城三区的地级市行政中心城区结构。在此方案基础上,还可以形成如下4个不同的基于功能区的行政区划调整方案(图9.11)。

方案一:乡镇微调方案。该方案将绍北城镇密集区划分为三个经济相对集中区域。①Ⅰ片区:保持原来的越城区格局,包括镜湖核心、袍江片区、越城片区,将原绍兴县东部三镇孙端、陶堰、富盛与越城区的皋埠共同组成东部片区。②Ⅱ片区:包括柯桥片区、南部片

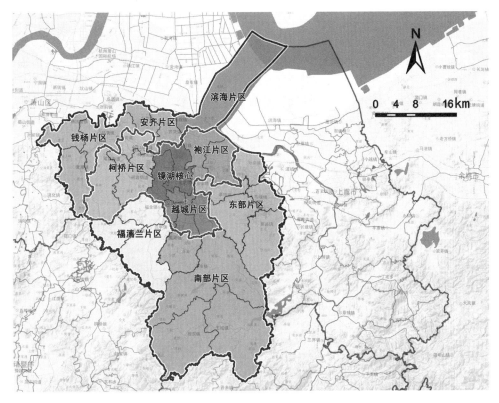

图 9.10　绍兴中心城区"一城六片"功能区分布图

区、滨海新城西区、安齐片区、杨钱片区、福漓兰片区。③Ⅲ片区：上虞，包括滨海新城中区、滨海新城东区。

方案二：北部沿海均分方案。该方案在方案一的基础上，考虑发挥越城、柯桥、上虞三区开发沿海地区的积极性，将北部沿海地区划分为东中西 3 个片区，每区对应一个沿海片区。①Ⅰ片区：包括柯桥片区、滨海新城西区、安齐片区、杨钱片区、福漓兰片区。②Ⅱ片区：包括镜湖核心、袍江片区、越城片区、东部片区、南部片区、滨海新城中区。③Ⅲ片区：上虞、滨海新城东区。

方案三：北部沿海新区方案。该方案按滨海产业园区作为一个独立产业平台将绍北城镇密集区划分为 4 个片区。①Ⅰ片区：包括滨海新城西区、滨海新城中区、滨海新城东区。②Ⅱ片区：包括柯桥片区、安齐片区、杨钱片区、福漓兰片区。③Ⅲ片区：包括袍江片区、镜湖核心、越城片区、东部片区、南部片区。④Ⅳ片区：上虞。

方案四：北部沿海中心城区方案。该方案在方案三的基础上进行Ⅰ片区与Ⅲ片区合并，将北部沿海划归中心城区，将绍北城镇密集区划分为 3 个片区：①Ⅰ片区：滨海新城西中东各片区、袍江片区、镜湖核心、越城片区、东部片区、南部片区；②Ⅱ片区：包括柯桥片区、安齐片区、杨钱片区、福漓兰片区；③Ⅲ片区：上虞。

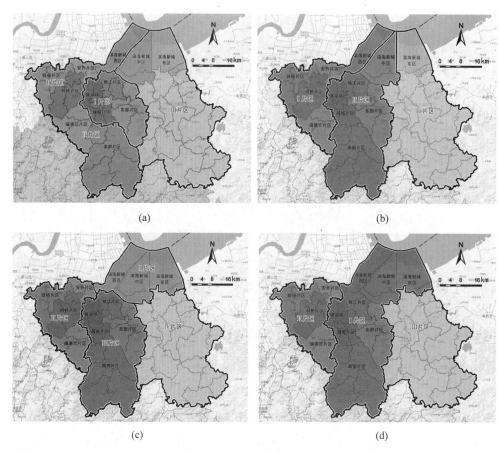

图 9.11 绍兴中心城区行政区划调整方案

(a) 方案一；(b) 方案二；(c) 方案三；(d) 方案四

3. 国务院批准行政区划方案

2013 年 10 月国务院发布《关于同意浙江省调整绍兴市部分行政区划的批复》，决定撤销绍兴县和上虞市，设立柯桥区和上虞区，并将原绍兴县孙端镇、陶堰镇、富盛镇划归主城区越城区管辖，批准方案与上述研究方案一相同(图 9.12)。绍兴市区面积由原来的 362km² 扩大到 2942km²，户籍人口由 65.3 万人增加到 216.1 万人。2013 年全市国内生产总值由 2361 亿元上升到 3967 亿元，居浙江全省第三位，人均生产总值也突破 10 万元。

本案例运用功能区思想，以大城市地区的街道或乡镇为空间单元，采集相关的自然、历史、文化、产业、客流和信息流数据，进行要素功能区的分析，可以准确获取不同层次相互依赖的功能空间单元，使城市在空间上充分适应和支撑多变的社会经济环境，可以为城市的多样性发展提供充分的弹性空间。由于这种基于基层空间单元的功能区是客观存在的现实，加上采用因子分析和聚类分析方法进行基于都市区概念和组织原理的城市功能区划分，一方面可以为行政区划调整提供基于城市功能区有机的空间组织科学依据，另一方面也避免了中国城市行政区划调整中的敏感性和政治性问题，通过基于功能区的科学研究按

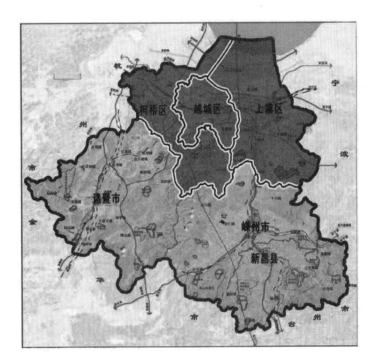

图 9.12　国务院批准绍兴中心城区行政区划调整方案(有彩图)

都市区概念进行城市行政区调整可以为地方经济和社会发展服务。

9.2　城市化空间过程分析[①]

城市分布密度主要用以描述城市分布在区域内的空间差异及其变化。在区域城市体系研究中,一般多以次级行政区为单元进行城市密度比较。中华人民共和国成立以来,中国城市体系空间格局发生了深刻的变化,传统的空间分析方法很难深入刻画城市体系空间格局的空间演化过程。本案例运用 kernel 空间密度分析方法,对中华人民共和国成立以来国家城市化空间过程进行系统研究。

9.2.1　数据采集和处理

城市分布空间分析涉及的城市数据主要包括历年中国设置城市及其规模属性数据。观测年份为 1949、1952、1957、1958、1961—1965、1970、1975、1978、1980、1984—2003 共 33 年,未包括港澳台地区。城市位置数据以城市经纬度为原数据,在国家基础地理信息系统(NFGIS)提供的 1∶400 万中国电子地形图(国界、省界、地级市等)的基础上,参考各省区

---

① 顾朝林,庞海峰,2009.建国以来国家城市化空间过程研究[J].地理科学,29(1)：10-14.

地图确定 1949—2003 各年中国所有城市的经纬度坐标进行采集。在 G1S 环境下对中国地图进行朗伯特等角圆锥投影(asia lambert conformal conic),转换投影参数设置中央子午线(central meridian)为东经 105°,标准纬线(standard parallel)为北纬 25°和 45°,将城市经纬度转化为直角坐标。将中国城市的市区非农人口作为城市人口规模指标,区域属性数据主要是指省区的位置数据和部分属性数据,如各省区的省界、国土面积、城市数量等。

9.2.2　城市分布空间的类型及其变化

运用上述数据,通过最邻近指数 R 进行改革开放以来中国分省区城市分布空间类型的分析。

假设现实的城市分布为随机点分布,则各点之间的距离和最邻近距离均符合正态分布,其点格局的最邻近距离平均值的期望值为

$$\overline{D_r} = \frac{1}{2\sqrt{N/A}} \tag{1}$$

式中,N 是研究区内点的总数,A 为研究区的面积。

最邻近指数 R 就是描述区内点分布的实际最邻近距离平均值($\overline{D_0}$)与相同区域的最邻近距离平均值的期望值($\overline{D_r}$)之间的比,可用公式表示为

$$R = \frac{\overline{D_0}}{\overline{D_r}} = \frac{\overline{D_0}}{1/(2\sqrt{N/A})} = 2\overline{D_0}\sqrt{\frac{N}{A}} \tag{2}$$

R 值的范围大于等于零。在式(2)中,最邻近距离平均值的期望值($\overline{D_r}$)通过城市个数和中国国土面积数据直接计算而得。

关于点格局中各个点和最邻近点之间的距离(D_0),首先通过朗伯特等角圆锥投影将中国各城市的经纬度转化为直角坐标(存在一定的投影转换误差),然后通过 ArcGIS 读出各个城市的直角坐标值,在此基础上对城市体系中各城市的最邻近城市进行搜索,从而计算出每个城市的最邻近距离(D_0),最后通过均值计算得出最邻近距离平均值($\overline{D_0}$)。

$R=0$,表示空间点全部集中于一个位置;$0<R<1$,点格局趋近于集聚分布;$R=1$,点格局为随机分布;$R>1$,则表示点格局趋于均匀分布。对应于城市空间分布可以概括为集聚、随机和均匀三种基本类型。值得注意的是,城市体系空间分布 R 值不可能精确地等于 1,即没有绝对的随机分布,而只有近似的随机分布。

许学强运用统计学原理将城市体系随机分布的 R 值区间(即 R 值随机域)进行量化分析(图 9.13),取 R 值随机域为$(1-\Delta, 1+\Delta)$,其中 $\Delta=1.045/0.5n$(式中 n 为城市数量)。该研究认为:只要 R 值落在随机域$(1-\Delta, 1+\Delta)$内,城市体系空间分布类型就可以认为是随机型的,而 R 值位于$(0, 1-\Delta)$时则为集聚分布,R 值大于 $1+\Delta$ 时则为均匀分布。针对中国国家尺度上的城市分布 R 值大多集中在 0.85～0.96 内的实际情况,本文在许学强上述分类基础上对集聚型的 R 值区间进行细化(图 9.13),即:①R 值位于$(0, 1-3\Delta)$内时,城市空间分布类型确定为"强集聚型";②R 值位于$(1-3\Delta, 1-\Delta)$内时,确定为"弱集聚型"。而对随机型和均匀型的 R 值区间不作进一步划分。在 1978 年前中国城市空间分布主要为"弱

集聚型",1978—1985 年间为"随机型",1985—1992 年间为"弱集聚型",1992 年至今则为
"强集聚型"。

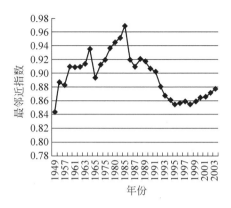

图 9.13　中国城市空间分布 *R* 值变化趋势(1949—2003 年)

9.2.3　Kernel 城市空间密度分析

上述中国城市空间分布描述仍难以直观表达城市分布在空间上的连续变化趋势。进
一步采用 Kernel 城市空间密度分析方法,以等值线形式表示城市分布的空间变化趋势,峰
值区代表城市密集分布地区,反之则为稀疏地区。并运用多尺度分析功能,选择 100km、
200km 和 300km 三个搜索半径(在 Kernel 函数中也称带宽)对 1949—2003 年全国城市进
行 Kernel 空间密度分析。

运用 ArcGIS 空间分析模块(spatial analysis)中的 Density 工具,按照 100km、200km 和
300 km 获取搜索半径,进行中国城市空间点格局的 Kernel 密度分析(图 9.14)。

根据中国城市空间的 Kernel 密度分析,结果显示:①中国城市空间分布密度在省区间
存在明显的空间差异,且在 1949—2003 年间不断扩大。城市分布的密集地带在空间上明显
出现转移,空间格局在西南方向的拓展较明显,其演化过程具有"小集中/大扩散"的空间尺
度特征。②中国城市空间分布具有"东密西疏/南密北疏"的基本倾向,且东西向的倾斜程
度比南北向更为剧烈的基本倾向没有发生根本性变更,但 1949—2003 年间城市空间分布的
南北向不平衡不断凸现。③中国城市空间分布在省区尺度上表现为"先减弱(1949—
1965)、后增强(1965—1984)、再减弱并趋于稳定(1984—2003)"的趋势。④国家城市分布
空间的节点结构发育逐渐趋于完善。从 1949 年到 2003 年,一、二级节点由 3 个增加为 18
个,三级节点也大量形成,形成了多空间层次的地域城市节点系统。⑤中国城市空间从
1949 年的 3 个城市集聚区发育至 2003 年的 20 个,其中已形成的城市集聚区 11 个,正在发
育的城市集聚区 9 个,尤其"长三角+山东半岛+苏鲁皖边界"、"京津冀+中原+晋中"和珠
三角等三大地区已经出现明显的城市连绵区趋势。通过实证分析可以发现,Kernel 空间分
析方法对于研究城市空间格局具有定量化和空间可视化的优点,能进一步对城市空间数据
进行探索性分析和挖掘,以此获取更多的空间信息和更深入的空间过程研究。

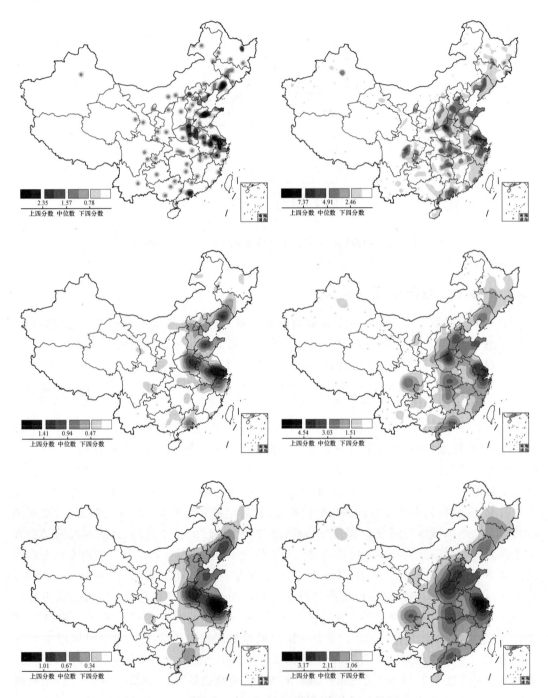

图9.14　中国城市分布 Kernel 密度演化图（1949—2003 年）

9.3　城市经济区划分模型[①]

本案例建立了城市经济区划分的 $d\triangle$ 系和 R_d 链法理论与方法,应用 33 个指标对全国 1989 年 434 个城市进行了综合实力的 R 型因子分析评价,并进行了不同层次 d 系的划分和 Ⅰ、Ⅱ、Ⅲ级 $d\triangle$ 系和 R_d 链组建,提出了城市经济区区划体系的设想。

9.3.1　R_d 链城市经济区划分的理论与方法

城市经济区,从其结构形态看,是以大中城市为核心,并由与之紧密相连的广大地区共同组成的、经济上紧密联系、生产上互相协作、在社会地域分工过程中形成的结节地域。从城市经济区的内在特性的规定性看,它具有五大构成要素,即中心城市、城镇网络、联系通道、空间梯度和经济腹地。其中,中心城市规定了城市经济区的层次,经济腹地展示了城市经济区的范围。传统经济腹地的划分往往注重中心城市与其周围地区之间各种流态(如人流、物流、技术流、信息流和金融流等)的分析,但在实际工作中资料获取却相当困难。

1. 结节区域形成的充分必要条件

区域,用图论的语言可表述为:在球面上(包括地球)用简单曲线画出的图 $G=(V,U)$,它们各边的交点均为顶点,并且可以把这张图展示在平面有限图上。

按照图论原理,对于平面图来说,最简单的区域图,其有限面的边界(围道)为

$$V(G) = 1$$

连接分支 $\rho=1$,参照圈空间秩数 $V(G)$ 定理:

$$V(G) = m - n + \rho \quad (m \text{ 为图的边数},n \text{ 为围成的图的个数}) \tag{1}$$

不难看出,满足式(1)的充分必要条件为 $m=n$。

此外,在简单完全图中,点和边的关系又必须满足公式(2),即

$$m \leqslant n(n-1)/2 \tag{2}$$

根据式(1)令 $m=n$ 并代入式(2),很容易求得简单平面完全图的点数和边数至少为 3,即

$$\begin{cases} m \geqslant 3 \\ n \geqslant 3 \end{cases}$$

城市经济区是由中心城市与各城镇组成的城镇网络,从图的角度看都可以认为是单纯无向图。中心城市 a,对于周围地区图 G 中任一其他城镇 $V \in G$ 都存在由 $a \sim V$ 的基本连接线 $P_a.v$,按图论的表述法,我们称这一区域图 $G=(V,U)$ 为有根树,中心点 a 为树的根。很显然,在以 a 为根的树 R 上,a 作为节点的充分必要条件是图上顶点的连接次数大于或等于 3。也就是说,只有当 $G=(V_a,U)$ 为一个连接图时,并设有 U_1 与 U_2 的弧集的一个分割,即

$$\begin{cases} U = U_1 \bigcup U_2 \tag{3} \\ U_1 \bigcap U_2 = \varnothing \tag{4} \end{cases}$$

---

① 顾朝林,1991.中国城市经济区划分的初步研究[J].地理学报,46(2):129-141.

中心城市 a 才能形成(区域)图 G 的节点。

从纯几何学的角度说,一个平面图形(区域)最彻底的划分为三角形(三点三条连接线),它是编制一个紧致网的最小单元。要形成具有节点的结节区域的充分必要条件是两个或两个以上三角形组成连接图。

2. R_d 链城市经济区组建方法

根据上述图论原理,城市经济区的组建可运用 R_d 链方法。

首先,我们应用经济地理学地域集聚原理,将某一地域的社会、经济、科技、教育和交通线结合在一起的整体地理结构称为一个 d 系。很显然,这种 d 系是随着社会经济核心区的形成而出现,并且随着中心城市的发展推动区域社会经济的发展,特别是随着各种流通范围的扩大而扩大。在实践中我们很自然地以城市为节点构造 d 系,并按中心城市实力指数划分为不同层次的 d 系。

其次,按照图论原理,可以把三个 d 系组成一个三角区,形成一个基本的经济单元,我们称为 $d\triangle$ 系。按照不同层次的 d 系,进一步把两个或两个以上的 $d\triangle$ 系联结起来,称为 R_d 链。

再次,进行基层 d 系的社会经济技术流态分析,划分与其对应的腹地范围。

这样,从理论上讲,一个 R_d 链的范围就是我们组建城市经济区的大致范围。

3. 中心城市实力指数评价方法

在现代交通运输状况下,每个城市与其周围的城市一般都有三条以上的运输连接通道。为了比较准确地反映各城市的节点层次,我们运用主因子 R 分析方法进行城市实力指数的多指标定量评价分析。

假定对 n 个城市进行 m 项指标综合评价,其指标集矩阵为 $(X_{ij})_{n\times m}$。为了除去量纲对评价的影响,我们可对原指标集矩阵标准化:

$$Y_{ij} = (X_{ij} - \overline{X_j})/\sigma_j \tag{5}$$

其中,

$$\overline{X_j} = \frac{1}{n}\sum_{i=1}^{n} X_{ij}$$

$$\sigma_j = \sqrt{\frac{1}{n}\sum_{i=1}^{n}(X_{ij} - \overline{X_j})^2}$$

计算 Y_{ij} 的相关系数矩阵 T_{ij}。

$$(T_{jk})_{m\times n} = \frac{1}{N}\sum_{i=1}^{N} Y_{ij}Y_{ik} \quad (j,k=1,2,\cdots,m) \tag{6}$$

对相关系数矩阵 R 进行向量内积求出特征值 λ_i,求解求逆紧凑变换求得相应的特征向量 I_{ij}。

按照特征值的累计百分率确定主因子数,并求每一主因子的贡献率。

$$P_j = \frac{\lambda_j}{\sum\limits_{j=1}^{P}\lambda_i} \tag{7}$$

按照主因子 Z_k 与原因子 Y_j 的相关关系,计算第 j 个因子在第 k 个主因子上的载荷量(因子载荷量)。

$$\rho(Z_k, Y_j) = \sqrt{\lambda_k} I_{kj}$$

城市综合实力指数(Q_i)为

$$Q_i = \sum_{k=1}^{p} \sum_{j=1}^{m} \rho_{kj} Y_{ij}, \quad i = 1, 2, \cdots, n \tag{9}$$

4. R_d 链组建城市经济区方法的特点

按照 R_d 链方法组建的城市经济区具有明显的特点。表现在:①城市经济区以经济重心区和通道网为骨架,而不是一种中心 - 腹地体系骨架。②城市经济区没有排他性边界,不同层次的城市经济区可以互相交叉重叠,经济发展水平较低和通道网缺乏的地区甚至可以出现轮空现象。③城市经济区随着经济重心区的转移、通道网的变化其范围也会相应变动。

由于中心城市实力和通道网无时无刻都处在变化之中,因此,用这种方法划分城市经济区可以准确地把握中心城市和通道网的发展。

9.3.2 城市实力评价及不同层次 d 系的划分

根据《中国城市统计年鉴(1989)》选取反映城市经济发展水平、辐射能力和吸引能力的 33 个指标,对全国 434 个城市进行城市实力综合评价。

1. 评价指标体系的组成

我国城市实力综合评价指标体系由三个层次组成。第一层次包括经济实力和物质实力指标;第二层次将上述两方面的实力进一步分解为经济发展水平、辐射能力和吸引能力三个指标集;第三层次为 33 个具体统计指标。综合评价指标体系可归纳得图 9.15。

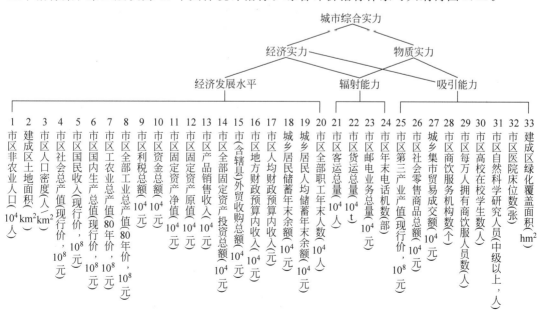

图 9.15 综合评价指标体系

2. 因子分析法计算结果

通过建立城市综合评价指标数据库(434×33),经计算机运算求得相关系数矩阵,并根据相关矩阵计算特征向量和特征根。取累积贡献率为 92% 的前六个主因子进行 R 型分析,依据因子载荷量表计算我国 434 座城市综合实力指数,并进行总排序划分为不同层次的 d 系(表 9.6)。

表 9.6   中国城市实力指数及 d 系层次分析法(1989 年)

序号	城市	实力指数	实力指数差	d 系层次	序号	城市	实力指数	实力指数差	d 系层次
1	上海	214.997	—	I_1	32	苏州	15.211	2.984	
2	北京	170.927	44.07		33	福州	13.729	1.482	
3	天津	102.225	68.702	I_2	34	乌鲁木齐	13.689	0.040	
4	广州	94.483	7.742		35	南昌	13.550	0.139	
5	沈阳	77.406	17.077	II_1	36	宁波	13.393	0.157	
6	武汉	67.657	9.749		37	合肥	12.860	0.533	II_4
7	南京	51.359	16.298		38	洛阳	12.373	0.487	
8	哈尔滨	49.696	1.663		39	包头	12.190	0.183	
9	大连	46.318	3.378	II_2	40	徐州	11.744	0.446	
10	重庆	45.150	1.168		41	本溪	11.349	0.395	
11	成都	41.173	3.977		42	常州	11.223	0.126	
12	西安	39.941	1.232		43	邯郸	10.195	1.028	
13	青岛	32.110	7.831		44	大同	9.859	0.336	
14	济南	30.516	1.594		45	齐齐哈尔	9.772	0.087	
15	长春	30.035	0.481		46	东莞	9.320	0.452	
16	太原	29.967	0.068		47	潍坊	9.036	0.284	
17	杭州	28.349	1.619		48	汕头	8.776	0.260	
18	深圳	28.280	0.069		49	东营	8.747	0.029	
19	大庆	27.779	0.501		50	锦州	8.630	0.117	
20	鞍山	27.419	0.36		51	柳州	8.612	0.018	
21	淄博	25.526	1.893		52	南宁	8.064	0.548	III
22	兰州	22.866	2.66	II_3	53	厦门	8.038	0.026	
23	石家庄	22.091	0.775		54	佛山	6.627	1.411	
24	抚顺	21.322	0.769		55	中山	6.508	0.119	
25	吉林	20.744	0.578		56	烟台	6.414	0.094	
26	昆明	20.610	0.134		57	珠海	5.774	0.640	
27	郑州	20.178	0.432		58	辽阳	5.694	0.08	
28	贵阳	19.549	0.629		59	南通	5.506	0.188	
29	无锡	19.081	0.468		60	枣庄	5.008	0.498	
30	唐山	18.637	0.444		61	湛江	4.875	0.133	
31	长沙	18.195	0.442		62	呼和浩特	4.760	0.115	

续表

序号	城市	实力指数	实力指数差	d 系层次	序号	城市	实力指数	实力指数差	d 系层次
63	张家口	4.498	0.262		83	新乡	2.370	0.003	
64	丹东	4.060	0.438		84	温州	2.301	0.069	
65	株洲	3.817	0.243		85	江阴	2.028	0.273	
66	牡丹江	3.700	0.117		86	秦皇岛	1.916	0.112	
67	宝鸡	3.654	0.046		87	扬州	1.903	0.013	
68	保定	3.403	0.251		88	佳木斯	1.647	0.256	
69	芜湖	3.218	0.185		89	襄樊	1.581	0.066	
70	常熟	3.191	0.027		90	伊春	1.534	0.047	
71	盘锦	3.128	0.063		91	阜新	1.371	0.163	
72	西宁	3.114	0.014	Ⅲ	92	江门	1.364	0.007	Ⅲ
73	宜昌	3.083	0.031		93	韶关	1.248	0.116	
74	黄石	2.950	0.133		94	攀枝花	1.216	0.032	
75	衡阳	2.832	0.118		95	桂林	1.163	0.053	
76	湘潭	2.798	0.034		96	萧山	1.061	0.102	
77	营口	2.754	0.044		97	十堰	1.027	0.034	
78	淮南	2.665	0.089		98	安阳	0.920	0.107	
79	平顶山	2.604	0.0611		99	湖州	0.746	0.174	
80	蚌埠	2.534	0.07		100	马鞍山	0.730	0.016	
81	镇江	2.389	0.145		101	鸡西	0.546	0.184	
82	开封	2.373	0.016		102	岳阳	0.269	0.227	

9.3.3 中国的 d△ 系和 R_d 链

1. 中国的 d△ 系和 R_d 链

按照 R_d 链理论,国家城市经济区的划分依据为:①构建Ⅰ级 d△ 系和有效地扩展Ⅰ级 R_d 链,组建国家经济发展地带;②用尽可能少的代价(人财物投入)构建Ⅱ级 d△ 系(图 9.16),并以尽快接通各级 R_d 链为目标,组建国家级城市经济区。依据我国 d△ 系和 R_d 链现状基础,我国城市经济区组建方案设想为:两大经济发展地带、三条经济开发轴、九大城市经济区(图 9.17)。

2. 中国城市经济区组建方案

根据经济发展地带、经济开发轴线和城市经济区之间的相互关系,我国城市经济区区划体系为:(1)两大经济发展地带:由沈阳、京津、上海、武汉、广州五大城市经济区组成东部经济发展地带;重庆、西安、乌鲁木齐、拉萨四大城市经济区组成西部经济发展地带。(2)三条经济开发轴:由沈阳、京津、上海、广州四大城市经济区组成沿海经济发展轴带;上海、武汉、重庆三大城市经济区组成沿江经济发展轴带;京津和西安两大城市经济区组成黄河陇海铁路沿线经济发展轴带。(3)九大城市经济区:①沈阳经济区——以沈阳为中心,包含沈阳、长春、哈尔滨、齐齐哈尔 4 个Ⅱ级经济区。②京津经济区——以京津为中心,包含京津、石家庄、济南、青岛、徐州、郑州、太原、包头 8 个Ⅱ级经济区。③西安经济区——以西安

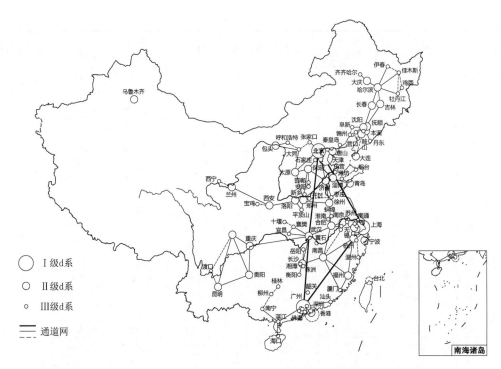

图 9.16　中国 $d\Delta$ 和 R_d 链示意图（1989）

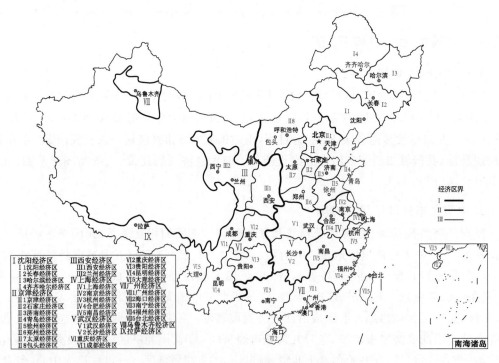

图 9.17　中国城市经济区划示意图

为中心,包含西安、兰州 2 个 Ⅱ级经济区。④上海经济区——以上海为中心,包含上海、南京、杭州、合肥、南昌 5 个 Ⅱ级经济区。⑤武汉经济区——以武汉为中心,包含武汉、长沙 2 个 Ⅱ级经济区。⑥重庆经济区——以重庆为中心,包括成都、重庆、贵阳、昆明、大理 5 个 Ⅱ级经济区。⑦广州经济区——以广州为中心,包括广州、海口、南宁、福州、台北 5 个 Ⅱ级经济区。⑧乌鲁木齐经济区。⑨拉萨经济区。

9.4 城市群蔓延区划分①

本案例选择苏南地区,采用 1984 年、1991 年、2000 年和 2005 年的卫星图像数据进行城市群蔓延分区划分研究(图 9.18)。

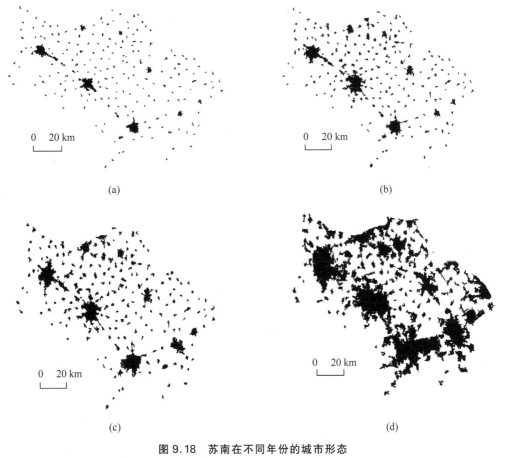

图 9.18 苏南在不同年份的城市形态

(a) 1984 年 8 月;(b) 1991 年 7 月;(c) 2000 年 5 月;(d) 2005 年 5 月

---

① 马荣华,顾朝林,蒲英霞,等,2007.苏南沿江城镇扩展的空间模式及其测度[J].地理学报,62(10):1011-1022.笔者特别鸣谢 Gilles Vuidel 和 Luc Anselin,Gilles Vuidel 开发的 Fractalyse 软件被用于分形模式分析,Luc Anselin 的 GeoDa 被用于空间自相关分析。

9.4.1 分形维数

分形维数是一个进行全球城市形态比较研究的很好工具(Tannier and Pumain,2005)。因此,本节将通过介绍分形维数方法来进一步解释分形维数,包括半径维数(radius dimension)、网格维数(grid dimension)、相关维数(correlation dimension)和边界维数(boundary dimension)。前三个维数属于计数方法,可以通过 Gilles Vuidel 开发的 Fractalyse 软件计算。第四个维数可以通过大多数统计软件中都包含的回归函数来计算。

1. 网格法

理论上,网格维数(Dg)表示一定区域范围内城市分布的均匀度,其位于0～2之间。如果 Dg 等于 0,表明所有城镇集中于一点,即区域内仅有一个城镇,这通常是不现实的;如果 Dg 等于 1,显示了城镇均匀地沿着一条线分布,如沿铁路、河流或海岸线分布;如果 Dg 等于 2,表明城镇的空间分布是完全均匀的。在一般情况下,Dg 范围为 1～2,随着 Dg 的值不断增加,城镇的空间分布均质水平逐渐明显。在这项研究中,我们选择了统计中心数量,分别在区域质心(310,335)、常州(113,229)、无锡(253,322)和苏州(388,441)。

2. 半径法

这种方法是指定一个点为计数中心,并给出围绕这个点展开的不同地点的分布规律。半径维数(Dr)表明整个区域内城镇从中心(计数中心)到外围的空间分布衰减特征。如果 Dr 小于 2,表明区域城镇的空间分布在密度上从中心向外围衰减;如果 Dr 等于 2,表明在半径方向上均匀;如果 Dr 大于 2,表明从中心向外围增加。为便于分析和比较,它像网格法一样使用统计中心数量。

3. 相关维数

采用一个小方形窗口,图像的每个点可以描述其中的相对位置。通过每个窗口可以数出观测点的数目。由此,能够计算出每个窗口点的平均数目。相同的操作被用于不断增大的窗口。在原则上,可以选择任何形状的窗口,如圆形、六边形等。然而,由于像素是正方形,选择正方形有助于避免舍入误差。与 Dg 一样,相关维数(Dc)也表明一定区域内城镇分布的均匀度,但 Dc 可以揭示比网格维数更多的细节。一般而言,Dc 位于 0～2 之间;如果接近 2,表明城镇分布较为均匀;如果接近但大于 0,表明区域内存在首位城市。

4. 边界法(或面积-周长法)

如果城市是一个简单的几何形状,其边界维数为 1,表面维数为 2,面与线的比率约为 1.05(Tannier and Pumain,2005),这与欧几里得几何学相矛盾,但与分形几何学一致。对每一个表示城镇的多边形而言,周长(P)和面积(A)之间存在如式(1)的基本分形关系(Johnson,et al.,1995):

$$P = kAD/2 \tag{1}$$

式中,D 是分形面积,k 是比例常数。式(1)可以转换为

$$\ln = \frac{2}{D_a} = \ln P + c \tag{2}$$

式中,D_a 是周长维数,c 是线性回归截距。我们采用 ArcGIS 9.0 分析周长(P)和面积(A);统计软件 SPSS 11.0 中的回归分析被用于分形面积-周长维数的计算。同样地,估计的质量用相关系数进行量化。在一般情况下,分形面积-周长维数在 1～2 的范围内。

9.4.2　空间蔓延测度

1. 紧凑指数

借用景观生态学中的紧凑度,定量度量区域内城镇的整体空间集聚形态。紧凑度不仅可以测量各斑块形状,也考虑了景观的分散程度。紧凑指数(CI)由 Li 和 Yeh(2004)定义。

$$CI = \frac{\sum_i P_i/p_i}{N} = \frac{\sum_i 2\sqrt{S_i/\pi}/p_i}{N} \tag{3}$$

式中,S_i 是第 i 个城市(包括城镇)的面积,P_i 是所有城市周长的平均数,p_i 是第 i 个城市内接圆的周长,N 是城市的总个数。根据这个定义,圆形紧凑斑块将具有很高的值。为了最大限度地减少由众多小斑块而不是大的复合体引起的偏差,Li 和 Yeh(2004)修改了紧凑度指数:

$$CI' = \frac{CI}{N} = \frac{\sum_i 2\sqrt{S_i/\pi}/p_i}{N^2} \tag{4}$$

2. 蔓延强度

除了在某些特定的时间和动力分析中采用分形维数进行城市形态静态分析外,有必要选择一种动态指数更直接地表示城市和城市群生长。所以,我们采用了蔓延强度指数(SII):

$$SII = \frac{A_s}{A_t \times \Delta t} \times 100 \tag{5}$$

式中,A_t 是城镇的镇域总面积,m^2;A_s 是城镇沿某个方向或 Δt(一年)期间的镇区扩展面积,m^2/a。在中国,城镇是最基本的行政边界,但有时会根据经济发展情况部分或全部地进行合并或分割。其结果是,处于不同的时间段的边界可能不同。在这里,我们采取 1991 年的行政界线作为基本计算和分析单位。

9.4.3　空间自相关分析

一些标准的全局性和新的局部空间的统计数据,包括 Moranl(Cliff and Ord,1981),G 系数(Getis and Ord,1992)和空间相关性的局部指标(Anselin,1995),可用来探测城市群的蔓延模式(Ma,et al.,2006)。城镇空间形态分析是从随机分布假设开始,也就是说,空间形态是从空间依赖性数据导出,而不是理论模式先入为主的分析。在这项研究中,全局和局部 Moranl 通过 Luc Anselin 的 GeoDa0.9.5-I(测试版)获得;全局和局部 G 统计通过 ArcGIS 9.0 空间统计工具分析获得。

1. 全局 MoranI

$$I = \frac{n}{S_0} \frac{\sum_{i}^{n} \sum_{j \neq 1}^{n} W_{ij}(x_i - \bar{x})(x_j - \bar{x})}{\sum_{i}^{n}(x_i - \bar{x})^2} \tag{6}$$

这里定义的全局 MoranI，n 是观测的数量；x_i 和 x_j 分别代表在位置 i 和 j 的观测值（本研究是扩张强度）；$\bar{x}$ 是 $\{x_i\}$ 在 n 个位置的平均值；$(W_{ij})_{n \times n}$ 是对称的二进制空间权重矩阵；如果位置 i 是邻接位置 j 或位置 i 和 j 存在一定距离 d，权重定义为 1；否则，权重为 0；S_0 是来自 $(W_{ij})_{n \times n}$ 所有元素的总和。

MoranI 检验的范围从 $-1 \sim 1$。当一定距离内的位置观察值，或它们的连续位置趋向相似时，MoranI 检验显著为正；当趋向不相似时，MoranI 检验为负；当观察值被设置成随机或独立空间时，MoranI 检验大致为零。

2. 全局 G 系数

$$G(d) = \frac{\sum \sum W_{ij}(d) x_i x_j}{\sum \sum x_i x_j} \tag{7}$$

全局 G 系数由其中具有相同含义的符号建立方程式。为了便于解释，这里定义 $G(d)$ 的标准格式为

$$Z(G) = \frac{G - E(G)}{\sqrt{\mathrm{Var}(G)}} \tag{8}$$

若 G 超过 $E(G)$ 且 $Z(G)$ 显著，观察值是由比较大的值群集；如果 G 小于 $E(G)$ 且 $Z(G)$ 显著，观察值则是由相对小的值群集；如果 G 接近 $E(G)$，观察值在空间上随机分布。

如果上述两个统计中的一个只给出一个值，则显示观察的是一个整体空间格局，因此，我们无法知道每个位置的空间变异情况。

局部 MoranI 检验

$$I_i = \sum W_{ij} Z_i Z_j \tag{9}$$

这里 i 被定义为对每个观测的局部 MoranI 检验，Z_i 和 Z_j 是标准化的形式（具有零均值和 1 的方差）。该空间权重 W_{ij} 是行标准化形式。所以，I_i 为 Z_i 和 Z_j 周围的位置观察的平均值。I_i 值不同于全局 MoranI 检验，与观察紧密相关，其局域不限于 -1 和 1 的范围。

用显著水平（如 p 值小于 0.05），正 I_i 和正 Z_i 高观测值表明，位置 i 与其周围有相对高的关联，即高价值高集群（HH）；正 I_i 和负 Z_i 低观测值表明，位置 i 与其周围有相对低的关联，即低价值低集群（LL）；负 I_i 和正 Z_i 表示位置 i 与其周围观测值更多，即高价值低集群（HL）；负 I_i 和负 Z_i 表明位置 i 与其周围的位置的观测值要少得多，即低价值高集群（LH）。

3. 局部 G 系数

全局 G 系数可能不容易从空间集群中区分出负空间关联，往往只是通过高还是低的系数定义空间集群。全局 G 系数也不能进行广泛的评价，特别是用于低值集群。因此，根据

全局 G 系数(Ord and Getis,2001)程度定义局部 G 系数来解释局部 G 系数显得至关重要。局部 G 系数(包括 G_i 和 G_i^*)用于从观测的平均值测试一个局部形态的偏差。空间统计量 $G(d)$ 和 $G_{ii}^*(d)$ 可被定义为

$$G_i(d) = \frac{\sum\limits_{j \neq i} W_{ij}(d) x_j}{\sum\limits_{j \neq i} x_j}, \quad G_i^*(d) = \frac{\sum\limits_{j=1}^{n} W_{ij}(d) x_j}{\sum\limits_{j=1}^{n} x_j} \tag{10}$$

这里符号与以前一样。为了便于解释,Ord 和 Getis (1994)定义 $G_i(d)$ 的标准格式

$$Z(G_i) = \frac{G_i - E(G_i)}{\sqrt{\mathrm{Var}(G_i)}}, \quad Z(G_i^*) = \frac{G_i^* - E(G_i^*)}{\sqrt{\mathrm{Var}(G_i^*)}} \tag{11}$$

这里 $E(G_i)$ 是 G_i 的数学期望,$\mathrm{Var}(G)$ 为方差;$E(G_{ii}^*)$ 为 G_i^* 的数学期望,$\mathrm{Var}(G_i^*)$ 为方差。

一个显著和正 $Z(G_I)$ 或 $Z(G_i^*)$ 表示位置 i 由相对大的值所包围,而一个显著和负 $Z(G_I)$ 或 $Z(G_i^*)$ 表示位置 i 被包围通过相对小的值。所以局部 G 系数可以用于识别具有高值集群或低值集群的空间集群形态。

9.4.4　空间蔓延分析

1. 蔓延速度

在 1984—2000 年间,苏南地区的市区扩展呈线性增大,从 1984 年的约 230km² 扩展到 2000 年的 750km²,到 2005 年突然加速扩展至约 2800km²,各种开发区(包括产业开发区和经济技术开发区)面积大约达到 900km²。1991 年苏南地区城市建成区面积在 1984 年的基础上扩大了 2.33 倍,2000 年是 1991 年的 1.57 倍和 1984 年的 3.64 倍,到 2005 年城市建成区面积是 2000 年的 3.41 倍、1991 年的 5.34 倍和 1984 年的 12.42 倍。城镇总面积和城镇总人口之间的关系呈正指数函数(图 9.19(b)),市区建成区面积增长快于城市人口增长,这也意味着土地拉动城市增长为主。该区城镇总面积和城镇总人口之间的线性关系非常显著;城镇建设用地的增长速度快于城镇人口的增长,表现出与人口增长并不协调的城镇圈

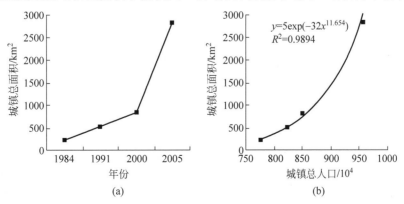

图 9.19　不同年份城镇总面积与城镇总人口的关系

地式增长模式。

2. 偏离中心程度

以区域质心(310,335)、常州(113,229)、无锡(253,322)和苏州(388,441)作为计数中心,分析半径维数、网格维数和相关维数,其中相关维数的计算选择方形计数窗口。以区域质心(310,335)为中心的全局分形半径维数(GFRD)的分析表明(图 9.20)。整体上,全局分形半径维数值逐渐增大,区域内城镇的空间分布逐渐趋于均匀;仅 1991 年全局分形半径维数出现异常(小于 1),表明 1991 年及其前后城镇扩展的无序化程度加剧,区域内城镇的空间组织形态类似 Fournier 灰尘的形状。1984 年、1991 年和 2000 年的 SBC 曲线变化趋势相似(图 9.21),沿半径方向城镇的空间分布异质性较大,揭示了城市建成区的类似异构空间组织,在 150～230 个像素的半径范围内具有较强的稀释现象;就城市蔓延而言,2005 年变化明显,区域内城镇在向着区域质心的方向扩展,空间分布的同质性增加,尤其在半径 400 像元(100km)内,具有更好的紧凑度。该全局分形半径维数中心在不同的城市也会随之出现相应的结果,由于篇幅限制的原因就不在本章赘述了。

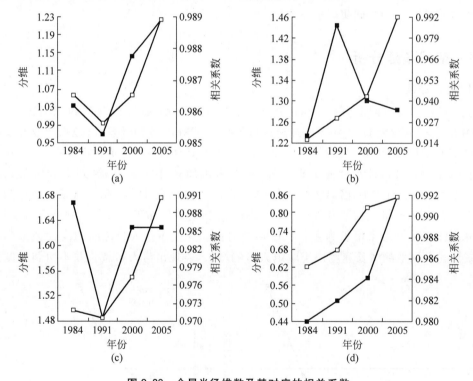

图 9.20　全局半径维数及其对应的相关系数

（a）以区域质心为中心；（b）以苏州为中心；（c）以无锡为中心；（d）以常州为中心

■— 分维(无量纲)　□— 相关系数(无量纲)

3. 分维尺度

1984 年的全局相关维数(GFCD)约为 1(图 9.22),局部相关维数(LFCD)随计数窗口的

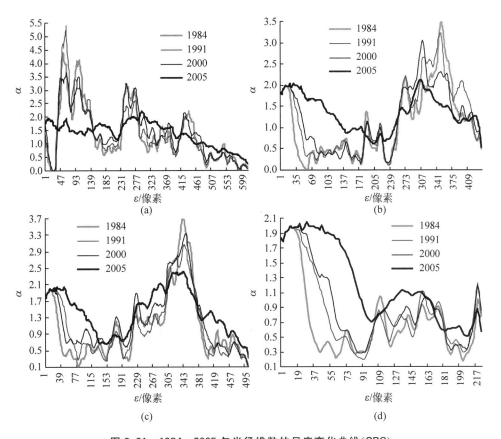

图 9.21　1984—2005 年半径维数的尺度变化曲线（SBC）
(a) 以区域质心为中心；(b) 以苏州为中心；(c) 以无锡为中心；(d) 以常州为中心

像元尺寸在 0.55～1.43 之间变化（图 9.22(b)），特别当计数窗口尺寸范围在 23～58、58～69、69～86、118～130 以及 130～154 个像元内时，局部相关维数均小于 1 但大于 0.999，区域内城镇空间组织的异质性特征更为明显，这与城镇空间上的相互分离相对应。1991 年和 2000 年的全局相关维数大于 1 但小于 1.3，半径维数的尺度变化曲线的变化趋势基本相同，稍有差异的是 1991 年计数窗口尺寸在 28～90 以及 112～126 个像元范围内时局部相关维数小于 1，而 2000 年均大于 1，表明 2000 年城镇空间组织在上述标度范围内优于 1991 年。2005 年的相关维数最高，表明 2005 年的城镇空间分布更为均质。

4. 紧凑指数

　　从紧凑指数的分析图 9.23 看，从 1984 年到 2005 年城镇空间分布越来越紧凑、连接越来越紧密，验证了分形分析的相关分析结果。与其不同的是，修正紧凑指数分析表明，市区面积变得越来越均匀致密，与分形边界维数相比较，显示出总体上城市化地区的轮廓是不稳定和不规则的（图 9.24）。在 1984—2005 年间，城市增长在一定程度上溢出城市外部轮廓，可能是由于尽管在某些时期某些规划存在，但一个连续的城市规划失灵所形成。

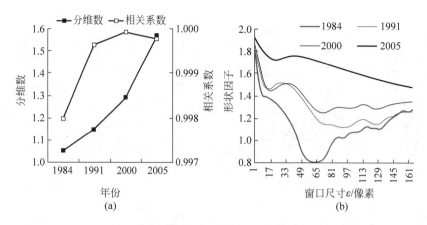

图 9.22 1984—2005 年区域城镇的相关维数及其尺度行为曲线(SBC)变化

(a) 相关维数;(b) 计数窗口尺寸 ε

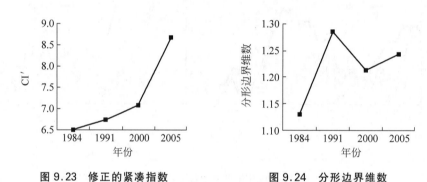

图 9.23 修正的紧凑指数   图 9.24 分形边界维数

9.4.5 蔓延空间分析

2000 年以来,苏南沿江区城镇蔓延的强度迅速增加,约是 20 世纪 80 年代中末期的 6.8 倍。三个时段内(1984—1991 年、1991—2000 年、2000—2005 年)城镇蔓延强度的平均值分别为 0.54、0.34 和 3.65。

1. 蔓延的全局空间分析

当以拓扑邻接关系构建空间权重矩阵时,上述三个时段内蔓延强度指数 SII 的全局 Moranl 检验(GMI)分别为 0.427、0.176 和 0.294;当以 5km(最佳邻域距离约为 4910m,由空间统计工具 ArcGIS 9.0 计算)和 10km 为相关距离构建空间权重矩阵时,三个时段的计算结果如表 9.7 所示。就整体而言,在 1984—1991 年间的聚集程度最高,其次是在 2000—2005 年,最低的是 1991—2000 年,这表明:①1984—1991 年城镇的空间蔓延主要集中表现在少数城市;②1991—2000 年蔓延强度的聚集度明显下降,城镇蔓延表现出一定的离散性;③与 1991—2000 年相比,2000—2005 年蔓延强度的聚集度增加,空间分布的异质性有所增强,空间上有较大扩展的城镇的数量增加。

表 9.7　利用不同的邻域距离构建的空间邻接矩阵计算所得的空间蔓延强度的全局 Moranl 检验

	阈值距离＝5000m			阈值距离＝10 000m		
	1984—1991 年	1991—2000 年	2000—2005 年	1984—1991 年	1991—2000 年	2000—2005 年
$I(d)$	1.620	0.200	0.456	0.707	0.167	0.222
$E(d)$	−0.005	−0.005	−0.005	−0.005	−0.005	−0.005
Z 得分	15.317	1.878	4.165	18.517	4.363	5.666

然而,扩展强度的局部 Moranl 检验(LMI)的计算结果表明,区域内空间扩展的局部聚集模式存在较大差异(图 9.25)。

(1) 三个时段内,不同规模城镇呈现出明显的 HH,HL,LH 和 LL 集群类似的空间蔓延形态。区域城镇遭受常州、无锡、苏州 HH 集群逐渐蔓延增生,沿江一些城镇始终是在 HH 集群区域。此外,HH 集群地区从 1984—1991 年的城市核心向 2000—2005 年间郊区逐渐转变。

(2) 1984—1991 年,HH 区为鲜明的中心地结构,集中在常州、无锡、苏州市区周围,沿江城镇化地区存在明显的几个 HL 集聚区;其余大部分城镇位于 LL 集聚区。表明这一时段内,城市的快速增长主要集中在这三个大城市。

(3) 在 1991—2000 年间,HH 区开始增多,沿江多个 HH 集聚核开始出现,特别是苏州的昆山成为新的 HH 集聚区,但在 1984—1991 年间它是 LL 集群。

(4) 在 2000—2005 年间,HH 集聚带从无锡、苏州到昆山、太仓形成一个连续的带状区域;此外,1991—2000 年间在大城市郊区也分别形成 HH 集群。

(5) 从城镇蔓延的整体上看,HH 集聚区演化成为研究区城市化进程的引领者。从初始的簇状发展阶段,逐渐转化成外围或放大成一个更大的簇状发展区域,与快速发展的经济相对应涌现更多的 HH 集群,其中一些被连接在一起成为一个带状城市化区域。

2. 蔓延的局部冷热点空间

为了更深入地揭示不同的城镇集群模式,热/冷点分析技术被用于计算全局 G 系数。全局 G 系数与 E 值和 Z 得分一起列入表 9.8,显示了由全局 Moranl 检验发现集群是高值集群,这在 1984—1991 年间比在其他两个时期更显著。因此,城市扩张的热点非常集中在 1984—1991 年间,然后逐渐分散。为了揭开热点的空间分布及其转化,也计算了局部 G 系数。

表 9.8　利用不同的邻域距离构建的空间邻接矩阵计算所得的空间扩展强度的全局 G 系数

	阈值距离＝5000m			阈值距离＝10 000m		
	1984—1991 年	1991—2000 年	2000—2005 年	1984—1991 年	1991—2000 年	2000—2005 年
$G(d)/10^{-6}$	9.234	2.165	1.517	19.57	7.300	5.689
$E(d)/10^{-6}$	1.034	1.034	1.034	4.454	4.454	4.454
Z 得分	17.053	3.475	2.441	19.084	5.229	3.668

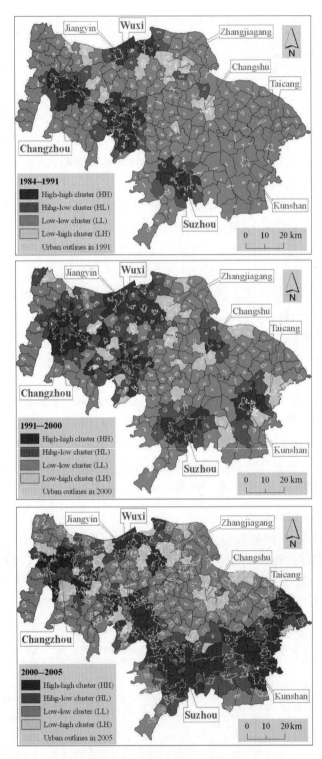

图 9.25　Moranl 指数Ⅰ散点图

图 9.26 从城镇扩张强度显示：①在 1984—1991 年间，苏南地区存在四个热点，分别集中在常州、无锡、苏州、江阴四个城市，前三者是直接通过沪宁（南京至上海）铁路和沿江高速连接。②在 1991—2000 年间，热点还在常州、江阴，但分散到大的连接斑块；位于苏州的热点被扩大，并在昆山新成长起来一个热点区；位于无锡的热点区逐渐变弱。③在 2000—2005 年间，位于常州的热点依然存在但开始缩小，所以没有大的关联斑块；位于无锡的热点区再次增强；值得注意的是，带状热点已经从无锡长大，经过苏州、昆山，沿沪宁铁路、沪宁高速公路扩展。此外，沿江的太仓也成为新的热点地区。④从总体看，城市扩张的热点起步阶段主要集中在主要大城市，城市扩张是自发的，彼此之间没有产生很强的影响；然后热点渐渐地被扩散到它们周围的城镇，或者它们与新加入的热点区构成一个更大斑块；随着经济和社会的发展，热点进一步传播，不断扩散，有的被加入到沿着重要的交通轴线带状区域中。

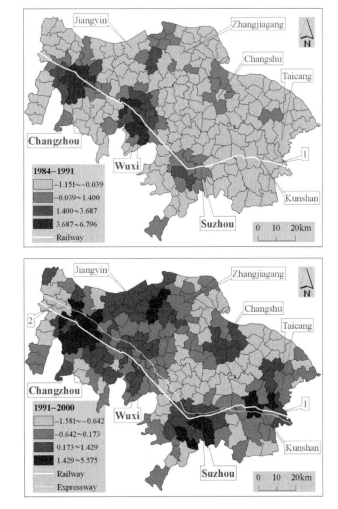

图 9.26　局部 G 系数空间分布

1—沪宁铁路；2—沪宁高速公路；3—苏北铁路；4—锡澄高速公路；5—沿江高速公路；6—苏嘉杭高速公路

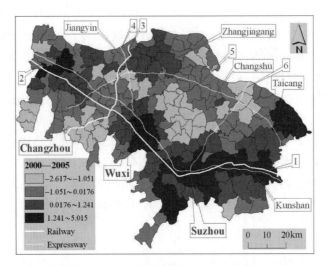

图 9.26(续)

9.5　城市增长边界划定[①]

本案例以苏州为例,数据源为国际科学数据服务平台(http://datamirror.csdb.cn)提供的苏州市域范围内的多时相 LandsatTM/ETM+卫星影像数据,分别为 1989 年 7 月 23 日、1994 年 6 月 30 日、2000 年 10 月 11 日、2005 年 10 月 17 日的 Landsat 5 TM 卫星影像数据和 2010 年 9 月 21 日的 Landsat 7 ETM+卫星影像数据。其中 2010 年数据在处理前需进行 ETM 条带修复。将不同时相数据经几何校正后与研究区域边界 shp 数据叠加剪裁,生成研究区域内的遥感数据。TM7、5、2 三个波段进行假彩色合成,分别赋以红、绿、蓝色,城市建设用地在其影像上表现为紫色(偏蓝)系列;村庄建设用地形状不规则,常分布在沿河或沿穿越农田的道路;纹理结构较粗糙。研究使用 ERDAS 软件监督分类中的最大似然法对遥感影像进行信息提取,得到不同时相建设用地增长情况。1989 年前的城市用地增长情况由《苏州市志》及相关文献中获取。

9.5.1　刚性增长边界划定

刚性增长边界为城市发展的基本生态安全控制线,主要起到保护生态本底的作用。本次研究确定刚性增长边界划定原则为:①生态控制。在快速城市化和工业化的背景下,苏州城市生态环境已经受到了严重威胁,未来的发展应充分考虑与区域生态环境的协调,尽可能将城市发展对生态环境的影响降至最低。②先底后图。城市增长边界的划定需采取先底后图的方法,以资源承载能力和生态环境容量为前提,注重水资源的保护、严格保护生

---

①　王颖,顾朝林,李晓江,2015.苏州城市增长边界划定初步研究[J].城市与区域规划研究,7(2):1-24.

态环境敏感区,集约使用土地。③以人为本。综合基于人的感受,划定有价值但没有定义的郊野空间,实现城市健康发展。

1. 刚性增长边界划定指标体系

根据苏州城市规划区范围,对土地利用现状(水域、农田、城市建设用地、村庄建设用地、林地等)、资源条件、生态环境、农业发展、重大区域设施布局等进行开发建设适宜性评价,为城市刚性增长边界划定提供科学依据。刚性增长边界划定指标体系如表 9.9 所示。

表 9.9　苏州刚性增长边界划定指标体系

类型	评价因子	不适宜建设区范围
工程地质	断裂	断裂带两侧 200m 控制范围
	滑坡崩塌	不稳定滑坡、崩塌区
	地面沉陷	累计沉降超过 800mm 范围
自然生态	坡度	>25%
	高程	>400m
	山体	山体及沿山脚纵深 200m
	生态敏感度	湿地、绿洲、草地、原始森林等具有特殊生态价值的原生生态区
	河湖岸线	沿太湖(太湖旅游度假区除外)和阳澄湖纵深 1km;独墅湖、三角咀、裴家圩、漕湖、澄湖等沿岸纵深 300m
人为影响	基本农田	基本农田保护区
	自然保护区	自然保护区、小于 200m 缓冲区
	森林公园、风景名胜区	森林公园、国家级风景名胜区
	历史文化保护区	历史文化保护区核心区
	重大基础设施廊道	高速公路控制沿路每侧 200m;高速铁路控制沿路每侧 300m;普通铁路和城际轨道控制沿路每侧 100m
	郊野空间	从人的游憩需求、乡村景色的保护出发,城市周边有价值但没有定义的郊野空间

说明:参照《城乡用地评定标准(CJJ 132—2009)》及苏州当地情况选取用地评价因子。

2. 刚性要素边界划定

(1)地层断裂带。规划区断层绝大部分隐伏在第四系土层之下,按其深度可分为一般断裂、盖层大断裂、基底断裂、深断裂带四类。参照城乡建设用地评定标准,划定断裂带两侧 200m 控制范围为不适宜建设区(图 9.27(a))。

(2)滑坡崩塌区。规划区内滑坡崩塌主要分布于临近太湖的金庭镇、东山镇西部、光福镇、东渚镇、木渎镇、香山街道等地区,根据城乡建设用地评定标准划定不稳定滑坡、崩塌区为不适宜建设区(图 9.27(b))。

(3)地面沉降带。当前地面沉降已成为长三角地区影响城市建设安全的重要因素之一,参照上海及浙江省标准,划定累计沉降超过 800mm 范围为不适宜建设区(图 9.27(c))。

(4)山体及缓冲区。规划区内山体主要有阳山、太平山、灵岩山、穹隆山、渔阳山、七子山、东洞庭山、西洞庭山等,集中分布于规划区西侧濒临太湖地区。参照上版城市总体规划,除山体本身不适宜建设外,划定沿山脚纵深 200m 为不适宜建设地区(图 9.27(d))。

(5) 生态敏感区。参照上版城市总体规划,规划区内敏感区主要包括环太湖生态敏感区(太湖及周边湿地)、小型哺乳动物活动源(山体及洪泛平原)、水源保护区(太湖、淀山湖、太浦河、阳澄湖)、特殊农产品生产敏感区。本次研究划定上述生态敏感区为不适宜建设地区(图 9.27(e))。

(6) 河湖岸线保护区。考虑苏州河湖岸线分布情况,划定沿太湖(太湖旅游度假区除外)和阳澄湖纵深 1km 独墅湖、三角咀、裴家圩、漕湖、澄湖等沿岸纵深 300m 范围为不适宜建设区(图 9.27(f))。

(7) 自然人文保护区。规划区内自然保护区共两处,即吴中区光福自然保护区、东山湖羊资源保护区,总面积为 63.61km²,划定自然保护区及周边 200m 缓冲区范围为不适宜建设区。森林公园共有上方山国家森林公园、东吴国家森林公园、苏州市横山森林公园、太湖西山(金庭)森林公园(约 56.8km²)。此外,不适宜建设区还包括区域内的国家级风景名胜区和历史文化保护区核心区(图 9.27(g))。

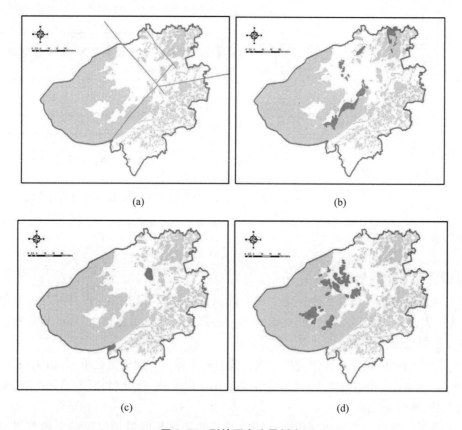

图 9.27 刚性要素边界划定

(a) 断裂带两侧 200m 范围;(b) 滑坡崩塌高易发区;(c) 地面沉降累计 800mm 地区;(d) 山体及缓冲区;(e) 生态敏感区;(f) 河湖岸线保护区;(g) 自然、人文保护区;(h) 重大基础设施廊道;(i) 城市基本农田保护区

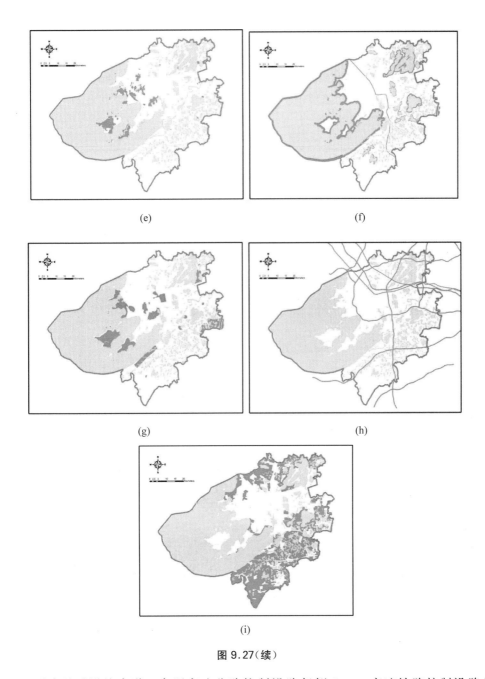

图 9.27(续)

　　(8) 重大基础设施廊道。参照高速公路控制沿路每侧 200m,高速铁路控制沿路每侧 300m,普通铁路和城际轨道控制沿路每侧 100m,光福机场按相关国家法规划定控制区为不适宜建设区(图 9.27(h))。

　　(9) 基本农田保护区。苏州土地利用总体规划中所确定的基本农田保护区为不适宜建设区(图 9.27(i))。

3. 刚性增长边界划定

　　城市刚性增长边界划定主要根据上述各刚性因子评价结果进行空间叠加,其中自然保护区、饮用水水源等刚性因子采用一票否决的叠加方法。考虑到苏州土地利用总体规划编制年限为 2006—2020 年,存在随城市总体规划调整的可能性,故对其进行单独叠加,获得苏州城市刚性增长边界(图 9.28(a)、(b))。

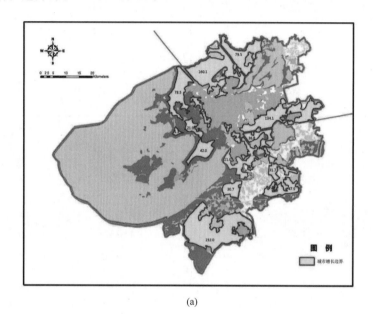

(a)

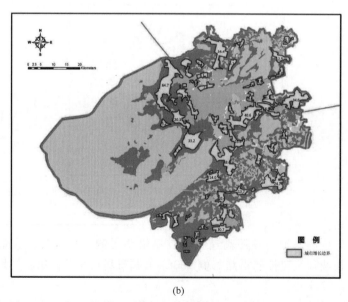

(b)

图 9.28　苏州城市刚性增长边界

(a) 苏州城市刚性增长边界(不考虑基本农田保护区); (b) 苏州城市刚性增长边界(考虑基本农田保护区)

9.5.2 弹性增长单元划定

在划定刚性增长边界之后,已经确定了规划区范围内的可建设用地分布,但对于刚性增长边界内可建设用地的开发潜力和开发时序是怎样的,则需要通过划定弹性增长边界来确定。为确立精明增长理念,本次城市弹性增长边界划定目标确定为:①为规划期内建设用地增长选择最优的可能及确定最佳的发展时序;②对环境友好、应变弹性较大的都市区空间结构进行情景描述,并形成引导性方案;③抑制边缘区建设用地蔓延态势,促进边界内低效率建设用地的置换。城市弹性增长边界划定的原则为:①区域统筹。近年来苏州行政区划调整,一方面客观上有利于区域整合和协调发展,另一方面也导致了新的土地资源浪费、空间蔓延加剧等问题,需要运用政策工具统筹城乡发展,合理布局城市发展区。②经济发展。城市增长边界与城市经济发展息息相关,一方面增长边界要为城市发展留有足够的空间以容纳产业增长与人口集聚,另一方面增长边界要起到抑制蔓延,提高密度的作用,因此不能盲目划大范围。城市用地扩张只有与经济发展吻合才能实现精明增长,提高城市土地的使用效率。③交通引导。通过有意识地规划引导城市沿交通走廊发展,以实现基础设施的高效利用。

1. 弹性增长单元确定指标体系

本次弹性边界划定指标体系主要考虑社会、经济、交通、基础设施等对发展潜力的影响。此外,影响增长潜力的自然要素分为工程地质条件、水文地质条件、工程经济性、生态敏感性四大类;社会经济要素分为人口发展和经济密度两大类指标(表 9.10)。

表 9.10 苏州弹性增长单元确定指标体系

主 导 因 子		单 项 因 子	建议分级标准	建议分值
自然要素	工程地质条件	地质灾害易发程度	低易发区	3
			中易发区	2
			高易发区	1
		地面沉降/mm	<400	3
			400~800	2
			>800	1
	水文地质条件	地下水埋深/m	>3.0	3
			1.5~3.0	2
			<1.5	1
	工程经济	相对高程/m	<50	3
			50~100	2
			>100	1
		地形坡度/(°)	<8	3
			8~25	2
			>25	1

续表

主 导 因 子		单 项 因 子	建议分级标准	建议分值
自然要素	生态敏感性	生态敏感性	城镇村庄及工矿用地	3
			耕地、荒草地、裸地、	2
			林地、湿地、牧草地、水域	1
		各项保护区	外围区	3
			各类保护区缓冲区	2
			各类保护区核心区	1
		水网密度指数	<30	3
			30~50	2
			>50	1
社会经济	人口发展	人口密度/(人/km²)	>2000	3
			800~2000	2
			<800	1
		人均GDP/元	>150 000	3
			75 000~150 000	2
			<75 000	1
	经济密度	地均GDP/(万元/km²)	>20 000	3
			10 000~20 000	2

说明：表中各项指标建议分级标准和建议分值参照国家标准及有关文献。

2. 弹性增长单元数据采集

本次研究采用格网法进行弹性边界划定。规划区地处平原,地貌起伏不大,以 1km× 1km 格网进行分割,去除太湖、阳澄湖、澄湖水域及现状建成区后共得到 2766 个基本评价单元(图 9.29),评价单元编号表示为 1A-1a 格式。

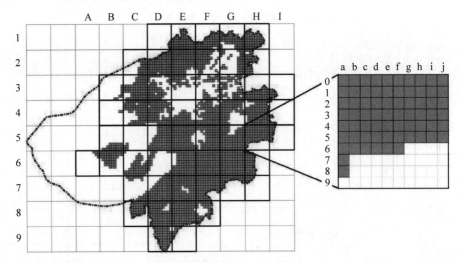

图 9.29　评价单元划分

　　数据采集除上文中刚性边界划定所需的空间数据外,弹性边界划定涉及城市发展的社会经济动力要素,其基础数据主要包括空间数据和统计数据两大类:①空间数据。苏州市土地利用现状图、苏州市交通现状图(包括公路、铁路、水运等)、苏州市地形图、苏州市基本农田保护规划图等空间数据。上述数据经数字化转为矢量格式。②统计数据。人口数据(包括规划区范围内各乡镇、街道人口数据)、城市发展资料(主要包括城市经济总量、城市用地发展、城市基础设施建设等)。在 ArcGIS 环境下,建立规划区各乡镇街道社会经济发展条件的属性数据库,并将属性数据与各评价单元空间数据相互关联,作为研究的基础。对坡度、高程等 30m 分辨率栅格数据进行重采样(重采样方法为计算评价单元内均值),并根据上述评价标准对评价单元进行赋值,得到单元格属性数据表。对于人口经济数据,根据各乡镇街道 2010 年统计资料将人口密度、人均 GDP、地均 GDP 数值赋给相应行政范围内的评价单元,处于交界处的评价单元取单元内面积超过 50% 的乡镇所在数据(图 9.30(a)、(b))。

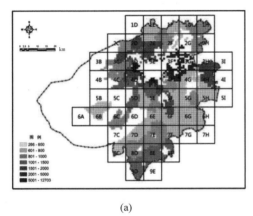 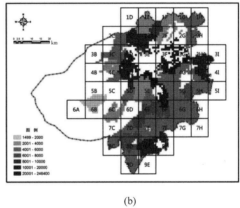

(a)　　　　　　　　　　　　　　　　　　　(b)

图 9.30　苏州评价单元人口密度分布和地均 GDP 分布(2010)(有彩图)

(a) 苏州评价单元人口密度分布;(b) 苏州评价单元地均 GDP 分布

3. 弹性增长单元确定方法

　　本次研究运用主成分分析方法,对变量或单元格进行分类,根据提取出的主因子得分进行聚类分析,根据相似性进行城市土地利用的发展潜力空间分析,最终划定城市弹性增长单元分区。

　　原始数据经标准化后,通过 KMO 检测,得分为 0.609,满足进行主成分分析的前提条件。借助 SPSS 软件进行主成分分析(principal components analysis,PCA),采用方差最大法提取主成分因子。得到因子特征值与方差贡献(表 9.11)后,根据特征值大于 1 的原则共提取出 4 个主因子(表 9.12),4 个主成分特征值之和占总方差的累积百分比为 65.711%。采用正交旋转方法旋转主因子,使其在各方向上结构层次更清晰,得出各因子的载荷矩阵,旋转后与未旋转得到的主因子基本一致。

表 9.11　因子特征值与方差贡献

主因子	初始特征值			载荷平方的提取量		
	总量	方差/%	累积方差/%	总计	方差/%	累计方差/%
1	2.658	24.164	24.164	2.658	24.164	24.164
2	2.079	18.903	43.067	2.079	18.903	43.067
3	1.385	12.595	55.662	1.385	12.595	55.662
4	1.105	10.049	65.711	1.105	10.049	65.711
5	0.824	7.488	73.199			
6	0.774	7.034	80.233			
7	0.591	5.373	85.605			
8	0.559	5.086	90.691			
9	0.517	4.697	95.388			
10	0.410	3.731	99.119			
11	0.097	0.881	100.000			

表 9.12　主成分载荷矩阵

项　　目	成　　分			
	社会经济因子 1	建设条件(地面)2	生态敏感因子 3	建设条件(地下)4
坡度得分	−0.071	0.730	−0.026	0.095
沉降得分	−0.010	−0.375	−0.137	0.597
地下水得分	0.211	0.051	−0.009	0.687
地质灾害得分	0.100	0.563	−0.015	0.527
高程得分	0.045	0.735	0.010	0.014
水网密度得分	0.026	−0.128	0.831	0.025
生态敏感得分	0.082	0.123	0.817	−0.054
保护区得分	0.044	0.674	0.005	−0.415
人口密度	0.854	−0.090	0.103	0.165
人均 GDP	0.850	0.197	−0.002	0.045
地均 GDP	0.962	−0.063	0.045	0.022
主成分分析				

4. 弹性增长单元划定

根据上述主成分和聚类分析,提取四项主因子得分制图(图 9.31(a)、(b)、(c)、(d)),其中第一主因子与社会经济发展水平显著正相关,得分较高的地区表示规划区内人口密集、经济发达的单元;第二主因子与坡度、高程、保护区分布高度正相关,得分较高的地区表示工程经济较好的单元;第三主因子则主要反映水网密度与生态敏感性分布情况,得分较高的地区表示生态敏感性较低,水网密度不大,适宜转化为建设用地的区域;第四主因子与地下水埋深、地面沉降及地质灾害易发程度得分正相关,得分较高的地区表示水文地质条件较好,适宜进行城市建设。

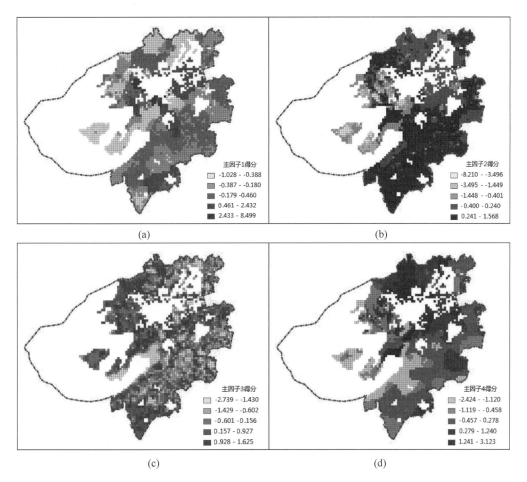

图 9.31 四项主因子得分制图(有彩图)

(a) 苏州社会经济因子得分图;(b) 苏州建设条件(地面)因子得分图;
(c) 苏州生态敏感因子得分图;(d) 苏州建设条件(地下)因子得分图

由主因子载荷矩阵,可建立主因子得分函数如下:

$$f_1 = -0.071X_1 - 0.010X_2 + 0.211X_3 + 0.100X_4 + 0.045X_5 + 0.026X_6 + 0.082X_7 + 0.044X_8 + 0.854X_9 + 0.850X_{10} + 0.962X_{11}$$

$$f_2 = 0.730X_1 - 0.375X_2 + 0.051X_3 + 0.563X_4 + 0.735X_5 - 0.128X_6 + 0.123X_7 + 0.674X_8 - 0.090X_9 + 0.197X_{10} - 0.063X_{11}$$

$$f_3 = -0.026X_1 - 0.137X_2 - 0.009X_3 - 0.015X_4 + 0.010X_5 + 0.831X_6 + 0.817X_7 + 0.005X_8 + 0.103X_9 - 0.002X_{10} + 0.045X_{11}$$

$$f_4 = +0.095X_1 + 0.597X_2 + 0.687X_3 + 0.527X_4 + 0.014X_5 + 0.025X_6 - 0.054X_7 - 0.415X_8 + 0.165X_9 + 0.045X_{10} + 0.022X_{11}$$

由各主因子的得分函数计算每个地区在各个因子的得分,数值的正负表示对应的评价单元水平与整个规划区平均水平的关系(整个区域的平均水平为 0);由此建立规划区弹性增长单元综合评价模型,以旋转后的特征值贡献率与总特征值贡献率比重作为权重。

$$Z = 0.368f_1 + 0.288f_2 + 0.192f_3 + 0.153f_4$$

将 f_1、f_2、f_3、f_4 代入上式,得到总体得分表达式为

$$Z = 0.194X_1 - 0.047X_2 + 0.196X_3 + 0.277X_4 + 0.232X_5 +$$
$$0.136X_6 + 0.214X_7 + 0.148X_8 + 0.333X_9 +$$
$$0.376X_{10} + 0.348X_{11}$$

根据综合评价模型可以计算出各个区域的综合分值,通过该模型可以详细了解到规划区用地发展的整体适宜程度(图 9.32)。

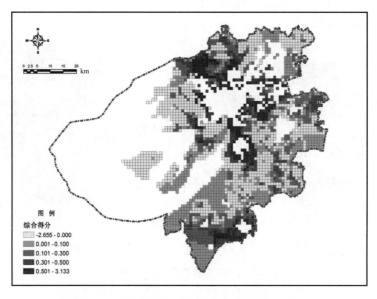

图 9.32   苏州弹性增长单元综合得分图(有彩图)

9.5.3   城市增长区划定

1. 增长边界影响因子空间分析

将各个主因子在 2766 个空间单元上的得分作为基本数据矩阵,运用 SPSS 软件,根据各评价单元在各个主因子上得分的相近程度进行归类,并据此划分区域类型(图 9.33)。为方便计算,将建设条件 1 与建设条件 2 根据各自特征值所占比例合并为一个主因子,则三个主因子分别代表空间单元在生态敏感性、建设条件和社会经济条件上的重要性(图 9.34)。根据断裂点将每个主因子得分分为三级,则共有 27 种组合类型,每种组合类型代表的单元格有不同的发展方向(表 9.13)。

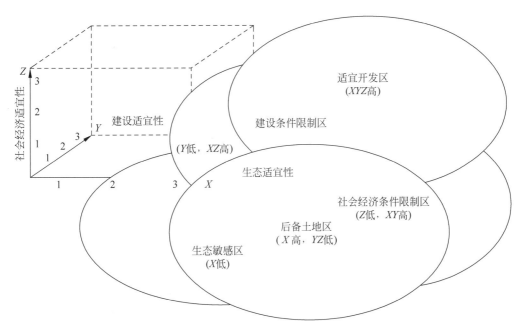

图 9.33　苏州城市增长边界三维聚类概念模型

资料来源：作者自绘

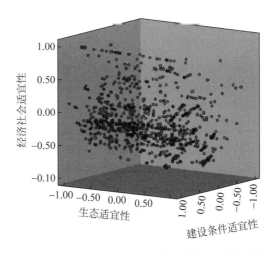

图 9.34　苏州城市增长边界划定单元格三个主因子得分情况（部分）

表 9.13　苏州城市增长边界分区类型单元分值及描述

分 区 类 型	单元分值(x, y, z)	描　　　述
生态敏感区	$(1,1,1)(1,1,2)(1,1,3)(1,2,1)(1,2,2)$ $(1,2,3)(1,3,1)(1,3,2)(1,3,3)$	生态敏感因子得分低,是生态脆弱地区,应避免大规模城市建设
生态较敏感区	$(2,1,1)(2,1,2)(2,2,1)(2,2,2)$	生态敏感因子得分较低,同时建设条件和社会经济条件较差,可进行管制性的适度开发
社会经济限制区	$(3,3,1)(2,3,1)(3,2,1)$	生态承载力高,建设条件好,但社会经济条件较差,是未来城市化空间拓展区
建设条件限制区	$(3,1,2)(3,1,3)(2,1,3)$	生态承载力高,社会经济条件好,但建设条件较差,通过工程技术处理可进行城市建设
较适宜开发区	$(3,2,2)(2,3,2)(2,2,3)$	生态承载力较高、建设和社会经济条件较好,较适宜城市建设
适宜开发区	$(3,3,2)(3,2,3)(2,3,3)(3,3,3)$	生态承载力高、建设条件和社会经济条件好,最适宜城市建设
后备土地区	$(3,1,1)$	生态承载力高,但建设条件和社会经济条件均不高,发展方向尚不明确,当可利用土地消耗殆尽时再考虑用于城市建设

根据各聚类中心值在各主成分上的得分情况可知,第一类用地为生态敏感区,生态敏感因子得分低,多为山体林地、沿湖湿地或内陆水网生态环境脆弱区,对于这类地区应实行严格的保护策略,避免进行开发建设;第二类用地为生态较敏感区,其生态敏感因子得分较低,同时建设条件和社会经济条件较差,可在管制前提下进行小规模建设;第三类用地为社会经济条件限制区,此类用地生态承载力高,建设条件好,但社会经济条件较差,适宜较大规模的城市建设,是未来工业化和城市化空间拓展区;第四类用地为建设条件限制区,其生态承载力高,社会经济条件好,但建设条件较差,通过工程技术处理可进行城市建设;第五类用地为较适宜开发区,其生态承载力较高、建设和社会经济条件较好,较适宜城市建设;第六类用地为适宜开发区,其生态承载力高、建设条件和社会经济条件好,是转化为城市建设用地的首选地区;第七类用地为后备土地区,其生态承载力高,但建设条件和社会经济条件均不高,此类用地发展方向尚不明确,一旦城市可利用土地消耗殆尽时可考虑用于城市建设。在建设用地选择的过程中,应优先选择社会经济发展条件较好,同时受生态环境、建设条件约束较小的地区,即优先选择第六类和第五类用地,而类型三可用于建设大规模新城。苏州增长边界影响因子空间分析如图 9.35 所示。

2. 基于交通线网的增长单元边界分析

在本次研究中,依托高速公路和主要经济联系方向,向北、向南、向东是苏州的主要拓

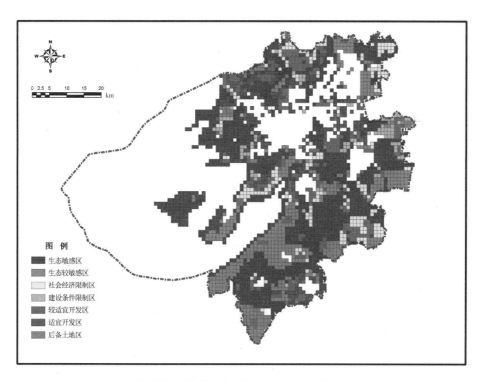

图 9.35　苏州增长单元空间分析（有彩图）

展方向。通过道路系统的合理设置，形成串珠状的城市空间发展形态，在各个发展轴之间结合过境公路和用地评价结果中的不适宜建设用地形成绿地开放空间，限制城市的无序蔓延，由此形成健康的空间形态（图 9.36）。

3. 增长边界区划定

城市发展受很多要素影响，因此规划范围具有不确定性。在确定城市增长边界时往往需要运用情景分析方法。本次研究主要考虑如下情景：①城市人口规模 500 万人。考虑人口规模预测的复杂性，本文不对具体规模进行预测，而是提出发展到 500 万人口的情景描述或引导性方案，城市建设用地约 $500km^2$。②用地以内涵增长为主。现状建成区（不含吴江盛泽城区）面积约 $335km^2$，根据既有研究，建成区内可更新的工业用地共计 $61km^2$[①]。该部分用地以内涵方式进行功能置换，实现旧区改造。因此，规划期需新增城市建设用地约 $100km^2$。③生态优先原则。根据地块的扩展潜力大小与限制因素强弱，结合聚类分析结果综合判断是否纳入增长边界范围。依据生态一票否决的原则，优先考虑生态限制，保护重要资源。最后，在数量上满足一定时期内建设需求的前提下，尽量选择规模较大，相对集中的地块，对城市弹性增长边界进行修正（图 9.37）。

附表 1 和附表 2 分别为苏州评价单元属性数据（部分原始数据）和评价单元属性数据（部分标准化数据）。

---

① 摘自《关于苏州市城市总体规划相关情况的汇报》，苏州市规划局，中国城市规划设计研究院，2012.03.

图9.36　苏州基于交通线网的增长单元边界分析(有彩图)

图9.37　苏州城市弹性增长边界(有彩图)

附表 1　苏州评价单元属性数据(部分原始数据)

单元编号	坡度/(°)	地面沉降/mm	地下水埋深/m	地质灾害	高程/m	水网密度	土地利用类型	保护区	人口密度/(人/km²)	人均 GDP/元	地均 GDP/(万元/km²)
9D-9g	1.0	200.0	1.0	不易发区	7.0	0.0	耕地	非保护区	814	65 650	5342
8D-7e	0.8	200.0	2.0	不易发区	5.0	0.0	耕地	非保护区	690	105 200	7265
8C-4f	0.0	200.0	1.0	不易发区	6.0	0.0	耕地	非保护区	600	94 270	5652
8E-0b	0.0	200.0	2.0	不易发区	24.0	71.9	水	非保护区	690	105 200	7265
7F-7d	0.8	200.0	2.0	不易发区	7.0	40.7	耕地	非保护区	949	170 100	16150
7F-3a	1.4	200.0	1.0	不易发区	7.0	28.0	村庄建设用地	非保护区	610	82 090	5006
7E-0f	0.8	100.0	2.0	不易发区	6.0	29.7	耕地	非保护区	610	82 090	5006
6F-8e	1.0	200.0	2.0	不易发区	14.0	88.8	水	非保护区	569	99 300	5647
6G-6g	5.6	100.0	3.0	不易发区	6.0	71.7	水	非保护区	569	99 300	5647
6B-3f	0.0	0.0	0.0	低易发区	6.0	13.8	水	国家级	505	29 710	1499
6D-1c	0.3	100.0	2.0	中易发区	7.0	50.4	耕地	非保护区	845	70 440	5952
⋮	⋮	⋮	⋮	⋮	⋮	⋮	⋮	⋮	⋮	⋮	⋮
3C-8g	0.0	0.0	2.0	不易发区	8.0	0.0	耕地	非保护区	743	47 680	3545
3H-6h	0.0	100.0	2.0	不易发区	9.0	24.7	耕地	非保护区	1211	91370	11 060
4G-2d	2.7	200.0	2.0	低易发区	8.0	0.0	村庄建设用地	非保护区	2344	104 700	24 540
2D-8i	0.0	400.0	2.0	不易发区	5.0	0.0	耕地	非保护区	886	128 000	11 340
2D-5j	1.0	400.0	2.0	低易发区	8.0	0.0	耕地	非保护区	1126	130 300	14 680
2E-2a	0.0	400.0	2.0	低易发区	5.0	0.0	村庄建设用地	非保护区	446	49 200	2193
1G-9j	0.0	100.0	2.0	不易发区	9.0	14.3	耕地	省市级	627	85 680	5369
1H-6a	0.0	100.0	2.0	不易发区	10.0	13.4	耕地	非保护区	627	85 680	5369

附表 2　评价单元属性数据(部分标准化数据)

单元编号	坡度得分	地面沉降得分	地下水埋深得分	地质灾害得分	高程得分	水网密度得分	生态敏感性得分	保护区得分	人口密度得分	人均 GDP 得分	地均 GDP 得分
9D-9g	3	3	1	3	3	3	2	3	2	1	1
8D-7e	3	3	2	3	3	3	2	3	1	2	1
8C-4f	3	3	1	3	3	3	2	3	1	2	1
8E-0b	3	3	2	3	3	1	1	3	1	2	1
7F-7d	3	3	2	3	3	2	2	3	2	3	2
7F-3a	3	3	1	3	3	3	3	3	1	2	1
7E-0f	3	3	2	3	3	3	2	3	1	2	1
6F-8e	3	3	2	3	3	1	1	3	1	2	1
6G-6g	2	3	3	3	3	1	1	3	1	2	1
6B-3f	3	3	1	3	3	3	1	1	1	1	1
6D-1c	3	3	2	1	3	2	2	3	2	1	1
⋮	3	3	2	3	3	3	2	3	1	1	1
3C-8g	3	3	2	3	3	3	2	3	2	2	2
3H-6h	3	3	2	2	3	3	3	3	3	2	3
4G-2d	3	2	2	3	3	3	2	3	2	2	2
2D-8i	3	2	2	2	3	3	2	3	2	2	2
2D-5j	3	2	2	2	3	3	3	3	1	1	1
2E-2a	3	3	2	3	3	3	2	2	1	2	1
1G-9j	3	3	2	3	3	3	2	3	1	2	1
1H-6a	3	3	1	3	3	3	2	3	2	1	1

第 10 章　评价模型应用案例

本章导读

10.1　乌兰浩特城市总体规划实施定量评估[①]

2008 年 1 月 1 日实施的《中华人民共和国城乡规划法》第四十六条规定：省域城镇体系规划、城市总体规划、镇总体规划的组织编制机关应当组织有关部门和专家定期对规划实施情况进行评估。城市总体规划是一个城市一段时间发展和建设的蓝图,涉及城市发展目标、市域城镇体系规划、城市性质与规模、城市用地发展方向、城市空间结构和各类用地布局与数量,以及实施规划的配套措施等。怎样评估一个规划,一般来说就是用"好"和"坏"来表示(Alexander and Faludi,1989)。然而,规划的质量在规划过程中可以分为两个方面：①规划对未来的控制能力,如果规划不能实施,也就是说这个规划失败了；②在不确定的条件下,规划作为决策过程,在实施过程中无论是规划本身还是规划指标都会变得非常困难,因此,这个规划也可以说是失败了。张舰(2012)从规划实施过程出发构建城市总体规划实施评估指标体系(表 10.1),并试图得出优秀、良好、合格、较差、差五个综合评价(表 10.2)。本文依据城市规划的基本内容,借鉴理论研究的"城市总体规划评价指标体系"和"城市总体规划实施评估分级",以乌兰浩特市 08 版城市总体规划评估为例,进行城市总体规划实施评估的定性与定量相结合方法探索。

表 10.1　城市总体规划实施评估指标体系

评估内容	评估指标	评估因子	权重
城市发展目标落实情况 10%	城市发展目标落实情况 10%	根据规划所确定的发展目标动态选定	10
市域城镇体系规划实施情况 6%	城镇化率目标实现情况 3%	城镇化率目标实现情况	3
	市域城镇体系发展情况 3%	市域城镇体系发展情况	3
中心城区规划实施情况 80%	城市规模控制情况 20%	中心城区常住人口数控制情况	5
		中心城区建设用地面积控制情况	10
		中心城区人均建设用地面积控制情况	5
	城市发展方向和空间结构与规划一致性 20%	中心城区发展方向与规划一致性	10
		中心城区空间布局结构与规划一致性	10

---

① 赵庆海,等,2015.城市总体规划实施的定量评估方法初探[J].城市与区域规划研究,7(2)：110-124.

续表

评 估 内 容	评 估 指 标	评 估 因 子	权重
中心城区规划实施情况 80%	各类性质用地空间布局规划实施情况 40%	居住用地实施率	5
		工业用地实施率	5
		绿化用地实施率	5
		基础设施用地实施率	5
		公共服务设施用地实施率	5
		自然和历史文化遗产保护用地实施率	5
		水源地与水系用地实施率	5
		道路与交通设施用地实施率	5
保障城市总体规划实施的配套措施建设情况 4%	城市总体规划实施措施执行情况 4%	规划决策机制建设情况	2
		相关规划编制与实施情况	2
城市总体规划实施评估指标体系总权重			100

资料来源：参考文献(张舰,2012)。

表 10.2 城市总体规划实施评估分级

分级	综合评估结果	情 况 说 明
优秀	≥80	城市总体规划实施效果很好,城市建设与社会、经济、环境协调发展,规划作用明显
良好	60～80(含 60)	城市总体规划在实施中各方面较为协调,规划能够起到较好的作用
合格	40～60(含 40)	城市总体规划在实施中作用一般,各方面协调程度表现尚可
较差	20～40(含 20)	城市总体规划实施情况比较差,多数目标难以完成,各方面协调机制较差
差	20 以下	城市总体规划实施情况很差,规划作用无法体现,形同虚设

资料来源：参考文献(张舰,2012)。

10.1.1 城市总体规划编制概况

乌兰浩特市总共进行了八轮城市总体规划修编。在 2003 年前,主要集中在归流河和洮儿河之间建设;2003 年开始跳出洮儿河向东发展。至 2008 年,乌兰浩特市将经济技术开发区调整为城市新区模式发展,并在东北、东南城市边缘地区布局工业片区。同年,兴安盟盟委、盟行署决定建立乌兰浩特新区,为了实现区域联动、资源共享、功能互补、共同发展的规划目标,将乌兰浩特市市区、科右前旗科尔沁镇区和盟经济技术开发区按一个城市进行了统筹规划,由国家城市建设研究院完成编制工作。到 2012 年,按照城市总体规划,城市发展的框架已经拉开,促进了城市经济和建设的快速发展,在城市规模、城市交通、城市环境、基础设施、城市形象等方面均发生了很大变化。然而,近年来,2008 版城市总体规划在实施中遇到很多问题,例如省际大通道与规划方案冲突、城市主干道改造实施困难、2×30 万 kW 热电厂选址、区级物流园区建设、市级经济技术开发区用地基本用完等,进一步优化乌兰浩特城市建设用地布局,提高规划的可操作性,有必要对乌兰浩特市城市总体规划进行修编。

为了简明表述起见,乌兰浩特 2008 版城市总体规划主要内容如表 10.3 所示。2008 版城市总体规划用地布局规划以现乌兰浩特市区建成区为主体,位居白阿铁路东西两侧,洮儿河与归流河之间(图 10.1)。

表 10.3 乌兰浩特 2008 版城市总体规划主要内容

规划区范围	总面积 1680km², 其中 1256km² 属乌兰浩特市行政辖区, 424km² 属科尔沁右翼前旗行政辖区
职能定位	兴安盟的政治、经济、文化中心；内蒙古东部地区重要的陆路交通枢纽和物资集散地；兴安盟的工业基地, 其工业以农牧产品精深加工、生物制品、制造业、冶金、卷烟工业为主；区域性的商贸流通中心；以红城文化和蒙元文化为特色的内蒙古历史文化名城
城市性质	兴安盟的中心城市, 蒙东地区重要的工贸城市与交通枢纽, 内蒙古历史文化名城
城市规模	2010 年 28 万人, 2020 年 40 万人。2020 年城市建设用地规模 55.8km², 人均建设用地 139.5m²
城镇体系	由一城(乌兰浩特城区)二镇(葛根庙镇、乌兰哈达镇)和两个办事处(卫东办事处、太本站办事处)组成
城市用地发展方向	西移东拓, 南向跨越。在充实城区西部的基础上, 逐步跨越洮儿河向东发展, 工业用地向城市东南部延伸, 有污染的三类工业安置于城区以南的盟经济技术开发区
用地空间布局结构	建成区划分为市中区、河东区与葛根庙工业区 3 个功能区, 各功能区之间以及与归流河西岸的科右前旗科尔沁镇区均通过城市交通性主干道予以连接

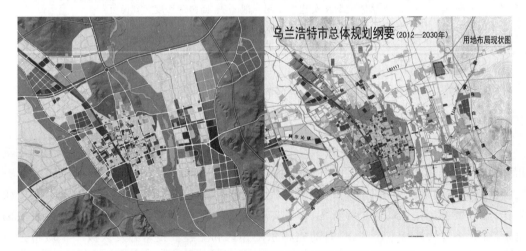

图 10.1 乌兰浩特 2012 年用地现状与 2008 版规划用地对比

10.1.2 城市发展目标实施评价

城市发展目标落实情况的评估包括 2008 版城市总体规划城市性质复核及 08 版城市总体规划实施以来城市经济社会发展情况和生态保护情况评估。

1. 城市性质

2008 版城市总体规划确定乌兰浩特市的城市性质为：兴安盟的中心城市,蒙东地区重要的工贸城市与交通枢纽,内蒙古历史文化名城。经过五年的规划实施,乌兰浩特市已是兴安盟的中心城市、蒙东地区重要的商贸城市。蒙东地区重要的工业城市与交通枢纽落实不足。

2. 城市发展目标

《乌兰浩特城市总体规划(2008 版)》报批实施以来,乌兰浩特市的人均 GDP、三次产业结构、医疗指标、人均公共服务用地面积等指标都有了一定提高,部分已提前实现了目标完成进度,整个城市的经济社会发展水平有了一定的提高,但城市的生态环境保护不够,与2008 版城市总体规划确定的城市发展目标不符(表 10.4)。

表 10.4　乌兰浩特市发展目标评估

	指 标 名 称	单位	实施值		目标值		完成情况
			2008 年	2012 年	2015 年	2020 年	
经济发展	人均 GDP	元	18 823	34 547	—	—	执行较好
	三次产业结构		9.8∶44.3∶45.9	1∶6∶5.7	—	—	执行较好
社会发展	城区人口规模	万人	25.53	25.63	—	40	执行较差
	主城区居住用地面积	hm²	1411.7	930.6	1450	1396.8	执行较差
	万人拥有医疗床位数	个	66	82	—	—	执行较好
	人均公共服务设施用地面积	m²	10.8	16.3	20	22.7	执行较差
生态保护	人均公共绿地面积	m²/人	2.9	2.3	10	11	执行较差

综上分析,可以看出,乌兰浩特市已初步实现 2008 版城市总体规划确定的城市发展目标,制定的一些指标已经达到进度。该项指标最终评估为"基本实施",量化分值为 0.6 分,加权转换后为 6 分。

10.1.3　市域城镇体系规划实施评价

1. 城镇化水平

如表 10.5 所示,乌兰浩特市 2008 版城市总体规划确定的城镇化率目标与实际的城镇化水平有较大差距,规划目标执行较差。

表 10.5　乌兰浩特城镇化水平实现情况

2008 年现状	规划目标	2012 年现状	评估结果	加权得分
74.9%	90%	75.7%	0.044	0.13

2. 城镇体系

如表 10.6 所示,乌兰浩特市域城镇体系指标评估结果为"基本实施",量化得分为 0.6 分,加权转换后得分为 1.8 分。

表 10.6　乌兰浩特城镇体系发育情况

	2020 年(规划)	2012 年(实际)
城市	乌兰浩特市	乌兰浩特市
建制镇	葛根庙镇、乌兰哈达镇	葛根庙镇、乌兰哈达镇、太本站镇、义勒力特镇
办事处	卫东办事处、太本站办事处	

10.1.4　中心城区规划实施评价

1. 城市建设

《乌兰浩特城市总体规划(2008 版)》(简称《08 版总规》)批复实施以来,主城区疏通并新建了多条城市道路;铁西区的工业搬迁正在顺利地进行中;城南区的政策性住房已经开工;行政新区的建设已初具规模,河东区建设也已开始,整个城市建设正在迅速发展。

2. 城市规模

乌兰浩特市现状城市人口规模 25.63 万,建成区用地规模 32.67km²,人均用地规模 127.5m²/人,通过与 2008 年现状规模、08 版总规目标对照,使用直接定量指标及因子的评测方法,得到如下评估结果(表 10.7)。

表 10.7　乌兰浩特《08 版总规》规模实施情况

序号	评估指标	2008 年现状	2020 年规划目标	2012 年现状	评测结果	加权得分
1	人口规模	25.53 万	40 万	25.63 万	0.009	0.05
2	用地城市总体规划模	24.25km²	55.8km²	32.67km²	0.222	2.22
3	人均用地规模	95.0m²/人	139.5m²/人	127.5m²/人	0.651	3.26
城市规模控制情况指标评测结果						5.53

3. 城市发展方向

经过五年的城市建设,乌兰浩特市中心城区的用地拓展基本实现了 08 版总规的既定目标,城市发展空间框架基本拉开。但是,①市中区:部分原定居住性质用地因商住分离已建为商业,部分公共设施用地在规划中实施难度较大,导致公共服务设施不足。②河东区:由于总体规划后进行过城市设计,与原版规划有较大出入,在道路的设计与用地性质方面差异较大,目前正处于建设阶段,主要为居住区和部分工业区。③盟经济技术开发区:尚未有大规模建设,多为已批未建用地。在城市功能结构与规划一致性方面,盟行政中心组团正按规划处于建设期,已有部分工程竣工,且有大量项目仍在建设中。市行政中心建设已开始启动。河东区经济技术开发区处于快速建设中,大批项目已通过审批并落实,乳品、制药等企业的入驻将促进河东新区的快速发展,符合规划内容。但是,随着城市用地实际情况发生了变化,各分区范围及功能已不再符合原规划。与此同时,河东经济开发区工业大道以东、新桥大街以北地区不适合发展工业,且建设用地已基本用完,工业发展缺少后续用地需要扩区(表 10.8)。

表 10.8　乌兰浩特《08 版总规》城市发展方向和功能结构实施情况

评估指标	规划目标	2012 年现状	评估结果	评测分值	加权得分
中心城区发展方向与规划一致性	规划期内,城市建设的主导发展方向是:西移东拓,南向跨越。近期充实城区西部,与科尔沁镇区连接成片,远期东扩越洮儿河向东适量发展,工业用地向城市东部延伸,有污染的三类工业安置于城区以南的葛根庙工业区	现状城区建设用地基本符合 2008 年城市总体规划所确定的西移东拓,南向跨越的发展方向。与 2008 年现状相比,城区西部的盟行政办公区和物流园区初步形成,老城区南部和洮儿河以东已规划建设了部分住宅。河东区经济技术开发区建设用地已接近饱和,葛根庙经济技术开发区尚未有大规模建设,多为已批未建	一致性较好	0.8	8
城市空间结构与规划一致性指标评价			一致性较好	0.8	8

4. 各类性质用地空间布局规划实施评估

居住用地:至 2012 年,居住用地面积为 930.4hm²,完成 08 版总规目标的 66.61%,总量上完成效果一般。具体来看,现状人均居住用地面积 36.3m²/人,占现状城市建设用地的 28.48%,基本符合国家现行标准。但是城区周边仍然存在有大量的简陋住宅,与其他用地穿插,功能混杂,公共服务设施欠缺;老城区居住环境较差,公园绿地不足,缺乏必要的公共活动场所。规划建议:保留老城区现设施完好的居住用地,完善居住区的公共服务设施,加快棚户区的搬迁改造工程,未来新增居住用地可根据人口规模来定。

城市公共设施用地:《08 版总规》实施以来,城市公共设施用地面积已达368.7hm²,占城市建设用地面积的 11.28%(国家规范为 9.2%~12.3%),人均公共服务设施用地面积 14.39m²/人(国家规范为 9.1~12.4m²/人),人居公共服务设施用地面积突破国家标准的 12.4m²/人,用地总量完成 2008 年规划目标的 40.57%。总体来看行政办公用地比重较大,文化娱乐设施用地、社会福利设施较少。规划建议:在保证公共服务设施用地面积总量的前提下,适当降低人均公共服务设施用地,优化调整公共服务设施用地构成;各项城市公共设施用地布局,应根据城市的性质和人口规模、用地和环境条件、设施的功能要求等进行综合协调与统一安排,以满足社会需求和发挥设施效益(表 10.9)。

工业用地:至 2012 年,工业用地面积发展为 668.2hm²,完成规划指标的 57.56%,工业用地增长较快。2008 年以来,工业用地主要布局在河东经济技术开发区,目前河东区工业用地发展已突破河东经济开发区建设用地范围,并在簸箕山一带新发展了一些工业用地,布局较为零散。老城铁路西侧和南侧原有工业基础与居住用地混杂在一起,干扰居民的正

表 10.9　城市公共设施用地规划实施评估及其规划建议

公共设施用地类型	规 划 实 施 评 估	规 划 建 议
(1) 行政办公用地	现状城市行政办公用地 83.2hm²，占城市建设用地面积的 2.55%，高于国家标准的 0.8%～1.3%，人均用地指标 3.25m²/人，远高于国家标准的 0.8～1.3m²/人	根据现实可操作性调整老城区行政办公用地零散的布局模式，统一规划在盟、市两级办公中心内，形成集约紧凑的行政办公中心
(2) 商业金融用地	现状商业金融用地规模 116.1hm²，占城市建设用地面积的 3.55%，符合国家标准的 3.3%～4.4%，人均用地指标 4.53m²/人，略高于国家标准的 3.3～4.3m²/人。从具体的分布情况来看，商业设施集中于老城区，主要分布在乌兰大街和爱国路两侧，铁西片区和河东片区商业设施相对匮乏，且各类小型商业网点的建设特点属自然发展状态	适当整合老城区零散的商业设施，形成老城区的商业中心，加强城市的整体结构；增加铁西片区和河东片区的商业设施，使商业设施分布更为均衡
(3) 文化娱乐设施用地	现状文化娱乐设施用地规模为 9.3hm²，占城市建设用地规模的 0.28%，低于国家标准的 0.8%～1.1%，人均现状用地 0.36m²/人，低于国家标准的 0.8～1.1m²/人。现状文化娱乐设施多与商业用地等混杂，用地严重不足，主要分布于老城片区，且文化娱乐设施档次较低，设施陈旧，服务种类不健全	保留老城区主要文化设施，在河东片区和铁西片区增加文化娱乐设施用地，在各个片区内规划布置文化娱乐中心区，提升文化设施的档次
(4) 体育设施用地	现状体育设施用地规模为 16.6hm²，占城市建设用地规模的 0.51%，符合国家标准的 0.5%～0.7%，人均现状用地面积 0.64m²/人，符合国家标准的 0.5～0.7m²/人。但是铁西片区新建的体育中心建设用地面积就达到了 15.7hm²，占现状体育设施用地面积的 94.58%，老城区和河东区缺乏相应的体育设施	以完善体育中心和学校、小区体育设施为主
(5) 医疗卫生用地	现有医疗卫生用地 19.8hm²，占城市建设用地比例的 0.61%，符合国家规范的 0.6%～0.8% 人均医疗卫生设施面积 0.77m²/人，符合国家规范的 0.6～0.8m²/人，总量上完成 08 版规划目标的 32%，主要集中于老城区。但老城医疗设施布局不够合理，分布不均衡，与城市发展的要求存在一定差距，且河东区缺少医疗设施	对老城的医疗设施布局进行合理调整，建设用地进行调配和补充。随着城市向东发展，在河东片区增加医疗卫生设施用地
(6) 教育科研设施用地	现有教育科研设计用地规模 117.2hm²，占城市建设用地面积的 3.59%，符合国家规范的 2.9%～3.6%，人均用地面积 4.57m²/人，高于国家标准的 2.9～3.8m²/人。现状教育设施数量上虽然满足当前城市发展的需要，但各种教育设施简陋不完备，不利于提高办学规模效益	对城区北部的高职高专教育资源进行资源整合
(7) 社会福利设施用地	现有社会福利设施 5.0hm²，占城市建设用地面积的 0.2%，低于国家规范的 0.3%～0.4%，人均社会福利设施用地面积 0.2m²/人，基本达到国家标准的 0.2～0.4m²/人。社会福利设施主要分布于老城片区，铁西片区分布较少，河东片区现状没有社会福利设施	尽量保留原有的社会福利设施，在河东片区和铁西片区增加社会福利设施用地

常生活,影响城区的进一步发展。规划建议:考虑河东区经济技术开发区的扩区问题,老城需要扩大或搬迁的企业向新扩区的经济技术开发区布局,污染企业搬迁至盟经济技术开发区内。

仓储用地:至 2012 年,仓储用地的面积发展为 207.3hm²,完成规划指标的 65.81%。2008 年以来,仓储用地增长迅猛,新增仓储用地主要位于城区北侧的物流园区内,老城区铁路西侧仍然保留一些仓库,与其他用地性质混杂在一起。规划建议:将老城铁路西侧的原有仓库远期统一搬迁到物流园区发展。

交通设施用地:现状交通设施用地的面积为 807.9hm²,占城区建设用地的 24.7%,基本完成规划指标。新区基本完成道路建设及配套建设,改造建设五一路、爱国路、乌兰大街、钢铁大街、山城路、绿茵巷等城市道路。两座下穿铁路立交桥已完工,正在建设两座上跨铁路立交桥。老城现状路网存在断头路、道路不畅、交叉口过多等问题,河东新区为新建经济中心,方格网为主的城市道路骨架已经初步形成。规划建议:完善和拓宽改造老城区的道路系统。

公用设施用地:截至 2012 年,城区市政设施用地仅 42.3hm²,占城市建设用地面积的 1.29%,人均用地 1.29m²/人,仅完成《08 版总规》目标的 26.79%。总体来说市政设施建设强度较低,用地总量偏少,发展滞后。规划建议:根据城市发展的实际需要增加市政设施用地。

城市绿地:城市绿地建设在建设力度、保护措施、发展水平以及服务质量诸方面均不尽人意,与建设山水城市的目标存在明显差距。截至 2012 年,绿地建设仅完成《08 版总规》目标的 19.1%,占现状城市建设用地的 5.2%,远低于国家标准下限 10%。规划建议:增加城市绿地,加强绿廊的点、线、面相结合的绿地系统。

乌兰浩特各类性质用地空间布局规划实施评估,2012 用地现状与《08 版总规》用地对比如图 10.2 所示,用地规划实施情况评估如表 10.10 所示。

5. 交通体系规划实施评估

城市对外交通:锡乌铁路、乌白高速公路及其连接线按期推进。但新的省际大通道已经由交通部门定线并将其提升为高速公路,新的定线方案与原规划城市路网、交通节点和城市用地有所冲突。

城市道路交通:洮儿河跨河桥中,八里桥、乌兰大桥、洮儿河大桥、钢业大桥已建成通车;归流河跨河桥中,柳川桥、都林桥已建成通车。铁路跨线桥建成六座;都林和查干街建成隧道两座。新区新建道路已基本建成。但汇宁桥尚未建成通车,山北街跨河桥因水源地原因无法修建,与规划冲突。原规划停车场均未实施。

6. 生态环境保护评估

城市绿地:"一心"罕山公园、烈士陵园绿地系统已基本形成,洮儿河的滨河绿色廊道已初步形成,建成街心公园四处。但因征地难等原因,规划的多处绿地尚未实施。归流河、二道河和阿木古郎河的绿色廊道尚未修建。

表 10.10　乌兰浩特 2012 年用地现状与《08 版总规》用地实施情况评估

序号	用地代号	用地名称	2008 年现状 面积/hm²	2008 年现状 占城市建设用地比例/%	规划目标(2020 年) 面积/hm²	规划目标(2020 年) 占城市建设用地比例/%	2012 年现状 面积/hm²	2012 年现状 占城市建设用地比例/%	2012 年现状 (现状完成/规划目标)/%	城市用地 分类与用地标准/%	实施结果
1	R	居住用地	1411.7	58.21	1396.8	25.03	930.4	28.48	66.61	25.0~40.0	基本完成
	R22	中小学用地	58.8	2.42	61.7	1.11	59.8	1.80	95.30	—	完成
2	C	公共设施用地	276.9	11.42	908.7	16.29	368.7	11.28	40.57	9.2~12.3	完成
	C1	行政管理用地	59.4	2.45	148.3	2.66	83.2	2.55	56.08	—	基本完成
	C2	商业金融业用地	75.8	3.13	318.9	5.72	116.1	3.55	36.40	—	基本完成
	C3	文化娱乐用地	12	0.49	52.9	0.95	9.3	0.28	17.54	—	未完成
	C4	体育用地	20.3	0.84	46.1	0.83	16.6	0.51	35.97	—	未完成
	C5	医疗卫生用地	19.9	0.82	62	1.11	19.8	0.61	32.00	—	基本完成
	C6	教育科研设计用地	82.6	3.41	154.3	2.77	117.2	3.59	75.98	—	完成
	C7	文物古迹用地	6.6	0.27	6.2	0.11	6.2	0.19	100.00	—	完成
	C9	宗教用地	0.3	0.01	0.3	0.01	0.3	0.01	100.00	—	完成
3	M	工业用地	286.2	11.80	1160.8	20.80	668.2	20.45	57.56	15.0~30.0	基本完成
4	W	仓储用地	70.9	2.92	315	5.65	207.3	6.35	65.81	—	基本完成
5	T	对外交通用地	19.1	0.79	37	0.66	55.4	1.70	149.73	10.0~30.0	完成
6	S	道路广场用地	186.5	7.69	876.5	15.71	785.6	24.05	89.63		未完成
7	U	市政公用设施用地	85.8	3.54	157.9	2.83	42.3	1.29	26.79	10.0~30.0	未完成
8	G	绿地	73.2	3.02	714.3	12.80	136.4	4.18	19.10	10.0~15.0	未完成
		公共绿地	—	—	439.9	7.88	58.3	1.78	13.25	—	未完成
9	D	特殊用地	14.8	0.61	12.9	0.23	19.0872	0.58	147.96	—	—
合计		城市建设用地	2425.1	100.00	5579.9	100.00	3267	100.00	58.55	—	—

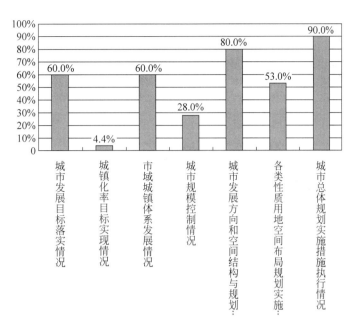

图 10.2　乌兰浩特《08 版总规》指标完成情况

城市生态建设：绿化与城郊山林建设相结合，在楔入城区的罕山—北山，完善现有的罕山公园并新建成吉思汗城郊森林公园。建设洮儿河滨河绿地，使之成为贯穿城区的绿色廊道和生态空间。城北大道、高速公路、铁路、主要对外公路以及交通性主干路建成区以外的路段两侧的专用防护绿地正在实施。扩建城西苗圃，占地面积 $30hm^2$。高压走廊规划为防护绿带预留，但未实施；河东区增加一带状绿地，目前未实施。

城市环境保护：治理洮尔河、归流河的水质；城市水源地得到有效保护；改善城市空气质量；控制城市区域噪声、交通干线区域噪声；安全处理处置危险废物、医疗废物和放射性废物；城市垃圾进行无害化处理。规划期内，城市建成区以及城郊现有的污染严重的工业企业逐步全部迁往盟经济技术开发区。但未实施增建医疗垃圾处理场、生活垃圾处理厂，相关生活、工业废水处理指标尚未达到规划要求。

通过 2008 年城市用地调查、2012 年城市用地现状调查与《08 版总规》建设用地平衡表对照，使用间接定量指标及因子的评测方法，得到如下评估结果（表 10.11）。各类性质用地布局的实施情况最终评测结果为 21.27，问题集中在商业服务业用地分配不均衡、城市绿地建设匮乏、工业用地发展瓶颈、市政设施建设滞后等。

表 10.11　乌兰浩特各类用地空间规划实施情况评估

评估因子	规模实现率/%	布局实现率/%	评测结果	加权得分
居住用地实施率	66.61	66.61	0.666	3.33
工业用地实施率	57.56	39.50	0.485	2.43
绿化用地实施率	19.10	19.10	0.191	0.96
基础设施用地实施率	26.79	26.79	0.268	1.34
公共服务设施用地实施率	40.57	40.57	0.406	2.03
自然和历史文化遗产保护用地实施率	100.00	100.00	1.000	5.00

续表

评 估 因 子	规模实现率/%	布局实现率/%	评测结果	加权得分
水源地与水系用地实施率	34.17	34.17	0.342	1.71
道路与交通设施用地实施率	89.63	89.63	0.896	4.48
各类性质用地布局的实施情况				21.27

10.1.5　保障总规实施的配套措施评估

1. 规划决策机制的建立和运行

到目前为止,城市的总体框架已基本拉开,城市发展目标基本得到了落实,详细规划基本做到了全覆盖,城市基础设施建设力度不断加大,城市承载能力不断增强,生态文明建设进一步推进,城市品位有所提升,民生质量得到改善。规划的实施促进了乌兰浩特市经济及城市建设的快速发展,城市规模、城市交通、城市环境、基础设施、城市形象都发生了巨大变化。该项指标最终评估为"较好实施",量化得分为 0.9 分,加权转换后为 1.8 分。

2. 规划编制与实施

《乌兰浩特城市总体规划(2008 版)》编制完成后,先后着手实施了《乌兰浩特市绿地系统规划》《乌兰浩特市洮儿河景观规划》《乌兰浩特市住房建设规划》《乌兰浩特市行政新区控制性详细规划》《乌兰浩特市成吉思汗公园概念规划》《乌兰浩特市部分地区控制性详细规划》《乌兰浩特市河东区城市设计》《兴安盟经济技术开发区总体规划》等一系列规划或专项规划。在此前后还编制完成《兴安盟城镇体系规划》等,亦充分借鉴了上版城市总体规划的规划思路与发展设想。建成区控制性详细规划及城市设计亦遵循总体规划进行编制。目前,乌兰浩特基本形成了较为完善的城市规划体系,有效地支持和服务了城市经济社会事业发展。该项指标最终评估为"较好实施",量化得分为 0.9 分,加权转换后为 1.8 分。

10.1.6　《08 版总规》实施评估结果分析

经过五年的规划建设,在《08 版总规》的指导下,乌兰浩特市各方面都取得了一定的成绩。本次评估对乌兰浩特市 2008 版城市总体规划实施评估的分值为 55.3 分,评估结果为合格,各项指标完成情况如图 10.2 所示。这说明了 08 版总规在乌兰浩特市的城市建设发展过程中发挥了一些作用,各方面协调程度总体上表现尚可,但仍然存在不少问题。城市发展问题集中体现在城镇化率、城市规模控制、中心城区用地布局等规划指标控制失效上。

10.2　旅游者感知研究中的多层次灰色评价方法[①]

旅游者行为研究涉及领域广泛,旅游者感知行为是其中的重要领域之一。旅游者感知是旅游者对旅游地产品和服务感知程度的综合反映,是建立在评价者的个人偏好、文化背

---

① 汪侠,顾朝林,梅虎,2007. 多层次灰色评价方法在旅游者感知研究中的应用[J]. 地理科学,27(1):121-126.

景、体验经历和认识能力之上的,难以排除许多人为因素带来的偏差,致使评价中提供的评价信息具有灰色性。解决以上旅游者感知评价中出现的信息不完备、信息不确切问题的有效途径是把灰色系统理论同层次分析法相结合。运用多层次灰色评价方法,将旅游者感知评价的分散信息处理成一个描述不同灰类程度的权向量,在此基础上再对其进行单值化处理得到旅游者感知的综合评价值。

10.2.1　多层次灰色评价方法

旅游者感知的评价,首先应分析影响旅游者感知的关键因素,构建递阶多层次评价指标体系,利用层次分析法确定指标的权重,制定评价指标的评分等级标准,最后依据评价模型进行综合评价值的确定。

1)制定评价指标 V_{ij} 的评分等级标准

评价指标 V_{ij} 是主观指标,即定性指标,可以通过制定指标评分等级标准实现定量化。

2)确定各评价指标的权重

评价指标 V_i 和 V_{ij} 对目标 W 的重要程度是不同的,即有不同的权重。利用层次分析法原理,进行指标间两两成对的重要性比较,构建判断矩阵,然后用解矩阵特征值的方法求出权重。

3)组织评价者打分

设评价者序号为 $k,k=1,2,\cdots,p$,即有 p 个评价者,组织 p 个评价者对 s 个受评对象按评价指标 V_{ij} 根据评分等级标准打分。

4)求评价样本矩阵

根据评价者评价结果,即根据第 k 个评价者对第 s 个受评对象按评价指标 V_{ij} 给出的评分 $d_{jk}^{(s)}$,求得第 s 个受评对象的评价样本矩阵 $D^{(s)}$。

5)确定评价灰类

确定评价灰类就是要确定评价灰类的等级数、灰类的灰数及灰类的白化权函数,一般情况下视实际评价问题分析确定。设评价灰类序号为 $e,e=1,2,\cdots,g$,即有 g 个评价灰类,可根据具体情况选取一定的白化权函数来描述灰类。

6)计算灰色评价系数

对于评价指标 V_{ij},第 s 个受评对象属于第 e 个评价灰类的灰色评价系数记为 $x_{ije}^{(s)}$,则有

$$x_{ije}^{(s)} = \sum_{k=1}^{p} f_e(d_{ijk}^{(s)}) \tag{1}$$

第 s 个受评对象属于各个评价灰类的总灰色评价数记为 $x_{ij}^{(s)}$,则有

$$x_{ij}^{(s)} = \sum_{e=1}^{g} x_{ije}^{(s)} \tag{2}$$

7)计算灰色评价权向量

所有评价者就评价指标 V_{ij} 对第 s 个评价对象主张第 e 个灰类的灰色评价权记为 $r_{ije}^{(s)}$,则有

$$r_{ije}^{(s)} = \frac{x_{ije}^{(s)}}{x_{ij}^{(s)}} \tag{3}$$

考虑到评价灰类有 g 个,便有第 s 个受评对象的评价指标 V_{ij} 对于各灰类的灰色评价权向量 $r_{ij}^{(s)}$:

$$r_{ij}^{(s)} = (r_{ij1}^{(s)}, \quad r_{ij2}^{(s)}, \quad \cdots, \quad r_{ijg}^{(s)}) \tag{4}$$

将第 s 个受评对象的 V_i 所属指标 V_{ij} 对于各评价灰类的灰色评价权向量综合后,得到其灰色评价权矩阵 $R_i^{(s)}$。

8)对 V_i 作综合评价

对第 s 个受评对象的 V_i 作综合评价,其评价结果记为 $B_i^{(s)}$,则有

$$B_i^{(s)} = A_i R_i^{(s)} = (b_{i1}^{(s)}, \quad b_{i2}^{(s)}, \quad \cdots, \quad b_{ig}^{(s)}) \tag{5}$$

$$R_i^{(s)} = \begin{bmatrix} r_{i1}^{(s)} \\ r_{i2}^{(s)} \\ \vdots \\ r_{in_i}^{(s)} \end{bmatrix} = \begin{bmatrix} r_{i11}^{(s)} & r_{i12}^{(s)} & \cdots & r_{i1g}^{(s)} \\ r_{i21}^{(s)} & r_{i22}^{(s)} & \cdots & r_{i2g}^{(s)} \\ \vdots & \vdots & & \vdots \\ r_{in_i1}^{(s)} & r_{in_i2}^{(s)} & \cdots & r_{in_ig}^{(s)} \end{bmatrix} \tag{6}$$

9)对 V 作综合评价

$$R^{(s)} = \begin{bmatrix} B_1^{(s)} \\ B_2^{(s)} \\ \vdots \\ B_m^{(s)} \end{bmatrix} = \begin{bmatrix} b_{11}^{(s)} & b_{12}^{(s)} & \cdots & b_{1g}^{(s)} \\ b_{21}^{(s)} & b_{22}^{(s)} & \cdots & b_{2g}^{(s)} \\ \vdots & \vdots & & \vdots \\ b_{m1}^{(s)} & b_{m2}^{(s)} & \cdots & b_{mg}^{(s)} \end{bmatrix} \tag{7}$$

由 V_i 的综合评价结果 $B_i^{(s)}$ 得到第 s 个受评对象的 V 所属指标 V_i 对于各评价灰类的灰色评价权矩阵 $R^{(s)}$。于是,对第 s 个受评对象的 V 做综合评价,其综合结果记为 $B^{(s)}$,则有

$$B^{(s)} = AR^s = \begin{bmatrix} A_1 R_1^s \\ A_2 R_2^s \\ \vdots \\ A_m R_m^s \end{bmatrix} = (b_1^{(s)}, \quad b_2^{(s)}, \quad \cdots, \quad b_g^{(s)}) \tag{8}$$

10)计算综合评价值

将各灰类等级按"灰水平"(阈值)赋值,第一灰类取为 d_1,第二灰类取为 d_2,……,第 g 灰类取为 d_g,则各灰类评价等级值化向量 $C=(d_1,d_2,\cdots,d_g)$,于是第 s 个受评对象的综合评价值 $W^{(s)}$ 可按下式计算:

$$W^s = B^s C^{\mathrm{T}} \tag{9}$$

根据 $W^{(s)}$ 的大小确定第 q 个受评对象的评价值的高低并依次排序。

10.2.2　桂林旅游者感知的多层次灰色评价实证研究

根据多层次灰色评价法原理以大桂林旅游圈的五个主要旅游地——桂林市区、阳朔、龙胜、资源、恭城为例,进行旅游者感知的多层次灰色评价实证研究。

1) 评价指标体系的确定

旅游者感知包括价值感知和质量感知两个方面。遴选出 39 项评价旅游者感知的预选指标,然后运用因子分析方法对预选指标进行筛选和组合,由对旅游者感知起关键作用的指标变量组成的因子代替众多的指标变量,缩减"空间维数"(图10.3)。采用李克特五级量表对旅游者感知指标进行测量,评价值为 5、4、3、2、1,分别表示很好、好、一般、不好、很不好。

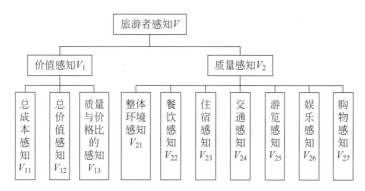

图 10.3　旅游者感知评价指标体系

2) 权重的确定

采用层次分析法确定各层评价指标的权重。选择来自政府、高校的专家 20 人,按照层次分析法的标度理论进行两两指标间相对重要性的定性比较,并求得各级测评指标的权重。其中:$V_i(i=1,2)$ 的权重向量 $A=(a_1,a_2)=(0.46,0.54)$;评价指标 $V_{1j}(j=1,2,3)$ 的权重向量 $A_1=(a_{11},a_{12},a_{13})=(0.32,0.32,0.36)$;评价指标 $V_{2j}(j=1,2,\cdots,7)$ 的权重向量 $A_2=(a_{21},a_{22},\cdots,a_{27})=(0.16,0.15,0.14,0.12,0.2,0.12,0.11)$。

3) 确定评价样本矩阵

将旅游者感知评价指标体系转化为调查问卷,按照客源地域把旅游者划分为桂林本地、广西区、外省市(不包括港澳台)、港澳台、外国 5 个样本组,每组发放问卷 100 份,请被调查者对桂林市区、阳朔、龙胜、资源、恭城五个旅游地的旅游者感知进行评价。对每一个样本组取每一项评价指标的均值作为该指标的评价值,最终得出上述五个旅游地的旅游者感知的评价样本矩阵。

$$
D^{(\text{桂林市区})}=
\begin{bmatrix}
d_{111}^{(1)} & d_{112}^{(1)} & d_{113}^{(1)} & d_{114}^{(1)} & d_{115}^{(1)} \\
d_{121}^{(1)} & d_{122}^{(1)} & d_{123}^{(1)} & d_{124}^{(1)} & d_{125}^{(1)} \\
d_{131}^{(1)} & d_{132}^{(1)} & d_{133}^{(1)} & d_{134}^{(1)} & d_{135}^{(1)} \\
d_{211}^{(1)} & d_{212}^{(1)} & d_{213}^{(1)} & d_{214}^{(1)} & d_{215}^{(1)} \\
d_{221}^{(1)} & d_{222}^{(1)} & d_{223}^{(1)} & d_{224}^{(1)} & d_{225}^{(1)} \\
d_{231}^{(1)} & d_{232}^{(1)} & d_{233}^{(1)} & d_{234}^{(1)} & d_{235}^{(1)} \\
d_{241}^{(1)} & d_{242}^{(1)} & d_{243}^{(1)} & d_{244}^{(1)} & d_{245}^{(1)} \\
d_{251}^{(1)} & d_{252}^{(1)} & d_{253}^{(1)} & d_{254}^{(1)} & d_{255}^{(1)} \\
d_{261}^{(1)} & d_{262}^{(1)} & d_{263}^{(1)} & d_{264}^{(1)} & d_{265}^{(1)} \\
d_{271}^{(1)} & d_{272}^{(1)} & d_{273}^{(1)} & d_{274}^{(1)} & d_{275}^{(1)}
\end{bmatrix}
\begin{matrix}
V_{11} \\ V_{12} \\ V_{13} \\ V_{21} \\ V_{22} \\ V_{23} \\ V_{24} \\ V_{25} \\ V_{26} \\ V_{27}
\end{matrix}
=
\begin{bmatrix}
4 & 4 & 4.3 & 5 & 5 \\
4 & 4 & 4.1 & 4 & 4 \\
4 & 3.9 & 4 & 4.5 & 4.6 \\
4.9 & 5 & 4.7 & 4.9 & 5 \\
4 & 4 & 3.2 & 3 & 3 \\
4 & 3.5 & 4.1 & 4 & 4 \\
4.6 & 4 & 3.8 & 4 & 4.9 \\
3 & 3 & 3.5 & 3.4 & 4.1 \\
3 & 3 & 3.2 & 3.8 & 4.3
\end{bmatrix}
$$

$$D_{(阳朔)} = \begin{bmatrix} 4.2 & 4 & 4.2 & 5 & 5 \\ 4 & 4.1 & 4.2 & 4 & 4.2 \\ 4 & 4 & 3.9 & 4.1 & 4.5 \\ 4.4 & 4.6 & 4.2 & 4.8 & 4.8 \\ 3.5 & 3.5 & 3.2 & 4 & 3.5 \\ 3.6 & 3 & 3 & 3 & 3 \\ 4.2 & 4.1 & 4 & 4 & 4.7 \\ 4.6 & 4.8 & 4.8 & 4.9 & 4.8 \\ 4 & 4 & 3.6 & 4.2 & 4.2 \\ 3 & 3 & 4 & 4 & 4.3 \end{bmatrix}, \quad D_{(资源)} = \begin{bmatrix} 4.2 & 4 & 4 & 4 & 4 \\ 3 & 3.6 & 3.8 & 3.5 & 3.6 \\ 3.4 & 3.6 & 3.6 & 3.5 & 3.6 \\ 3.8 & 3.8 & 3.6 & 3.9 & 4 \\ 3.1 & 3 & 3.2 & 3 & 3 \\ 3 & 3 & 3 & 3.1 & 3.2 \\ 3 & 3 & 3.2 & 3.4 & 3.6 \\ 4 & 4 & 4.2 & 4 & 4.2 \\ 3.2 & 3 & 3.6 & 3.6 & 3.8 \\ 3 & 3 & 3.1 & 3.2 & 3.2 \end{bmatrix}$$

$$D_{(龙胜)} = \begin{bmatrix} 4 & 4 & 4 & 4 & 4.2 \\ 3 & 3.5 & 3.5 & 3.8 & 4 \\ 3.6 & 3.9 & 3.8 & 4 & 4 \\ 4 & 4 & 4.1 & 4.2 & 4.2 \\ 3.5 & 3.4 & 3.2 & 3.4 & 3.4 \\ 3 & 3.1 & 3 & 3 & 3 \\ 3.5 & 3.2 & 3.2 & 3.5 & 3.5 \\ 4 & 4.1 & 4 & 4.2 & 4.3 \\ 3.5 & 3.8 & 3.5 & 3.5 & 3.5 \\ 3 & 3 & 3.1 & 3 & 3 \end{bmatrix} \quad D_{(恭城)} = \begin{bmatrix} 4 & 4 & 4 & 4.2 & 4.2 \\ 3.1 & 3 & 3 & 3 & 3 \\ 3 & 3 & 3 & 2.8 & 2.9 \\ 3 & 3 & 3 & 3 & 3 \\ 3 & 3.1 & 3 & 3.1 & 3 \\ 3 & 3 & 2.8 & 3 & 3 \\ 3 & 3 & 3 & 3.1 & 3.1 \\ 3.2 & 3.2 & 3 & 3 & 3 \\ 3 & 3 & 3.1 & 3.2 & 3.3 \\ 3 & 3.2 & 3 & 3 & 3 \end{bmatrix}$$

4) 计算灰数评价系数

对于评价指标 V_{11}，桂林市区旅游者感知属于第 11 个评价灰类的灰色评价系数为

$$x_{111}^{(1)} = \sum_{k=1}^{s} f_1(d_{11k}^{(1)})$$

$$= f_1(d_{111}^{(1)}) + f_1(d_{112}^{(1)}) + f_1(d_{113}^{(1)}) + f_1(d_{114}^{(1)}) + f_1(d_{115}^{(1)})$$

$$= f_1(4) + f_1(4) + f_1(4.3) + f_1(5) + f_1(5)$$

$$= 0.8 + 0.8 + 0.86 + 1 + 1$$

$$= 4.46$$

同理：

$$x_{112}^{(1)} = 4.425$$

$$x_{113}^{(1)} = 2.567$$

$$x_{114}^{(1)} = 0$$

$$x_{115}^{(1)} = 0$$

对于评价指标 V_{11}，桂林市区旅游者感知属于各个评价灰类的总灰色评价系数 $x_{11}^{(1)}$ 为

$$x_{11}^{(1)} = \sum_{e=1}^{5} x_{11e}^{(1)} = x_{111}^{(1)} + x_{112}^{(1)} + x_{113}^{(1)} + x_{114}^{(1)} + x_{115}^{(1)} = 11.452$$

5）计算灰色评价权向量及权矩阵

就评价指标 V_{11} 而言，所有评价者对桂林市区旅游者感知主张第 e 个评价灰类的灰色评价权向量 $r_{11}^{(1)}$ 为

$$r_{11}^{(1)} = (r_{111}^{(1)}, r_{112}^{(1)}, r_{113}^{(1)}, r_{114}^{(1)}, r_{115}^{(1)}) = (0.3895, 0.3864, 0.2242, 0, 0)$$

同理可计算出 $r_{12}^{(1)}$、$r_{13}^{(1)}$、$r_{21}^{(1)}$、$r_{22}^{(1)}$、$r_{23}^{(1)}$、$r_{24}^{(1)}$、$r_{25}^{(1)}$、$r_{26}^{(1)}$、$r_{27}^{(1)}$，桂林市区旅游者感知的 V_i 所属指标 $V_{1j}(j=1,2,3)$ 和 $V_{2j}(j=1,2,3,4,5,6,7)$ 对各评价灰类的灰色评价权矩阵 $R_1^{(1)}$ 和 $R_2^{(1)}$。

6）对 V_1 和 V_2 作综合评价

对桂林市区旅游者感知的 V_1 和 V_2 作综合评价，其综合评价结构 $B_1^{(1)}$ 和 $B_2^{(1)}$ 为

$$B_1^{(1)} = A_1 R_1^{(1)} = (0.3562, 0.3953, 0.2484, 0, 0)$$

$$B_2^{(1)} = A_2 R_2^{(1)} = (0.3529, 0.3515, 0.25, 0.0456, 0)$$

7）对 V 作综合评价

由 $B_1^{(1)}$ 和 $B_2^{(1)}$ 得桂林市区旅游者感知的总灰色评价权矩阵 $R^{(1)}$：

$$R^{(1)} = \begin{bmatrix} B_1^{(1)} \\ B_2^{(1)} \end{bmatrix} = \begin{bmatrix} 0.3562 & 0.3953 & 0.2484 & 0 & 0 \\ 0.3529 & 0.3515 & 0.25 & 0.0456 & 0 \end{bmatrix}$$

对桂林市区旅游者感知的 V 作综合评价，得其综合评价结果 $B^{(1)}$：

$$B^{(1)} = AR^{(1)} = (0.3545, 0.3716, 0.2493, 0.0246, 0)$$

8）计算综合评价值并排序

各评价灰类等级值化向量 $C = (5,4,3,2,1)$，桂林市区旅游者感知的综合评价值 $W^{(桂林市区)}$ 为：$W^{(桂林市区)} = B^{(1)} C^{T} = (0.3545, 0.3716, 0.2493, 0.0246, 0)(5,4,3,2,1)^{T} = 4.056$。同理 $W^{(阳朔)} = 4.037$；$W^{(龙胜)} = 3.833$；$W^{(资源)} = 3.798$；$W^{(恭城)} = 3.497$。五个旅游地旅游者感知综合评价的排序为 $W^{(桂林市区)} > W^{(阳朔)} > W^{(龙胜)} > W^{(资源)} > W^{(恭城)}$。

9）结果分析

通过多层次灰色评价，可以将上述五个旅游地的旅游者感知划分为三个等级（图 10.4）：①一级感知区：桂林市区和阳朔。②二级感知区：龙胜和资源。③三级感知区：恭城。将层次分析法和灰色系统理论相结合，有效地解决旅游者感知评价中出现的信息不完备和信息不确切问题。

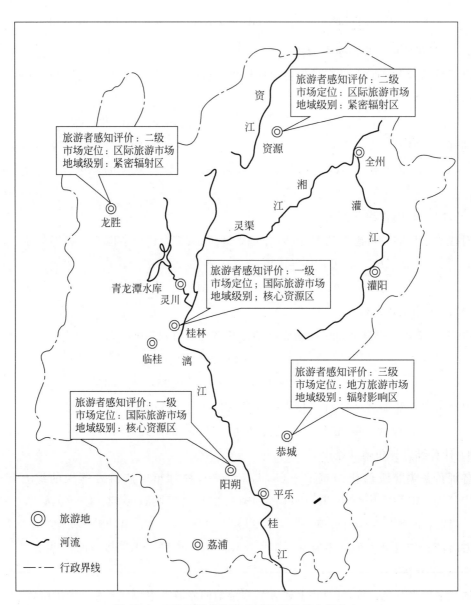

旅游者感知评价：二级
市场定位：区际旅游市场
地域级别：紧密辐射区

旅游者感知评价：二级
市场定位：区际旅游市场
地域级别：紧密辐射区

旅游者感知评价：一级
市场定位：国际旅游市场
地域级别：核心资源区

旅游者感知评价：三级
市场定位：地方旅游市场
地域级别：辐射影响区

旅游者感知评价：一级
市场定位：国际旅游市场
地域级别：核心资源区

◎ 旅游地
〰 河流
—·— 行政界线

图 10.4　五个旅游地旅游者感知评价的空间分布

10.3　老子山风景区旅游资源开发潜力评价多层次灰色方法[①]

10.3.1　风景区旅游资源开发潜力评价

旅游资源开发潜力评价,是对旅游资源是否具备发展旅游业的条件并进而获取经济、社会和环境效益的能力的衡量。同旅游资源评价中常用的美学评价或适应性技术评价相比,旅游资源开发潜力评价不仅关注旅游资源质量,还将旅游资源开发不可或缺的环境条件和开发效益等纳入评价的范畴,因此是对旅游资源评价的深化。与传统的旅游资源评价方法相比,将灰色理论和层次分析法相结合,有助于解决层次分析法评价中出现的信息不完备和不确切问题,使评价结果更加客观可信,此方法能够有效解决旅游资源等级与开发潜力之间的错位问题,本案例以洪泽县老子山风景区为例,对其六个景区的旅游资源开发潜力进行了评价和排序。

旅游资源开发潜力的多层次灰色评价主要按照以下两个步骤来进行:①分析影响旅游资源开发潜力的关键因素,在此基础上构建递阶多层次评价指标体系,然后制定评价指标的评分等级标准,再利用层次分析法计算出各评价指标的权重;②依据灰色评价过程确定评价样本矩阵和评价灰类,求得灰色评价权向量,计算出各评价对象的旅游资源开发潜力综合评价值并排序,其具体流程及方法如图 10.5 所示。

10.3.2　老子山风景区概况

老子山风景区位于江苏省洪泽县,近年来随着温泉地热资源的开采,旅游开发不断升温,地方政府因此制定了旅游主导型的发展战略决定以温泉为龙头产品,全面开发当地各类旅游资源。景区面积 $300 km^2$,旅游资源以温泉地热、湖滨风光、水乡风情、宗教文化为主。由于市场知名度低、基础设施落后、旅游业发展缓慢,年游客接待量仅 5 万人次。2004 年以来随着温泉休闲度假旅游的开发,风景区的发展进入到一个新的阶段,外来投资日趋活跃,接待设施不断改善,目前年接待游客量约 20 万人次。根据旅游资源特色、交通区位和旅游市场需求把老子山风景区划分为老子山、淮仁滩、丁滩、杨圩滩、新滩、龟山六个景区,利用多层次灰色方法对上述六个景区的旅游资源开发潜力进行评价并排序。

10.3.3　风景区旅游资源开发潜力多层次灰色评价方法

　　1)评价指标体系
旅游资源开发潜力评价的难点之一是评价指标的遴选。目前尚无一个较为成熟的旅

---

　　① 汪侠,顾朝林,刘晋媛,等,2007.旅游资源开发潜力评价的多层次灰色方法:以老子山风景区为例[J].地理研究,26(3):625-635.

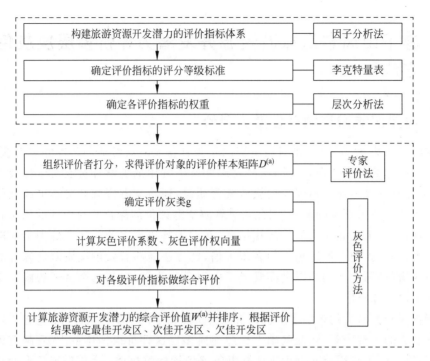

图 10.5　旅游资源开发潜力多层次灰色评价方法流程

游资源开发潜力评价指标体系,在借鉴国内外研究成果的基础上,根据全面性、层次性、可测性、可行性的原则,首先遴选出 23 项评价旅游资源开发潜力的预选指标,然后运用因子分析方法对预选指标进行筛选,最终确定了旅游资源开发潜力评价指标体系(表 10.12)。该指标体系包括 3 个层次 12 个指标,从旅游资源价值、旅游资源开发条件、旅游资源开发效益三个方面对旅游资源开发潜力进行全面系统的测量。

表 10.12　旅游资源开发潜力评价指标体系

一级指标	二级指标	三级指标
旅游资源开发潜力(V)	旅游资源价值(V_1)	资源品位(V_{11})
		规模(V_{12})
		特色(V_{13})
	旅游资源开发条件(V_2)	自然可进入性(V_{21})
		市场可进入性(V_{22})
		施工条件(V_{23})
		景区容量(V_{24})
		融资条件(V_{25})
		政府政策及居民态度(V_{26})
	旅游资源开发效益(V_3)	经济效益(V_{31})
		社会效益(V_{32})
		环境效益(V_{33})

2）制定评分等级标准

采用李克特五级量表对旅游资源开发潜力评价指标进行测量，评价值为 5、4、3、2、1，分别表示旅游资源价值（开发条件或者开发效益）很好、好、一般、不好、很不好，当指标等级介于两相邻等级之间时，相应评分为 4.5、3.5、2.5、1.5。

3）计算评价指标权重

采用间接专家征询方法，根据层次分析法原理对评价指标权重进行计算。在对评价因子的重要性进行比较时，用数值 1、3、5、7、9 标度两指标相比较时前者较后者同等重要、稍重要、明显重要、强烈重要、极端重要；2、4、6、8 则表示它们之间的过渡情形；后者与前者比较的重要性标度值用前者与后者比较的重要性标度值的倒数表示。鉴于不同专家对指标间相对重要性的看法存在差异，经过两轮反馈后，确定了指标间相互比较的最终标度值，并通过了判断矩阵的一致性检验，最终求得各级评价指标的权重，其中，二级评价指标 $V_i(i=1,2,3)$ 的权重向量 $A=(a_1,a_2,a_3)=(0.431,0.302,0.267)$；三级评价指标 $V_{1j}(j=1,2,3)$ 的权重向量 $A_1=(a_{11},a_{12},a_{13})=(0.554,0.209,0.237)$、$V_{2j}(j=1,2,\cdots,6)$ 的权重向量 $A_2=(a_{21},a_{22},\cdots,a_{26})=(0.27,0.147,0.139,0.106,0.155,0.183)$、$V_{3j}(j=1,2,3)$ 的权重向量 $A_3=(a_{31},a_{32},a_{33})=(0.433,0.332,0.235)$。从权重的排序来看，旅游资源价值所占权重最大，为 0.431，这说明旅游资源价值是进行旅游资源开发的基础和前提条件，但同时旅游资源开发条件和旅游资源开发效益也是旅游资源开发必不可少的重要保障。

4）确定评价样本矩阵

与数理统计所要求的大样本量且数据必须服从某种典型分布不同，灰色系统理论着重解决"小样本""贫信息不确定性问题"，其特点是少数据建模，对于观测数据及其分布没有特殊的要求和限制。只要原始数据列有 4 个以上数据，就可以通过变换实现对评价对象的正确描述。在现有运用多层次灰色评价方法的文献中，一般采用 5 个数据列对评价对象进行分析，即可得到客观可信的评价结果。

根据灰色评价方法对数据样本量的要求，采用专家评价法确定评价样本矩阵。请五位专家按照评分等级标准对老子山、淮仁滩等六个景区的旅游资源开发潜力评价指标进行打分，设第 k 个专家对第 s 个景区的评价矩阵为 $D^{(s)}$。

$$D^{(\text{老子山})}=\begin{bmatrix} 4.5 & 4 & 4 & 4.5 & 4 \\ 5 & 4.5 & 4.5 & 5 & 4 \\ 4.5 & 4.5 & 4 & 4.5 & 4 \\ 4.5 & 4.5 & 4.5 & 4.5 & 4.5 \\ 4.5 & 4.5 & 5 & 4 & 4.5 \\ 4 & 4.5 & 4.5 & 4 & 4 \\ 4 & 4 & 4 & 4 & 4 \\ 4 & 4 & 4 & 4 & 4.5 \\ 4 & 4.5 & 4.5 & 4 & 4 \\ 4 & 4 & 4 & 4 & 4 \\ 4.5 & 4 & 4.5 & 4 & 4.5 \\ 4 & 4 & 4 & 4.5 & 4 \end{bmatrix}, \quad D^{(\text{淮仁滩})}=\begin{bmatrix} 4.5 & 4 & 4.5 & 4.5 & 4 \\ 4.5 & 4.5 & 4 & 4.5 & 4.5 \\ 4.5 & 4.5 & 4 & 4.5 & 4 \\ 4 & 4 & 4.5 & 4.5 & 4 \\ 4.5 & 4.5 & 4 & 4 & 4.5 \\ 4 & 4 & 4 & 4 & 4 \\ 3.5 & 4 & 3.5 & 4 & 3.5 \\ 4 & 4 & 4 & 4 & 4.5 \\ 4.5 & 4 & 4.5 & 4 & 4 \\ 4 & 4 & 4 & 4.5 & 4 \\ 4 & 4 & 4 & 4 & 4 \\ 3.5 & 3.5 & 3.5 & 4 & 3.5 \end{bmatrix}$$

$$D^{(丁滩)}=\begin{bmatrix} 3 & 3.5 & 3.5 & 3.5 & 3.5 \\ 4 & 4 & 4 & 4 & 4 \\ 3 & 3.5 & 3.5 & 3.5 & 3 \\ 3 & 3 & 3 & 3 & 3 \\ 3.5 & 3 & 3 & 3.5 & 3 \\ 3 & 3 & 3 & 3 & 3.5 \\ 3 & 3 & 3 & 3 & 3 \\ 3 & 3.5 & 3.5 & 3 & 3.5 \\ 3.5 & 3 & 3 & 3.5 & 3 \\ 3.5 & 3.5 & 3 & 3.5 & 3 \\ 3 & 3 & 3.5 & 3 & 3.5 \\ 3 & 3 & 3 & 3 & 3 \end{bmatrix}, \quad D^{(杨圩滩)}=\begin{bmatrix} 3.5 & 3.5 & 4 & 3.5 & 4 \\ 4 & 3.5 & 4 & 4 & 4 \\ 3 & 3.5 & 3.5 & 4 & 3.5 \\ 3.5 & 4 & 3.5 & 3 & 3.5 \\ 4 & 3.5 & 3 & 3.5 & 4 \\ 3.5 & 4 & 3.5 & 4 & 4 \\ 3.5 & 3.5 & 3.5 & 3.5 & 3.5 \\ 3.5 & 3 & 3.5 & 3.5 & 4 \\ 3.5 & 3.5 & 4 & 3.5 & 3.5 \\ 3.5 & 3.5 & 3.5 & 3.5 & 3.5 \\ 4 & 4 & 4 & 4 & 4 \\ 4 & 4 & 4 & 4 & 3.5 \end{bmatrix}$$

$$D^{(新滩)}=\begin{bmatrix} 4 & 3.5 & 4 & 3.5 & 3.5 \\ 4 & 4 & 3.5 & 4 & 3.5 \\ 4 & 3.5 & 4 & 3.5 & 4 \\ 3.5 & 3 & 3.5 & 3.5 & 3.5 \\ 3.5 & 3 & 3.5 & 3.5 & 3.5 \\ 3.5 & 3.5 & 4 & 3.5 & 3.5 \\ 3 & 4 & 3.5 & 3.5 & 4 \\ 3.5 & 4 & 3.5 & 3.5 & 4 \\ 4 & 3.5 & 3.5 & 4 & 3.5 \\ 3.5 & 3 & 3.5 & 4 & 3.5 \\ 3.5 & 3.5 & 3.5 & 4 & 4 \\ 3.5 & 4 & 3.5 & 3.5 & 3 \end{bmatrix}, \quad D^{(龟山)}=\begin{bmatrix} 4 & 4 & 3.5 & 4 & 3.5 \\ 4 & 4 & 4 & 3.5 & 4 \\ 3.5 & 3.5 & 3.5 & 3.5 & 4 \\ 3.5 & 3.5 & 3 & 3.5 & 3.5 \\ 3.5 & 3.5 & 4 & 3.5 & 3.5 \\ 4 & 3.5 & 4 & 3.5 & 4 \\ 4 & 3.5 & 3.5 & 4 & 3.5 \\ 3.5 & 3.5 & 3.5 & 3.5 & 3 \\ 3.5 & 4 & 3.5 & 3.5 & 4 \\ 3.5 & 4 & 3.5 & 4 & 3.5 \\ 4 & 3.5 & 3.5 & 3.5 & 4 \\ 3.5 & 3.5 & 3.5 & 4 & 3.5 \end{bmatrix}$$

5）确定评价灰类

设 $g=5$，有 5 个评价灰类，即 $e=1,2,3,4,5$。其相应的灰数及白化权函数如下：

第一灰类"很好"（$e=1$），灰数 $\otimes_1 \in [5,\infty]$，其白化权函数为 f_1（图 10.6(a)）。

第二灰类"好"（$e=2$），灰数 $\otimes_2 \in [0,4,8]$，其白化权函数为 f_2（图 10.6(b)）。

第三灰类"一般"（$e=3$），灰数 $\otimes_3 \in [0,3,6]$，其白化权函数为 f_3（图 10.6(c)）。

第四灰类"不好"（$e=4$），灰数 $\otimes_4 \in [0,2,4]$，其白化权函数为 f_4（图 10.6(d)）。

第五灰类"很不好"（$e=5$），灰数 $\otimes_5 \in [0,1,2]$，其白化权函数为 f_5（图 10.6(e)）。

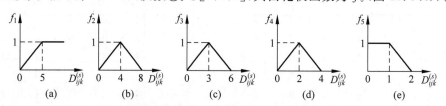

图 10.6　灰数与白化权函数关系图

（a）第一灰类；（b）第二灰类；（c）第三灰类；（d）第四灰类；（e）第五灰类

6）计算灰色评价系数

对于评价指标 V_{11}（资源品位），第 1 个评价对象老子山景区的旅游资源开发潜力属于第 e 个评价灰类的灰色评价系数为 $x_{11e}^{(1)}$：

$$x_{111}^{(1)} = \sum_{k=1}^{5} f_1(d_{11k}^{(1)})$$
$$= f_1(d_{111}^{(1)}) + f_1(d_{112}^{(1)}) + f_1(d_{113}^{(1)}) + f_1(d_{114}^{(1)}) + f_1(d_{115}^{(1)})$$
$$= f_1(4.5) + f_1(4) + f_1(4) + f_1(4.5) + f_1(4)$$
$$= 0.9 + 0.8 + 0.8 + 0.9 + 0.8 = 4.2$$

同理，$x_{112}^{(1)} = 4.75$；$x_{113}^{(1)} = 4$；$x_{114}^{(1)} = 0$；$x_{115}^{(1)} = 0$。

对于评价指标 V_{11}，老子山景区旅游资源开发潜力属于各个评价灰类的总灰色评价系数 $x_{11}^{(1)}$ 为：$x_{11}^{(1)} = \sum_{e=1}^{5} x_{11e}^{(1)} = x_{111}^{(1)} + x_{112}^{(1)} + x_{113}^{(1)} + x_{114}^{(1)} + x_{115}^{(1)} = 11.95$。

7）计算灰色评价权向量

就评价指标 V_{11} 而言，所有评价者对老子山景区旅游资源开发潜力主张第 e 个评价灰类的灰色评价权向量记为 $r_{11e}^{(1)}$，

$$r_{111}^{(1)} = \frac{x_{111}^{(1)}}{x_{11}^{(1)}} = \frac{4.2}{11.95} = 0.351$$

同理：$r_{112}^{(1)} = 0.397$；$r_{113}^{(1)} = 0.251$；$r_{114}^{(1)} = 0$；$r_{115}^{(1)} = 0$。

所以，老子山景区旅游资源开发潜力的评价指标 V_{11} 对于各灰类的灰色评价权向量 $r_{11}^{(1)}$ 为 $r_{11}^{(1)} = (r_{111}^{(1)}, r_{112}^{(1)}, r_{113}^{(1)}, r_{114}^{(1)}, r_{115}^{(1)}) = (0.351, 0.397, 0.251, 0, 0)$。

同理可计算出 $r_{12}^{(1)}$、$r_{13}^{(1)}$、$r_{21}^{(1)}$、$r_{22}^{(1)}$、$r_{23}^{(1)}$、$r_{24}^{(1)}$、$r_{25}^{(1)}$、$r_{26}^{(1)}$、$r_{31}^{(1)}$、$r_{32}^{(1)}$、$r_{33}^{(1)}$ 老子山景区旅游资源开发潜力 V_1 所属指标 $V_{1j}(j=1,2,3)$、V_2 所属指标 $V_{2j}(j=1,2,3,4,5,6)$、V_3 所属指标 $V_{3j}(V_{3j}=1,2,3)$ 对于各评价灰类的灰色评价权矩阵 $R_1^{(1)}$、$R_2^{(1)}$、$R_3^{(1)}$ 分别为

$$R_1^{(1)} = \begin{bmatrix} r_{11}^{(1)} \\ r_{12}^{(1)} \\ r_{13}^{(1)} \end{bmatrix} = \begin{bmatrix} 0.351 & 0.397 & 0.251 & 0 & 0 \\ 0.411 & 0.38 & 0.209 & 0 & 0 \\ 0.416 & 0.447 & 0.137 & 0 & 0 \end{bmatrix}$$

$$R_2^{(1)} = \begin{bmatrix} r_{21}^{(1)} \\ r_{22}^{(1)} \\ r_{23}^{(1)} \\ r_{24}^{(1)} \\ r_{25}^{(1)} \\ r_{26}^{(1)} \end{bmatrix} = \begin{bmatrix} 0.396 & 0.385 & 0.22 & 0 & 0 \\ 0.396 & 0.385 & 0.22 & 0 & 0 \\ 0.351 & 0.397 & 0.251 & 0 & 0 \\ 0.324 & 0.405 & 0.27 & 0 & 0 \\ 0.338 & 0.401 & 0.261 & 0 & 0 \\ 0.351 & 0.397 & 0.251 & 0 & 0 \end{bmatrix}$$

$$R_3^{(1)} = \begin{bmatrix} r_{31}^{(1)} \\ r_{32}^{(1)} \\ r_{33}^{(1)} \end{bmatrix} = \begin{bmatrix} 0.324 & 0.405 & 0.27 & 0 & 0 \\ 0.416 & 0.447 & 0.137 & 0 & 0 \\ 0.338 & 0.401 & 0.261 & 0 & 0 \end{bmatrix}$$

8）对各级评价指标作综合评价

（1）对二级指标 V_1、V_2、V_3 做出综合评价。对老子山景区旅游资源开发潜力的二级指标 V_1、V_2、V_3 作综合评价,计算出综合评价结果 $B_1^{(1)}$、$B_2^{(1)}$、$B_3^{(1)}$ 为

$$B_1^{(1)} = A_1 R_1^{(1)} = (0.3789, 0.4052, 0.2152, 0, 0)$$
$$B_2^{(1)} = A_2 R_2^{(1)} = (0.3648, 0.3934, 0.2416, 0, 0)$$
$$B_3^{(1)} = A_3 R_3^{(1)} = (0.3578, 0.4181, 0.2237, 0, 0)$$

由 $B_1^{(1)}$、$B_2^{(1)}$、$B_3^{(1)}$ 得老子山景区旅游资源开发潜力的总灰色评价权矩阵 $R^{(1)}$:

$$R^{(1)} = \begin{bmatrix} B_1^{(1)} \\ B_2^{(1)} \\ B_3^{(1)} \end{bmatrix} = \begin{bmatrix} 0.3789 & 0.4052 & 0.2152 & 0 \\ 0.3648 & 0.3934 & 0.2416 & 0 \\ 0.3578 & 0.4181 & 0.2237 & 0 \end{bmatrix}$$

（2）对一级指标 V 作综合评价。对老子山景区旅游资源开发潜力的一级指标 V 作综合评价,得综合评价结果 $B^{(1)}$:

$$B^{(1)} = A R^{(1)} = (0.3690, 0.4051, 0.2254, 0, 0)$$

9）计算综合评价值并排序

各评价灰类等级值化向量 $C = (5, 4, 3, 2, 1)$,老子山景区旅游资源开发潜力的综合评价值 $W^{(老子山)}$ 为

$$W^{(老子山)} = B^{(1)} C^{\mathrm{T}} = (0.3690, 0.4051, 0.2254, 0, 0)(5, 4, 3, 2, 1)^{\mathrm{T}} = 4.142$$

$$W^{(淮仁滩)} = 4.041; \quad W^{(丁滩)} = 3.205; \quad W^{(杨圩滩)} = 3.603$$

$$W^{(新滩)} = 3.543; \quad W^{(龟山)} = 3.562$$

六个景区旅游资源开发潜力综合评价的排序为

$$W^{(老子山)} > W^{(淮仁滩)} > W^{(杨圩滩)} > W^{(龟山)} > W^{(新滩)} > W^{(丁滩)}$$

根据旅游资源开发潜力评价值,可以把老子山风景区六个景区的旅游资源开发潜力划分为三个级别:一级旅游资源开发潜力区——老子山、淮仁滩,为最佳可开发区域;二级旅游资源开发潜力区——杨圩滩、龟山、新滩,为次佳可开发区域;三级旅游资源开发潜力区——丁滩,为欠佳可开发区域(图 10.7)。根据以上评价结果,老子山风景区近期应重点建设资源价值高、开发条件好、旅游效益高的老子山、淮仁滩等景区;杨圩滩等次佳旅游资源开发潜力区则应按照评价得分的高低适时依次进行开发;丁滩属于欠佳可开发区域,其开发应持谨慎态度。

将层次分析法和灰色系统理论相结合,从旅游资源价值、开发条件、开发效益三个方面对老子山风景区的旅游资源开发潜力进行评价并排序。通过以上分析,可以为旅游地确定开发时序提供以下两点启示和借鉴:①旅游资源评价同旅游资源开发潜力评价之间存在一定的差异性,高等级的旅游资源并不等于有良好的开发潜力。相比之下,旅游资源开发潜力的评价更加系统全面,应该为旅游地确定开发时序时优先使用。②在进行旅游资源开发潜力评价时,应从系统的角度进行统筹考虑,除了考虑旅游资源的价值等级之外,还应综合评价其开发条件、内外环境及综合效益,从而实现经济效益、社会效益和环境效益的统一。

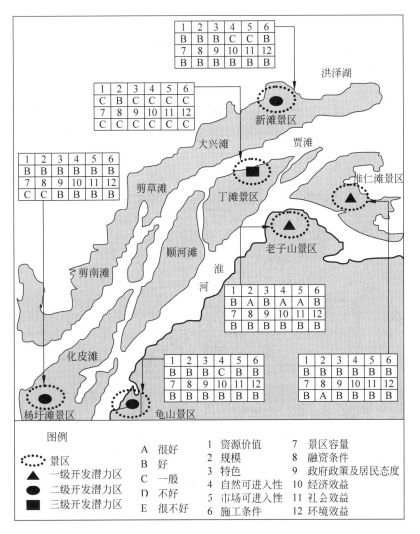

图 10.7　老子山风景区旅游资源开发潜力的空间等级分布

10.4　北京城市社会区分析[①]

20 世纪 80 年代末期,我国城市规划及地理学者根据现有的国家统计体系及实地研究,分别对上海和广州两市做了城市社会区分析,得出与北美提出的城市社会空间变异的三个解释变量不相同的三个动力因素:人口密度、文化职业和家庭(吴启焰,1999)。为系统考察当代北京是否存在城市社会区分异现象,及其影响因素的构成,本节运用因子生态学的技术方法对北京城市社会区进行了分析研究。

① 顾朝林,王法辉,刘贵利,2003.北京城市社会区分析[J].地理学报,58(6):917-926.

10.4.1　统计区划分

　　根据北京市城八区(西城、东城、宣武、崇文①、石景山、海淀、朝阳和丰台)的区统计资料的统计口径,八区由 130 个块状街区组成,经过筛选,去掉城市边缘区的部分村庄及统计资料不详者,如丰台的云岗和王佐,海淀的永丰和苏家坨,石景山的首钢户办、聂各庄,朝阳的首都机场等街区,最后共选取了 109 个街区,并标绘在 1/30 万比例尺的分区图上,如图 10.8 所示。各参选的街区覆盖面较全,在各行政区的分布体现出从市中心向边缘区的过渡,便于对比和归类。

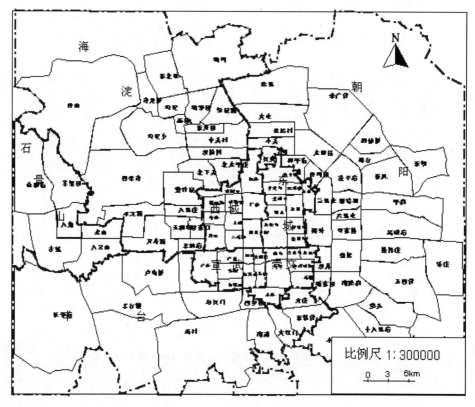

图 10.8　北京城八区街区分布图

10.4.2　影响因子的选择

　　在各行政区统计资料基础上,本次研究按街区搜集了家庭户调查、居住小区的销售市场、各类经济单位组成及居民劳动工资等资料,经初步分析,共划分出 15 类 32 个影响因子,考虑到各街区土地面积的不均等性、街区形状的不规则性及人口和户数的不可比性,在进一步分析中将部分可以相关联的影响因子合并成以平均值形式表示的因变量,共计 18 个,

---

　　①　目前北京市行政区划已变更,崇文区并入东城区,宣武区并入西城区。

如表 10.13 所示。

表 10.13　北京城市社会区影响因素分类统计表

影响因素类别				影响因子		主要变量	
序号	一级因素	序号		二级因子	序号		因变量
1	人口情况	1		总人口	1		人口密度/(人/km²)
		2		常住总人口数			
		3		年均出生人数	2		自然增长率/‰
		4		年均死亡人数			
2	家庭模式	5		总户数	3		家庭户密度/(户/km²)
		6		户均人口数			
		7		户均就业水平			
3	社会就业水平	8		就业指数	4		就业率/%
4	性别比例	9		常住男性总人口数	5		性别比例/(男/女)
		10		常住女性总人口数			
5	产业布局	11		机关、部委、工商、税务、金融、保险、驻京办事处、工商团体	6		机关密度/(个/km²)
		12		科研、学校、邮政、电信、新闻、出版、医疗、卫生、图书馆、博物馆、纪念馆、展览馆	7		事业单位聚集度/(个/km²)
		13		轻工业、重工业、高科技产业	8		工厂聚集度/(个/km²)
		14		公司、集团及办公业	9		办公业及商业网点密集度/(个/km²)
6	收入水平	15		国家机关单位职工年平均工资	10		平均收入/(元/年)
		16		事业单位职工年平均工资			
		17		企业单位职工年平均工资			
7	少数民族特征	18		少数民族聚居区	11		暂住人口密度/(人/km²)
					12		暂住人口率/%
8	流动人口聚落	19		暂住人口数	13		少数民族及外来人口聚落/个
		20		流动人口聚落			
9	居住条件	21		居住面积	14		人均居住面积/(m²/人)
10	居住小区特征	22		居住小区位置	15		居住小区密度/(个/km²)
		23		居住小区数量	16		居住小区均价/(元/m²)
		24		居住小区质量			
11	社会经济状况	25		利用外资水平指数	17		实际利用外资/万美元
12	社会从业人员类型	26		国家机关从业人员			同 6、7、8、9
		27		事业单位及社会团体从业人员			
		28		企业和公司从业人员			
13	社会负担	29		就业人员负担人口	18		人均负担抚养人口/人
14	生态环境条件	30		基础设施状况			归入居住小区价格因素中
		31		绿化覆盖率			
15	地域面积	32		土地面积			作为计算基数

在此基础上,根据 109 个街区的实际情况,确定各街区的变量值,如表 10.14 所示,表明 109 个街区各变量指标值的节略内容。

表 10.14 北京各街区因变量指标节略表

街区名称	人口密度/ (人/km²)	家庭户密度/ (户/km²)	暂住人口 率/%	性别比例/ (男/女)	自然增长 率/‰	居住小区 均价/ (元/m²)	…	事业单位 聚集度/ (个/km²)
丰台	2576.24277	874.170152	0.5368201	0.97308	−2.1835294	4300	…	0.79047827
新村	2306.77778	852.219437	0.5248201	1.06444	−1.3156286	4000	…	0.32150462
⋮	⋮	⋮	⋮	⋮	⋮	⋮	⋮	⋮
二龙路	31375	10132.5	7.6560425	0.99412	−2.68	16000	…	10.8333333
西长安街	21282.7014	7325.11848	6.8275194	0.9847	−3.42	14000	…	5.92417062
⋮	⋮	⋮	⋮	⋮	⋮	⋮	⋮	⋮
大栅栏	49976.1538	17361.5385	15.598208	0.9927	−6.84	18000	…	6.92307692
天桥	31497.8947	9933.68421	12.390134	0.99707	−4.36	6800	…	11.5789474
⋮	⋮	⋮	⋮	⋮	⋮	⋮	⋮	⋮
建外大街	10667.9019	3325.38003	0.098566	1.06698	−4.59	8700	…	2.89613191
双井	10667.9019	3384.34725	0.0592698	1.08098	−2.3	5400	…	1.98717945
⋮	⋮	⋮	⋮	⋮	⋮	⋮	⋮	⋮
前门	43622.7273	18120.9091	5.2322112	0.9929	−1.5174247	16500	…	5.45454545
崇文门	43280	16960.9091	6.6544784	0.98383	−1.5174247	15000	…	10
⋮	⋮	⋮	⋮	⋮	⋮	⋮	⋮	⋮
景山	31883.75	11126.875	9.1386678	1.00476	−1.354	14000	…	16.25
交道口	36630	12604.6667	8.8852488	0.97924	−2.234	9000	…	11.3333333
⋮	⋮	⋮	⋮	⋮	⋮	⋮	⋮	⋮
甘家口	13286.6667	3907.84314	9.1176470	1.08769	1.36	8000	…	6.52777778
八里庄	3800.3	1117.73529	9.1176470	1.08769	1.36	5400	…	1.3
⋮	⋮	⋮	⋮	⋮	⋮	⋮	⋮	⋮
八宝山	3500.91608	1091.81818	18.766516	1.12432	1.14	4400	…	1.32867133
老山	3912.18987	991.012658	16.793663	1.13535	2.09	4100	…	1.26582278

注:节略表中街区的排列顺序自上而下依次为丰台区—西城区—宣武区—朝阳区—崇文区—东城区—海淀区—石景山区。

10.4.3 主成分的确定

主成分分析主要用于简化数据结构,寻找综合因子、样本排序及分类等方面,同时也是进一步研究的基础,在生态学、社会学领域有着广泛的应用。本研究根据主成分分析的基本原理,利用计算机模型——城市规划模型系统(张伟等,1999)中的统计手段,通过对因变量进行主成分分析,共获得 14 个贡献率大于零的主成分,如表 10.15 所示。

表 10.15 主成分及其贡献率列表

主成分	特征值	贡献百分率	累计方差贡献率
1	7.66	0.43	0.4254
2	2.06	0.11	0.5396
3	1.81	0.10	0.6402
4	1.22	0.07	0.7082
5	1.01	0.06	0.7640
6	0.91	0.05	0.8144
7	0.73	0.04	0.8548
8	0.66	0.04	0.8917
9	0.57	0.03	0.9234
10	0.36	0.02	0.9434
11	0.33	0.02	0.9616
12	0.22	0.01	0.9737
13	0.17	0.01	0.9830
14	0.15	0.01	0.9912

主成分的特征值差距越大,主成分分析的效率越高,越具有参考价值。因此,根据各主成分的特征值的差异程度及其贡献百分率,可选择前四个主成分,它们的累计贡献率为70.82%,基本可以解释北京城市社会区的形成。依据各因变量在主成分中的表现值,确定出每个主成分对因变量的包含和表现能力,如表 10.16 所示。

表 10.16 各主成分对因变量的承载量列表

因变量/主成分	第 1 主成分	第 2 主成分	第 3 主成分	第 4 主成分
人口密度/(人/km²)	*			
家庭户密度/(户/km²)	*			
暂住人口密度/(人/km²)			*	
暂住人口率/%			*	
性别比例/(男/女)				*
自然增长率/‰				*
居住小区均价/(元/m²)	*			
居住小区密度/(个/km²)	*			
机关密度/(个/km²)	*			
事业单位聚集度/(个/km²)	*			
工厂聚集度/(个/km²)			*	
办公业及商业网点密集度/(个/km²)	*			
少数民族及外来人口聚落/个				*
平均收入/(元/年)		*		
实际利用外资/万美元		*		
人均负担抚养人口/人		*		
人均居住面积/(m²/人)			*	
就业率/%		*		
方差	7.66	2.06	1.81	1.22

* 对应变量标记。

通过表 10.16 中各主成分所承载因变量的内容,可将第一主成分、第二主成分、第三主成分和第四主成分分别定义为人口密集程度、社会经济地位、少数民族及流动人口聚居程度、第二产业分布等综合变量并做进一步分析。

10.4.4　北京城市社会区成因分析

从上述分析中确定,北京城市社会区的主要成因可以归纳为人口密集程度、社会经济地位、少数民族及流动人口聚居程度、第二产业分布等因素,为进一步研究各项因素的影响程度、方向和结果,通过对由各主成分与街区组成的矩阵进行聚类分析,获得各主成分对不同街区的影响程度分值,如表 10.17 所示。

表 10.17　主成分对各街区影响分值统计表

街区/主成分	第 1 主成分	第 2 主成分	第 3 主成分	第 4 主成分
丰台	−2	−0.12	−0.95	−1.15
二龙路	3.69	−0.14	0.82	−0.43
大栅栏	6.71	−5.85	3.48	−2.77
朝外大街	−0.25	−0.25	−1.2	−1.23
东花市	2.64	−0.58	−2.19	1.52
东四	5.27	2.58	0.75	0.25
万寿路	−0.95	0.5	0.66	0.48
老山	−3.74	−0.86	2.47	1.5
⋮	⋮	⋮	⋮	⋮

因此,分别受不同综合变量的影响,北京城市社会空间结构表现出不同的形态,如下所述。

1. 人口密集程度

人口密集程度主要包含了 7 个原变量的信息,包括人口密度、家庭户密度、居住小区均价、居住小区密度、机关密度、事业单位聚集度、办公业和商业网点密集度等指标,其贡献百分率高达 43%,是当代北京城市社会区形成的主要因素,根据其影响分值归类后划分出五个等级,如图 10.9 所示。

图 10.9 表明,以西城、东城、宣武和崇文城四区为主,第一主成分的分值为正值,且各因变量的负荷量从 0.27~0.34 十分接近,均为正值,因此以东城为首的内城四区人口和家庭户密集,居住小区价格最高,房地产业发达,机关团体和企事业单位等办公业高度集中化,商业服务业网络繁华,该区也是北京的中心商务区所在。二环到四环之间,由于近期居住小区的修建和旧城居民的搬迁,出现有人口聚集的趋势,尤其在北三环和北四环之间及东四环和东三环之间,人口比较稠密。但是在广阔的北四环、西四环、东四环及南三环的外围区域人口相对渐稀。因此,受人口密集程度的影响,北京城市社会区主要呈向西北、北和东

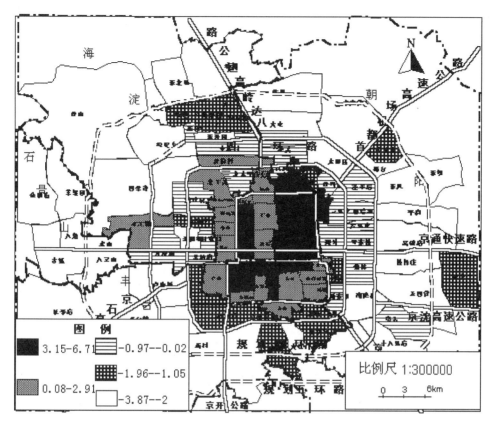

图 10.9　人口密集程度分区图

北方向发散的圆环性模式,如图 10.10 所示,这种模式的主要特征表现为:该圆环以 O 点为重心,仅依南北向的纵轴 y 轴为对称轴,东西向无对称轴。

2. 社会经济地位

社会经济地位主要包含了 4 个原变量的信息,包括平均收入、实际利用外资、人均负担抚养人口及就业率等指标,其贡献百分率为 11%,是当代北京城市社会区形成的第二主要因素,根据其影响分值归类后划分出五个等级,如图 10.11 所示。

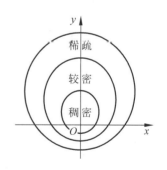

图 10.10　不对称的圆环模式

图 10.11 表明,经济条件较好的居民群体主要集中在东城、海淀和朝阳部分区域,在这些区域中第二主成分的分值为正值,且在第二主成分的因变量中,实际利用外资水平的载荷量高达 0.51,平均收入的载荷量为 0.3,人均负担人口的载荷量为 0.51,就业率的载荷量为 −0.30,说明图 10.11 的一类区和二类区经济发展水平较高,职业竞争激烈,就业人口职业变更频繁,居民收入差距较大,而在三、四、五类区与前两区形成强烈反差。在对北京住房市场的调查中,我们了解到集中在一、二类区的高收入阶层主要包括企业老板(以外企、

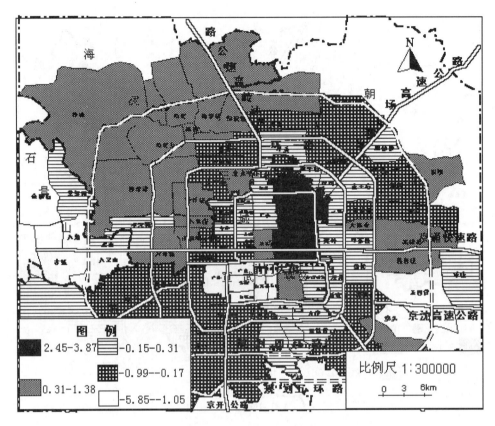

图 10.11 社会经济地位分区图

房地产商、从事 IT 业和通信业的业主为主)、文体明星和多国使馆人员等高收入群体,他们可以支付高档居住小区、豪华别墅、繁华区的高级公寓等高昂的物业管理费用或贷款的月还款息额,年龄组成集中在 30~45 岁中青年之间。另外,一些旧城拆迁户由多口之家组成,年龄构成集中在中老龄群体(>45 岁)和少年群体(<18 岁)两个极端,多数家庭户得到的安置补偿费用只是房屋的价值,不能用来支付原拆迁地新居住小区追加土地成本和管理成本后的高昂费用,所以财富积累不足的拆迁户被动迁至城市近郊,形成城市中低收入居民群体。

因此,受社会经济地位的影响,北京城市社会区大致呈现局部楔入的扇形模式,其含义类似于霍依特对扇形模式的解释,但与其不同的是,高收入居民群体与最低收入群体之间没有呈现显著隔离的分布现象,并且,中等收入居民群体也并非总是坐落在前两者之间而成为夹心阶层。

3. 第二产业分布

第二产业分布主要包含了 4 个原变量的信息,包括暂住人口密度、暂住人口率、工厂聚集度和人均居住面积等指标,其贡献百分率为 10%,与第二主成分接近,是当代北京城市社会区形成的第三主要因素,根据其影响分值归类后划分出五个等级,如图 10.12 所示。

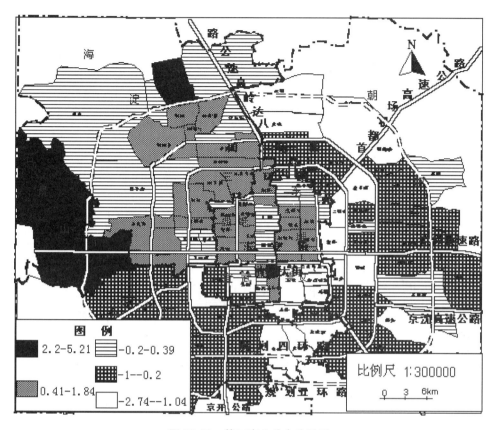

图 10.12　第二产业分布分区图

图 10.12 表明,第三主成分得分为正值的第一类区主要包括石景山首钢、大栅栏和中关村等地区,分别标明重工业、轻工业和电子产业等第二产业的聚集地,在该主成分中因变量暂住人口密度、暂住人口率、工厂聚集度和人均居住面积等的载荷量分别为 0.34、0.63、0.29 和 0.46,所以第三主成分得分高的地方,暂住人口密度较大,临时劳动力聚集,则按常住人口统计的人均居住面积表现出相对较大的特征。另外,高分值的一类区暂住人员的流动性较大,易于产生盗窃、淫乱、非法交易甚至犯罪等扰乱社会治安的行为。据统计,1996年到 1998 年间,石景山的发案率居各区之首,中关村作为北京最大的电子交易市场,人员混杂且流动频繁,贩卖淫秽、盗版、伪造的电子商品等事件时有发生。总之,受第二产业分布的影响,北京城市社会区呈现出偏西部的多核心模式。

4. 少数民族及流动人口聚居程度

少数民族及流动人口聚居程度要包含 3 个原变量的信息,包括性别比例、自然增长率、少数民族及外来人口聚落等指标,载荷量分别为 0.5、0.43、0.52。第四主成分的贡献百分率为 7%,是当代北京城市社会区形成的第四主要因素,根据其影响分值归类后划分出五个等级,如图 10.13 所示。

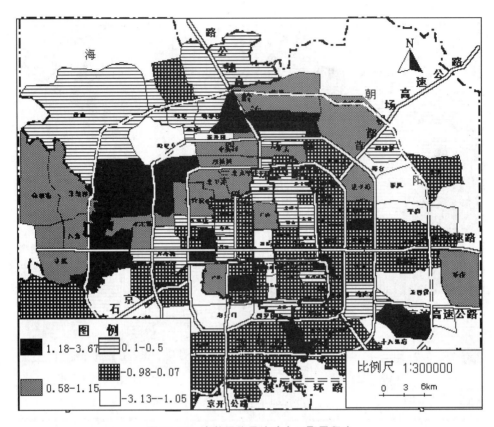

图 10.13　少数民族及流动人口聚居程度

10.4.5　北京城市社会区的划分

通过对上述四类综合指标影响下形成的单项社会区结构图进行叠加,根据各项主因素的特征值确权,并遵从下列原则:①单项图中的正分值合并成第一等级,即原第一和第二等级。②单项图同一分值等级中,第四主成分服从第三主成分,第三主成分服从第二主成分,第二主成分服从第一主成分;③重视不同单项图之间相关联的不同等级。在此基础上综合划分出六类城市社会区,包括:旧城高密度人口集中区、高收入居民聚居区、第二产业及其从业人员集聚区、少数民族及流动人口居住区、城区及城郊居民混居区及城市贫困阶层聚居区,如图 10.14 所示。

1. 旧城高密度人口集中区

该区位于西城、宣武、崇文和三环以外部分老居住区的位置,属于北京市区的旧城区和中心商务区,发展历史悠久,它除了尚保留部分四合院和部分早期简陋的单元楼以外,由大批翻建的高层居住小区和公寓楼等充填,人口稠密。该区由于工作单位和商业网点云集,办公业发达,高层办公楼密度很高,最窄处不足几米,空气对流不通畅,城市热岛现象明显。另外,在未改造的旧城居住区中家庭规模一般较大,老少三代兼有者居多,保留了纯正的北京现代的方言文化、饮食文化和大众习俗,堪称老北京的缩影。

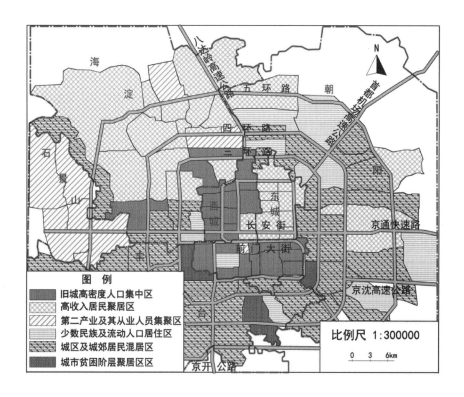

图 10.14　北京城市社会空间多核心模式

2. 高收入居民聚居区

该区主要位于东城、海淀和朝阳的部分区域,区内的居民人均收入较高、效益较好的企业相对集中,外资投入比较大,高收入的外企、IT 业、房地产业、电信业和高科技产业的高层领导及白领激活了部分居住小区的市场,反馈到地方财政机制,带动了高收入、高投入的良性循环,治安保障程度高,环境条件良好。因此,这种具有连带效应的市场体系对高收入居民群体具有较大的吸引力。通过进一步调查,这种经济激活市场的效应进一步带动了近郊的一些乡村,如位于朝阳区的楼梓庄、高碑店和东坝由于系列小区的东移,其京郊农民从京郊菜地向居住用地的转移中直接收益,并及时实现了产业化的农业市场和服务市场与居住小区需求的并轨,尤其自 1998 年以来,其居民的人均收入普遍提高,个人拥有车辆者居多。

3. 第二产业及其从业人员集聚区

该区位于临近工业密集的地区,如以刻字、电器、食品为主的轻工业聚集地大栅栏,以电子元件为主的中关村,以首钢及其附属产业为主的石景山区,以及为满足高收入群体的需求而在东北旺和上地逐渐形成的建材基地、汽车修理厂、农产品供应场所,该区聚集了大量经商的、务工的和择业的暂住人口,人员变动频繁并且住宅简陋,环境污染较严重,垃圾任意堆放现象很多,社会问题经常发生,该区成为城市治安和环保工作的焦点。

4. 少数民族及流动人口居住区

该区主要分为两部分,以回族为主的少数民族和外来流动人口,其中回民聚居区主要位于宣武区的牛街、崇文区的东花市、朝阳区的常营回族乡,而流动人口主要聚居在三环以外,其中形成较大规模的是丰台区的浙江村。该区异质社区的特征十分显著,该区的居住群体具有较强的警惕性和排他性,社会帮派较多,与主流社会的冲突潜能极大。该区居民收入水平偏低,性别比例不均衡,尤其在流动人口聚居区男性居多,由于婚姻和生育缺乏有效的控制机制,同居、复婚现象严重,妇女缺乏安全保障,并且辍学的、流浪的、黑户口的儿童较多,成为城市社会发展的隐患地区。

5. 城区及城郊居民混居区

该区位于城区各社会区之间和城市外围地区,城市居民和京郊农民混居,以农民为主,居民群体的社会特征不明显,居民以散居为主。

第 11 章　多智能体模型应用案例①

本章导读

　　我国正处在快速城镇化进程时期,这既增强了城市防灾、抗灾和救灾的能力,也增加了城市自然和社会公共安全、公共卫生事件发生的频率,同时随着我国在世界上影响力的增加,遭遇世界恐怖主义和遭受地方分离主义制造暴力恐怖活动的威胁日益加剧,我国城市公共安全面临日趋复杂和严峻的局面,传统的应急处置城市公共安全事件方法已不能适应客观需求。本案例根据我国城市公共安全应急的特点和当前国际上模拟仿真科学的最新发展,将复杂地理空间系统建模的地理模拟系统(geographical simulation systems,GSS)理论应用于城市应急模拟,研究大范围城市公共安全应急响应动态模拟的技术方法,构建基于动态地理模拟技术的城市公共安全应急响应模拟系统,为建立新的城市应急指挥决策机制和城市安全规划模式进行基础研究。

11.1　城市公共安全应急系统的研究进展

11.1.1　城市公共安全应急系统的发展状况

　　在西方发达国家,近年来大都建立了多种抗御自然和人为灾害的应急响应系统(表 11.1),这些系统通过有效地识别和管理各种突发事件的风险,提供了快速的应急决策支持。我国于 2005 年开始重视城市公共安全应急工作,国务院召开了"全国应急管理工作会议"并提出"重视运用科技应对突发公共事件的能力",2006 年国务院颁布《国家中长期科学和技术发展规划纲要(2006—2020)》把公共安全作为独立领域进行战略研究并制定规划纲要,同时颁布《国家突发公共事件总体应急预案》,逐步建成国家防汛抗旱指挥系统、国家安全生产信息系统、疾病和突发公共卫生事件网络直报系统等,也有 20 多个城市着手建立城市应急系统。然而,这些城市应急系统只是实现了系统的互联互通、灾情上报、数据交换与共享等,系统和应急信息资源尚未有效整合,系统的核心功能——应急决策支持还没有实现,因此迫切需要引入新的技术辅助实现城市公共安全应急响应处置。2014 年国家科技部又颁布"十三五"科技支撑研究项目"城镇重大灾害和事故应急处置关键技术研发及示范"并进行重点研究。

---

　　① 李强,顾朝林,2015.城市公共安全应急响应动态地理模拟研究[J].中国科学地球科学,45(3):290-304.

表11.1　主要西方发达国家应急响应系统一览表

应急系统名称	主 持 方	作　　用
全球应急联动系统	美国联邦应急联动署	同国际系统连接,进行灾害管理,减灾、风险管理、灾害科研等
NIMS系统	美国	通过法制化的手段,将完备的危机应对计划、高效的核心协调机构、全面的危机应对网络和成熟的社会应对能力包容在体系中
全球危机和应急网络	加拿大应急联运署	建立全球应急准备、响应系统,提供减灾和恢复方面的信息
ERISK系统	欧盟	基于卫星通信的网络基础构架,为其成员国实现跨国、跨专业、跨警种高效及时地处理突发公共事件和自然灾害提供支持服务
deNIS系统	德国	评估灾难的现状情势和面临的问题,分析应该采取什么样的方法来保护公众的人身安全
模块化紧急管理系统	挪威、法国、芬兰、丹麦四国	一个包括环境信息公众保护、在线培训和遇灾反应的集成平台
日本灾害响应系统(DRS)	日本	灾情预警与应急指挥系统的灾害视听系统和应急对策显示系统

资料来源:赛迪顾问,2008.01

11.1.2　城市公共安全应急系统技术发展

(1)城市空间属性的静态格网模拟研究。地理学家和地理信息科学家采取分类、区划、插值和图谱等方法,建立了描述城市空间的各种地理特征变量的静态格网模型,为动态城市模拟提供了数据基础。其中,一类研究采用统计分析、地理叠置分析和比较分析等方法,如宗跃光(2002)采取两个时段的TM影像对北京城市扩展空间模式进行研究;另一类则是采用遥感、地理信息系统技术,采集人口、土地利用、陆地生态系统等自然和经济要素,建立全国尺度1×1km格网数据图(刘纪远,2003;田永中等,2004;廖顺宝,2003)。

(2)可计算一般均衡模型(CGE)与GIS集成的城市模拟模型研究。20世纪60年代阿隆索(Alonso,1964)和罗利(Lowry,1964)分别提出区位竞租模型和城市土地利用与交通集成模型。进入20世纪70年代,随着数量经济学的发展,与新古典经济学一般均衡分析对应的可计算一般均衡模型(computable general equilibrium,CGE)日渐成熟,为了模拟城市与区域经济的发展,区域和多区域甚至空间化的CGE模型被逐步开发出来(Iwan,et al.,1998;Kilkenny,1999)。20世纪80年代,国外学者开始运用自组织和协同理论开展城市的人口分布、产业演化、设施分布、空间模式、交通行为等研究(Zeleny,1980;Batten,1982;Allen,1984;Pumain,1986)。20世纪90年代以来,随着计算机技术和海量数据可得,集成CGE和局部均衡模型的空间网络式的CGE模型被成功开发(Löfgren,et al.,1999),世界银行也主持开发了大区域宏观经济CGE模型模拟,如土耳其CGE模型、韩国CGE模型和喀麦隆CGE模型,城市研究者也试图将城市与区域经济学模型与空间分析技术结合起来建立一套可运行的城市模拟模型(Klosterman,1994;Hubacek,et al.,2001)。尽管上述研究在多区域 CGE 模型(multi-regional computable general equilibrium,MRCGE)或空间 CGE 模型(spatial computable general equilibrium,SCGE)的建立和应用上做了有益的工作,但是,这些模型的基本空间单元仍然是某种类型的"区域",还不是真正意义上的城市空间模拟模型。我国学者也将 CGE 模型应用于宏观经济预测以及金融、财政、产业和环境等方面的政策分析(王劲峰等,2000;张伟等,2000;李雪松,2000;周焯华等,2002;蒋金荷等,2002;黄季焜等,2003;周建军等,2003;李洪心等,2004),其中黄季焜等开发了基于 CGE 的"中国农业及非农业可持续发展决策支持系统",并把 CAPSiM 和 CGE 及 GTAP 三大模型联结起来,成功将农业 CGE 模型与计算机模拟结合,无疑为 CGE 与城市模拟结合的研究框架提供了可行性经验示范。

(3) 地理模拟系统(geographical simulation system,GSS)研究。黎夏等(2007)最早提出地理模拟系统的概念,其核心是建立地理模型,通过模拟实验的手段来对复杂地理现象进行模拟和预测。将 GSS 写成:

$$\mathrm{GSS}_{t+1} \sim \{\mathrm{MSE}_t, \mathrm{SI}_t, \mathrm{N}_t\} \tag{1}$$

其中 MSE_t 代表 t 时刻 GSS 里面的微观空间实体;SI_t 代表 t 时刻微观空间实体之间的交互作用;N_t 代表 t 时刻微观空间实体的邻域。微观空间实体(micro-spatial-entities,MSE)、空间关系和时间是 GSS 的核心要素。微观空间实体对应于现实世界的空间个体或地理对象,又分为活动的空间实体(activated-spatial-entities,ASE)如人、车辆等和固定空间实体(fixed-spatial-entities,FSE)如建筑、道路等;空间关系主要是指微观实体的交互作用;GSS 采用离散的方式处理时间,有利于用计算机来构建模型。在众多复杂系统建模与仿真方法中,元胞自动机(cellular automaton,CA)和多智能体系统(multi-agent system,MAS)由于其独特的建模思路,以及与地理模拟相契合的特点,成为 GSS 建模的主要方法,CA 和 MAS 也被分别称为第一代和第二代地理模拟系统。

(4) CA 及基于 CA 的城市空间动态分析模型研究。CA 是一种具有自组织行为的时空离散、状态离散的并行数学模型,经常被用于复杂系统研究。1979 年 Tobler 首次正式将 CA 用来模拟当时美国五大湖区底特律城市的发展(Tobler,1979),深入地揭示了城市空间动力学机制和复杂性,剖析城市内部横向地理空间单元之间的相互作用机制。到 20 世纪 90 年代,怀特(White,1993)和巴蒂(Batty,1994a;Batty,1994b)等人利用 CA 的方法发展了基于空间参考的城市动态分析和可视化工具,并将 CA 模型较好地与基于栅格的地理信息处理技术和编程技术结合起来构建城市空间增长模拟模型。巴蒂结合 GIS 的建模方法,主张运用分形城市、元胞自动机和代理人等科学范式,理解混沌边缘等城市现象的动态性、渐进性和复杂性,采用自下而上可视化的多情景分析模拟城市空间增殖的模式和状态,提出了诸如耗散结构城市、协同城市、分形城市、网络城市等原型城市模型。在国内,周成虎等(1999)利用 CA 研究了城市的空间发展演化,构建了 GeoCA-Urban 模型,并提出了地理元胞自动机(GeoCA)的概念;黎夏、叶嘉安等(1999)研究了全局的、区域的、局部的约束条件对 CA 模拟过程的影响,利用约束性 CA 对可持续城市发展形态进行模拟,何春阳、史培军等(2005)利用 CA 对城市土地利用演化进行研究。然而,由于 CA 模型对各种自然和社会经济因素之间的反馈关系相对忽视,基于 CA 的城市动态建模在很大程度上被简化成了某种格网空间上各种"空间转换规则"的设计(薛领等,2004)。

(5) 基于智能体的城市空间模拟模型研究。20 世纪 70 年代初,谢林(Schelling,1971)设计了隔离模型(segregation model),被认为是空间智能体的雏形,这一由棋盘所模拟的"城市"经历了一个微观互动的自组织过程,充分体现了"从不稳定产生秩序"的原理(薛领等,2004)。由于智能体之间能够采取通信、学习和交互等方式适应环境的动态变化,并与环境共同演进,传统人工智能研究突破了单纯注重个体智能而忽视集体智能的局限性,智能体理论成为复杂系统研究的新手段(项后军等,2001;Wooldridge,et al.,1995)。人工智能科学推动了复杂系统理论应用于城乡地理空间的研究,但直到 20 世纪 90 年代以后基于多智能体的建模研究才逐渐增多,如班奈森(Benenson,1998;Benenson,2002)采用多智能体模型模拟了城市空间演化的自组织现象、城镇居民的种族隔离和居住分异现象。Portugali(2000)运用自组织和协同原理,系统阐述了自组织城市的概念,提出基于元胞空间智能体框架的 FACS 模型。Ligtenberg(2001)提出了一种基于元胞自动机和多智能体相结合的土地利用规划模型。布朗等(Brown,2003)利用多智能体模型模拟了城郊边缘地区的居住区开发。在国内,薛领等(2003)在 Swarm 环境下采用多智能体建模方法设计了一个城市演化模型;张凡等(2005)利用多智能体模型对城市等级体系和城市职能分工的形成进行研究;杨青生、黎夏等(2005)利用多智能体模型和 CA 进行了城市土地变化研究。但上述这些模型大多数还只是概念模型,能够应用于真实世界模拟的模型非常有限。从技术角度看,直到最近,大多数的空间多智能体研究仍然是采用类似于 CA 的规则网格,智能体在这些网格间移动,它们的运行环境不是基于真实世界的地理空间环境(Batty,2013;Szell,2014)。MAS 与 GIS 的紧密耦合或集成仍然是目前地理模拟系统研究需要解决的重要问题。

11.1.3 城市公共安全应急响应模拟技术及其不足

目前国际上在城市应急指挥系统建设以及城市安全规划方面,主要采用动态、定量分析方法与计算机模拟仿真技术相结合,建立科学高效的应急指挥决策系统。进行城市公共安全和突发事件的数字仿真,可以帮助人们掌握事件的动态演变规律和原因,分析事件对人员、建筑物、经济和环境的影响,为减灾防灾措施的制定及城市安全规划提供参考;而对事件发生后的应急响应过程进行模拟,则可以帮助人们理解应急响应复杂的动态过程,分析应急响应过程中人类的复杂行为特征以及各种应急措施的有效性和可行性,提高应急决策水平和应急响应能力。"9·11"以后,美国大力加强了应急技术研发和集成应用,在灾害数字仿真方面开发了多种模型用于灾害分析及模拟,如用于飓风造成的海浪计算的 SLOSH(Sea,Lake,Overland Surge from Hurricanes)模型、用于危险化学品泄漏模拟的 ALOHA 模型、用于多灾种模拟的 HAZUS 模型等。在应急响应模拟方面比较著名的是由美国纽约大学灾难准备与响应中心(CCPR)大范围应急准备项目组(the large scale emergency readiness project,LASER)开发的 PLAN C(planning with large agent-networks against catastrophes)模型,PLAN C 是一个进行城市灾害模拟和应急计划的软件平台,各种基于现实的智能体可以在真实的城市地图上进行交互,从而模拟不同的重大灾害事件应急响应复杂的动态过程。从国内的研究看,目前在灾害数字仿真模拟方面的研究相当零散,不成体系。涉及城市公共安全应急响应的计算机模拟仿真也刚刚开始,如杨立中、方伟峰等(2002)研究了火灾场景下基于元胞自动机的人员逃生模型,一些研究部门,如东北大学(张培红等,2001)、北京师范大学(陈晋等,2000)、中国科技大学火灾科学国家重点实验室(杨立中,2004)等也研究建立了一些人员紧急疏散模型。但受各种条件的影响,我国在公共安全应急模拟方面的研究还远远落后于发达国家,目前还未能建立完善的模型和生产出具有应用价值的软件。

11.2　多智能体系统和模型构建

为了使应急决策者和应急管理者深入理解应急响应复杂动态过程、掌握应急响应的动态规律,城市公共安全应急响应系统的构建采用多智能体系统和模型。

11.2.1　多智能体模型

1. 多智能体系统

多智能体系统,简单地说,就是由多个可以相互交互的智能体所组成的系统。多智能体系统中的智能体一般都有一个或多个特征值,智能体之间能够进行交互作用,使得系统整体具有进化、演化和涌现规律。通常在一个多智能体系统中,既有能够代表现实行为主体的活动智能体,也有代表环境或资源不能活动的智能体。

2. 多智能体模型

构建一个多智能体系统,需要对实际系统进行复杂性分析和以仿真为目标的需求分析,将各类微观个体抽象为相应的智能体(Agent)类,建立智能体模型。应用多智能体系统,对生物、生态和社会、经济等复杂系统建立动态模型的研究方法,被称为基于多智能体的建模方法(agent-based modeling,ABM 或 multi-agent based modeling,MABM),所建立的系统模型即为多智能体模型。

3. 多智能体建模

多智能体建模采取由底向上的建模方法。首先,在对目标系统复杂特征和仿真需求进行分析的基础上,抽象出组成系统的静态和动态微观个体,采用相关的智能体构造技术建立每个个体的智能体模型;其次,采用合适的多智能体系统体系架构来组装这些个体智能体,建立起整个系统仿真模型。在多智能体系统中,通过各智能体间的通信、合作、冲突、协调、调度、管理和控制,表达实际目标系统的结构、功能和行为特征。

(1) 微观智能体的构建。微观智能体的构建涉及两方面的问题,一是系统中微观个体的识别,即将系统中的什么映射为智能体。二是智能体的内部模型的构造,即智能体的内部结构组成。从计算角度看智能体是一个计算实体,具有属于自身的资源,能够感知环境信息,根据内部的行为控制机制确定应采取的行动,智能体的行动实施后,将对自身状态和环境状态产生影响。要实现这样的智能体,可以采用不同的结构。所谓结构就是定义智能体的基本成分以及各成分之间的关系和交互机制,主要有三种基本形式,即:认知型(cognitive)或慎思型(deliberative)体系结构、反应式(reactive)体系结构和复合型(hybrid)体系结构(史忠植,2002)。

(2) 多智能体系统构建。在构建所有的微观智能体对象之后,多智能体建模的下一步工作就是要从宏观层面来考虑如何建立多智能体的体系结构(表 11.2),即将这些微观智能体分布到模拟仿真环境中,使它们可以在组织和协调规则下运行。

表 11.2　多智能体系统构建

组成	功　能	描　　述
1. 环境	智能体的运作与生存的基础	多智能体模型的重要组成部分,是真实空间在模型空间上的虚拟映射,可以采用的数据结构包括抽象的网格空间、连续空间以及基于 GIS 的真实地理空间等
2. 结构	将个体间关系转化成多智能体系统模型表达	现实中的个体存在着各种各样的关系,如交通系统中的节点间的连接关系、作战系统中的指挥关系、组织团体中的上下级关系等,结构实现这些关系在计算机中的表达,组成与实际系统相符合的人工社会
3. 通信	智能体间的交互手段	定义智能体间消息发送与接收机制、消息的内容格式等
4. 协调	实现智能体间的协作或消除冲突	智能体在运行的过程中存在许多正面和负面交互关系,协调机制实现了智能体间的协作或消除冲突

11.2.2　应急响应多智能体建模

由于基于多智能体的建模与仿真方法能够从微观个体的相互作用产生宏观全局的格局,从而可以更好地理解城市现象,发现现象背后的形成机制,因此在城市空间演化、人口迁移、交通控制、突发公共事件应急、环境资源管理、公共设施选址及可持续发展等问题研究方面都可以发挥独特作用。尤其就城市公共安全应急响应系统而言,可以通过定义如人、医院、消防车、救护车、现场处置点等微观智能体及其行为规则,结合 GIS 和多智能体系统的仿真模型,使其在 GIS 提供的真实地理空间环境中相互作用,从而模拟事件发生时城市居民和救援资源之间的相互作用关系,捕捉其内在的复杂性,使公共健康、医疗、应急管理的专家以及城市规划师可以模拟、分析和理解公共安全事件发生的过程,从而提高城市应对突发事件的能力。

1) 基于多智能体的城市公共安全应急响应模型框架

应急响应是城市公共安全应急管理的一个阶段,是灾难事件后的处置与救援。因此,从管理学的角度看,可以把应急响应看作是城市居民及救援力量在一定的时间、空间和社会背景下进行的一种有组织的活动。受到灾难影响的城市居民和实施救援的救援力量是这一活动的基本主体,将其称为"应急单元"。灾难波及的区域范围,是"应急单元"作用的空间和社会背景,统称为"应急环境"。由于灾难事件的破坏性、不可重复性、应急响应实战演习组织的困难性和花费巨大,以及一次实验不足以反映统计规律等不利因素,将应急响应过程抽象为应急响应模型,通过模型模拟对应急响应过程进行分析,可以为应急决策和指挥提供科学依据。应急响应模拟是在一定空间范围和条件下,对已经发生或可能发生的紧急事件的应急响应过程的预测或再现,是对城市居民和救援力量在应急响应过程中的行为仿真。

　　根据上述分析,基于多智能体的应急响应模型可以用一个四元组来定义:

$$\langle ER, EREM, ERA, ERMP \rangle$$

其中,ER 为突发公共事件模型,EREM 为应急环境模型,ERA 为应急智能体,ERMP 为应急响应模型参数。它们共同形成基于多智能体的城市应急响应模型理论框架(图 11.1)。

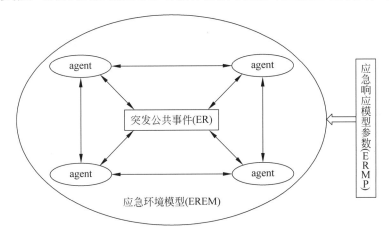

图 11.1　基于多智能体的应急响应模型基本结构

　　(1) 应急智能体。城市居民及救援力量是应急响应中的基本单元。显然,人具有自主行为能力,可以根据自身的状况及所处的环境做出不同的行为选择。而救援力量,不管是救援车辆,还是医院、现场处置小组也都是由一定的团体或个人控制的具有一定行为能力的主体,因此把应急响应过程中受到事件影响的城市居民以及救援力量抽象为一类智能体,称为应急智能体。应急智能体是应急响应模型中的行为主体,是模型最基本的核心元素。

　　(2) 应急环境模型。应急环境是应急单元生存和运行的空间和社会背景。应急环境模型,就是对组成应急背景的自然环境和社会环境的描述。应急智能体的行为可以改变环境状态,而应急环境状态的改变反过来又作用于应急智能体。

　　(3) 突发公共事件模型。突发公共事件模型,就是实际发生或假设发生的灾害或灾难的数字仿真模型。

　　(4) 应急响应模型参数。为了控制模型的运行,以及对模拟结果的分析,需要设置相应的模型参数。应急响应模型参数,就是对应急响应模拟的初始条件、中间控制和仿真结果的描述,分为控制参数和观测参数两类。控制参数主要由一组用于设置仿真运行初始条件的环境变量构成,如突发公共事件的地点、各种应急智能体的初始数量、仿真开始与结束的时间条件、仿真时钟的推进步长等。观测参数主要由一组反映应急智能体、应急环境的状态转移过程的统计分析变量构成,如受影响居民的健康状态变化、医院的资源状态变化、救援车辆的行程等,以及根据仿真的目的而定义的其他变量。

2) 应急智能体模型

应急智能体是应急响应模型的核心组成元素,是应急响应过程的行为主体,在模型运行状态下,它能根据自身状态和环境参数做出响应,从事各种活动,进行状态转换,从而在宏观上体现出应急响应复杂动态过程。本文设计的城市公共安全应急响应系统的应急智能体模型结构如图 11.2 所示,由标识、状态、知识、通信、个性和行为六部分组成(表 11.3)。应急智能体模型的工作原理如图 11.3 所示。

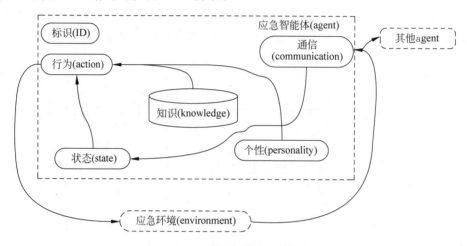

图 11.2 应急智能体模型结构

表 11.3 应急智能体模型构成

要素	功能
1. 标识(ID)	用于区别不同的应急智能体,每个应急智能体都有一个唯一的标识
2. 状态(state)	应急智能体的属性集合,包括智能体当前的自身状态信息,如当前的位置、人的健康程度、救援力量的资源状况等,还包括智能体已经采取的决定和计划等,如居民是在去往医院还是在去往最初的目标等
3. 知识(knowledge)	存储在智能体中的一些规则和智能算法,用于智能体做出决策,如医院的救治策略、居民的路线选择算法等;本文中对于智能体所获得的环境信息也作为其所具有的知识存储,用于对环境作出判断,依据环境状态而采取不同的行动
4. 通信(communication)	应急智能体从环境中获取信息以及与其他智能体进行信息交换的接口。应急智能体可以通过持有通信工具,获取环境中广播的信息,如交通状况、医院状态等,也可以通过与其他智能体交谈更新自己的状态信息
5. 个性(personality)	不同种类的应急智能体所特有的个性参数,如人的担忧度、顺从度等,反映人在紧急情况下的心理;如医院设定的紧急、严重、康复等的阈值,以区分不同病人的健康程度
6. 行为(action)	应急智能体依据其所扮演的角色,可以采取行动。如居民根据选定的路线前往目的地,医院根据救治策略对病人进行施救等。这些行为将在模拟过程的每一个周期中依据触发条件决定是否被执行

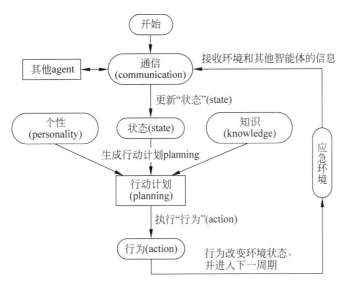

图 11.3　应急智能体模型工作原理

11.2.3　多智能体建模仿真平台的构建

多智能体建模仿真平台是开展多智能体模拟的基础。除了通用编程语言外,还包括多智能体开发工具、复杂系统仿真框架、复杂系统仿真平台以及专用仿真工具。

1) 多智能体开发工具

多智能体开发工具主要针对网络环境,其主要目的是实现异构分布式计算。目前包括智能体语言、可重用包/类库、开发工具、开发平台等,其中开发平台提供了比较完整的功能,如图形化建模、编程环境、调试工具等,使用比较方便。比较著名的多智能体开发平台包括 ADK、AgentBuilder、AgentFactory、JADE、JACK、Zeus 等。多智能体开发工具为智能体的建模、设计、实现、运行、监视等提供了很好的支持。利用这些功能能够大大减少实现多智能体仿真计算平台的工作量、降低技术难度。

2) 复杂系统仿真框架

复杂系统仿真框架以 SWARM 为代表,它们不针对特定领域,而是提供一组设计和描述多智能体建模仿真的概念,同时提供支持实现该框架的软件包。研究人员采用这些概念设计仿真模型、编写程序,程序中通过调用仿真框架提供的类库和工具实现仿真计算平台。

3) 复杂系统仿真平台

复杂系统仿真平台以 NetLogo 为代表,主要目的是克服仿真框架的易用性差的问题,将实验管理工具、运行控制工具、仿真动态显示工具与开发环境集成在一起,为复杂系统研究者提供一个概念简单、建模灵活、使用方便的仿真工具。目前比较优秀的仿真平台除了 NetLogo 还有 AgentSheets、Cormas、SeSAm 等。

4) 专用仿真工具

专用仿真工具是专门针对特定类型的复杂系统的研究而开发的仿真工具,这些工具针对这些复杂系统,通过输入参数、自定义规则等驱动程序运行,为研究这些特定系统提供了方便,如用于交通分析的 TRANSSIMS、用于经济系统仿真的 Aspen、用于政治交互和论争的 PS-I 等。

11.2.4   城市公共安全应急响应模拟平台框架

城市公共安全应急响应模拟系统的开发,由于地理空间概念的加入,以及模拟的空间尺度、参与个体数量等,使通用仿真平台和专用仿真工具都不能满足研究的需要。同时考虑到系统未来的应用,还要兼顾其未来与城市应急指挥平台以及决策支持等系统的集成,需要对系统具有完全的控制能力,因此也不允许采用通用仿真平台来实现。根据这些特点,构建既要满足多智能体建模与仿真的可靠性、可信性,同时又要兼顾系统的扩展性的模拟系统,仿真框架无疑是最佳的选择。对于多智能体仿真平台构建,以通用性好、扩展能力强的仿真框架为核心,采用通用集成开发环境,充分利用第三方类库,特别是开源软件,集成多种方法实现面向城市公共安全应急响应的计算机仿真实验平台。本文选择 Repast S 作为多智能体计算机仿真平台开发的核心框架,并集成 Geotools、Torroccat 等成熟的 Java 第三方插件和类库,开发设计城市公共安全应急响应模拟平台(图 11.4)。

11.2.5   空间多智能体的实现

1. GIS 与 MAS 的集成方法

当多智能体模拟需要在地理空间中进行时,GIS 系统与多智能体建模与仿真系统的集成便成为核心问题。但如何实现两者的集成,却是一个相当困难的问题,主要原因是 GIS 不是一个理想的动态建模平台。许多学者对二者的集成进行了研究(Goodchild,2005;Maguire,2005;Bernard,2000;Westervelt,2002),主要的方法可以分为两类,一种称为耦合(coupling),另外一种称为嵌入(embeding)或集成(intergration)。本文以建模软件为中心,采用 GIS 软件类库实现系统 GIS 功能的 Modeling-centric 方法来实现模拟平台中 GIS 与 MAS 的集成,即:以 Repast S 仿真框架为核心,集成 Geotools 和 JTS,实现基于真实地理空间数据的应急响应模型。

2. GIS 与 MAS 集群运算的实现

由于模拟是以城市为背景的,在模拟的过程中,涉及的微观个体(agent)种类繁杂、数量巨大,其活动空间广阔,同时各智能体的行为又为并发执行,因此造成运算量大,运行速度缓慢,甚至无法运行。为解决大运算量,提高计算机应用系统的运行速度,本次将一组独立的计算机配置成一个集群系统,构建海量数据处理与运算功能块,采用由美国 Terracotta 公司开发的开源 Java 集群平台(图 11.5)。

Repast S 本质上是一个单机的仿真框架,Terracotta 集群技术为提高多智能体仿真平台的计算能力和实现大规模模拟提供了解决方案。通过 Repast S 与 Terracotta 集成,可以将大量的并发执行的智能体分布到网络环境中闲散的 PC 机上,使单机无法解决的大运算量计算问题通过计算机集群而得以解决。

在城市公共安全应急响应模型中,造成运行速度缓慢的主要原因是模型中智能体数量众多,而这些智能体的行为又是在时间上离散的并发行为,在一个模拟时间片中所有的智能体行为都要触发一次,也即在一个模拟周期中要求所有的智能体必须完成它的规定动作

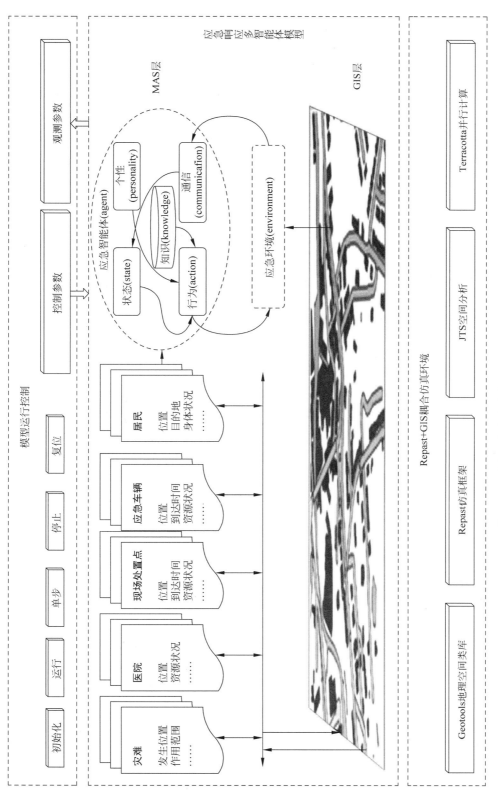

图 11.4　城市公共安全应急响应模拟系统构成图

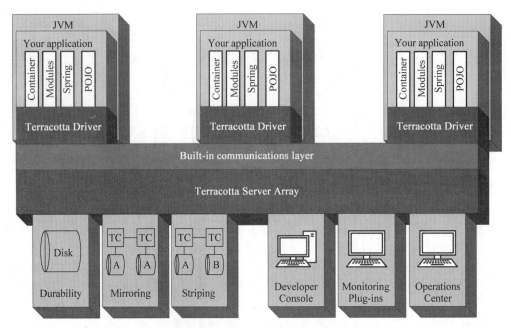

图 11.5　Terracotta 的原理示意图

后,模拟才能进入下一个周期。这样随着智能体数量增多,这种计算任务会显著增加,而单个处理器运算能力是有限的,在不增加处理器的情况下,模拟速度自然会降下来。如果将智能体分布到多个计算机上,让它们在不同的计算机上执行各自的运算,而在总体上,让它们在一个集中的环境中显示出它们行为的变化,这样便可以提高模拟的速度,这也符合多智能体模拟的自治性、涌现性的特征。Terracotta 集群技术可以满足这种技术需求。因此,在应急响应模拟平台中,将 Repast S 与 Terracotta 集成,编写设计可以工作在网络集群环境下的模拟程序,并将其分布到闲散的 PC 机上,从而可以提高平台处理能力。而这种集群方式简便易行,可以应用于多种目的,既可以在实验室中将几台计算机连接起来,开展模拟实验,也可以在实际应用中,将城市应急指挥中心的计算机组成集群网络,来加快模拟的速度。

11.3　北京应急系统动态地理模拟

11.3.1　应急环境模型设计

以缩编处理的北京市 1∶10000 基础地理数据作为应急智能体活动的地理空间环境。在图层处理时,将各级道路融合为一个图层,作为应急智能体活动的限制图层;抽取居民地图层中医院、消防队、各级公安部门、应急避难场所等与应急相关的地物为一个图层,作为可以参与应急过程的环境智能体;其他图层则作为背景显示(图 11.6)。为了生成智能体活动的路线网络,对 GIS 数据中的道路图层进行了合并处理,各级道路层合并为一个图层,对合并的图层进行拓扑检查,保证各道路的联通性。此外,假设行人步行的最大速度初始化为 5～7 的随机数(即行人的行进速度为每小时 5～7km),与行人的平均行进速度一致。

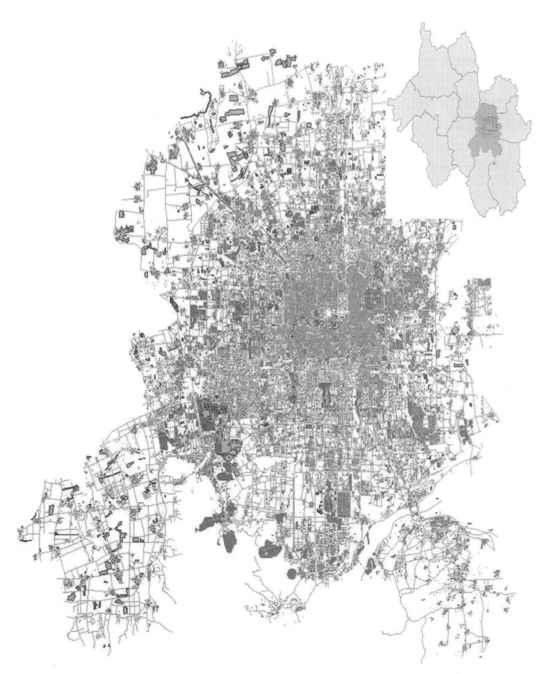

图 11.6　北京应急响应动态地理模拟实验数据及其范围（有彩图）

11.3.2　应急智能体模型设计

应急智能体包括 7 类,它们是:居民(person agent)、医院(hospital agent)、现场临时救治点(on-site responder)、消防车(fire engine)、警车(police)、救护车(ambulance)、现场危机处理小组(emergency manage team)。为了简化实验,前 3 类智能体分别从状态、知识、个性、通信、行为 5 个方面设计各自的参数和行为规则,如居民智能体(表 11.4),后 4 类智能体在实验中我们只模拟其在接到事件指示后,到达事件地点的过程,而对于其在现场的行为则不进行模拟。

表 11.4　居民智能体的主要参数及行为规则

agent	参数		取值	行为规则
	名称			
person	标识(ID)		(0, PersonNum)	person 根据健康度决定继续原目标、去医院还是原地等待救援。wl,ol 和 d 为 Person Agent 所具有的个性参数,用来表现人的心理行为:如果 hl < very bad health level 则在原地等待救援;如果 hl < unsafe health level 则去医院,否则如果其担忧度或痛苦度较高他也会选择去医院。very bad health level 及 unsafe health level 均为系统设定的一个环境变量,作为控制参数来控制模拟的运行。
	状态 (state)	健康度(health-level)	$hl \in (0,1)$	
		目的地(destination)	家、单位或医院	
		是否在医院接受处置(treated)	yes or no	
		所在医院标识(betohospital)	(0,hospital agent number)	
	知识 (knowledge)	医院的位置和当前的状态(hospital_list)	医院列表	
		现场救助点的位置和当前状态(onsite_responder_list)	现场救助点列表	
		当前目的地的最短路径(route)	GIS 空间坐标列表	
	个性 (personality)	担忧度(degree of worry)	$wl \in (0,1)$	
		顺从度(level of obedience)	$ol \in (0,1)$	
		痛苦度(level of distress)	$d = wl * (1-hl)$	
	通信 (communication)	是否持有通信工具(probability of communication device)	yes or no	
		通信工具工作的可能性(phone update probability)	$il \in (0,1)$	
	行为 (action)	保持原目的地	go old destination	
		去往医院	go hospital	
		原地等待救援	wait	

11.3.3　模拟环境变量

模拟环境变量包括事件发生位置、各种应急智能体的初始数量、仿真运行周期、事件发生模式以及用于模拟控制的全局变量等(表 11.5)。

表 11.5　北京应急响应模拟模型环境变量预设

序号	名称	表示符号	范围	值	备注
1	事件发生模式	SimModel	$(0,1)$	0	0：点源式 1：分布式
2	点源式事件地点	ERLocation	$(0, MaxResidentNum)$	可变	MaxResidentNum 为 GIS 中地物的最大标识号
3	居民智能体的数量	PersonNum	$(0,\infty)$	可变	
4	医院智能体的数量	HospitalNum	$(0,31)$	可变	
5	现场临时救治点智能体的数量	On-site responder Num	$(0,\infty)$	可变	
6	每个医院出动救护车的数量	AmbulanceNum	$(0,\infty)$	可变	
7	警车的数量	PoliceNum	$(0,\infty)$	可变	
8	消防车的数量	FireengineNum	$(0,\infty)$	可变	
9	紧急响应小组的数量	HazTeamNum	$(0,\infty)$	可变	
10	居民不安全的健康度	Unsafe health level	$(0,1)$	0.4	
11	居民的最大自身恢复力	Maxium untreated recovery	$(0,1)$	4.96×10^{-5}	
12	居民严重的健康度恶化率	Maximum critical worsing	$(0,1)$	6.67×10^{-4}	
13	居民危险的健康度恶化率	Maximum dangerous worsing	$(0,1)$	2.63×10^{-4}	
14	居民乘车的概率	Takecar	$(0,1)$	0.05	
15	医疗提供的恢复力	treatment	$(0,1)$	2.98×10^{-4}	

11.3.4　其他模拟条件假设

其他的假设还包括：①模拟只进行 3000 个周期，一个周期代表实际时间 1min，即 3000min（＝2 天零 2 小时），这基于以下的假设：如果一个人活过了前两天那么他也就不会再死去，之后的死亡率不会出现大的变化。②救护车在模型中同其他应急车辆一样，只模拟其到达与展开，也即救护车并不起救治的作用。这样如果一个人不去就医，即使其受到的伤害很严重，救护车并不会运送他，那么无论是医院还是现场临时救治点都不能帮到他。③交通模型只考虑车辆和行人行进速度的变化，而不考虑道路的封锁、拥堵等特殊情况，在模型中也不考虑地铁行进速度的特殊因素。

11.3.5　应急响应模拟结果

本次应急响应模拟所使用的假设均来自于北京实际或相关的文献提供的参数等，模拟过程不仅强调依靠现实情况和历史数据、应急的指挥者在现实情况下集成专家的意见，而且结合不同时段的模拟结果为下时段模拟提供决策条件和模拟环境。模拟系统的运行界面如图 11.7、图 11.8 所示。

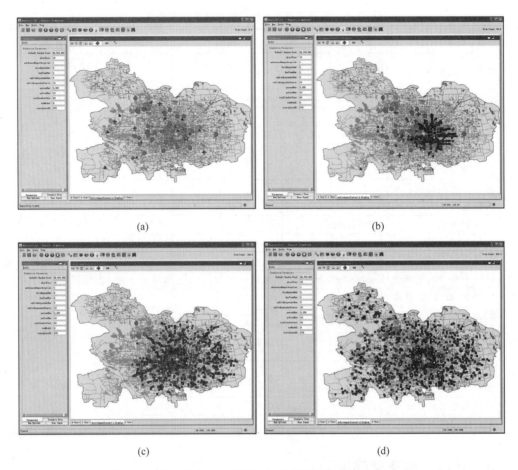

图 11.7 北京公共安全事件应急响应动态模拟过程(有彩图)

(a) Tick＝0；(b) Tick＝50；(c) Tick＝100；(d) Tick＝500

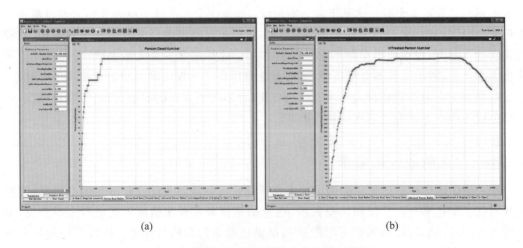

图 11.8 模拟过程观测参数变化监测(有彩图)

(a) 死亡人数变化曲线；(b) 在医院接受救治人数变化曲线；(c) 死亡率变化曲线；(d) 医院资源数变化曲线

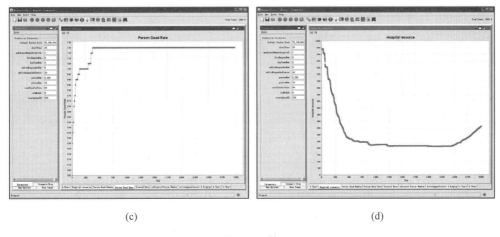

(c)　　　　　　　　　　　　　　(d)

图 11.8（续）

本次模拟通过分别设置 0,1,5,10,15,20 个现场临时救治点,来考察不同现场临时救治点数量对死亡率的影响。通过改变警报时间,即现场临时救治点开始行动的时间,考察其到达的时间对死亡率的影响。实验模拟(人群数量为 2000)结果如图 11.9 所示。医院资源的多少,对于抢救伤员的性命具有至关重要的作用。本次模拟还分别设置医院的资源(床位)数为 0,50,100,150 直至 1000,每个设置模拟运行 10 次,取其平均值,结果如图 11.10 所示。从图 11.10 可以看出,如果医院的资源数>150,那么有不超过 50 人会死亡;如果医院的资源数>200,那么可以使这个数字降到 10~20 之间。

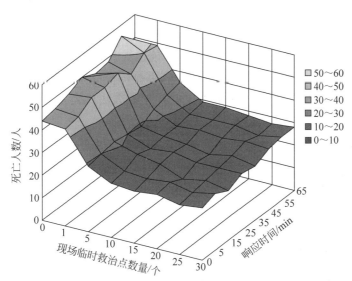

图 11.9　现场临时救治点数量与响应时间对人员死亡率的影响

本案例将地球信息科学中最新发展的用于复杂地理空间系统建模与仿真的地理模拟系统理论(GSS)应用于城市公共安全应急响应的动态模拟,建立了基于多智能体(MAS)和地理信息系统(GIS)的城市公共安全应急响应模拟模型框架,解决了模型实现的关键技术

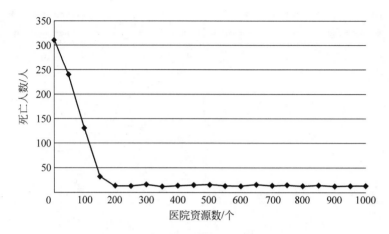

图 11.10　模拟事件中医院资源对死亡人数的影响

问题,提出了模型实现的技术体系,构建了模拟系统平台原型。以北京市原城八区基础地理数据为实验数据进行了大范围城市公共安全应急响应模拟实验,验证了模型框架的可操作性和技术体系的可行性。

　　复杂系统理论和复杂适应性系统理论是开展城市公共安全应急响应复杂动态过程研究的理论基础,复杂性科学强调的整体性、动态性的研究方法为城市公共安全应急响应过程和规律研究提供了方法论。基于空间信息技术的地理模拟系统(GSS),能够模拟复杂的时空动态现象,是进行城市公共应急响应模拟的有效平台。在实际的城市公共安全应急响应模拟时,设计构建基于多智能体和 GIS 的应急响应模型是开展模拟的关键。基于 Repast 和 Geotools 实现多智能体系统与 GIS 系统的紧密集成、基于 JTS 实现空间数据分析、基于 Terracotta 集群技术解决大运算量数据处理是当前进行城市尺度空间多智能体模拟的有效技术途径。目前复杂系统的动态仿真方法在城市系统的研究中尚处于初始阶段,这类从微观出发通过离散化的微观个体模型来研究宏观现象的方法代表了当前城市系统研究的最新发展方向。

11.4　智能体的 GIS 表达和计算

11.4.1　Repast S 中 GIS 的表达

　　在 Repast S 中 GIS 的表达是通过"Geography"Projection 实现的。Projection 在 Repast S 中用来表达智能体的位置属性和相互作用关系,给 Context 赋予不同的 Projection,其中的智能体就会有 Projection 所代表的不同空间关系。目前 Repast S 定义了五种 Projection,分别为 Grid、Network、Geography、Continuous Space、Scalar Field。其中 Grid 和 Network 是早期智能体模型应用较多的一种结构。利用 Geography Projection 可以实现多智能体模型与 GIS 的紧密集成。

多智能体模型:如我们设计的应急响应模型,它主要由相对静止的应急环境模型和动态变化的应急智能体模型构成。应急环境就是应急单元所在的活动区域内的自然环境,如地形、地貌、建筑、道路等,在 GIS 中就是城市中的一定区域内所有地物的集合。应急智能体模型就是在应急环境中活动的一组应急单元,包括城市居民、医院、救护车、消防车等。应急环境模型和应急智能体模型都可以通过 Geography 以 GIS 的风格来处理和表达。

应急环境模型:可以将应急区域范围内的与表现应急环境相关的地物设计为智能体,这些智能体可以直接从 GIS 文件中转换而来,而智能体的种类则直接对应 GIS 中地物的分类,如居民地转换为建筑智能体,路网线路转换为道路智能体,等等,然后,赋予包含这些智能体的 Context 以 Geography Projection。这样,一方面这些智能体可以用 GIS 的风格进行静态的显示,作为应急智能体活动的背景环境;另一方面,也可以赋予某些地物智能体相关的属性信息,参与到多智能体模型中来,实现模型中智能体与环境的交互,例如,我们可以赋予道路智能体以距离信息,从而在应急智能体进行路径选择时,可以用此信息进行最优或最短路径计算。

应急智能体模型:可以赋予包含这些智能体的 Context 以 Geography Projection。这样,这些智能体便具有了空间位置属性,通过对其空间位置操作,实现它们在空间上变化。例如,对于城市中受到某突发公共事件影响的居民,根据事件性质的不同,它们的初始位置可能是集中式的(如爆炸、毒气袭击等),也可能是分散式的(如传染病发作,食物中毒发作等),不管是哪种方式,都可以先创建一个 Context,并赋予这个 Context 以 Geography Projection。然后在 Context 中创建居民智能体(可以是 100 个,也可以是 1000 个或更多)。这时,对于集中式,可以在应急环境模型中获取发生事件的地点的位置信息,之后将所有的居民智能体移动到此位置,则居民智能体便具备了初始的位置,然后这些居民根据模型的行为规则设计,采取不同的行动。对于分散式,则可以在应急环境模型中随机地选取地物(如居民地)获取它们的位置信息,然后再将居民智能体移动到此位置。具有初始位置的居民,根据行为规则设计,他们可能会选择去医院,或在原地等待救援,或被救护车运送,这些都体现在其位置上的变化。Geography 可以帮助实现这种位置的变化——就是将居民智能体移动到 Geography 中其他的位置,只不过这种移动要满足一定的条件限定(如只能在道路上移动),通过所有智能体连续的位置变化在应急环境中再现出事件发生后应急过程的动态景象。

通过上述的描述可以看出,通过 Geography Projection,Repast S 可以实现与 GIS 的集成,Geography 中的智能体不但能够以 GIS 的风格进行显示和操作,同时也具有智能体普遍的自治性、主动性的特点,真正实现了 GIS 与多智能体系统的无缝集成。

11.4.2　智能体沿 GIS 路线行进的算法

智能体沿 GIS 中路线行进是一切空间智能体模拟的基础,其算法主要涉及三个部分:路网创建、路径规划和智能体行进。

1. 路网创建算法
以下是路网创建算法的程序代码(以下代码均为伪代码)。

代码清单 1:

```
buildRoadNetwork() {
    RoadContext = ContextCreator.creatRoadContext();          //创建存储道路数据的 SubContext
    RoadGeography = ContextCreator.creatRoadGeography();      //创建 Geography projection
    JunctionContext = ContextCreator.creatJunctionContext(); //创建存储节点的 SubContext
    JunctionGeography = ContextCreator.creatJunctionGeography();
        //在 JunctionContext 中创建 Geography projection - JunctionGeography
    Network < Junction > RoadNetwok = ContextCreator.creatRoadNetwork();
        //在 JunctionContext 中创建 Network projection - RoadNetwork
    ReadinRoadfromShp(road.shp);                              //从存储道路数据的 Shp 文件中读入道路矢量数据
    for All Road in context {                                 //对读入的所有道路执行以下操作
        getTwoEndpointCoordinateOfRoad(c1,c2);               //取得道路的两个端点坐标 c1 和 c2
        creatTwoJuctionWithRoadEndpointCoodinate(Junc1,Junc2);  //以 c1、c2 为基点创建两个节点
                                                                //Junc1,Junc2
        junctionContext.add(junc1);
        junctionGeography.move(junc1, geomFac.createPoint(c1))
        junctionContext.add(junc2);
        junctionGeography.move(junc2, geomFac.createPoint(c2));
        //将 Junc1 和 Junc2 加入到 JunctionContext 中,并移动到与 c1 和 c2 相同的坐标位置
        RepastEdge < Junction > edge = new RepastEdge < Junction >(junc1, junc2, false, roadGeom.
getLength());    //以 Junc1 和 Junc2 为端点创建一条边 edge,并为边赋予方向和权值属性
        edgeIDs_KeyEdge.put(edge,road.ID);
        edgeIDs_KeyRoadID.put(road.ID,edge);   //用数组分别以 edge 和 road.ID 为关键字记录 edge
                                               //与 Road 的对应关系
        RoadNetwork.addEdge(edge);                          //将 edge 加入到 RoadNetwok 中
    }//所有的道路处理完后则完成 RoadNetwork 的创建
}
```

该算法首先创建用于存储道路数据和路网拓扑的 context-RoadConext 和 JunctionContext,在 RoadConext 中创建 Geograpy Projection-RoadGeography 用于矢量道路数据的读取和空间操作,在 JunctionContext 中则创建两个 projection-JunctionGeography 和 Network,JunctionGeography 用于空间操作,而 Network 则用于存储路网拓扑中的节点和边数据,用于路径计算。在 RoadGeograpy 中可以用 ShapefileLoader 函数,从“.shp”文件中读入路网数据,“.shp”中的数据导入后,便均转换为 agent,可以按照 agent 的操作方法对其进行读取和操作。算法的主体是通过对 RoadGeography 中的所有 road 执行以下操作来构建路网的拓扑结构图:①获取 road 的两个端点坐标;②以这两个端点创建两个 Junction-Junc1,Junc2;③以 Junc1 和 Junc2 为端点创建边(edge),创建边时可以指定方向和权值(上述程序代码中指定的权值为 road 的长度,方向设为 false,无方向);④将 road 和 edge 存入数组 edgeIDs_keyEdge 和 edgeIDs_keyID,以建立两者之间的对应联系;⑤最后将 edge 添加到 RoadNetwork 中。

通过上述算法便将 GIS 中的所有道路,以其端点为节点,以其长度(当然也可是其他值,如通行能力等)为权值,建立了网络拓扑,并且在程序中记录了道路与网络拓扑中边的对应关系,可以在两者间相互查找,这就为下一步智能体路径的创建和沿路径的移动创造了条件。

2. 路径规划算法

以下为路径规划主算法的程序代码：

代码清单 2：

```
Route(ActiveAgent activeagent, Coordinate destination)
    {
    activeagentGeography = ContextCreator .creatactiveagentGeography();
                        //创建用于智能体活动的 Geography projection - activeagentGeography
    JunctionGeography = ContextCreator.getJunctionGeography();
    RoadNetwork = ContextCreator.getRoadNetwork();
    RoadGeography = ContextCreator.getRoadGeography(); //获取在路网创建算法中创建的
                                    //JunctionGeography、RoadGeography 及 RoadNetwork
    route = new ArrayList<Coordinate>();        //创建一个用于存放路径的数组 route
    createRoute();                              //创建路径
}
```

算法的输入为要移动的活动智能体以及其要去往的目的地。在主算法中首先创建一些有用的指针，用于获取算法中将要涉及的 Contexts 和 Projections，以及初始化一些有用的变量，其中的 route 为一个由一系列坐标组成的数组，是最后要生成的路径。最后调用createRoute()过程，创建路径。

creatRoute()的算法程序代码如下：

代码清单 3：

```
createRoute(){
    currentCoord = activeagentGeography.getCurrentCoord(activeagent);   //获取智能体的当前位置
    if (!onRoad(currentCoord)) {
        currentRoad = getRoad(currentCoord);
        nearestRoadCoord = getNearestRoadCoord(currentCoord);
        route.add(nearestRoadCoord);
        Coord1 = nearestRoadCoord;
    }//如果当前位置不在 Road 上，则找到离当前位置最近的路，并获取路上离当前位置最近的点
     //coord1，将其加到路径列表中，即 route 中，
    if (!onRoad(destCoord)) {
        destRoad = getRoad(destCoord);
        nearestRoadCoord = getNearestRoadCoord(destCoord);
        finalDestination = destCoord;
        Coord2 = nearestRoadCoord;
    }//如果目标点也不在 Road 上，则找到离目标点最近的路，并获取路上离目标点最近的点 Coord2
    Junc1 = getNearestJunction(Coord1, currentRoad);
    route.addAll(getCoordsAlongRoad(Coord1,Junc1,currentRoad));
    //找到当前道路上距离 Coord1 最近的节点 Junc1，将 Coord1 至 Junc1 的所有坐标添加到 route 中
    Junc2 = getNearestJunction(Coord2, destRoad);
    route.addAll(getRouteBetweenJunctions(Junc1, Junc2));
    //找到目标路上距离 Coord2 最近的节点 Junc2，将 Junc1 和 Junc2 间所有道路上的坐标点添加
    //到 route 中
    route.addAll(getCoordsAlongRoad(Junc2,Coord2, destRoad));
    //将目标路上 Junc2 到 Coord2 间的所有坐标点加添加到 route 中
    route.add(finalDestination);        //如果目标点不是在路上，则最后将目标点加到 route 中
}
```

CreateRoute( )首先判断智能体的当前位置及其目标位置是否在道路上,在进行模拟时,智能体的初始位置和目标位置可以是地图的任何位置,因此它们可能不是正好位于某条路上,这时需要首先查找到离该位置最近的路(road),然后从源点 road 到目标 road 进行路径的计算,而初始位置或目标位置如果正好位于某条路上则不需查找,直接以该条路为源 road 或目标 road 即可。查找离某位置最近的路,可以使用 JTS 提供的 DistanceOp 函数来实现,该函数可以计算一个几何体与另一几何体之间的距离,可以用以下的形式调用 DistanceOp 函数:

disOp ＝newDistanceOp(coordGeom,roadGeography. getGeometry(road))

则 disOp. Distance 返回点与 road 的距离,而 DistanceOp. closepoint 返回两个相距最近的点。这样就可以通过比较 disOp. Distance 找到最近的 road,通过 DistanceOp. closepoint 找到 road 上最近的点。

算法在找到以上的 road 和最近的点后,便可以开始路径的计算,计算方法如下:①首先将当前位置设为 road 上找到的最近的点,然后计算 road 上离当前位置最近的 Junction,也就是找出 road 的两个端点哪一个离当前位置最近。查找最近的 Junction 同样是使用 DistanceOp 函数。②将 road 上当前位置到最近的 Junction 之间的所有坐标点添加到路径列表(route)中。在 GIS 中一条路线一般为一条曲线,由多个拐点组成,上述坐标即为所有的拐点坐标。③找到离目标点最近的 road 及该路上离目标点最近的 Junction,查找方法与①中的方法一致。④计算在①中查找到的源 Junction 和在③中查找到的目标 Junction 之间的所有路线,并将其坐标添加到路径列表中。计算源 Junction 和目标 Junction 之间的路径,需要用到之前创建的 RoadNetwork,根据模拟的目的采用图论中的最短路径算法或其他路径优化算法得到所有满足路径规划要求的边(edge),然后利用 edgdIDs 数组,查找 edge 对应的 road,并将 road 所包含的坐标放入路径列表中。⑤最后将目标 Junction 到目标点的所有坐标放入路径列表中,至此从源点到目标点的所有坐标均列入了 route 中,接下来就可以按照此路径进行智能体的移动了。

整个路径规划的示意如图 11.11 所示。

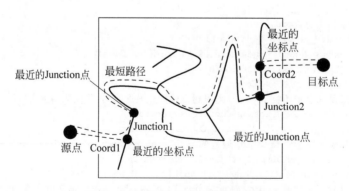

图 11.11　智能体路径规划算法示意

3. 智能体行进算法

在完成上述路径规划后,就可以按照 route 中的坐标列表进行智能体的移动。由于

route 中的坐标均是道路上的点,这时智能体的移动也便被限定在道路上。但由于智能体的行进速度不同、两个坐标点间的距离有大有小等原因,在移动时还不能只是简单地依据坐标列表依次地移动智能体,必须采用一定的算法,对上述坐标进行插值处理,在模拟的每一周期中按照插值后距离做出移动。智能体每一个 Step 的行进算法的程序代码如下:

代码清单 4:

```
Travel() {
    if (atDestination())  return;                      //如果到达目的地则结束
    double distTravelled = 0;                          //已经移动的距离
    boolean travelledMaxDist = false;                  //是否已到了应移动的最大距离
    while (!travelledMaxDist && !atDestination()) {    //如果没有到达目的地并且没有达到应移
                                                       //动的最大距离则执行以下操作
    currentCoord = getCoordinate(Activeagent);         //获取智能体的当前位置
    target = route.get(0);                             //获取路径列表中的第一个点,作为目标点
    distToTarget = DistanceOp.distance(currentCoord, target);    //计算当前位置和目标点间
                                                                 //的距离

    if (distTravelled + distToTarget < travelPerTurn) {
        distTravelled += distToTarget;
        ActiveagentGeography.move(Activeagent, target);
        route.remove(0);
        } //如果当前位置与目标点间的距离与已经移动的距离之和小于每个周期应移动的距离,
          //则将智能体移动到目标点
    else {
        double angle = angle(target, currentCoord) + Math.PI;
        double distToTravel = travelPerTurn - distTravelled;
        ActiveagentGeography.moveByVector(Activeagent, distToTravel, angle);
        travelledMaxDist = true;
        }//否则沿着当前位置与目标位置的方向角移动至应移动的最大距离
    }
}
```

算法首先判断智能体是否已经到达目的地,如果已经到达则不再移动。否则,根据指定的移动速度进行移动。智能体的移动速度是根据模拟的需要,并依据现实中智能体对应的个体的实际速度的统计值进行假定,例如根据统计一个行人的步行速度大概在 $5\sim7$km/h 之间,那么对于一个给定的智能体我们就可以利用随机发生器生成一个 $5\sim7$ 之间的随机数,作为该智能体的行进速度。确定速度后,再根据模拟周期的假设,计算出每一个步长中智能体的移动距离,例如,假设设定模拟的每一个运行周期代表实际的时间为 1min,智能体的行进速度是 6km/h,那么在每一个模拟周期中智能体前进的距离就是: 6000m/$60=100$m。这个 100m 可以作为一个参数输入上述算法(程序代码中的 travelPerTurn),根据这个参数智能体查找路径列表中的坐标,并进行移动操作。因此算法给出一个布尔型临时变量 travelledMaxDist,用以判断是否已完成指定距离的移动。上述算法的示意如图 11.12 所示,如果当前位置到路径列表中下一个节点的距离加上已经移动的距离小于本周期要移动的距离,则直接移动到目标节点,并继续循环读取下一点;如果超出本周期要移动的距离,

则沿着目标方向移动一定距离以满足本周期移动距离要求。

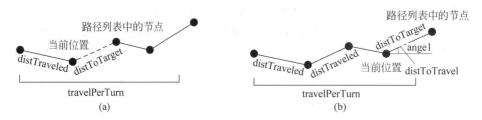

图 11.12　智能体移动算法示意

（a）distTraveled＋distToTarget＜travelPerTurm 的情况；

（b）distTraveled＋distToTarget＞travelPerTurm 的情况

　　智能体的行进算法实现了智能体在 GIS 环境中的有目标的移动和动态显示,为开展进一步的研究奠定了坚实基础,各种以 GIS 为基础涉及个体在环境中动态变化的多智能体模拟都可以采用此算法,如人群的流动模拟、交通流模拟等,通过智能体在 GIS 环境中的动态变化过程,从而在计算机上重现某些动态现象,为研究现象的复杂机理提供新的手段。图 11.13 展示了算法执行后的可视化效果。

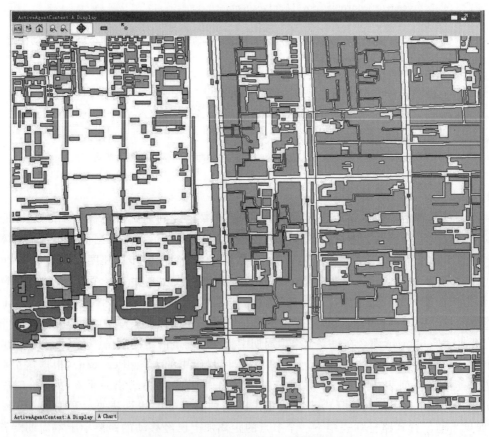

图 11.13　智能体行进算法的可视化效果

11.5　城市应急响应多智能体模型系统

11.5.1　系统启动

有两种方式可以启动模型：一是在"城市与区域规划模型系统 3.0"中分别点选"规划模型→Reapst 城市模拟系统路径设置"，设置系统工作路径，再点选"启动 Repast 城市模拟系统"。系统路径为程序安装目录下的"\IOG\URMS\RepastCity"。二是在"开始"菜单中点选"程序→URMS→Repast 城市模拟系统"启动系统。

11.5.2　数据准备

数据需包含所要模拟城市的道路、建筑物、医院分布等 GIS 数据。示例数据（北京城区）保存在"\IOG\URMS\RepastCity\RepastCityoutdoor\repast_city_data"目录下。

11.5.3　参数设置

模型运行前需进行参数设置，系统提供参数设置界面如图 11.14 所示。

各参数含义及设置方法如下：

alertTime

警报时间，即从事件发生到接收到报警救援力量开始行动的时间间隔，默认值为 15min；

ambulanceNumperhospital

每个医院可以出动的救护车数量，默认值为 1，医院地点系统自动从 hospital.shp 文件中读取；

fireEngineNum

消防车的数量，默认值为 5；

hazTeamNum

紧急响应小组的数量，默认值为 2；

onSiteResponderNum

现场临时救治点的数量，默认值为 5；

onSiteResponderSource

每个现场临时救治点的资源数量，默认值为 10；

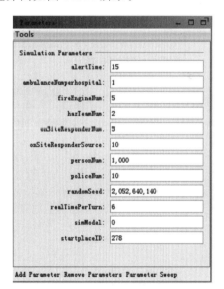

图 11.14　多智能体模型参数设置

personNum

居民智能体的数量，默认值为 1000，根据系统运算速度，最大可设置到 10 万量级；

policeNum

警车的数量,默认值为 10;

randomSeed

随机种子,系统自动生成,不需设置;

realTimePerTurn

模拟过程中每个 Step 代表的现实时间,默认值为 6,表示模拟过程中一个 Ticks 代表现实时间为 6s,如果设为 60,则表示每个 Ticks 为现实时间的 1min。模拟结束时经过的 Ticks 乘以上述值便为模拟事件的时长;

simModel

模拟模式,0 为点源式,1 为分布式,默认值为 0;

startPlaceID

事件的发生地点,取值为 1 至 GIS 文件中地物的最大标识号,默认值为 278(北京市地图中北京站的 ID 号),超出范围(小于 1 或大于 house.SHP 文件中的地物最大标识号)则随机从 house.SHP 文件中选取。

11.5.4　显示配置

模型运行前可对智能体显示样式及 GIS 显示风格进行配置,配置界面如图 11.15 所示,也可使用默认配置。

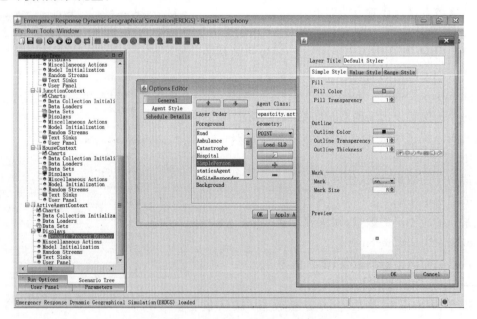

图 11.15　智能体及 GIS 显示样式设置

配置过程

单击 Scenario Tree 面板,依次点选 ActiveAgentContext→displays→dynamic process display,弹出智能体显示配置界面,单击 Agent Style,选择不同智能体名称,单击

图标,在弹出的界面上对智能体的形状、颜色、大小、透明度等进行配置。

11.5.5　模型控制

设置好参数,配置好显示风格,便可启动模型进行模拟运行。对模型的控制主要包括初始化、运行、暂停、单步、停止和重置。模型控制工具栏如图 11.16 所示。

图 11.16　模型控制工具栏

初始化

单击 ⏻ 图标,系统根据设置的参数进行初始化,初始化的时间随智能体数量的不同而有所差别。

运行

初始化完成后,单击 ▶ 图标,模型开始运行,Tick Count 开始计数,动态过程呈现在显示面板上(对动态过程显示的控制见下一节)。此时工具栏图标发生变化,单击 ⏸ 图标可暂停运行,单击 ⏭ 图标可单步运行,单击 ⏹ 图标则停止运行。

重置

模型运行停止后单击 🖺 图标,对参数进行重新设置,之后可按上述步骤重新运行。

11.5.6　动态过程显示控制

模型运行过程中可对动态过程进行照相、录像及放大、缩小、测距、显示智能体状态等操作,动态过程显示控制工具栏如图 11.17 所示。

图 11.17　动态过程显示控制工具栏

照相

单击 🖼 图标,将当前运行界面保存为一张图片;

录像

单击 🎥 图标,将动态模拟过程保存为视频;

视图重置

单击 🏠 图标,显示界面回到初始状态;

放大

单击 🔍 图标,放大选择区域;

缩小

单击 🔍 图标,缩小选择区域;

移动

单击 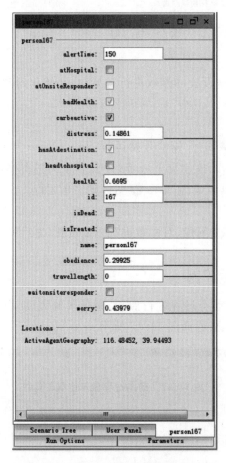 图标,移动显示区域;

测距

单击 ▭ 图标,测量两点间距离;

显示智能体状态

单击 ▭ 图标,选择相关智能体,在弹出的窗口中显示智能体当前状态参数,图 11.18 为某个居民智能体的状态参数显示示例。

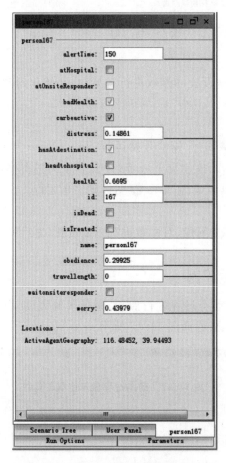

图 11.18　智能体状态显示

11.5.7　结果输出

模型运行统计结果有两种输出方式,一是在系统运行界面中通过图形方式查看;二是输出到外部文件中。

图形输出

单击图表面板可以查看预先设定的统计量的数值变化,如图 11.19 所示。

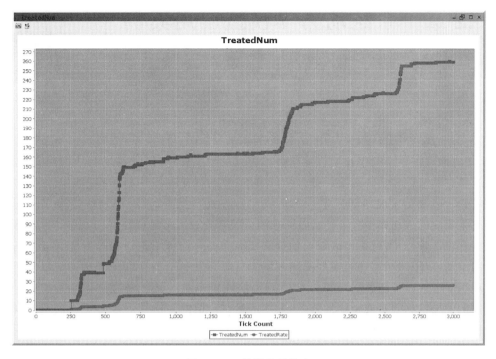

图 11.19　模拟结果输出

文件输出

模型运行过程中自动将每一步的统计结果输出到 deadstatic. txt、treatedstatic. txt 等外部文件中。文件保存在安装目录的"\ RepastCity\ RepastCityoutdoor\ repast_city_data"下。

第 12 章　系统动力学模型应用案例

本章导读

　　系统动力学方法与模型(system dynamics,SD)是通过模拟系统结构、机制来研究系统行为,较好地预测系统的中长期行为趋势。通过对系统分析,揭示系统间结构功能成因,预测系统状态的演化和宏观政策后效,并对区域演化的优化路径进行仿真。因而,SD方法与模型可作为区域发展规划研究中一种重要实验方式,在区域发展规划中能较好地得以应用。其主要应用方面如下:①区域内资源的合理开发利用与区域经济的发展。通过区际和区域内多种比较分析,可明确区域内优势的资源品种及资源结构。在进行资源开发的技术经济和市场容量评价后,通过模型提出区域内资源开发利用的合理规模和速度以及资源的开发利用对区域经济增长的贡献。②区域短缺性资源对区域经济发展的制约。各区域都有不同的发展制约因素或短缺性资源,某些因素在目前的经济发展水平下虽尚未表现出它们的制约性,但是随着经济发展进程它们会越来越明显地制约经济的持续发展,因此在区域发展规划中必须探讨经济发展水平目标对这些短缺性资源的需求程度以及这些因素对经济发展目标将可能造成制约的程度。SD方法与模型能够描述这种反馈关系,并具体量化这种制约程度。③区域经济增长与人口的合理规模、环境保护的协调。协调经济发展与人口合理增长、环境保护间的关系是区域发展规划的一个重要内容。虽然SD方法目前还没有一套指标体系去评述这种协调的标准,但它能够提出"论证目标"以及一些"假想实验"对协调程度进行评价。④区域发展模式选择与区域政策的宏观调控。在对区域发展条件和可能的发展方向进行定性分析后,通过SD模型能够对区域发展模式进行多方案模拟与选择,并识别发展中出现的问题以及每一种发展模式的特点与弊端,提出在现有经济状态或模式向未来经济模式转化与推进阶段中所需要的配套的宏观区域政策。

12.1　中国城镇化 SD 模型

12.1.1　中国城镇化 SD 模型的构建

　　中国城镇化 SD 模型就是利用系统动力学的原理和方法,基于城镇化机制的分析,建立中国快速城镇化阶段的系统动力模型。

1. 系统边界与结构

　　SD 模型是建立在封闭系统边界基础上的。系统边界内系统的相互作用是系统的特征行为(Forrester,1969),因此,确定中国城镇化 SD 模型的边界至关重要。自改革开放以来到 20 世纪 90 年代中期,中国城镇化的动力机制主要为农村剩余劳动力的增长和城市第三产业的快速发展以及城乡教育条件的差异等。20 世纪 90 年代中期以后,中国城镇化的动力机制向多元化发展,流通、外资外贸、城市基础设施等表现出色。实际上,中国城镇化的动力系统应该较上述两个状态更为复杂,其中在中国农村存在大量的乡镇企业,吸引了农村剩余劳动力从事农村第二和第三的产业,因而农村生产不仅仅是第一产业的生产,而且还有农村的第二产业、第三产业的生产。同时,由于资源开发要素导致的生态环境问题对城乡人口数量增减、生活方式变化、区内区际迁移等也都产生影响,这样环境系统也成为中国城镇化动力系统的组成部分之一。事实上,环境系统根据污染物的不同分为水环境、大气环境、土壤环境和固体废弃物等。此外,维持城乡生产、生活系统的有效运行,离不开能源子系统,其中煤电等化石燃料的生产过程因为 CO_2 的排放导致地球增温、全球气候变化和海平面上升等,又反过来影响沿海地区的城镇化过程。当然,城乡健康保健、粮食生产、科技水平、投资来源、土地政策、财政政策、农业生产政策、计划生育政策等都直接对中国城镇化动力系统中的人口系统和生产系统产生作用。这些就是最基本的中国城镇化动力系统的内部要素(子系统)和系统边界(图 12.1)。

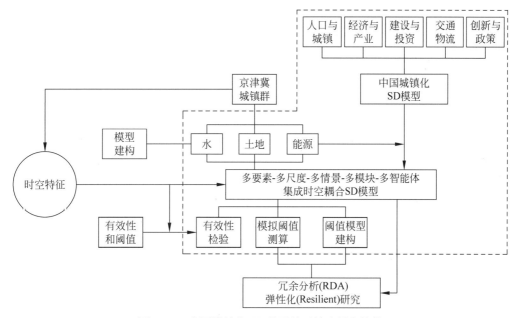

图 12.1　中国城镇化 SD 模型的系统边界和结构

2. SD 模型变量和参数

依据上述中国城镇化 SD 模型构建的系统边界和内部结构,相关的关键变量或参数由存量、流量和参数组成,其含义和单位如表 12.1 所示。

3. 要素因果关系图

SD 模型的系统结构是由因果环图(the causal loop diagram,CLD)表示(Georgiadis,et al.,2005),因果环图主要反映各变量之间的反馈机制。图 12.2 是中国城镇化 SD 模型的因果环图。

表 12.1 中国城镇化 SD 模型的参数

变量符号	变量含义	变量单位	变量符号	变量含义	变量单位
CSRK	城市人口	万人	DYCYCZ	第一产业产值	亿元
NCSRKZC	年城市人口增长	万人/年	DYCYZDCZ	第一产业最大产值	亿元
NCSRKDJ	年城市人口递减	万人/年	DYCYCZZCL	第一产业产值增长率	无量纲
CSJKYXYZ	城市健康影响因子	无量纲	DYCYZCZ	第一产业增长值	亿元
CSRKSWL	城市人口死亡率	无量纲	NCGD	农村耕地	万公顷
CSRKCSL	城市人口出生率	无量纲	DYCYZBCL	第一产业资本存量	亿元
CSJHSYYXYZ	城市计划生育影响因子	无量纲	DYCYZBCLBL	第一产业资本存量比例	无量纲
ZDRKCZL	最大人口承载量	万人	CSSCZZ	城市生产总值	亿元
CSJYYZ	城市教育因子	无量纲	GNSCZZ	国内生产总值	亿元
CSZXXSZZCXS	城市中小学师资增长系数	无量纲	DECYCZ	第二产业产值	亿元
CQCSJYSZSP	初期城市教育师资水平	人/万人	DECYZDCL	第二产业最大产量	亿元
CSZXXWMXSYYJSS	城市中小学万名学生拥有教师数	人/万人	DECYCZZCL	第二产业产值增长率	无量纲
CSZXXSS	城市中小学学生数	万人	CSDECYZBCL	城市第二产业资本存量	亿元
CSZXXJSS	城市中小学教师数	万人	DECYZBCLBL	第二产业资本存量比例	无量纲
JYYZ	教育因子	无量纲	NDECYZCZ	年第二产业增长值	亿元/年
CSCYLDLXQZCXS	城市产业劳动力需求增长系数	无量纲	DECYCYRYZCL	第二产业从业人员增长率	无量纲
CSCYLDLXQYZ	城市产业劳动力需求因子	无量纲	DECYLDLZJL	第二产业劳动力增加量	万人/年
CSCYLDLXQ	城市产业劳动力需求	万人	DECYLDL	第二产业劳动力	万人
CQCSCYLDLXQ	初期城市产业劳动力需求	万人	DECYCYXS	第二产业从业系数	无量纲
YLYZ	医疗因子	无量纲	ZZBCL	总资本存量	亿元
CQCSWRYYYSS	初期城市万人拥有医生数	人/万人	JLL	积累率	无量纲
CSYSS	城市医生人数	万人	ZZBCLNZJL	总资本存量年增加量	亿元/年

续表

变量符号	变量含义	变量单位	变量符号	变量含义	变量单位
CSWRYYYSS	城市万人拥有医生数	人/万人	SJDECYCZZCL	实际第二产业产值增长率	无量纲
CSWEYYYSSZCXS	城市万人拥有医生数增长系数	无量纲	DECYLDSCLZCL	第二产业劳动生产率增长率	无量纲
CSYLSP	城市医疗水平	无量纲	DECYLDLXQ	第二产业劳动力需求	万人
DSCYLLDL	第三产业劳动力	万人	DSCYCZ	第三产业产值	亿元
DSCYCYXS	第三产业从业系数	无量纲	DSCYZDCZ	第三产业最大产值	亿元
DSCYCYRYZCL	第三产业从业人员增长率	无量纲	CSDSCYZBCL	城市第三产业资本存量	亿元
DSCYLDLZJZ	第三产业劳动力增加量	万人/年	DSVCYZBCLBL	第三产业资本存量比例	无量纲
NYLDSCL	农业劳动生产率	元/人	NDSCYZC	年第三产业增长值	亿元/年
NYLDLXQ	农业劳动力需求	万人	SJDSCYCZZCL	实际第三产业产值增长率	无量纲
NYLDSCLZCSD	农业劳动生产率增长速度	无量纲	DSCYLDLXQ	第三产业劳动力需求	万人
NYLDLZCSD	农业劳动力增长速度	无量纲	DSCYCZZCL	第三产业产值增长率	无量纲
NYLDLQYSD	农业劳动力迁移速度	无量纲	DSCYLDSCLZCL	第三产业劳动生产率增长率	无量纲
NNYLDLZC	年农业劳动力增长	万人	NCRK	农村人口	万人
NYLDLXS	农业劳动力系数	无量纲	NNCRKZC	年农村人口增长	万人/年
NYLDLTR	农业劳动力投入	万人	NNCRKDJ	年农村人口递减	万人/年
CSHLYZ	城市化率因子	无量纲	NCJHSYYXYZ	农村计划生育影响因子	无量纲
NCRKCSL	农村人口出生率	无量纲	NCJKYXYZ	农村健康影响因子	无量纲
ZRK	总人口	万人	NCRKSWL	农村人口死亡率	无量纲
CSHL	城市化率	%			

4. 系统存量流量图

中国城镇化 SD 模型因果环图中的存量和流量,按照可持续发展的理念进行组装,可以拆解为工业、经济、人口、城镇、教育等子系统(图 12.3)。在 DYNAMO,iThink,Vensim® and Powersim® 支持的系统环境下能够实现系统模拟。

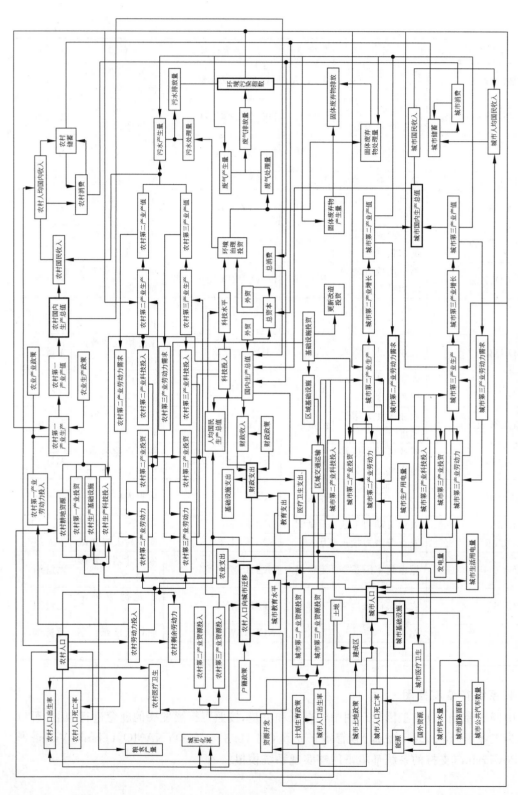

图 12.2　中国城镇化 SD 模型因果环系图

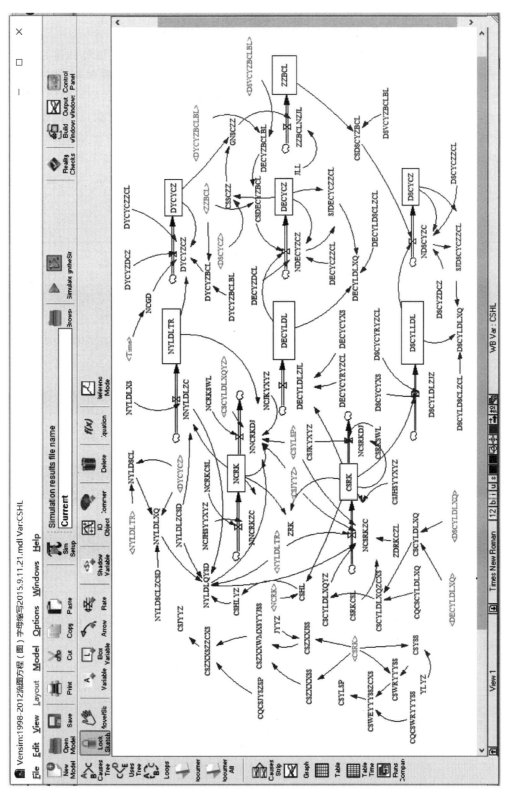

图 12.3 中国城镇化 SD 模型存量和流量图

5. 中国城镇化 SD 模型方程

经济增长是经济发展的基础和前提,而劳动生产率的提高则是经济增长的核心,二者的变动对劳动力需求产生较大的影响。中国城镇化 SD 模型主要考虑城市和乡村不同产业部门增长速度、劳动生产率和劳动力需求三者之间的相互关系(周天勇,1994),特别是随着经济的发展使农业劳动生产率提高,一部分农业人口逐渐转变为从事工业、交通、商业、科学文教等非农业生产的劳动人口,其中农业劳动力的净转移速度又取决于农业生产规模和农业劳动生产率的增长速度(袁嘉新等,1987)。中国城镇化 SD 模型方程主要基于生产函数模型给出,具有增强增列结构特征。在此基础上得到如表 12.2 所示经济、人口和社会服务三个子系统动力学方程。

表 12.2　中国城镇化 SD 模型方程

子　系　统	主　要　方　程
1. 经济系统主要方程	DYCYZCZ＝DYCYCZZCL＊(1-DYCYCZ/DYCYZDCZ)＊EXP(10.5)＊(NCGD^(0.4589))＊(NYLDLTR^(−0.743)＊DYCYZBCL^0.24) DYCYZBCL＝ZZBCL＊DYCYZBCLBL CSDECYZBCL＝DECYZBCLBL＊ZZBCL NDECYZCZ＝DECYCZZCL＊(1-DECYCZ/DECYZDCL)＊EXP(1.003)＊(DECYLDL^(−0.1958))＊(CSDECYZBCL^0.967) ZZBCLNZJL＝GNSCZZ＊JLL CSDSCYZBCL＝DSVCYZBCLBL＊ZZBCL DECYLDLZJL＝CSRK＊DECYCYRYZCL＊DECYCYXS DSCYLDLZJZ＝CSRK＊DSCYCYXS＊DSCYCYRYZCL NDSCYZC＝DSCYCZZCL＊(1-DSCYCZ/DSCYZDCZ)＊EXP(−8.76)＊(DSCYLLDL^(1.095))＊(CSDSCYZBCL^0.6766) DECYLDLXQ＝DECYLDL＊(1+SJDECYCZZCL-DECYLDSCLZCL) SJDECYCZZCL＝NDECYZCZ/(DECYCZ-NDECYZCZ) DSCYLDLXQ＝DSCYLLDL＊(1+SJDSCYCZZCL-DSCYLDSCLZCL) SJDSCYCZZCL＝NDSCYZC/(DSCYCZ-NDSCYZC) CSCYLDLXQZCXS＝CSCYLDLXQ/CQCSCYLDLXQ GNSCZZ＝DYCYCZ+CSSCZZ CSSCZZ＝DECYCZ+DSCYCZ NNYLDLZC＝NYLDLXS＊NCRK＊NYLDLZCSD
2. 人口系统主要方程	NNCRKZC＝NCRKCSL＊NCRK＊NCJHSYYXYZ NNCRKDJ＝NCRKSWL＊NCJKYXYZ＊NCRK+NYLDLTR＊NYLDLQYSD＊CSJYYZ＊CSCYLDLXQYZ＊CSYLSP NCRK＝NNCRKZC-NNCRKDJ NNYLDLZC＝NYLDLXS＊NCRK＊NYLDLZCSD NCSRKZC＝(1-CSRK/ZDRKCZL)＊(CSRKCSL＊CSRK＊CSJHSYYXYZ+CSCYLDLXQYZ＊NYLDLQYSD＊NYLDLTR＊CSJYYZ＊CSYLSP) NCSRKDJ＝CSRKSWL＊CSJKYXYZ＊CSRK CSRK＝NCSRKZC-NCSRKDJ CSHL＝CSRK＊100/(CSRK+NCRK) CSCYLDLXQZCXS＝CSCYLDLXQ/CQCSCYLDLXQ

子　系　统	主　要　方　程
3. 社会服务系统 主要方程	CSZXXJSS＝ JYYZ * (0.00705 * CSRK＋105.995) CSZXXWMXSYYJSS＝ (CSZXXJSS * 10000)/CSZXXXSS CSZXXSZZCXS＝ CSZXXWMXSYYJSS/CQCSJYSZSP CSZXXXSS＝ 0.027943 * CSRK＋1976.11 CSYSS＝ YLYZ * (0.010885 * CSRK－257.88) CSWRYYYSS＝ CSYSS * 10000/CSRK CSWEYYYSSZCXS＝ CSWRYYYSS/CQCSWRYYYSS

这样,初步构建的中国城镇化 SD 模型就可以包括经济发展、人口与社会、公共服务等三个面的集成。SD 模型系统的构成可以通过不断的参数校准和改进从而达到确保模拟精度的要求。

12.1.2　中国城镇化 SD 模型系统验证

中国城镇化 SD 模型验证采用了两种方法,模型的结构检验主要确定它是否准确地反映了现实状态,敏感性检验则是对模型运行过程中进行模型系统是否稳定的置信度评估。

1. 模型系统存流量检验

为了检验中国城镇化 SD 模型系统是否准确地反映了现实状态,采用真实数据和极端域值条件进行模型结构验证(Sterman,2000)。将参数输入模型进行仿真运行,所得结果(模拟)与实际值进行比较,从而确定模型行为模拟是否具有可靠性和准确性(徐毅等,2008)。由于中国城镇化 SD 模型系统较复杂,变量较多,本文主要对 1998—2013 年中国城镇化水平、总人口、1990 年价国内生产总值及分产业产值和分产业从业人员的模拟值和实际值进行相对误差检验,结果如表 12.3～表 12.5 所示。

表 12.3　模型历史性检验结果 1

年份	城镇化水平			总人口			国内生产总值(1990 年价)		
	模拟值	实际值	误差率 /%	模拟值 /万人	实际值 /万人	误差率 /%	模拟值 /亿元	实际值 /亿元	误差率 /%
1998	33.35	33.35	0.001	124 761	124 761	0.000	42 877.45	42 876.6	0.002
1999	34.78	34.37	1.191	125 786	125 692	0.075	46 144.64	46 608.1	1.004
2000	36.22	35.54	1.881	126 743	126 590	0.121	50 035.22	50 810.3	1.549
2001	37.66	36.89	2.033	127 627	127 446	0.142	54 188.31	55 518.5	2.455
2002	39.09	38.35	1.884	128 453	128 267	0.145	59 109.73	60 772.9	2.814
2003	40.53	39.82	1.744	129 227	129 065	0.125	65 035.70	66 618.6	2.434
2004	41.76	41.33	1.035	129 988	129 834	0.118	71 594.58	73 105.8	2.111
2005	42.99	42.83	0.370	130 756	130 579	0.135	79 691.95	80 290.3	0.751
2006	44.34	44.32	0.041	131 448	131 302	0.111	89 794.12	88 233.5	1.738
2007	45.89	45.80	0.205	132 129	132 004	0.095	102 511.1	97 002.8	5.373

续表

年份	城镇化水平			总人口			国内生产总值(1990 年价)		
	模拟值	实际值	误差率/%	模拟值/万人	实际值/万人	误差率/%	模拟值/亿元	实际值/亿元	误差率/%
2008	46.99	47.22	0.489	132 802	132 692	0.083	112 387.7	106 672	5.086
2009	48.34	48.59	0.507	133 450	133 368	0.061	122 743.4	117 321	4.418
2010	49.95	49.90	0.107	134 091	134 035	0.042	135 566.3	129 038	4.816
2011	51.27	51.15	0.230	134 735	134 694	0.030	148 173.9	141 917	4.223
2012	52.57	52.37	0.383	135 404	135 340	0.047	159 512.8	156 060	2.165
2013	53.70	53.55	0.283	136 072	135 976	0.071	171 749.3	171 577	0.100
平均误差率	—	—	0.774	—	—	0.088	—	—	2.565

表 12.4　模型历史性检验结果 2

年份	第一产业产值(1990 年价)			第二产业产值(1990 年价)			第三产业产值(1990 年价)		
	模拟值/亿元	实际值/亿元	误差率/%	模拟值/亿元	实际值/亿元	误差率/%	模拟值/亿元	实际值/亿元	误差率/%
1998	7527.545	7527	0.007	19 814.63	19 814.6	0.000	15 535.27	15 535	0.002
1999	7600.134	7947.74	4.574	21 114.43	21 377	1.244	17 430.08	17 283.3	0.842
2000	7536.823	8388.59	11.301	22 974.44	23 161.9	0.816	19 523.96	19 259.8	1.353
2001	7798.631	8849.73	13.478	24 467.49	25 185.5	2.935	21 922.18	21 483.3	2.002
2002	8123.301	9331.45	14.873	26 475.13	27 466.2	3.743	24 511.3	23 975.3	2.187
2003	8322.848	9834.12	18.158	29 896.24	30 024.5	0.428	26 816.61	26 760.3	0.210
2004	9588.764	10 358.2	8.024	33 094.84	32 881.8	0.644	28 910.97	29 865.8	3.303
2005	9661.073	10 904.1	12.866	37 747.17	36 063.6	4.460	32 283.7	33 322.6	3.218
2006	9979.227	11 472.4	14.963	43 054.94	39 596.4	8.033	36 759.95	37 164.7	1.101
2007	11 040.15	12 063.7	9.271	48 527.52	43 509.7	10.340	42 943.46	41 429.4	3.526
2008	12 060.97	12 678.6	5.121	53 324	47 835.2	10.293	47 002.76	46 158	1.797
2009	12 683.26	13 317.8	5.003	56 758.44	52 607.8	7.313	53 301.66	51 395.6	3.576
2010	13 685.72	13 981.9	2.164	63 267.86	57 864.8	8.540	58 612.76	57 191.1	2.426
2011	14 872.45	14 671.6	1.350	69 032.21	63 647	7.801	64 269.2	63 598	1.044
2012	16 082.28	15 387.8	4.318	72 210.78	69 998	3.064	71 219.71	70 673.7	0.767
2013	17 196.81	16 131.3	6.196	75 386.28	76 965.1	2.094	79 166.2	78 480.4	0.866
平均误差率	—	—	8.229	—	—	4.484	—	—	1.764

表 12.5　模型历史性检验结果 3

年份	农业劳动力投入			第二产业劳动力			第三产业劳动力		
	模拟值	实际值	误差率/%	模拟值	实际值	误差率/%	模拟值	实际值	误差率/%
1998	35 177	35 177	0.000	16 600	16 600	0.000	18 860	18 860	0.000
1999	35 768	34 466.4	3.639	16 421	16 922.8	3.056	19 205	19 335.1	0.677
2000	36 043	33 761.4	6.329	16 219	17 258	6.405	19 823	19 828.3	0.025

续表

年份	农业劳动力投入			第二产业劳动力			第三产业劳动力		
	模拟值	实际值	误差率/%	模拟值	实际值	误差率/%	模拟值	实际值	误差率/%
2001	36 399	33 064.1	9.161	16 234	17 607	8.459	20 165	20 342	0.879
2002	36 640	32 376.8	11.635	15 682	17 971.9	14.603	20 958	20 878.9	0.378
2003	36 204	31 701.1	12.438	15 927	18 353.6	15.236	21 605	21 440.6	0.759
2004	34 830	31 037.4	10.888	16 709	18 752.4	12.227	22 725	22 027.4	3.069
2005	33 442	30 386.4	9.137	17 766	19 168.7	7.896	23 439	22 640.1	3.409
2006	31 941	29 748.5	6.863	18 894	19 602.6	3.748	24 143	23 278.7	3.580
2007	30 731	29 123.8	5.230	20 186	20 054.2	0.653	24 404	23 943.2	1.888
2008	29 923	28 512.3	4.716	20 553	20 523.2	0.147	25 087	24 633.5	1.809
2009	28 890	27 913.8	3.381	21 080	21 009.4	0.336	25 857	25 348.9	1.966
2010	27 931	27 327.8	2.158	21 842	21 512.1	1.511	26 332	26 088.8	0.925
2011	26 594	26 753.9	0.601	22 544	22 031	2.276	27 282	26 852.4	1.575
2012	25 773	26 191.7	1.625	23 241	22 565.6	2.906	27 690	27 639.1	0.184
2013	24 171	25 640.8	6.081	23 170	23 115.5	0.235	29 636	28 448.4	4.007
平均误差率	—	—	5.868	—	—	4.981	—	—	1.571

从表 12.3～表 12.5 看,1998—2013 年间中国城镇化 SD 模型模拟的数据与主要指标实际的相对平均误差均未超过 10%,模型的模拟值与实际值拟合较好,因此可以认为中国城镇化 SD 模型系统具有可靠性、准确性和强壮性。将中国城镇化实际数据和模型模拟数据画成线状图直观对照(图 12.4),可见建构的中国城镇化 SD 模型的模拟结果是有效的,可以进行实际仿真操作。

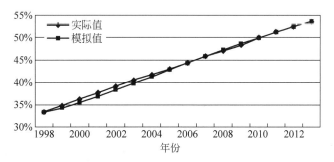

图 12.4　中国城镇化系统动力模型模拟值与实际值比较(1998—2013)

2. 模型系统灵敏度分析

灵敏度分析是指通过改变模型中的参数和结构,运行模型,比较模型的输出,从而确定其影响程度(贾仁安等,2002)。一个稳定性、强壮性良好的模型对大多数参数的变化应是不灵敏的,进行模型灵敏度分析主要在于检验模型对大多数参数变化的灵敏性,并为后续优化方案设计奠定基础(张雪花等,2008)。灵敏度分析模型采用如下:

$$S_Q = \left| \frac{\Delta Q_{(t)}}{Q_{(t)}} \cdot \frac{X_{(t)}}{\Delta X_{(t)}} \right| \tag{1}$$

$$S = \frac{1}{n} \sum_{i=1}^{n} S_Q \tag{2}$$

式中，t 为时间；$Q_{(t)}$ 为状态 Q 在时刻 t 的值；$X_{(t)}$ 为参数 X 在 t 时刻的值；S_Q 为状态变量 Q 对参数 X 的敏感度；$\Delta Q_{(t)}$、$\Delta X_{(t)}$ 分别为状态变量 Q 和参数 X 在 t 时刻的增长量；n 为状态变量参数；S_Q 为 Q_i 的灵敏度；S 为参数 X 的平均灵敏度。

中国城镇化 SD 模型的敏感性检验，分别从人口子系统、产业子系统、劳动力子系统、劳动生产率水平、教育卫生健康子系统、资源环境容量、积累率等选取 22 个变量，检验城镇化水平变化对 22 个参数变化的灵敏度值。22 个变量分别为农村人口出生率、城市人口出生率、农村计划生育影响因子、城市计划生育影响因子、教育因子、医疗因子、农村健康影响因子、城市健康影响因子、第一产业产值增长率、第二产业产值增长率、第三产业产值增长率、第一产业劳动力增长率、第二产业劳动力增长率、第三产业劳动力增长率、农业劳动生产率增长率、第二产业劳动生产率增长率、第三产业劳动生产率增长率、城市人口最大承载量、第一产业最大产值、第二产业最大产值、第三产业最大产值、积累率。检验方法为：1998—2050 年每个参数逐年增加或减少 10%，考查 22 个变量对城镇化水平的影响（裴同英等，2010；薛冰等，2011）。依据式(1)，每个状态变量可以得到 2 个针对城镇化水平变化的灵敏度值，共 44 个灵敏度值的均值可代表城镇化水平对某一特定参数的灵敏度；利用式(2)计算出 22 个变量对某个特定参数的平均灵敏度，共可得到 44 个数值，结果如表 12.6 所示。

表 12.6　中国城镇化 SD 模型灵敏度分析结果

变量	增 10%灵敏度均值	减 10%灵敏度均值	变量	增 10%灵敏度均值	减 10%灵敏度均值
农村人口出生率	11.49	10.98	城市人口出生率	3.78	3.83
农村计划生育影响因子	11.49	10.98	城市计划生育影响因子	3.78	3.83
教育因子	23.68	5.99	医疗因子	6.1	7.93
农村健康影响因子	3.95	4.01	城市健康影响因子	1.94	1.95
第一产业产值增长率	0.004	0.004	第二产业产值增长率	0.86	0.87
第三产业产值增长率	1.36	1.38	第一产业劳动力增长率	8.35	8.07
第二产业劳动力增长率	0.35	0.36	第三产业劳动力增长率	0.59	0.62
农业劳动生产率增长率	25.58	27.37	第二产业劳动生产率增长率	0.66	0.67
第三产业劳动生产率增长率	0.97	0.96	城市人口最大承载量	2.57	3.11
第一产业最大产值	0	0	第二产业最大产值	0.01	0.01
第三产业最大产值	0.01	0.02	积累率	0.34	0.34

由表 12.6 可见，除农村人口出生率、农村计划生育影响因子、教育因子和农业劳动生产率增长率的灵敏度较高外，其余参数的灵敏度均低于 10%，这说明构建的中国城镇化 SD 模型系统对于大多数参数的变化是不敏感的。上述几个灵敏度较高的参数，既是对系统影响

较大的关键因素,同时也是今后影响中国城镇化的主要动力。从各要素的灵敏度的大小也可以看出各要素对城镇化进程作用的大小程度依次为农业劳动生产率、教育因子、农村计划生育影响因子和农村人口出生率。

通过以上系统存量检验和灵敏度分析,可以判定:中国城镇化 SD 模型具有良好的稳定性和强壮性,能够用于对实际系统的模拟预测。

12.2　中国城镇化 SD 模型模拟

12.2.1　数据及其来源

改革开放以来,中国社会经济得到快速发展,1978 年全国 GDP 为 3645.2 亿元,2015 年增长到 67.67 万亿元,人均 GDP 也由 1978 年的 381 元增长为 2015 年的 5.2 万元。与此同时,中国城镇化进程也由改革开放初期 1978 年的 17.92% 增加到 2015 年的近 56.10%,尤其是近些年城镇化水平以年均近 1.0% 的速度增长,中国已经进入快速城镇化发展阶段。本文数据取于《新中国六十年统计资料汇编》《全国各省、自治区、直辖市历史统计资料汇编》及历年《中国统计年鉴》《中国城市统计年鉴》《中国县(市)社会经济统计年鉴》《中国固定资产投资统计年鉴》等。城镇化水平预测的研究区以中国大陆国土疆域为界,这主要由于港澳台地区数据获取较为困难,故未将其列入进行模拟研究。

12.2.2　数据特征与类型

在中国社会经济处于转型时期,影响中国城镇化动力机制的因素不仅涉及人口和劳动力,还涉及经济规模、发展水平,以及相关的资本、资源、教育、卫生等,因而选取的数据分为人口数据、经济数据、社会发展数据等。由于社会经济系统具有复杂的非线性特征,社会经济的数据在时间序列上也多是非线性、非平稳的数据,就本文所需要分析的中国城镇化及相关数据属性来看也是属于非线性的数据。

12.2.3　模型系统参数设置

本次模拟选取 1998—2012 年数据,采用以下方法确定模型系统参数:①利用历史统计资料作算术平均的有:城市人口出生率(0.0111)、农村人口出生率(0.014)、城市人口死亡率(0.0052)、农村人口死亡率(0.006)、农业劳动力系数(0.436)、第二产业从业系数(0.333)、第三产业从业系数(0.4137)、资本积累率(0.49)、第一产业产值增长率(0.0552)、第二产业产值增长率(0.094)、第三产业产值增长率(0.117)、农业劳动力增长速度(-0.0196)、第二产业从业人员增长率(0.0233)、第三产业从业人员增长率(0.0276)等;②采用发展趋势法进行推算的有:农村计划生育影响因子(1.15)、城市计划生育影响因子(1.05)、农村健康影响因子(0.95)、城市健康影响因子(0.92)、医疗因子(0.98)等;③采用表函数确定参数的有:城市产业劳动力需求因子、城市教育水平因子、城市医疗水平因子;④采用回归法确定参数的有：城市医生人数、城市中小学教师数、城市中小学学生数等；⑤采用 CD 函数确定参数的有：第一(二、三)产业资本和劳动力弹性系数；⑥采用 GM(1,1)模型修正的参数有：耕地面积。

1. GDP 增长率

诺贝尔经济学奖得主罗伯特·福格尔(Robert William Fogel)2010 年在德国《法兰克福评论报》以"亚洲经济中心：对中国的预测"为题发表文章，预测 2030 年中国人均 GDP 将达到 85 000 美元,到 2040 年中国经济总量将达到 123 万亿美元。中国专家认为这一预测过于乐观,需要几乎每年 10% 的 GDP 增长率,还要再加上人民币汇率升值。2015 年以来,中国经济进入转型发展的"新常态",GDP 下行趋势也已经出现,预计 GDP 年增长率今后将不会超过 8%。本次模拟 GDP 年增长率采用 7.5%、7% 和 6.5%,则相应的将第一、二、三产业产值增长率也调整为 7.5%、7% 和 6.5%。

2. 计划生育政策

2007 年中国人口发展战略研究课题组《国家人口发展战略研究报告》预测："总人口将于 2020 年达到 14.5 亿人,2033 年前后达到峰值 15 亿人左右"。但近年来随着原有的独生子女政策所带来的劳动力短缺,人口老龄化等问题也日益突出,因此现有的计划生育政策已经开始调整。本文利用 1998 年以来历年《中国人口统计年鉴》和《中国人口和就业统计年鉴》中抽样调查数据,以及 2000 年第五次人口普查数据,得到 1998—2013 年城市和农村育龄妇女分孩次的出生数,以及 1 孩、2 孩和 3 孩及以上数据。考虑到 1998 年以来中国一直执行的独生子女政策,如果实行 2 孩和 1.5 孩政策将会对城市和农村计划生育影响因子的作用发生变化,得到 2 孩政策和 1.5 孩政策对计划生育影响因子的影响作用公式(3)和公式(4)。据此,计算出中国计划生育政策对城镇化的影响系数如表 12.7 所示。

2 孩政策对计划生育影响因子的作用 ＝ 1＋(1 孩数－2 孩数)/1 孩数　　　(3)

1.5 孩政策计划生育影响因子的作用 ＝ 1＋(1 孩数 /2－2 孩数)/1 孩数　　　(4)

表 12.7　中国计划生育政策对城镇化影响系数(1998—2013 年)

年份	城市地区		乡村地区	
	2 孩政策	1.5 孩政策	2 孩政策	1.5 孩政策
1998	1.84	1.34	1.54	1.04
1999	1.86	1.36	1.48	0.98
2000	1.84	1.34	1.50	1.00
2001	1.88	1.38	1.47	0.97
2002	1.86	1.36	1.45	0.95
2003	1.87	1.37	1.47	0.97
2004	1.85	1.35	1.46	0.96
2005	1.75	1.25	1.33	0.83
2006	1.80	1.30	1.42	0.92
2007	1.83	1.33	1.41	0.91

续表

年份	城市地区		乡村地区	
	2 孩政策	1.5 孩政策	2 孩政策	1.5 孩政策
2008	1.83	1.33	1.44	0.94
2009	1.82	1.32	1.44	0.94
2010	1.72	1.22	1.36	0.86
2011	1.77	1.27	1.45	0.95
2012	1.75	1.25	1.42	0.92
2013	1.69	1.19	1.42	0.92
平均值	1.81	1.31	1.44	0.94

　　通过上式得到 1998—2013 年历年的城市和农村在 2 孩政策和 1.5 孩政策下的计划生育政策对中国城镇化的影响作用,可以看出,在城市地区,2 孩政策的影响因子平均为 1.81,1.5 孩政策的影响因子平均为 1.31;在乡村地区,2 孩政策的影响因子平均为 1.44,1.5 孩政策的影响因子平均为 0.94。因此,可以认为:从"一对夫妇生一个孩子"的计划生育政策调整为 1.5 孩,对中国城镇化的影响不大,当上升到 2.0 孩时将会产生较大的影响。

12.2.4　情景模拟

　　中国城镇化 SD 模型采用 Ventana Systems,Inc.（Harvard,MA,USA）功能齐全的系统动力学软件包 Vensim1 PLE 进行仿真模拟。所选的单位时限是 1 年,进行为期 35 年的系统模拟运行,为中期预测,具有比较高的准确度。模拟以 2013 年为起始年份,则相关状态变量的起始值为 2013 相应值,运用现有中国城镇化系统动力模型对不同人口政策和 GDP 增长趋势条件下 2013—2050 年中国城镇化进行情景模拟（图 12.5）,进而分析不同政策条件下 2013—2050 年间中国城镇化水平的变化趋势,从而找出不同政策对中国城镇化进程的影响程度,为国家宏观决策提供科学支撑。

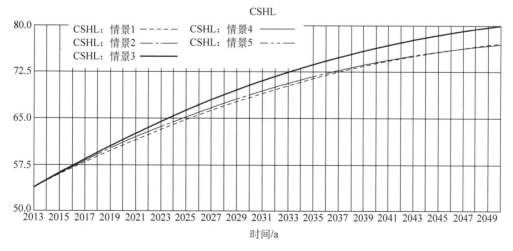

图 12.5　不同情景下的中国城镇化水平（2013—2050 年）

1. 情景 1——GDP 增长 7.5% 和 1 孩计划生育政策

假设现有 1 孩的计划生育政策不变,GDP 增长率为 7.5%,则现有的农村和城市的计划生育影响因子不变,第一(二、三)产业 GDP 增长率为 7.5%,进行 2013—2050 年中国城镇化进程的情景预测。从图 12.5 和表 12.8 可见,在 GDP 增长 7.5% 和 1 孩计划生育政策下,2035 年以后中国城镇化率将达到 70% 以上,到 2050 年中国城镇化率将达到 77.0765%。

表 12.8   中国主要年份不同情景城镇化水平预测值(2015—2050 年)

方案	情景	2015	2020	2025	2030	2035	2040	2045	2050
1	GDP 增长 7.5%,1 孩政策	55.8625	60.613	64.7493	68.3447	71.4142	73.8208	75.6662	77.0765
2	GDP 增长 6.5%,2 孩政策	55.9801	60.9495	65.1845	68.7679	71.7729	74.0341	75.6839	76.8673
3	GDP 增长 7.0%,1.5 孩政策	56.121	61.4804	66.1899	70.3022	73.6693	76.2679	78.2901	79.8624
4	GDP 增长 6.5%,1.5 孩政策	56.1207	61.4798	66.1885	70.3008	73.668	76.2667	78.289	79.8614
5	GDP 增长 6.5%,1 孩政策	55.8621	60.6123	64.7469	68.3423	71.4119	73.8186	75.6641	77.0745
6	GDP 增长 7.5%,1.5 孩政策	56.121	61.4806	66.1908	70.3032	73.6701	76.2687	78.2909	79.8631
7	GDP 增长 7.5%,2 孩政策	55.9804	60.9503	65.1866	68.7699	71.7749	74.0361	75.6858	76.869
8	GDP 增长 7.0%,1 孩政策	55.8625	60.6128	64.7483	68.3437	71.4132	73.8199	75.6653	77.0757
9	GDP 增长 7.0%,2 孩政策	55.9804	60.9501	65.1858	68.7691	71.7741	74.0352	75.685	76.8683

2. 情景 2——GDP 增长 6.5% 和 2 孩计划生育政策

假设实行 2 孩的计划生育政策,GDP 增长率为 6.5%,则对现有的农村和城市的计划生育影响因子的作用程度分别提升 1.44 和 1.81 倍,第一(二、三)产业 GDP 增长率为 6.5%,进行 2013—2050 年中国城镇化进程的情景预测。从图 12.5 可见,在 GDP 增长 6.5% 和 2 孩计划生育政策下,2035 年以后中国城镇化率将达到 70% 以上,到 2050 年中国城镇化率将达到 76.8673%。

3. 情景 3——GDP 增长 7.0% 和 1.5 孩家庭

假设实行 1.5 孩的计划生育政策,GDP 增长率为 7%,则对现有的农村计划生育影响因子作用程度不变,而对城市的计划生育影响因子的作用程度提升 1.31 倍,第一(二、三)产业 GDP 增长率为 7.0%,进行 2013—2050 年中国城镇化进程的情景预测。从图 12.5 可见,在 GDP 增长 7.0% 和 1.5 孩计划生育政策下,2030 年以后中国城镇化率将达到 70% 以上,到

2050 年中国城镇化率将达到 79.8624%。

4. 情景 4——GDP 增长 6.5% 和 1.5 孩家庭

假设实行 1.5 孩的计划生育政策,GDP 增长率为 6.5%,则对现有的农村计划生育影响因子作用程度不变,而对城市的计划生育影响因子的作用程度提升 1.31 倍,第一(二、三)产业 GDP 增长率为 6.5%,进行 2013—2050 年中国城镇化进程的情景预测。从图 12.5 可见,在 GDP 增长 6.5% 和 1.5 孩计划生育政策下,2030 年以后中国城镇化率将达到 70% 以上,到 2050 年中国城镇化率将达到 79.8614%。

5. 情景 5——GDP 增长 6.5% 和 1 孩家庭

假设继续实行 1 孩的计划生育政策,GDP 增长率为 6.5%,则对现有的农村(城市)计划生育影响因子作用程度不变,第一(二、三)产业 GDP 增长率为 6.5%,进行 2013—2050 年中国城镇化进程的情景预测。从图 12.5 可见,在 GDP 增长 6.5% 和 1 孩计划生育政策下,2035 年以后中国城镇化率将达到 70% 以上,到 2050 年中国城镇化率将达到 77.0745%。

12.2.5　模拟结果

除了上述 5 种情景外,也对未来不太可能出现的 4 种情景进行了系统模拟,中国主要年份不同情景城镇化水平预测值(2015—2050)如表 12.8 所示。从 2013—2050 年不同计划生育人口政策和 GDP 增长率的假设条件看,中国城镇化水平,到 2035 年将达到 70% 以上,到 2050 年将达到 75% 甚至以上。从计划生育人口政策和 GDP 增长率对中国城镇化作用程度来看,显然计划生育人口政策对中国城镇化影响大于 GDP 的影响。从不同计划生育人口政策对中国城镇化的影响程度看,1.5 孩政策对中国城镇化作用程度更显著,其次为现有的 1 孩政策,反而 2 孩政策对中国城镇化影响相对较小。

第 13 章　基于碳排放清单的低碳城市总体规划案例①

本章导读

2030 年哈尔滨 GDP 总量将达到 15 000 亿元,人均 GDP 超过 20 000 美元。在此 GDP 目标下,根据中国政府的减排承诺,哈尔滨碳排放强度须从 2009 年的 0.242kg/美元减少到 2030 年的 0.126kg/美元(美国目前的水平),哈尔滨城市总体规划 2030 方案将发挥非常重要的影响。本章介绍哈尔滨低碳导向总体规划调整的思路,基于哈尔滨市 2030 年城市碳排放结构的调整规划,进行城市总体规划用地调整,借此编制出低碳导向的总体规划调整方案,既达成 2030 年 GDP 总量目标,又满足二氧化碳排放强度的要求。

13.1　哈尔滨 2030 年预规划方案及碳排放量估算

13.1.1　哈尔滨 2030 年预规划方案

哈尔滨市作为黑龙江省省会城市,在加快推进工业化和城市化进程中,必须把发展和环境保护结合起来,坚持经济、社会、资源、环境和人与自然的和谐、可持续发展,建设成为黑龙江省高效、低碳、生态产业示范区。2011 年国务院批准《哈尔滨城市总体规划(2020)》后,哈尔滨城市规划设计研究院以构建低碳生态城市、全面实现小康社会为目标,实施"北跃、南拓、中兴、强县"的城市发展战略,按照创建"北国水城、工业大城、科技新城、文化名城、商贸都城"现代大都市的构想,立足于把哈尔滨建设成为功能完备、形象优美、交通顺畅、可持续发展的低碳生态城市和东北亚区域性中心城市,成为能够举办各类国际性冬季运动会的城市和独具魅力的国际名城,于 2011 年编制完成了哈尔滨 2030 预规划方案(图 13.1)。

13.1.2　2030 年预规划方案的碳排放量估算

对哈尔滨市总体规划 2030 年预规划方案进行碳排放量估算,主要从工业、建筑、交通三大领域的碳排放量和植被的碳汇量来计算。

---

① 顾朝林,刘宛,郭婧,等,2012.哈尔滨 2030 预规划低碳导向方案调整研究[J].城市规划学刊,第 4 期(总第 202 期):36-43.

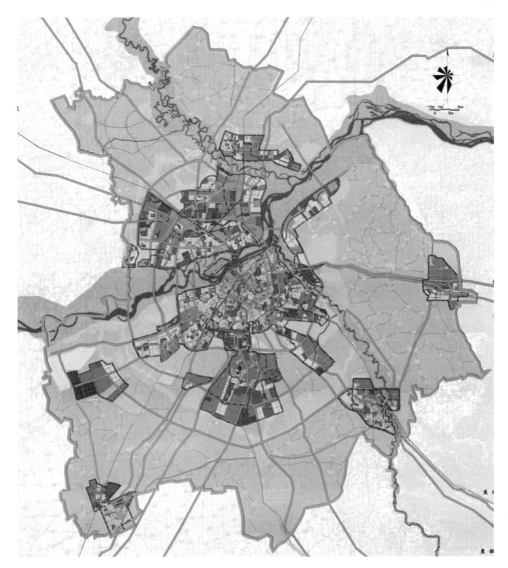

图 13.1　哈尔滨城市预规划方案(2030)(有彩图)

资料来源：哈尔滨城市规划设计研究院

(1) 工业领域。碳排放主要来源于一次能源(化石燃料和天然气等)的直接排放和二次能源(电力)的间接排放。根据 2009 年的工业领域碳排放数据，以及 2009—2030 年间工业用地规模扩大了约 260%，估算得到 2030 年工业领域的年碳排放量为 16 678 万 t(表 13.1)。

表 13.1　哈尔滨市工业领域碳排放总量计算

年份	工业用地规模/hm²	工业领域碳排放量/万 t
2009	6071	4611
2030	21 959	16 678

(2) 建筑领域。碳排放包括建筑的建设碳排放和使用碳排放。假定未来哈尔滨市的建筑采取框架结构,单位建筑面积处于施工阶段的碳排放量可取值为 $27.4 kg/m^2$;使用碳排放主要来源于一次能源(化石燃料和天然气等)的直接排放和二次能源(电力与供热)的间接排放,现状计算可通过统计数据间接计算得到,而对建筑使用碳排放估算的方法研究很少涉及高纬度地区的建筑,因此估算时依据本地的现有规律。本次计算通过哈尔滨 2009 年的现状数据得到经验值,即每公顷居住用地的碳排放量约为 516 万 t,每公顷行政商贸用地的碳排放量约为 1338 万 t。对哈尔滨市的居住建筑和行政商贸建筑的碳排放分别进行估算,得到 2030 年建筑的总碳排放量为 3831 万 t(表 13.2)。

表 13.2 哈尔滨市建筑领域碳排放总量计算

年份	居住用地规模/hm^2	居住建筑建设碳排放/万 t	居住建筑使用碳排放/万 t	行政商贸用地规模/hm^2	行政商贸建筑建设碳排放/万 t	行政商贸建筑使用碳排放/万 t	总碳排放量/万 t
2009	9220	—	476	4484	—	600	1076
2030	29 031	20.4	1499	17 076	27.1	2285	3831

(3) 交通领域。碳排放主要来源于机动车消耗能源带来的直接排放。2010 年哈尔滨市有 65.24 万辆机动车,较 2008 年增加 12.7 万辆,得到哈尔滨市年机动车保有量平均增长率约为 9.72%,由此估算得到 2030 年机动车数量约为 90.6 万辆。与此同时,根据 2030 年的方案各组团职住平衡情况,对每个组团的职住不平衡程度进行量化,将各组团的量化结果进行平均,可认为由于职住不平衡带来的交通碳排放增长系数为 1.51,估算得到 2030 年交通领域碳排放量 1386 万 t(表 13.3)。

表 13.3 哈尔滨市交通领域碳排放总量计算

年份	机动车保有量/万辆	职住不平衡增长系数	交通领域碳排放量/万 t
2009	58.54	1	661
2030	90.60	1.51	1386

(4) 植被碳汇。植被碳汇主要来源于林地和草地的碳汇。根据林地、草地不同的碳汇能力,计算碳汇变化量。根据 IPCC 的建议,林地碳汇的计算采用公式:林业固碳量=林地斑块面积×干物质量×干物质含碳量。对于林地,干物质量取 $4.0 t/hm^2$,干物质含碳量取 IPCC 的推荐值 4.7;对于草地,参考管东生、陈玉娟等计算的平均城市绿地植物的年净储碳量,取 $4.8 t/hm^2$ 来估算哈尔滨市绿地的净储碳量(表 13.4)。

表 13.4 哈尔滨市植被碳汇总量计算(2030 年)

林地规模/hm^2	林地碳汇总量/万 t	草地规模/hm^2	草地碳汇总量/万 t	累计碳汇总量/万 t
8260	57	18 933	33	90

对工业、建筑、交通、碳汇四大领域碳排放量进行汇总,得到哈尔滨 2030 年预规划方案碳排放总量约 21 895 万 t,其中,工业碳排放 16 678 万 t,占碳排放总量的 76%;建筑碳排放 3831 万 t,占碳排放总量的 18%;交通碳排放 1386 万 t,占碳排放总量的 6%;森林碳汇 90 万 t,仅占碳排放量 0.4%(表 13.5)。

表 13.5　哈尔滨 2030 年预规划方案碳排放估算汇总表

领域		用地规模/hm²	(年碳排放量/碳汇量)/万 t	占比/%
工业		21 959	16 678	76
建筑	小计	46 107	3831	18
	居住建筑	29 031	1519	—
	行政商贸建筑	17 076	2312	—
交通		—	1386	6
合计		—	21 895	100
碳汇		27 193	−90	
碳排放与碳汇平衡		—	21 805	

13.2　低碳导向方案的指标体系设计

哈尔滨低碳导向城市总体规划方案指标体系的设计本着推进以节约能源、推广应用新型能源和降低二氧化碳排放强度为主要标志的低碳发展模式,以低碳社会建设为蓝图,建设"低碳哈尔滨",实现哈尔滨市经济、社会、文化的可持续发展。

13.2.1　基于 GDP 目标和减排目标碳排放总量测算

根据哈尔滨市政府 2010 年 8 月 27 日召开的哈尔滨市政府常务会发布的信息:"十二五"期间,GDP 总量由 3700 亿元增加到 7400 亿元,年均增长 14.5% 以上;人均 GDP 由 5400 美元增加到 10 000 美元左右。预测哈尔滨 2030 年 GDP 均增长保持在 7%,GDP 总量将实现再翻一番的目标达到 15 000 亿(折合 2300 亿美元),人均 GDP 超过 20 000 美元。按照胡锦涛出席联合国气候变化峰会的承诺,"力争 2020 年二氧化碳排放强度将在 2005 年基础上降低 40%~45%",哈尔滨碳排放强度应从 2009 年的 0.242kg/美元减少到 2030 年的 0.126kg/美元(美国目前的水平)。综合分析,到 2030 年哈尔滨二氧化碳排放总量应控制在 2898 万 t,约为 2009 年的 38.95%(表 13.6)。而经核算,哈尔滨 2030 年预规划方案碳排放总量约 21 895 万 t,是碳排放目标量的 7.55 倍。

表 13.6 哈尔滨市二氧化碳排放目标规划(2030 年)

联合国气候变化框架公约部门		分类别排放	2009		2030	
			碳排放量/万 t	碳排放量总计/万 t	碳排放量/万 t	碳排放量总计/万 t
能源	静止排放源	产业	4437	5142	1500	2000
		能源工业	229		200	
		居民生活	476		300	
	移动排放源	道路运输	613	661	300	4000
		空运	48		100	
	逃逸排放	煤炭开采	60	60	20	20
工业生产过程		采掘工业	238	584	100	205
		化学工业	4		5	
		金属工业	342		100	
农业		种植业	18	70	15	65
		畜牧业	52		50	
废弃物		固体废弃物处置	167	1162	200	500
		工业废水处理	995		300	
土地利用,土地利用变化和林业		林业碳汇	−5	−239		−292
		城镇绿地碳汇	−7			
		经济作物碳汇	−227			
总计			—	7440		2898

13.2.2 2030 年分部门碳排放量结构规划

要实现 2030 年 GDP 总量和二氧化碳排放强度目标,在未来 18 年内,需要实现全领域的减排,同时大幅增加碳汇才有望基本满足。可以采取的主要措施包括:加强节能、提高能效,在煤炭开采、采掘、化工、金属等部门的工业生产过程大力发展高新技术,减排 65% 左右;工业废水处理采用先进技术减排 65% 左右;公路运输采用清洁能源汽车减排 50%;改变居民生活方式和实行绿色建筑标准减排 25%;大力发展可再生能源和核能,争取到 2020年非化石能源占一次能源消费比重达到 15% 左右,能源工业碳排放量维持现状水平。大力发展绿色经济,积极发展低碳经济和循环经济,研发和推广气候友好技术,适应全球气候变暖,在农业部门有较大发展的前提下,碳排放总量基本保持现状水平;规划建设四大郊野公园和城市绿色覆盖工程,增加森林碳汇 22%;满足建设北美航线航空物流枢纽的需要,空运碳排放量增加一倍(表 13.7)。

13.2.3 低碳导向的城市规划指标体系

在城市总体规划层面,力求因地制宜,反映地方特色,定量和定性相结合,构建低碳导向的城市规划指标体系,目标层分为减碳和固碳两部分,由 7 个制约层和 16 个指标构成(表 13.8)。

表 13.7　哈尔滨市二氧化碳减排规划（2030 年）

联合国气候变化框架公约部门		分类别排放	2009		2030	
			碳排放量/万 t	碳排放量总计/万 t	碳排放量/万 t	碳排放量总计/万 t
能源	静止排放源	产业	4437	5142	1500	2000
		能源工业	229		200	
		居民生活	476		300	
	移动排放源	道路运输	613	661	300	4000
		空运	48		100	
	逃逸排放	煤炭开采	60	60	20	20
工业生产过程		采掘工业	238	584	100	205
		化学工业	4		5	
		金属工业	342		100	
农业		种植业	18	70	15	65
		畜牧业	52		50	
废弃物		固体废弃物处置	167	1162	200	500
		工业废水处理	995		300	
土地利用，土地利用变化和林业		林业碳汇	−5	−239		−292
		城镇绿地碳汇	−7			
		经济作物碳汇	−227			
总计			—	7440		2898

表 13.8　哈尔滨低碳导向规划评估指标体系

序号	目标层	制约层	指标层	单位	现状值(2008)	规划值(2020)	规划值(2030)
1	减碳	城镇空间	人口密度	人/km²	11 786	10 000	8000
2			居民工作平均通勤(单向)时间	min	40～50	30	30
3		产业发展	第三产业占 GDP 比重	%	48.8	55	75
4			工业固体废物综合利用率	%	79.5	95	100
5			产业碳排放强度	吨 CO_2/亿元	40 000	35 000	30 000
6		交通出行	公共交通分担率	%	29.5	45	50
7			步行分担率	%	42.5	20	20
8			轨道、BRT 系统占公共交通分担率	%	0	20	40
9		基础设施	城镇集中供热普及率	%	64	90	100
10			城镇生活垃圾无害化处理率	%	53	≥90	100
11			热电联产比例	%	31.8	70	85
12		能源利用	单位 GDP 能耗	吨标煤/万元	1.31	0.8	0.6
13			清洁能源比例	%	—	15	30
14		绿色建筑	新区建设绿色建筑达标率	%	—	50	70
15	固碳	生态环境	建成区绿化覆盖率	%	32.15	38	45
16			人均公园绿地面积	m²	8.1	12.6	18

13.3　低碳情景的总体规划方案研究

13.3.1　推进低碳城市空间发展战略

在城市总体规划中,通过源头控制、过程减排、末端处理达到系统性控制碳排放,构建低碳高效的产业系统、低碳循环的能源系统、低碳生态的碳汇系统、低碳可达的交通系统、低碳平衡的生活系统等五大城市低碳系统。以能源节约、新型能源推广应用和二氧化碳排放强度降低为主要目标,建设"低碳哈尔滨",实施"北跃、南拓、中兴"发展战略。在"北跃"规划区域,加快原生态万顷松江湿地和松花江至呼兰河区域的"两纵、四横、十八湖"的北国水城水系建设,创建科技创新城和高新技术产业园,形成教育、研发、孵化、服务外包和生物医药、新材料、绿色食品等主导产业;在"南拓"规划区域,建设集产业新城、文化新城、生态新城于一体的工业新城,重点发展航空、汽车及发动机、新材料、电子信息等产业;在中心城区,围绕"中兴",做好老城区的路网改造,建设现代交通体系,结合棚户区拆迁改造增加绿地碳汇建设。

13.3.2　拓展低碳型城市产业和职能

在"黑龙江省省会、我国东北北部中心城市、国家级历史文化名城、冰雪文化名城"的基础上,进一步拓展低碳城市功能。①北美航线空港物流中心。我国至北美航线均从哈尔滨上空经过,以太平国际机场为基础打造北美航空物流枢纽中心。②世界疗养中心。哈尔滨夏季温度宜人,是避暑、休闲、疗养的最佳选择。随着服务业的发展和配套设施的建设完善,以及"冰城夏都"影响力的不断提高,哈尔滨市将成为与同纬度的北海道、普罗旺斯等地齐名的世界疗养中心。③东北科技创新中心。2010 年 1 月哈尔滨市被科技部确定为国家创新型试点城市,将在以光机电一体化、电子信息等领域为重点的高新技术产业规模不断扩大。以重点高新技术企业为主要群体、以各具特色的孵化器和大学园区为支撑形成技术创新网络系统框架。④国家绿色食品中心。黑龙江省是国家主要的粮食产区,哈尔滨市依靠众多的绿色食品生产基地,在食品精深加工、物流转运、战略储备等方面具有极大地缘优势。规划通过产业引导和提升,抓住倡导绿色生态农业的发展机遇将绿色食品加工产业做大做强,打造国家级绿色食品中心。⑤冬奥会和世界园艺博览会的举办地。举办冬季奥林匹克运动会等国际性大型活动将是一个城市综合实力的体现,也是城市各类设施和功能快速发展建设的契机。哈尔滨市的未来城市建设将争取承办冬奥会、世界园艺博览会等大型国际性活动的机遇,以此提高城市知名度与综合实力。

13.3.3　降低中心城区人口密度

哈尔滨现状建成区面积 $557km^2$(2005),城市人口 472 万人,平均人口密度 8474 人/km^2。

其中最密的街道已经达到 50 000 人/km²,在城市建成区范围内人口密度都超过 10 000 人/km²,与国外城市相比,哈尔滨市已经是高密度人口的紧凑城市。在二环路围合区域以及二环路与松花江堤防之间的用地面积约 63km²,2010 年人口约 188 万人,平均人口密度 3 万人/km² (图 13.1)。从城市用地看,居住用地比例过大,高达 40.42%,而都市产业及商业预留地过少,公共空间和绿地比例过低只有 3.6%,远远低于国家 10% 的绿地下限标准,致使人口大量集聚,公共活动空间紧张。按照"增加公共绿地和广场等开敞空间,增加林荫路建设,增强公交发展力度;减少开发强度,减少人口密度,减少建筑密度"的"三增三减"原则,进行中心区城市人口密度调控。①近期(2012—2015 年):降低中心区开发强度,加快新区开发建设。加大棚改、企业改制力度,在开发、改造过程中,限制原地安置,以新区房屋补偿或货币补偿等方式鼓励市民向城市新区疏散。利用现有的工业用地发展都市工业经济,增加中心区人口就近就业;逐步搬迁道里和南岗中心区的大型批发市场,取缔空车配货等服务设施,优化中心区功能。突出松花江、马家沟等滨水景观带建设,重点加强城市小型公园绿地、广场建设。同时,加强林荫大道建设,实施中山路,东、西大直街,哈药路,新阳路,迎宾路等主干道绿化建设。②远期(2015—2030 年):以创建国家级园林城市为目标,合理配置中心区公园绿地。保证市民出行 500m 可达一处不小于 10 000m² 的公园,出行 3km 可达一处不小于 5hm² 以上的公园,人口密度控制在 2.3 万人/km²,人均公园绿地面积达到 5.0m²。

13.3.4　调整城镇体系规划方案

松花江、肇兰新河、运粮河、阿什河环抱形成哈尔滨一道天然屏障,既是哈尔滨绿化空间的外围控制带,又是生物多样性的主要源区,同时散布着哈尔滨重要的生态景观节点,是哈尔滨重要的生态安全屏障。围绕"强县"发展战略,以"富民强县"为核心和重点,以城乡一体化为目标,按交通引导发展进行城镇体系规划方案调整。以高速公路和产业发展轴为基础,在周围划定城市建设用地,允许增加建筑密度,通过"城镇—产业共生"轴的构建,按以下六条轴线组织区域经济和城镇发展(图 13.2),这六条轴线是:①重点发展轴。主要指"哈大齐牡"沿线"城镇—产业"共生轴,"京哈—哈绥"沿线"城镇—产业"共生轴。②次要发展轴。主要指"哈五"公路、铁路沿线"城镇—产业"共生轴,"同三"、"哈萝"公路及松花江沿线"城镇—产业"共生轴。

13.3.5　构筑紧凑多中心的空间结构

以低碳、生态城市理念为依据,塑造城市整体空间形态,采取组团式的城市空间布局模式,规划形成可持续发展的"一江、两城、九大组团"的主城区空间结构。构筑"一江、两河、三沟、四湖"的生态框架;构建"一主六副"城市公共中心;建设"五大产业基地"。建设集中紧凑、蓝绿廊道楔形相隔、人居环境优美、基础设施完备、低碳交通方式齐备、风貌特色突出的低碳生态型城区。在城市功能布局时,考虑职住平衡,尽量减少职住分离带来的交通碳

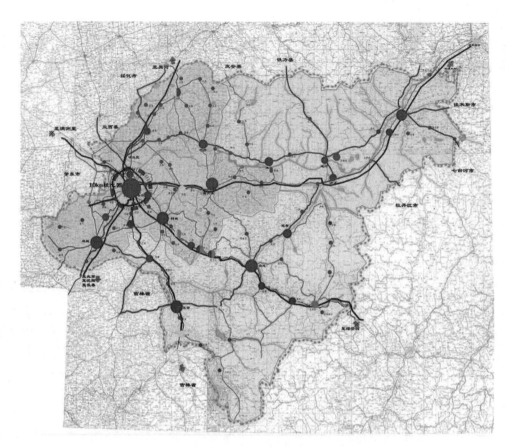

图 13.2 哈尔滨地区的交通引导城镇体系发展图(有彩图)
资料来源:哈尔滨城市规划设计研究院

排放;大型服务中心尽量均匀分布,避免公共服务中心出行距离过远。倡导"职住平衡"理念,将哈尔滨市 2030 年总体规划区划分为 13 个研究单元,尽可能地实现组团内就业与居住的平衡(图 13.3)。

13.3.6 构建低碳交通体系

规划低碳城市综合交通系统与土地利用模式相互配合(公交导向型开发模式,TOD),以高质量、高效率满足城市现代化发展和客货运输需求为宗旨,构筑一个与哈尔滨现代大都市发展相适应的快速、高效、安全、低碳的城市综合交通系统。

(1)快速公共交通系统。快速公交包括轨道交通和 BRT,联系各个城区核心地带。核心地带是城区的核心,安排公交枢纽和大型公共服务设施,并靠近城区绿心。到 2030 年建成越江交通方便快捷,强力推进轨道交通和 BRT 线路建设,快速公交出行比例达 25%,普通公共交通系统联系城区内各个组团中心,普通公交站点联系以公共服务设施为主的组团中心(图 13.4)。

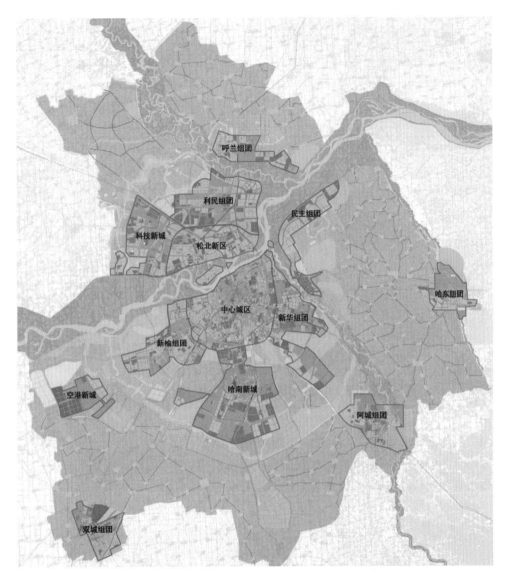

图 13.3　哈尔滨 2030 年总体规划区研究单元划分(有彩图)

(2)慢行交通系统。建设自行车专用道系统和自然保护区内慢行系统。从各城区核心地带和各组团中心出发,构建用于日常出行交通的慢行系统,延伸至组团内各个功能地块(图 13.5)。实现以步行、非机动车为主导,并与公共交通有效衔接的绿色交通方式结构。日常出行慢行系统:在各个城区内,建立服务于城区内部交通的自行车/步行系统,通过自行车停车管理、自行车租赁系统的完善,建立与快速公交站点和普通公交站点的衔接,从而延伸至各个功能区和城市社区。并通过慢行系统绿化环境的建设提升环境质量,吸引更多居民使用公共系统解决日常出行。为了整合城市资源,满足慢行者在自然环境下慢行并感受的要求,在城市中选择一些具有良好的自然景观和历史意义的景点将之串联起来,并配

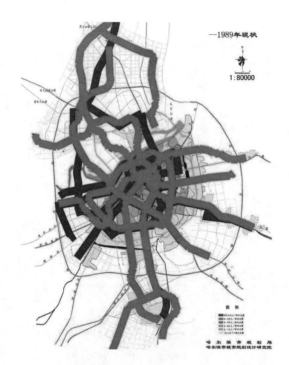

图 13.4 哈尔滨轨道交通线规划 500m 缓冲区分析图(有彩图)
资料来源:哈尔滨城市规划设计研究院

备相应的服务设施,打造出富有特色的健康生态的慢行网络。

(3)非机动交通系统。到 2030 年,哈尔滨至少有 50%的人骑自行车上下班。为此致力于改善自行车的行车条件,逐步建成覆盖整个市区的自行车道路网络,市区主要干道上都有明显的自行车道,市内设有很多免费自行车停车场,无缝衔接自行车与公共交通。借助城市水系、绿廊,联系城市内重要的景观点和各个层级的公园绿地,并衔接城市文化体育设施,构建联系全程的完整慢行系统(图 13.6)。

13.3.7 培植低碳城市产业体系及用地模式

从低碳经济入手,培育生态环境友好型的低碳产业体系,发展清洁、有效和尽可能低的温室气体排放的产业。

(1)动脉产业。①做强、做大第一产业。形成以自然资源开发、绿色食品基地为主的第一产业。积极调整农业和农村经济结构,延长农业产业链。②积极发展第二产业。规划对涉及电力、交通、建筑、冶金、化工、石化等高碳行业减排,按照低投入、低消耗、高效率、低排放、可循环和可持续的原则,实行循环经济和清洁生产。深化老工业基地改造与八大经济区建设。构筑以制造业为核心,医药、食品和旅游业为辅助的产业发展格局。加快哈尔滨市产业布局调整,促进城乡产业关联,近、郊区重点打造产业转移承载区、配套产业发展区、食品产业聚集区和都市农业休闲观光区,远郊重点打造农副产品和矿产品加工基地、北药

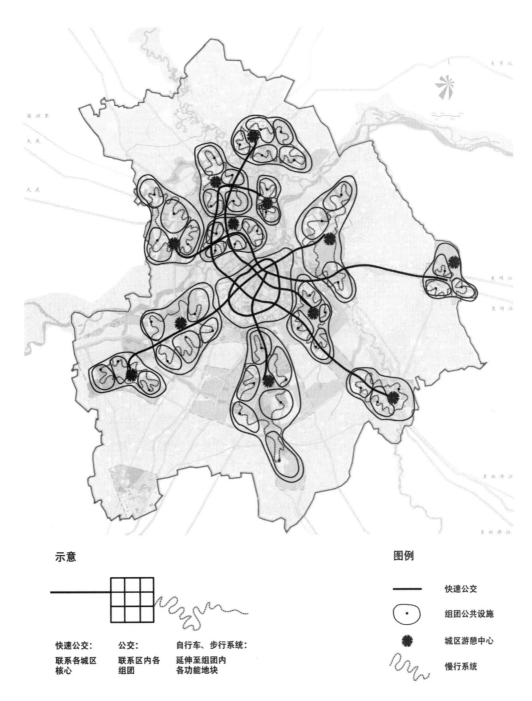

示意

图例

快速公交:
联系各城区
核心

公交:
联系区内各
组团

自行车、步行系统:
延伸至组团内
各功能地块

—— 快速公交

组团公共设施

城区游憩中心

慢行系统

图 13.5　哈尔滨慢行交通与快速公交体系衔接示意图(有彩图)

图 13.6　哈尔滨自行车专用道规划图(有彩图)

种植开发基地、绿色有机食品生产基地、生态旅游观光基地和煤化工基地。③加快发展第三产业。规划重点放在生态旅游度假业、交通仓储物流业、低碳生态房地产业。

(2) 静脉产业。建立废物资源化加工业体系,逐步形成东北地区强壮的静脉产业链。一是可再生能源体系建设,主要包括碳汇秸秆沼气化工程、垃圾和秸秆发电、太阳能利用、风能发电等。二是可再生废旧物质(如金属、玻璃、塑料、废纸)回收和垃圾无害化处理,最终生产有机肥料等。三是积极推进城乡生活垃圾集中处理和资源化利用,推行"收集—转运—集中处理—资源化"的城乡生活垃圾处理模式。

(3) 低碳产业园区。按照国家实施老工业基地调整改造的总体要求,重点发展装备制造业、绿色食品、制药、高新技术产业研发和对俄出口加工基地,积极调整石化,提升纺织、煤化、冶金、能源等传统工业,扶持新能源、新材料、精细化工和环保产业。把哈尔滨建设成为生态环境优美、产业特色鲜明的国家重要先进制造业基地。

13.3.8　健全低碳城市能源系统

(1) 建设清洁节能型城市。坚持开发与节约并举、节能与降耗并重的原则,优化产业结构和能源结构,创建多元化的能源供应体系,确保能源供应安全。2030 年全市清洁能源占终端能源消费总量的 40% 以上。

(2) 脱碳能源系统。根据各地地理环境、自然资源及气候条件,充分利用太阳能、地热能、水能、风能、生物质能,因地制宜地大力发展绿色清洁能源。坚持集中供热为主,多种方式互为补充,鼓励开发和利用地热、太阳能、核供热等可再生能源及清洁能源供热。大力引进大庆天然气等优质能源,主城区鼓励以天然气为能源,替代工业、热电联产采暖用煤。推进太阳能、风力发电等能源新技术产业化进程,鼓励利用垃圾、污泥进行发电和制气。利用木兰县地势开阔、风能资源丰富的条件,加快风电厂项目建设,实现哈尔滨市风力发电零的突破,新建设依兰、木兰、尚志、菁菁、五常农户、通河农户风力发电场和风力发电村。启动低温核供热的可行性研究工作,规划低温核供热厂初步选址在松花江下游呼兰河河口以东 10km。

13.3.9　完善城市绿地规划增加碳汇

自然生态系统组成了自然界的碳汇系统,其中森林、草地和湿地系统是我国城市碳汇的主体。哈尔滨市低碳城市建设一方面需要重视节能减排,另一方面也需要培育碳汇系统,增加碳汇总量。按照生态效益、经济效益、固碳效益配置郊野生态系统、城镇生态公园和道路林网系统,建设斑-廊-基景观生态安全格局。根据绿地生态效益、服务能力最优以及城市主导风频的关系,绿地系统规划构建形成"一心、两带、三环、三纵、十四园、七片、多核心"的绿地布局结构体系。

13.3.10　低碳情景的城市总体规划方案

按照哈尔滨城市总体规划 2030 年预规划方案(表 13.9),到 2030 年碳排放与碳汇平衡 21 805 万 t,是哈尔滨市二氧化碳减排规划(2030)2898 万 t 的 7.5 倍。因此,预规划方案必须做很大的调整才能满足国家提出的碳减排目标。按照美国 2002 年城市碳排放状况:电力生产(35%)、道路交通(29%)和工业(15%)为主要领域,居民生活和商业仅占 13%,哈尔滨市 2030 年城市碳排放结构调整为:工业(含电力生产)50%、道路交通 30%、居民生活和商业 20%(表 13.9)。

要实现 GDP 总量增加和碳减排目标需增加碳汇 6777.2 万 t,是现状碳汇的 75 倍。在 2030 年再造 75 倍的城市公园和郊野公园肯定是不现实的。因此,首先必须大力调整城市产业结构,工业部门的碳排放量比预规划方案减少 50%;其次,适当减少建筑碳排放量 149 万 t,增加交通部门碳排放量 123 万 t。大力发展碳汇,增加 2567 万 t 用于碳中和。具体的低碳规划用地调整见表 13.10。

对城市居住用地、行政商贸用地、工业用地、城市绿地等城市主要的碳排放/碳汇用地进行调整,得到低碳情景总体规划方案(图 13.7)。如表 13.11 可见,工业部门用地 13 070hm²,碳排放 1533 万 t,占总排放量 52%;建筑部门用地 42 868hm²,碳排放 822 万 t,占总排放量 28%;交通部门碳排放 587 万 t,占总排放量 20%。绿地碳汇 130 万 t。

表 13.9　哈尔滨市总体规划方案(2030 年)碳排放与碳汇量估算

领　域		2030 年预规划方案		2030 年碳排放/碳汇量			
		(年碳排放/碳汇量)/万 t	占比/%	占比/%	预规划方案/万 t	低碳规划方案/万 t	调整额/万 t
工业		16 678	76.0	50.0	8339	1449	−6890
建筑	小计	3831	17.6	30.0	1149	869.4	−279.6
	居住建筑	1519					
	行政商贸建筑	2312					
交通		1386	6.0	20.0	277.2	579.6	+302.4
合计		21 895	100.4				
碳汇		−90	−0.4				6777.2
碳排放与碳汇平衡		21 805	100.0	100.0	21 805	2898	2898

表 13.10　哈尔滨市低碳总体规划方案(2030 年)用地调整估算

	低碳规划方案目标值			分部门碳减排目标值/万 t	低碳规划方案实际调整/万 t	低碳规划方案实际调整额/万 t	折合用地/km²
	预规划方案/万 t	低碳规划方案/万 t	调整额/万 t				
1. 工业小计	8339	1449	−6890	2405	4000	−4339	57
(1) 工业部门				1500			
(2) 能源工业				200			
(3) 工业生产过程				205			
(4) 废弃物处置				500			
2. 建筑	1149	869	−280	600	1000	−149	18
(1) 居民生活				300			
(2) 公共建筑				300			
3. 交通	277.2	580	+300	400	400	+123	
(1) 公路运输				300			
(2) 空运				100			
4. 碳汇(林地)			6777.2	−592	−2567	+2567	64 000
5. 农业				65	65	—	
6. 碳排放与碳汇平衡	21 805	2898	2898	2898	2898		

表 13.11　哈尔滨市总体规划方案(2030 年)碳排放与碳汇量估算

领　域		用地规模/hm²	(年碳排放/碳汇量)/万 t	占比/%
工业		13 070	1533	52
建筑	小计	42 868	822	28
	居住建筑	27 480	352	—
	行政商贸建筑	15 388	470	—
交通		—	587	20
合计		—	2942	100
绿地碳汇		27 193	−130	
碳排放与碳汇平衡		—	2812	

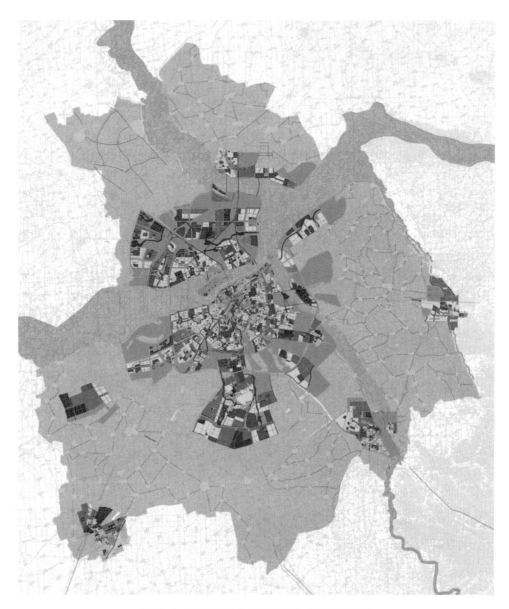

图 13.7　低碳情景的总体规划方案图(有彩图)

第 14 章　国土空间规划"双评价"案例

本章导读

资源环境承载能力和国土空间开发适宜性评价(以下简称"双评价")是国土空间规划编制的前提和基础,也是国土空间规划编制过程中的系列研究分析的重要组成部分。近年来,"双评价"已经在宏观的国家、省域层面取得较好研究成果及应用,如全国主体功能区规划、宁夏空间规划试点等。但在中观的地级市、县市层面,由于空间尺度的转换以及对评价成果应用需求更加精细和精准,这一层次的"双评价"方法还处在探索之中。自然资源部自 2019 年初开始进行省、市层面"双评价"试点,并在此基础上编制了《资源环境承载能力和国土空间开发适宜性评价技术指南(试行)》(以下简称《"双评价"指南》),经过不断修改和完善,截至目前相关《"双评价"指南》(2020—01—10)将正式发布。2019 年 5 月 10 日中共中央、国务院颁布《关于建立国土空间规划体系并监督实施的若干意见》(中发〔2019〕18 号),明确提出"在资源环境承载能力和国土空间开发适宜性评价的基础上科学有序统筹布局生态、农业、城镇等功能空间"。2019 年 11 月 1 日中共中央、国务院颁布《关于在国土空间规划中统筹划定落实三条控制线的指导意见》提出:"落实最严格的生态环境保护制度、耕地保护制度和节约用地制度,将三条控制线作为调整经济结构、规划产业发展、推进城镇化不可逾越的红线……科学划定落实三条控制线,做到不交叉、不重叠、不冲突。确保永久基本农田面积不减、质量提升、布局稳定。……城镇开发边界划定……框定总量,限定容量,防止城镇无序蔓延。科学预留一定比例的留白区,为未来发展留有开发空间。"本章以温州市"双评价"为例展开[①],《温州市资源环境承载能力和国土空间开发适宜性评价研究报告》结合温州实际和为国土空间规划编制服务,经过多次实地调研、数据补充、沟通研讨、评价校核和深化完善形成,并被纳入《"双评价"指南》(2020—01—10)附件 7 作为案例向全国推广。

14.1　评价技术路线和数据

14.1.1　技术路线

市县层面"双评价"研究,按照"要素简化,方法简单,结果有效,实用科学"的理念,在

---

①　本项目由清华大学建筑学院牵头,温州市自然资源和规划局、北京清城华信城市规划设计研究院、温州市城市规划设计研究院共同配合完成,项目组各合作团队之间也开展了多轮沟通研讨,特别是针对温州市资源环境约束趋紧的自身紧迫性进行探索和回应,共同为完善评价成果持续努力。温州市"双评价"工作开展以来,也得到自然资源部空间规划局相关领导的大力关心与支持,特别于 6 月 7 日在自然资源部专门听取了初步评价成果汇报,对评价工作提出的"做减法"总体技术思路,以及生态安全格局构建、农业生产和村落保护区划定、国土空间规划布局区精细化评价等技术创新点予以了充分肯定。与此同时,相关的评价工作过程也得到了温州市自然资源和规划局、农业农村局、生态环境局以及其他相关部门的大力支持和帮助。

《"双评价"指南》基础上进行理论框架创新,基于信息技术迭代,科学评价市县层面的城乡生态安全格局、城乡生态服务功能维护、可实施的农业和农村保护区发展、城乡建设空间安全性以及城乡建设用地使用综合效益(经济、社会和环境效益),且最终与规划决策者互动完成,力图使评价成果实用、科学和可操作,可以实现"在资源环境承载能力和国土空间开发适宜性评价的基础上科学有序统筹布局生态、农业、城镇等功能空间",能"将三条控制线作为调整经济结构、规划产业发展、推进城镇化不可逾越的红线,并确保永久基本农田面积不减、质量提升、布局稳定。……城镇开发边界划定……框定总量,限定容量,防止城镇无序蔓延。""双评价"研究的技术路线如图 14.1 所示。

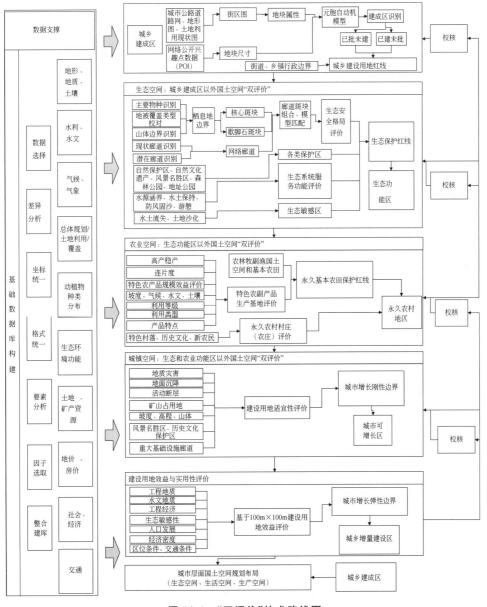

图 14.1　"双评价"技术路线图

14.1.2　数据获取

"双评价"基础数据的获取,全部来自政府部门,采用权威部门生产的遥感监测、普查调查统计、地面监测以及科学计算数据,以保证数据的权威性、准确性、时效性和可获取性(表 14.1)。数据时间一般以最新年度为准,图形数据一般为 GIS 软件支持的矢量数据;统计数据一般应为 Access 或 Excel 软件支持的表格数据。矢量数据坐标系为国家 2000 坐标系。

表 14.1　"双评价"数据类别表

数据分类	拟编制图	主要内容	比例尺	资料来源
A. 自然基础	1. 地质及地层断裂带图			地勘院
	2. 地貌类型图		1:10000DEM	市规划院、土地勘察院
	3. 地形(DEM)图	海拔高度	1:10000DEM	市规划院
		地形坡度	1:10000DEM	市规划院
	4. 地下水埋深图			地勘院
	5. 地基承载力图	岗地、弱地基区、软地基区		地勘院
	6. 活动积温	分测点的大于等于 10℃ 的日平均温度总和		市气象局
		年平均日照		市气象局
	7. 历史风雨涝灾图			市气象局
	8. 保护区分布图	自然保护区、国家公园、风景名胜区		建设局
	9. 历史地质灾害和地震灾害图	地面沉降、活动断层、矿山占用区、熔坍陷区、采空塌陷区		地勘院、地志办
	10. 蓄滞洪区	蓄滞洪区		水利局
		河道行洪区(河漫滩、一级阶地)		水利局
	11. 地震设防区分布图			地勘院
	12. 人民防空设施分布			公安局
B. 资源条件	13. 地质遗址分布图			
	14. 矿产资源分布图	主要矿产空间分布		
	15. 水资源量和空间分布图	近 30 年降水量		市气象局
		近 30 年蒸发量		市气象局
		过境水资源量		市水利局
		地下水资源量		地质勘测院
		水源地和取水口分布		建设局
	16. 水源涵养区			建设局、生态环境局

续表

数据分类	拟编制图	主要内容	比例尺	资料来源
B. 资源条件	17. 总用水量及其构成	近 30 年		水利局
	18. 主要污染河段分布图	劣 V 类以上水质断面（黑臭水体）及其分布图（COD、NH3-N、TN、TP）监测数据		生态环境局、水利局
	19. 水空间	湖泊、水库和沼泽、滩涂、滨水空间		
	20. 洪水位图	50 年、100 年一遇洪水位线图		水利局
	21. 土地资源图			
	22. 永久基本农田分布图			规划国土局
	23. 土地类型及其分布	优质耕地		
		天然牧草场		
		园地和经济林		
	24. 城镇建成区			规划院
	25. 特殊用地区			
	26. 不可利用土地	永久冰川、戈壁荒漠、盐碱地、裸地等		
	27. 区域交通网	高速铁路、高速公路、铁路、公路、管道		交通局
	28. 村镇建设区			规划院或卫星影像判读
	29. 城市地价图			国土规划局
	30. 城市房价图			国土规划局
	31. 土壤质量		中国 1：100万土壤数据库	全国土壤普查
	32. 土壤污染区分布图			生态环境局
	33. 林地类型及其分布	森林、灌丛、自然保护区、森林公园、城市公园		生态环境局
	34. 鸟类及其分布图			生态环境局
C. 社会经济条件	35. 历史文化保护区分布图			文化旅游集团
	总人口和人口增长率	近 30 年分县区		市统计局
	第六次人口普查	分街道、乡镇		市统计局
	城镇化水平	近 30 年分县区		市统计局
	GDP	近 30 年分县区		市统计局
	财政收入	近 30 年分县区		市统计局

续表

数据分类	拟编制图	主要内容	比例尺	资料来源
C. 社会经济条件	农业产值	近 30 年分县区		市统计局
	农业产值构成	2017，分街道、乡镇		市统计局
	工业产值	近 30 年分县区		市统计局
	工业产值构成	2017，分街道、乡镇		市统计局
	服务业产值	近 30 年分县区		市统计局
	服务业产值构成	2017，分街道、乡镇		市统计局
	36. 能源分布图	石油、天然气、煤炭、LNG 港口、变电站		
	37. 交通设施通道			
	38. 电力和通信设施通道			
D. 环境状况	大气环境	空气质量（SO_2、NO_x）分布图		生态环境局
	39. 大气污染源分布图			生态环境局
	40. 颗粒物浓度分布图	PM10、PM2.5		生态环境局
	空气质量二级以上天数（分县区数据）			
	固体废弃物	建筑垃圾、生活垃圾		生态环境局
E. 自然生态系统	41. 生态退化区	土地沙漠化、土地盐碱化、土地次生潜育化区		
	市地表覆盖及其类型		地理国情监测数据	市测绘院
	市土壤侵蚀和水土保持状况			农委、土勘院
	市防风固沙功能区			
F. 专业图	42. 省主体功能区规划图			省发改委
	43. 市生态保护红线			生态环境局
	省生态功能区划			省生态环境局
	省环境功能区划			省生态环境局
	44. 省林地现状图			省生态环境局
	45. 省草原现状图			省生态环境局
	46. 市湿地现状分布图			市规划院
	47. 市土地利用现状规划			市规划院
	48. 市耕地后备资源调查			市国土规划局

14.2　城镇建成区划定

建成区是指城市行政区范围内实际已经建设和经过征收用于建设的非农业生产建设地段,它包括市区集中连片的部分以及分散在近郊区与城市有着密切联系,具有基本完善的市政公用设施的城市建设用地(如机场、铁路编组站、污水处理厂、通信电台等)。以第三地土地调查成果为数据源,根据《第三次全国国土调查技术规程》用地分类,可以划定城镇建成区用地。

温州市现状城镇建成区总面积 610.55km²(表 14.2),中心城区范围内建成区面积占市域范围总建成区面积的 43.69%。生态空间指用于维护区域生态环境健康的空间区域,具有生态防护功能,能够对外提供生态产品和生态服务,生态空间面积 60.06km²,占总建成区9.84%;生活空间指人类日常生活活动所使用的空间区域,为人类的生活提供必要的空间条件,生活空间面积 254.60km²,占总建成区 41.7%;生产空间指人类从事生产活动的空间区域,对外提供特定的第一、二、三产业产品,生产空间面积 295.89km²,占总建成区 48.46%(图 14.2)。

表 14.2　温州各区县城镇建成区用地规模

县市区		城镇建成区用地面积/km²	占比/%
中心城区	龙湾区	112.15	18.37
	鹿城区	67.45	11.05
	瓯海区	76.75	12.57
	洞头区	10.42	1.71
	合计	266.77	43.69
苍南县		52.29	8.57
乐清市		84.22	13.79
平阳县		53.25	8.72
瑞安市		101.18	16.57
泰顺县		9.29	1.52
文成县		6.46	1.06
永嘉县		37.09	6.08
合计		610.55	100

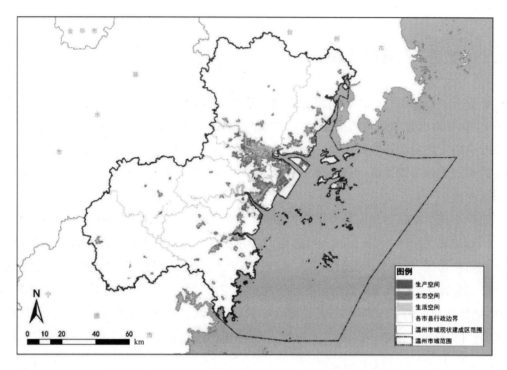

图 14.2　温州市域城镇建成区"三生空间"分布图(有彩图)

14.3　生态空间评价和划定[①]

14.3.1　生态网络与生态安全空间构建

1. 生态网络模型

　　Jongman(2003)将生态网络定义为自然保护地及其之间的连接廊道组成的系统。Opdam 等(2006)认为,生态网络是一个地区同一种生态系统的集合。这个集合中的生态系统,通过生物的流动,在空间上形成了生物之间物质、能量、信息的交换并在空间上形成了一个连通的整体。生态网络由网络斑块与网络廊道两大要素组成。网络斑块按照其内部景观的特性与构成可以再分为核心网络斑块、非核心网络斑块等。网络廊道按照构成要素可以分为歇脚石廊道、线性廊道和生境景观廊道(图 14.3)。

　　生态网络理论更加重视"廊道"及其作用。廊道包括:①歇脚石廊道。由一定距离内的歇脚石斑块(在生态网络中起到连接作用的非核心网络斑块)构成,通过歇脚石廊道的踏板作用使物种完成由一个斑块向另一个斑块的扩散。歇脚石廊道的特点是在结构上不连续而功能连续。因此,此类网络廊道也被称为功能连接型廊道。②线性网络廊道。顾名思义

---

　　① 14.3.1 节～14.3.6 节引自:傅强. 基于生态网络的非建设用地评价方法研究 [D].北京:清华大学,2013.

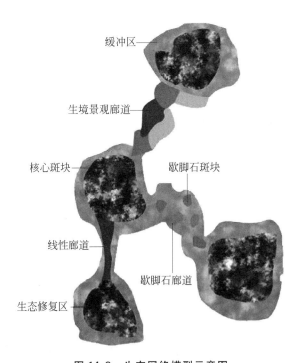

图 14.3　生态网络模型示意图

资料来源：Bennett et al.，2006，P5；Fig1.1

是空间形态上明显呈线性形状的要素,如河流、河流与交通设施的生态防护林等。③生境景观廊道。由在空间上呈长条带状的生境景观连接而成,这一类网络廊道是由与斑块生境类型相同或相似的景观相互连接构成,因此也被称为实体连接廊道。

2. 生态安全空间构建

自然生境的同质化与破碎化是人类在土地使用过程中造成的两大主要问题(Jongman,2002),这对生物多样性的维护构成了严重的威胁,而生物多样性的减少将会引起自然生态系统的退化,影响其对人类的正常的生态功能的供给,从而导致人类生存环境的恶化。所谓同质化,一方面表现为土地类型的单一化和趋同化,另一方面又表现为在土地之上生存的野生物种种类的单一化。所谓破碎化,则表现为由于各项人工活动而导致的自然生境面积的缩小和自然生境之间联系的减弱,限制了物种扩散、迁移以及基因交换的机会,从而增加了生态系统的脆弱性。

在区域尺度,只有保证自然生境之间必要的生态过程和流动,才能对生物多样性进行有效的保护(DeFries,et al.，2007；Thompson,et al.，2011)。在空间上加强自然生境间的连通性,不仅有利于种群生存的可能性,而且也有利于增加物种的丰富程度。据此,强化自然生境间的连通性,成为生态系统和生物多样性保护的重要手段;增加生态系统的连通性,成为生态空间和生态系统修复的非常重要内容(Gilbert-Norton,et al.，2010)。

基于生态网络的生态空间评价方法,就是通过对现实存在于城市地区的生态网络抽象,对现状生态网络整体结构及网络要素进行评价,将破碎、孤立的自然生境连接成为一个在结构或功能上连通的整体,通过各类廊道将具有重要生态作用的斑块连接形成相互连通的生态网络,并以此为生物多样性保护与维护提供支持,从而在用地空间上为消除或减轻由于快速城市化及人类干扰对自然生态系统带来的危害提出解决方案。

14.3.2 生态网络评价方法

生态网络的主要结构是由各类斑块和廊道构成。正是生态网络这种形态上的特点而特别适合用图形理论进行相关要素的评价。基于图形理论,生态空间评价对数据质量和数量要求具有一定的灵活性,并可对大空间尺度、多空间要素进行高效的评价。近 20 年来,基于图形理论,网络连接格局、潜在的扩散路径模拟、优先保护的网络斑块确定等成为主要的评价内容(Rayfield,et al.,2011;Treml,et al.,2008)。

——与节点、边的特性及其在生态网络中的作用的评价。相关的研究包括:①与给定节点相连接的边的数量统计,表征该节点的可达性以及该节点对整个网络连通性的重要程度(Benedek,et al.,2011)。②节点中心度评价,如介数指数(betweenness centrality)、闭合中心度(closeness centrality)、子图中心度(subgraph centrality)等,节点中心度评价基于节点的位置对该节点的重要程度进行评价(Bodin,et al.,2007;Economo,et al.,2010;Estrada,et al.,2008)。③网络要素如节点、边的密度评价,得到关于网络斑块数量以及其连接程度的信息(Brooks,et al.,2008)。④评价在部分节点或边被移去之后,网络特性的变化情况(Bodin,et al.,2007;傅强,等,2012),以此作为预测在某些生境消失情况下网络脆弱程度的指标,或者评价特定生态斑块在整个网络中重要程度的指标。⑤与网络直径相关的评价研究,用于描述网络斑块密度、完整程度以及生态过程流动的难易程度(Economo,et al.,2008;傅强,等,2012)。这些评价的结果可用于表征不同网络要素在生境提供以及连通性维护上的相对重要程度。这种评价可用于近似模拟研究物种的扩散流量、网络斑块之间的移动情况。

——整个网络层面或者子网络(子网络是指在生态网络条件下由相互连通的斑块构成的网络)层面的评价。Saura 等(2011,2007,2010)开发了集成网络斑块面积及连通性于一体的评价指数用于评价网络斑块的效用:类重合概率(class coincidence probability)、连通性整合指数(integral index of connectivity)、等价连接区(equivalent connected area)等。在其后的工作中,他们又将这些指数与中心度评价相关的指数耦合(Bodin,et al.,2010),并对每一个要素进行单独赋值以判断其对整个网络连通性的作用(Saura,et al.,2010)。这项工作对于确定整个网络中作用最重大的斑块具有价值。

14.3.3 斑块和廊道划分

生态网络中的斑块和廊道,是生态空间类型的标记符号,并无严格意义上的功能区分,更多的是从空间形态上区分的。某些类型的廊道,如歇脚石廊道就是由小型的斑块构成的;某些廊道对部分物种起到扩散迁移的保护与辅助作用,而对于其他一部分物种则是其本身的网络斑块;在空间上,廊道的某些部分可以作为斑块的恢复区域,通过这一地区的生态恢复,在空间上的扩张,可以形成斑块。

1. 生态斑块的划定

非建设用地中面积较大、质量较高的生态斑块通常以自然保护区、森林公园等形式存在,这种类型的斑块应严格禁止建设用地开发。相比于大型斑块,面积较小的斑块则应得到更多的关注。这是因为:①面积较小的斑块在整个生态网络中所起到的作用并不一定不强,比如面积较小的斑块可能在物种迁徙过程中发挥了补给、躲避灾难等重要的中继作用;②正是由于部分面积较小的斑块在网络连接中所起到的重要作用,面积较小的斑块可以作为生态网络功能恢复与强化的重点区域,通过扩大这些斑块的面积并改善其质量,可以起到事半功倍的作用;③一部分面积较小的斑块特别是与建设用地相邻的斑块,特别容易成为建设用地蚕食或侵占的对象。

从实际操作看,禁止建设的核心网络斑块应具备如下特征:①斑块的面积应满足一定标准;②斑块对于整个网络结构的完整具有重要的影响。禁止建设的非核心网络斑块应具备如下特征:ⓐ斑块面积不符合核心网络斑块的标准;ⓑ斑块在核心网络斑块的连接中起到非常重要的作用(例如,如果该斑块消失,则两个核心网络斑块之间的联系在一定等级的网络内便不存在)。在生态网络框架下,可从面积、质量以及在整个网络连接中的作用等方面对斑块进行评价。斑块的面积和质量的评价可以基于 GIS 技术通过对现状调研和遥感数据的分析获得,斑块在生态网络连接中的作用通过将生态网络抽象成图形,利用图形理论中相关的评价方法,如关联长度、介数指数等,定量评价斑块在网络连接中的作用,进而为保护与恢复城市地区生态系统提供量化依据,这样既可以保证大型斑块面积不受破坏,小型具有重要连接作用的斑块也可以得到有效保护与恢复。

2. 生态廊道的划定

在生态网络中,廊道的作用是为物种在斑块间的扩散提供庇护与指引。更进一步说,假如从生态网络廊道的可识别性看,还可以分为现状廊道和潜在廊道。所谓现状廊道,是指可以较明确识别的廊道;而潜在廊道,则包括两种状况,即:①现实中实际存在,但并非由空间可见的实体连接廊道组成,如由歇脚石斑块构成的廊道;②现实中不存在,但增加后可以较为高效地提高整个生态网络的结构性能,是进行重点生态恢复和应在建设用地使用过程中重点避让与控制的生态空间。尤其在高度城市化地区,这种潜在生态廊道,对于保护该区域的复合种群具有重要理论与现实意义,它也是对以千层饼叠加的土地适宜性垂直分析方法的重要补充。

生态廊道的划定,一方面,基于生态网络可以对现状生态廊道的重要程度进行评价;另一方面,基于 GIS 及图形理论的生态网络分析工具与方法,可以在非建设用地中发现潜在生态廊道,这些廊道如果得到有效恢复,能够极大地提升生态网络整体连通性。通过划定生态廊道,可以使得在这一地区现状和潜在的生态廊道共同构建保护生物多样性和生态系统的更优空间效果。

对于生态廊道的评价,可以分为两种情况:①大型廊道如河流、交通设施两旁的生态隔离带等,可以借用斑块评价的相关方法;②小型廊道的评价可以根据与其相连接的斑块的重要程度进行评价。具有重要连通价值的网络廊道应该符合如下情形之一：ⓐ该廊道或廊道的组合在两个核心网络斑块间起到唯一的连接作用；ⓑ该廊道或廊道组合在两个大型斑块集合的连接起到唯一的连接作用。图 14.4、图 14.5 示意性地表示了功能连接型生态网络与实体结构连接型生态网络。通过图 14.4、图 14.5 对网络中各斑块的禁限建情况进行直观说明。

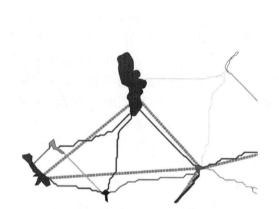

图 14.4　功能连接型生态网络(作者自绘)　　　图 14.5　实体结构连接型生态网络(作者自绘)

14.3.4　基于生态网络的生态空间评价

1. 技术框架

基于生态网络的生态空间(非建设用地)评价技术方法框架如图 14.6 所示。

2. 构建技术

生态网络构建流程如图 14.7 所示,主要目的是通过对现状数据的分析与整理,在 GIS 技术的支持下,对研究区生态网络进行空间抽象,从而对具体建设用地斑块在非建设用地中的作用进行评价,并确定可以增强网络功能的潜在地区。网络斑块与网络廊道是生态网络重要的组成部分,因此,下文将对网络斑块与廊道的分析提取过程进行详细的论述(图 14.7)。

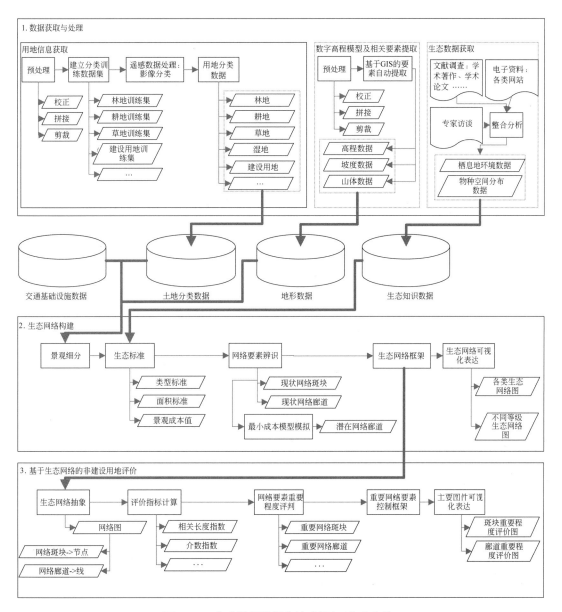

图 14.6 非建设用地评价技术框架（作者自绘）

14.3.5 上层次生态保护重要性评价

按照《"双评价"指南》说明："市县尺度，不再开展生态评价，直接使用省级评价结果"，"可根据市县对高品质生态空间需求，开展适当的补充评价"。根据浙江省生态保护重要性评价结果，浙江省生态系统服务重要性高、较高区域面积为 58 081.57km^2，占比为 55%。从地市上来看，丽水、台州、温州的生态系统服务重要性等级高的区域面积分列前三

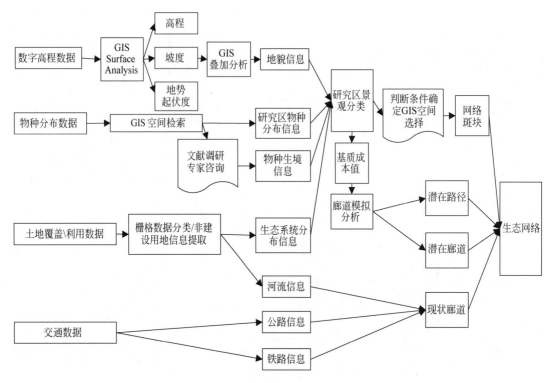

图 14.7 生态网络构建流程图(作者自绘)

(表 14.3),该区域分布有大面积地势较陡峭、植被覆盖度较高的低山丘陵,因此在水源涵养功能、水土保持功能和生物多样性功能等方面重要性等级较高(图 14.8)。

表 14.3 生态系统服务重要性评价结果分市汇总表

(面积单位:km²;比重单位:%)

地市	低		较低		一般		较高		高	
	面积	比重	面积	比重	面积	比重	面积	比重	面积	比重
丽水	161.07	0.93	520.62	3.01	2593.78	15.01	5030.57	29.12	8970.53	51.92
台州	1483.90	14.76	877.99	8.73	1798.42	17.89	1981.61	19.71	3911.65	38.91
温州	1936.34	15.99	893.99	7.38	1188.25	9.81	1462.30	12.07	6629.99	54.74
总计	17 862.36	16.91	10 611.67	10.05	19 045.67	18.04	18 702.28	17.71	39 379.29	37.29

14.3.6 重要生态空间划定

1. 斑-廊-基生态格局

建立自然生境之间连通廊道是增加连通性的经典方法(Hobbs,1992),也是在城市化、基础设施建设等人类活动而造成自然生态环境大幅改变的地区进行生态系统保护的一项

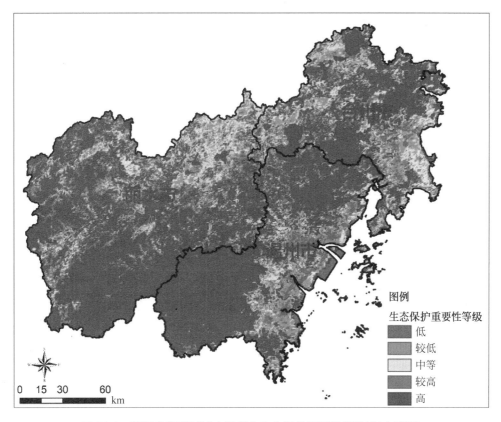

图例

生态保护重要性等级

- 低
- 较低
- 中等
- 较高
- 高

图 14.8　浙江省"双评价"中温州市生态保护重要性等级图(有彩图)

重要策略(Forman,1995)。Forman(1995)定义了能够对生态系统功能与变化产生影响的景观空间结构,从而得到了"斑块-廊道-基质"三种空间结构要素,及景观结构的"斑-廊-基"模式。这一模式为判别景观结构及不同景观结构之间的对比提供了基础,使生态学中相关理论、方法、实证结果可以很快被相关规划人员所使用。基于浙江省国土空间开发适宜性和资源环境承载能力评价报告成果基础,本报告采用景观生态学和生态网络理论进行温州市生态空间评价。在此基础上应用生态网络理论与方法,构建温州全市域生态网络,进行温州市生态安全格局保护评价。

——斑块。温州市域斑块由重要林地斑块、重要湿地斑块、生态功能斑块、生态敏感性斑块、自然保护区、森林公园、风景名胜区构成。斑块数量共计 131 个,总面积约 343.1km²,平均面积 26.2km²,分布较为均匀(图 14.9(a))。

——廊道。温州市域水系密布,四通八达,是温州市生态格局中的主要线性廊道,廊道总面积约 306.4km²,主要包括横贯东西的瓯江、飞云江、鳌江,纵贯北部山体的楠溪江等主要河流,以及各类支流、河溪等(图 14.9(b))。

——基质。温州市域生态基质由林地、草地、湿地等构成总面积 7561.4km²(陆地海岛部分)。其中,林地、草地主要分布在市域西南、西、北部山区;湿地分为沿海湿地和内陆湿地,沿海湿地沿海岸线分布,面积加大,内陆湿地零散分布,面积较大的有三垟湿地、林垟湿地、飞云湖水库等(图 14.9(c))。

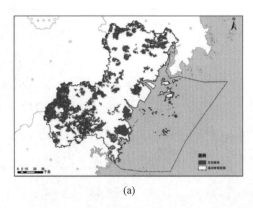

(a)

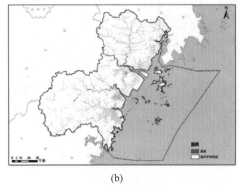

(b)

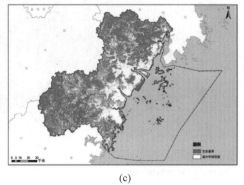

(c)

图 14.9   温州市域"斑-廊-基"生态格局图(有彩图)

(a) 斑块;(b) 廊道;(c) 基质

2. 生态网络格局构建

生态网络是指在区域尺度上,依据生态系统要素数据,构建各生态要素的主要功能与相互联系网络。通过基于生态网络的构建与评价,可以发现具有重要生态过程维护价值的小型非建设用地斑块:①在物种迁徙过程中的中继作用;②可以作为生态网络功能恢复与强化的重点区域,起到事半功倍的作用;③容易成为建设用地蚕食或侵占的对象。相比于大型斑块与廊道,面积较小的斑块与廊道则应得到更多的关注。基于岛屿生物地理学、复合种群理论,使用最小成本路径模型构建生态网络,即通过河流廊道,其他林地、草地、湿地歇脚石廊道等,使重要生态斑块在空间上形成连接,构建温州市域生态网络(图 14.10)。

构建形成的生态网络中,生态斑块总面积约 343.1km²,线性廊道总面积约 165.7km²,歇脚石廊道总面积约 1104.3km²。在此基础上,将市域生态网络框架与市区内部生态空间连通:利用仙门河,将西部森林引入市区,实现森林进城;利用温瑞塘河实现温州市两条重要河流廊道瓯江、飞云江连通,并串联起市区的大罗山,同时构建温州市区南北向重要水系骨干;利用仙丽、黄良溪、西干河等实现城镇各组团间的有机间隔。

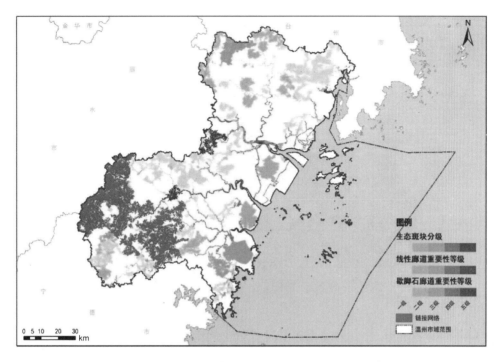

图 14.10　温州市域生态网络格局图(有彩图)

3. 区域生态安全格局

基于生态网络构建与评价,结合现状农业空间、城镇空间进行校正,得到温州市域生态安全格局,即三片(西南、北部、西部山地丘陵)、四廊(瓯江、飞云江、鳌江、楠溪江-温瑞塘河)、多点(大罗山、古盘山、玉苍山、飞云江河口湿地、瓯江河口湿地)全域连通的格局(图 14.11)。

在上述生态安全格局下,温州市域生态空间(陆地加岛屿)面积共 7413.9km²,其中,核心生态斑块面积 3180.5km²,核心歇脚石斑块面积 976.3km²,核心线性廊道面积 114.8km²,生态缓冲区面积 3142.3km²(图 14.12)。

4. 陆域生态保护区划定

以生态网络格局中的生态斑块、线性廊道、歇脚石廊道等核心要素为基础,结合生态安全格局评价以及已有相关保护区数据,划定温州市陆域生态保护区(图 14.13)。

5. 陆域生态保护红线划定

综合考虑生态功能重要性和红线划定可操作性,划定温州市陆域生态保护红线建议区域,面积共计 2217km²。一方面,考虑生态功能重要性,将生态保护区中重要生态斑块、线性廊道和踏脚石廊道的核心区域划为生态保护红线建议 Ⅰ 区,面积约 1697km²;另一方面,考虑红线划定可操作性,将生态保护红线建议 Ⅰ 区外生态保护区中的生态公益林和坡度大于50°区域,划为生态保护红线建议 Ⅱ 区,面积约 520km²(图 14.14)。

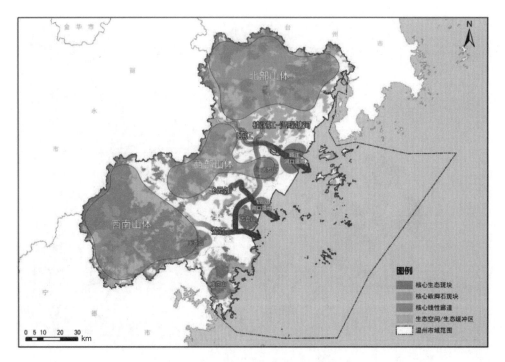

图 14.11   温州市域生态安全格局图(有彩图)

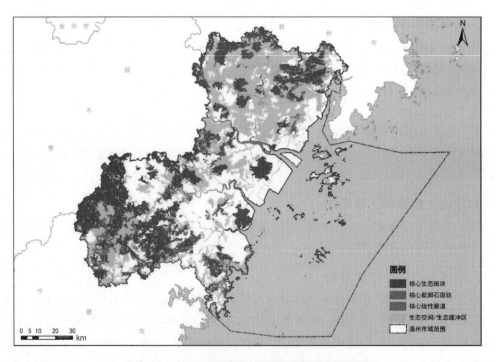

图 14.12   温州市域生态空间分布图(有彩图)

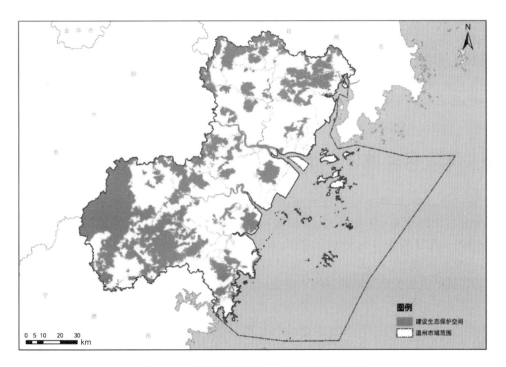

图 14.13　温州市陆域生态保护区图(有彩图)

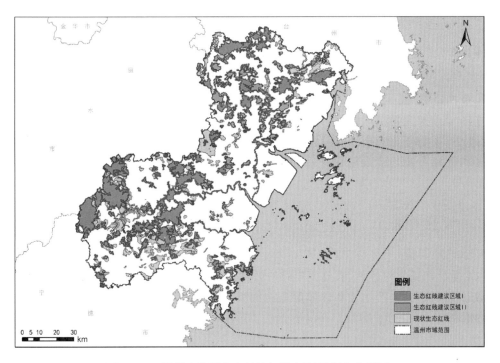

图 14.14　温州市陆域生态保护红线建议区域图(有彩图)

为充分重视生态安全格局构建,将本次评价划定的生态核心区划入生态空间予以保护。在确保生态保护红线总面积不减少的前提下,对生态保护红线建议区以外的现有生态保护红线区,根据在生态网络中的重要性作适当调整,作为生态保护红线整备区。对比现状"三调"中生态用地,实现生态空间有所增加,占全市总用地 35%;其中生态红线建议区 2217km^2,占全市总用地 18.3%。

14.4   优势农业地区保护评价[①]

改革开放以来,在快速城镇化的驱动下,中国农村剩余劳动力外流,耕地保护压力加大,乡村衰退日趋严重。保护耕地、保护农村、保护农业的需求十分紧迫(顾朝林,2019)。我国快速城镇化正在蚕食优势农业空间,保护基本农田、保护乡村、保护农业空间刻不容缓。新一轮市县国土空间规划中的资源环境承载力评价和国土空间适宜性评价(简称"双评价"),无疑可以为遏制这样的牺牲农业空间的城镇化趋势提供科学的决策支持。本文基于"永久基本农田保护红线"提出"优势农业空间"概念,强调对粮食生产保护区和特色农副产品保护区(简称"两区")的划定,并以沈阳和温州为例,进行了市县层面"双评价"中"农业空间"的评价,为我国正在展开的国土空间规划提供了科学支撑。

14.4.1   理论框架和技术路线

1. 理论框架

从农业生产功能指向的生产适宜性评价、农业生产区、村落保护区、重大农业基础设施保护区评价 4 个方面构建优势农业空间评价的理论框架(图 14.15)。

2. 技术路线

遵照"系统采集数据"、"简化评价过程"、"成果科学实用"的要求,在统一数据平台的基础上,通过市县国土空间规划层面农业生产功能指向的适宜性评价、农业生产保护区、村落保护区和重大农业基础设施保护区评价,以及多要素综合评价方法,划定优势农业空间(图 14.16)。

14.4.2   评价方法

1. 单要素评价

在农业生产适宜性评价、农业生产保护区、村落保护区、重大农业基础设施保护区划分的基础上,开展农业生产功能和区域服务功能单要素评价,作为进一步划定优势农业空间的评价依据。

---

① 14.4.1 节～14.4.4 节引自:苏鹤放,曹根榕,顾朝林,等,2020.市县"双评价"优势农业空间划定研究:理论、方法和案例[J].自然资源学报,(3).

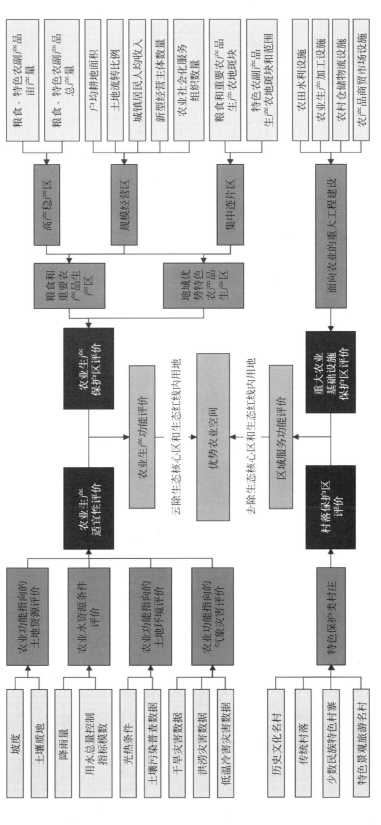

图 14.15　优势农业空间划定理论框架图

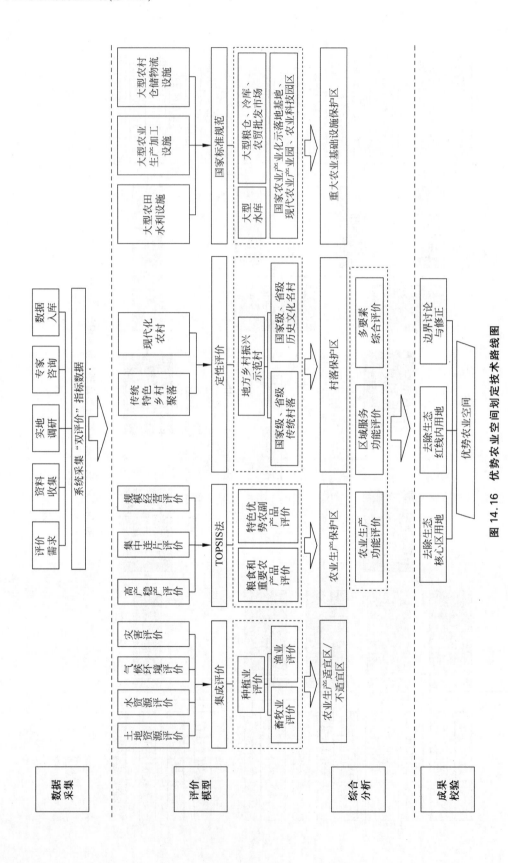

图 14.16　优势农业空间划定技术路线图

1）农业生产功能评价

农业生产功能评价以农业生产三要素（高产稳产、规模经营和集中连片）综合评价结果（T_{ij}）为指标，由粮食作物、重要农产品和特色农副产品的生产能力共同决定。T_{ij}代表乡镇j对农产品i的综合生产能力，对q个T_{ij}评价结果进行求和，得到农业生产功能总体评价。计算公式：

$$T_j = \sqrt{\sum_{i=1}^{q} T_{ij}^2}, \quad i = 1, 2, \cdots, q$$

式中，T_j为乡镇j农业生产功能水平；T_{ij}为乡镇j对农产品i的综合生产能力；q为乡镇j农业生产保护区评价中农产品种类数量。根据划定单元，或将T_j赋值给乡镇j内行政村单元。

2）区域服务功能评价

基于重大农业基础设施识别，对村庄j构建区域服务功能评价指标阵列（X_j, Y_j, Z_j），其中，X_j为村庄大型水库及其缓冲区面积占村域面积比例，Y_j和Z_j分别为村庄大型农业生产加工设施和大型仓储物流设施数量。通过标准化指标计算区域服务功能水平。计算公式为：

$$\mathrm{LN}_j = \sqrt{(X_j')^2 + (Y_j')^2 + (Z_j')^2}$$

式中，LN_j为村庄j区域服务功能水平；X_j'、Y_j'和Z_j'分别为村庄j的区域服务功能评价指标标准值。

2. 多要素综合评价

多指标（或多要素）综合评价方法是基于评价对象的多个指标信息得到一个综合指标，由此进行整体评判和横向比较。多指标综合评价方法常用于科学研究领域，常见的有因子分析法、层次分析法、TOPSIS法、灰色关联度分析法、人工神经网络评价法、模糊综合评价法、数据包络分析法等。TOPSIS法是一种应用广泛的多指标综合评价定量模型，它以标准化矩阵中评价对象与理想解的相对接近度作为综合评价的依据，具有计算简便、适用性广、对原始数据利用充分的优点，在生态效率评价、交通通达性评价、农田质量评价等多指标研究中得到广泛应用（任宇飞，等，2017；马雪莹，等，2016；文高辉，等，2016）。对于农业生产三要素评价，利用TOPSIS法对高产稳产、规模经营和集中连片3个评价维度进行综合分析，划定粮食、重要农产品的特色农副产品的农业生产保护区。基本模型为

$$T_i = \frac{D_i^-}{D_i^- + D_i^+}, \quad i = 1, 2, \cdots, n$$

式中，T_i为评价对象i与理想解的相对接近度；D_i^-为评价对象i到最劣解的距离，D_i^+为评价对象i到最优解的距离；n为评价对象数量。

基于对农业生产功能、区域服务功能和村落保护区3个要素组合的观察与分析，利用多要素综合评价矩阵做出划定优势农业空间范围的定性决策。采用Natural breaks法将单要素评价的农业生产功能水平（T_j）和区域服务功能水平（LN_j）分为强、中、弱三等级，结合村落保护区划定结果，构成"3×3×2"的三维矩阵（见表14.4），理论上具有18种要素组合方

式。优势农业空间包括特征如下的评价单元：①具有强农业生产功能的单元；②具有中等农业生产功能，且承担强区域服务功能或属于村落保护区的单元；③具有弱农业生产功能，但承担强区域服务功能，且属于村落保护区的单元。

表 14.4　优势农业空间划定的多要素综合评价矩阵

区域服务功能						
强	非村落保护区	村落保护区	非村落保护区	村落保护区	非村落保护区	村落保护区
中	非村落保护区	村落保护区	非村落保护区	村落保护区	非村落保护区	村落保护区
弱	非村落保护区	村落保护区	非村落保护区	村落保护区	非村落保护区	村落保护区
农业生产功能	弱		中		强	

□ 优势农业空间

14.4.3 数据平台

1. 数据采集与处理

数据来源主要为沈阳市和温州市相关政府单位提供的官方调查数据(表 14.5)，具体分为：①地理空间数据。主要包括 *DEM* 数据、第三次全国国土调查数据、土壤质地分类数据等环境资源数据，以及县(市、区)、乡镇(街道)和村庄行政区划底图、中心城区范围等基础底图数据；②社会经济数据。主要包括人口普查数据、统计年鉴、农业统计年鉴、水资源公报等；③其他相关数据。主要包括地理标志农产品名录、乡村振兴示范村名录、国家级省级传统村落和历史文化名村名录、国家农业产业化示范基地名录、国家现代农业产业园名录、国家农业科技园区名录等。基于优势农业空间划定技术路线，对原始数据重组为农业生产数据库、村落保护数据库和重大农业基础设施数据库。

表 14.5　"双评价"优势农业空间划定数据需求表

数据类别		数据内容
地理空间数据	环境资源数据	DEM 数据，第三次全国国土调查数据，土壤质地分类数据，土壤调查监测数据，永久基本农田，气象数据(降水量、气温、日照时数等)，水文数据(水资源数据、水质监测数据、流域区划等)，灾害数据(地质、气象、水文灾害)，海域水深数据，海洋水产增养殖区分布，国家级(省市级)海洋保护区分布，水产种植资源保护区分布，渔港分布
	基础底图数据	县(市、区)、乡镇(街道)和村庄行政区划底图，中心城区范围，海域边界
社会经济数据	统计数据和年报	人口普查数据，市统计年鉴，市(或分区县)农业统计年鉴，水资源公报

续表

数 据 类 别		数 据 内 容
其他相关数据	名录数据	地理标志农产品,乡村振兴示范村,国家级、省级传统村落和历史文化名村,国家农业产业化示范基地,国家现代农业产业园,国家农业科技园区等
	相关规划	多规合一规划、总体规划、环保规划、国土规划、发改规划、林业规划、海洋规划、住建规划等

2. 数据处理和标准化

划定优势农业空间是一项复杂性很强的工作,在中间过程和最终环节均涉及多个指标的信息综合、整体研判和横向比较问题。因此,为了保证结果的可靠性,需要通过极值标准化法对数据进行无量纲化处理,以消除原始指标单位和量纲不同造成的误差。

极值标准化法为一种常用的标准化方法,基本原理是通过线性变换将原始数据映射为特定小区间内的值。极差变换法的优点在于无论原始指标值是正数还是负数,标准化值均满足最小值为 0、最大值为 1,且无论正、逆向指标均被转化为正向指标(表 14.6)。设第 i 个样本的第 j 个指标原始值为 x_{ij},标准化值为 y_{ij},样本数量为 n,指标数量为 m,极值标准化法基本公式如下。

对于正向指标,

$$y_{ij} = \frac{x_{ij} - \min(x_j)}{\max(x_j) - \min(x_j)}, \quad i = 1, 2, \cdots, n; j = 1, 2, \cdots, m$$

对于逆向指标,

$$y_{ij} = \frac{\max(x_j) - x_{ij}}{\max(x_j) - \min(x_j)}, \quad i = 1, 2, \cdots, n; j = 1, 2, \cdots, m$$

表 14.6　数据标准化示例表

序号	正 向 指 标		逆 向 指 标	
	原始值	极值标准值	原始值	极值标准值
1	35.181	0.516	2.057	0.763
2	15.047	0.220	1.913	0.828
3	41.382	0.607	2.365	0.624
4	0.468	0.006	2.057	0.763
5	0.041	0.000	1.532	1.000
6	10.732	0.157	3.747	0.000
7	16.904	0.248	3.717	0.013
8	45.025	0.661	3.717	0.013
9	0.048	0.000	3.081	0.301
10	68.126	1.000	2.553	0.539

续表

序号	正向指标		逆向指标	
	原始值	极值标准值	原始值	极值标准值
11	0.296	0.004	2.406	0.606
12	21.509	0.315	2.406	0.606
13	30.677	0.450	2.406	0.606
14	0.508	0.007	2.057	0.763
15	4.905	0.071	2.057	0.763
16	15.653	0.229	2.057	0.763
17	42.606	0.625	1.913	0.828
18	0.350	0.005	1.874	0.846
19	1.447	0.021	1.874	0.846
20	1.540	0.022	1.984	0.796
数据组最大值	68.126		3.747	
数据组最小值	0.041	—	1.532	—
数据组极值差	68.085		2.215	

14.4.4　评价模型

构建优势农业空间划定模型系统,为科学、精细划定农业生产保护区、村落保护区和重大农业基础设施保护区提供有力保障,有利于促进"三区三线"划定工作的高效开展。模型系统自下而上分别由基础数据库、模型管理、子系统分析、综合评价与成果输出4个系统层构成(图14.17)。评价生成中间环节划分的地理图层和最终优势农业空间范围。

14.4.5　农业生产区评价

1. 农业生产适宜区评价

基于《"双评价"指南》中规定的各类评价要素数据,对温州市三调成果中共160 052块斑块、总面积约1845.53km²的现状耕地进行农业生产适宜性评价。通过评价发现,温州市农业生产适宜区与较适宜区分别为550.61km²、1100km²,共占现状耕地的86%,其中苍南县农业生产适宜区面积最大,为100.8km²,较适宜区则广泛分布在苍南县、永嘉县、瑞安市。农业生产不适宜区18.71km²,占现状农田的1%,主要集中分布在乐清市(图14.18,表14.7)。

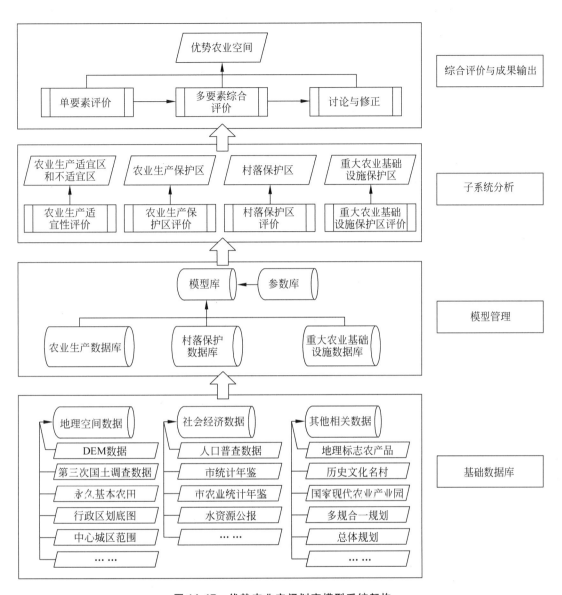

图 14.17　优势农业空间划定模型系统架构

表 14.7　温州市各县(市、区)农业生产适宜性评价结果汇总表

（面积单位：km²；比重单位：%）

区域	耕地总面积	耕地比重	适宜区		较适宜区		一般适宜区		不适宜区	
			面积	比重	面积	比重	面积	比重	面积	比重
洞头区	8.21	0.4	1.2	14.6	5.34	65.0	1.5	18.6	0.1	1.7
龙湾区	39.37	2.1	1.18	3.0	30.9	78.5	7.3	8.5	0	0
鹿城区	35.23	1.9	15.36	43.6	15.1	42.8	4.8	13.6	0	0
瓯海区	73.76	4.0	20.33	27.6	41.7	56.5	11.8	15.9	0	0

区域	耕地总面积	耕地比重	适宜区		较适宜区		一般适宜区		不适宜区	
			面积	比重	面积	比重	面积	比重	面积	比重
苍南县	272.24	14.8	76.86	28.2	179.5	65.9	15.6	5.7	0.4	0.1
平阳县	237.85	12.9	92.76	39.0	128.1	53.9	15.8	6.7	1.2	0.5
泰顺县	224.79	12.2	100.8	44.8	95.0	42.2	29.0	12.9	0.1	0
文成县	176.39	9.6	81.97	46.5	71.3	40.4	22.0	12.5	1.1	0.6
永嘉县	301.51	16.3	72.87	24.2	179.3	59.5	49.0	16.2	0.4	0.1
瑞安市	262.49	14.2	54.34	20.7	188.7	71.9	19.4	7.4	0	0
乐清市	213.66	11.6	32.95	15.4	165.2	77.3	0	0.	15.5	7.3
总　计	1845.53	100	550.61	29.8	1100.0	59.6	176.15	9.5	18.71	1.0

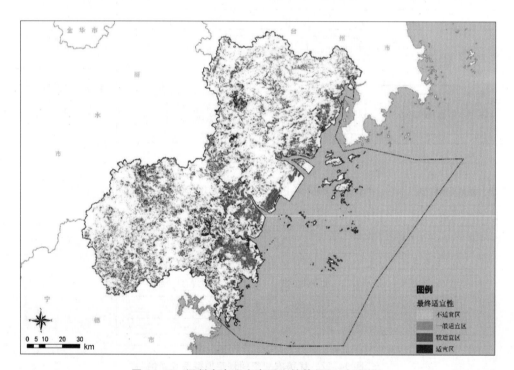

图 14.18　温州市农业生产适宜性等级图(有彩图)

2. 农业生产保护区评价

本次评价按照《国务院关于建立粮食生产功能区和重要农产品生产保护区的指导意见》、《粮食生产功能区和重要农产品生产保护区划定技术规程(试行)》、《特色农产品优势区建设规划纲要》等相关文件,对温州市粮食生产区和地域特色优势农产品生产区进行稳产高产、规模经营、集中连片等多因素评价,作为温州市永久农业空间划定的基础,并为温州市划定粮食生产功能区和地域特色农产品优势区提供有效支撑(图 14.19,图 14.20)。

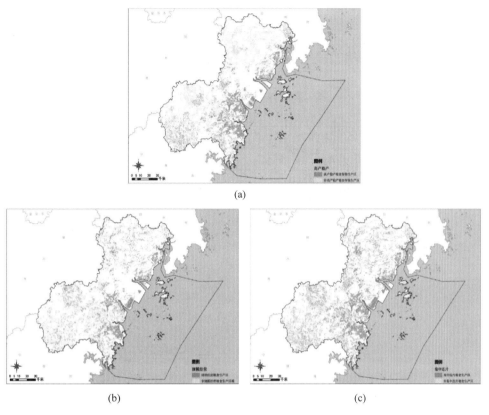

图 14.19 温州市粮食作物高产稳产、规模经营、集中连片区域图(有彩图)
(a) 高产稳产区;(b) 规模经营区;(c) 集中连片区

14.4.6 永久农业空间划定

所谓永久农村地区,指以乡或村为基本地域单元,依托国家永久农田保护区,未来永久保留农村地域景观风貌、永久从事农业生产并以农业和农村现代化建设为主要内容的地区。划定的永久农村地区主要包括:①具有区域发展优势的农林牧副渔发展地区;②以村庄为单元具有地域特色传统乡村文化保留区,以及以农业观光、旅游等主要产业的农村传统风貌保留较完好的村落;③具有景观特色的农业生态用地和农业大地景观为特色的地区。通过永久农村地区划定,旨在严格保护农业发展资源,稳定发展农业和粮食生产;同时与城市增长边界、生态红线相衔接,控制城镇建设范围;保护生态环境,传承乡村特色。

1. 永久基本农田保护区

温州市域范围内现已划定永久基本农田中约有 1255.71km^2 为"三调"中的现状耕地,考虑国家永久基本农田保护政策及农业生产安全,将此部分永久基本农田全部纳入农业生产保护区。

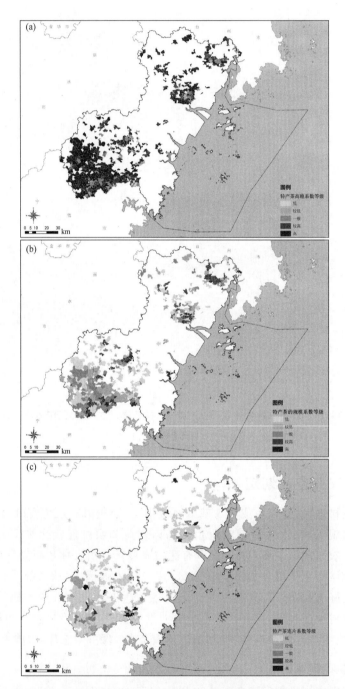

图 14.20 温州市地域特色优势农产品高产稳产、规模经营、集中连片系数图(有彩图)

(a)～(c) 高产稳产系数；(d)～(f) 规模经营系数；(h)～(j) 集中连片系数

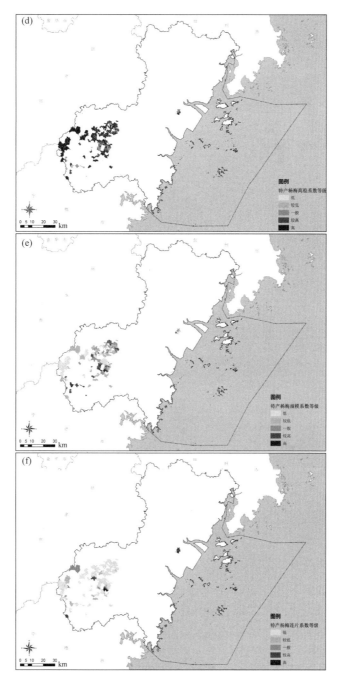

图 14.20　（续）

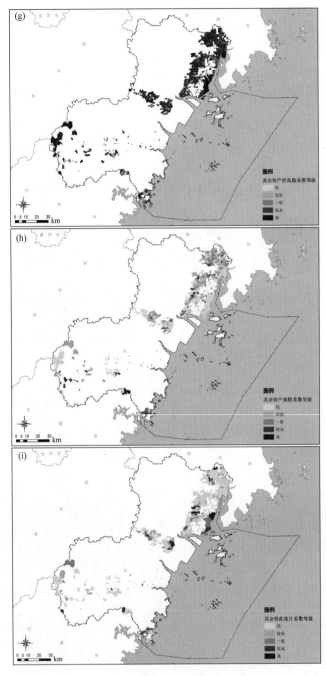

图 14.20 （续）

2. 农业和渔业生产保护区

基于粮食作物及地域特色优势农产品生产区的高产稳产、规模经营和集中连片的三要素分析评价,综合划定温州市粮食作物生产功能区共计斑块 53175 块,总面积 777.26km²,约占现状耕地总面积的 42.1%(图 14.21);特色农产品优势区,共计 492 个行政村,总面积 4771.11km²,约占沈阳市全市国土面积的 37%(图 14.22)。

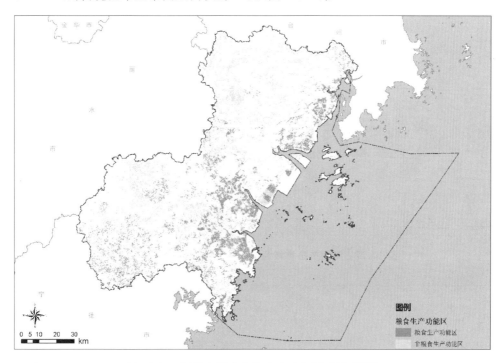

图 14.21 温州市粮食作物生产功能区图(有彩图)

温州市农业生产保护区由三部分构成。一是永久基本农田占行政村内现状耕地比例较高的行政村,共 3185 个;二是符合稳产高产、集中连片和规模经营的主要粮食作物生产区,共 2787 个行政村;三是经评价认定的稳产高产、集中连片和规模经营的特色优势农产品生产区,共 303 个行政村(图 14.23)(三部分互有重叠)。

3. 村落保护区

村落保护区主要包括具有历史文保价值的传统乡村文化地域。所谓具有历史文保价值的传统乡村文化地域以住建部公布的国家级、省级传统村落和历史文化名村为评价依据,此类行政村具有丰富的历史文化资源和相应的保护性机制政策。当前温州此类村落共有 107 个。

4. 重大农村基础设施保护区

保护重大农村基础设施,是永久农业空间从保护农业、保护农村、保护农民视角出发的重大理念创新之一。根据《乡村振兴战略规划(2018—2022 年)》,重大农村基础设施涉及交

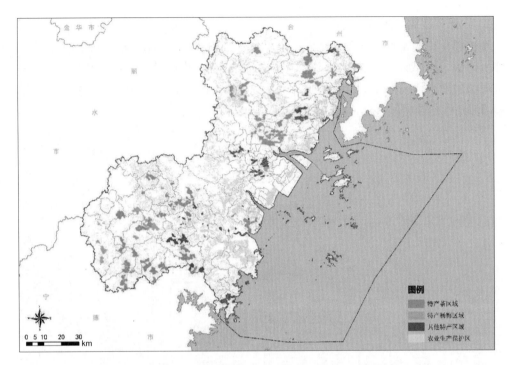

图 14.22 温州市各类特色农产品优势区分布图(有彩图)

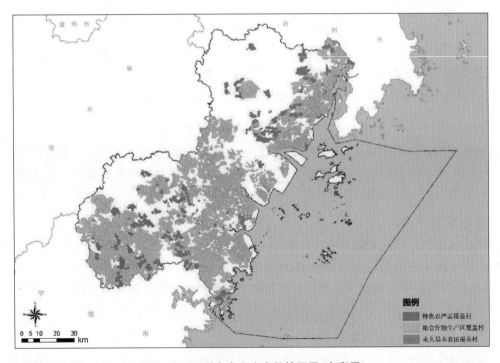

图 14.23 温州市农业生产保护区图(有彩图)

通、物流、仓储、水利、能源、信息、商贸等多种功能类别。据此共筛选出符合要求的 564 个行政村。

5. 永久农业空间划定

　　永久农业空间的划定在农业生产区、村落保护区和重大农村基础设施保护区范围中，以行政村为划定单元，按照单要素叠加分析和多要素决策矩阵进行综合划定。最终本研究划定的永久农业空间共包含 342 个行政村(图 14.24)，总面积 653.08km²，占当前温州市全市国土面积的 5.4%。

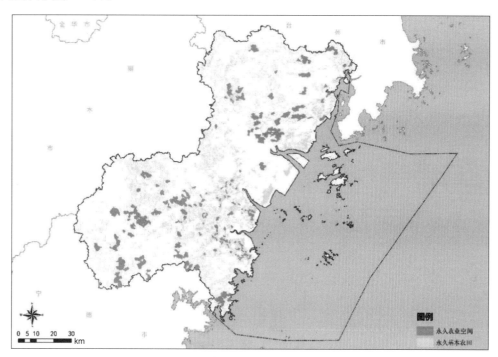

图 14.24　温州市永久农业空间覆盖村分布图(有彩图)

　　温州永久基本农田保有量 2274.69km²，"三普"数据 1255.71km²，占 55.2%。永久基本农田平衡需要 1036.98km²。保证永久基本农田不减少，保护耕地和永久基本农田刻不容缓。①根据本次评价中生态评价结论，现有耕地中约 156.52km² 已纳入到生态核心区中，建议下一步对该部分用地进行退耕还林成生态空间。②对通过评价发现的总面积约 106.97km² 的"低产、小片和孤立"及处于农业生产不适宜区的永久基本农田，其中有 8.3km² 的此类永久基本农田位于此次"双评价"的生态红线建议区内(图 14.25)。建议在国土空间规划中进行研究并逐步调整为一般耕地。③将本次评价划定的乡村振兴承载区 690.57km²，减去包含永久基本农田 101.30km² 外，所有 589.27km² 全部划为永久基本农田整备区。④从当前"三调"一般耕地中和乡村振兴承载区及其周边挑选耕作条件良好、便于与现有永久基本农田形成连片的耕地，作为温州基本农田整备区，其总面积约 343.56km²(图 14.26)。

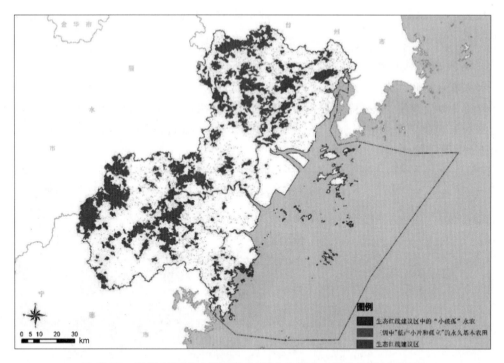

图 14.25 温州市"低产小片和孤立"等永久基本农田分布图(有彩图)

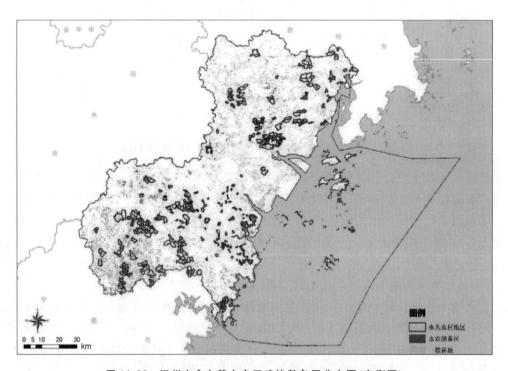

图 14.26 温州市永久基本农田建议整备区分布图(有彩图)

14.5　国土空间开发适宜性评价

14.5.1　国土空间规划布局区

国土空间规划布局区是市域范围内除市域生态网络和永久农业空间地外的行政地域。国土空间规划布局区是进一步统筹细化市域生态、农业和城镇三类空间的基础。温州市域范围内除去市域生态保护区、永久农业空间和已建成区外的其他地域为国土空间规划布局区,面积共计 5920.49km² (图 14.27)。

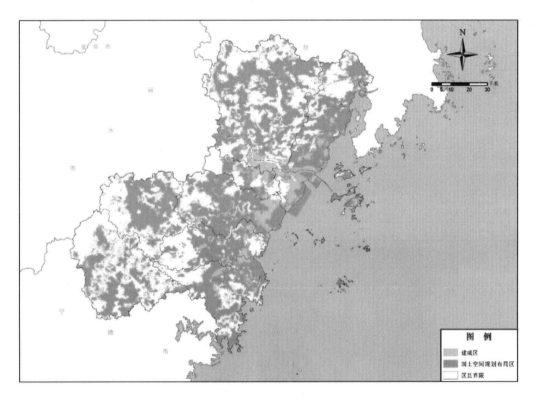

图 14.27　国土空间规划布局区分布图(有彩图)

14.5.2　国土空间开发适宜性分区

综合本次"双评价"中生态空间、农业空间和城镇空间的评价结论,形成温州国土空间开发适宜性分区(图 14.28),用地构成如表 14.8 所示。其中,生态空间适宜区规模 4271.6km²,占比 35.3%;农业空间适宜区 1736.93km²,占比 14.3%;城镇空间适宜区 2241.56km²,占比 18.5%;其他未列入三类适宜区用地总计 3250.36km²,占比 26.8%。

表 14.8　温州市国土空间开发适宜性分区用地构成表

适宜区分类		面积/km²	比例/%	备 注
生态空间		4271.6	35.3	
其中	生态红线建议区	2217	18.3	
	其他生态保护区	2164.55	17.9	
农业空间		1736.93	14.3	
其中	乡村振兴承载区	653.08	5.4	与永久基本农田及基本农田整备区有重合
	永久基本农田	741.29	6.1	现状基本农田总计 1255.71km²,其中,纳入都市核心承载区边界 514.42km²
	其他农业生产适宜区	343.56	2.9	可作为基本农田整备区
现状建成区		610.55	5.1	
城镇空间适宜区		2241.56	18.5	
国土空间规划布局区		3250.36	26.8	
合计		12 111	100.0	
海洋海域				
海洋生态区		311.64	3.7	
海洋渔业区		587.91	7.0	
海洋生产区		473.16	5.6	
可利用海域		2868	34.0	
其他区域		4206.19	49.8	
合计		8446.9	100	

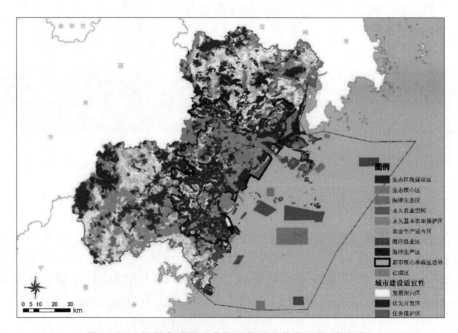

图 14.28　温州市域国土空间开发适宜性分区图(有彩图)

14.6　城镇化适宜区评价[①]

14.6.1　城市增长边界的定义

城市增长边界(urban growth boundary, UGB)是为了遏制城市蔓延,由美国首先采用的一种城市用地管理政策工具,其概念最早在 1976 年由美国的塞勒姆市(Salem)提出,为"城市土地和农村土地之间的分界线"。通过城市增长边界定义,划定了塞勒姆都市区的发展范围,用于解决当时塞勒姆市与其相邻的波尔克(Polk)和马里恩(Marion)两县在管理中的冲突,规定边界以内的土地可以用作城市建设用地而进行开发,而边界以外的土地则不可以开发为城市建设用地。此后,西方学者对城市增长边界的定义进行了补充,Richard 认为"城市增长边界(UGB)是在城市外围划定的一条遏制其城市空间无限制进行扩张的线"。David 等将城市增长边界定义为"将城市化地区与郊区生态保留空间进行区分的重要界线,由政府在地图上予以标示",通过区划(zoning)及其他政策工具保障实施。

西方学者从不同角度解释城市增长边界的内涵。从界定大都市区空间范围来看,"大都市区是应有较明确的边界,可以是河流、海岸线、农田、山体、郊野公园等,该边界不应随着城市扩展模糊甚至被侵占"。从构成上来看,作为区域规划工具之一,城市增长边界本身包含控制与引导两重含义,其构成也相应包括乡村边界与城市边界(吕斌,徐勤政,2010),其中城市边界是霍华德从城市的角度定义,即在城市周围形成一道独立、连续的界限来限制城市的增长;郊区边界是 Benton 和 Paul 从自然的角度定义,划定一定界限来保护郊区的用地不被侵犯,这两条线可能重合也可能分开。从时间尺度上来看,这两类边界分别具有动态性和永久性,少数城市建立的城市增长边界是永久的,如圣何塞市 1998 年设置的城市增长边界,代表城市终极形态(ultimate urban form),这类边界的大小和形状全由环境因素决定;但大多数城市的增长边界是动态性的,如俄勒冈州的城市增长边界,边界内包含未来 20 年城市发展所需的空间,每 4~7 年按一定规则进行评估,随城市发展而不断扩张。

在我国,张进首先对美国的增长管理成功经验进行了介绍,将增长边界等城市增长管理工具引入中国。已有文献中对于城市增长边界的理解不尽相同,部分学者采用景观生态学思路,将城市增长边界看作去除自然空间(包括农地、林地、水域等)或郊野地带的区域界线(吕斌,徐勤政,2010)。黄慧明(2007)从城市发展需求出发,提出城市增长边界是为满足未来城市空间扩展需求而预留的土地,即一定时间内城市空间扩展的预期边界。黄明华(2008)结合新城市主义的城市边界和郊区边界,指出"城市增长边界从本质上分为'刚性'边界和'弹性'边界,其中'刚性'边界是针对城市非建设用地的'生态安全底线','弹性'边界则随城市增长进行适当调整。

14.6.2　城市增长边界划定方法

对于城市增长边界划定方法的探讨较多,但尚未形成统一的方法。仅在美国,城市增

---

① 　14.6.1 节~14.6.4 节引自:王颖,2013. 苏州城市增长边界(UGB)初步研究 [D]. 北京:清华大学.

长边界的划定方法在各地也有很大差异。以马里兰州为代表的城市增长边界并没有复杂的过程和科学论证,而是在实践中不断修正;以俄勒冈州为代表的地区使用复杂的程序来确定城市增长边界的面积和位置,包括详细的人口和住房单元预测、密度预测等,这些地区城市增长边界的划定一般需要综合考虑经济外部性、土地需求、供应和增长率等市场条件和环境保护要求,在边界预留 20 年的城市发展用地。目前我国城市规划行业对于城市增长边界划定方法的研究主要从生态敏感区控制与自然资源保护的逆向思维出发,构建限建因素指标体系,缺乏从城市用地需求的适宜性视角,也就不能反映城市用地扩展的客观社会经济规律,因此必须加强对城市扩展的内在机制研究,构建限制与需求兼顾的增长边界划定方法(黄明华,2008)。总结现有城市增长边界划定方法,主要过程如图 14.29 所示。

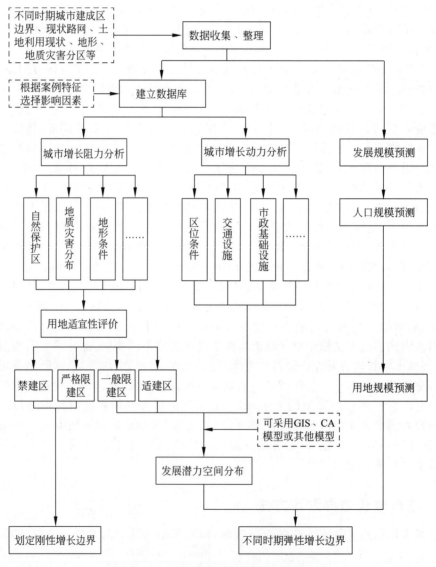

图 14.29　城市增长边界的划定方法总结

资料来源:根据文献总结绘制

14.6.3 城市用地适宜性评价

目前,基于生态、自然、城市建设等角度进行土地适用性评价是划定城市增长边界的主要方法(祝仲文等,2009)。最初,城市用地适宜性评价仅涉及洪水淹没区分布、地下水埋深、地形地貌、地基承载力等工程地质条件的评估,并根据是否需要工程技术处理以用于城市建设来划分等级,一般分为适宜建设、处理后可建设和不适宜建设三级。在后期的理论实践与发展中,城市适宜性用地评价不再仅限于工程条件的评估,增加了对经济、社会和环境因素评价的内容。根据《城市规划原理》(第 4 版),城市用地适宜性评价旨在为用地增长的区位选择和城市空间布局提供科学评价和理论支撑,按建设需求和生态需求对规划区内土地进行工程适宜性与生态适宜性、建设经济性与可行性的评价。

1. 城市用地适宜性评价基本方法

20 世纪 60 年代,美国宾夕法尼亚大学的麦克哈格(Mcharg)教授在《设计结合自然》(1969)一书中首次提出土地适宜性概念,即"土地对某种特定用途的适宜程度,由用地独特的水文、地质、区位、地形地貌、生态、人文等条件决定。了解该适宜性有助于引导人们按照最适宜的方向进行土地开发,从而充分利用土地的资源禀赋,充分发挥它的自然价值与社会经济价值"。麦克哈格提出土地适宜性还包含历史的、物理的和生物的影响。每一个自然地理区由于其独特的气候、水文、土壤、地质等条件,在漫长的历史过程中形成了与之相适应的生物群落。他通过斯塔顿岛(Staten)的土地利用规划实践,创造性地将诸要素分别绘制在透明胶片上,然后叠加胶片得到最终的分析结果,以指导下一步研究工作。这种方法后来被形象地称为"千层饼"方法,被广泛应用于土地生态规划的实践中。目前我国很多城市和地区的用地适宜性评价依然沿袭这种叠图分析方法。

2. 城市用地适宜性评价新技术的应用

地理信息(GIS)技术和遥感(RS)技术的出现,在很大程度上解决了叠图法工作量大、操作繁琐的问题,开始越来越多地应用于城市总体规划的用地适宜性评价中。规划师利用RS 技术可以方便地获取地物信息,提取土地利用现状,并利用 GIS 软件对各个用地适宜性评价要素进行分析和计算,实现不同图层的切割、拼接、加权叠加等操作,最后直接输出分析成果图像。与此同时,通过图层计算还可以体现叠合的不同因素之间的相对重要性,解决简单叠合无法对所有地块适宜性程度进行排序的缺点。20 世纪 90 年代开始,国外出现了 GIS 与多准则决策结合应用于城市规划研究的方法,并成为国际上研究城市规划中土地适宜性的主流方法。基本方法包括构造决策矩阵、确定准则权重、应用决策规则、敏感度分析四个阶段。针对麦克哈格叠图法只能等权叠加,无法体现不同要素对适宜性评价的不同影响程度的问题,学者们引入层次分析法和模糊评价法,通过 GIS 的运算功能实现各个要素的加权求和,保证评价结果更为真实。在 20 世纪 70 年代中期,由美国塞蒂·托马斯(Saaty Tomas)正式提出层次分析法(analytic hierarchy process,AHP),采用定性与定量相结合的方法将指标体系系统化和层次化,核心是根据评价指标的相对重要性构建两两比较的评价矩阵,将决策者的经验判断给予量化,最后对所有因子进行重要性综合排序和权重计算,为决策者提供定量形式的决策依据。

此外,模糊综合评价法(fuzzy comprehensive evaluation method)这一多因素决策方法的理论基础是模糊数学,通过隶属度函数对定性指标进行定量化评价,从而得到受多种因素影响的评价结果,并以一个模糊集合表示。土地适宜性同样也是一个模糊概念,从适宜性的一个等级到另一个等级,经历的是从量变到质变的连续过渡过程。传统评价方法忽视了土地适宜性的"模糊性",对适宜性等级做出简单划分,掩盖了同一级别上的差异。模糊综合评价法通过构建隶属度函数,计算各个要素对适宜性等级的隶属度,最后评价的结果是土地单元与对适宜性等级的隶属度矩阵。

3. 城市用地适宜性评价的多样性

我国 2006 年版《城市规划编制办法》中,土地适用性评价出现了将资源、生态承载能力作为城市用地选择的前提条件,预先分析经济、社会、文化、历史等条件,再对城市发展方向进行分析,即"先底后图"的研究方法(杨保军,闵希莹,2006)。为更好地指导城市总体规划编制,该过程包括了针对土地自然属性的适用性分析和针对土地社会经济、行政管理乃至政治决策的社会适用性分析,其中影响土地自然适宜性的因子主要有:①地形条件,包括坡度、高程等。②地质条件,包括地基承载力、地质灾害分布等。③生态条件,山体、林地等生态敏感区分布。④水文条件,地下水埋深、洪水淹没程度、水源保护区等。⑤各类保护区,包括森林公园、基本农田、风景名胜区及自然保护区等。⑥气候条件,包括气温、降水、大气污染等。影响土地社会经济适宜性的因子主要包括:①社会经济发展程度,包括人口密度、经济总量、人均收入水平、就业规模等。②区位条件,包括与不同等级城镇中心的距离、主体功能区政策等。③交通可达性,主要通过路网密度或到不同等级道路的距离表示。④土地利用现状,现状城市建设用地和农村建设用地分布。⑤政府政策,城市总体规划、土地利用总体规划等政策影响。⑥邻域开发,周边地区开发对评价单元造成的影响,可通过基础设施及公共服务设施的供给进行衡量(马天峰,2008)。根据《城市规划原理》(第 4 版)(吴志强,李德华,2010),城市用地适宜性评价通常涉及的要素见表 14.9。

表 14.9　城市用地适宜性评价要素

评价要素	评价内容
建设现状	用地内已有建筑物、构筑物形态,如现有村镇或其他地上、地下工程设施,对它们的迁移、拆除的可能性、动迁的数量、保留的必要性与价值、可利用的潜力以及经济评估等问题
重大基础设施	限制或促进城市发展的区域重大基础设施,如高速公路、铁路和重大水利、能源设施,将影响到用地适宜建设的规模、建设经济以及建设周期等问题
区域关系	城市与周边其他城市或者地区的关联程度。当今城市发展主要依靠各种人员、信息、资本和物资的"流"来支撑,这些有形或者无形的"流"都可能在空间上有所反应。当今的城市更逐渐依靠强大的经济实力辐射其他城市,或接受更高层次的辐射,在空间上往往体现为相互吸引

续表

评 价 要 素	评 价 内 容
市政设施配套	指可能选择用地周边的水、电、气、热等供应网络以及道路桥梁等状况,即城市市政设施环境条件。基础设施是城市建设的主要支出领域,基础设施的通量与水平关系到相应建设的规模(如城市跨河发展时,桥梁的通行能力)、经济建设(如建设成本投入和日常运营的经济性)以及建设周期等问题
土地利用总体规划	指国土部门制定的土地利用总体规划。目前我国国土资源部编制的《土地利用总体规划》也对城市用地的边界做出了规定。从法理上说,两图应保持一致,但由于是两个编制单位对同一对象的规划,造成了修编时间和研究内容上的协调困难。从长远看,两个部门编制的土地利用总体规划应当向一体化的方向发展,便于维护土地利用总体规划的权威性和严肃性
生 态 环 境 与 自 然 环境	用地所在的区域自然环境背景以及用地自身的自然基础和环境质量。经过土地适用性评定,在此阶段进入选择的土地应都没有决定性的环境问题,但各个发展方向之间还是存在优劣之分
文化遗存	用地范围内地上、地下已发掘或待探明的文化遗址、文物古迹以及有关部门的保护规划与规定等状况
社会问题	用地的产权归属、涉及原住民或企业的社会、民族、经济等方面问题,对城市用地的选择提出了更高的要求

资料来源:吴志强,李德华. 城市规划原理.4 版. 北京:建筑工业出版社,2010.

14.6.4　城市增长边界划定的指标体系

由于单纯定性的分析方法和叠图法具有较大的不合理性和随意性,从而产生了创建科学指标体系的需求(叶斌,等,2011)。在实践中,各地往往根据研究区域的具体情况选择适宜指标体系,根据现有文献可总结出如下指标体系。

1."压力—状态—响应"指标体系

"压力(pressure)—状态(state)—响应(response)"指标体系首创于 1990 年,由经济合作与发展组织(OECD)用以解释自然环境、社会活动、经济活动之间的互动关系,即人类将自然环境作为来源,并通过生产消费产生影响,继而改变资源环境质量,进一步影响经济活动和人文环境。相应地,人类通过社会政策及管理措施应对这些变化,达到降低或抵消上述过程造成的环境压力。傅伯杰(1997)提出涵盖生态、经济和社会影响的土地可持续利用指标体系是该类指标的典型代表,其中生态方面包含水资源、生物资源、土壤条件、气候条件和用地条件5 个方面 16 个指标;经济方面包含经济资源、经济环境、综合效益 3 个方面13 个指标;社会方面包含宏观社会政治环境、社会承受力、社会保障水平、公众参与程度 4个方面 6 个指标。但由于该指标体系之间缺乏必然的逻辑关系,在指标的界定上也存在理解的差异,并存在着定性指标不适宜定量化的弊端,在推广上遇到了困难。

2. "目标—判断—结果"型指标体系

"目标—判断—结果"型指标体系首创于1976年,联合国粮农组织(FAO)颁布的用地评价纲要中提出,其特征是首先明确土地的使用和开发方式,再通过指标定性或定量计算评价单元是否能达到上述土地利用目标,其结果是反映用地在某一方面的适宜性,如郭欣欣提出的土地利用适宜性和限制性双向指标体系,选择工程地质、地形、水文气象、人文、地理条件5个一级指标,和地基承载力、地下水埋深、坡向坡度、土地利用强度、交通可达性等10个二级指标,采用层次分析法计算指标权重计算综合得分。该指标体系易于量化,在权重计算方法上具有推广意义,但由于仅从建设适宜性出发,并未考虑社会经济效益与政策影响,分析并不全面。

3. "生态—经济—社会"评价指标体系

不同于上述两种指标体系,"生态—经济—社会"评价指标体系将土地适宜性系统分解为三部分,着重研究各子系统的评价和汇总方法,而不涉及子系统之间的互动关系。如温华特(2006)通过自然条件、社会经济条件和可持续发展条件对建设用地适宜性进行系统评估,包括工程地质条件、经济环境、区位条件、基础设施条件、生态环境容量5个方面共计25个评价因子。该指标体系涵盖全面,系统地探讨了建设用地适宜性在生态、社会、经济三方面的平衡,但指标的选取受研究区域的特性影响,并无一个放之四海而皆准的固定体系,需要在后续研究中验证。

4. 住建部城乡用地评定标准指标体系

我国住房与城乡建设部2009年出台的《城乡用地评定标准》(CJJ 132—2009)提出了一套完整通用的城市建设用地评定指标体系(表14.10),涵盖了对城市建设用地适宜性评定具有重要或较重要作用并能表征用地适宜性差异的因素分为特殊指标和基本指标两类,其中特殊指标是对城乡用地影响突出的主导环境要素,涉及者必须采用,不涉及者不得采用;基本指标结合城乡类别和评定单元的具体情况选择采用。但是上述指标体系在实践中有两个问题:一是要选择重点、主导因子,根据不同城市增长的实际情况判断当地自然影响因子的重要程度,突出主导因子而忽略影响较小的因子。二是在评价指标确定时可采用专家打分、回归等方法以分析城市自然影响指标,对因子进行适当筛选,提高指标体系的科学合理程度(叶斌,等,2005)。

5. 指标的定性与定量方法

评定指标的定性分析方法,采用以评定单元涉及的特殊指标对城市用地适宜性影响程度的分级定性法,具体划分用地的评定等级类别。当出现严重影响即划定为不可建设用地,至少出现一个较严重影响,即划定为不宜建设用地(中华人民共和国住房和城乡建设部,城乡用地评定标准)(CJJ 132—2009)。在综合评价模型中,各指标权重的确定是其核心问题。根据评价者参与程度,确定权重的方法可分为客观赋权法与主观赋权法,其中客观赋权法主要包括主成分分析法、均方差法、离差最大化法、拉开档次法和多目标规划法等,

表 14.10　住建部城乡用地评定标准指标体系

指标类型	一级指标	序号	二级指标	指标类型	一级指标	序号	二级指标
特殊指标	工程地质	1-01	断裂	基本指标	工程地质	2-1	地震设防烈度
		1-02	地震液化			2-2	岩土类型
		1-03	岩溶暗河			2-3	地基承载力
		1-04	滑坡崩塌			2-4	地下水埋深
		1-05	泥石流			2-5	地下水腐蚀性
		1-06	冲沟			2-6	地下水水质
		1-07	地面沉陷		地貌地形	2-7	地貌地形形态
		1-08	矿藏			2-8	地面坡向
		1-09	特殊性岩土			2-9	地面坡度
	地貌地形	1-10	岸边冲刷		水文气象	2-10	地表水水质
		1-11	地面坡度			2-11	洪水淹没程度
		1-12	地面高程			2-12	最大冻土深度
	水文气象	1-13	洪水淹没程度		自然生态	2-13	污染风向区位
		1-14	水系水域			2-14	生物景观多样性
		1-15	灾害性天气			2-15	土壤质量
	自然生态	1-16	生态敏感度			2-16	植被覆盖度
	人为影响	1-17	各类保护区		人为影响	2-17	土地使用强度
		1-18	各类控制区			2-18	工程设施强度

资料来源：住房与城乡建设部，《城乡用地评定标准》(CJJ 132—2009)。

其共通点在于通过数据内在的差异分析提取权重；主观赋权法包括德尔菲法(Delphi 法)、层次分析法(AHP 法)、比较矩阵法等，其共通点在于根据评价者主观判断获取指标的相对重要程度并计算最终定量化得分(温华特，2006)。

14.6.5　城市增长边界的定性划定

结合具体情景把握限制性要素对城市扩张的限定效应。局部小规模用地的扩张受高压走廊、重要殡葬设施、安保设施、环境设施的影响较大，新组团发展可以跨过这类限制要素，但要重点考虑重要基础设施布局的限制，如高速公路环路、铁路、机场港口等。区域型功能区(重要新城)的打造建设，则是"重大变化"的情景，包括重大项目选址，重大布局决策，能改变城市形态。另外，限制性要素较为集中地区，限定"叠加"效应会被放大。由于大都市地区城市发展复杂性，应充分考虑不同情景下用地扩展的可能。另外，限制性要素较为集中地区限制"叠加"效应明显(图 14.30)。

根据以上原则，分析温州市核心承载区边界确定如图 14.31、表 14.11 所示。

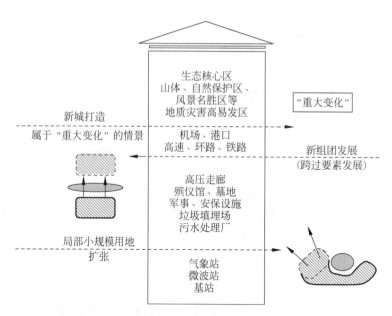

图 14.30 限制性要素对城市扩张的限定效应示意图

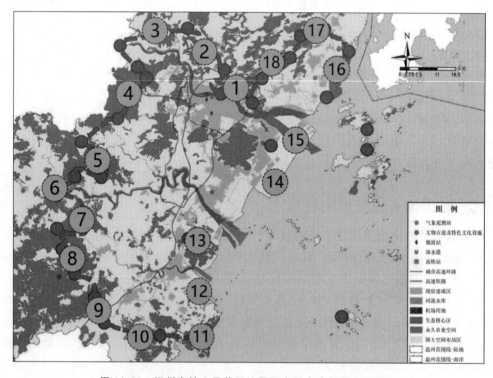

图 14.31 温州市核心承载区边界限定因素分析图(有彩图)

表 14.11　温州市核心承载区边界说明表

编号	边界说明	备注
1	永久农业空间、河湖水库	后江村、瓯江
2	永久农业空间	仁堂村、中西村
3	生态核心区、自然山体	
4	西雁荡省级森林公园	
5	生态核心区	
6	飞云江饮用水水源保护区、永久农业空间	
7	永久农业空间	内塘村、麻树村、梅坑村
8	水源保护区、生态核心区	水头龙涵村饮用水保护区
9	石聚堂风景名胜区、滨海—玉苍山风景名胜区	
10	生态核心区、水源保护区	吴家园水库饮用水水源保护区、挺南水库饮用水水源保护区
11	滨海—玉苍山风景名胜区	
12	滨海岸线	
13	古盘山森林公园、水源保护区、永久农业空间	万全仙口村饮用水源保护区、宋埠村、陡南村、南门村
14	滨海岸线	
15	生态核心区、滨海岸线	
16	生态核心区、永久农业空间	娄川村、东外村、下堡村
17	永久农业空间	梅岙村、柏岩村
18	永久农业空间	仰根村、垟下村、马龙头村

14.6.6　城镇建设用地适宜性评价

在温州市核心承载区边界范围内进行城镇建设用地适宜性评价,评价目的是为国土空间规划阶段选择发展方向、确定最佳时序,建立生态环境良好、应变弹性较大的都市区空间结构及为制止老城区周边失控的圈地行为提供基础依据。

1. 评价因子和指标体系

本次评价因子涵盖了《"双评价"指南》中规定的评价内容,相应评价标准均参考《"双评价"指南》要求。评价指标主要从工程适宜性和综合经济性两个方面,拟选取工程地质与地质地震灾害、地形条件、气候环境条件、用地类型条件、土壤环境条件、社会经济条件、综合可达性以及开发经济性八类影响因素,共 25 个指标,构成城镇建设用地经济性评价指标体系(图 14.32)。

在此基础上,按照相关标准和研究对各指标进行标准化评分(表 14.12)。

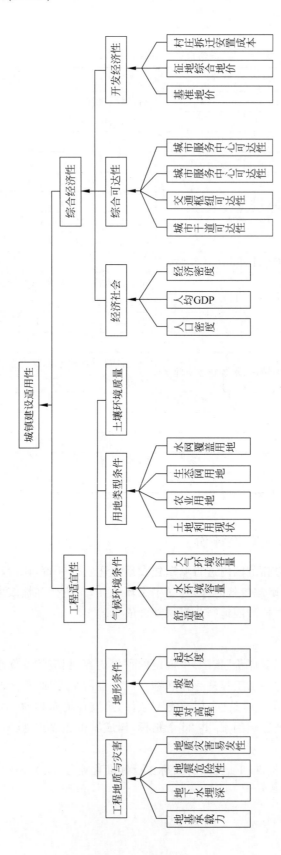

图 14.32 评价因子层次分析图

表 14.12　评价因子权重汇总表

评价因子		权重	子　因　子	子因子权重	复合权重
工程适宜性	工程地质与地质、地震灾害	0.047	地基承载力(综合考虑持端层埋深因素)	0.2432	0.0090
			地下水埋深	0.1351	0.0050
			地震危险性	0.3108	0.0115
			地质灾害易发性(综合考虑地面沉降因素)	0.3108	0.0115
	地形条件	0.1076	相对高程	0.1245	0.0134
			坡度	0.7500	0.0807
			地形起伏度	0.1255	0.0135
	气候环境条件	0.0135	舒适度	0.1852	0.0025
			大气环境容量	0.2963	0.0040
			水环境容量	0.5185	0.0070
	用地类型条件	0.2849	水网覆盖用地	0.1007	0.0317
			生态网用地	0.6424	0.2023
			土地利用现状	0.0838	0.0264
			农业生产用地	0.1731	0.0545
	土壤环境条件	0.047	土壤环境质量	1.0000	0.0470
综合经济性	社会经济	0.017	人口密度	0.3529	0.0060
			人均 GDP	0.3529	0.0060
			经济密度(地均 GDP)	0.2941	0.0050
	综合可达性	0.3046	城市重要主干道(或快速干道)的可达性	0.0541	0.0154
			交通枢纽的可达性	0.4817	0.1371
			行政中心、商务中心、文体中心等大型公共服务设施及学校教育设施的可达性	0.3770	0.1073
			城市公园的可达性	0.0871	0.0248
	开发经济性	0.1784	基准地价	0.4759	0.0849
			征地综合地价	0.0717	0.0128
			村庄拆迁安置成本	0.4524	0.0807

2. 可建设城镇用地分等定级

以都市核心承载区为例,在城镇建设适宜区划定 100m×100m 网格,都市核心承载区共得到 252 580 个网格单元,以网格单元作为城镇建设用地经济性评价基本单元。根据主成分分析综合分值结果,按照自然间断法,将各评价单元城镇建设的整体适宜程度分为 3 个等级,分别为优先开发区、优先保护区及发展留白区,各区域结果如表 14.13 及图 14.33 所示。

表 14.13   温州市核心承载区各等级城镇建设适宜区面积统计表

等级	用地面积/km²	占比/%
优先开发区	1389.12	61.97
优先保护区	341.55	15.24
发展留白区	510.88	22.79
总计	2241.56	100.00

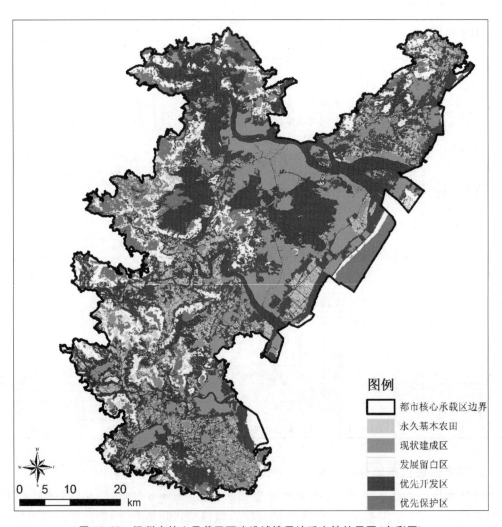

图 14.33   温州市核心承载区可建设城镇用地适宜性结果图(有彩图)

14.7　可利用海域评价

海洋空间是国土空间的重要组成部分,与陆地空间比较,具有鲜明的特点:①呈现立体性,自上而下为海面、水体、海床和海底;②海面面积巨大,外向扩展,边界模糊;③海洋水体具有能量和物质流动以及连续性,特别是海洋生物资源的流动性明显;④海床蕴藏丰富的石油、天然气、海冰和其他矿产资源;⑤海底还是电缆、通信网建设等空间。

14.7.1　可利用海域定义

人类利用海洋能力和技术确定的海洋空间是海岸带地区。海岸带是海陆交界处相互作用、变化活跃的地带。上限是现代波浪作用的地带,下限是波浪开始扰动的海底之处,这个界限随波浪作用的强度而变,一般来说是在水深相当于波浪长度 1/2 或 1/3 处。然而,目前人类具有开发技术和能力的地区还处在−15m 以内的近海海域。海岸带作为海陆过渡与相互作用的地带,易受海洋灾害影响;海岸带地区是人口密集、人类活动频繁的地区,开发强度大的地区。一般而言,海洋处在生物区层的最低部,海岸带是最容易受到污染的区域,海岸带生态环境均表现为脆弱性特征。我国 1979—1986 年间进行了全国海岸带和滩涂资源综合调查。海岸带划分为:①陆域。一般自海岸线向陆地延伸 10km;②海域。一般自海岸线向海扩张至 10～15m 等深线;③河口地区。向陆地自潮间带,向海至淡水舌峰缘。本章将温州市海洋生态保护区、渔业生产保护区、海洋生产区、永不开发海域和−15m 等深线以外现状技术条件不可利用海域以外的海域,划定为可利用海域,涉及海域面积共计 2868km²。

14.7.2　海洋资源调查

海洋资源调查涉及的类型较多,主要包括海洋自然资源、海水及水化学资源、海洋生物资源、海洋固体矿物资源、海洋油气资源、海洋能资源、海洋港航资源、海洋旅游资源、海洋人文资源和历史文化遗迹等。

14.7.3　海洋功能区划

一般而言,海洋功能区包括:农渔业区(农业区、渔业区、养殖区、增值区、捕捞区、重要渔业品种养护区)、港口航运区(港口区、航道区、锚地区)、工业和城镇用海区(临港工业区、滨海城镇区)、矿产与能源区(油气区、固体矿产区、盐田、可再生能源区)、旅游娱乐区(风景旅游区、文体娱乐区)、海洋保护区(海洋自然保护区、海洋特殊保护区)、特殊利用区(军事、其他)和海洋保留区。海洋主体功能区划主要在于划定海洋优化开发区域(港口、旅游、工业建设开发强度控制区)、海洋重点开发区域(临港工业和城镇高强度建设区)、海洋限制开发区域(旅游、农渔业生产区)、海洋重点生态功能区(生态服务、旅游、海产品)和海洋禁止开发区域(国家和省级自然保护区、领海基地所在岛屿)。

14.7.4　海洋生态保护区划定

海洋空间的利用也需要建立在海洋生态保护的基础上。海洋生态保护区划定包括如下内容:

——海洋生态红线。依法在重要海洋生态功能区、海洋生态敏感区和生态脆弱区等区域划定的边界线以及管理指标控制线,是海洋生态安全的底线。

——海洋生态红线区划定。重要河口区、重要滨海湿地、特别保护海岛、海洋保护区、自然景观及历史文化遗迹、珍稀濒危物种集中分布区、重要滨海旅游区、重要沙质岸线及邻近海域、沙源保护海域、重要渔业海域、红树林、珊瑚礁、海草床等。

——海洋生态红线管控类别。①禁止类:海洋生态红线区内禁止一切开发活动的区域,包括国家级海洋自然保护区的核心区和缓冲区;海洋特别保护区的重点保护区和预留区。②限制类:海洋生态红线区内除禁止区以外的区域。

1. 海洋生态保护区

温州共有国家级海洋保护区 3 处、省级海洋保护区 3 处、市级海洋保护区 1 处,按其范围划定为海洋生态保护区,面积共计 311.64km²(图 14.34)。

2. 滨海生活岸线预留

将现状居住生活区、大型公共服务设施周边 2km 范围岸线划定为滨海生活岸线。共划定陆域和海岛生活岸线 192.83km,占温州陆域海岸线和海岛岸线总长度的 14.33%。

3. 永不开发岸线和海域划定

根据海洋环境监测站提供的陆域与海岛岸线调查数据,将现状自然岸线中基岩、砂砾质岸线划定为永不开发岸线,共划定陆域和海岛永不开发岸线 628.38km,其中,陆域永不开发岸线长度 176.97km,海岛永不开发岸线 451.41km。将永不开发岸线、海洋生态保护区周边海域划定为永不开发海域,总面积 1438.64km²。

14.7.5　海洋空间开发利用

海洋资源来自海洋,开发却需要依托陆地。因此,海洋空间的开发利用一般会循由陆地到近海,再到深海的开发过程。海洋空间开发强度也远远低于陆地开发强度。两种海洋空间类型是海洋空间开发利用的重点,它们是:①填海造地转变为陆地;②海洋资源利用后海洋空间用途转换的空间,如海洋渔业空间(增养殖区、捕捞区)、海洋开发利用空间(港口、旅游、矿产、海洋能、特殊利用、保留区)。

1. 滨海生产区划定

在温州市,通过提取《温州市海洋功能区划》中的港口航运区作为海洋生产区范围,主

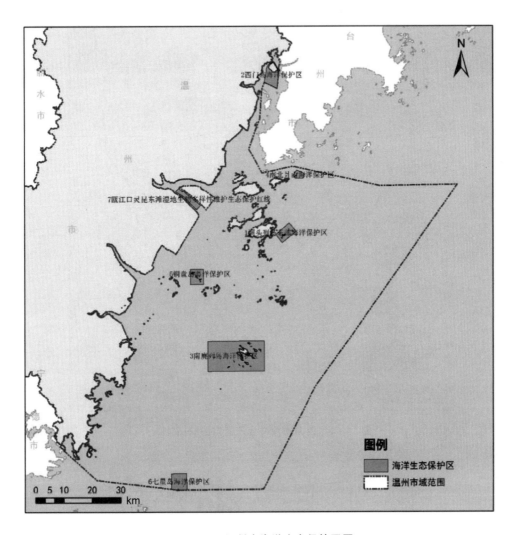

图 14.34　温州市海洋生态保护区图

要包括乐清湾港口航运区、乐清湾进港港口航运区、洞头港航运区、飞云江港口航运区、鳌江港口航运区、瓯江口港口航运区、舥艚港口航运区和霞关港口航运区 8 处,面积合计473.16km²(图 14.35)。

2. 海洋渔业生产保护区

温州市海洋渔业生产保护区包括大型海域水产养殖区、水产种质资源保护区、增殖区和渔业基础设施区,总面积为 587.91km²。其中,经评价得到的大型海域水产养殖区面积共计 172.05km²;水产种质资源保护区共 7 处,面积共计 220.48km²;增殖区包括东策岛北侧增殖区和北麂增殖区,面积分别为 0.36km²、181.02km²,共计 181.38km²;渔业基础设施区主要为 11 处渔港,面积共计 14km²(图 14.36)。

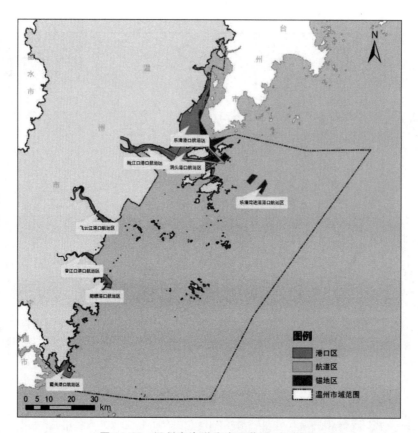

图 14.35　温州市海洋生产区范围(有彩图)

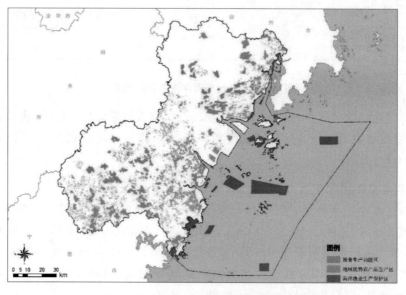

图 14.36　温州市农业和渔业生产保护区(有彩图)

3. 海域水产养殖区评价

对温州市现状海域水产养殖区进行 500m 范围的空间聚合分析,将连片面积在 1km² 以上的养殖区确定为大型水产养殖区。经评价,温州市大型海域水产养殖区面积共计 172.05km²(图 14.37)。

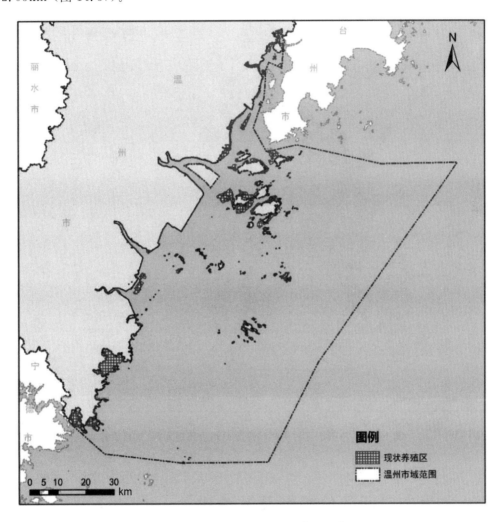

图 14.37　温州市大型海域水产养殖区范围图

14.7.6　可利用海域经济适用性评价

在温州市可利用海域范围内划定 1000m×1000m 网格,作为可利用海域适宜性评价基本单元。评价指标方面,选取海洋水深、海洋岸线、海洋生物、海洋环境和海洋空间可达性等 5 项指标,将可利用海域划分为适宜、较适宜、一般适宜、较不适宜和不适宜 5 个等级(图 14.38)。

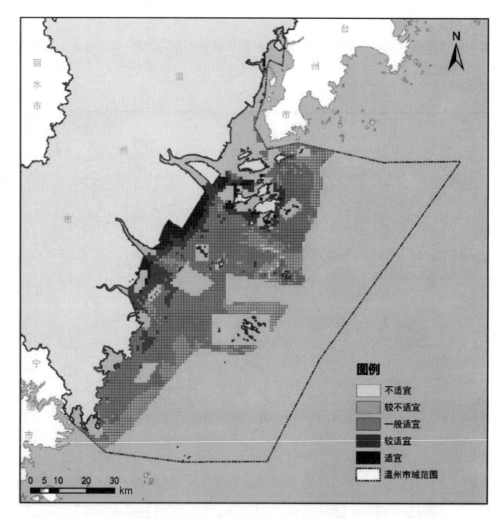

图 14.38　温州市可利用海域经济适用性等级划定(有彩图)

附录 A　生态空间评价模型及其改进

A.1　生态网络评价指标

　　生态网络可以抽象为图形:节点表示网络斑块,边表示物种在网络斑块之间迁徙的廊道(图 A.1)。图形理论中的相关评价指标提供了生态网络结构的具体评价方法。

　　在生态网络整体结构层面和要素结构个体层面,可以采取生态网络与图形理论相结合的评价方法对生态连通性进行分析。在生态网络整体结构层面,可分析网络连通性整体情况。在要素结构层面的评价具体为斑块优势度评价,即分析斑块个体对生态网络连通性的作用。图形理论为评价网络结构提供了多种方法,被较多应用于生态网络的评价指标主要

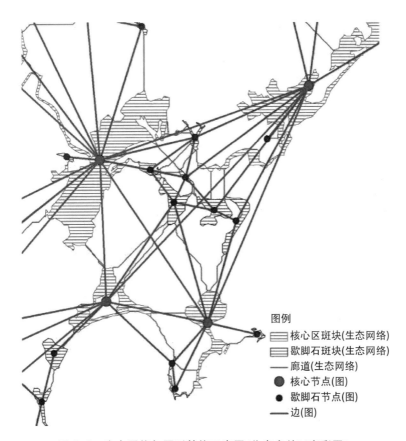

图 A.1　生态网络与图形转换示意图（作者自绘）（有彩图）

有：图的直径(graph diameter)、斑块集合大小期望值(expected cluster size, ECS)、连通性概率指数(probability of connectivity index, PC)、关联长度(correlation length)以及介数指数(betweenness centrality index, BCI)。

A.1.1　图的直径

　　图的直径是指在网络所有两两斑块间的最短连接路径中,长度最长的一条路径的长度值。图的直径是一个纯粹的拓扑测量,并没有考虑斑块面积,通常图的直径随斑块的数量增多而增多。由此,Ferrari 等(2007)指出,图的直径大小与物种在网络斑块间扩散无法建立起确定的关系。因为,自然生境的破碎也会导致斑块数量的增加,进而导致图的直径增大。此外,根据定义,图的直径只能够提供关于每一对斑块之间连通性的信息。为此,图的直径的定义也做了一定修改,将最大长度替换为平均长度,即计算所有存在连接的斑块之间最短路径(欧式距离或最小成本距离等)的平均值。经过这一改进,如果这一值比较小,则表示网络中的斑块之间联系是紧密的。由于图的直径的指标只是通过比较存在连接的斑块之间的路径长度得到的,如上文所说,当研究区域自然生境破碎严重时,这一指标对于连通性的评价很可能具有误导性。

A.1.2　斑块集合大小期望值

斑块集合大小期望值代表相互连通的斑块所构成的斑块集合面积均值。斑块集合大小期望值(expected cluster size, ECS)的计算公式如下所示:

$$\mathrm{ECS} = \frac{\sum_{i=1}^{\mathrm{NC}} a_i^2}{A} \tag{A.1}$$

其中,a_i 为第 i 个斑块集合中斑块的面积之和;A 为研究区域中所有斑块的面积之和;NC 表示研究区域中斑块集合的个数。

ECS 包含了斑块集合中网络斑块数量与面积的信息,但是并没有反映在整个研究区域层面网络斑块数量的生态意义信息。比如,一个小面积网络斑块消失可能会使 ECS 增加,但是在整个研究区域层面,由于这个网络斑块的消失,网络斑块的总面积却减少了。

A.1.3　连通性概率指数

连通性概率指数(probability of connectivity index, PC)定义为两个被随机放入的物种放入到同一个相互连接的斑块集合的概率。它的表达式如下:

$$\mathrm{PC} = \frac{\sum_{i=1}^{n} \sum_{j=1}^{n} a_i a_j p_{ij}^*}{A_L^2} \tag{A.2}$$

其中,a_i 和 a_j 分别为斑块 i 和斑块 j 的面积;A_L 指研究区域的总面积;p_{ij}^* 表示斑块 i 与斑块 j 之间的连接程度。如果斑块 i 与斑块 j 足够近,则 p_{ij}^* 即为 i,j 直接相连的距离,即 $p_{ij}^* = p_{ij}$。如果斑块 i 与斑块 j 之间有相当的距离,最短路径可能由经过斑块 i 与斑块 j 之间数个歇脚石间接相连得到。p_{ij} 通常由一个以距离为变量的负指数函数(即 $p_{ij} = e^{-k^* d_{ij}}$)得到,当斑块 i 与斑块 j 由于距离过远或者是其间有障碍物等的原因完全隔离时,$p_{ij}^* = 0$。当斑块 i 与斑块 j 相同(即 $i=j$)时,$p_{ij}^* = 1$。计算这一指数需要指定负指数函数中的 k 值,而 k 值还没有得到广泛认可的确定方法。

A.1.4　连接度整体指数

连接度整体指数(integral index of connectivity, IIC)公式为

$$\mathrm{IIC} = \frac{\sum_{i=1}^{n} \sum_{j=1}^{n} \frac{a_i^* a_j}{1 + \mathrm{nl}_{ij}}}{A_L^2} \tag{A.3}$$

式中,n 是指研究区域斑块节点的总数量,a_i 和 a_j 分别是节点 i 与 j 的某种属性,如节点所对应的斑块的面积或质量等。nl_{ij} 是节点 i,j 之间连接的数量,如果 $i=j$,则 $\mathrm{nl}_{ij} = 0$;如果 i,j 之间没有连接线,则 nl_{ij} 为正无穷大。A_L 是指属性值最大的节点所对应的属性值。IIC 指数中融入了节点属性的信息,由于节点的质量等其他信息很难量化测定,所以在计算过程中,通常采用面积作为节点属性。而采用面积作为属性指标时,IIC 指数的物理意义比较难于直观的解释。

A.1.5　关联长度

关联长度(correlation length，CL)用于计算给定扩散能力的物种在到达其能够到达的斑块的边界时的平均移动距离。对于给定的物种扩散能力 d，由欧氏距离或累积成本值小于 d 的路径所连接的斑块构成了在这一阈值条件下相互连通的斑块的集合。关联长度指数表示物种在碰到斑块集合边界之前所迁移的平均距离。因此，关联长度的值越大，则表示研究区域生态网络连接越紧密，网络的生态功能越强。关联长度由下式定义：

$$C = \frac{\sum_{i=1}^{m} n_i \cdot R_i}{\sum_{i=1}^{m} n_i} \tag{A.4}$$

其中，m 是斑块集合中核心网络斑块的个数，n_i 是斑块集合 i 中斑块所覆盖的像素个数，R_i 是斑块集 i 的回转半径(radius of gyration)，其定义如下式所示：

$$R_i = \frac{\sum_{j=1}^{n_i} \sqrt{(x_j - \bar{x}_i)^2 + (y_j - \bar{y}_i)^2}}{n_i} \tag{A.5}$$

其中，$\bar{x}_i$ 和 $\bar{y}_i$ 分别是斑块集合 i 中核心网络斑块所有像素坐标 x 和 y 的平均值，x_j 和 y_j 分别是斑块集合 i 中第 j 个斑块像素的横坐标和纵坐标。

将式(A.5)代入式(A.4)可以得到：

$$C = \frac{\sum_{i=1}^{m} \sum_{j=1}^{n_i} \sqrt{(x_j - \bar{x}_i)^2 + (y_j - \bar{y}_i)^2}}{\sum_{i=1}^{m} n_i} \tag{A.6}$$

上式中 $\sum_{i=1}^{m} n_i$ 表示研究区域斑块的总数，由于这个分母的出现，使得对同一个研究区的不同连接等级的斑块连通性对比分析成为可能。在不考虑斑块恢复与增加时，它的值是一个恒定值。在考虑斑块恢复与增加时，它的值随斑块增加而增加，从而消除了由于斑块数量增加引起分子增加及由此引起的结果分析混乱。通过分析分子部分可以发现：①当同一斑块集合中的斑块面积越大，C 值也就越大；②同一斑块集合中斑块间距离越远，则 C 值也就越大。因此，从生态网络的物理意义上讲，关联长度指数一方面反映了斑块面积对生态网络结构的影响，另一方面反映了斑块之间的距离对生态网络结构的影响。

A.1.6　介数指数

一个节点在网络结构中的位置基本特性是其中心性。在生态网络中，一个斑块的重要程度可以通过其在网络破碎/聚合中所起到的作用来体现。介数指数(betweenness centrality index，BCI)可用来测定核心网络斑块之间歇脚石斑块的重要程度。其定义如下：

$$C_B(v) = \sum_{s,t \in PC, s \neq t} \frac{\sigma_{st}(v)}{\sigma_{st}} \tag{A.7}$$

其中,v 为进行评测的网络斑块,PC 是网络斑块集,$\sigma_{st}(v)$ 是指由斑块 s 到斑块 t 之间所有路径中通过斑块 v 的路径。σ_{st} 是指斑块 s 到斑块 t 之间所有路径。通过定义可知,介数指数的值界于 0 与 1 之间,值越大,表示经过该斑块的路径占总路径的比例越大,因而该斑块的重要程度越高。由于该指数是对所有斑块在整个生态网络中作用的评价,为与下节中改进的介数指数有所区别,本文将其命名为全局介数指数。因此,对于 BCI 指数较高的斑块(图 A.2),它们的作用通常表现在:①减少整个生态网络中斑块与斑块之间的连接距离;②如果没有这些斑块,其他网络斑块或网络斑块集合可能就会出现隔离;③这些斑块构成了生态网络中物种迁移的主要骨架节点。由于 BCI 指数在计算过程中没有考虑斑块的面积因素,因此 BCI 指数特别适合于网络斑块大小没有特别明显区分的网络中各类斑块的评价。

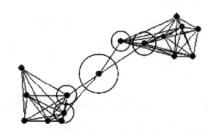

图 A.2　经过 BCI 指数计算得到的不同节点重要程度示意图

A.2　生态网络评价指标选择与改进

通过上述分析,选择关联长度指数作为生态网络整体结构评价的指标。对于斑块重要程度评价,则是在关联长度指数的基础上,通过 PIOP(percentage of importance of omitted patches)的方法得到。或者选择介数指数作为重要程度评价的指标,并考虑本文实际特点与评价需求进行一定的改进。具体选择何种指标作为评价指标,应结合应用的具体特点决定。

A.2.1　关联长度指数的 PIOP 方法

PIOP 方法的评价思路是分别移去其中一个核心网络斑块及与其连接的路径,对比前后网络的关联长度指数变动情况。通过对关联长度指数的扩展,可以评价某一个具体斑块在网络连通中的作用。如用 C 表示整个生态网络的关联长度指数,C_k 表示去掉斑块 k 后的网络的关联长度指数,则斑块 k 的重要程度 I_{Ck} 可表示为如下公式:

$$I_{Ck} = \frac{C - C_k}{C} \tag{A.8}$$

A.2.2　全局介数指数改进型指数

介数指数可用于评价单个斑块在增加网络连通度方面的贡献程度:由于一个重要斑块

的存在,可以使得多个斑块连接成为一个斑块集合,并且可用于确定物种在扩散过程中经过频率较高的斑块。通过介数指数可以在数据较少的情况下确定用于进一步研究以及重点保护的斑块。因此,确定介数指数高的斑块并在非建设用地中对这些斑块赋予较高的保护级别,保护这些斑块不受破坏,对于保护促进生态网络连通性有重要意义,并可以有效降低管理与保护成本。通过介数指数也可以确定用于恢复和新建网络斑块的地区,比如在介数指数高的网络斑块附近适宜的位置兴建新的网络斑块,可以降低整个生态网络对该网络斑块的依赖程度,进而可以提高生态网络连通性与稳定性。针对小型斑块(歇脚石斑块)的重要作用,为便于分析其在生态网络中的具体作用,对全局介数指数进行改进。BCI 指数经过算法的一定程度的改进,特别适合用于评价核心网络斑块之间起到增强连通性的小型歇脚石斑块的作用。通过对式(A.8)的改进,如下式所示:

$$C_B(v) = \sum_{s_c, t_c \in PC_c, s_c \neq t_c} \frac{\sigma_{s_c, t_c}(v)}{\sigma_{s_c t_c}} \tag{A.9}$$

其中,v 为进行评测的歇脚石节点,$\sigma_{s_c, t_c}(v)$ 是指由核心节点 s_c 到核心节点 t_c 之间所有路径中通过歇脚石节点 v 的路径。$\sigma_{s_c t_c}$ 是指核心节点 s_c 到核心节点 t_c 之间所有路径。

图 A.3 表示对于同一个生态网络,采用不同的计算方法得到的歇脚石的重要程度。(a)表示用于计算的生态网络的结构;(b)表示通过 Conefor Sensinode 2.2 软件计算 IIC 指

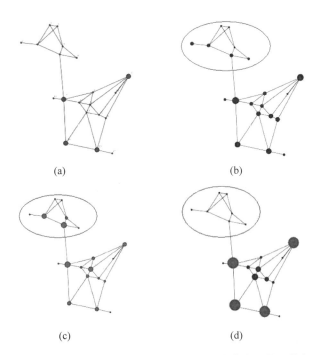

(a)　　　　　　　　　(b)

(c)　　　　　　　　　(d)

图 A.3　不同指数对歇脚石节点重要性评价示意图(作者自绘)(大节点为核心节点,小节点为歇脚石节点)
(a)分析所用的生态网络;(b)通过 IIC 指数计算得到的网络中不同节点的重要程度;(c)通过 Freeman BCI 指数计算得到的网络中不同节点的重要程度;(d)通过本文改进算法计算得到的网络中不同节点的重要程度

数得到的节点重要程度；(c)表示 Ucinet 6[①] 软件计算 Freeman(1979) BCI 指数得到的节点重要程度；(d)表示本文通过改进后的计算方法得到的节点重要程度。对比图 A.3(b)，(c)，(d)可以发现，(b)，(c)的计算结果均未体现歇脚石节点在核心节点连接中的重要程度。这会导致针对歇脚石节点的不准确，甚至是错误评价结果。在实践中，这样的评价结果可能会使在整个网络连接中起到重要歇脚石作用的非建设用地斑块被忽视或者被建设用地开发，而将有限的人力物力用于歇脚石较低的非建设用地的保护与恢复。而(d)图所用的经本文改进的算法则强调了歇脚石节点在核心节点连接中的作用。

附录 B　优势农业空间评价模型

B.1　高产稳产评价

农业生产保护区不仅需要保障农产品产量供应，而且需要具备优质、稳定的产出能力。高稳系数以农作物单产量均值和标准差为指标，判断标准为稳定比对照增产 10% 以上(温振民，1994)。原始公式如下：

$$\mathrm{HSC}_i = \frac{\text{参试品种的稳定单产量}}{\text{目标品种的稳定单产量}} \times 100\% = \left(\frac{\overline{X}_i - S_i}{1.1\overline{X}_{ck} - S_{ck}}\right) \times 100\%$$

式中，HSC_i 为参试品种的高稳系数，$\overline{X}_i$ 和 S_i 分别为参试品种的单产量均值和标准差，$\overline{X}_{ck}$ 和 S_{ck} 分别为对照品种的单产量均值和标准差。

1) 种植业高产稳产评价

种植业高产稳产水平取决于一定自然环境、社会经济和技术装备条件下，单位面积土地稳定出产大量农产品的能力，其中自然环境是决定性因素。农作物稳定单产量指标能较好地反映一段时间内乡镇种植业高产稳产性综合水平。

$$\mathrm{HSC}_{ij} = \frac{\text{乡镇 } j \text{ 农作物 } i \text{ 的稳定单产量}}{\text{区域内农作物 } i \text{ 的稳定单产量}} \times 100\% = \left(\frac{\overline{X}_{ij} - S_{ij}}{\overline{X}_{cki} - S_{cki}}\right) \times 100\%$$

式中，HSC_{ij} 为乡镇 j 农产品 i 的高产稳产系数，$\overline{X}_{ij}$ 和 S_{ij} 分别为历年乡镇 j 农作物 i 的单产量均值和标准差，$\overline{X}_{cki}$ 和 S_{cki} 分别为历年所在区域农作物 i 的单产量均值和标准差。

2) 畜牧业和渔业高产稳产评价

畜牧业和渔业高产稳产对农业生产条件尤其是自然环境的依赖度较低，其通用测度指标主要为畜禽产品或水产品产量。因此，以农产品稳定产量指标反映一段时间内乡镇养殖业高产稳产性综合水平。

$$\mathrm{HSC}_{ij} = \frac{\text{乡镇 } j \text{ 畜禽产品或水产品 } i \text{ 的稳定产量}}{\text{区域内畜禽产品或水产品 } i \text{ 的乡镇平均稳定产量}} \times 100\%$$

$$= \left(\frac{\overline{Y}_{ij} - S_{ij}}{\overline{Y}_{cki} - S_{cki}}\right) \times 100\%$$

---

① http://www.analytictech.com/ucinet/

式中，HSC_{ij} 为乡镇 j 农产品 i 的高产稳产系数，$\overline{Y}_{ij}$ 和 S_{ij} 分别为历年乡镇 j 畜禽产品或水产品 i 的产量均值和标准差，$\overline{Y}_{cki}$ 和 S_{cki} 分别为历年所在地区畜禽产品或水产品 i 的乡镇平均产量均值和标准差。

B.2　规模经营评价

将农户关注的净收入水平与农业规模收益挂钩，以收入尺度法估算的规模经营定量标准为参照，结合定性评选的新型农业经营主体数量，综合评价村庄单元的规模经营水平。

收入尺度法基于务农利润和农民收入目标判断不同农业生产者的适度规模经营标准，近期目标为当地第二、三产业务工收入，远期目标为当地城镇居民年可支配收入。种植业规模经营标准以土地规模衡量，畜牧业和渔业规模经营标准以产量规模衡量。计算公式如下：

$$G_i = \frac{\text{农民收入目标}}{\text{单位农用地或单位农产品 } i \text{ 净利润}} = \frac{\overline{W}}{\overline{P}_i}$$

式中，G_i 为农产品 i 规模经营标准（土地规模或产量规模）；$\overline{W}$ 为历年当地第二、三产业务工收入或城镇居民年可支配收入均值；$\overline{P}_i$ 为当地单位播种面积农产品 i 稳定净利润或单位产量农产品 i 稳定净利润。

由于收入尺度法估算的是农户尺度的规模经营标准，乡镇地域单元的规模经营通过个体平均经营规模与标准比较的相对值来测度。

$$G_{ij} = \frac{\text{乡镇 } j \text{ 农产品 } i \text{ 实际人均经营规模}}{\text{农产品 } i \text{ 规模经营标准}} = \frac{\overline{X}_{ij} \div \overline{N}_{ij}}{S_i} = \frac{\overline{P}_i \times \overline{X}_{ij}}{\overline{N}_{ij} \times \overline{W}}$$

式中，G_{ij} 为乡镇 j 农产品 i 规模经营相对值；$\overline{P}_i$ 为当地单位播种面积农产品 i 稳定净利润或单位产量农产品 i 稳定净利润；$\overline{X}_{ij}$ 为历年乡镇 j 农产品 i 播种面积或产量均值；$\overline{N}_{ij}$ 为历年乡镇 j 农产品 i 生产经营人数；$\overline{W}$ 为历年当地第二、三产业务工收入或城镇居民年可支配收入均值。

收入尺度法科学量化了理想条件下的规模经营标准，然而考虑到现实情况复杂性，估算的规模经营标准作为绝对评价依据的可靠性较低。因此，取 G_{ij} 为相对判断指标，得分值越高则乡镇规模经营水平越显著。同时，结合定性评价的新型农业经营主体数量指标对收入尺度法进行补充，包括地方在农业部指导下创建的示范家庭农场、农民专业合作社示范社、农业产业化重点龙头企业、畜禽养殖标准化示范场和水产健康养殖示范场等。综合定量与定性指标，得到乡镇 j 农产品 i 的规模经营系数（S_{ij}）评价公式：

$$S_{ij} = \sqrt{(G_{ij}')^2 + (U_j')^2}$$

式中，S_{ij} 为乡镇 j 农产品 i 规模经营系数；G_{ij}' 为标准化的乡镇 j 农产品 i 规模经营相对值；U_j' 为标准化的乡镇 j 种植业、畜牧业或渔业新型经营主体数量。

B.3　集中连片评价

集中连片是实现农业现代化生产、提高特色农产品生产效率的重要前提。景观生态学网络分析评价耕地局部连片性的方法具有定量化、精细化优点(杨建宇,2017),在此基础上通过科学选取评价对象和合理设定阈值,可广泛适用于农林牧渔业生产集中连片评价(表 B.1)。

1) 连片网络类型和参数

对不同评价对象的生产用地图斑构建多个连片网络。地块空间距离小于规定阈值 D 时认定为连片,以 $D/2$ 为缓冲半径可得空间相连地块。阈值 D 是构建连片网络的关键技术参数,取值在 32m、40m、100m 不等,应根据各地自然条件和农业生产特点进行设置,平原地区连片耕地的距离一般小于 20m,山区连片果园的距离通常大于 50m。

表 B.1　不同评价对象的建议阈值

评 价 对 象	第三次全国国土调查分类		建议阈值 D
	一　级　类	二　级　类	
粮食和重要农产品(除橡胶)、种植业特色农产品	耕地	水田、旱地、水浇地	32m
粮食和重要农产品(仅橡胶)、林业特色农产品	种植园用地	果园、茶园、橡胶园、其他园地	50m
畜牧业特色农产品	草地	天然牧草地、人工牧草地	100m
渔业特色农产品	水域及水利设施用地	坑塘水面、水库水面	32m

2) 构建农用地连片网络和最小链接矩阵

以 $R=D/2$ 为半径进行缓冲分析,缓冲区相交地块视作连片。以地块几何中心为节点,以连片地块中心点连线为边,构建由节点和边集合组成的农用地连片网络。在 ArcGis 中新建网络数据集,通过 OD 成本矩阵在连片网络中查找和测量任意两两节点间的最短路径,以边的条数进行表示,得到最小链接矩阵 L,表达式为

$$L = (l_{pk})_{n \times n} = \begin{bmatrix} l_{11} & l_{12} & \cdots & l_{1n} \\ l_{21} & l_{22} & \cdots & l_{2n} \\ \vdots & \vdots & & \vdots \\ l_{n1} & l_{n2} & \cdots & l_{nn} \end{bmatrix}$$

式中,l_{pk} 为节点 p 与节点 k 之间的最短路径;n 为节点数量。当 $p=k$ 时,$l_{pk}=0$;当节点 p 与节点 k 不连通时,l_{pk} 为 ∞。

3) 计算地块局部连片度

借鉴综合连接度指数,地块 p 的局部连片度(I_p)由地块 p 的面积、与地块 p 相连的地块 k 的面积和 p 与 k 之间最短路径共同决定。

$$I_p = \sum_{k=1}^{m} \frac{a_p a_k}{1 + l_{pk}} \quad (l_{pk} \leqslant M)$$

式中,I_p 为地块 p 局部连片度;m 为与地块 p 相连的地块个数;a_p 为地块 p 的面积;a_k 为与地块 p 相连的地块 k 的面积;l_{pk} 为节点 p 与节点 k 之间的最短路径;M 为研究区域指定最大链接数,一般设定值 3。在地块局部连片度计算的基础上,采用几何间隔法将农用地划分

为高连片、中连片、低连片三等级。

4）计算乡镇集中连片系数

乡镇农业生产集中连片水平由高连片农用地占同类型农用地比例反映，命名为乡镇集中连片系数。计算公式：

$$I_{ij} = \frac{乡镇\,j\,农产品\,i\,高连片农用地面积}{乡镇\,j\,农产品\,i\,农用地总面积}$$

式中，I_{ij} 为乡镇 j 农产品 i 集中连片系数。乡镇 j 同种生产方式下的农产品具有相同的集中连片系数。

B.4　农业生产保护区综合划定

高产稳产、规模经营和集中连片评价反映了各乡镇单维度农业生产特征，基于 TOPSIS 模型对三项指标进行多要素综合评价，分别划定粮食和重要农产品集中生产区和地域特色优势农产品集中生产区，得到以永久基本农田为依托的农业生产保护区范围。

将乡镇 j 农产品 i 的高产稳产系数（H_{ij}）、规模经营系数（S_{ij}）和集中连片系数（I_{ij}）输入 TOPSIS 模型，得到乡镇农业综合生产能力相对优劣排序。

（1）指标标准化

采用极值标准化法对指标 H_{ij}、S_{ij} 和 I_{ij} 进行无量纲化处理：

$$X'_{ij} = \frac{X_{ij} - \min(X_i)}{\max(X_i) - \min(X_i)}$$

式中，X_{ij} 为评价指标，X'_{ij} 为指标标准值，$\max(X_i)$ 为指标最大值，$\min(X_i)$ 为指标最小值。

（2）构建评价矩阵

假设乡镇数量为 n 个，已知评价指标数量为 $m=3$ 个，按照涉及农产品种类构建 i 个多要素评价标准矩阵：

$$R(i) = (r_{jk(i)})_{n\times m} \quad (i = 1,2,\cdots,q;\ j = 1,2,\cdots,n;\ k = 1,2,\cdots,m)$$

式中，$R(i)$ 为农产品 i 的多要素评价标准矩阵；$r_{jk(i)}$ 为乡镇 j 农产品 i 的第 k 个指标标准值；q 为乡镇 j 农业生产保护区评价中农产品种类数量；n 为乡镇单元数量；m 为评价指标数量，此处值为 3。

设高产稳产、规模经营和集中连片要素对于划定农业生产保护区具有同等重要性，构建农产品 i 多要素评价加权矩阵：

$$W(i) = (w_{jk(i)})_{n\times m} = R(i) = (r_{jk(i)})_{n\times m} \quad (i = 1,2,\cdots,q;\ j = 1,2,\cdots,n;\ k = 1,2,\cdots,m)$$

式中，$W(i)$ 为农产品 i 的多要素评价加权矩阵，与标准矩阵 $R(i)$ 相同；$w_{jk(i)}$ 为乡镇 j 农产品 i 的第 k 个指标加权值，与标准值 $r_{jk(i)}$ 相同；q 为乡镇 j 农业生产保护区评价中农产品种类数量；n 为乡镇单元数量；m 为评价指标数量，此处值为 3。

（3）计算评价对象与最优解和最劣解距离

$$D^+_{ij} = \sqrt{\sum_{k=1}^{m}\left[(w_{jk(i)} - \max(w_{k(i)}))\right]^2}$$

$$D_{ij}^- = \sqrt{\sum_{k=1}^{m} \left[(w_{jk(i)} - \min(w_{k(i)})) \right]^2}$$

$$(i = 1, 2, \cdots, q; \ j = 1, 2, \cdots, n; \ k = 1, 2, \cdots, m)$$

式中，D_{ij}^+ 为乡镇 j 农产品 i 的农业综合生产能力与最优解距离；D_{ij}^- 为乡镇 j 农产品 i 的农业综合生产能力与最劣解距离；$w_{jk(i)}$ 为乡镇 j 农产品 i 的第 k 个指标加权值；$\max(w_{k(i)})$ 为农产品 i 第 k 个指标加权值的最大值；$\min(w_{k(i)})$ 为农产品 i 第 k 个指标加权值的最小值；q 为乡镇 j 农业生产保护区评价中农产品种类数量；n 为乡镇单元数量；m 为评价指标数量，此处值为 3。

（4）计算评价对象与理想单元的相对贴切度

$$T_{ij} = \frac{D_{ij}^-}{D_{ij}^- + D_{ij}^+} \quad (i = 1, 2, \cdots, q; \ j = 1, 2, \cdots, n)$$

式中，T_{ij} 为乡镇 j 农产品 i 与理想解的相对接近度，即农业生产评价水平；q 为乡镇 j 农业生产保护区评价中农产品种类数量；n 为乡镇单元数量。T_{ij} 越高，乡镇高产稳产、规模经营和集中连片的农业综合生产能力越强。

附录 软件使用说明

A.1 统计分析模型

A.1.1 一元回归分析

1. 数据格式

一元回归分析的数据通过电子表格提供。随机变量组成表格的列,对随机变量的一次观察构成表格的行。一元回归分析仅需要两个统计量,即两列数据。默认情况下,自变量在电子表格的第一列,因变量在电子表格的第二列。因为用户有可能在一个电子表格中录入了多个统计量(比如用于多元回归分析),为了方便地选择自变量和因变量,系统提供了变量选择对话框。

2. 变量选择

选择变量对话框(用于一元回归分析)用于从当前电子表格的变量中选择将要进行一元回归分析的自变量和因变量。对话框由左部的列表框、右部的两个编辑框以及 6 个操作按钮组成(两个添加和删除按钮及默认设置按钮和重新设置按钮)。列表框中列出了当前电子表格中的所有变量,自变量编辑框和因变量编辑框分别用于显示选择自变量和因变量。各个按钮的功能是:

添加按钮(→):用于将列表框中选中的变量添加到相应的编辑框中去。由于自变量编辑框和因变量编辑框中只能放置一个变量,因此当添加变量时,如果编辑框中已经选择了变量,则编辑框中的变量会自动放置到左部的列表框中去。

删除按钮(←):用于将编辑框中的变量删除,删除的变量放置到左部的列表框中。

默认设置按钮:一元回归分析的默认设置是自变量在表格的第一列(变量 01),因变量在表格的第二列(变量 02)。默认设置按钮的作用是将其他方式的设置恢复到这种默认状态。选择变量对话框的初始状态就是这种默认状态。

重新设置按钮:重新设置按钮将所用的变量放置到左部的列表框中去,以便重新设置。如果自变量 X 或因变量 Y 没有设置(为空)的话,对话框将会报告错误。

3. 输出结果

(1) 结果输出窗口中输出选择的自变量和因变量、回归方程的系数以及回归方程的表达式;

(2) 绘图窗口中输出(x, y)坐标的散点图,以及拟合的直线。

A.1.2　多元回归分析

1. 数据格式及回归变量选择

本模型中,多元线性回归的求解方法为最小二乘法。

多元线性回归的数据从电子表格中输入。列数为变量数(自变量＋因变量),行数为样本数。在默认的情况下,最后一列为因变量,其余为自变量。本系统中提供了变量选择对话框(多元回归分析),可以选择参加回归的自变量和因变量。界面特征和使用方法与一元回归分析大同小异。

2. 输出结果

多元回归分析的输出结果包括:

(1) 选择的自变量和因变量;

(2) 回归系数$(b_1, b_2, \cdots, b_p, b_0)$和回归方程表达式;

(3) 如果样本数＞变量数,则输出回归平方和、残存平方和、离差平方和、复相关数、剩余方差、剩余标准差、各个变量的统计量值和总体统计量值。

A.1.3　逐步回归分析

1. 数据格式

逐步回归分析的数据格式和多元线性回归完全相同。提供的变量(自变量和因变量)选择方法也完全相同,采用变量选择对话框。

2. 参数

逐步回归分析需要引入和剔除变量的 F 统计量值 $F_进$ 和 $F_出$,对应样本较大时,$F_进$ 和 $F_出$ 可以作为常量处理。二者通过对话框提供,要求 $F_进 ＞ F_出$。

3. 计算结果

(1) 选择的因变量和自变量;

(2) 离差阵;

(3) 最终包含的变量数;

(4) 回归系数和回归方程表达式;

(5) 离差平方和、回归平方和、残差平方和与复相关系数。

A.1.4　三角回归分析

1. 数据格式

原始数据从电子表格输入。自变量数据在表格的前面各列,因变量数据在表格的后面各列。具体格式如表 1 所示。

表 1　三角回归分析数据格式

样本 ＼ 变数	自变量个数 m				因变量个数 k			
	X_1	X_2	$\cdots$	X_m	Y_1	Y_2	$\cdots$	Y_k
样本 1	x_{11}	x_{12}	$\cdots$	x_{1m}	y_{11}	y_{12}	$\cdots$	y_{1k}
样本 2	x_{21}	x_{22}	$\cdots$	x_{2m}	y_{21}	y_{22}	$\cdots$	y_{2k}
$\vdots$	$\vdots$	$\vdots$		$\vdots$	$\vdots$	$\vdots$		$\vdots$
样本 n	x_{n1}	x_{n2}	$\cdots$	x_{nm}	y_{n1}	y_{n2}	$\cdots$	y_{nk}

表 1 中,自变量为前 m 列,因变量为后 k 列。

2. 参数

三角回归分析对话框中需要输入如下参数。

因变量个数:指定电子表格中因变量的个数,即表 1 中的 k。其余各列为自变量。

主元素消去法控制值:用主元素消去法求解正规方程组时,需要该控制值。如果某些回归参数为 0,则适当加大该值。

3. 计算结果

(1) 所有变量的相关系数矩阵的上三角阵;

(2) 自变量的相关矩阵的逆矩阵;

(3) 各个因变量的回归系数以及回归方程表达式;

(4) 各个因变量的复相关系数;

(5) 偏回归平方和;

(6) 各个回归方程的检验值。

A.1.5　岭回归分析

1. 数据格式

数据从电子表格输入,可以包含预测样本,当然预测样本的因变量值未知,所以不输入。回归样本在表格的前 n 行,如果包含预测样本,在表格的后 k 行。同样,自变量在表格的前 $m-1$ 列,因变量在最后一列,格式如表 2 所示。

2. 参数

包含预测样本选项:指定是否包含待预测样本。

预测样本数:指定待预测样本的数目。预测样本在电子表格的最后 n 行,n 为预测样本数。

3. 变量选择对话框

变量选择对话框用于选择参加回归的自变量和因变量。用法和多元回归分析相同。

表 2　岭回归分析数据格式

样本 ╲ 变数	X_1	X_2	⋯	X_m	Y
回归样本 1	x_{11}	x_{12}	⋯	x_{1m}	y_1
回归样本 2	x_{21}	x_{22}	⋯	x_{2m}	y_2
⋮	⋮	⋮		⋮	⋮
回归样本 n	x_{n1}	x_{n2}	⋯	x_{nm}	y_n
预测样本 1	x'_{11}	x'_{12}	⋯	x'_{1m}	
预测样本 2	x'_{21}	x'_{22}	⋯	x'_{2m}	
⋮	⋮	⋮		⋮	
预测样本 k	x'_{k1}	x'_{k2}	⋯	x'_{nm}	

（左侧括注：回归样本数；待预测样本数）

4. 输出结果

（1）选择的因变量和自变量（采用最小二乘估计计算的结果）；

（2）回归系数和回归方程表达式；

（3）回归样本因变量的观察值、回归值和剩余值（待预测样本的回归值，如果存在待预测样本的话）；

（4）残差平方和；

（5）岭回归常量估计值（采用岭估计计算结果，以常量 $k/4$ 为增量，计算 4 次）；

（6）岭回归的次数；

（7）回归系数和回归方程表达式；

（8）回归样本因变量的观察值、回归值和剩余值（待预测样本的回归值，如果存在待预测样本的话）；

（9）残差平方和。

A.1.6　趋势面分析

1. 数据格式

趋势面分析的数据包括 x,y 坐标和该坐标的观测值。数据从电子表格输入，共三列。其中第一列为 x 坐标，第二列为 y 坐标，第三列为观测值（即地理要素）。电子表格的行数为观测的样本数。

2. 参数

趋势面分析对话框提供如下参数：

解方程方法：包括正交变换法和主元素消去法。目前只有正交变换法可用。

趋势面次数：多项式的次数。

3. 输出结果

（1）X、Y、XY 的均值，Z 的均值；

（2）正规方程组的系数矩阵（次数 ≤ 3）；

（3）趋势面回归方程系数；

（4）如果趋势面次数小于5,输出趋势面回归方程表达式；

（5）拟合度、F统计量和复相关系数；

（6）趋势面分析要素的观察值、回归值和剩余值。

A.1.7　逻辑斯谛回归分析模型

1. 数据格式

逻辑斯谛回归分析模型是一种关于回归分析的模型,它需要的数据格式和一般的数据没有什么不同,只是它不仅包含普通的数据,而且包括普通的定量数据,甚至可以包括概率数据,即二值离散数据。

2. 参数

线性逻辑斯谛模型和普通的回归分析模型相同,需要选择自变量和因变量,具体操作参考回归分析。

3. 计算结果

计算结果包括:

（1）逻辑斯谛回归方程；

（2）拟合优度(goodness of fit)；

（3）因变量的观察值和预测值概率矩阵及预测正确率；

（4）逻辑斯谛回归方程的系数。

例如:

Logistic 回归方程:

概率(变量 03)=0.43+0.03 * 变量 01-1.54 * 变量 02

拟合优度:27.94

变量 03 的分类表(根据概率 0.5 划分)

```
              预测值
       可能          不可能         正确率/%
观察值  +---------+---------+
可能    +    5    +    6    +      45.45
       +---------+---------+
       +    3    +    9    +      75.00
       +---------+---------+
                   总体           60.87
------------Logistic 系数------------
变量              B           exp(B)
常数            0.43
变量 02         0.03          1.03
变量 03        -1.54          0.21
```

A.1.8　两类判别分析

1. 数据格式

两类判别分析的原始数据从电子表格输入。样本在行,属性在列。其数据格式和多类判别分析类似,是多类判别分析的特例(总体类别数为2),其数据格式参见多类判别分析数据格式。

如表3所示,样本数据顺次为第一类样本、第二类样本和待分类样本,其中待分类样本可以不包含,此时第一类和第二类样本数之和为电子表格行数。

表3　两类判别分析数据输入格式

样　　本	属性 1	属性 2	...	属性 m
第一类样本 1				
第二类样本 2				
⋮				
第一类样本 n				
第二类样本 1				
第二类样本 2				
⋮				
第二类样本 p				
待分类样本 1				
待分类样本 2				
⋮				
待分类样本 q				

2. 参数

对话框提供的参数包括:

第一类样本数:属于第一个总体的样本数,必须小于电子表格的行数。

第二类样本数:属于第二个总体的样本数,必须小于电子表格的行数。如果不包含待分类样本,则一、二类样本数之和等于电子表格的行数。当改变第一类样本数或第二类样本数时,系统会自动设置另一类样本的个数,使得二者之和为电子表格的行数。

包含待分类数据选项:指定是否包含待分类样本。如果包含待分类样本,则待分类样本数为电子表格行数减去第一、第二类样本数。

3. 输出结果

两类判别分析的输出结果包括:

(1) 判别系数,即投影方向向量;

(2) 投影后两类样本的均值 $e1$,$e2$ 及分界点 e;

(3) 第一类样本的投影值(判别得分)以及回代后所属类别;

(4) 第二类样本的投影值(判别得分)以及回代后所属类别;

（5）待分类样本的投影值（判别得分）以及回代后所属类别。

A.1.9　多类判别分析

1. 数据格式

多类判别分析的数据格式和两类判别分析类似，样本在电子表格的行，属性在列。从 $1\sim g$ 类样本顺次从上到下排列，如果存在待分类样本，则放在电子表格的最后，如表 4 所示。

表 4　多类判别分析数据输入格式

样　　本	属性 1	属性 2	⋯	属性 m
第一类样本 1				
⋮				
第一类样本 n				
⋮	⋮	⋮		⋮
第 g 类样本 1				
⋮				
第 g 类样本 p				
待分类样本 1				
待分类样本 2				
⋮				
待分类样本 q				

第一类样本 { 第一类样本 1 ⋮ 第一类样本 n

第 g 类样本 { 第 g 类样本 1 ⋮ 第 g 类样本 p

待分类样本 { 待分类样本 1 待分类样本 2 ⋮ 待分类样本 q

2. 参数

多类判别分析提供如下参数。

类别数：即所有样本事先划分为几类，也就是上述公式中的 g。

各类别样本数：即每一个类别中包含多少样本。这些样本数从对话框的电子表格中输入，表格为一行，列数自动设置为类别数，每个类别都必须输入样本数，如果某一个单元为输入数据或者输入的样本数之和大于电子表格（输入原始数据的电子表格）的行数，则会报错。如果选中包含待分类样本选项，并且样本数之和等于电子表格的行数，也会报错。

包含待分类样本选项：指定电子表格中是否包含待分类的样本数据。如果选中该项，则待分类样本数等于电子表格的行数减去上面输入的各类已知样本数之和。

需要指出的是，上述指定样本数的机制中，如果不包含待分类样本，系统允许指定的各类样本数之和小于电子表格的行数，即允许一部分样本不参与计算判别函数。

3. 输出结果

多类判别分析的输出结果包括：

（1）包含所有已知样本（不含待分类样本）的离差阵；

(2) 各判别函数系数(g 个判别函数);

(3) 对于已知类别样本,分别按照上述判别函数计算 g 个判别得分值、原类别、重判别的类别。

(4) 对于待分类样本(如果包含待分类样本数据),计算待分类样本的判别得分以及所属的类别。

A.1.10　训练迭代法

1. 数据格式

训练迭代法的原始数据从电子表格输入,和其他判别方法的数据格式不同的是,训练迭代法的数据多出了表示分类类别的一列,这一分类信息放在电子表格的最后一列。这种数据格式的缺点是多出了一列额外信息,但是得到的回报是两类样本可以混合排列,不受顺序的限制。这种类别标志信息是:1 表示第一类样本,2 表示第二类样本。如果有待分类样本,则放在电子表格的最后。格式如表 5 所示。

表 5　训练迭代法输入数据格式

	样　　本	属性 1	属性 2	…	属性 m	类型
第一类样本	已知样本 1	s_{11}	s_{12}	…	S_{1m}	2
	已知样本 2	s_{21}	s_{22}	…	S_{2m}	1
	⋮	⋮	⋮	⋮	⋮	⋮
	已知样本 n	s_{n1}	s_{n2}	…	s_{nm}	1
第 g 类样本	待分类样本 1	s'_{11}	s'_{12}	…	s'_{1m}	—
	⋮	⋮	⋮	⋮	⋮	⋮
	待分类样本 k	s'_{k1}	s'_{k2}	…	s'_{km}	—

2. 参数

对话框提供的参数包括:

训练样本数:即已知类别的两类样本总数。如果电子表格的行数多于训练样本数,则多出的部分为待分类样本数据。训练样本数必须小于电子表格行数,否则会报错。

最大迭代次数:用迭代法进行迭代时的最大次数。如果没有取得预想效果或者程序报告超过迭代次数,可以适当把迭代次数加大。

3. 输出结果

训练迭代法的输出结果如下:

(1) 如果原始数据的最后一列没有包括分类信息(不是 1 或 2),则系统报错,退出运行。

(2) 拟合的判别函数表达式。

(3) 训练样本的回判结果,包括样本、判别得分、原类别、新类别。

(4) 如果有待分类样本,则输出待分类样本的样本号、判别得分和分类类别。

A.1.11 系统聚类分析

1. 数据格式

系统聚类的数据从电子表格输入,电子表格的行数为样本数,列数为变量数。Q型聚类和R型聚类的数据格式相同。后面提到的各种聚类分析方法(包括动态聚类分析、有序样本的聚类分析、模糊聚类分析、图论聚类分析)的数据格式和系统聚类分析完全相同,就不再提及。

2. 参数

聚类类型:包括Q型聚类和R型聚类两个选项。用户从中选择对数据进行Q型聚类分析(对样本聚类)还是R型聚类分析(对变量聚类)。Q型聚类分析采用距离表征,因此如果选择Q型聚类分析的话,相似系数选项组(radiobox)灰化,用户只能从距离选项组中选择距离;如果选择R型聚类分析的话,距离选项组灰化,用户只能从相似系数选项组中选择相似系数。实际分类时,相似系数换算为距离。

距离选项组:距离选项组包括欧氏距离、切比雪夫距离、马氏距离和兰氏距离四选项。由于离差平方和法、中线法和重心法三种聚类方法只能采用欧氏距离,因此三种聚类方法和欧氏距离选项之间存在互动关系,只有选择欧氏距离选项时,三种聚类方法才活化并允许选择,否则,如果选择其他三种距离选项的话,上述三种聚类方法选项则会灰化,禁止用户选择。

聚类方法选项组:包括最短距离法、最长距离法、类平均法、可变数平均法、可变法、离差平方和法、重心法和中线法8个选项。其中后3种方法只能用欧氏距离,其他5种方法可以用任何距离以及相似系数。因此,当选择R型聚类分析选项时,上述3种聚类方法灰化,禁止用户选择。

beta值:即上述通用聚类计算公式中的beta值。因为只有中线法、可变数平均法和可变法需要指定beta值,因此,beta值文本域和这3种聚类方法之间存在互动关系,只有选择这3种聚类方法,该文本域才会活化,允许输入,否则,则会灰化,禁止输入。beta值有一定的选择范围,如果超出各自的范围,系统会报错。根据系统报错提示,三类聚类方法beta值设置范围如表6所示。

表6 基本经济模型数据格式

	聚类方法	beta值范围
1	中线法	$-0.25\sim0$
2	可变数法	$0\sim1$
3	可变数平均法	$0\sim1$

3. 输出结果

系统聚类分析除了输出计算结果外,还能绘制聚类图。

计算结果:

(1) 方法提示,包括聚类类型(Q/R)、距离方法、聚类方法三个部分。

（2）距离平方和矩阵。

（3）聚类结果,包括聚类步骤、划归一类的各个样本(变量)之间的距离。

聚类图:绘制聚类图。如果是 Q 型聚类分析,则横坐标为距离,纵坐标为样本;如果是 R 型聚类分析,则横坐标为相似系数,纵坐标为变量。如果样本或变量名称的长度小于 8 个字符,则在纵轴直接标注样本名或变量名,否则,在聚类图的右部打印图例,在纵轴上标注样本或变量代号。图名中包含聚类方法信息。在工具→选项→绘图选项卡中可以更改聚类图的横纵比例尺、横轴及纵轴标注和图名。出现放大光标时,单击鼠标左键可以放大聚类图;按 Shift 键,则出现缩小光标,数次单击鼠标左键,可以缩小聚类图。

后面的一些聚类分析方法,包括模糊聚类、图论聚类也可以输出聚类图,有序样本聚类和动态聚类只是划分出样本的类别,而没有各个样本之间的相似系数或距离值,因此不能绘制聚类图。

A.1.12 动态聚类

1. 参数

动态聚类分析对话框包括如下参数:

初始分类数:即初始分类的类别数。

初始分类:对话框中提供了一个输入初始分类的电子表格,每一行代表一个类别,由该类中的样本代号组成。电子表格的行数和初始分类数文本域之间存在互动关系,初始分类数改变时,电子表格的行数随着改变。电子表格的列数是样本数,即外部电子表格的行数。各类(行)包含的样本数可以不相等,但是用户应当保证每一行都输入数据,并且各类所包含的样本数之和应等于总样本数。否则,系统将会报错。

2. 输出结果

输出每一次聚类的结果。因为是逐步聚类,所以有多个中间聚类结果,最后的聚类结果是最理想的。聚类结果中,括号外是样本名称,括号内为样本顺序号(即对话框中输入的部分)。

A.1.13 有序样本聚类

1. 参数

有序样本聚类仅提供一个参数,即样本分类数,就是希望将所有样本分为几类。

2. 输出结果

（1）各个分界点、分界点位置、E 值;

（2）聚类结果,即每一类包含的样本。

A.1.14 模糊聚类

1. 数据格式

模糊聚类仅支持 Q 型聚类,如果要进行 R 型聚类分析,只要将原始数据电子表格进行行列转置即可。此时变量在行,样本在列,这样 Q 型聚类即为 R 型聚类。行列转置通过菜单命令实现:工具—数据预处理—行列转置。

2. 参数

模糊聚类的模糊关系计算方法由对话框指定。

模糊相似关系计算方法选项组:包括夹角余弦、相关系数、指数相似系数、最大最小值法、算术平均最小法、绝对值指数法 6 个选项。

3. 计算结果

(1) 模糊聚类的相似系数方法;

(2) 模糊相似系数矩阵;

(3) 卷积后的模糊等价关系矩阵;

(4) 聚类结果,包括步骤、样本对、模糊相似系数。

A.1.15　图论聚类

输出结果:

(1) 最小支撑树。按顺序输出边(两个端点)和边长。

(2) 空间球的半径 R。$R = 2 \sum d / (n-1)$。

(3) 各个节点(样本)的点密度,即该节点和所有节点之间的距离中小于 R 的个数。

(4) 聚类谱系图,包括步骤、聚类样本(归为一类的样本以最小样本号为代表)和距离。

A.1.16　主成分分析

1. 数据格式

主成分分析的原始数据矩阵从电子表格输入。样本在表格的行,变量在表格的列。因子分析和对应分析的数据格式和主成分分析完全相同。

2. 输出结果

主成分分析的输出结果包括:

(1) 协方差阵(或相关系数矩阵);

(2) 特征向量矩阵,即主成分的系数矩阵;

(3) 特征值、方差贡献率和累计方差贡献率;

(4) 主成分得分,即各个样本在主成分变量空间中的值。

A.1.17　因子分析

1. 参数

因子分析需要提供的参数包括:

误差精度:方程求解过程中的误差精度,采用默认值即可。

选取主因子选项组：包括选择因子贡献率和特征值大于 1 两个选项。

(1) 因子贡献率：是选择因子的累计方差贡献率达到某一给定值的因子,给定值范围介于 0~1 之间,0 不选择任何主因子,1 选择所有主因子。

(2) 特征值大于 1：因子方差贡献即选择特征值大于 1 的主因子。

因子旋转方法选项组：包括因子正交旋转和 promax 斜交旋转两个选项。若两者同时选择,则分别进行因子正交旋转和 promax 斜交旋转,而不是同时进行两种旋转。

2. 输出结果

因子分析输出结果包括：

(1) 相关系数矩阵；

(2) 相关矩阵的特征向量矩阵；

(3) 主因子的特征值、方差贡献率和累计方差贡献率；

(4) 选取的主因子数及主因子选择方法；

(5) 初始因子载荷矩阵；

(6) 因子得分；

(7) 如果选择正交旋转,输出正交旋转后的因子载荷矩阵；

(8) 如果选择正交旋转,输出正交因子得分；

(9) 如果选择 promax 斜交旋转,输出斜交因子得分。

A.1.18　对应分析

对应分析输出计算结果和对应分析图。

计算结果输出窗口：

(1) 变换后的数据矩阵；

(2) 特征值、方差贡献率；

(3) R 型因子载荷矩阵(前两个主因子)；

(4) Q 型因子载荷矩阵(前两个主因子)。

图形输出：绘制对应分析图。样本点用空心圆表示,变量点用实心方框表示。样本的标号为 S 加样本顺序号,变量点的标签为 V 加变量顺序号。

A.2　城市与区域规划模型

A.2.1　基本经济模型

1. 数据格式

区位商法和最小需求量法要求的经济活动数据不同。前者要求提供目标区域各部门的经济活动以及国家级各部门的经济活动；后者则要求目标区域的经济活动和参照区域的经济活动。相同规定目标区域的数据在电子表格的第一列,区位商需要的国家级经济活动数据在最后一列(区位商法数据在电子表格中的列位置可以通过对话框选择),具体格式参见表7。

表 7　基本经济模型数据格式

区域 部门	区域 1[*]	区域 2	⋯	区域 m	国家[*]
部门 1	R_{11}	R_{12}	⋯	R_{1m}	S_1
部门 2	R_{21}	R_{22}	⋯	R_{2m}	S_2
⋮	⋮	⋮		⋮	⋮
部门 n	R_{n1}	R_{n2}	⋯	R_{nm}	S_n

＊ 第一列为目标区域。国家级经济活动数据仅用于区位商法。

表 7 所示的数据格式使用区位商法和最小需求量法。区位商法采用任一区域数据和国家级经济活动数据(哪一列作为目标区域可以选择);最小需求量法采用所有的或部分的区域数据,其中目标区域固定在第一列,不能选择。

2. 参数

包含人口数据选项:选择是否包含人口数据。如果选择该项,则人口数据文本域允许输入人口数据。根据输入的人口数据,可以计算出人口因子(即人口和经济活动的比值)。

制订计划选项:选择是否进行预测(制订计划),即给定将来的基本经济活动,预测总体经济活动。如果选择包含人口选项,除了预测将来的总经济活动量以外,还可以预测将来的人口数量。

区位商法选项:选择该选项则按区位商法计算基本经济活动;如果选择该项,会弹出"选择目标区域及国家"对话框,从中可以选择目标区域和国家对应的变量。默认设置是目标区域在第一列,国家在最后一列。

最小需求量法选项:选择该选项则按最小需求量法计算基本经济活动。如果选择该项,则需要指定包含目标区域在内的区域数。如果同时采用区位商法和最小需求量法计算基本经济活动,则国家级的基本经济活动要放在最后一列,指定区域数可以排除国家级经济活动数据。

3. 输出结果

如果选择区位商法,输出目标区域和国家各部门的经济活动、计算的各部门的区位商和基本经济活动、目标区域累计基本经济活动、非基本经济活动和经济活动总量;如果选择包含人口数据和制订计划选项,还输出人口因子、预计的基本经济活动、非基本经济活动和经济活动总量以及预测的人口数量。

如果选择最小需求量法,输出各区域、各部门的经济活动、计算的各部门的最小需求量和基本经济活动、目标区域的基本经济活动、非基本经济活动和经济活动总量;如果选择包含人口数据和制订计划选项,还输出人口因子、预计的基本经济活动、非基本经济活动和经济活动总量以及预测的人口数量。

A.2.2   迁移分配模型

1. 数据格式

迁移分配模型需要提供当前各区域的经济活动量和国家级的经济活动量,以及参考年份的相应数据。本模型可以同时对多个区域分别进行预测。当前的数据在电子表格的上面,参照年份的数据在下面。假设对 n 个区域、m 个部门进行预测,那么电子表格共有 $2m$ 行、$n+1$ 列,其中前 m 行为当前数据,后 m 行为参照数据,前 n 列为 n 个区域的数据,最后一列为国家数据。见表 8。

表 8   迁移分配模型数据格式

区域 部门	区域 1	区域 2	⋯	地区 n	国家
部门 1	R_{11}	R_{12}	⋯	R_{1n}	S_1
部门 2	R_{21}	R_{22}	⋯	R_{2n}	S_2
⋮	⋮	⋮		⋮	⋮
部门 m	R_{m1}	R_{m2}	⋯	R_{mn}	S_m
部门 1	R'_{11}	R'_{12}	⋯	R'_{1n}	S'_1
部门 2	R'_{21}	R'_{22}	⋯	R'_{2n}	S'_2
⋮	⋮	⋮		⋮	⋮
部门 m	R'_{m1}	R'_{m2}	⋯	R'_{nm}	S'_m

当前数据对应前四行部门，参照年份数据对应后四行部门。

2. 参数

区域数:区域数目,默认值为 1。

部门数:生产部门数目。

参照年份、当前年份、预测年份:分别是作为参考数据的历史年份、当前年份和预测年份。由于时间间隔是根据这些年份值计算得出的,所以三者不能相同,以免时间间隔为 0(以年为单位)。否则系统会报错。

预测方法:包括"常量分配"预测和"常量转换"预测,可以选择两种预测方法中的一种,或者全选。如果不选择,系统会报错。

增长率类型:包括"年增长率"和"区间增长率",年增长率是以年为单位计算的增长率,区间增长率是以整个时间间隔为整体计算的增长率。

未来增长率:获取方式包括"自动计算"和"用户输入"。自动计算用参照年份数据和当前数据计算增长率(增长率类型和上面指定的相同),用该增长率代替未来增长率;用户则在对话框底部的表格中输入未来增长率。需要指出的是,自动计算存在误差,而输入需要估算,或根据其他模型计算。

3. 输出结果

(1)常量分配模型输出各区域的预测值和变化量;

(2)常量转换模型输出根据参照年份计算的比例转换量、差异转换量和总转换量,以及预测的变化量和经济活动;

(3)如果二者都选择,输出是二者的合并。

A.2.3　投入产出模型

1. 数据格式

投入产出表从电子表格文档中输入。从表 8 可以看出,总产出和总投入列实际是其他各行列的总和,所以不必输入。由于隐含总投入＝总产出的内部条件,所以在已知各部门之间的流的情况下,最终需求和外部投入只要提供其中一方面的数据就可以了。本应用中采用的是提供最终需求数据,所以对于 n 个部门来说,电子表格有 n 行、$n+1$ 列,其中最后一列是最终需求(表 9)

表 9　投入产出模型数据格式

部门	部门 1	部门 2	$\cdots$	部门 n	最终需求
部门 1	q_{11}	q_{12}	$\cdots$	q_{1n}	x_1
部门 2	q_{21}	q_{22}	$\cdots$	q_{2n}	x_2
$\vdots$	$\vdots$	$\vdots$	$\vdots$	$\vdots$	$\vdots$
部门 n	q_{n1}	q_{n2}	$\cdots$	q_{nm}	x_n

2. 参数

工业部门数目:投入产出表中工业部门的数目。

预测:是否根据最终需求进行预测。

最终需求数据:只有在进行预测时才提供最终需求数据,依次为 $1\sim n$ 工业部门的最终需求。不预测时,对话框中的表单灰化,不能输入数据。

3. 输出结果

投入产出模型的数据结果包括:

(1)调整的投入产出表;

(2)各部门直接消耗系数和完全消耗系数;

(3)外部对各工业部门的投入系数;

(4)如果进行预测的话,输出预测的投入产出表。

A.2.4 平面区位模型

1. 数据格式(表 10)

表 10 平面区位模型数据格式

	X 坐标	Y 坐标	服务需求点权重
	x_1	y_1	W_1
	x_2	y_2	W_2
	⋮	⋮	⋮
	x_n	y_n	W_n

需求点数 n 对应左侧大括号范围。

说明：表格行数为服务需求点数 n；列数为 3，前两列是 X、Y 坐标，第 3 列是服务需求点的权重。

2. 参数

(1) 需求点数目：设施需求点个数。

(2) 设施数目：为需求点提供服务的设施数目。

(3) 收敛极限：按照距离最短原则迭代时的收敛极限。

3. 输出结果

计算结果：

(1) 计算的设施点位置；

(2) 考虑权重在内的总距离；

(3) 各需求度到设施点的平均距离(未考虑权重)；

(4) 相当于最近设施点、各需求点的分配情况(设施点—需求点—距离)。

图形：绘制各需求点和设施点之间的分配关系图,需求点和为其提供服务的设施点之间用直线连接。需求点用空心圆圈表示,标号为 D 加上顺序号；设施点用实心方框表示,标号为 F 加上顺序号。

A.2.5 网络区位模型

1. 数据格式

在网络区位模型中,连接(起始节点—终止节点)、连接长度(距离)或者坐标、需求点权重从电子表格中输入。节点用顺序号表示,从第一个节点开始依次为 $1,2,3,\cdots,m$,连接由起始节点—终止节点对表示。需求点权重依次按 $1\sim m$ 个节点的顺序输入。提供权重的需求点数和节点数相同,如果某一节点不作为需求点,则其权重为 0。网络区位模型的数据格式根据位置信息是由坐标提供还是由距离提供分为两类。

1) 距离格式

距离格式的数据位置信息由连接之间的距离(长度)提供。电子表格的行数为连接数和节点数中的最大值,列数为 4,依次为起始节点、终止节点(连接)、连接距离、节点权重,如表 11 所示。

表 11　网络区位模型数据格式(距离)

	起始节点	终止节点	连接长度	服务需求点权重
连接数($n>m$)	N_{s1}	N_{e1}	D_1	W_1
	N_{s2}	N_{e2}	D_2	$\vdots$
	$\vdots$	$\vdots$	$\vdots$	W_m
	N_{sn}	N_{en}	D_n	

表中:N_{si} 为起始节点;N_{ei} 为终止节点($N_{si}-N_{ei}$ 为连接);W_i 为节点需求权重(需求权重可以是该节点的某一度量值,比如人口)。此处连接数 $n>$ 节点数 m,所以电子表格行数为连接数 n。

2) 坐标格式

坐标格式数据位置信息由节点坐标提供。电子表格的行数也是连接数和节点数的大者,列数为 5 列,依次为起始节点、终止节点(即连接,link)、节点横坐标 x、节点纵坐标 y,需求点权重。格式如表 12 所示。

表 12　网络区位模型数据格式(坐标)

	起始节点	终止节点	节点 x 坐标	节点 y 坐标	需求点权重
连接数($n>m$)	N_{s1}	N_{e1}	x_1	y_1	W_1
	N_{s2}	N_{e2}	$\vdots$	$\vdots$	$\vdots$
	$\vdots$	$\vdots$	x_m	y_m	W_m
	N_{sn}	N_{en}			

2. 参数

网络节点数:网络中的节点个数。

网络连接数:网络中连接的个数,即起始节点—终止节点的对数,连接没有方向,即连接 $A \rightarrow B$ 和 $B \rightarrow A$ 为同一连接(其中 A,B 为节点代号)。

设施数目:希望设定的服务公共设施的数目。公共设施只有在网络节点上才能满足总距离最小原则,所以最后设定的设施在网络节点上。

3. 输出结果

计算结果:

(1) 连接之间的距离;

(2) 新分配的设施节点(即新设施所在的节点号);

(3) 各需求点到设施节点的总距离(包含权重);

(4) 设施点和需求点之间的平均距离;

(5) 设施分配情况(需求点—设施点—距离)。

绘图:如果节点位置用坐标提供,则绘制网络构成和设施分配情况图。图中,分配的设施点用方框表示,需求点用圆圈表示,节点的标注为节点代号,节点之间的连接用虚线表示,需求点和设施点之间的对应关系用粗实线表示。

A.2.6 单约束重力模型

1. 单约束重力模型的数据输入格式

单约束重力模型的数据输入包括参数输入和数据输入,参数输入在对话框中实现,数据输入在电子表格中进行。下面介绍电子表格中的数据录入格式。

1) 坐标电子表格格式

如果源地和目的地在同一区域(即相同),目的地坐标可以不输入,即电子表格的行数为源地数目($n=m$);否则,电子表格行数为源地数目+目的地数目($n+m$)。电子表格的列数为 3,前两列为坐标 X、Y,第 3 列为源地数据(表 13)。

表 13 单约束重力模型坐标数据格式

	X 坐标	Y 坐标	源地数据	
源地	x_1	y_1	O_1	源地数据
	x_2	y_2	O_2	
	⋮	⋮	⋮	
	x_n	y_n	O_n	
目的地	X_1	Y_1	—	
	⋮	⋮	—	
	X_m	Y_m	—	

2) 距离电子表格格式(表 14)

电子表格的行数为源地数,列数为目的地数目+1,最后一列为源地数据。前 $n \times m$ 矩阵为距离矩阵。当源地和目的地在同一区域时,距离矩阵为对称矩阵,因此可以只输入矩阵的上三角部分。

表 14 单约束重力模型距离数据格式

目的地 源地	目的地数 m ⟶ 目的地 1	…	目的地 m	源地数据
源地 1	距离 d	d	d	
源地 2	d	d	d	
⋮	d	d	d	
源地 n	d	d	d	

2. 参数

同一区域:选择源地和目的地是否在同一区域(即是否二者相同),只有当源地数和目的地数相同时才允许选择。

　　源地数：源地的数目。源地和目的地是重力模型中两个相互作用的区域实体。

　　目的地数：目的地的数目。

　　距离函数参数：距离函数(乘方倒数距离或负指数距离)中的参数,参见距离公式。

　　预测比例因子：预测应用的是比例常数 k。模型拟合时,该值由计算得出;预测时,可以由用户凭经验输入,默认的情况是自动获取模型拟合时的计算值。

　　位置：提供坐标和距离两个选择。二者对应的数据格式不同。参见数据格式。

　　操作：对应于模型拟合和预测两个流程。

　　距离函数：采用乘方倒数距离和负指数距离两种距离表示方法。

　　目的地吸引力和度量值：采用表格输入。表格的列数为目的地数,行数为两行(预测)或一行(拟合)。第一行是目的地的吸引力值,模型拟合和预测都要输入;第二行是目的地的度量值,只有模型拟合时需要输入。

3. 输出结果

计算结果:

(1) 距离矩阵;

(2) 源地度量数据;

(3) 目的地吸引力度量值、目的地数据、目的地预测值(模型拟合);

(4) 目的地吸引力、目的地预测值(预测);

(5) 平均误差平方和(模型拟合);

(6) 距离参数和比例常数。

图形：如果位置用坐标给定,则输出位置图。源地用方框表示,目的地用圆圈表示,标注用顺序号,源地代号为 O,目的地代号为 D。比如,第一个源地为 O_1,第三个目的地为 D_3。

A.2.7　双约束重力模型

1. 坐标数据(表 15)

表 15　双约束重力模型坐标数据格式

目的地 源地	X 坐标	Y 坐标	目的地 1	…	目的地 m
源地 1	x_1	y_1	出行 T_{11}	…	T_{1m}
⋮	⋮	⋮	⋮		⋮
源地 n	x_n	y_n	T_{n1}	…	T_{nm}
目的地 1	X_1	Y_1	—	—	—
⋮	⋮	⋮	—	—	—
目的地 m	X_m	Y_m	—	—	—

说明：当模型拟合时，表格的列数为 $2+$ 目的地数 m；当预测时，列数为 2，不需要输入出行分布矩阵。表格的前两列是坐标 X, Y，后面的 $n \times m$ 矩阵是出行分布矩阵；当源地和目的地相同时(同区域)，表格行数为源地数 n，不相同时，行数为源地数 $n+$ 目的地数 m。

2. 距离数据(表 16)

表 16　双约束重力模型坐标数据格式

	目的地\源地	目的地 1	...	目的地 m	目的地 1	...	目的地 m
源地数 n	源地 1	x_1	...	d_{1m}	出行 T_{11}	...	T_{1m}
	源地 n	x_n	...	d_{2n}	T_{21}	...	T_{2m}
	⋮	⋮	⋮	⋮	⋮	⋮	⋮
	目的地 1	X_1	...	d_{nm}	T_{n1}	...	T_{nm}

|←------- 目的地数 m-------→||←------- 目的地数 m---------→|

|←------- 模型拟合＋预测 ------→||←--------- 模型拟合----------→|

说明：当模型拟合时，表格的列数为目的地数 m 的两倍即 $2m$，前 m 列是距离矩阵，后 m 列是出行分布矩阵；当预测时，仅需要距离矩阵，表格的列数为目的地数 m，出行分布矩阵不需要输入；表格的列数是源地数目 n。当源地和目的地相同时，只要输入距离矩阵的上三角部分就可以了。

3. 参数

同一区域：选择源地和目的地是否在同一区域(即是否二者相同)，只有当源地数和目的地数相同时才允许选择。

源地数：源地的数目。源地和目的地是重力模型中两个相互作用的区域实体。

目的地数：目的地的数目。

函数参数：距离函数(乘方倒数距离或负指数距离)中的参数 a，参见距离公式。

误差精度：指定模型拟合中的误差精度。

位置：提供坐标和距离两个选择。二者对应的数据格式不同，参见数据格式。

操作：对应于模型拟合和预测两个流程。

距离函数：采用乘方倒数距离和负指数距离两种距离表示方法。

源地和目的地数据：只有预测时才需要输入该数据。采用表格输入。表格的列数为源地数 n 和目的地数 m 的最大值，$\text{Max}(n, m)$；行数为两行，第一行是源地数据，第二行是目的地的数据。

4. 输出结果

计算结果：

(1) 源地和目的地的坐标(当位置用坐标标定时)；

(2) 源地到目的地的距离矩阵；

（3）实际的出行分布矩阵（模型拟合时）；

（4）预测的出行分布矩阵；

（5）平均平方误差（模型拟合时）；

（6）采用的距离函数及其参数；

（7）源地和目的地的平衡因子。

绘图：如果位置用坐标给定，则输出位置图。源地用方框表示，目的地用圆圈表示，标注用顺序号，源地代号为 O，目的地为 D。比如，第一个源地为 O_1，第三个目的地为 D_3。

A.2.8　趋势预测模型

1. 数据和参数

起始年份：指定预测数据起始年份，即第一个预测数据获取的年份。

预测周期：以间隔年数为单位的预测周期个数（原始数据的时间间隔也等于间隔年数），预测的数据个数等于预测周期数。

间隔年数：获取数据的年份间隔。

边界值：修正指数预测中数据增长的极限值，其他方法不用。

数据总数：已知数据总数。

数据：需要录入的已知数据。共一行，列数和指定的数据总数相同。

模型：指定趋势预测采用的数学模型包括直接线性模型、回归线性模型、直接指数模型、回归指数模型和修正的指数模型。

2. 输出结果

结果：

（1）输出模型的参数，如截距、斜率等，不同的模型有所不同。

（2）已知数据和预测数据。

绘图：输出已知数据和预测数据的坐标点以及拟合的曲线。已知数据点用实方块表示，预测数据点用空原点表示。坐标纵轴为数据值，横轴为年份。

A.2.9　模糊综合评价

1. 模糊综合评价模型的数据格式

本系统中的模糊综合评价法可以评价 N 个单元、M 个等级、P 个因子（最低层次）、Q 个层次的因子系统。本方法处理两种数据：一种是最基本的原始数据，这些数据是由 N 个评价单元的 M 个等级组成的矩阵，尾部附加评价等级的划分规则。系统可以从原始数据矩阵计算出评价矩阵（隶属度矩阵）。另一种是直接提供的评价矩阵（隶属度矩阵），它由因子（行）和因子的评价等级（列）组成，矩阵中的单元值是该因子属于某一等级的可能性。数据的尾部列附加了权重信息。详细格式如下：

1）原始数据格式（表 17）

表 17　模糊综合评价原始数据格式

	因子	因子数 p			
单元	因子	因子 1	因子 2	···	因子 p
单元数 n	单元 1				
	单元 2				
	⋮				
	单元 n				
评价等级规则(n个)	等级 1				
	等级 2				
	⋮				
	等级 m				

2）判断矩阵（隶属度矩阵）数据表格（表 18）

表 18　模糊综合评价判断矩阵数据格式

		m 个等级			第 2~q 层权重		
因子	等级	一级	···	m 级	第 q 层权重	···	第 2 层权重
单元 1 的 p 个因子	单元1_因子1						
	单元1_因子2						
	⋮						
	单元1_因子p						
	⋮						
	单元n_因子1						
	⋮						
	单元n_因子p						

2. 参数

如上所述，本系统提供模糊综合评价模型有两种工作方式：一种是提供最原始的数据（数据格式 1），由系统自动生成评价决策矩阵，然后评价；另一种是由用户直接提供评价决策矩阵（数据格式 2）。针对这两种工作方式，程序提供了两个对话框——生成评价矩阵对话框和建立评价层次对话框。

生成评价矩阵对话框包括：

自动生成选项组：包括生成判断矩阵选项和直接评价选项。

（1）生成判断矩阵选项：选择该项指示系统自动生成判断矩阵，电子表格提供的数据格式为原始数据。此时，参评单元数、评价等级数、生成的电子表格文档名 3 个文本域活化允许用户输入参数。

（2）直接评价选项：选择该选项指示系统直接从判断矩阵开始进行评价，电子表格提供的数据为判断矩阵。此时上述 3 个文本域灰化，禁止用户输入。

参评单元数：即参加模糊综合评价的对象数，只有生成判断矩阵时才有效。

评价等级数：即划分为多少个评价等级，就是等级论域 V 的维数，只有生成判断矩阵时才有效。

生成的电子表格文档名称：如果选择生成判断矩阵，系统会将计算结果输出到电子表格文档中。此处可以指定文档名称。在默认的原电子表格文档名称后添加-pro。

建立参评元素层次对话框：

参评单元数：即参评对象数目，同前。

评价等级数：即评价论域 V 的维数，最少为 2。

层次数：即评价因素划分的层次数，包含根层次（如图示中的第一层），最少为 2（实际为 1 层）。

各层次因子数：如层次图所示，即上一层次的某一因素包含下一层次的因子数，最后一层不需输入。比如，按照图示，输入结果为（第一行）3；（第二行）3,2,3。

对话框中的这一用于建立因子层次关系的电子表格的行列数和层次数、评价单元数相关，随其变化而变化。其行数为层次数减 1，列数为原始数据电子表格的行数除以参评单元数，即最低层次的因子数。

3. 输出结果

与上述讨论的两种工作方式相关，输出结果也分为判断矩阵中间结果和最终评价结果。

1）中间结果

如果选择自动生成判断矩阵，则产生判断矩阵电子表格。列数为评价等级数，行数为参评单元数乘上因素数目（也就是原始数据的列数）。这样生成的判断矩阵，其尾部列只有添加各层因子的权重值，才能进行最终评价。

2）最终结果

各评价单元、各层次、各个因子的评价等级，一级最终评价结果（隶属于各个等级的概率）。

A.2.10 层次分析法

1. 层次单排序

1）数据格式

层次单排序的数据为判断矩阵，其行列数相等，对角线元素为 1，矩阵为对称阵。因此，输入数据时只要输入矩阵的上三角部分或下三角部分即可（包括对角线元素 1），当然也可以全部输入。系统能够自动判别这些情况并计算出相应的部分。如果对角线元素不为 1 或数据输入不合法（比如，部分或全部数据为 0，矩阵不是对称阵等），会报告错误并终止计算。

2) 对话框参数

对话框参数仅需要提供计算判断矩阵特征值和特征向量的方法,提供的方法选项包括雅可比法、平方根法、和积法和迭代法。

3) 输出结果

输出结果包括特征值、特征向量、一致性判断结果。

2. 层次总排序

1) 数据格式

层次总排序的数据是由层次单排序计算的特征向量、一致性指标 CI 和上一层的权重数据组成的。由电子表格输入,数据格式如表 19 所示。

表 19　层次分类法数据格式

A B	A_1	A_2	...	A_n
B_1	W_{11}	W_{12}	...	W_{1n}
B_2	W_{21}	W_{22}	...	W_{2n}
⋮	⋮	⋮	⋮	⋮
B_m	W_{m1}	W_{m2}	...	W_{mn}
	a_1	a_2	...	a_n
	CR_1	CR_2	...	CR_n

表中最后一行为一致性指标,倒数第 2 列为权重值。

层次中排序模型首先检查每列数据的和 $\sum W_{j1}, \sum W_{j2}, \cdots, \sum W_{jn}$ 是否为 $1(j=1, 2, \cdots, m)$,以及上层权重和 $\sum a_i (i=1, 2, \cdots, n)$ 是否为 1,如果满足上述条件,则进行计算,否则报错退出。

层次总排序模型没有参数输入,因此不弹出对话框。

2) 输出结果

输出结果包括:

(1) 层次总排序权重;

(2) 一致性判断指标,包括一致性指标 CI,随机一致性指标 RI,一致性比例 CRI;

(3) 一致性判断结果,指出结果可用还是不可用;

(4) 如果数据错误,将输出错误信息。

A.2.11　人口簇生存模型

1. 数据格式

人口簇生存模型需要的数据包括当前的人口数、生存率、人口出生率以及人口迁移量(相对值或绝对值)。除出生率外,以上数据均按性别分别提供。这些数据都从电子表格中输入,其数据格式如表 20 所示。

表 20　人口簇生存模型数据格式

人口簇	男性人口	女性人口	男性生存率	女性生存率	出生率	男性迁移量	女性迁移量
年龄组 1							
年龄组 2							
⋮							
年龄组 m							

表 20 中,按性别分类的数据均是男性数据在前,女性数据在后。数据的行数为人口簇数,列数为 5 列(没有人口迁移)或 7 列(有人口迁移)。最后两列是人口迁移量,可以是绝对量,即迁移人口数,也可以是相对量,即迁移人口数占当时、当地总人口的比率。人口簇的年龄组间隔必须相同。

2. 参数

簇间隔:划分年龄组(即簇)的间隔年数。

起始年份:即开始预测的当前年份。

出生人口女性比例:新出生人口中女性的比例。

预测周期数:预测的周期个数,每个周期为簇间隔年数。

迁移方式:包括没有迁移、绝对迁移和相对迁移。没有迁移即没有人口迁移;绝对迁移即迁移人口以人口数值提供;相对迁移即迁移人口以迁移人口占总人口的比例提供。

绘制年龄树图:选择绘制年龄树图(即百岁图)所用的年龄数据。当前值即用起始年份的人口数据;预测值用某预测周期的数据。此时,需要指定具体的预测周期数。

3. 输出结果

计算结果:输出的计算结果包括当前年份的人口生存率、人口出生率、新出生人口中女性的比例、人口迁移量(如果有人口迁移的话)、人口数量,以及各个预测周期的人口数量(包括男女性别)。

绘图:绘制计算结果的人口金字塔图。

A.2.12　线性规划模型

1. 电子表格数据格式

电子表格中的数据共有 $m+1$ 行,$n+2$ 列(其中 m 为约束条件个数,n 为未知变量个数),其中前 m 行 n 列为约束条件系数矩阵 A,第 $n+1$ 列为约束条件值 B,第 $n+2$ 列为约束条件方向代码(≤为 -1,＝为 0,≥为 1),第 $m+1$ 行为目标函数系数 c,如表 21 所示。

2. 对话框中的参数

目标函数方式:指明目标函数达到极大值还是极小值。

打印每一步解决方案:是否打印每一步基本可行解方案。如果不选择该项,则仅打印最优解。

表 21　线性规划数据格式

约束	变　数				约束值	方向代码
	X_1	X_2	$\cdots$	X_n		
约束条件 1	a_{11}	a_{12}	$\cdots$	a_{1n}	b_1	$-1/0/1$
约束条件 2	a_{21}	a_{22}	$\cdots$	a_{2n}	b_2	$-1/0/1$
$\vdots$	$\vdots$	$\vdots$		$\vdots$	$\vdots$	$\vdots$
约束条件 m	a_{m1}	a_{m2}	$\cdots$	a_{mn}	b_m	$-1/0/1$
目标函数系数	c_1	c_2	$\cdots$	c_n	—	—

3. 输出结果

如果选定的约束条件和目标函数本身有逻辑错误,或者数据输入错误(特别是方向代码和目标函数的极值方式),则会报告"目标函数不受约束"或"可行解不存在"而退出运行。

如果无上述错误,则根据"打印每一步解决方案"选项,打印每一步基本可行解方案和目标函数值,以及最优解决方案和目标函数值。

A.2.13　多目标规划模型

1. 数据格式

和线性规划相比,多目标规划需要提供额外的两个列信息,即偏差变量情况和权重(表 22)。其中,总目标函数中偏差变量的情况是:2—全部;-1—负偏差;1—正偏差;0—目标约束。约束条件的方向代码同线性约束。

表 22　多目标规划数据格式

	X_1	X_2	$\cdots$	X_n	约束值	方向代码	偏差变量情况	权重
目标函数(约束)1	a_{11}	a_{12}	$\cdots$	a_{1n}	b_1	$-1/0/1$	$0/2/1/-1$	
目标函数(约束)2	a_{21}	a_{22}	$\cdots$	a_{2n}	b_2	$-1/0/1$	$0/2/1/-1$	
$\vdots$	$\vdots$	$\vdots$		$\vdots$	$\vdots$	$\vdots$	$\vdots$	
目标函数(约束)m	a_{m1}	a_{m2}	$\cdots$	a_{mn}	b_m	$-1/0/1$	$0/2/1/-1$	

2. 参数输入

需要提供的信息包括目标函数的个数和是否打印每一个解决方案。

3. 输出结果

(1) 调整后的约束条件及目标函数系数;

(2) 基本解决方案;

(3) 目标函数的当前值;

(4) 原目标函数最佳值。

A.2.14 城市专业(专门)化指数模型

1. 数据格式(表 23)

表 23 城市专门化指数数据格式

城 市	部门 1	部门 2	⋯	部门 n
城市 1				
城市 2				
⋮				
城市 m				

表格行为城市,列为工业部门,数据单元为该城市某行业中就业职工数占整个行业(部门)的百分比。

2. 对话框参数选择

自动计算最小需求量选项:指定是根据电子表格中的数据自动计算最小需求量,还是指定最小需求量;如果选择自动计算,最小需求量表格就被禁止输入。

部门数:指定需要计算的部门数,可以小于等于当前电子表格的列数。指定的部门数会影响输入最小需求量表格的列数,二者自动保持一致。

最小需求量表格:如果不是自动计算,输入各个部门的最小需求量。

3. 计算结果

各个城市的专业化指数。

A.2.15 城市吸引范围

1. 数据格式

可以指定城市的坐标,或者指定城市之间的距离矩阵,二者都要指定城市的人口数。坐标格式如表 24 所示。距离格式如表 25 所示。

表 24 城市吸引范围数据格式(坐标)

城市	人 口 数		人口
	x	y	
城市 1			
城市 2			
⋮			
城市 m			

表 25　城市吸引范围数据格式(距离)

城市	城市 1	城市 2	…	城市 m	人 口
城市 1					
城市 2					
⋮					
城市 m					

即前 m 行×m 列为距离矩阵,输入上或下三角矩阵均可。最后一列为人口。

2. 参数选择

k,apha,beta,b:计算吸引力公式所需要的参数,公式如对话框图示。

自动识别城市级别:该选择框指数是否自动识别城市的规模,其依据是城市人口数据。如果选择自动识别,则不需要额外的操作;否则,弹出城市规模指定对话框,对话框的左侧显示城市名称,用户需要选择哪些是中心城市,哪些是次级城市。

距离、坐标:指定数据是按距离的格式还是坐标的格式输入,二者数据格式不同,如上所示。

3. 计算结果

(1) 中心城市和被吸引城市之间的距离、吸引力;

(2) 城市吸引范围(中心城市和腹地之间的对应关系)、吸引力、吸引强度、断裂点。

如下是一个计算实例:

城市 1	城市 2	距离	吸引力
北京	通州区	12.81	304 878.03
天津	通州区	269.00	414.59
上海	通州区	219.54	933.69

吸引范围	吸引力	吸引强度	断裂点(距次级城市距离)

北京—

—通州区	304 878.03	1.00	3.35

A.2.16　城市首位度模型

1. 数据格式

城市首位度模型需要输入的数据是城市的人口规模。该模型可以读入其他模型表格数据,只要包含人口数据列就可以了,因此需要指定人口数据列。

2. 参数选择

参数选择对话框的左侧显示当前电子表格的数据列,用户根据实际情况选择人口数据列。

3. 计算结果

（1）城市按人口规模的位序（降序排列）；

（2）城市首位度。

A.2.17　城市等级规模(位序)模型

1. 数据格式

和城市首位度模型相同。

2. 参数选择

选择根据幂函数或齐夫(zipf)模型作为计算城市位序的依据。二者都有选择城市人口列的过程,和"城市首位度模型"的选择过程完全相同。

3. 计算结果

（1）城市位序（降序）；

（2）如果选择幂函数方式,则输出幂函数参数 b,b_0 和相关系数,同时在绘图窗口输出城市规模和位序的对数之间的关系图。

A.2.18　城市化水平模型

1. 数据格式

城市化水平模型的输入数据是按时间序列提供的某一国家或地区的城市和乡村人口数据,格式如表 26 所示。

表 26　城市化水平模型数据格式

时间	城市人口	乡村人口
t_1		
t_2		
⋮		
t_n		

2. 参数输入

时间间隔：历史数据之间的时间间隔。

起始年份：初始数据的年份,即第一行数据的年份。

预测年份：希望预测哪一年的城市化水平。

3. 计算结果

（1）城市和乡村的人口增长指数。

（2）城市化水平历史数据及计算的城市化水平。

（3）预测的某一年份的城市化水平。

如下是一个计算实例：

城市人口增长指数：0.20

农村人口增长指数：0.14

＃＃＃历史城市化水平＃＃＃

1990	3.46%	
1992	4.77%	9.77%(预测)
1994	5.32%	5.12%(预测)
1996	5.60%	5.67%(预测)
1998	5.67%	5.96%(预测)
2000	6.41%	6.03%(预测)

＃＃＃预测城市化水平＃＃＃

2010　10.59%

A.2.19　逻辑斯谛人口增长模型

1. 数据格式

一个地区的人口增长序列,时间间隔相同。

2. 参数输入

起始年份：人口时间序列的起始年份。

时间间隔：时间序列的时间间隔。

预测年份：将要预测的年份；如果不预测(不选择"预测某年份人口"选项),则禁止输入。

最多人口容量：某地区的资源承载最大人口容量,是一个理论值。如果选择"自动计算最大人口容量选项",则禁止输入。

预测某年份人口：选择是否预测某年份人口,如果选择,则需要输入年份。

自动计算最大人口容量：选择是否自动计算最大人口容量。

3. 计算结果

(1) 包括历年的人口和人口增长率；

(2) 人口固有增长率；

(3) 最大人口容量 X_m；

(4) 历年人口和预测人口；

(5) 希望预测的某年份的预测人口(如果选择进行预测的话)。

A.2.20　城市应急响应多智能体模型

1. 系统启动

有两种方式可以启动模型：一是在"城市与区域规划模型系统 3.1"中分别点选"规划模型→Repast 城市模拟系统路径设置",设置系统工作路径,再点选"启动 Repast 城市模拟系统"。系统路径为程序安装目录下的"\IOG\URMS\RepastCity"。二是在"开始"菜单中点选"程序→URMS→Repast 城市模拟系统"启动系统。

2. 数据准备

数据需包含所要模拟城市的道路、建筑物、医院分布等 GIS 数据。示例数据(北京城区)保存在"\IOG\URMS\RepastCity\RepastCityoutdoor\repast_city_data"目录下。

3. 参数设置

模型运行前需进行参数设置,系统提供参数设置界面如图 1 所示。

各参数含义及设置方法如下:

alertTime

警报时间,即从事件发生到接收到报警救援力量开始行动的时间间隔,默认值为 15min;

ambulanceNumperhospital

每个医院可以出动的救护车数量,默认值为 1,医院地点系统自动从 hospital.shp 文件中读取;

fireEngineNum

消防车的数量,默认值为 5;

hazTeamNum

紧急响应小组的数量,默认值为 2;

onSiteResponderNum

现场临时救治点的数量,默认值为 5;

onSiteResponderSource

每个现场临时救治点的资源数量,默认值为 10;

图 1　多智能体模型参数设置

personNum

居民智能体的数量,默认值为 1000,根据系统运算速度,最大可设置到 10 万量级;

policeNum

警车的数量,默认值为 10;

randomSeed

随机种子,系统自动生成,不需设置;

realTimePerTurn

模拟过程中每个 Step 代表的现实时间,默认值为 6,表示模拟过程中一个 Ticks 代表现实时间为 6s,如果设为 60,则表示每个 Ticks 为现实时间的 1min。模拟结束时经过的 Ticks 乘以上述值便为模拟事件的时长;

simModel

模拟模式,0 为点源式,1 为分布式,默认值为 0;

startPlaceID

事件的发生地点,取值为 1 至 GIS 文件中地物的最大标识号,默认值为 278(北京市地图中北京站的 ID 号),超出范围(小于 1 或大于 house. SHP 文件中的地物最大标识号)则随机从 house. SHP 文件中选取。

4. 显示配置

模型运行前可对智能体显示样式及 GIS 显示风格进行配置,配置界面如图 2 所示,也可使用默认配置。

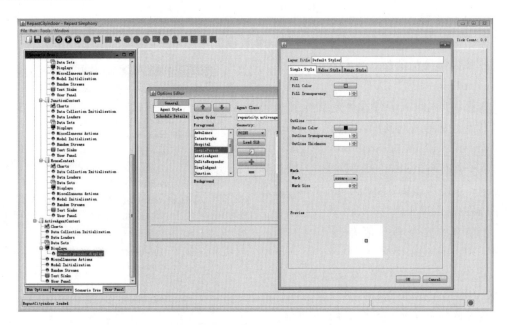

图 2　智能体及 GIS 显示样式设置

5. 配置过程

单击 Scenario Tree 面板,依次点选 ActiveAgentContext→displays→dynamic process display,弹出智能体显示配置界面,单击 Agent Style,选择不同智能体名称,单击 图标,在弹出的界面上对智能体的形状、颜色、大小、透明度等进行配置。

6. 模型控制

设置好参数,配置好显示风格,便可启动模型进行模拟运行。对模型的控制主要包括初始化、运行、暂停、单步、停止和重置。模型控制工具栏如图 3 所示。

图 3　模 型 控 制 工 具 栏

初始化

单击 ⏻ 图标,系统根据设置的参数进行初始化,初始化的时间随智能体数量的不同而有所差别。

运行

初始化完成后,单击 ⏵ 图标,模型开始运行,Tick Count 开始计数,动态过程呈现在显示面板上(对动态过程显示的控制见下一节)。此时工具栏图标发生变化,单击 ⏭ 图标可单步运行,单击 ⏹ 图标则停止运行。

重置

模型运行停止后单击 🖭 图标,对参数进行重新设置,之后可按上述步骤重新运行。

7. 动态过程显示控制

模型运行过程中可对动态过程进行照相、录像及放大、缩小、测距、显示智能体状态等操作,动态过程显示控制工具栏如图 4 所示。

图 4　动态过程显示控制工具栏

照相

单击 🖾 图标,将当前运行界面保存为一张图片;

录像

单击 📷 图标,将动态模拟过程保存为视频;

视图重置

单击 🏠 图标,显示界面回到初始状态;

放大

单击 🔍 图标,放大选择区域;

缩小

单击 🔍 图标,缩小选择区域;

移动

单击 ✥ 图标,移动显示区域;

测距

单击 ▭ 图标,测量两点间距离;

显示智能体状态

单击 图标,选择相关智能体,在弹出的窗口中显示智能体当前状态参数,图 5 为某个居民智能体的状态参数显示示例。

8. 结果输出

模型运行统计结果有两种输出方式,一是在系统运行界面中通过图形方式查看;二是输出到外部文件中。

图形输出

单击图表面板可以查看预先设定的统计量的数值变化,如图 6 所示。

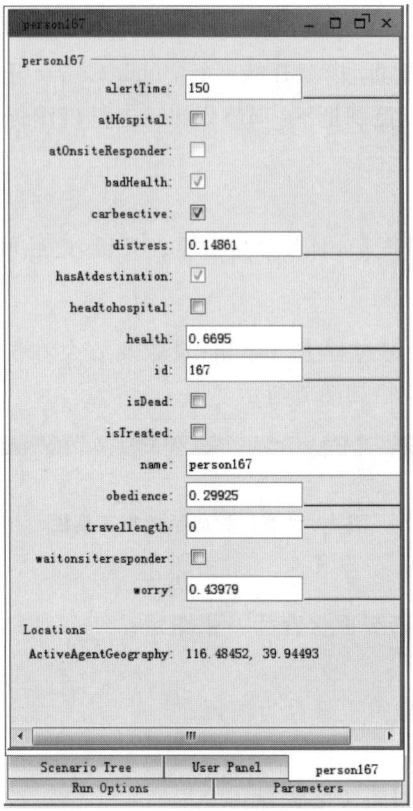

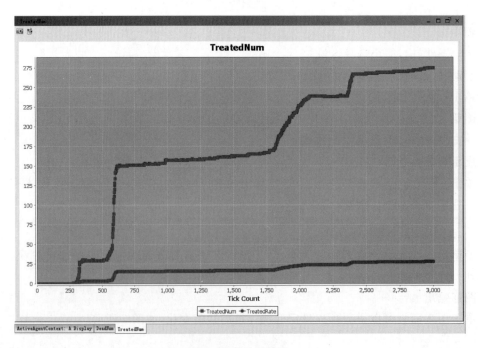

图 5   智能体状态显示

图 6   模拟结果输出

文件输出

模型运行过程中自动将每一步的统计结果输出到 deadstatic. txt、treatedstatic. txt 等外部文件中。文件保存在安装目录的"\RepastCity\ RepastCityoutdoor\ repast_city_data"下。

A.3　数据预处理

数据预处理模型包括三大类,即:标准的数学运算模型、针对电子表格行列之间的运算模型和针对电子表格操作模型。标准的数学运算模型是通常意义下的数据预处理模型,针对整个电子表格的所有变量和数据进行操作,生成一个新的数据表,包括标准差标准化、极差正规化、数据中心化、自然对数变化、数据百分化和均值比 6 类;针对电子表格行列之间的数学运算模型是对行或列之间进行某些操作,并不一定针对整个数据表,包括数据累加、数据过滤、四则运算、基本统计量和用户自定义函数 5 个模型;电子表格操作模型包括行列转置、拆分表格和查找 3 个功能。

数据预处理模型的操作对象是电子表格,可以处理所有的电子表格数据,因此没有对数据格式的特殊要求,不过数据预处理应当有实际意义。除了第一类模型外,一般都需要用户输入参数或进行选择。下面分别加以介绍。

A.3.1　标准差标准化命令

如果数据已进行过标准差标准化或者满足均值为 0、标准差为 1,则显示警告对话框,提示"不必进行预处理(可能已经预处理过)"的信息。

处理之后,产生一个新的电子表格文档,文档名称由原文档名称后附加"_norm"构成,比如原文档名称为"sampe. ums",则新文档为"sampe. ums_norm"。

A.3.2　极差正规化命令

如果数据已进行过极差正规化或者满足此条件,则显示警告对话框,提示"不必进行预处理(可能已经预处理过)"的信息。

处理之后,产生一个新的电子表格文档,文档名称由原文档名称后附加"_maxmian"构成,比如原文档名称为"sampe. ums",则新文档为"sampe. ums_maxmian"。

A.3.3　数据中心化命令

如果数据已进行过标准差标准化或者满足均值为 0,则显示警告对话框,提示"不必进行预处理(可能已经预处理过)"的信息。标准差标准化处理是数据中心化处理的特例,因此,标准差标准化之后不必再进行数据中心化处理。

处理之后,产生一个新的电子表格文档,文档名称由原文档名称后附加"_center"构成,比如原文档名称为"sampe. ums",则新文档为"sampe. ums_center"。

A.3.4 自然对数变换命令

如果数据中存在0或负数,则显示警告对话框,提示"不能进行预处理(负数取对数或百分比)"的信息。

处理之后,产生一个新的电子表格文档,文档名称由原文档名称后附加"_log"构成,比如原文档名称为"sampe. ums",则新文档为"sampe. ums_log"。

A.3.5 数据百分化命令

如果数据中存在0或负数,则显示警告对话框,提示"不能进行预处理(负数取对数或百分比)"的信息;如果数据满足上述条件,则显示警告对话框,提示"不必进行预处理(可能已经预处理过)"的信息。

处理之后,产生一个新的电子表格文档,文档名称由原文档名称后附加"_%"构成,比如原文档名称为"sampe. ums",则新文档为"sampe. ums_%"。

A.3.6 均值比

原始数据经过处理之后,大于均值的数据大于1,等于均值的数据为1,小于均值的数据小于1。生成的新的电子表格文档名称在原文档名称后添加"_divmean"构成。比如原文档名称为"sampe. ums",则新文档名称为"sampe. ums_divmean"。

A.3.7 基本统计量

1. 说明

基本统计量就是计算当前电子表格矩阵的一些基本统计量,包括最大值、最小值、均值、中位数、总和和标准差。当然,这些统计量都是对列(变量)进行统计的。

上述6种基本统计量可以根据需要选择计算,在基本统计量对话框中,只有选中的才进行计算。计算结果的输出有两种方式——电子表格或输出窗口。输出时可以选择其中的任一种,或者两种方式都采用。

2. 参数选择

最大值、最小值、均值、中位数、总和和标准差选项:用户根据选择的选项进行运算;默认计算以上所有的内容。

输出到电子表格选项:系统生成一个电子表格,计算结果输出到其中。电子表格文件名为:原文件名_stat。

输出到结果窗口:计算结果输出到计算结果窗口。

3. 计算结果

计算结果即如上选择计算内容的计算结果,可以输出到计算结果窗口或/和电子表格窗口。

A.3.8　自定义函数

1. 说明

自定义函数功能允许用户针对每一个变量(或样品)定义一个函数,对该列(或行)进行处理。同时还可以用定义的函数对整个电子表格或当前选定的范围进行处理,这实际上是对于给定的范围内的数据按列或按行分别进行操作,只不过是采用相同的处理函数而已。应特别指出的是,按行(即样品)处理数据没有统计意义,提供这种方法只是增加一种数据处理的手段而已(对于行列转置以后,行列互换,则这种操作就有意义了)。

自定义函数提供的操作仅包括简单的数据运算,即加(+)、减(-)、乘(*)、除(/)。提供的语法格式为:列=列(操作符)常数(操作符)常数,或行=行(操作符)常数(操作符)常数,括号内的操作符即加、减、乘、除的负号,列用 C 代替,行用 R 代替。下面是几个合法的函数:

$R=R*12.5+34$　　表示当前行乘以 12.5 然后加上 34;

$C=C/5-128$　　　表示当前列除以 5 然后减去 128;

$C=C*3$　　　　　表示当前列乘以 3。

等式两边的行列必须对等,即行操作以后的数据必须作为行,列也是如此。如下的等式是非法的:

$$R = C/3$$
$$C = R*2+34$$

程序中有语法检查的功能,对于不符合语法规则的函数会报告错误,拒绝处理。自定义函数对话框中提供了范围选择,分别是当前行、当前列、整个表格和选定范围。对于整个表格和选定范围的函数定义,和上面的规则完全相同,具体是按行处理还是按列处理则自动判定。

自定义函数的处理结果直接输出到当前电子表格中,处理后的数据覆盖掉原始数据。该操作没有提供撤销功能,要想恢复处理前的数据,只要执行一次逆操作即可,逆操作函数是原来函数的反函数。比如对于 $C=C/2+10$ 处理的恢复操作需要执行两次操作:$C=C-10$ 和 $C=C*2$。

2. 参数输入

当前行:函数作用于当前行。

当前列:函数作用于当前列。

整个表格:函数作用于整个表。

选定范围:函数作用于电子表格的选定范围。

函数：用户定义的函数，语法参见说明。

3. 计算结果

计算结果直接作用于当前表。

A.3.9　四则运算

（1）四则运算和用户自定义函数功能类似，但功能和灵活性比用户自定义函数功能差。该功能专门对表格的行或列直接进行四则运算，功能较为单一，但操作方便。

（2）参数提供

计算对象选择，选择行之间或列之间进行操作。选择行或列可以将当前电子表格的行名或列名列在左边的列表以及右边的下拉框中。

四则运算类型的选择：选择加、减、乘、除四种操作的一种。

输出方式选择：生成新单元或覆盖原有内容。生成新单元在电子表格中生成新的行或列，覆盖掉原来的行或列数据。行或列名为原来的组合，中间为操作符。

（3）计算结果

计算结果输出到原来的电子表格中，根据用户的选择生成新单元或覆盖掉原来的内容。

A.3.10　数据过滤

1. 说明

数据过滤功能是根据选择的条件对原始表格进行过滤，生成一个新的表格。过滤方法是将表格中数据列(变量)大于、小于或等于某一指定值的所有行筛选出来。

2. 参数选择

参数输入实际上是一个列的关系表达式，即列与某一数值的关系。

下拉框中是当前表的列名。

运算关系包括大于、小于和等于的选择。

文本框中输入具体数值。

3. 计算结果

过滤结果生成一个新表，表名是：原表名_filte。

A.3.11　数据累加

1. 说明

数据累加就是将表格的行或列依次累加，它和四则运算功能的区别是对所有的行列进行操作。该模型的一个比较灵活的功能是可以将累加结果输出到指定的电子表格中，这样可以将多个电子表格的累加值集中到一个表格中，比如，将县市级的统计数据累加为省级数据。

2. 参数选择

选择累加方式,即按行或列。

输出到其他电子表格:是否将结果输出到其他表格,如果是,就需要从当前打开的电子表格中选择一个将要输出的电子表格,如果下拉框为空,则生成一个新的表格。X 按钮清空当前选择的表名。

3. 输出结果

根据用户的选择,计算结果输出到当前表格或其他表格中。

A.3.12　行列转置

行列转置操作是交换电子表格的行和列,相当于矩阵的转置操作。因为电子表格文档的列(变量)是包含数据类型信息的,如果进行转置操作将会丢失数据类型信息。因此,转置之前系统会给出对话框,提示用户转置将会丢失数据类型信息,在用户确认要转置之后,进行转置操作。

数据转置并不产生新的电子表格,操作以后的数据反映在原电子表格文档中。电子表格的行列标题也同时进行交换。

A.3.13　拆分表格

拆分表格是将电子表格的若干行或若干列抽取到一个新的表格中。操作时,用户选择按行或列,列表框中就显示当前表的行或列名称,用户选择希望抽取的行或列,拆分即可。生成的新表名称为:原表名_splt。

A.3.14　查找

查找是从当前电子表格中查找符合某一条件的表单元。查找范围包括当前行、当前列和整个表;查找值包括最大值、最小值和精确值,其中精确值需要用户输入。查找之后定位到符合条件的单元。

A.4　基本参数设置

A.4.1　电子表格设置

电子表格设置如图 7 所示。

初始表格行数:新建一个电子表格文档时电子表格的初始行数,默认值为 100。

初始表格列数:新建一个电子表格文档时电子表格的初始列数,默认值为 25。

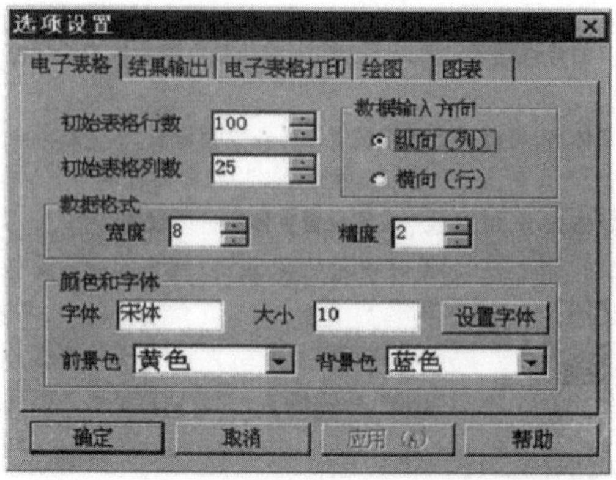

图 7　URPMS 电子表

数据输入方向：在电子表格中输入数据时，按行(横向)或是按列(纵向)录入。包括横向和纵向。

纵向(列)：按行输入，输入上一个数据后输入焦点移到同行的下一个单元(右边)。

横向(行)：按列输入，输入上一个数据后输入焦点移到同列的下一个单元(下边)。默认值为横向(行)。

实型数据格式

宽度：实型数据的输出位数，包括整数部分、小数部分和小数点。

精度：实型数据的小数位数。

颜色和字体

前景色：选择输出窗口的字体颜色。可以手工输入或从颜色组合框 AFX-HIDD-COLOR 中选择。

背景色：选择输出窗口的背景颜色。可以手工输入或从颜色组合框中选择。

字体：显示和设置字体名，可以手工或用设置字体对话框设置。

大小：显示和设置字体大小，可以手工或用设置字体对话框设置。

设置字体：设置字体和字体大小。见设置字体命令。

A.4.2　输出结果设置

输出结果设置如图 8 所示。

颜色和字体

前景色：选择输出窗口的字体颜色，可以手工输入或从颜色组合框中选择。

背景色：选择输出窗口的背景颜色，可以手工输入或从颜色组合框中选择。

字体：显示和设置字体名，可以手工或用设置字体对话框设置。

大小：显示和设置字体大小，可以手工或用设置字体对话框设置。

设置字体：设置字体和字体大小。

图 8　URPMS 输出结果设置

行数控制

最大行数：输出窗口中显示信息的最大行数，默认值为 10000。

每次移出行数：如果窗口中实际显示的信息行数大于最大行数，则前面的信息就会溢出。每次溢出行数设置时即为每次裁剪的行数。默认值为 50。

实型数据格式

宽度：实型数据的输出位数，包括整数部分、小数部分和小数点。

精度：实型数据的小数位数。

定点格式：指定是用定点格式（普通）还是用科学计数法格式输出实数。

A.4.3　电子表格打印设置

电子表格打印设置如图 9 所示。

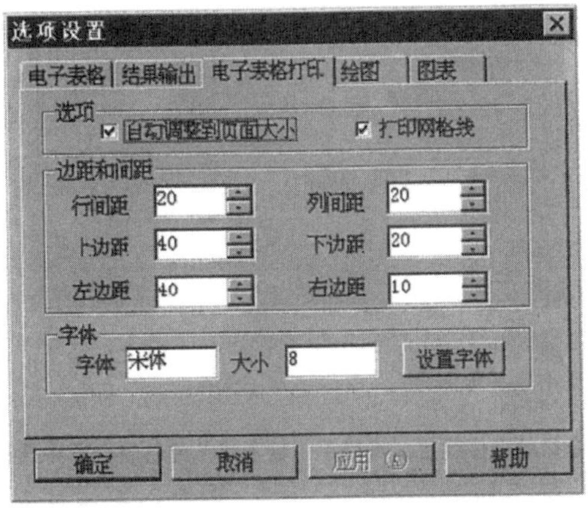

图 9　URPMS 电子表格打印设置

选项

自动调整到页面大小:如果打印内容超过纸张范围时,是否自动调整到页面大小。

打印网格线:是否打印电子表格的网格线。

边距和间距

行间距:每行之间的间距,单位是设备单位(device unit),默认值为 20。

列间距:每列之间的间距,单位是设备单位,默认值为 20。

上边距:打印内容的第一行到页面顶部的距离,单位是设备单位,默认值为 40。

下边距:打印内容的最后一行到页面底部的距离,单位是设备单位,默认值为 20。

左边距:最左侧打印内容到页面左部的距离,单位是设备单位,默认值为 40。

右边距:最右侧打印内容到页面右部的距离,单位是设备单位,默认值为 10。

字体:显示和设置字体名,可以手工或用设置字体对话框设置。

大小:显示和设置字体大小,可以手工或用设置字体对话框设置。

设置字体:设置字体和字体大小。

A.4.4　绘图设置

绘图设置如图 10 所示。

图 10　URPMS 绘图设置

选项:包括打印标注和打印刻度选项。

打印标注:是否打印标准轴标题。

打印刻度:是否打印横、纵坐标的刻度。

位置和比例:包括上边距、左边距、横向比例和纵向比例。

上边距:打印内容的顶部到页面顶部的距离,单位是设备单位,默认值为 100。

左边距:打印内容的左侧到页面左侧的距离,单位是设备单位,默认值为 150。

横向比例:横向(轴)的放大比例,默认值为 1。

纵向比例:纵向(1,轴)的放大比例,默认值为 1。

标注：包括横轴标注、纵轴标注和图名。

横轴标注：横轴的标题，默认值为 X。

纵轴标注：纵轴的标题，默认值为 Y。

图名：图件名称，默认值为 Umscharts。

A.4.5　图表设置

图表设置如图 11 所示。

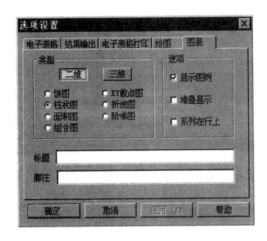

图 11　URPMS 图表设置

类型选项组：指定绘制图表的显示类型，包括二维和三维两大类，每一类对应多个图形。

二维：指定显示二维图形，列出的所有图形都支持二维显示。

三维：指定显示三维图形，饼图和 XY 散点图不能显示为三维，选择该复选框时饼图和 XY 散点图选钮禁止选择。

饼图：显示二维饼图。

XY 散点图：显示二维散点图。

柱状图：显示二维或三维柱状图。

面积图：显示二维或三维面积图。

组合图：显示二维或三维组合图。

折线图：显示二维或三维折线图。

阶梯图：显示二维或三维阶梯图。

选项：指定图表的如下三个选项，可以多选。

显示图例：指定是否显示图例。

堆叠显示：指定是否堆叠显示一个系列的内容，堆叠显示即将多个显示项目叠置为一列。

系列在行上：默认状态是系列在列上，该选项指定是否将显示系列定在行上。所谓显示系列在行（列）上就是在显示时将行（列）数据作为一个显示单元。

标题：即图表的标题,显示在图表的顶部。如果不指定内容则不显示标题。

脚注：图表的脚注,显示的是图表的底部。如果不指定内容则不显示脚注。

A.5 工具栏图标说明

A.5.1 数据预处理工具栏

数据预处理工具栏如图 12 所示。

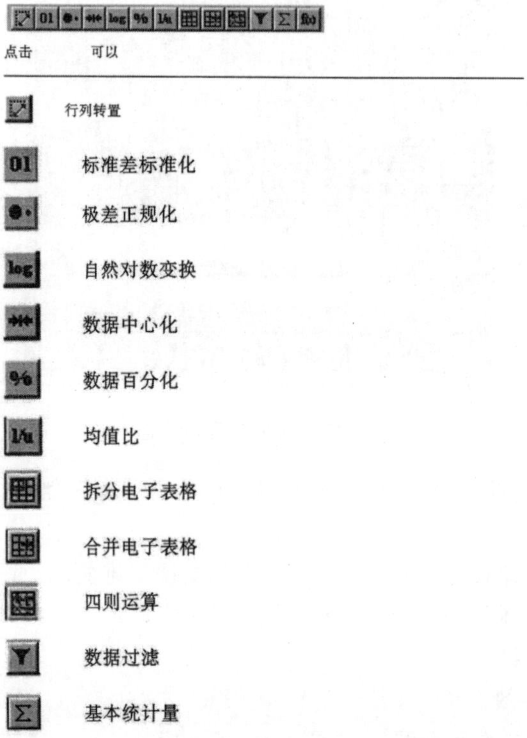

图 12 数据预处理工具栏

A.5.2 数据分析模型工具栏

数据分析模型工具栏如图 13 所示。

A.5.3 城市与区域规划模型工具栏

城市与区域规划模型工具栏如图 14 所示。

点击	可以执行
	一元回归分析
	多元回归分析
	逐步回归分析
	三角回归分析
	岭回归分析
	趋势面分析
	两类判别分析
	多类判别分析
	训练迭代法
	系统聚类分析
	动态聚类分析
	有序样品的聚类分析
	模糊聚类分析
	图论聚类分析
Mc	主成分分析
Fa	因子分析
	对应分析
R	相关分析

图 13　数据分析模型工具栏

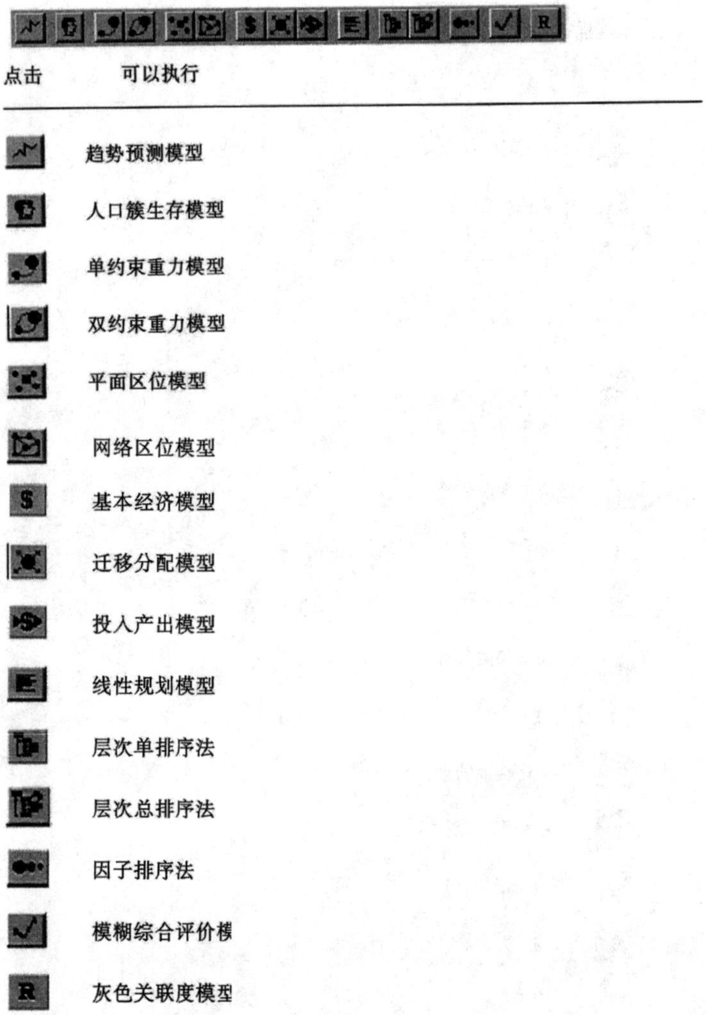

点击　　　　可以执行

	趋势预测模型
	人口簇生存模型
	单约束重力模型
	双约束重力模型
	平面区位模型
	网络区位模型
	基本经济模型
	迁移分配模型
	投入产出模型
	线性规划模型
	层次单排序法
	层次总排序法
	因子排序法
	模糊综合评价模
	灰色关联度模型

图 14　城市与区域规划模型工具栏

参 考 文 献

ALLEN P M,BOON F,ENGELEN G,et al.,1984. Modeling evolving spatial choice patterns[J]. Applied Mathematics and Computation,14(1): 97-129.

ANDERSSON A,ISARD W,1982. Regional development modeling: theory and practice. North-Holland.

ARMAH F A, YAWSON D O, PAPPOE A A N M,2010. A Systems Dynamics Approach to Explore Traffic Congestion and Air Pollution Link in the City of Accra, Ghana[J]. Sustainability, (2): 252-265.

BALLARD, KENNETH P, 1983. The structure of a large-scale small-area multiregional model of California: Modelling an integrated system of urban,suburban and rural growth[J]. Regional Studies, 17(5): 327-338.

BATTEN D,1982. On the dynamics of industrial evolution[J]. Regional Science and Urban Economics, 12(3): 449-462.

BATTY M,1992. Urban modeling in computer-graphic and Geographic Information System environments [J]. Environment and Planning B,19: 663-685.

BATTY M,2005. Agents,cells,and cities: new representational models for simulating multiscale urban dynamics[J]. Environment and Planning A,37: 1373-94.

BATTY M,XIE Y,1994. From Cells to Cities[J]. Environment and Planning B,21: 531-548.

BATTY M,XIE Y,SUN Z L,1999. Modeling urban dynamics through GIS-based cellular automata[J]. Computer. Environment. Urban System,23 (3): 205-233.

BAXTER,MIKE,1982. Similarities in methods of estimating spatial interaction models[J]. Geographical Analysis,14(3): 267-272.

BIRKIN M, CIARK G, CLARKE M, et al. , 1990. Elements of a model based Geographic Information Systems for the evaluation of urban policy[M]//Geographic Information Systems: Developments and Applications. London: Belhaven Press,132-162.

BOCKERMANN A,MEYER B,OMANN I,et al.,2005. Modelling sustainability comparing an econometric (PANTA RHEI) and a systems dynamics model (SuE)[J]. Journal of Policy Modeling,27(2): 189-210.

BROWN,LAWRENCE A and KODRAS J E,1987. Migration,human resource transfers,and development contexts: a logit analysis of venezuelan data[J]. Geographical Analysis,19(3): 243-263.

BENEDEK Z, NAGY A, RÁCZ I A,2011. Landscape metrics as indicators: Quantifying habitat network changes of a bush-cricket Pholidoptera transsylvanica in Hungary[J]. Ecological Indicators, 11(3): 930-933.

BODIN Ö, NORBERG J A, 2007. Network approach for analyzing spatially structured populations in fragmented landscape[J]. Landscape Ecology, 22(1): 31-44.

BODIN Ö, SAURA S,2010. Ranking individual habitat patches as connectivity providers: Integrating network analysis and patch removal experiments[J]. Ecological Modeling, 221: 2393-2405.

BROOKS C P, ANTONOVICS J, KEITT T H,2008. Spatial and temporal heterogeneity explain disease dynamics in a spatially explicit network mode[J]. American Naturalist, 172(2): 149-159.

CAMHI,MARIOS,1979. Planning theory and philosophy[J]. Tavistock Pub,10(2): 44-63.

CHEN J,GONG P,HE C Y,et al.,2002. Assessment of urban development plan of Beijing by using a CA-based urban growth model[J]. Photogramm. Eng. Rem. Sens,68 (10): 1063-1071.

CHEN M,LIU W,TAO X,2013. Evolution and assessment on China's urbanization 1960-2010: Under-urbanization or over-urbanization? [J]. Habitat International,38: 25-33.

CHEN M,YE C,ZHOU Y,2014. Comments on Mulligan's "Revisiting the urbanization curve"[J]. Cities, 41(S1): 54-56.

CHEN M,ZHANG H,LIU W,et al.,2014. The Global Pattern of Urbanization and Economic Growth: Evidence from the Last Three Decades. PlosOne,9(8): e103799 doi: 10.1371/journal. pone. 0103799.

CLARKE K, HOPPEN S, GAYDOS L, 1997. A self-modifying cellular automata model of historical urbanization in the San Francisco Bay area[J]. Environment and Planning B,24: 247-261.

CLARKE M,WILSON A G,1985. The dynamics of urban spatial structure: the progress of a research programme[J]. Institute of British Geographers,10(1): 427-451.

COUCLELIS H,1989. Macrostructure and microbehavior in a metropolitan area[J]. Environ. Plann. B, 16: 151-154.

DACE E,MUIZNIECE I,BLUMBERGA A,et al.,2015. Searching for solutions to mitigate greenhouse gas emissions by agricultural policy decisions-Application of system dynamics modeling for the case of Latvia[J]. Science of the Total Environment,527-528: 80-90.

DIFRANCESCO R,1998. Large projects in Hinterland regions: a dynamic multiregional input-output model for assessing the economic impacts[J]. Geographical Analysis,30(1): 15-34.

DIPLOCK G,OPENSHAW S,1996. Using simple genetic algorithms to calibrate spatial interaction models [J]. Geographical Analysis,28(3): 262-279.

DEFRIES R, HANSEN A, TURNER B L, et al, 2007. Land use change around protected areas: Management to balance human needs and ecological function[J]. Ecological Applications, 17(4): 1031-1038.

EGILMEZ G,TATARI O,2012. A dynamic modeling approach to highway sustainability: Strategies to reduce overall impact[J]. Transportation Research Part A,46(7): 1086-1096.

ECONOMO E P,KEITT T H,2010. Network isolation and local diversity in neutral metacommunities[J]. Oikos, 119(8): 1355-1363.

ECONOMO E P,KEITT T H, 2008. Species diversity in neutral metacommunities: A network approach [J]. Ecology Letters, 11(1): 52-62.

ESTRADA E, BODIN Ö,2008. Using network centrality measures to manage landscape connectivity[J]. Ecological Applications, 18(7): 1810-1825.

FENG Y Y,CHEN S Q,ZHANG L X,2013. System dynamics modeling for urban energy consumption and CO_2 emissions: A case study of Beijing,China[J]. Ecological Modelling,252: 44-52.

FLOWERDEW, ROBIN, 1982. Fitting the lognormal model to heteroscedastic data [J]. Geographical Analysis,14(3): 263-267.

FORRESTER J W,1969. Urban Dynamics[M]. Cambridge MA: M. I. T. Press.

FORTNEY, JOHN, 1996. A cost-benefit location-allocation model for public facilities: an econometric approach[J]. Geographical Analysis,28(1): 67-89.

FORMAN R T T,1995. Land mosaics: the ecology of landscape and regions[M]. Cambridge: Cambridge University Press: 246.

GLANSDORFF P,PRIGOGINE I,1971. Thermodynamics Theory of Structure,Stability and Fluctuations

[M]. London: Wiley-Inter Science.

GOODCHILD M, 1979. The aggregation probleminlocation-allocation[J]. GeographicalAnalysis, 11(3): 240-255.

GUAN D J, GAO W J, SU W C, et al., 2011. Modeling and dynamic assessment of urban economy-resource-environment system with a coupled system dynamics-geographic information system model[J]. Ecological Indicators, 11: 1333-1344.

GUO H, LIU L, HUANG G, et al., 2001. A system dynamics approach for regional environmental planning and management: a study for the Lake Erhai Basin[J]. Journal of Environmental Management, 61(1): 93-111.

GILBERT-NORTON L, WILSON R, STEVENS J R, et al, 2010. A meta-analytic review of corridor effectiveness[J]. Conservation biology. 24(3): 660-668.

HAGHSHENAS H, VAZIRI M, GHOLAMIALAM A, 2015. Evaluation of sustainable policy in urban transportation using system dynamics and world cities data: A case study in Isfahan[J]. Cities, 45(2015): 104-115.

He C, Okadac N, ZHANG Q F, et al., 2006. Modeling urban expansion scenarios by coupling cellular automata model and system dynamic model in Beijing, China[J]. Applied Geography, 26(3-4): 323-345.

HOBBS R J, 1992. The role of corridors: solution or bandwagon[J]? TREE, 7: 389-392.

ITAMI R M, 1994. Simulating spatial dynamics: cellular automata theory[J]. Landscape and Urban Plan, 30(1): 27-47.

JI H, HAYASHI Y, CAO X, et al., 2009. Application of an integrated system dynamics and cellular automata model for urban growth assessment: A case study of Shanghai, China[J]. Landscape and Urban Planning, 91(3): 133-141.

JIN W, XU L, YANG Z, 2009. Modelling a policy making framework for urban sustainability: Incorporating system dynamics into the Ecological Footprint[J]. Ecological Economics, 68(12): 2938-2949.

JOHANSON L, 1960. A Multi-sectoral Study of Economic Growth[M]. Amsterdam: North-Holland.

JONES K, WRIGLEY N, 1995. Generalized additive models, graphical diagnostics and logistic regression [J]. Geographical Analysis, 27(1): 1-21.

JONGMAN R H G, 2003. Ecological networks and greenways in Europe: reasoning and concepts[J]. Journal of Environmental Sciences, 15(2): 173-181.

JONGMAN R H G, 2002. Homogenisation and fragmentation of the European landscape: ecological consequences and solutions[J]. Landscape and urban planning, 58(2-4): 211-221.

LANDIS J, 1994. The California urban futures mode: A new generation of metropolitan simulation models [J]. Environment and Planning B, 21(4): 399-420.

LANG W, LI Y H, 1995. Special characteristics of China's interprovincial migration[J]. Geographical Analysis, 27(2): 137-151.

LI X, YEH A G O, 2000. Modeling sustainable urban development by the integration of constrained cellular automata and GIS[J]. International Journal of Geographical Information Science, 14(2): 131-152.

LIU Y, LV X, QIN X, et al., 2007. An integrated GIS-based analysis system for management of lake areas in urban fringe[J]. Landscape & Urban Planning, 82(4): 233-246.

MEADOWS D H, MEADOWS D L, RANDERS J, et al., 1972. The limits to growth[M]. Universe Books.

MOHAPATRA P, MANDAL P, BORA M, 1994. Introduction to System Dynamics Modeling[M]. Orient Longman Ltd., Hyderabad, India.

NORTHAM R M,1975. Urban geography[M]. New York: John Wiley & Sons.

OPDAM P, STEINGROVER E, ROOIJ S,2006. Ecological networks: A spatial concept for multi-actor planning of sustainable landscapes[J]. Landscape and Urban Planning, 76(3-4): 322-332.

PHIPPS M,1992. From local to global: the lesson of cellular automata[M]//Individual Based Models and Approaches in Ecology: Populations, Communities and Ecosystems. Chapman & Hall, New York: 165-187.

PORTUGALI J,2000. Self-Organization and the City[M]. Berlin: Springer-Verlag.

PUMAIN D,JULIEN T S,SANDERS L,1987. Application of a dynamic urban model[J]. Geographical Analysis,19(2): 152-166.

PUMAIN D,SAINT-JULIEN T,SANDERS L,1986. Urban dynamics of some French cities[J]. European Journal of Operational Research,25(1): 3-10.

QIAN W B,1996. Rual-Urban migration and its impact on economic development in China[M]. Ashgate Publishing Limited.

QIU Y, SHI X L, SHI C H, 2015. A System Dynamics Model for Simulating the Logistics Demand Dynamics of Metropolitans: A Case Study of Beijing,China[J]. Journal of Industrial Engineering and Management,8(3): 783-803.

REVEHE C S, SWAIN R W,1970. Central facilities location[J]. Geographical Analysis,2(1): 30-42.

RICHARDSON G P, PUGH A L, 1989. Introduction to System Dynamics Modeling [M]. Pegasus Communications,Inc,Waltham,MA.

RAYFIELD B, FORTIN M-J, FALL A,2011. Connectivity for conservation: A framework to classify network measures[J]. Ecology, 92(4): 847-858.

SCOTT, ALLEN J,1970. Location-allocation system: a review[J]. Geographical Analysis,2(2): 95-119.

SHEN T, WANG W, HOU M, et al., 2007. Study on spatiotemporal system dynamic models of urban growth[J]. Syst. Eng. Princ. Pract. , 27(1): 10-17.

STERMAN J, 2000. Business Dynamics: Systems Thinking and Modeling for a Complex World[M]. McGraw-Hill,Boston.

STEWART F A, DENSHAM P J, CURTIS A, 1995. The zone definition problem in location-allocation modeling[J]. Geographical Analysis,27(1): 60-77.

SUI D Z, ZENG H, 2001. Modeling the dynamics of landscape structure in Asia's emerging desakota regions: a case study in Shenzhen[J]. Landscape & Urban Planning,53(1): 37-52.

SUI, DANIEL Z,1998. GIS-based urban modeling: practices, problems, and prospects[J]. Geographical Information Science,12(7): 651-671.

SAURA S, ESTREGUIL C, MOUTON C, RODRL GUEZ-FREIRE M,2011. Network analysis to assess landscape connectivity trends: Application to European forests (1990- 2000)[J]. Ecological Indicators, 11(2): 407-416.

SAURA S, PASCUAL-HORTAL L,2007. A new habitat availability index to integrate connectivity in landscape conservation planning: Comparison with existing indices and application to a case study[J]. Landscape and Urban Planning, 83(2-3): 91-103.

SAURA S, RUBIO L,2010. A common currency for the different ways in which patches and links can contribute to habitat availability and connectivity in the landscape[J]. Ecography, 33(3): 523-537.

THEOBALD D M,GROSS M D,1994. EML: a modeling environment for exploring landscape dynamics [J]. Computers Environment & Urban Systems,18(3): 193-204.

THIL L,JEAN-CLAUDE,HOROWITZ J L,1997. Travel-time constraints on destination-choice sots[J].

GeographicalAnalysis,29(2): 108-123.

TIAN L, CHEN J Q, SHI X Y, 2014. Coupled dynamics of urban landscape pattern and socioeconomic drivers in Shenzhen, China[J]. Landscape Ecology, 29(4): 715-727.

TOBLER W R, 1979. Cellular geography [M]//Philosophy in Geography. D. Reidel Publishing Co., Holland: 379-386.

THOMPSON J D, MATHEVET R, DELANO O, et al, 2011. Cheylan M. Ecological solidarity as a conceptual tool for rethinking ecological and social interdependence in conservation policy for protected areas and their surrounding landscape[J]. Comptes Rendus de l'Académie des Science, Biologies, 334 (5-6),412-419.

TREML E A, HALPIN P N, URBAN D L, et al, 2008. Modeling population connectivity by ocean currents, a graph-theoretic approach for marine conservation[J]. Landscape Ecology, 23(1): 19-36.

VENKATESAN A K, AHMAD S, JOHNSON W, et al., 2011. Systems dynamic model to forecast salinity load to the Colorado River due to urbanization within the Las Vegas Valley[J]. Science of the Total Environment, 409 (13): 2616-2625.

VENNIX J, 1996. Group Model Building: Facilitating Team Learning Using System Dynamics[M]. Wiley, New York: 297.

WAGNER D, 1997. Cellular automata and geographic information systems[J]. Environment and Planning B, 24(2): 219-234.

WANG S, ZHAO Y B, 2014. Exploring the relationship between urbanization and the eco-environment: A case study of Beijing-Tianjin-Hebei region[J]. Ecological Indicators, 45(5): 171-183.

WEI Z, HONG M, 2009. Systems Dynamics of Future Urbanization and Energy-related CO_2 Emissions in China[J]. WSEAS TRANSACTIONS on SYSTEMS, 8(10): 1145-1154.

WHITE R, ENGELEN G, 1993. Cellular automata and fractal urban form: a cellular modeling approach to the evolution of urban land-use patterns[J]. Environment and Planning A, 25(8): 1175-1199.

WHITE R, ENGELEN G, ULJEE I, 1997. The use of constrained cellular automata for high-resolution modeling of urban land use dynamics[J]. Environment and Planning B, 24: 323-343.

WILSON A G, 1974. Urban and Regional Models in Geography and Planning [M]. London: John Wiley&Sons.

WOLSTENHOLME E F, 1983. Modeling national development programmes-an exercise in system description and qualitative analysis using system dynamics[J]. J. Oper. Res. Soc. , 34 (12): 1133-1148.

WOOLDRIDGE M, JENNINGS N, 1995. Intelligent agent: Theory and practice [J]. The knowledge engineering review, 10(2): 115-152.

WU F, 2002. Calibration of stochastic cellular automata: the application to rural-urban land conversions[J]. Int. J. Geogr. Inf. Sci, 16(8): 795-818.

WU F, WEBSTER C, 1998. Simulation of land development through the integration of cellular automata and multi-criteria evaluation[J]. Environment and Planning B, 25, 103-126.

XIAN G, CRANE M, 2005. Assessments of urban growth in the Tampa Bay watershed using remote sensing data[J]. Remote Sensing of Environment, 97(2): 203-215.

XU Z, COORS V, 2012. Combining system dynamics model, GIS and 3D visualization in sustainability assessment of urban residential development[J]. Building and Environment, 47: 272-287.

ZELENY M, 1980. Autopoiesis, Dissipative Structures and Spontaneous Social Orders [M]. Boulder Westview Press.

白先春,李炳俊,2006.基于新陈代谢 GM(1,1)模型的我国人口城镇化水平分析[J].统计与决策(3):
　　40-41.

鲍维科,1990.中小城市道路交通规划方法研究[J].城市规划,14(6):31-33.

蔡林,高速进,2009.环境与经济综合核算的系统动力学模型[J].环境工程学报,3(5):66-71.

曹飞,2012.中国人口城镇化 Logistic 模型及其应用——基于结构突变的理论分析[J].西北人口,33(6):
　　18-22.

曹飞,2013.基于灰色 Verhulst 模型的陕西省人口城镇化水平预测[J].西安石油大学学报(社会科学版),
　　23(3):21-24.

陈夫凯,夏乐天,2014.运用 ARIMA 模型的我国城镇化水平预测[J].重庆理工大学学报(自然科学),
　　28(4):133-137.

陈立人,张剑平,1991.主成分分析法在区域经济发展水平评价中的应用[J].经济地理,11(3):25-27.

陈明星,陆大道,张华,2009.中国城镇化水平的综合测度及其动力因子分析[J].地理学报,64(4):
　　387-398.

陈明星,叶超,周义,2011.城镇化速度曲线及其政策启示[J].地理研究,30(8):1499-1507.

陈森达,达庆利,盛昭翰,1984.绍兴市中心大街改建规划中的系统分析方法[J].城市规划,8(6):28-33.

陈希孺,王松桂,1987.近代回归分析[M].合肥:安徽教育出版社.

陈彦光,2003.自组织与自组织城市[J].城市规划,27(10):17-22.

陈彦光,2011.城镇化与经济发展水平关系的三种模型及其动力学分析[J].地理科学,31(1):1-6.

陈彦光,周一星,2000.细胞自动机与城市系统的空间复杂性模拟:历史、现状与前景[J].经济地理,20(3):
　　35-39.

陈彦光,周一星,2006.城镇化 Logistic 过程的阶段划分及其空间解释——对 Northam 曲线的修正与发展
　　[J].经济地理,25(6):817-822.

陈燕申,1995.我国城市规划领域中计算机应用的历史回顾与发展[J].城市规划,19(3):22-30.

陈甬军,陈爱民,2002.中国城镇化:实证分析与对策研究[M].厦门:厦门大学出版社.

单卫东,包浩生,1995.非均质空间随机扩散方程及其在城市基准地价评估中的运用[J].地理学报,50(3):
　　215-223.

邓成梁,1996.运筹学的原理和方法[M].武汉:华中理工大学出版社.

丁刚,2008.城镇化水平预测方法新探-以神经网络模型的应用为例[J].哈尔滨工业大学学报(社会科学
　　版),10(3):128-133.

丁建伟,等,1995.广州珠江新城土地开发信息系统研究[J].城市规划,19(2):36-38.

丁金宏,刘虹,1988.我国城镇体系规模结构模型分析[J].经济地理,8(4):253-256.

董黎明,冯长春,1989.城市土地综合经济评价的理论方法初探[J].地理学报,44(3):323-333.

杜宁睿,邓冰,2001.细胞自动机及其在模拟城市时空演化过程中的应用[J].武汉大学学报(工学版),
　　34(6):8-11.

冯德益,1983.模糊数学方法与应用[M].北京:地震出版社.

傅强,宋军,毛锋,等,2012.青岛市湿地生态网络评价与构建[J].生态学报,32(12):3670-3680.

傅强,宋军,王天青,2012.生态网络在城市非建设用地评价中的作用研究[J].规划师,28(12):91-96.

傅强,2013.基于生态网络的非建设用地评价方法研究 [D].北京:清华大学.

高春亮,魏后凯,2013.中国城镇化趋势预测研究[J].当代经济科学,35(4):85-90.

顾朝林,1990.中国城镇体系等级规模分布模型及其结构预测[J].经济地理,10(3):54-56.

顾朝林,1991.中国城市经济区划分的初步研究[J].地理学报,46(2):129-141.

顾朝林,1992.中国城镇体系:历史、现状和展望[M].北京:商务印书馆.

顾朝林,刘国洪,万利国,1992.济南城市经济影响区的划分[J].地理科学,12(1):15-26.

顾朝林,刘宛,郭婧,等,2012.哈尔滨2030预规划低碳导向方案调整研究[J].城市规划学刊,(4)(总第202期):36-43.

顾朝林,庞海峰,2008.基于重力模型的中国城市体系空间联系与层域划分[J].地理研究,16(4):5-18.

顾朝林,庞海峰,2009.建国以来国家城市化空间过程研究[J].地理科学,29(1):10-14.

顾朝林,王法辉,刘贵利,2003.北京城市社会区分析[J].地理学报,58(6):917-926.

顾朝林,王颖,邵园,等,2015.基于功能区的行政区划调整研究——以绍兴城市群为例[J].地理学报,70(8):1187-1201.

顾朝林,于涛方,李王鸣,等,2008.中国城市化:格局·过程·机理[M].北京:科学出版社.

顾朝林,赵令勋,1998.中国高技术产业与园区[M].北京:中信出版社.

顾朝林,张晓明,2016.论县镇乡村域规划编制[J].城市与区域规划研究,8(2):1-13.

顾朝林,2019.科学的"双评价"是新时代国土空间规划的关键和基础[J].城市与区域规划研究,11(2):1-3.

顾朝林,2019.论新时代国土空间规划技术创新[J].北京规划建设,33(4):64-70.

郭振淮,1998.经济区与经济区划[M].北京:中国物价出版社.

郝力,1995.产品化城市规划管理信息系统的认识与实践[J].城市规划,19(2):32-33.

何春阳,陈晋,史培军,等,2002.基于CA的城市空间动态模型研究[J].地球科学进展,17(2):188-195.

何红波,潘毅刚,陈利华,2006.关于构建区域能源需求预测模型系统的初步思考[J].预测与分析(23):3-5.

胡序威,1998.区域与城市研究[M].北京:科学出版社.

黄长军,曹元志,胡丽敏,等,2012.基于新陈代谢GM(1,1)模型的益阳城镇化水平分析[J].地理空间信息,10(3):124-126.

黄慧明,2007.美国"精明增长"的策略、案例及在中国的应用思考[J].现代城市研究,(5):19-28.

黄明华,田晓晴,2008.关于新版《城市规划编制办法》中城市增长边界的思考[J].规划师,(6):13-16.

贾凤和,1989.区域经济理论与模型[M].天津:南开大学出版社.

贾仁安,丁荣华,2002.系统动力学——反馈动态性复杂分析[M].北京:高等教育出版社.

简新华,黄锟,2010.中国城镇化水平和速度的实证分析与前景预测[J].经济研究,2010(3):28-39.

姜启源,1993,数学模型[M].北京:高等教育出版社.

黎夏,叶嘉安,1999.约束性单元自动演化CA模型及可持续城市发展形态模拟[J].地理学报,54(4):289-298.

黎夏,叶嘉安,2001.主成分分析与Cellular Automata在空间决策与城市模拟中的应用[J].中国科学(D辑),31(8):683-690.

黎夏,叶嘉安,2002.基于神经网络的单元自动机CA及真实和优化的城市模拟[J].地理学报,57(2):159-166.

李海燕,陈晓红,2014.基于SD的城市化与生态环境耦合发展研究——以黑龙江省东部煤电化基地为例[J].生态经济,30(12):109-115.

李洪武,徐吉谦,1990.城市交通规划评价方法初探[J].城市规划,14(3):17-19.

李强,顾朝林,2015.城市公共安全应急响应动态地理模拟研究[J].中国科学 地球科学,45(3):290-304.

李文溥,陈永杰,2001.中国人口城市化水平与结构偏差[J].中国人口科学,(5):10-18.

李震,顾朝林,姚士谋,2002.当代中国城镇体系地域空间结构类型定量研究[J].地理科学,26(5):544-550.

林炳耀,1991.论我国城市和区域信息系统的开发和建设[J].经济地理,11(3):28-34.

刘红星,1988.区域人口容量系统分析和区域研究——以宁夏西部地区为例[J].经济地理,8(4):249-252.

刘青,杨桂元,2013.安徽省城镇化水平预测——基于IOWHA算子的组合预测[J].重庆工商大学学报(自然科学版),30(8)：38-44.

刘贤腾,顾朝林,2010.南京城市交通方式可达性空间分布及差异分析[J].城市规划学刊,(总第 187 期)第 2 期：49-56.

刘小金,毛汉英,顾朝林,等,1991.系统动力学在区域发展规划中的应用[J].地理学报,46(2)：233-241.

刘雄,汤兴华,周杰,等,1988."灰色系统"预测模型在城市经济发展预测中的应用[J].城市规划,12(1)：31-33.

刘延年,1991.现代人口统计分析[M].北京：中国统计出版社.

路紫,张广全,1989.旅游地开发级别与开发方向的确定——Fuzzy 综合评判方法的应用[J].经济地理,9(3)：218-221.

吕斌,徐勤政,2010.我国应用城市增长边界(UGB)的技术与制度问题探讨[C]//规划创新——2010 中国城市规划年会论文集[C]:1-14.

马清裕,陈田,田文祝,1991.设市规划的理论与方法初探[J].经济地理,11(2)：1-5.

马雪莹,邵景安,徐新良,2016.基于熵权-TOPSIS 的山区乡镇通达性研究——以重庆市石柱县为例.地理科学进展,35(09)：1144-1154.

屈晓杰,王理平,2005.我国城镇化进程的模型分析[J].安徽农业科学,(10)：1939-1940.

饶会林,1999.城市经济学[M].大连：东北财经大学出版社.

任宇飞,方创琳,2017.京津冀城市群县域尺度生态效率评价及空间格局分析[J].地理科学进展,36(1)：87-98.

申学军,1994.信息技术在北海城市规划中的应用[J].城市规划,18(5)：48-49.

沈体雁,吴波,2006.CGE 与 GIS 集成的中国城市增长情景模拟框架研究[J].地球科学进展,21(11)：1153-1163.

石留杰,李艳军,臧雨亭,等,2010.基于 GM(1,1)-Markov 模型的我国人口城镇化水平预测[J].四川理工学院学报(自然科学版),23(6)：648-650.

宋丽敏,2007.中国人口城镇化水平预测分析[J].辽宁大学学报(哲学社会科学版),35(3)：115-119.

宋学锋,刘耀彬,2006.基于 SD 的江苏省城市化与生态环境耦合发展情景分析[J].系统工程理论与实践,(3)：124-130.

苏懋康,1988.系统动力学原理及应用[M].上海：上海交通大学出版社.

孙晓光,庄一民,1984.介绍两个城市数学模型[J].城市规划,8(1)：29-34.

陶澍,1994.应用统计方法[M].北京：中国环境科学出版社.

佟贺丰,曹燕,于洁,等,2010.基于系统动力学的城市可持续发展模型：以北京市为例[J].未来与发展,(12)：10-17.

汪侠,顾朝林,刘晋媛,等,2007.旅游资源开发潜力评价的多层次灰色方法：以老子山风景区为例[J].地理研究,26(3)：625-635.

汪侠,顾朝林,梅虎,2005.旅游景区顾客的满意度指数模型[J].地理学报,60(5)：798-806.

汪侠,顾朝林,梅虎,2007.多层次灰色评价方法在旅游者感知研究中的应用[J].地理科学,27(1)：121-126.

汪遐昌,1996.运筹学方法及其微机实现[M].西安：电子科技大学出版社.

汪一鸣,陈建宁,1991.区域发展水平的综合测度模型[J].经济地理,11(1)：31-35.

王宝铭,1995.对城市工业用地收益区位差异规律的探讨——以天津市为例[J].地理学报,50(5)：439-446.

王红,闾国年,陈干,2002.元胞自动机及在南京城市演化预测中的应用[J].人文地理,17(1)：47-50.

王建军,吴志强,2009.城镇化发展阶段划分[J].地理学报,64(2)：177-188.

王少剑,方创琳,王洋,2015.京津冀地区城市化与生态环境交互耦合关系定量测度[J].生态学报,35(7)：

　　　1-14.

王学军,1993.地理环境人口承载潜力及其区际差异[J].地理科学,12(4):322-328.

王颖,顾朝林,李晓江,2015.苏州城市增长边界划定初步研究[J].城市与区域规划研究,7(2):1-24.

魏心镇,史永辉,1992.我国高新技术产业开发区的区位比较及推进机制分析[J].地理科学,12(2):
　　　105-107.

武晓波,赵健,魏成阶,等,2002.元胞自动机模型用于城市发展模拟的方法初探——以海口市为例[J].城
　　　市规划,26(8):69-73.

王颖,2013.苏州城市增长边界(UGB)初步研究 [D].北京:清华大学.

王颖,顾朝林,2017.基于格网分析法的城市弹性增长边界划定研究——以苏州市为例 [J].城市规划,
　　　41(03):25-30.

文高辉,杨钢桥,汪文雄,等,2016.基于农户视角的耕地细碎化程度评价——以湖北省"江夏区—咸安
　　　区—通山县"为例[J].地理科学进展,35(9):1129-1143.

吴志强,李德华,2010.城市规划原理[M].4版.北京:建筑工业出版社.

夏冰,胡坚明,张佐,等,2002.基于多智能体的城市交通诱导系统可视化模拟[J].系统工程,20(5):72-78.

项后军,周昌乐,2001.人工智能的前沿——智能体(Agent)理论及其哲理[J].自然辩证法研究,17(10):
　　　29-33.

徐红,等,1994.十堰市城市规划与管理信息系统[J].城市规划,18(3):14-17.

徐建华,1994.现代地理学中的数学方法[J].北京:高等教育出版社.

徐巨洲,1989.十年城市交通规划回顾与展望[J].城市规划,12(6):13-15.

徐匡迪,2013.中国特色新型城镇化发展战略研究(综合卷)[M].北京:中国建筑工业出版社.

徐慰慈,1990.交通规划的弹性模式与模型[J].城市规划,14(3):11-16.

许学强,胡华颖,叶嘉安,1989.广州市社会空间结构的因子生态分析[J].地理学报,44(4):385-399.

许学强,叶嘉安,1986.我国城镇化的省际差异[J].地理学报,41(1):8-22.

薛领,杨开忠,2002.复杂性科学理论与区域空间演化模拟研究[J].地理研究,21(1):79-88.

杨齐,1990.区域客流分布模型的研究[J].地理学报,45(3):264-274.

杨仁,王冬根,1990.近代回归分析在交通调查建模中的应用[J].城市规划,14(3):77-83.

杨吾扬,1988,区位论与产业、城市和区域规划[J].经济地理,8(1):3-7.

叶立梅,1993.我国金融中心的区位条件分析[J].地理科学,13(1):1-8.

易汉文,1990.城市人行立交设施的多目标规划[J].土木工程与管理学报,14(3):35-40.

于涛方,顾朝林,2008.中国城市体系格局与变迁:基于航空流的分析[J].地理研究,27(6):1407-1418.

余庄,何涛,1995.采用人工神经网络的城市规划智能评价系统[J].城市规划,19(5):50-51.

虞蔚,1988.我国重要城市间信息作用的系统分析[J].地理学报,43(2):141-149.

曾五一,1985.关于动态投入产出最优化模型应用的研究[J].系统工程,3(2):31-39.

张超,沈建法,1993.地理系统工程[M].北京:科学出版社.

张敏,顾朝林,2002.近期中国省际经济社会要素流动的空间特征[J].地理研究,21(3):313-323.

张启来,等,1995.济南市城市规划管理信息系统的设计与开发[J].城市规划,19(5):46-49.

张荣,梁保松,刘斌,等,2005.城市可持续发展系统动力学模型及实证研究[J].河南农业大学学报,39(2):
　　　229-234.

张显峰,崔伟宏,2000.基于 GIS 和 CA 模型的时空建模方法研究[J].中国图象图形学报,5(12):
　　　1012-1018.

张新生,何建邦,1997.城市可持续发展与空间决策支持[J].地理学报,52(6):507-517.

张颖,赵民,2003.论城镇化与经济发展的相关性:对钱纳里研究成果的辨析与延伸[J].城市规划汇刊
　　　(4):10-18.

赵璟、党兴华,2008.系统动力学模型在城市群发展规划中的应用[J].系统管理学报,17(4):395-408.

赵庆海,等,2015.城市总体规划实施的定量评估方法初探[J].城市与区域规划研究,7(2):110-124.

赵文杰,刘兆理,2003.元胞自动机在环境科学中的应用[J].东北师大学报(自然科学版),35(2):87-92.

周成虎,孙战利,谢一春,1999.地理元胞自动机研究[M].北京:科学出版社.

周一星,1982.城镇化与国民生产总值关系的规律性探讨[J].人口与经济,1982(1):28-33.

周勇前,陈军,1995.基于 GIS 的城市规划专题制图[J].城市规划,19(2):27-29.

朱俭松,1988.城市交通规划中电子计算机技术的初步体会和经验[J].城市规划,11(1):25-27.

左其亭,陈咯,2001.社会经济-生态环境耦合系统动力学模型[J].上海环境科学,20(12):592-594.

祝仲文,莫滨,谢芙蓉,2009.基于土地生态适宜性评价的城市空间增长边界划定——以防城港市为例[J].规划师(11):40-44.

后　记

　　本书是在东南大学出版社《城市与区域规划模型系统》2000年版基础上修编而成。全书增加了第1章城市与区域定量研究和第7～14章城市与区域规划模型实证案例。URPMS软件系统也在原有1.0版本的基础上增加了段学军在武汉大学GeoMap控件基础上开发的规划制图软件和李强基于Repast S多智能体模型系统,并基于Windows 7运行进行了bug修复,同时还增加了英文版的界面。

　　信息技术的发展正在深刻影响着城市与区域规划领域的工作方式,专业软件、信息管理软件和办公自动化软件必将成为今后城市与区域规划工作者的日常工具。在这些工具软件中,GIS、数学模型软件、数据库和管理信息系统(MIS)是其重点。GIS、数据库软件应用领域广泛,因此有大量的软件开发商涉足这些领域,开发出了丰富的产品,规划者有广泛的选择余地;而数学模型软件,除了统计分析外,其他的与规划模型有关的专业软件还很少见。城市与区域规划模型系统的开发正是在这样的一个境况下进行的。

　　回顾《城市与区域规划模型系统》自1991年列项到2020年的今天已经走过了30个年头,这里奉献的研究成果,与其说是我们不断探索的记录,不如说是一个研究团队长期以来前赴后继的辛勤耕耘之作,第7～14章城市与区域规划模型系统实证案例都呈现了我和研究生们鲜活的研究足迹和印记。本书出版之际,特别表达深深的谢意和眷恋之情!

　　对于城市与区域规划的定量研究,尤其涉及模型系统,至少存在三个层次。最低层次的是概念化的抽象理论模型,由一些特定的理论和规则组成,一般由语言论述,还不能用严格的数学语言表达,具有定性的性质。比如对一个规划方案的评估规则集合,可以看作是一个概念模型。其次是数学模型。数学模型是可以用严格的数学语言(符号或表达式)表达的对研究对象的抽象,这是一个很高层次的抽象,可以进行推导和验证,具备了解决实际问题的基础。最高层次的数学模型是软件化的模型系统,它是数学模型的计算机实现。计算技术的发展使得模型的应用具备了坚实的基础,它不仅能够提高效率和精度,也使得以前不能求解的模型,比如线性规划模型,可以求解。因此,在三个层次的模型之间存在两个质的飞跃,一是从概念模型到数学模型,二是从数学模型到软件化的模型系统。只有软件化的规划模型系统才具有解决实际问题的能力。

　　一个模型的建立,往往需要多位学者的贡献,有时需要几代科学家的努力。然而从数学模型到软件化的数学模型的转化技术含量并不很高,只是需要较大工作量罢了。像城市与区域规划模型一类的专业软件,由于专业性强,应用范围较窄,一般的软件开发商不太愿意涉足,而专业科研人员一般又不大可能付出大量的劳动去实现,因此,作者希望通过自己的尝试来为规划者提供一个可用的工具,避免他人今后少做此类烦琐工作;同时也希望起到抛砖引玉的作用,有兴趣的同仁可以在此基础上继续工作。如果这项工作能够对城市与区域规划工作者有所助益,则作者的目的就达到了。

城市与区域规划模型的范围很广,涉及的模型极多,不同的应用场合需要不同的模型。因此,这本城市与区域规划模型系统还不可能实现包罗万象的各类规划模型,只包括了常用的 13 个数据预处理模型、19 个统计分析模型和 22 个规划模型。这个模型系统的完善,还需要不断地在应用过程中验证、修改,因此今后还需要付出很多的时间和努力。

作者的尝试,是首次将城市与区域规划模型、统计分析模型和地理信息系统(已经有数据库功能)在一个软件系统中有机地集成起来。当前,国外地理信息系统界、城市规划界也正有将上述系统整合的趋势,但完整实现的还很少见。本书的努力只是这样一种尝试,希望对将来的发展也有所裨益。

最后需要指出,定量化方法在城市与区域规划中的应用虽然是大势所趋,但在我国还有很长的路要走。作者认为阻碍其发展的最大障碍是我国统计数据的不足和定量化标准的不完善,因为城市与区域规划模型的采用是建立在大量统计数据的基础之上的,数据质量的好坏直接影响到模型的最终结果。其次,不要过高估计定量化方法的作用,它不过是一种效率工具,可以提高城市与区域规划工作的效率和精度,但模型的选取、变量的选择都需要规划工作者的宝贵经验和对模型运行结果的职业性解读。一些情况下,数据难以获取或定量化,此时就不宜采用定量化工作,不要为定量化而定量化。

本书的出版也要特别感谢旷薇和李劢的帮助。感谢清华大学出版社周莉桦的策划和鼓励,感谢赵从棉的辛勤编辑工作。

著 者

2020 年 2 月 26 日于汤山

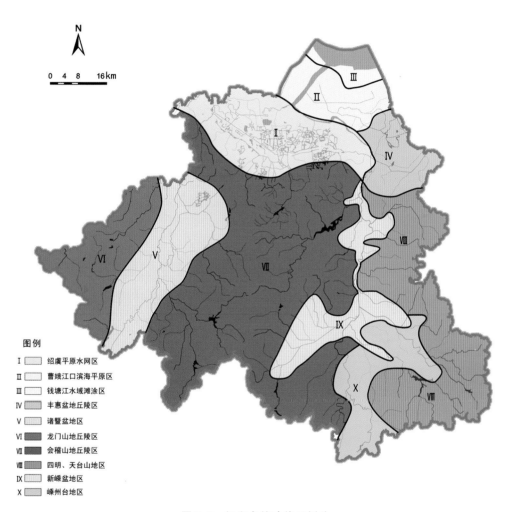

N

0 4 8 16km

图例

Ⅰ ☐ 绍虞平原水网区
Ⅱ ☐ 曹娥江口滨海平原区
Ⅲ ☐ 钱塘江水域滩涂区
Ⅳ ☐ 丰惠盆地丘陵区
Ⅴ ☐ 诸暨盆地区
Ⅵ ☐ 龙门山地丘陵区
Ⅶ ☐ 会稽山地丘陵区
Ⅷ ☐ 四明、天台山地区
Ⅸ ☐ 新嵊盆地区
Ⅹ ☐ 嵊州台地区

图 9.2 绍兴自然功能区划分

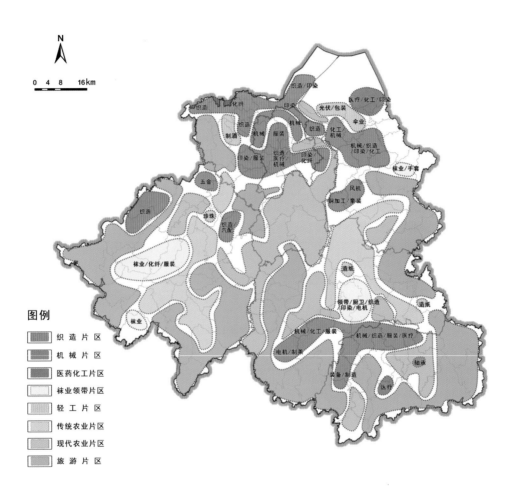

图例

- 织造片区
- 机械片区
- 医药化工片区
- 袜业领带片区
- 轻工片区
- 传统农业片区
- 现代农业片区
- 旅游片区

图 9.3 绍兴块状经济格局

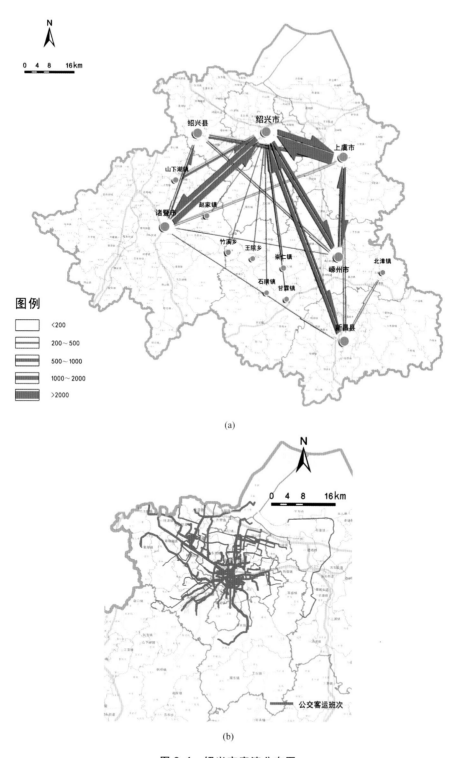

图例

	<200
	200～500
	500～1000
	1000～2000
	>2000

0 4 8   16km

N

绍兴县   绍兴市
山下湖镇   上虞市
赵家镇
诸暨市
竹溪乡 王陵乡 崇仁镇   嵊州市   北漳镇
石璜镇 甘霖镇   新昌县

(a)

0 4 8   16km

N

━━ 公交客运班次

(b)

图 9.4 绍兴市客流分布图

（a）私营客运班车；（b）公交流量

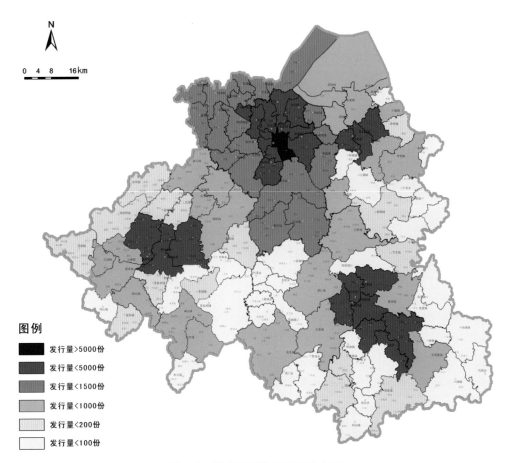

图例

发行量>5000份
发行量<5000份
发行量<1500份
发行量<1000份
发行量<200份
发行量<100份

图 9.5 绍兴晚报发行空间分布图

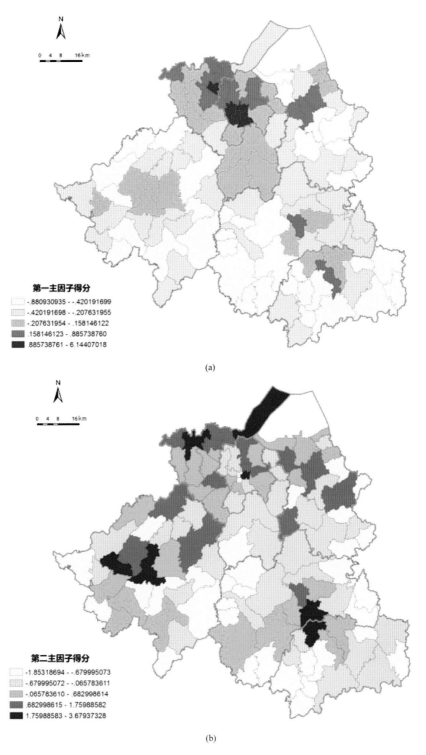

第一主因子得分

☐ -.880930935 - -.420191699
▨ -.420191698 - -.207631955
▨ -.207631954 - .158146122
▨ .158146123 - .885738760
■ .885738761 - 6.14407018

(a)

第二主因子得分

☐ -1.85318694 - -.679995073
▨ -.679995072 - -.065783611
▨ -.065783610 - .682998614
▨ .682998615 - 1.75988582
■ 1.75988583 - 3.67937328

(b)

图 9.6　绍兴主因子的空间分布图

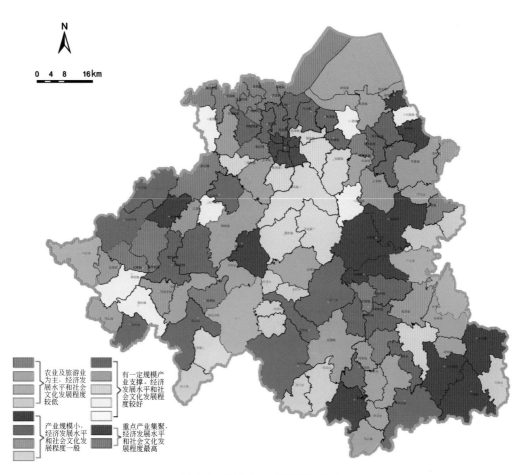

図 9.8　紹興市域功能区細分図

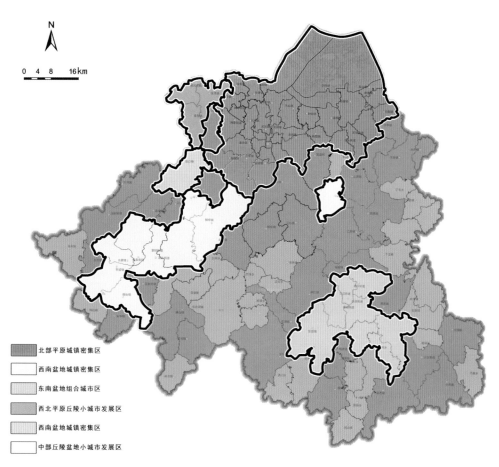

图 9.9 绍兴城市功能区划分

图例:

- 北部平原城镇密集区
- 西南盆地城镇密集区
- 东南盆地组合城市区
- 西北平原丘陵小城市发展区
- 西南盆地城镇密集区
- 中部丘陵盆地小城市发展区

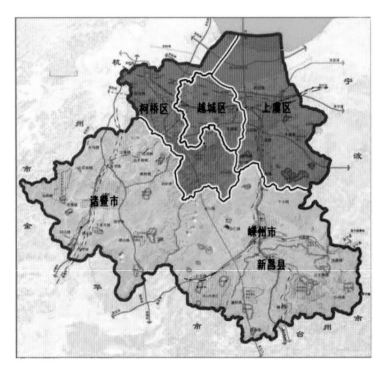

图 9.12　国务院批准绍兴中心城区行政区划调整方案

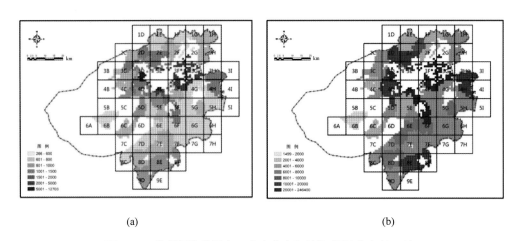

(a)　　　　　　　　　　　　　　　　　　　(b)

图 9.30　苏州评价单元人口密度分布和地均 GDP 分布 (2010)

（a）苏州评价单元人口密度分布；（b）苏州评价单元地均 GDP 分布

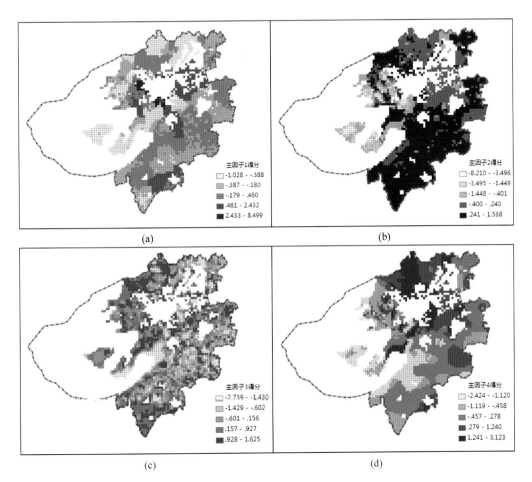

图 9.31　四项主因子得分制图

（a）苏州社会经济因子得分图；（b）苏州建设条件（地面）因子得分图；

（c）苏州生态敏感因子得分图；（d）苏州建设条件（地下）因子得分图

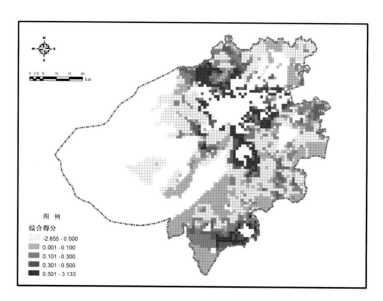

图 9.32 苏州弹性增长单元综合得分图

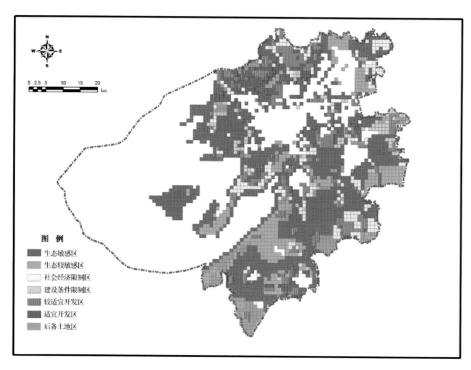

图 9.35 苏州增长单元空间分析

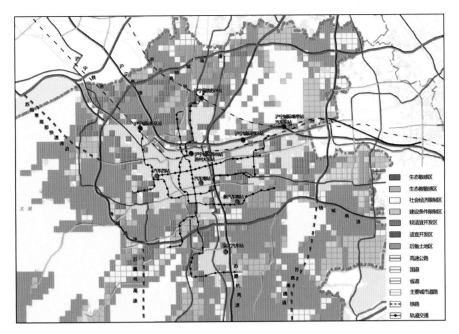

图 9.36　苏州基于交通线网的增长单元边界分析

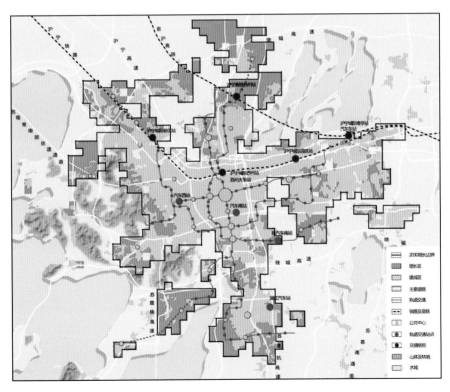

图 9.37　苏州城市弹性增长边界

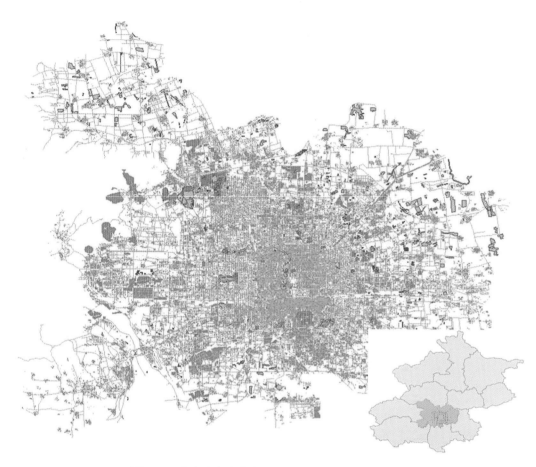

图 11.6　北京应急响应动态地理模拟实验数据及其范围

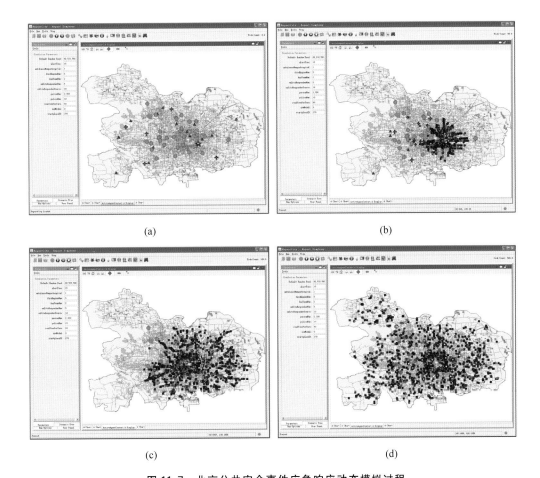

图 11.7　北京公共安全事件应急响应动态模拟过程

（a）Tick＝0；（b）Tick＝50；（c）Tick＝100；（d）Tick＝500

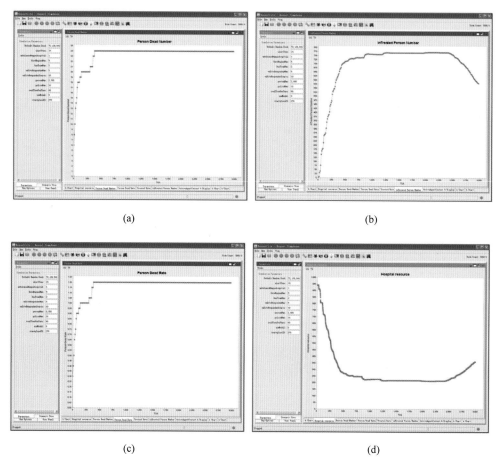

(a)　　　　　　　　　　　　　　　　　　(b)

(c)　　　　　　　　　　　　　　　　　　(d)

图 11.8　模拟过程观测参数变化监测

（a）死亡人数变化曲线；（b）在医院接受救治人数变化曲线；（c）死亡率变化曲线；（d）医院资源数变化曲线

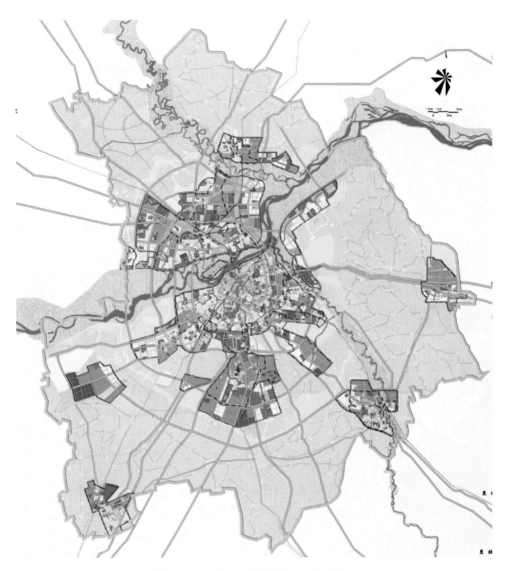

图 13.1　哈尔滨城市预规划方案(2030)

资料来源：哈尔滨城市规划设计研究院

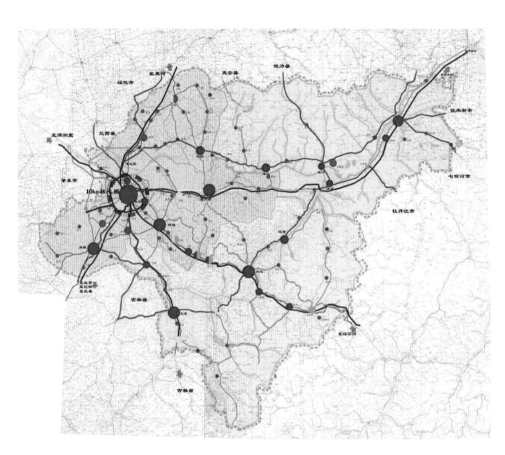

图 13.2　哈尔滨地区的交通引导城镇体系发展图

资料来源：哈尔滨城市规划设计研究院

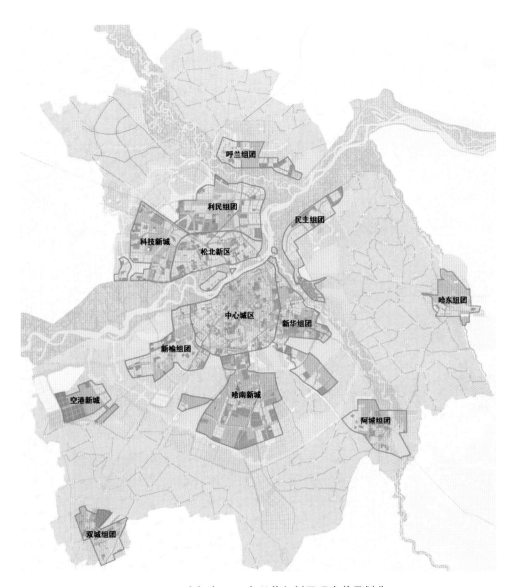

图 13.3 哈尔滨 2030 年总体规划区研究单元划分

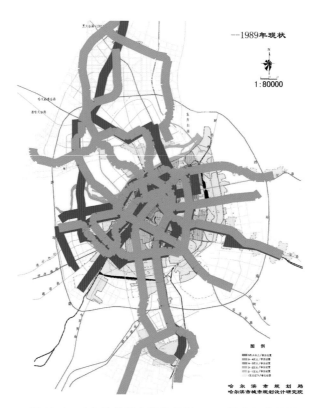

图 13.4　哈尔滨轨道交通线规划 500m 缓冲区分析图

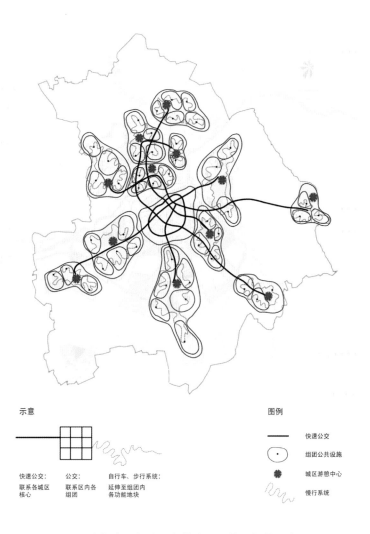

图 13.5　哈尔滨慢行交通与快速公交体系衔接示意图

图 13.6　哈尔滨自行车专用道规划图

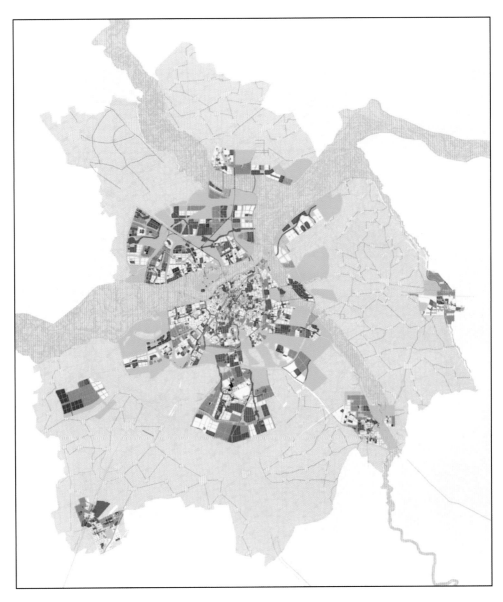

图 13.7 低碳情景的总体规划方案图

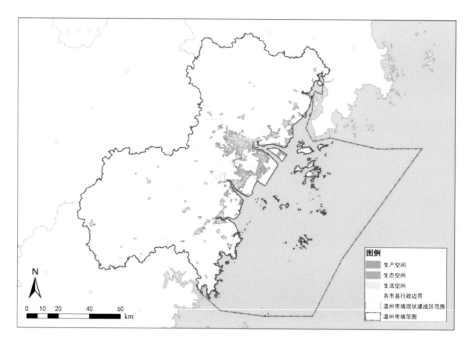

图 14.2 温州市域城镇建成区"三生空间"分布图

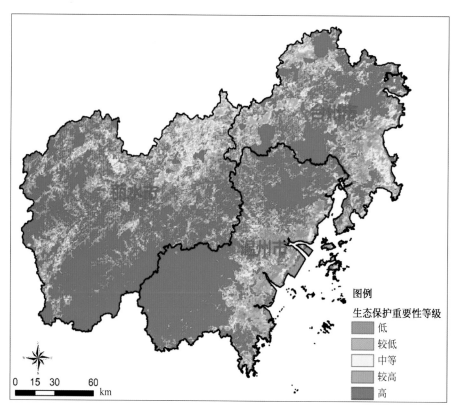

图 14.8 浙江省"双评价"中温州市生态保护重要性等级图

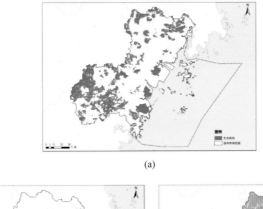

(a)

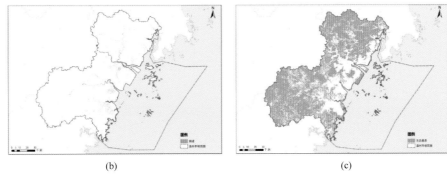

(b)　　　　　　　　　　　　(c)

图 14.9　温州市域"斑-廊-基"生态格局图

（a）斑块；（b）廊道；（c）基质

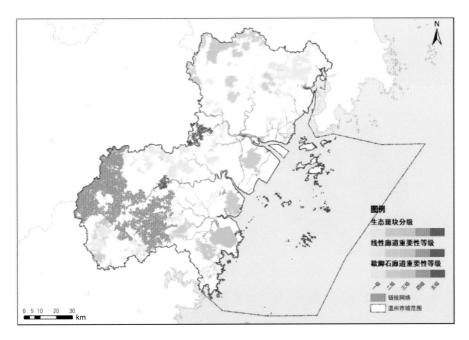

图 14.10　温州市域生态网络格局图

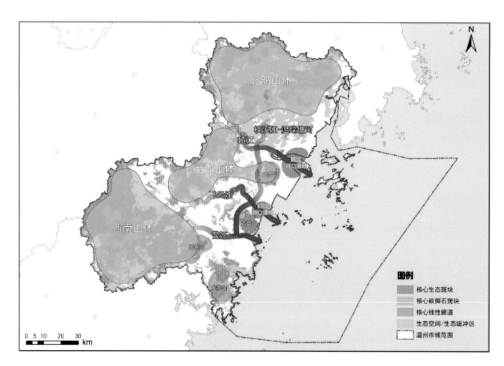

图 14.11　温州市域生态安全格局图

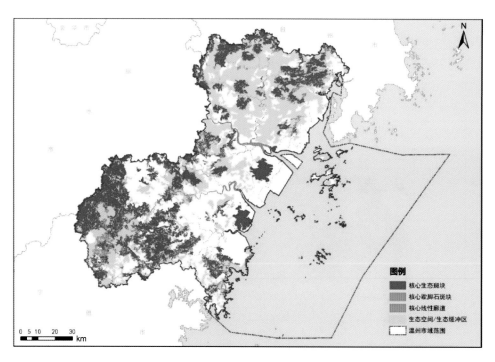

图 14.12　温州市域生态空间分布图

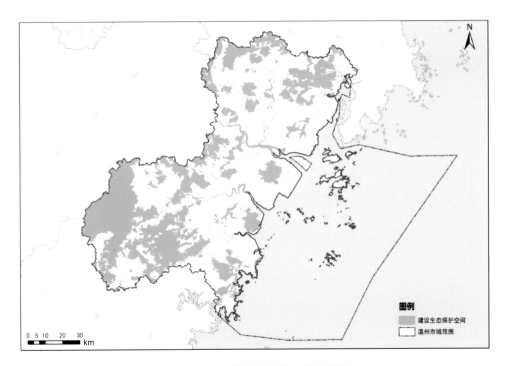

图 14.13　温州市陆域生态保护区图

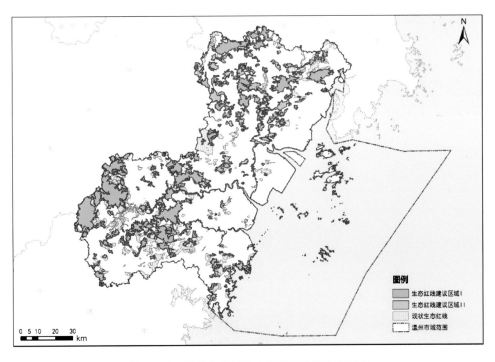

图 14.14　温州市陆域生态保护红线建议区域图

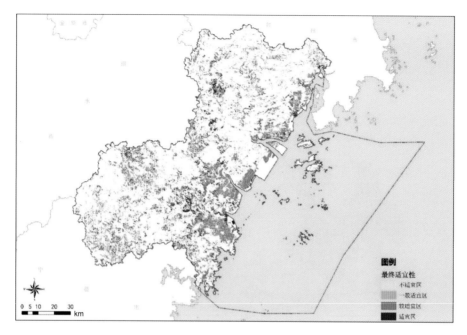

图 14.18　温州市农业生产适宜性等级图

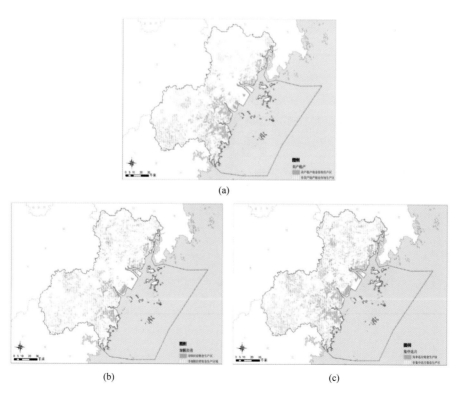

(a)

(b)　　　　　　　　　　　　　　　(c)

图 14.19　温州市粮食作物高产稳产、规模经营、集中连片区域图

（a）高产稳产区；（b）规模经营区；（c）集中连片区

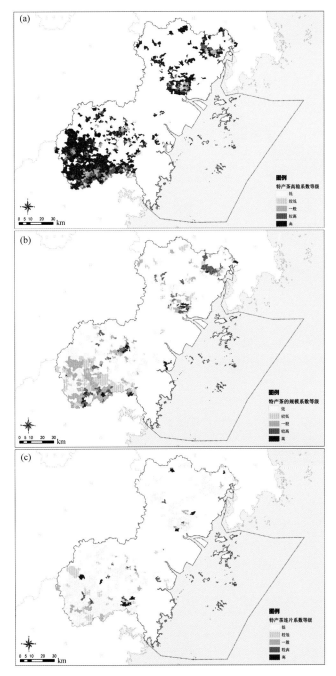

图 14.20　温州市地域特色优势农产品高产稳产、规模经营、集中连片系数图

(a)～(c) 高产稳产系数；(d)～(f) 规模经营系数；(h)～(j) 集中连片系数

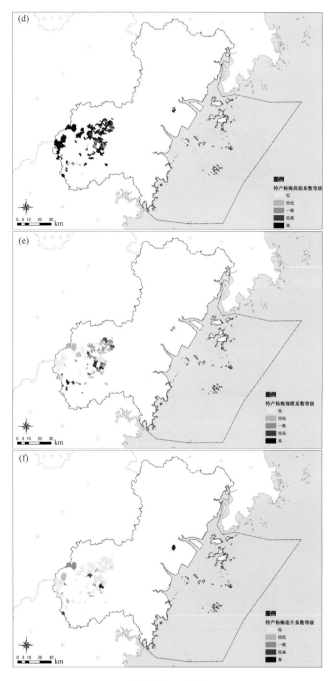

图 14.20 （续）

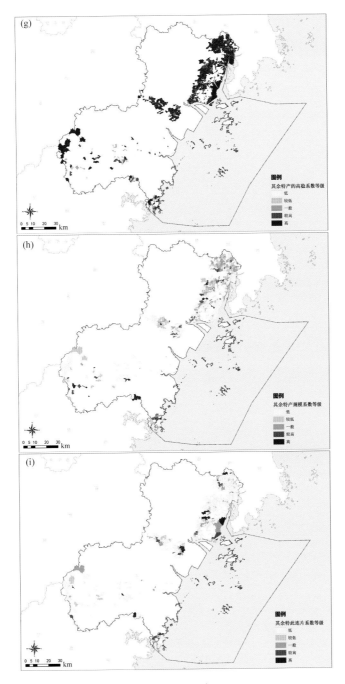

图 14.20 （续）

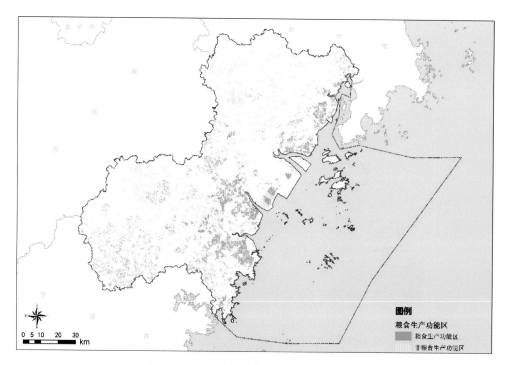

图 14.21　温州市粮食作物生产功能区图

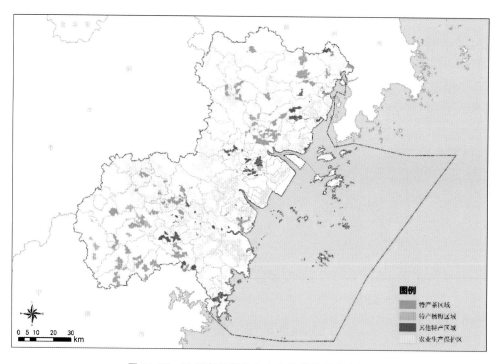

图 14.22　温州市各类特色农产品优势区分布图

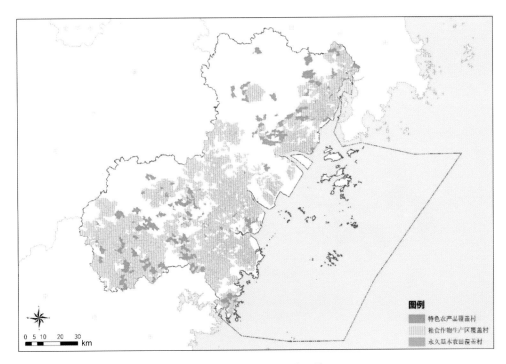

图 14.23　温州市农业生产保护区图

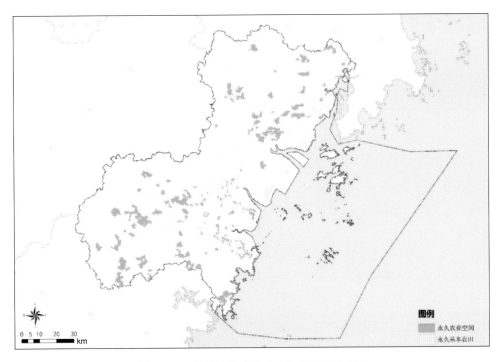

图 14.24　温州市永久农业空间覆盖村分布图

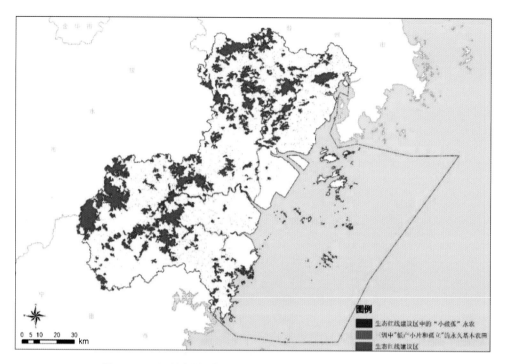

图 14.25 温州市"低产小片和孤立"等永久基本农田分布图

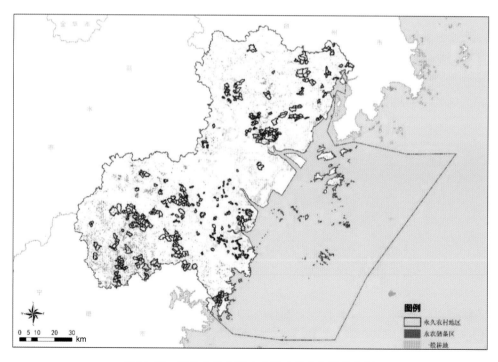

图 14.26 温州市永久基本农田建议整备区分布图

图 14.27 国土空间规划布局区分布图

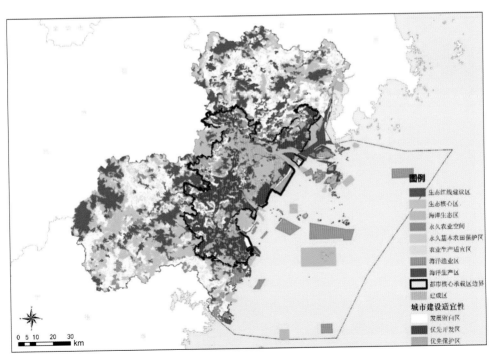

图 14.28 温州市域国土空间开发适宜性分区图

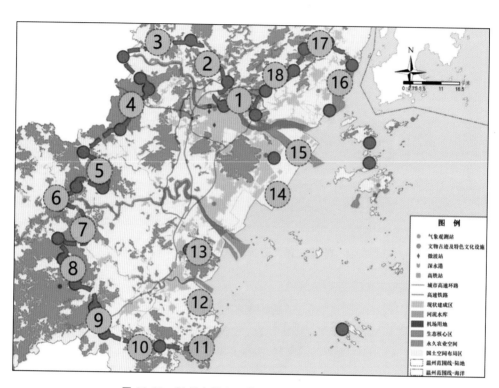

图 14.31　温州市核心承载区边界限定因素分析图

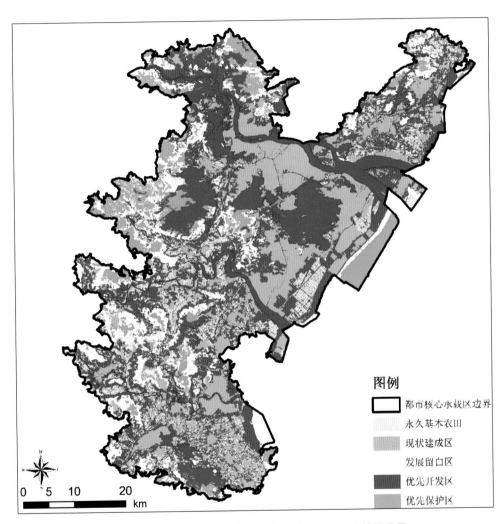

图例

☐ 都市核心承载区边界
永久基本农田
现状建成区
发展留白区
优先开发区
优先保护区

0 5 10   20
              km

图 14.33 温州市核心承载区可建设城镇用地适宜性结果图

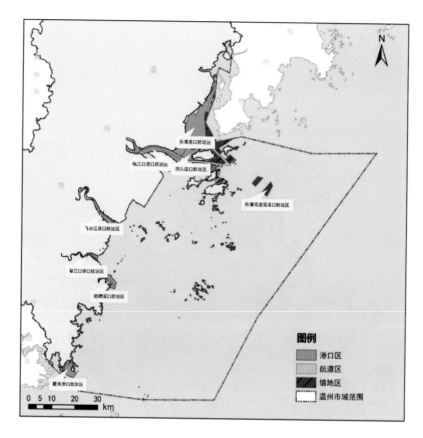

图 14.35　温州市海洋生产区范围

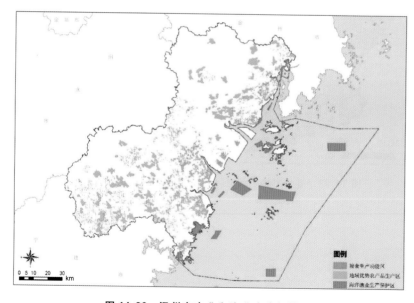

图 14.36　温州市农业和渔业生产保护区

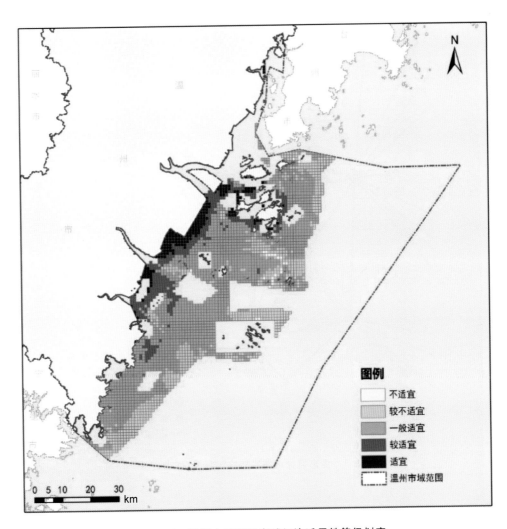

图例

☐	不适宜
▦	较不适宜
▨	一般适宜
▨	较适宜
■	适宜
⌐ ⌐	温州市域范围

0 5 10 20 30 km

图 14.38 温州市可利用海域经济适用性等级划定

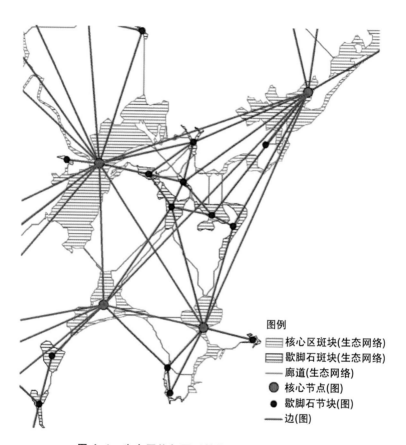

图例

▨ 核心区斑块(生态网络)

▨ 歇脚石斑块(生态网络)

── 廊道(生态网络)

● 核心节点(图)

● 歇脚石节块(图)

── 边(图)

图 A.1　生态网络与图形转换示意图(作者自绘)

计算机软件著作权登记证书

软著登字第 0007509 号

登 记 号 2001SR0576

软件名称 城市与区域规划模型系统 V1.0
[简称：URPMS]

著作权人 张 伟
阎朝林

根据中华人民共和国《计算机软件保护条例》的规定及申请人的申报，经审查，推定该软件的著作权人自 2000 年 01 月 01 日起，在法定的期限内享有该软件的著作权。

局长 丁仕之

2001 年 02 月 27 日

中华人民共和国国家版权局

计算机软件著作权登记证书

证书号： 软著登字第2281081号

软 件 名 称： 城市与区域规划模型系统
[简称：URPMS]
V3.0

著 作 权 人： 顾朝林;张伟;段学军;李强

开发完成日期： 2017年04月06日

首次发表日期： 未发表

权利取得方式： 原始取得

权 利 范 围： 全部权利

登 记 号： 2017SR695797

根据《计算机软件保护条例》和《计算机软件著作权登记办法》的

规定，经中国版权保护中心审核，对以上事项予以登记。

中华人民共和国国家版权局

计算机软件著作权
登记专用章
2017年12月15日

No. 02164335